深圳植被志

主　编：廖文波　孙芳芳　凡　强　周伟奇
刘忠成　林振团　董笑语　韩宝龙

中国林業出版社
CFPH China Forestry Publishing House

深圳植被志

主　　编：廖文波　孙芳芳　凡　强　周伟奇　刘忠成　林振团　董笑语　韩宝龙
策　　划：王颢颖
特约编辑：吴文静

审 图 号：粤 BS（2023）068 号

图书在版编目（CIP）数据

深圳植被志 / 廖文波等主编. — 北京:中国林业出版社, 2023.12

ISBN 978-7-5219-2050-5

Ⅰ. ①深… Ⅱ. ①廖… Ⅲ. ①植物志–深圳 Ⅳ. ①Q948.526.53

中国版本图书馆CIP数据核字（2022）第254360号

责任编辑　郑雨馨　张　健
版式设计　柏桐文化传播有限公司

出版发行　中国林业出版社（100009，北京市西城区刘海胡同 7 号，电话 010- 83143621）
电子邮箱　cfphzbs@163.com
网　　址　www.forestry.gov.cn/lycb.html
印　　刷　北京雅昌艺术印刷有限公司
版　　次　2023 年 12 月第 1 版
印　　次　2023 年 12 月第 1 次印刷
开　　本　889 mm×1194 mm　1/16
印　　张　27.25
字　　数　860 千字
定　　价　358.00 元

《深圳植被志》编委会

《深圳植被志》共分为7章，主要内容包括深圳市自然地理环境、植被群落研究概况、植被组成与植物区系、植被研究方法与分类系统、植被类型及其主要特征、植被分布格局、植被与群落多样性及其演替、植被区划、植被管理等方面。研究区域包括除城建区外的自然山地或人工林地，数据来源包括近年来实际调查所获得的多片样地资料以及相关研究文献资料。依据《中国植被》以及科技基础性工作专项《中国植被志》编研所确定的分类原则和分类系统，将深圳市自然植被划分为3个植被型组，11个植被型，101个群系，252个群丛；将人工植被划分1个植被型组，3个植被型，24个群系，77个群丛。本书阐述了深圳市自然山地的植被分布现状、主要植被群落特征，以及植被的主要建群种、优势种、特征种，分析了境内分布的各类珍稀濒危种、极小种群物种等，为全面开展植被保护、生物多样性保护，以及生态修复和管理提供了重要依据。

本书可供政府和自然保护管理部门、生物多样性研究机构等工作者参考，也可供高等学校从事生态学、生物学、环境科学、农学、林学、园艺学等学科或专业的师生，以及自然保护及生态学爱好者参考。

PreFace

深圳市地处广东省南部，位于北回归线以南，包括两大区域，在海岸山脉以北地区属于南亚热带季风气候区，海岸山脉以南属于北热带季风气候区。全市自然地理条件优越，气候温暖，热量充沛，降水丰富，地带性植被由南部的北（准）热带常绿季雨林，过渡为北部的南亚热带常绿阔叶林。

深圳市成立于1979年，目前辖区面积1997.47 km²。1980年8月，“深圳经济特区”成立，划定面积327.5 km²。2010年经济特区扩展至全市。2013—2016年深圳经济特区“二线关”被批准陆续拆除。2018年1月，国务院批复同意撤销深圳经济特区管理线。自深圳经济特区成立以来，作为我国改革开放的窗口，40多年来深圳市社会经济发展迅速。其间，深圳市政府始终高度重视生态环境保护和生态文明建设，坚持高质量增长和生态可持续发展。自深圳经济特区成立后，市政府陆续批准建立了各类自然保护地和自然或生态公园。1983年，深圳市仙湖植物园成立，1988年正式开放。1984年10月，深圳市第一个自然保护区——广东内伶仃福田自然保护区成立，以内伶仃岛猕猴和福田红树林植被及鸟类为主要保护对象，1988年5月被批准为国家级自然保护区。稍后，田头山、大鹏半岛、铁岗-石岩湿地三个市级自然保护区成立。其他有梧桐山风景名胜区、大鹏半岛国家地质公园、华侨城国家湿地公园、马峦山郊野公园、三洲田森林公园、西丽生态公园等相继成立，至2022年，共建立了各类自然保护地25处及各类公园1260处，并开展了相应的生物多样性、生态环境调查评估。

随着党的十八大、十九大、二十大的召开，生态文明纳入中国特色社会主义事业“五位一体”总体布局，绿色发展和美丽中国建设深入人心。为加强生态文明建设，深圳市生态环境局组织实施了“深圳市陆域生态调查评估项目”（2017—2020），在中国科学院生态环境中心欧阳志云研究员的主持下，开始了全市全面的生态资源、自然资源、生态系统功能与服务等调查和评估研究。《深圳植被志》是该项目的主要成果之一，首次较全面地阐述了深圳市植被类型、结构、区划和演替等方面的特点，为政府部门开展生态保护、管理和生态修复规划建设等提供了基础。

在专著出版之际，乐为之序。

2023年10月

植被是地球陆地表面所有植物群落的总和，是人类生存与发展的物质基础，与区域生态环境和人类福祉息息相关。区域植被调查、分类、植被志编研和植被图绘制，是区域生态系统保护与管理的一项基础性工作。深圳市是我国面积最小、人口密度最高的超大型城市，近40年来城市化、现代化进程迅速，社会经济高速发展。生态系统格局也发生了极大变化，之前以山地森林生态系统为主，现今已演变为以森林和城镇生态系统为主。据统计至2021年*，深圳市植被覆盖总面积达到100872.24 hm^2，其中，森林覆盖面积78053.65 hm^2，覆盖率约39.1%；建成区绿化覆盖面积41112.30 hm^2，绿化覆盖率43%。整体上，大面积的植被覆盖对深圳市的生态环境起着良好的调节作用，也维护着全市巨大的生态系统服务功能。

本《深圳植被志》是深圳市生态环境局“深圳市陆域生态调查评估项目”（2017—2020年）的重要成果之一。该项目由中国科学院生态环境中心和深圳市环境科学研究院牵头承担，包含植物与植被调查等专题。本书的编研工作首先是以1997—2021年收集的资料、数据为基础，深圳市生态环境局、深圳市规划和自然资源局、深圳市城市管理和综合执法局以及深圳市环境科学研究院等机构，针对深圳市各类自然保护地开展了较全面的生物多样性、生态资源调查，特别收集了各保护地关于植物群落样方、植被种类组成等方面的研究资料。1997年，中山大学在内伶仃岛开展全面的生态资源调查，采集标本800多号，出版了《广东内伶仃岛自然资源与生态研究》（蓝崇钰等，2001）。继之以《深圳植物志》（李沛琼等，2017a；2017b）的出版最具代表性，深圳仙湖植物园考察队、中国科学院深圳考察队、中国科学院华南植物园考察队、中山大学考察队等在1998—2016年，对深圳市全域进行全面调查，采集标本超过20 000余号，并对过往标本也进行查阅整理，出版了一系列研究成果，如《深圳野生植物》（邢福武等，2000）、《梧桐山植物》（陈里娥等，2003）、《深圳马峦山郊野公园生物多样性及其生态可持续发展》（廖文波等，2007）等。在开展植物多样性、生态资源调查时，均有针对各区域进行植被调查。据《深圳植物志》第一卷（2017）总论记载，深圳植被可划分为自然植被10个植被亚型40群系、人工植被5个植被亚型10个群系。

*数据来源：《2021年深圳市生态环境状况公报》。

其次，通过本次开展的“深圳市陆域生态调查评估项目”，取得了多方面的研究进展：①对深圳市野生维管植物进行了新的统计，共计206科928属2086种，其中本土种198科859属1900种，其他归化种、逸生种、入侵种共45科124属170种，其他在山地、林缘常见的栽培种有17科22属26种。②收集了全市自然山地植被群落样方调查资料，近400片，比较全面地反映了深圳的植被现状，特别是关于生态红线、各自然保护地等重点区域的植被组成、结构特征等。根据群落学分析，以及参考新的《中国植被志》（方精云等，2020）分类方案，将深圳市自然植被划分为3个植被型组、11个植被型、101个群系、252个群丛；人工林植被划分1个植被型组、3个植被型、24个群系、77个群丛。阐述了各植被类型的主要特征、演替趋势，绘制了植被类型图、群系分布图、主峰梧桐山、东部主峰七娘山植被群落的垂直分布图，主要特色种群白桂木、土沉香、乌檀、大苞白山茶等的群落剖面图。③据《国家重点保护野生植物名录》（2021）统计，深圳市国家重点保护野生植物共36种1变种。此外，记载了各类珍稀植物共172种，确定国家级极小种群野生植物2种，其他深圳地区小种群植物98种。对各类重点保护植物、珍稀植物、小种群植物的生存状况、群落状况等进行了概括。④根据世界自然保护联盟物种存续委员会(IUCN/SSC，IUCN: International Union for Conservation of Nature；SSC: Species Survival Commission)全球生境类型划分原则，统计了深圳拥有IUCN/SSC一级生境12个，包含了从浅海滩涂至内陆山地的绝大部分生境类型，仅缺草原、沙漠、远洋深海类型，其中，一级生态系统5类、二级生态系统9类、三级生态系统20类、四级生态系统40类。

最后，本书对深圳市植被保护和管理的成效进行了总结和评估，阐述了植被保护规划的中长期策略等。本书的编撰得到了深圳市生态环境局等部门，以及各自然保护地的大力支持，本书地图绘制底图由深圳市规划和自然资源局提供，在此特向各提供帮助的单位和个人致以诚挚谢意。希望本书的出版，能为深圳市生态文明建设，开展全面的生物多样性保护、国土空间规划、森林资源可持续利用，以及科普教育提供助力。

编著者
2023年10月

第1章 深圳市自然地理概况

1.1 自然地理概况

1.1.1 地理位置

深圳市地处广东省南部，位于北回归线以南，东经113°43′～114°38′，北纬22°24′～22°52′，东临大亚湾、大鹏湾，西临珠江口、伶仃洋，南接香港新界，北与东莞市、惠州市接壤。深圳市陆域呈狭长形，东西宽，南北窄，全市面积1997.47 km^2，自然保护地总面积494 km^2，占辖区面积的24.75%，全市森林覆盖率39.1%。海域辽阔，与南海相接，属太平洋西岸，海岸线曲折蜿蜒，总长260 km，海洋水域总面积1145 km^2。

1.1.2 气候

深圳市属南亚热带季风气候区，气候温暖湿润，降水丰富。年平均气温23.0℃，历史极端最高气温38.7℃，历史极端最低气温0.2℃；一年中1月平均气温最低，平均为15.4℃，7月平均气温最高，平均为28.9℃；年日照时数平均为1837.6 h；年降水量平均为1935.8 mm，全年86%的雨量出现在汛期（4～9月）。常年主导风向为东南偏东风；春季天气多变，盛行偏东风；夏长冬短，夏季盛行偏东南风，高温多雨，常有台风出现；冬秋季盛行东北季风，天气干燥少雨。

总体上，深圳市气候资源丰富，光照资源、热量资源、降水资源均居全省前列，但又是灾害性天气多发区，春季常有低温阴雨、强对流、春旱等，少数年份还可出现寒潮；夏季受锋面低槽、热带气旋、季风云团等天气系统的影响，暴雨、雷暴、台风多发；秋季多秋高气爽，相应地雨水少，蒸发大，常有秋旱发生，某些年份还会出现台风和寒潮；冬季雨水稀少，大多数年份都会出现秋冬连旱，寒潮、低温霜冻是这个季节的主要灾害性天气。

1.1.3 地质与地貌

深圳市地势东南高西北低，地貌大致呈东西向带状展开。粤东莲花山脉自东向西穿过市区中部、南部，主体山地东部、中部主要有七娘山、排牙山、笔架山、田头山、大雁顶、梅沙尖、梧桐山等，海拔常超过600 m，主峰梧桐山海拔943.7 m；向西有梅林山、银湖山、塘朗山、凤凰山、阳台山、大南山等，整体上南濒南海，南部、东南部多丘陵山地，与海岸线平行形成一列海岸山地，地形地貌极富多样性。

深圳陆地因断裂构造形成了东、中、西三个地貌带（图1-1）。在深圳境内，存在一个北东—西南向的主干断裂，称为深圳断裂，首先将深圳市的地貌一分为二，东南部地貌类型以低山、高丘陵为主；西北部地貌类型以低丘、台地和谷地为主。深圳断裂向西南延伸至九龙半岛、大濠岛、万山群岛，在地貌上控制着深圳河、深圳湾的方向；王母断裂-沙田海断裂与深圳断裂基本平行，亦呈东北-西南向切过大鹏澳、大鹏湾、九龙半岛。

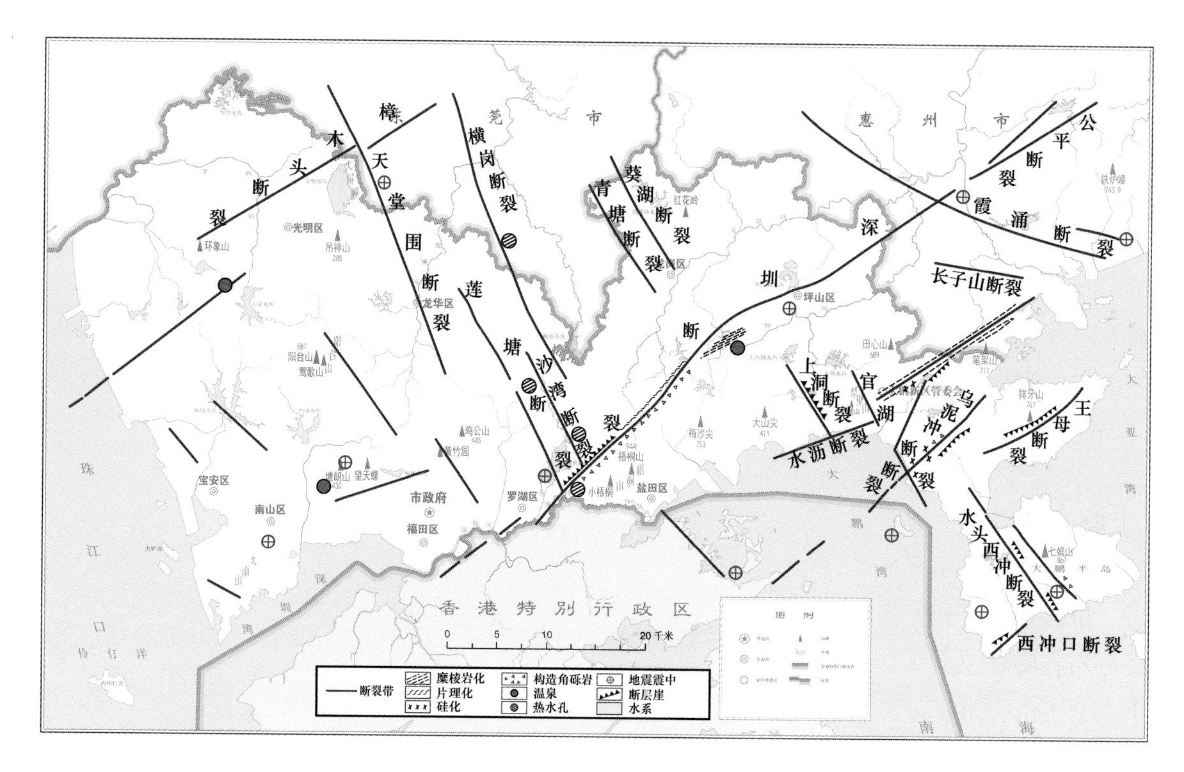

图1-1　深圳市主要断裂构造的分布【参考黄镇国等（1981）重绘】

西北部与内陆相接，为丘陵和谷地地貌区，东南部为海岸山脉、半岛和海湾地貌区。海岸山脉地貌区包括大鹏湾北岸的笔架山、田头山、梅沙尖、梧桐山，及与香港境相邻以北的部分丘陵，沙头角海面至深圳河口以南是属九龙半岛断隆带的范围；半岛和海湾地貌区依次为大亚湾—大鹏半岛—大鹏湾—九龙半岛—深圳湾—蛇口半岛相间排列。在整体上，深圳地形地貌也可称为四大区域，即：东部、中部、西部和内伶仃岛。

（1）深圳东部

深圳东部为半岛、海湾地貌带，地貌类型包括低山、丘陵、台地和盆地。半岛、海湾相间的地貌结构是粤东沿海地区的共同地貌特征，由东向西依次为碣石湾—汕尾半岛—红海湾—平海半岛—大亚湾—大鹏半岛—大鹏湾—九龙半岛—伶仃洋河口湾，深圳范围内的是大亚湾—大鹏半岛—大鹏湾及伶仃洋的东部。半岛和海湾地貌反差强烈，几个海湾的海底地形都为平缓的槽形。槽形海湾与半岛的陡峭海岸形成鲜明的对比。而半岛的地形几乎都是东岸曲折而西岸平直。半岛、海湾相间的地貌是由于断块升降运动造成的，主要形成于晚第三纪喜山运动的大面积抬升和断裂过程中，半岛为断隆，海湾为断陷。晚冰期低海面时期，海湾曾露出水面，中全新世大西洋期海侵，海湾才被海水淹没，形成现今的面貌，其时代为距今6000～5000年。

（2）深圳中部

深圳中部为海岸山脉地貌带，地貌类型以低山和丘陵为主。从梧桐山至东部的笔架山是一条北东向的山脉，它是粤东海岸山脉的一部分，海岸山脉实际上是莲花山脉的西段。莲花山脉是东江、梅江和韩江及粤东沿海河流的分水岭。大亚湾顶以东（在惠州以北以东地区），山脉离海较远，高程高（莲花山高1028 m，鸿图嶂1268 m，铜鼓嶂1526 m），一般称为莲花山脉；大亚湾顶的铁炉嶂（743.9 m）以西，山脉靠近海岸，通常称为海岸山脉，经深圳境内一直延伸到香港大雾山（959 m）。海岸山脉是一条断裂隆起的断块山。它以深圳断裂为西北界，东南面以乌泥涌断裂与大鹏半岛分开。海岸山脉的高程多为400～700 m，梧桐山高913.7 m，是深圳市的最高点。海岸山脉不论在本区的地质发展史上，或是在新构造运动以来的地貌发育史上，以及对于现代其他自然地理因素的区域分异，都是一条重要的界山。

（3）深圳西部

深圳陆地西部为丘陵谷地带，地貌类型主要为丘陵和谷地，滨海地区为平原台地。由主要河流切割低丘陵，而形成了谷地，谷地内分布有四级台地和两级阶地，河谷地貌的特点是中宽谷和窄谷（峡谷）相间。

（4）内伶仃岛

内伶仃岛位于伶仃洋断块区，在距今约1.8万年前的末次冰期鼎盛期，伶仃洋曾出露为陆地，在1.1万至1.2万年前，末次冰期结束后，随着海平面的上升，内伶仃岛才成为伶仃洋中的一个岛屿。内伶仃岛的地质地貌与深圳大陆有着密切的联系。内伶仃岛地貌类型较简单，以丘陵为主，主峰尖峰山海拔340.9 m。

总体而言，深圳的主要地貌类型为丘陵，占总面积的44.07%；其次为平原和台地，分别占26.45%和22.35%；低山占4.82%；水库占1.54%；二级阶地占0.76%。

1.1.4　土壤类型

深圳市境内土壤类型多样，地带性土壤为赤红壤，主要分布在海拔300 m以下的广阔丘陵台地，依据其成土母岩、植被和土壤利用程度，可区分为花岗岩赤红壤、砂页岩赤红壤、耕型赤红壤和侵蚀赤红壤；山地红壤主要分布在海拔300～600 m的高海拔丘山地；山地黄壤主要分布在海拔600 m以上的山地顶部小区域，如梧桐山、七娘山、田头山、马峦山等山地的山顶区域。水稻土分布在丘陵台地之间的谷地冲积区域，主要有潴育型水稻土、盐积型水稻土、渗育型水稻土和潜育型水稻土；滨海土壤分布在深圳沿海带，可分为滨海砂土和滨海盐渍沼泽土，滨海砂土以石英砂粒为主，多见于大梅沙、小梅沙、西涌等地，滨海盐渍沼泽土主要为滨海盐土，如红树林潮滩盐土、潮滩盐土和滨海草甸盐土，主要分布在深圳湾、深圳河福田支流下游入海区域、海上田园、大鹏东涌红树林等地。

深圳市土壤分布情况主要受到地形地貌、人类活动等影响。东部沿海山地主要为黄壤和红壤；西北部丘陵谷地区主要为红壤和赤红壤；西南部滨海台地区域以赤红壤为主，平原以水稻土为主，海岸带滩涂为盐渍沼泽土。

1.1.5　河流与库区湿地

深圳市水系特征表现为小河沟数目多、分布广、干流短，受地质构造的控制，主要河流以海岸山脉和阳台山为主要分水岭。大体包括三大水系，即：珠江三角洲水系、东江中下游水系和粤东沿海水系。珠江三角洲水系包括深圳西部和西南部地区的河流，河流流入珠江口伶仃洋，主要河流有深圳河、大沙河、西乡河、茅洲河。东江中下游水系包括深圳东北部的河流，河流发源于海岸山脉北麓，由中部往北或往东北流，流入东江中下游，主要河流有龙岗河、坪山河和观澜河。粤东沿海水系包括深圳东南部河流，河流发源于海岸山脉南麓，流入大鹏湾和大亚湾，主要河流有盐田河、葵涌河、王母河、东涌河等。

依据深圳水系分布特点和河流地理特征，深圳市河流流域可分为9个流域分区（见附录2），按流域面积大小排序依次为：①茅洲河流域分区，②观澜河流域分区，③龙岗河流域分区，④坪山河流域分区，⑤深圳河流域分区，⑥珠江口水系分区，⑦深圳湾水系分区，⑧大鹏湾水系分区，⑨大亚湾水系分区。深圳市境内流域面积大于1 km^2的河溪共有310条。其中，较大的独立河流98条，包括流向内陆的8条，入海的90条。流域面积大于100 km^2的河流有5条，即深圳河、茅洲河、龙岗河、坪山河、观澜河，流域面积大于50 km^2，小于100 km^2的河流也有5条，即丁山河、沙湾河、布吉河、西乡河、大沙河。

深圳河流总体上有4个方面的特点，即：一是属雨源型河流，地表径流非常小，不下雨时径流基本由生产性或生活性排水组成，没有过境的大江大河作为源头活水，枯水期河道基流极小，河道自净能力极差，水生态环境比较差；二是河流槽蓄条件差，主要表现为短、窄、浅、陡的特点，雨洪利用率极低；三是小河众多，大河稀少，洪水影响敏感性较强，防洪压力大；四是感潮河流数量多，洪潮作用下内涝特征明显，防洪和水质受潮汐影响较大（深圳市水务局，2017）。

截至2021年，深圳市共有水库149座*，总库容9.45亿m³，总控制集雨面积568.63 km²。其中，大型水库2座，中型水库14座，小一型水库58座，小二型水库75座；其中，深圳较重要的水库有铁岗水库、石岩水库、水库、西丽水库、梅林水库、公明水库、民治水库等。

1.2　人口与社会环境

深圳市原住居民主要是客家人，是客家人的主要聚居地，占原住居民的70%。改革开放之后，大量来自全国各地的移民涌入深圳，普通话成为最通用的语言，而客家话、潮州话、白话为主要本地语。深圳是聚齐全国56个民族的大城市，全市少数民族人口36万多人。

根据第七次全国人口普查结果，截至2020年11月1日零时，全市流动人口情况为：全市常住人口中，人户分离人口为14105779人，其中，市辖区内人户分离人口为1667041人，流动人口为12438738人。与2010年第六次全国人口普查相比，人户分离人口增加5582378人，增长65.49%；市辖区内人户分离人口增加1365394人，增长4.53倍；流动人口增加4216984人，增长51.29%(深圳市统计局，2021)。

深圳市经济产业主要以高新技术、金融、物流、文化等为四大支柱产业。新技术、先进制造业为基础，目标是构建以现代服务业为支撑的现代产业创新体系。积极培育和发展下一代互联网、下一代网络、生物医疗、新材料、新能源、海洋经济等新兴高新技术产业集群，到2015年，高新技术产业增加值占工业增加值比重达到75%以上。深圳市构建的现代产业体系，其主体框架由六大部分支撑，包括：①打造全球电子信息产业基地；②打造以自主创新为特征的新兴高技术产业基地；③打造以自主技术为主体的先进制造业基地；④打造以服务创新为核心的区域金融中心。⑤打造以高端化为方向的现代服务业基地；⑥打造具有国际影响力的优势传统产业深圳品牌。

1.3　植被类型与前期研究概况

1.3.1　植被前期研究概况

关于深圳市的植被研究，最早可以追溯到1985年，陈树培等对深圳植被进行了研究和生态评价。此后近40年来，陆续开展了针对深圳的植被、植物群落、植物区系、生态环境等方面的研究，归纳起来在下列几方面取得了重要的进展。

（1）各自然山地的植被和植物群落研究

40年来，对深圳植被、植物群落的调查研究，文献数量很丰富，据不完全的查阅，涉及的主要山地和文献有：七娘山（邢福武等，2004）、梧桐山（许建新等，2009）、马峦山（徐晓晖等，2010；孙延军等，2011）、鹿咀山（杨慧纳，2018）、塘朗山（汪殿蓓等，2003；陈飞鹏等，2001；魏若宇，2017）、梅林山（孙延军等，2010）、阳台山（刘东蔚等，2014；齐冰琳等，2019）、笔架山（康杰等，2005，2006）、银湖山（王兆东等，2016）、莲花山（黄玉源等，2016）、大小南山（陈飞鹏等，2001；汪殿蓓等，2003；黄玉源等，2020）、南山公园（詹惠玲等，2007）、白沙湾公园（叶蓁，2017）、围岭公园（王晓明等，2003；赖燕玲等，2003；2007；刘郁等，2003）、宝安公园（伍小翠等，2020）等。

---

* 数据来源：深圳市水务局官网《2021年水务基础统计数据》。

其中，针对内伶仃岛、梧桐山、马峦山、大鹏半岛、田头山等山地，均开展了较全面的生物多样性或生态资源综合调查，出版了相关专著。2001年，蓝崇钰和王勇军出版《广东内伶仃岛自然资源与生态研究》，内容涉及自然地理、生物区系、植被、景观、功能区划、生态旅游等，将植被类型划分为5个植被型、8个植被亚型、24个群系组。最近还陆续发现了关于内伶仃植物群落研究的论文，如“山蒲桃+红鳞蒲桃–小果柿群落（李薇等，2018）、白桂木群落（谭维政等，2017）、马尾松混交林演替（袁天天等，2015）”等。2007年，廖文波等出版《深圳马峦山郊野公园生物多样性及其生态可持续发展》，将植被类型划分为6个植被型、9个植被亚型、38个群系及5个人工林群系。2017年，刘海军等出版《深圳市大鹏半岛自然保护区生物多样性综合科学考察》，记载野生维管植物200科732属1372种，各类珍稀濒危植物26科44属49种。2017年，凡强等出版《深圳市田头山自然保护区植物资源考察与保护规划》，记载野生维管植物201科792属1455种。针对深圳地区的季雨林、风水林也有少许报道，如大鹏半岛“季雨林、风水林”（张荣京等，2005；梁尧钦等，2010；温海洋，2017）、七娘山“香蒲桃”风水林（张永夏等，2007）、高岭村“黄桐+乌檀风水林”（陈志晖等，2020）、坝光“银叶树风水林”（杨慧纳等，2018；陈晓霞等，2015）、小梅沙村风水林（刘晓俊等，2007；梁鸿等，2017）等。

（2）红树林植被与植物群落研究

关于深圳的红树林植被和植物群落研究主要来自关于福田红树林生态系统的研究，目前已发表了大量论文，如李明顺等（1992；1994）、卢群等（2014）、陈桂珠等（1994）等。尤其是陈桂珠等（1998）出版《深圳福田红树林湿地生态系统研究》，王伯荪等（2002）出版《深圳湾红树林生态系统及其持续发展》，缪绅裕等（2007）出版《红树林植物桐花树和白骨壤及其湿地系统研究》等，这些专著极大地促进和推动了对深圳红树林植被及其生态保护的研究。

（3）植物区系研究

针对深圳各山地的生态调查，均有涉及植物多样性研究，并且发表了数篇关于植物区系研究的论文或专题报告，如广东内伶仃岛植物区系（昝启杰等，2001）、大鹏半岛种子植物区系（张永夏等，2006）、深圳植物区系研究（华南农业大学硕士学位论文：蒋露，2008）、阳台山森林公园植物区系（王海军等，2014）等。其他有，邢福武和余恩明于2000年出版了《深圳野生植物》（图谱版），共记载野生维管植物174科724种。李沛琼等主编《深圳植物志》1~4卷于2016—2020年已全部出版，共记载全市野生维管植物213科929属2080种。

（4）国家重点保护野生植物、珍稀濒危植物研究

2003年，王勇进等报道深圳分布的国家重点保护野生植物，共记载有12科13属15种。深圳市针对各自然山地所开展的生物多样性调查，内容也都有涉及珍稀濒危植物的调查，如关于苏铁蕨（徐晓晖等，2010；2011）、华南紫萁（孙延军等，2011）、白桂木等（Liu et al., 2016；谭维政等，2017）、兰科植物（潘云云等，2015）等的研究。2013—2016年，深圳市野生动植物保护处启动了专项调查，并出版了专著《深圳市国家珍稀濒危重点保护野生植物》（廖文波等，2018），共记载各类珍稀濒危植物164种，其中国家重点保护野生植物107种（含兰科植物86种），其他有世界自然保护联盟（IUCN）物种红色名录，中国物种红色名录，国际贸易公约附录I、II、II，以及中国植物红皮书等记录的物种，研究内容较为全面，针对每个保护种记述了其“系统地位、形态特征、产地、数量、生境、分布、致濒因素、保护价值、繁殖方法、保护措施”等。

（5）城建区植被和绿地系统研究

深圳市是一个经济高速发展的特区，城市绿化改造规模较大，针对城市植物、植被开展生态学研究亦有较多报道。深圳城市绿地的研究主要包括群落结构特征、群落多样性、群落景观美景度、植物配置、城市绿地土壤肥力、城市植被的固碳释氧效应、河岸植物群落修复方法、植被径流调节及其生态效益、医疗花园群

落的生态效益、植物群落的温湿度效应以及对人生理心理的影响等方面（张浩等，2006；袁银等，2013；尹新新等，2013；庄雪影等；2010；杨帆等，2012；陈勇，2013；刘瑞雪等，2016；王菊萍等，2007；张哲等，2011；陈晓蓉等，2013；吴瑾等，2015；陈德华等，2009；吴婕等，2010；闫德千等，2007；李佩武等，2009；王美仙等，2016；张哲，2014；尹新新，2014）。其他还有，郭泺等（2006）对深圳城市森林小群落特征进行研究，小群落优势种有桉树、杉木、台湾相思、银柴、油茶、鼠刺和黄牛木等，群落总体上具有直径和高度偏低、个体数相对集中、层次分化不明显和各群落均处于群落演替过程的特点。卓锋等（2011）提出"近自然人工植物群落"的营建理念，通过构建不同类型的人工群落，提高城市生态系统和景观的多样性。滨海公园是深圳绿地公园的重要组成部分。邓太阳等（2013）针对深圳城市绿地类型进行了研究，划分的主要模式有生态景观型、生态环保型和生态保健型。陈永珍（2018）针对深圳滨海公园的植物配置进行了研究；黄玉等（2028；2020）针对深圳滨海公园的植物群落景观特点进行了评价，认为在临海步道及滨海步道旁的面海群落，由于受到海风、盐雾等的侵袭，植物生长状况较差，尽管在总体上形成了一定的景观效果，但缺乏优质群落。黄玉源等（2016a；2016b）针对莲花山、小南山植被组成与植物多样性特点进行了研究。蒋呈曦（2018）研究了杨梅坑风景区滨海植物群落结构，认为自然群落在盖度、高度和乔木植物胸径部分都要高于人为干扰破坏过的群落，反映出人为干预对自然造成的负面影响。宋晨晨（2020）研究深圳建成区城市植物功能多样性，认为绿地的功能定位与人类管理影响着城市植物群落组成，城市绿化更应重视乔灌植物。

本书主要针对自然植被、山地植被开展研究，此外，在植被图中也标示了城建区绿地系统的植被类型，但不做深入分析，留待其他专题针对城建区植被开展研究，此处仅做简要记述。

1.3.2 植被的主要类型与植被区划概况

1.3.2.1 植被的主要类型

在气候区划上，深圳地区处于北热带向南亚热带季风气候区过渡的区域，热量丰富，雨量充沛，植被类型呈多样化。总体上，地带性植被由热带半常绿季雨林过渡为南亚热带季风常绿阔叶林；自低海拔至高海拔地区，形成南亚热带沟谷季雨林，南亚热带低地、山地常绿阔叶林、南亚热带常绿针叶林、南亚热带针阔叶混交林、南亚热带竹林、南亚热带山地灌草丛。其他植被类型还有滨海红树林与半红树林，滨海肉质灌丛，以及人工次生林、果林、农田等植被。

（1）南亚热带沟谷季雨林

零星地分布于阳台山、马峦山、三洲田等山地低海拔区域，主要物种组成有水翁、短序润楠、假苹婆、对叶榕、青果榕、鸭脚木、山油柑、猴耳环、大果核果茶、小果山龙眼等。林内常出现大型木质藤本、茎花现象、绞杀现象、附生植物等热带性生态学特征。

（2）南亚热带低地、山地常绿阔叶林

这两个类型是深圳地区的优势植被、地带性植被类型。乔木层优势种明显，主要有：鸭脚木、红鳞蒲桃、翻白叶树、浙江润楠、短序润楠、黧蒴、白桂木、厚壳桂、黄樟、布渣叶、银柴、假苹婆、潺槁、山油柑、鼠刺、亮叶猴耳环、柯、大头茶、罗浮栲等。植被整体上尚未达顶极群落，存在一定的不稳定性，大部分为次生林群落，处于比较活跃的群落演替进程中。

（3）南亚热带山地灌草丛

主要分布于深圳各山地山脊线地区，主要优势种有豺皮樟、岗松、米碎花、桃金娘、梅叶冬青、毛冬青、托竹、篌竹、箬叶竹、芒草、芒萁等组成。

（4）滨海红树林

主要分布于福田、坝光、东涌、海上田园、七娘山、内伶仃岛等地，主要种类组成有秋茄、桐花树、白骨壤、海漆、木榄、海桑、银叶树、老鼠簕、卤蕨等，总体上处于红树林群落演替初期至中期阶段，有较大面积的人工红树林，主要优势种为无瓣海桑，其他有秋茄、桐花树等构成。

（5）人工林植被

除了自然植被外，深圳各山地的低海拔地区多种植有杉木、台湾相思、马占相思、大叶相思、大叶桉、柠檬桉、尾叶桉等人工林或生态防护林。这些人工林地大多是20世纪所种植的，目前大部分植物种群已处于衰退状态。相应地，也有在局部区域生长极为茂盛的，如铁岗水库区种植的澳洲白千层林，在其林下其他植物仍难以生长，这个是一较特殊的种群，应该在未来的生态改造中予以更换。

另外，在深圳山地的低海拔地区普遍种植有荔枝、龙眼、黄皮等果园，有一部分果园尚有人工打理，大部分果园已按要求弃果还林，即实际上已处于弃荒还林状态，园地内往往伴随有假臭草、薇甘菊、马缨丹、飞机草、南美蟛蜞菊等外来入侵植物，是外来入侵植物侵扰较严重的区域。

1.3.2.2 植被区划与各主要山地的植被研究概况

在植被区划上，根据《中国植被》区划图（吴征镒，1980），深圳市境内植被区划包括2个区域，2个植被地带，3个植被区，即：北部地区：亚热带常绿阔叶林区域，①南亚热带季风常绿阔叶林地带，a. 闽粤沿海丘陵栽培植被、刺栲、厚壳桂林区（IVAiii-2）；b. 珠江三角洲栽培植被、蒲桃、黄桐林区（IVAiii-3）；南部地区：热带季雨林、雨林区域，②北热带半常绿季雨林、湿润雨林地带，c. 粤东南滨海丘陵半常绿季雨林区（VAi-2）。2013年，陈勇等将深圳市森林植被划分为5个群系组和31个群落类型。2017年，《深圳植物志》（第一卷）在总论中，将深圳市自然植被划分为4个植被型、10个植被亚型、40个群系，以及人工植被5个植被亚型、10个群系。与此同时，深圳各区域或各自然保护地也开展了许多调查，发表了一系列的论文专著，择要简述如下。

（1） 内伶仃岛猕猴自然保护区

2001年，蓝崇钰和王勇军主编了《广东内伶仃岛自然资源与生态研究》，对内伶仃岛的植被进行了较为全面的调查和研究，分析了植被的区系组成、群落种群结构等特征，划分了植被分类系统，自然植被与人工植被共5个植被型、8个植被亚型、19个群系和5个人工群系（台湾相思林），分析了主要植物群落的种群分布格局、群落多样性、群落种间联结及群落的发展动态等。2014年，陈里娥等主编的《内伶仃岛》，从林地资源角度出发，把内伶仃岛的植被类型划分为8个植被亚型、18个群系及4个台湾相思人工林群系。此外，还有数篇关于优势种群或群落演替方面的专题研究论文，如山蒲桃+红鳞蒲桃-小果柿群落（李薇等，2018）、白桂木群落（谭维政等，2017）、马尾松混交林演替（袁天天等，2015）等。

（2） 福田红树林自然保护区

福田红树林自然保护区位于深圳市福田区，为红树林自然保护区，也是中国唯一一个建立在城市腹地的国家级自然保护区。专题研究涉及内容较广，包括红树林群落多样性与种群格局、红树林群落种间联结与相关信息场、红树林群落演替、红树林植被碳储量和净初级生产力、红树植物金属元素分布状况、群落氮磷钾累积和循环、红树植物群落碳储量的遥感估算、红树林群落生境及保护对策等（李明顺等，1994；陈桂珠等；1994；卢群等，2014；李明顺等，1992；昝启杰等，2002；彭聪姣等，2016；谢海伟等，2010；姜刘志等，2018；张倬纶等，2012）。出版有多部以福田红树林生态环境研究相关的专著（陈桂珠等，1994；王伯荪等，2007；昝启杰等，2014）。

（3） 大鹏半岛自然保护区

大鹏半岛自然保护区位于龙岗区东南部，三面环海，保存有较大面积的亚热带常绿阔叶林。针对植物群落结构、植被时空动态、群落物种多样性、鹿咀山庄风景区景观评价等方面进行了研究，其他有关于代表性群落的研究如钝叶假蚊母树群落、风水林“香蒲桃”群落、黄桐+乌檀群落和樟树+中华楠群落等（梁尧钦等，2010；温海洋，2017；张荣京等，2005；刘海军等，2018；张永夏等，2007；陈志晖等，2020；杨慧纳等，2018；刘晓俊等，2007）。张荣京等（2005）研究了大鹏半岛的常绿季雨林和常绿阔叶林认为它们在亚热带植被研究中占有重要地位，保存有较丰富的植物多样性和种质资源，但其长期受到城市建设、经济发展等人为干扰，一些珍稀植物面临灭绝风险，需采取有力措施，促进大鹏半岛森林群落的恢复。梁鸿等（2017）对坝光区植物资源、银叶树林等进行了研究，认为植物群落冠幅值比其他地区明显要高，平均高度和平均盖度均较高，是一个保存良好的生态系统。韦萍萍等（2015）研究了大鹏半岛东涌区的红树林，其以海漆、秋茄、桐花树群落为主，其中有典型的海漆群落，需加强保护。

2017年，刘海军等主编出版了《深圳市大鹏半岛自然保护区生物多样性综合科学考察》，统计表明该地区共有野生维管植物200科732属1372种（含种下分类群），各类珍稀濒危植物26科44属49种，分析了蕨类植物区系、种子植物区系的特点，将自然植被划分为南亚热带针阔叶混交林、南亚热带常绿阔叶林、南亚热带次生常绿灌木林、红树林等4个植被型，共32个群丛，分析了植被组成和群落结构特征。认为典型地带性植物群落主要有“浙江润楠+鸭公树-鸭脚木+亮叶冬青-银柴+九节群落、浙江润楠+鸭脚木-亮叶冬青+假苹婆-鼠刺群落”等，其面积较大，保存较好。并指出大鹏半岛植被分布的两个明显特点，即①主峰南北两侧的植被差异明显，北坡优势种类较丰富，如浙江润楠、鸭公树、厚壳桂、亮叶冬青及鸭脚木等，而南坡植被往往高不及10 m，种类组成也较单调，结构上以单优势种、少优势种较明显，耐干旱的大头茶优势度最明显；②植被的垂直分布现象较为明显，包括有低地常绿阔叶林（海拔150 m以下）、低山常绿阔叶林（海拔150～450 m）及山地常绿阔叶林（海拔450 m以上），其中低地阔叶林以臀果木占优势，低山阔叶林以浙江润楠占优势，而山地阔叶林则以香花枇杷（北坡）或钝叶水丝梨（南坡）占优势。

（4） 田头山自然保护区

田头山自然保护区位于深圳市龙岗区东部，区域内有田头山市级自然保护区及其周边的自然山体。2017年，凡强等主编了《深圳市田头山自然保护区植物资源考察与保护规划》，在植被章节对田头山植被的种类组成、群落外貌、地带性植被特征进行了总结，重点介绍了6个优势植被亚型，对区域内17个主要优势群落的群落结构、优势种群地位进行了定量分析，明确群落各层优势种地位；选取12个代表性植物群落进行种群年龄结构、垂直结构、频度、物种多样性及均匀度等特征分析，为揭示田头山典型群落的物种多样性水平和种群发展动态提供了重要依据。

（5） 马峦山郊野公园

马峦山郊野公园位于深圳市龙岗区东部，针对植物群落、植被景观、珍稀濒危植物苏铁蕨、华南紫萁等进行了研究（郭彦青等，2010；仲铭锦等，2007；徐晓晖等，2011；徐晓晖等，2010；孙延军等，2011）。2007年，廖文波等主编了《深圳马峦山郊野公园生物多样性及其生态可持续发展》，范围包括马峦山、葵涌、三洲田和盐田区的大部分山地，以及大梅沙和小梅沙等，所划分的植被分类系统包括6个植被型、9个植被亚型、38个群系及5个人工林群系，重点分析了植被的种类组成、群落结构、种群年龄结构等，阐述了典型样地群落物种多样性及均匀度、群落的发展演替动态等。

（6） 梧桐山风景名胜区

梧桐山风景名胜区位于深圳市东部，与罗湖、盐田和龙岗3区相接，针对梧桐山的植被类型、植物群落结构、植被景观色彩、人工群落、林分改造策略等方面已有数篇文献报道（许建新等，2009a，2009b，2009c；庄梅梅，2011；乔红等，2013）。许建新等（2009a）把梧桐山次生林划分为6个植被亚型，即南亚热带沟谷季雨林、南亚热带常绿阔叶林、南亚热带针阔混交林、竹林、南亚热带常绿灌木林、山顶灌丛等；人工林有2个植被亚型，以相思林、木荷+油茶林为主。

（7）笔架山公园

笔架山公园位于深圳市中心区北侧，植被类型主要为经过人工改造的次生林和人工林。康杰等（2005a，2005b，2006）对笔架山的植被类型、群落特征、林分改造及景观特点进行了研究，认为该区域的地带性植被主要为南亚热带次生常绿阔叶林、南亚热带次生常绿针叶林、南亚热带次生常绿灌木林，以及人工次生林等，并进一步划分为13个群落类型（群丛）。笔架山公园植被的主要类型，在第一亚层（高层）常由许多人工种植树种构成，包括台湾相思、杉木、柠檬桉、窿缘桉、樟树、马占相思、马尾松等呈优势状况，使得植被整体被看作是人工次生林，但是在第二亚层保存有许多天然阔叶树，包括鹅掌柴、野漆、破布叶、山油柑、梅叶冬青、黄牛木、九节、豺皮樟、米碎花等。在外貌上群落呈现显著不同的季相颜色，如樟树林和阴香林为深绿色，树冠圆形，桉树林呈浅灰绿色，树冠尖锥形，马占相思林呈鲜绿色，台湾相思林深绿色，冠层开阔；杉木林和马尾松林树冠较小，林下较为开阔。该人工林植被仍处于早期发展阶段，群落中没有出现20 m以上的高大树木，目前杉木冠层高度约14～15 m，其他人工树种多为7～12 m。其他杂木树种、灌木层，呈深绿色，高3～8 m。

（8）银湖山郊野公园、围岭公园、梅林公园

银湖山郊野公园、围岭公园和梅林公园3个公园位于深圳市中心区，主要以天然次生灌丛、次生林以及部分人工林为主。关于银湖山郊野公园、围岭公园，针对植被类型、群落特征、景观评价与林分改造，以及植物多样性等方面均有少许报道（王晓明等，2003；刘郁等，2003；赖燕玲等，2003；徐志强等，2015；王兆东等，2016）。

围岭公园的原始植被基本已被破坏，目前主要以人工次生林和南亚热带灌木林为主。人工常绿阔叶林群落主要有柠檬桉群落、台湾相思群落、马占相思群落；南亚热带常绿矮林或灌木林其群落物种多样性较高，冠层具有明显起伏，处于发育旺盛阶段，树高一般为5～10 m，主要有野漆群落、山油柑群落、桃金娘群落、梅叶冬青群落、黄牛木群落；特别是沟谷还保存有一片南亚热带沟谷雨林群落，即广东木姜子+假苹婆+潺槁-九节+刺果藤-食用双盖蕨群落。在次生林植被中，藤本植物较为丰富，与季雨林、南亚热带季风常绿阔叶林相似，但群落中有许多“硬灌丛、攀缘状木质藤本”占优势有明显区别。

银湖山郊野公园位于罗湖、龙岗和宝安3区的交界处，地貌以低山丘陵为主，周边水库众多。自然植被以南亚热带季风常绿阔叶林及常绿灌木林为主，在一些沟谷地段还保存有沟谷雨林性质的常绿阔叶林，人工植被较少，典型植被类型有：浙江润楠+艾胶算盘子+假苹婆-粉单竹群落、水翁+鹅掌柴+水同木-托竹群落、黧蒴群落、浙江润楠+枫香树+山杜英群落、浙江润楠+黄杞+鸭脚木-山油柑群落、黄牛木+山油柑群落、山油柑+杨梅+亮叶冬青-篌竹群落、赤楠蒲桃-芒萁群落等。植被覆盖率高，自然植被以次生灌木林面积较大，且人工林植被发育良好。

梅林公园位于深圳福田区北部，为塘朗山余脉山地，西北部为梅林水库水源涵养区，保存有较大面积的次生灌木林群落，西南部、东部主要大面积人工林。代表性天然灌木林主要有：水团花+豺皮樟+梅叶冬青群落、豺皮樟+银柴-花椒簕-芒萁群落、桃金娘+岗松-芒萁群落、山乌桕灌木林群落等；其他天然次生林有：山乌桕+鹅掌柴+野苹婆-两广杨桐+刺葵-芒萁群落、马尾松+大叶相思-桃金娘+豺皮樟-芒萁群落等。

（9）塘朗山森林公园、南山公园

塘朗山森林公园、南山公园2个公园位于深圳市西部，地貌以丘陵、低山、滨海平原为主，针对区域内的植物群落研究主要涉及群落多样性、群落聚类分析、植物群落特征和景观评价、林分改造等，如白花油麻藤群落、黄牛木群落等（汪殿蓓等，2003；陈飞鹏等，2001；魏若宇，2017；黄玉等，2016；黄玉源等，2020；詹惠玲等，2007；戴静华等，2019；齐冰琳等，2019；刘东蔚等，2014）。特别是，汪殿蓓等（2003）认为现存的南山区天然森林群落为次生林群落，群落的物种多样性水平较低，这与长期的人类干扰有关。

塘朗山森林公园位于南山区的东北部，西丽镇东部，北环大道和龙珠大道以北，西端止于红花岭，东边绵延到福田区境内，与梅林公园相接，植被以次生常绿阔叶林为主，野生维管植物有144科423属611种（杨际明 等，2005），其中珍稀濒危保护植物有9种，包括桫椤科桫椤和黑桫椤、乌毛蕨科苏铁蕨、蚌壳蕨科金毛狗、苏铁科仙湖苏铁、瑞香科土沉香、黏木科黏木、豆科密花豆、莎草科二花珍珠茅等，其中仙湖苏铁成株约300株，桫椤约84株，黑桫椤约10株。在沟谷阔叶林中，林内郁闭度高，阴暗潮湿，目前林内的仙湖苏铁生长状况较差，乔木层主要以有阴香、水东哥、假苹婆等高大乔木为主，林下空旷，应当适当开展人工辅助管理，以恢复仙湖苏铁种群的生长发育。桫椤层片群落生长状况较好，高为0.3～7.5 m，黑桫椤层片高1.5～3.5 m，生长状况较好。均应加强保护管理。

南山公园以深圳市大南山为主体，地处南头半岛，毗邻南山区蛇口港，周围是蛇口工业区，主峰高336 m。在50 m以上的山地主要为人工林，有相当面积为荔枝林。乔木层主要树种有马占相思、台湾相思、大叶相思、大叶桉、尾叶桉、柠檬桉等，次生残存的阔叶树主要有革叶铁榄、野漆、簕欓*Zanthoxylum avicennae*及马尾松*Pinus massoniana*等；第二层为灌木层，以革叶铁榄、细齿叶柃、小果柿、岗松*Baeckea frutescens*、梅叶冬青*Ilex asprella*、毛冬青*Ilex pubescens*、豺皮樟*Litsea rotundifolia* var. *oblongifolia*、狗骨柴*Tricalysia dubia*等占优势，代表性群落主要有：革叶铁榄+假苹婆群-三花冬青群落、铁榄+杨桐/岗松-小果柿群落等。

（10） 阳台山森林公园、凤凰山森林公园、铁岗库区

阳台山森林公园、凤凰山森林公园、铁岗库区3个公园和地区位于深圳西部，地貌类型多样，主要包含平原、丘陵、低山、台地等地形。伍小翠等（2020）研究了宝安公园植物群落多样性和景观评价，发现群落各层次多样性指标总体趋势为：乔木层>灌木层>草本层。张荣京等（2010）研究了山塘仔地区灌丛群落特征，认为灌木层的丰富度指数与多样性指数最高，藤本植物分布较均匀。此外，阳台山、铁岗库区保存有较好的次生林群落。

阳台山森林公园位于深圳市西北部，地处宝安区石岩街道（原石岩镇）、龙华街道（原龙华镇）与南山区的交汇处，为粤东莲花山余脉，呈东北—西南走向，为高丘陵、低山地貌，主峰大阳台山，海拔587.1 m，为深圳西部的第一峰，主要植被类型有：暖性的杉木林群落、热性的马尾松林群落，常绿阔叶林如红鳞蒲桃林群落、鹅掌柴林群落、蒲桃+水翁林群落、浙江润楠+芳槁润楠林群落、樟树林群落、黄牛木+银柴+土沉香群落、锥栗群落等；在低沟谷地区主要树种有假苹婆、水翁、山杜英、五月茶等，林相层次复杂，常有茎花现象，如水同木、对叶榕、青果榕等；伴随生长有大量的藤本，如刺果藤、锡叶藤、香花鸡血藤和罗浮买麻藤等；林下的灌木主要有九节、石斑木等；草本植物由喜阴的海芋、草豆蔻等组成，叶片巨大，还有各种蕨类植物，如巢蕨、华南紫萁等。溪流两侧较常见的野芭蕉群落也属于此类型。

凤凰山位于宝安区福永镇附近，地貌类型为低丘陵，主峰海拔约400 m。凤凰山森林公园的原生植被几乎全被破坏，现存植被主要为人工林、次生灌木林及灌草丛，人工林主要树种有：含笑*Michelia maudiae*、马占相思*Acacia mangium* 、大叶相思*Acacia auriculaeformis*、柠檬桉*Eucalyptus citriodora*、红锥*Castanopsis hystrix*、千年桐*Vernicia montana*、枫香树*Liquidambar formosana*、樟树*Cinnamomum camphora*、破布叶*Microcos paniculata*、麻楝*Chukrasia tabularis*、灰木莲*Manglietia glauca*、铁刀木*Cassia siamea*、海南蒲桃*Syzygium cumini*、木棉*Bombax ceiba*、白千层*Melaleuca leucadendron*等。次生灌木林、灌草丛中，零星分布少部分乔木树种，如鹅掌柴*Schefflera octophylla*、楝叶吴茱萸*Evodia meliifolia*、山乌桕*Sapium discolor*，其他主要灌木有桃金娘*Rhodomyrtus tomentosa*、梅叶冬青*Ilex asprella*、山芝麻*Helicteres angustifolia*、鬼灯笼*Clerodendron fortunatum*、豺皮樟*Litsea rotundifolia* var. *oblongifolia*、野漆*Toxicodendron sylvestrie*、山黄麻*Trema orientalis*、三桠苦*Melicope pteleifolia*、野牡丹*Melastoma candidum*、余甘子*Phyllanthus emblica*、米碎

花*Eurya chinensis*、粗叶榕*Ficus hirta*等。

铁岗水库位于深圳西部的宝安区，西接凤凰山森林公园，东临阳台山森林公园；自然植被主要有次生灌丛和湿地草丛，其中次生灌丛主要分布在较高丘陵地山脊周边，主要矮林或灌木树种有野漆、潺槁*Litsea glutinosa*、梅叶冬青、野牡丹、细齿叶柃、鹅掌柴、桃金娘、豺皮樟、木荷*Schima superba*、马尾松*Pinus massoniana*等。其他主要人工林植被优势种有：桉树、台湾相思、马尾松、马占相思、木荷、黧蒴、樟树、南洋楹、澳洲白千层等，其他种植有子凌蒲桃*Syzygium championii*、土沉香、红胶木、红苞木、醉香含笑、华杜英、千年桐、石栗、格木等，次生灌草层主要有粗叶榕、黑面神、三桠苦、石斑木、盐肤木*Rhus chinensis*、梅叶冬青、假苹婆*Sterculia lanceolata*、米碎花、野牡丹、桃金娘、芒萁、两面针、华南毛蕨、棕叶芦、二花珍珠茅、芒、山菅兰等。

1.4 植被种类组成与植物区系

1.4.1 植被种类组成

植物按照基于分子系统学数据构建的新系统进行编排，其中蕨类植物按照PPG I系统（2016），裸子植物按照GPG I系统（2011），被子植物按照APG IV系统（2016）。统计表明，深圳市自然山地野生维管植物共计206科928属2086种，其中蕨类29科77属90种，裸子植物5科7属8种，被子植物172科844属1872种。统计数据包括自然山地及周边野生、归化、逸生种，但不包括栽培种，即：

①本土种维管植物：198科859属1900种。

②外来种包括归化种、逸生种、入侵种：共45科124属170种。

该统计不包括城区及道路常见的栽培种。这些植物中，许多种类是伴随着人类活动散布至深圳山地的，并对当地的自然生态环境产生一定影响，包括一些危害性较严重的入侵植物，如薇甘菊*Mikania micrantha*、美洲蟛蜞菊*Wedelia trilobata*、蒺藜草*Cenchruse chinatus*、红毛草*Melinis repens*、铺地黍*Panicum repens*、五爪金龙*Ipomoea cairica*、七爪龙*Ipomoea mauritiana*、马缨丹*Lantana camara*、藿香蓟*Ageratum conyzoides*、白花鬼针草*Bidens alba*、猪屎豆*Crotalaria pallida*、南美山蚂蟥*Desmodium tortuosum*、紫花大翼豆*Macroptiliuma tropurpureum*、光荚含羞草*Mimosa bimucronata*、红花酢浆草*Oxalis corymbosa*、美洲珠子草*Phyllanthus amarus*、墨苜蓿*Richardias cabra*等。其中，盖裂果*Mitracarpus hirtus*为中国野生种，自其他地区引种到深圳后成为逸生种。逸生种中，包括蕨类1属1种，即粉叶蕨*Pityrogramma calomelanos*，裸子植物1属1种，即杉木*Cunninghamia lanceolata*。

③栽培种。约17科22属26种。此处，仅指出现于自然山地或林缘的常见栽培植物，为伴人植物，是由于人类活动影响而出现的，如洋吊钟*Bryophyllum delagoense*、大叶相思*Acacia auriculiformis*、台湾相思*Acacia confusa*、决明*Senna tora*、番石榴*Psidium guajava*、复羽叶栾树*Koelreuteria bipinnata*、栾树*Koelreuteria paniculata*、钝叶鱼木*Crateva trifoliata*、树头菜*Cratevau nilocularis*、银胶菊*Parthenium hysterophorus*，也包括常栽培于海岸带的细枝木麻黄*Casuarina cunninghamiana*、木麻黄*Casuarina equisetifolia*等。

1.4.2 植物区系特征

1.4.2.1 蕨类植物区系

（1）科的组成

蕨类共29科76属189种。根据科的组成大小（表1-1），科可以分为4个级别。

较大科（≥20种）共2科，含42种，即水龙骨科Polypodiaceae（22种）、金星蕨科Thelypteridaceae（20种）。2个科占本区系科总科的6.90%，占种总数的22.22%。

中等科（10～19种）共5科，含72种，即凤尾蕨科Pteridaceae（19种）、鳞毛蕨科Dryopteridaceae（19种）、卷柏科Selaginellaceae（13种）、蹄盖蕨科Athyriaceae（11种）、铁角蕨科Aspleniaceae（10种）。占区系科总数的17.24%，种总数的38.10%。

以上7个科占蕨类种总数的60.32%，为深圳蕨类植物区系的主体，是区系优势科。

寡种科（2～9种）共14科，含67种，主要有碗蕨科Dennstaedtiaceae、里白科Gleicheniaceae、膜蕨科Hymenophyllaceae、鳞始蕨科Lindsaeaceae、桫椤科Cyatheaceae、紫萁科Osmundaceae等科。占区系科总数的48.28%，种总数的35.45%。

单种科也比较丰富，共8科8种，如合囊蕨科Marattiaceae、金毛狗科Cibotiaceae、木贼科Equisetaceae、苹科Marsileaceae、瓶尔小草科Ophioglossaceae等科。占区系中科总数的27.59%，但种总数却只占4.23%。

表1-1　深圳地区蕨类植物科的属种组成

科名	属数/种数	占种总数的比例（%）
水龙骨科Polypodiaceae	12/22	11.64
金星蕨科Thelypteridaceae	6/20	10.58
凤尾蕨科Pteridaceae	7/19	10.05
鳞毛蕨科Dryopteridaceae	7/19	10.05
卷柏科Selaginellaceae	1/13	6.88
蹄盖蕨科Athyriaceae	2/11	5.82
铁角蕨科Aspleniaceae	2/10	5.29
碗蕨科Dennstaedtiaceae	5/9	4.76
里白科Gleicheniaceae	3/8	4.23
膜蕨科Hymenophyllaceae	4/8	4.23
鳞始蕨科Lindsaeaceae	2/6	3.17
桫椤科Cyatheaceae	1/5	2.65
紫萁科Osmundaceae	1/5	2.65
海金沙科Lygodiaceae	1/4	2.12
三叉蕨科Tectariaceae	1/4	2.12
石松科Lycopodiaceae	4/4	2.12
乌毛蕨科Blechnaceae	3/4	2.12
骨碎补科Davalliaceae	2/3	1.59
肾蕨科Nephrolepidaceae	1/3	1.59
槐叶苹科Salviniaceae	2/2	1.06
瘤足蕨科Plagiogyriaceae	1/2	1.06
合囊蕨科Marattiaceae	1/1	0.53
金毛狗科Cibotiaceae	1/1	0.53
木贼科Equisetaceae	1/1	w0.53
苹科Marsileaceae	1/1	0.53
瓶尔小草科Ophioglossaceae	1/1	0.53

（续表）

科名	属数/种数	占种总数的比例（%）
双扇蕨科 Dipteridaceae	1/1	0.53
松叶蕨科 Psilotaceae	1/1	0.53
条蕨科 Oleandraceae	1/1	0.53
总计29科	76/189	100

（2）属的组成

深圳地区蕨类植物区系共有76属189种，属的组成具体情况详见表1-2。按照一般区系属的分析，将蕨类区系属的大小划分为5级，即较大属、中等属、较小属、寡种属和单种属，其中：

较大属（≥20种）深圳无此类型的属。

中等属（10～19种）仅1属，即卷柏属 *Selaginella*，共13种，占总属数的1.32%和种总数的68.78%。

较小属（5～9种）共8属，主要为凤尾蕨属 *Pteris*、鳞毛蕨属 *Dryopteris*、双盖蕨属 *Diplazium*、铁角蕨属 *Asplenium*、毛蕨属 *Cyclosorus* 等，共55种，分别占属总数的10.53%和种总数的29.10%。

寡种属（2～4种）共30属，84种，分别占属总数的39.47%和种总数的44.44%。

以上39属共152种，占种总数的80.42%，远超过一半，它们是深圳蕨类植物区系的优势属。事实上，卷柏属 *Selaginella*、凤尾蕨属 *Pteris*、鳞毛蕨属 *Dryopteris*、双盖蕨属 *Diplazium* 等在本区森林植被中为主要的优势成分，4属共38种，占种总数的20.11%。

单种属（仅含1种）共37属，37种，分别占属总数的48.68%和种总数的19.58%。

单种属和寡种属相对较多，达67属，占属总数的88.16%，显示区系的渗透性和过渡性。

表1-2　深圳地区蕨类植物属的组成

属名	种数	占种总数的比例（%）	属名	种数	占种总数的比例（%）
卷柏属 *Selaginella*	13	6.88	新月蕨属 *Pronephrium*	4	2.12
凤尾蕨属 *Pteris*	9	4.76	薄唇蕨属 *Leptochilus*	3	1.59
鳞毛蕨属 *Dryopteris*	8	4.23	对囊蕨属 *Deparia*	3	1.59
双盖蕨属 *Diplazium*	8	4.23	伏石蕨属 *Lemmaphyllum*	3	1.59
铁角蕨属 *Asplenium*	8	4.23	假毛蕨属 *Pseudocyclosorus*	3	1.59
毛蕨属 *Cyclosorus*	7	3.70	金星蕨属 *Parathelypteris*	3	1.59
鳞盖蕨属 *Microlepia*	5	2.65	芒萁属 *Dicranopteris*	3	1.59
桫椤属 *Alsophila*	5	2.65	肾蕨 *Nephrolepis*	3	1.59
紫萁属 *Osmunda*	5	2.65	星蕨属 *Microsorum*	3	1.59
复叶耳蕨属 *Arachniodes*	4	2.12	崇澍蕨属 *Chieniopteris*	2	1.06
海金沙属 *Lygodium*	4	2.12	盾蕨属 *Neolepisorus*	2	1.06
假脉蕨属 *Crepidomanes*	4	2.12	耳蕨属 *Polystichum*	2	1.06
里白属 *Diplopterygium*	4	2.12	狗脊属 *Woodwardia*	2	1.06
鳞始蕨属 *Lindsaea*	4	2.12	瘤蕨属 *Phymatosorus*	2	1.06
三叉蕨属 *Tectaria*	4	2.12	瘤足蕨属 *Plagiogyria*	2	1.06
铁线蕨属 *Adiantum*	4	2.12	膜蕨属 *Hymenophyllum*	2	1.06
膜叶铁角蕨属 *Hymenasplenium*	2	1.06	卤蕨属 *Acrostichum*	1	0.53
圣蕨属 *Dictyocline*	2	1.06	马尾杉属 *Phlegmariurus*	1	0.53
石韦属 *Pyrrosia*	2	1.06	满江红属 *Azolla*	1	0.53
实蕨属 *Bolbitis*	2	1.06	木贼属 *Equisetum*	1	0.53
碎米蕨属 *Cheilanthes*	2	1.06	瓶尔小草属 *Ophioglossum*	1	0.53
乌蕨属 *Odontosoria*	2	1.06	瓶蕨属 *Vandenboschia*	1	0.53

（续表）

属名	种数	占种总数的比例（%）	属名	种数	占种总数的比例（%）
阴石蕨属 *Humata*	2	1.06	蘋属 *Marsilea*	1	0.53
滨禾蕨属 *Oreogrammitis*	1	0.53	舌蕨属 *Elaphoglossum*	1	0.53
骨碎补属 *Davallia*	1	0.53	石杉属 *Huperzia*	1	0.53
观音座莲属 *Angiopteris*	1	0.53	石松属 *Lycopodium*	1	0.53
贯众属 *Cyrtomium*	1	0.53	书带蕨属 *Haplopteris*	1	0.53
槐叶蘋属 *Salvinia*	1	0.53	双扇属 *Dipteris*	1	0.53
姬蕨属 *Hypolepis*	1	0.53	水蕨属 *Ceratopteris*	1	0.53
假芒萁属 *Sticherus*	1	0.53	松叶蕨属 *Psilotum*	1	0.53
剑蕨属 *Loxogramme*	1	0.53	苏铁蕨属 *Brainea*	1	0.53
金粉蕨属 *Onychium*	1	0.53	藤石松属 *Lycopodiastrum*	1	0.53
金毛狗属 *Cibotium*	1	0.53	篠蕨属 *Oleandra*	1	0.53
蕨属 *Pteridium*	1	0.53	瓦韦属 *Lepisorus*	1	0.53
肋毛蕨属 *Ctenitis*	1	0.53	碗蕨属 *Dennstaedtia*	1	0.53
栗蕨属 *Histiopteris*	1	0.53	乌毛蕨属 *Blechnum*	1	0.53
连珠蕨属 *Aglaomorpha*	1	0.53	长片蕨属 *Abrodictyum*	1	0.53
鳞果星蕨属 *Lepidomicrosorium*	1	0.53	针毛蕨属 *Macrothelypteris*	1	0.53

1.4.2.2 种子植物区系

（1）科的组成及其地理成分分析

深圳地区野生种子植物共169科783属1711种。针对科的大小、优势科等进行以下分析。

科的大小组成：根据各科包含的种数，可划分为5个级别，即大科、较大科、中等科、寡种科、单种科，如表1-3、表1-4所示。根据统计，种子植物区系以中等科（31科）、寡种科（84科）为主，约占科总数的68.05%，其中所包含的属占属总数的57.22%，所包含的种占种总数的53.35%，是深圳区系的主体。

表1-3 深圳地区野生种子植物科的大小组成

类群	单种科			寡种科（2～10种）			中等科（11～50种）		
	科	属	种	科	属	种	科	属	种
种子植物	47	47	47	85	211	408	31	260	632
科属种占总数的比例（%）	27.8	6.00	2.75	50.30	26.95	23.85	18.34	33.21	36.94

类群	较大科（51～100种）			大科（100种以上）		
	科	属	种	科	属	种
种子植物	3	122	240	3	143	384
科属种占总数的比例（%）	1.78	15.58	14.03	1.78	18.26	22.44

大科（＞100种）共3科，即禾本科Poaceae（144种/71属）、莎草科Cyperaceae（126种/22属）、豆科Fabaceae（114种/50属），3科均为世界广布科。

较大科（51～100种）共3科，即菊科Asteraceae（93种/48属）、兰科Orchidaceae（86/45属）、茜草科Rubiaceae（61种/29属），均为世界广布科。

中等科（11～50种）共31科，较为丰富，包括有世界广布科、泛热带科、或北温带科，主要有唇形科Lamiaceae（50种/23属）、樟科Lauraceae（41种/8属）、桑科Moraceae（33种/7属）、蔷薇科Rosaceae（31种

/11属)、大戟科Euphorbiaceae(29种/15属)、夹竹桃科Apocynaceae(29种/22属)、叶下珠科Phyllanthaceae(28种/9属)、壳斗科Fagaceae(28种/4属)、锦葵科Malvaceae(26种/18属)、爵床科Acanthaceae(25种/16属)、旋花科Convolvulaceae(22种/10属)、报春花科Primulaceae(21种/6属)、蓼科Polygonaceae(21种/2属)、天南星科Araceae(21种/13属)、母草科Linderniaceae(20种/3属)等。

寡种科(2～10种)共85科，包括广布科如车前科Plantaginaceae(10种/7属)、毛茛科Ranunculaceae(10/3属)、远志科Polygalaceae(10种/4属)、大麻科Cannabaceae(9种/4属)、鼠李科Rhamnaceae(9种/5属)、桔梗科Campanulaceae(8种/5属)、狸藻科Lentibulariaceae(7种/1属)、十字花科Brassicaceae(7种/3属)、石竹科Caryophyllaceae(7种/6属)、杨柳科Salicaceae(7种/4属)等；热带性较强的科，如菝葜科Smilacaceae(10种/1属)、番荔枝科Annonaceae(10种/5属)、薯蓣科Dioscoreaceae(10种/2属)、野牡丹科Melastomataceae(10种/5属)、五加科Araliaceae(9种/5属)、苦苣苔科Gesneriaceae(8种/7属)、安息香科Styracaceae(8种/3属)、山矾科Symplocaceae(8种/1属)等；或亚热带性、温带性较强的科，如金缕梅科Hamamelidaceae(8种/6属)、五味子科Schisandraceae(6种/2属)、茅膏菜科Droseraceae(4种/1属)、木兰科Magnoliaceae(4种/3属)、灯芯草科Juncaceae(3种/1属)等。

单种科或单型科(仅含1种)共47科。包括广布科6科，即川蔓藻科Ruppiaceae、马齿苋科Portulacaceae、茄科Solanaceae、杨梅科Myricaceae、鸢尾科Iridaceae、酢浆草科Oxalidaceae；热带性的科30科，如阿福花科Asphodelaceae、白花菜科Cleomaceae、闭鞘姜科Costaceae、茶茱萸科Icacinaceae、番杏科Aizoaceae、橄榄科Burseraceae、沟繁缕科Elatinaceae、钩吻科Gelsemiaceae、核果木科Putranjivaceae、红厚壳科Calophyllaceae、花柱草科Stylidiaceae、金虎尾科Malpighiaceae、罗汉松科Podocarpaceae等；温带性的科11科，即红豆杉科Taxaceae、胡桃科Juglandaceae、松科Pinaceae、通泉草科Mazaceae、小檗科Berberidaceae、菖蒲科Acoraceae、蓝果树科Nyssaceae、鼠刺科Iteaceae、丝缨花科Garryaceae、柽柳科Tamaricaceae、泡桐科Paulowniaceae。

表1-4　深圳地区种子植物科大小、属种组成和分布区类型

科名	种/属	科分布区类型	科名	种/属	科分布区类型
＞100种，3科			桑科Moraceae	33/7	T1
禾本科Poaceae	144/71	T1	蔷薇科Rosaceae	31/11	T1
莎草科Cyperaceae	126/22	T1	大戟科Euphorbiaceae	29/15	T2
豆科Fabaceae	114/50	T1	夹竹桃科Apocynaceae	29/22	T2
51~100种，3科			壳斗科Fagaceae	28/4	T8
菊科Asteraceae	93/48	T1	叶下珠科Phyllanthaceae	28/9	T2
兰科Orchidaceae	86/45	T1	锦葵科Malvaceae	26/18	T2
茜草科Rubiaceae	61/29	T1	爵床科Acanthaceae	25/16	T2
11~50种，31科			旋花科Convolvulaceae	22/10	T1
唇形科Lamiaceae	50/23	T1	报春花科Primulaceae	21/6	T1
樟科Lauraceae	41/8	T2	蓼科Polygonaceae	21/2	T1
天南星科Araceae	21/13	T1	十字花科Brassicaceae	7/3	T1
母草科Linderniaceae	20/3	T2	石竹科Caryophyllaceae	7/6	T1
山茶科Theaceae	16/4	T3	杨柳科Salicaceae	7/4	T1
五列木科Pentaphylacaceae	15/5	T2	棕榈科Arecaceae	7/5	T2
荨麻科Urticaceae	15/10	T2	谷精草科Eriocaulaceae	6/1	T2

（续表）

科名	种/属	科分布区类型	科名	种/属	科分布区类型
鸭跖草科Commelinaceae	15/6	T2	堇菜科Violaceae	6/1	T1
木樨科Oleaceae	14/6	T1	马钱科Loganiaceae	6/3	T2
冬青科Aquifoliaceae	13/1	T3	清风藤科Sabiaceae	6/2	T3
葡萄科Vitaceae	13/6	T2	瑞香科Thymelaeaceae	6/3	T1
天门冬科Asparagaceae	13/9	T1	伞形科Apiaceae	6/5	T1
姜科Zingiberaceae	12/3	T2	桑寄生科Loranthaceae	6/5	T2
桃金娘科Myrtaceae	12/3	T2	柿科Ebenaceae	6/1	T2
卫矛科Celastraceae	12/5	T2	五味子科Schisandraceae	6/2	T9
苋科Amaranthaceae	12/9	T1	紫草科Boraginaceae	6/5	T1
芸香科Rutaceae	12/9	T2	柳叶菜科Onagraceae	5/1	T1
杜鹃花科Ericaceae	11/3	T8	木通科Lardizabalaceae	5/3	T3
防己科Menispermaceae	11/7	T2	漆树科Anacardiaceae	5/5	T2
葫芦科Cucurbitaceae	11/7	T2	千屈菜科Lythraceae	5/2	T1
2~10种，85科			五福花科Adoxaceae	5/2	T1
菝葜科Smilacaceae	10/1	T2	苦木科Simaroubaceae	4/3	T2
车前科Plantaginaceae	10/7	T1	列当科Orobanchaceae	4/4	T1
番荔枝科Annonaceae	10/5	T2	露兜树科Pandanaceae	4/1	T4
毛茛科Ranunculaceae	10/3	T1	马兜铃科Aristolochiaceae	4/1	T2
薯蓣科Dioscoreaceae	10/2	T2	茅膏菜科Droseraceae	4/1	T8
野牡丹科Melastomataceae	10/5	T2	猕猴桃科Actinidiaceae	4/2	T3
远志科Polygalaceae	10/4	T1	木兰科Magnoliaceae	4/3	T9
大麻科Cannabaceae	9/4	T1	忍冬科Caprifoliaceae	4/1	T8
鼠李科Rhamnaceae	9/5	T1	山榄科Sapotaceae	4/3	T2
五加科Araliaceae	9/5	T3	水鳖科Hydrocharitaceae	4/4	T1
安息香科Styracaceae	8/3	T3	仙茅科Hypoxidaceae	4/2	T2
金缕梅科Hamamelidaceae	8/6	T8	草海桐科Goodeniaceae	3/2	T2
桔梗科Campanulaceae	8/5	T1	灯芯草科Juncaceae	3/1	T8
苦苣苔科Gesneriaceae	8/7	T3	红树科Rhizophoraceae	3/3	T5
山矾科Symplocaceae	8/1	T2	胡颓子科Elaeagnaceae	3/1	T8
无患子科Sapindaceae	8/4	T2	楝科Meliaceae	3/3	T2
杜英科Elaeocarpaceae	7/2	T3	买麻藤科Gnetaceae	3/1	T2
胡椒科Piperaceae	7/2	T2	秋海棠科Begoniaceae	3/1	T2
狸藻科Lentibulariaceae	7/1	T1	山柑科Capparaceae	3/1	T2
山龙眼科Proteaceae	3/1	T2	番杏科Aizoaceae	1/1	T2
山茱萸科Cornaceae	3/2	T8	橄榄科Burseraceae	1/1	T2
水玉簪科Burmanniaceae	3/1	T2	沟繁缕科Elatinaceae	1/1	T2
檀香科Santalaceae	3/2	T1	钩吻科Gelsemiaceae	1/1	T2
蕈树科Altingiaceae	3/3	T2	海桐科Pittosporaceae	1/1	T4

（续表）

科名	种/属	科分布区类型	科名	种/属	科分布区类型
白花丹科Plumbaginaceae	2/2	T1	核果木科Putranjivaceae	1/1	T2
百合科Liliaceae	2/2	T1	红豆杉科Taxaceae	1/1	T8
凤仙花科Balsaminaceae	2/1	T2	红厚壳科Calophyllaceae	1/1	T2
虎皮楠科Daphniphyllaceae	2/1	T7	胡桃科Juglandaceae	1/1	T8
黄眼草科Xyridaceae	2/1	T2	花柱草科Stylidiaceae	1/1	T2
黄杨科Buxaceae	2/1	T2	金虎尾科Malpighiaceae	1/1	T2
金丝桃科Hypericaceae	2/2	T1	蓝果树科Nyssaceae	1/1	T9
金粟兰科Chloranthaceae	2/2	T2	罗汉松科Podocarpaceae	1/1	T2
藜芦科Melanthiaceae	2/2	T8	马齿苋科Portulacaceae	1/1	T1
莲叶桐科Hernandiaceae	2/1	T2	霉草科Triuridaceae	1/1	T2
龙胆科Gentianaceae	2/2	T1	黏木科Ixonanthaceae	1/1	T2
马鞭草科Verbenaceae	2/2	T2	泡桐科Paulowniaceae	1/1	T14
牛栓藤科Connaraceae	2/1	T2	茄科Solanaceae	1/1	T1
秋水仙科Colchicaceae	2/1	T8	青皮木科Schoepfiaceae	1/1	T3
三白草科Saururaceae	2/2	T9	山柚子科Opiliaceae	1/1	T2
蛇菰科Balanophoraceae	2/1	T2	使君子科Combretaceae	1/1	T2
省沽油科Staphyleaceae	2/1	T3	鼠刺科Iteaceae	1/1	T9
粟米草科Molluginaceae	2/1	T2	水蕹科Aponogetonaceae	1/1	T4
藤黄科Clusiaceae	2/1	T2	丝缨花科Garryaceae	1/1	T9
小二仙草科Haloragaceae	2/1	T1	松科Pinaceae	1/1	T8
绣球科Hydrangeaceae	2/2	T8	苏铁科Cycadaceae	1/1	T5
玄参科Scrophulariaceae	2/2	T1	田葱科Philydraceae	1/1	T5
竹芋科Marantaceae	2/1	T2	田基麻科Hydroleaceae	1/1	T2
1种，47科			通泉草科Mazaceae	1/1	T8
阿福花科Asphodelaceae	1/1	T2	五桠果科Dilleniaceae	1/1	T2
芭蕉科Musaceae	1/1	T4	小檗科Berberidaceae	1/1	T8
白花菜科Cleomaceae	1/1	T2	小盘木科Pandaceae	1/1	T6
百部科Stemonaceae	1/1	T5	杨梅科Myricaceae	1/1	T1
闭鞘姜科Costaceae	1/1	T2	雨久花科Pontederiaceae	1/1	T2
茶茱萸科Icacinaceae	1/1	T2	鸢尾科Iridaceae	1/1	T1
菖蒲科Acoraceae	1/1	T9	猪笼草科Nepenthaceae	1/1	T5
柽柳科Tamaricaceae	1/1	T10	紫茉莉科Nyctaginaceae	1/1	T3
川蔓藻科Ruppiaceae	1/1	T1	酢浆草科Oxalidaceae	1/1	T1

植被优势科：对深圳优势科进行属数、种数递进累加统计，当属数、种数合计均超过50%时，科占区系科总数的9.47%，属占属总数的50.83%，种占种总数的55.17%。这些科在深圳有较发达的种系，是本地区植物区系、植被组成的优势科，统计表明优势科主要包括16科398属944种（表1-5），主要有禾本科Poaceae、莎草科Cyperaceae、豆科Fabaceae、菊科Asteraceae、兰科Orchidaceae、茜草科Rubiaceae、唇形科Lamiaceae、

樟科Lauraceae、桑科Moraceae、蔷薇科Rosaceae、大戟科Euphorbiaceae等。

表1-5　深圳地区植物区系的数量优势科

序号	科名	种数	属数
1	禾本科Poaceae	144	71
2	莎草科Cyperaceae	126	22
3	豆科Fabaceae	114	50
4	菊科Asteraceae	93	48
5	兰科Orchidaceae	86	45
6	茜草科Rubiaceae	61	29
7	唇形科Lamiaceae	50	23
8	樟科Lauraceae	41	8
9	桑科Moraceae	33	7
10	蔷薇科Rosaceae	31	11
11	大戟科Euphorbiaceae	29	15
12	夹竹桃科Apocynaceae	29	22
13	壳斗科Fagaceae	28	4
14	叶下珠科Phyllanthaceae	28	9
15	锦葵科Malvaceae	26	18
16	爵床科Acanthaceae	25	16
	合计	944	398
	占种总数、属总数的百分比（%）	55.17	50.83

科的地理成分：科的地理成分比较能说明区系间悠久的历史演化。根据吴征镒（2006）和李锡文（1996）科的分布区类型的划分，深圳地区种子植物169科可以划分为11个分布区类型（表1-6）。其中世界分布科共48科，热带性科（分布区类型T2～T7）共96科，温带性科（分布区类型T8～T15）共25科，R/T值为3.84，整体上植物区系在科级水平表现出很强的热带性质。

表1-6　深圳地区种子植物科的分布区类型统计表

分布区类型	深圳地区科数量
T1 世界分布	48
T2 泛热带分布	73
T3 热带亚洲和热带美洲间断分布	12

（续表）

分布区类型	深圳地区科数量
T4 旧世界热带分布	4
T5 热带亚洲至热带大洋洲分布	5
T6 热带亚洲至热带非洲分布	1
T7 热带亚洲（印度—马来西亚）分布	1
T8 北温带分布	16
T9 东亚和北美洲间断分布	7
T10 旧世界温带分布	1
T11 温带亚洲分布	0
T12 地中海区、西亚至中亚分布	0
T13 中亚分布	0
T14 东亚（东喜马拉雅—日本）分布	1
T15 中国特有分布	0
合计	169

（2）属的组成及其地理成分分析

属的大小组成：深圳地区种子植物属的大小可以划为5个级别，即单种属、寡种属、中等属、较大属和大属，各类别数量统计见表1-7。

表1-7　深圳地区种子植物区系属大小统计

类群	单种属（1种）		寡种属（2～5种）		中等属（6～10种）		较大属（11～20种）		大属（20种以上）	
	属	种	属	种	属	种	属	种	属	种
种子植物	470	470	257	714	44	328	8	104	4	95
属种占总数比例（%）	60.03	27.47	32.82	41.73	5.62	19.17	1.02	6.08	0.51	5.55

大属（>20种）共4属，以飘拂草属*Fimbristylis*最为丰富，有27种，次为榕属*Ficus* 23种、薹草属*Carex* 23种、莎草属*Cyperus* 22种。

较大属（11～20种）共8属。植被优势成分主要有萹蓄属*Polygonum* 17种，耳草属*Hedyotis* 15种，陌上菜属*Lindernia* 14种，冬青属*Ilex* 13种，画眉草属*Eragrostis* 12种，润楠属*Machilus* 11种，山茶属*Camellia* 11种，紫珠属*Callicarpa* 11种。

中等属（6～10种）共44属。如艾纳香属*Blumea* 10种，菝葜属*Smilax* 10种，蒲桃属*Syzygium* 10种，青冈属*Cyclobalanopsis* 10种，悬钩子属*Rubus* 10种，珍珠茅属*Scleria* 10种，柃属*Eurya* 9种，木姜子属*Litsea* 9种，薯蓣属*Dioscorea* 9种，锥属*Castanopsis* 9种，紫金牛属*Ardisia* 9种，杜鹃花属*Rhododendron* 8种，蒿属*Artemisia* 8种，柯属*Lithocarpus* 8种，簕竹属*Bambusa* 8种，马唐属*Digitaria* 9种，山矾属*Symplocos* 8种，山蚂蟥属*Desmodium* 8种，石豆兰属*Bulbophyllum* 8种，斑鸠菊属*Vernonia* 7种等。

寡种属（2～5种）共257属。常见属有扁莎属*Pycreus* 5种，丁香蓼属*Ludwigia* 5种，蝴蝶草属*Torenia* 5种，黄花棯属*Sida* 5种，黄檀属*Dalbergia* 5种，木蓝属*Indigofera* 5种，南蛇藤属*Celastrus* 5种，槭属*Acer* 5

种，水葱属*Schoenoplectus* 5种，水竹叶属*Murdannia* 5种，酸藤子属*Embelia* 5种，天南星属*Arisaema* 5种，五月茶属*Antidesma* 5种，线柱兰属*Zeuxine* 5种，新木姜子属*Neolitsea* 5种，野牡丹属*Melastoma* 5种，紫菀属*Aster* 5种，稗属*Echinochloa* 4种，斑叶兰属*Goodyera* 4种，半边莲属*Lobelia* 4种，大戟属*Euphorbia* 4种，带唇兰属*Tainia* 4种，瓜馥木属*Fissistigma* 4种等。

单种属（仅含1种）共470属。重要属或优势属有艾麻属*Laportea*、爱地草属*Geophila*、芭蕉属*Musa*、白蝶兰属*Pecteilis*、白饭树属*Flueggea*、白花丹属*Plumbago*、白茅属*Imperata*、白桐树属*Claoxylon*、白香楠属*Alleizettella*、白颜树属*Gironniera*、白叶藤属*Cryptolepis*、百部属*Stemona*、百合属*Lilium*、柏拉木属*Blastus*、稗荩属*Sphaerocaryum*、斑种草属*Bothriospermum*、半枫荷属*Semiliquidambar*、半蒴苣苔属*Hemiboea*、半夏属*Pinellia*、棒柄花属*Cleidion*、棒头草属*Polypogon*、苞舌兰属*Spathoglottis*等。

数量优势属：在783属中，种数5以上的属共有56属，含527种，占本地区种总数的30.80%；它们是组成植物区系的主体，是深圳种子植物区系的优势属（表1-8）。其中种数10以上的属有飘拂草属*Fimbristylis*、榕属*Ficus*、薹草属*Carex*、莎草属*Cyperus*、萹蓄属*Polygonum*、耳草属*Hedyotis*、陌上菜属*Lindernia*、冬青属*Ilex*、画眉草属*Eragrostis*、润楠属*Machilus*、山茶属*Camellia*、紫珠属*Callicarpa*、艾纳香属*Blumea*、菝葜属*Smilax*、蒲桃属*Syzygium*、青冈属*Cyclobalanopsis*、悬钩子属*Rubus*、珍珠茅属*Scleria*。

表1-8　深圳地区种数5种以上的较大属

科名	属名	种数	属分布区类型
莎草科Cyperaceae	飘拂草属*Fimbristylis*	27	T8
桑科Moraceae	榕属*Ficus*	23	T2
莎草科Cyperaceae	薹草属*Carex*	23	T1
莎草科Cyperaceae	莎草属*Cyperus*	22	T1
蓼科Polygonaceae	萹蓄属*Polygonum*	17	T8
茜草科Rubiaceae	耳草属*Hedyotis*	15	T5
母草科Linderniaceae	陌上菜属*Lindernia*	14	T2
冬青科Aquifoliaceae	冬青属*Ilex*	13	T3
禾本科Poaceae	画眉草属*Eragrostis*	12	T2
樟科Lauraceae	润楠属*Machilus*	11	T7
山茶科Theaceae	山茶属*Camellia*	11	T7
唇形科Lamiaceae	紫珠属*Callicarpa*	11	T2
菊科Asteraceae	艾纳香属*Blumea*	10	T4
菝葜科Smilacaceae	菝葜属*Smilax*	10	T2
桃金娘科Myrtaceae	蒲桃属*Syzygium*	10	T4
壳斗科Fagaceae	青冈属*Cyclobalanopsis*	10	T7
蔷薇科Rosaceae	悬钩子属*Rubus*	10	T1
莎草科Cyperaceae	珍珠茅属*Scleria*	10	T1
五列木科Pentaphylacaceae	柃属*Eurya*	9	T3
樟科Lauraceae	木姜子属*Litsea*	9	T3
薯蓣科Dioscoreaceae	薯蓣属*Dioscorea*	9	T2
壳斗科Fagaceae	锥属*Castanopsis*	9	T9
报春花科Primulaceae	紫金牛属*Ardisia*	9	T2

（续表）

科名	属名	种数	属分布区类型
杜鹃花科 Ericaceae	杜鹃花属 *Rhododendron*	8	T8
菊科 Asteraceae	蒿属 *Artemisia*	8	T1
壳斗科 Fagaceae	柯属 *Lithocarpus*	8	T9
禾本科 Poaceae	簕竹属 *Bambusa*	8	T2
禾本科 Poaceae	马唐属 *Digitaria*	8	T2
山矾科 Symplocaceae	山矾属 *Symplocos*	8	T2
豆科 Fabaceae	山蚂蟥属 *Desmodium*	8	T2
兰科 Orchidaceae	石豆兰属 *Bulbophyllum*	8	T2
菊科 Asteraceae	斑鸠菊属 *Vernonia*	7	T2
莎草科 Cyperaceae	荸荠属 *Eleocharis*	7	T1
狸藻科 Lentibulariaceae	狸藻属 *Utricularia*	7	T1
姜科 Zingiberaceae	山姜属 *Alpinia*	7	T5
叶下珠科 Phyllanthaceae	算盘子属 *Glochidion*	7	T2
毛茛科 Ranunculaceae	铁线莲属 *Clematis*	7	T1
兰科 Orchidaceae	羊耳蒜属 *Liparis*	7	T1
叶下珠科 Phyllanthaceae	叶下珠属 *Phyllanthus*	7	T2
豆科 Fabaceae	猪屎豆属 *Crotalaria*	7	T2
安息香科 Styracaceae	安息香属 *Styrax*	6	T2
莎草科 Cyperaceae	刺子莞属 *Rhynchospora*	6	T1
茜草科 Rubiaceae	粗叶木属 *Lasianthus*	6	T2
唇形科 Lamiaceae	大青属 *Clerodendrum*	6	T2
杜英科 Elaeocarpaceae	杜英属 *Elaeocarpus*	6	T5
谷精草科 Eriocaulaceae	谷精草属 *Eriocaulon*	6	T2
胡椒科 Piperaceae	胡椒属 *Piper*	6	T2
旋花科 Convolvulaceae	虎掌藤属 *Ipomoea*	6	T2
豆科 Fabaceae	鸡血藤属 *Callerya*	6	T5
堇菜科 Violaceae	堇菜属 *Viola*	6	T1
爵床科 Acanthaceae	马蓝属 *Strobilanthes*	6	T7
柿科 Ebenaceae	柿属 *Diospyros*	6	T2
大戟科 Euphorbiaceae	野桐属 *Mallotus*	6	T4
远志科 Polygalaceae	远志属 *Polygala*	6	T1
豆科 Fabaceae	云实属 *Caesalpinia*	6	T2
樟科 Lauraceae	樟属 *Cinnamomum*	6	T3

属的地理成分：植物属的分布区类型比科的分布区类型更有实际意义，属在地理分布上具有更加明确的地理区，地质年代和系统演化脉络更加清晰，其生物地理学特征、系统演化趋势也具有更近的亲缘，以及更近的地理分化史。

深圳地区种子植物783属可划分为15个类型（表1-9），其中世界分布属共63属（T1），热带性属（T2～

T7）共570个属，温带性属（T8～T15）共150个属，R/T值为3.8，与科的R/T值相当，整体上植物区系在属级水平也表现出很强的热带性质。

表1-9 深圳地区种子植物属的分布区类型及属内所含种数统计

分布区类型		属数	种数
T1	世界分布	63	215
T2	泛热带分布	206	536
T3	热带亚洲和热带美洲间断分布	23	68
T4	旧世界热带分布	90	181
T5	热带亚洲至热带大洋洲分布	95	175
T6	热带亚洲至热带大洋洲分布	36	49
T7	热带亚洲（印度—马来西亚）分布	120	194
热带性属所含种合计	热带性属（T2～T7）	570	1203
T8	北温带分布	50	140
T9	东亚和北美洲间断分布	24	53
T10	旧世界温带分布	21	25
T11	温带亚洲分布	2	3
T12	地中海区、西亚至中亚分布	2	2
T13	中亚分布	1	1
T14	东亚（东喜马拉雅—日本）分布	46	65
T15	中国特有分布	4	4
温带性属所含种合计	温带性属（T8～T15）	150	293
全部属及所含种合计		783	1711

T1 世界广布属：共63属，含215种。较丰富的有薹草属 *Carex* 23种、莎草属 *Cyperus* 22种，其他较丰富的还有悬钩子属 *Rubus*、珍珠茅属 *Scleria*、蒿属 *Artemisia*、荸荠属 *Eleocharis*、狸藻属 *Utricularia*、铁线莲属 *Clematis*、羊耳蒜属 *Liparis* 等。世界广布属为林缘、灌丛、灌草丛的常见成分。因其分布范围较广，不容易说明某一区域地理特征，因此在区系比较统计时常被扣除。

T2 泛热带分布属：206属，含536种。主要有榕属 *Ficus* 23种、陌上菜属 *Lindernia* 14种、画眉草属 *Eragrostis* 12种、紫珠属 *Callicarpa* 11种、菝葜属 *Smilax* 10种、薯蓣属 *Dioscorea* 9种、紫金牛属 *Ardisia* 9种、簕竹属 *Bambusa* 8种、马唐属 *Digitaria* 8种、山矾属 *Symplocos* 8种、山蚂蟥属 *Desmodium* 8种、石豆兰属 *Bulbophyllum* 8种。

T3 热带亚洲和热带美洲间断分布属：共23属，含68种。如冬青属 *Ilex* 13种、柃属 *Eurya* 9种、木姜子属 *Litsea* 9种、樟属 *Cinnamomum* 6种，其他还有泡花树属 *Meliosma*、滨蟛菊属 *Wedelia*、红豆属 *Ormosia*、山胡椒属 *Lindera*、番香圆属 *Turpinia*、雀梅藤属 *Sageretia*、树参属 *Dendropanax*、槟榔青属 *Spondias* 等。

T4 旧世界热带分布属：共90属，含181种。艾纳香属 *Blumea* 10种、蒲桃属 *Syzygium* 10种、野桐属 *Mallotus* 6种，其他还有水竹叶属 *Murdannia*、酸藤子属 *Embelia*、菅属 *Themeda*、五月茶属 *Antidesma*、线柱兰属 *Zeuxine*、菅属 *Themeda*、露兜树属 *Pandanus*、血桐属 *Macaranga*、杜茎山属 *Maesa*、蓝耳草属 *Cyanotis*、狸尾豆属 *Uraria*、牛鞭草属 *Hemarthria*、茜树属 *Aidia*、省藤属 *Calamus*、石龙尾属 *Limnophila*、土蜜树属 *Bridelia* 等。

T5 热带亚洲至热带大洋洲分布属：共95属，含175种，如耳草属*Hedyotis* 15种、山姜属*Alpinia* 7种、杜英属*Elaeocarpus* 6种、鸡血藤属*Callerya* 6种，其他还有野牡丹属*Melastoma*、瓜馥木属*Fissistigma*、带唇兰属*Tainia*、姜属*Zingiber*、栝楼属*Trichosanthes*、隔距兰属*Cleisostoma*、兰属*Cymbidium*、蜈蚣草*Eremochloa*、山龙眼属*Helicia*、猴耳环属*Archidendron*、野扁豆属*Dunbaria*、荛花属*Wikstroemia*、银背藤属*Argyreia*、假金发草属*Pseudopogonatherum*、露籽草属*Ottochloa*等。

T6 热带亚洲至热带非洲分布属：36属，含49种，如玉叶金花属*Mussaenda* 4种、莠竹属*Microstegium* 4种，其他还有芒属*Miscanthus*、藤黄属*Garcinia*、青藤属*Illigera*、崖角藤属*Rhaphidophora*、柊叶属*Phrynium*、离瓣寄生属*Helixanthera*、铁仔属*Myrsine*、脆兰属*Acampe*、藤麻属*Procris*、孩儿草属*Rungia*、海枣属*Phoenix*等。

T7 热带亚洲（印度—马来西亚）分布属：共120属，含194种，包括山茶属*Camellia* 11种、润楠属*Machilus* 11种、青冈属*Cyclobalanopsis* 10种、马蓝属*Strobilanthes* 6种、新木姜子属*Neolitsea* 5种，其他还有阔蕊兰属*Peristylus*、葛属*Pueraria*、冷饭藤属*Kadsura*、苦荬菜属*Ixeris*、波罗蜜属*Artocarpus*、赤车属*Pellionia*、蛇根草属*Ophiorrhiza*、金发草属*Pogonatherum*、含笑属*Michelia*、海芋属*Alocasia*、三蕊兰属*Neuwiedia*、秤钩风属*Diploclisia*、轮环藤属*Cyclea*等。

T8 北温带分布属：共50属，含140种，主要有飘拂草属*Fimbristylis* 27种、萹蓄属*Polygonum* 17种、杜鹃花属*Rhododendron* 8种，其他还有天南星属*Arisaema*、紫菀属*Aster*、槭属*Acer*、桂樱属*Laurocerasus*、蔷薇属*Rosa*、蓟属*Cirsium*、荚蒾属*Viburnum*、忍冬属*Lonicera*、斑叶兰属*Goodyera*、泽兰属*Eupatorium*、葡萄属*Vitis*、越橘属*Vaccinium*、胡颓子属*Elaeagnus*、盐麸木属*Rhus*、芙兰草属*Fuirena*、湖瓜草属*Lipocarpha*、龙牙草属*Agrimonia*、绶草属*Spiranthes*、黄杨属*Buxus*等。

T9 东亚和北美洲间断分布属：共24属，含53种，较丰富和典型的属有锥属*Castanopsis* 9种、柯属*Lithocarpus* 8种，其他还有木樨属*Osmanthus*、蛇葡萄属*Ampelopsis*、胡枝子属*Lespedeza*、长柄山蚂蟥属*Hylodesmum*、石楠属*Photinia*、八角属*Illicium*、皂荚属*Gleditsia*、勾儿茶属*Berchemia*、楤木属*Aralia*、枫香树属*Liquidambar*、三白草属*Saururus*、菖蒲属*Acorus*等，这些属大多是原始的、重要的木本属，大部分种系贫乏，大多是种子植物系统发育的孑遗属，特别是对研究东亚—北美植物区系的亲缘关系和演化历史具有重要意义。

T10 旧世界温带分布属：共21属，含25种，如女贞属*Ligustrum* 3种、梨属*Pyrus* 2种、瑞香属*Daphne* 2种，其他还有阴行草属*Siphonostegia*、风毛菊属*Saussurea*、菊属*Chrysanthemum*、苦苣菜属*Sonchus*、橐吾属*Ligularia*、地肤属*Kochia*、芦竹属*Arundo*、柽柳属*Tamarix*、鹅肠菜属*Myosoton*等。

T11 温带亚洲分布属：共2属，含3种，包括黄鹌菜属*Youngia* 2种和鸡眼草属*Kummerowia* 1种。

T12 地中海区、西亚至中亚分布属：共2属，含2种，即黄连木属*Pistacia*和木樨榄属*Olea*。

T13 中亚分布属：深圳1属1种，即莴苣属*Lactuca*。

T14 东亚（东喜马拉雅—日本）分布属：46属，含65种。其中较丰富的属有兔儿风属*Ainsliaea* 4种、野木瓜属*Stauntonia* 3种、猕猴桃属*Actinidia* 3种、石荠苎属*Mosla* 3种、箬竹属*Indocalamus* 3种、山麦冬属*Liriope* 3种等。

T15 中国特有分布属：共4属，含4种，即半枫荷属*Semiliquidambar*、棱果花属*Barthea*、箬竹属*Indocalamus*、双片苣苔属*Didymostigma*。

第2章　植被研究方法与植被分类系统

2.1　植被分类的概念与定义

植被是指覆盖于地球表面的植物群落的总称。以某一地区为研究对象时，该地区内植物群落的总体即是该地区的植被。植被是我们周围自然环境的重要组成要素之一，植被研究为我们提供了揭示自然环境规律的重要手段。植被具有固定太阳能、提供第一性生产量的作用，植被资源、物种多样性、自然保护状况等与我们人类社会发展息息相关。

植被分类就是将各种各样的植物群落按其固有特征纳入一定的等级系统，从而使比较杂乱的现象条理化，使各类型之间的相似性和差异性更为显著，以达到认识各类植被的目的。植被分类是了解一个地区植被特点及其与其他地区植被联系的重要手段，也是研究植被的具体结果。依据植物群落的不同特征，可将植被划分为多种类型，如按植被的立地环境可分为森林植被、草原植被、荒漠植被、草甸植被、沼泽植被；也可按植被形成过程，划分为自然植被和人工植被等（吴征镒等，1980）。植被分类是植被科学研究的基础（刘鸿雁，2005），植被分类过程中把植物群落的任何一个或几个特征作为分类依据，如植物群落的生态地理特征、物种组成特征、外貌结构特征、发展动态特点等，这些选取的分类依据就是植被分类原则，依据不同的分类原则划分出不同的植被分类系统。

2.1.1　中国植被分类原则

《中国植被》是首次对中国植被特征的全面总结，并形成了一套完整的植被分类系统。采用的植被分类原则为植物群落学—生态学分类原则，以群落本身特征和群落的生态关系为划分依据，植被分类系统中不同等级单位的划分侧重点不同，高级分类单位注重生态外貌，低级分类单位则注重群落物种组成和结构（吴征镒等，1980）。具体的划分主要依据4个方面。

（1）群落物种组成

物种组成是群落其他一切特征的基础，是最主要的植被分类依据。高级单位主要考虑优势层的优势种，低级单位则考虑各层的优势种。

（2）群落外貌和群落内部结构

植被的结构主要取决于群落内植物的生活型，而优势种的生活型刻画了群落的外貌，因此高级单位的主要划分依据是优势植物的生活型，来确定群落结构中的层片结构和群落分析时的功能群划分，《中国植被》中的生活型系统，主要有木本植物、半木本植物、草本植物和叶状体植物；木本植物下划分有常绿针叶乔木、落叶针叶乔木、常绿阔叶乔木、落叶阔叶乔木、常绿针叶灌木、常绿阔叶灌木、竹类、木质藤本植物、木质寄生植物等；半木本植物下划分为半灌木、小半灌木、垫状半灌木等；草本植物下分为多年生草本、一年生草本、寄生草本、腐生草本、水生草本等。

（3）生态地理特征

植物群落分布受到生态环境的制约，特定的植被类型总是与特定的生态环境相联系的，分布于不同生态环境区的群落，即使建群种相同，其群落特征也是不同的。因此与群落相关的生态因素也是划分植被类型的重要依据。比较常用的生态因素有水分因素、热量因素、光因素、土壤因素等。

（4）群落动态特征

任何植物群落都处于动态变化中，对植被类型进行划分时主要考虑群落的现状，但同时也要考虑群落的动态特征，如对于一些不稳定的演替群落，可将其归入演替过程中相对稳定的类型或其顶极群落所属类型中；一些演替过程中较稳定的类型则单独列出。

2.1.2　国外植被分类系统介绍

在国外的研究文献中，对植被分类系统的研究比较广泛，各有侧重，但也一直没有一套统一或公认的植被分类原则和系统。其分类原则，主要由单一原则到全面的原则或标准，当前则认为植物群落的一切特征都可以作为分类的依据，如外貌结构特征、植物种类组成、植被动态特征、生境特征等。并且，不同时期和不同国家都各自偏爱不同的分类系统，比较突出的有6类植被分类系统和方法（赵一，2010；李博，2000）。

（1）外貌或生态——外貌植被分类

该分类主要结合植物生活型、物种组成特征，以群落外貌为依据。以外貌为划分依据，应用较成熟的是联合国教育、科学及文化组织（联合国教科文组织，简称UNESCO）的植被分类系统，其主要系统单位有群系纲、群系亚纲、群系组、群系、亚群系。

（2）结构的植被分类

该分类代表有Dansereau（1957）、Kùchler（1967）和Fosberg（1967）的分类方案，他们考虑的群落结构特征主要有植物生活型、植物大小、群落覆盖度、叶子形状和大小、群落高度等，其中Fosberg（1967）严格地以现有植被的空间结构特征（距离、高度、覆盖度），植物生长型或生活型的特殊季相作为植被分类的重要标准，主要的系统单位有群系纲、群系组、群系、亚群系。

（3）动态的植被分类

该分类是Clements（1916）根据演替关系提出的一个植被分类系统，其植被分类首先划分出气候顶极群落类型，然后以年代顺序将各演替阶段的群落与气候顶极群落关联起来，划分依据主要是不同物种的优势度，认为群落优势物种的类型、优势物种的数量和分布与群落演替密切相关，主要分类系统单位有群系、群丛、变群丛、局丛。

（4）优势度的植被分类

该分类是依据一个或几个优势种所确定的群落进行分类，优势种通过其在群落的高度、覆盖度情况来确定，如北欧学者把群落各层优势种相同的群落称为基群丛，然后根据主要层次的异同划分更高级的单位，主要的分类单位有优势度型、群丛、基群丛。

（5）特征种的植被分类

主要以特征种的代表性划分群落类型，注重植物区系性质，也称Braun-Blanquet（1928）系统分类，其系统单位有群纲、群目、群属、群丛、亚群丛、亚群丛变型、亚群丛群相。该系统在德国、奥地利、日本等国家得到广泛采用。

（6）植被的数量分类

数量分类的基本思想是计算实体或属性间的相似系数。因此，大部分方法首先要求计算样地记录间的相似（或相异）系数，再以此为基础把样地记录归并为组，使得组间样地记录尽量相似，而不同组间的样地记录尽量相异。数量分类的方法很多，依据其特点可划分为等级聚合方法、等级划分法、非等级分类法和模糊数学分类法4种（张金屯，1998；张峰等，2000）。数量分类在样地资料的汇总、标准化、排列、计算等诸多方面提供了便利、快捷、准确和客观的手段，但它目前只是一种辅助手段，尚难用它建立起一套由低层到高阶的完整的分类体系（张金屯，2004）。

2.2 深圳市植被分类等级

深圳市植被分类单位主要参照《中国植被》以及编研的《中国植被志》(方精云等，2020)。各级单位对应的英文名称参考正在编研的《中国植被志》。高级、中级、低级的主要单位分别为植被型Vegetation Formation、群系Alliance和群丛Association，在植被型上设置了植被型组Vegetation Formation Group，依据实际情况辅助设置了植被亚型Vegetation Subformation、群系组Alliance Group和亚群系Suballiance。各等级划分如下。

高级单位：植被型组Vegetation Formation Group，植被型Vegetation Formation，植被亚型Vegetation Subformation。

中级单位：群系组Alliance Group，群系Alliance，亚群系Suballiance。

低级单位：群丛Association。

各等级的划分主要参考《中国植被》《中国植物区系与植被地理》《广东植被》《广东山区植被》等志书，划分依据如下。

植被型组：依据植被外貌特征和综合生态条件划分，将植被外貌、综合生态条件相似的植被型划分为一个植被型组，反映陆地生物群区主要植被类型和主要非地带性植被类型。

植被型：主要的高级分类单位，将建群种生活型组成相同或相近，结构相对一致的植物群落联合成植被型。

植被亚型：在同一植被型内，主要依据群落的生境和生态条件不同，同时参考群落外貌上的差异进行划分。植被亚型作为植被型的辅助单位，依据实际需要进行划分，部分植被型下可以不划分亚型。

群系组：植被型或亚型之下，建群种或共建种的亲缘关系相近的植物群落，或多个植物中经常形成共优势组合的植物群落联合为群系组，仅部分植被型或亚型下划分了群系组。

群系：主要的中级分类单位，优势层优势种或共建种相同的群落，联合成群系。

亚群系：群系下的辅助分类单位。建群种生态幅度较广的群系，其群落生境、物种组成会有明显差异，根据群落生境特征和优势种组成差异适当在群系下进一步划分为亚群系。大部分群系下不需要划分亚群系。

群丛：植被分类中最基本的低级分类单位。层片结构相同，各层片优势种、共优种或标志种相同，群落结构和动态特征以及生境相对一致，具有相似生产力的植物群落联合成群丛。

为反映深圳植被在中国植被中的地位，高级分类单位尽量与中国植被分类系统保持一致，仅新增中国植被分类系统中未提及的部分特殊类型。

2.3 植物群落特征分析方法

2.3.1 物种重要值分析

将深圳市植物群落样方中立木层物种数据进行合并分析，计算在深圳植被中各物种的重要值，并统计物种所在科、属的重要值，按重要值大小确定优势科、优势属、优势种。

立木层重要值（IV）=相对显著度（RD）+相对多度（RA）+相对频度（RF） （2-1）

林下层重要值（IV）=相对盖度（RC）+相对多度（RA）+相对频度（RF） （2-2）

$$RA=\frac{\text{某种植物的个体数}}{\text{所有植物个体总数}}\times 100 \quad (2\text{-}3)$$

$$RF=\frac{\text{某种植物的频度}}{\text{所有植物频度总和}}\times 100 \quad (2\text{-}4)$$

$$RD=\frac{\text{某种植物所有个体胸面积之和}}{\text{所有植物个体胸面积总和}}\times 100 \quad (2\text{-}5)$$

$$RC=\frac{\text{某种植物盖度之和}}{\text{所有植物盖度总和}}\times 100 \quad (2\text{-}6)$$

2.3.2　群落多样性分析

计算群落的Simpson多样性指数、Shannon-Wiener多样性指数、Pielous均匀度指数和Simpson生态优势度指数，并对不同类型群落的多样性进行分析。

（1）Simpson多样性指数（D）

$$D = 1-\sum P_i^2 \quad (2\text{-}7)$$

其中：$P_i=N_i/N$，i为随机第i种，N_i为某种物种的个体数，N为观察到的个体总数（孙儒泳等，1999）。

（2）Shannon-Wiener多样性指数（SW）

$$SW = -\sum_{i=1}^{S} P_i \log_2 P_i \quad (2\text{-}8)$$

其中：$P_i=N_i/N$，N_i为第i个物种的个体数，N为个体总数，S为物种数。

（3）Pielous均匀度指数（J_{SW}）

基于Shannon-Wiener指数的均匀度指数，公式为：

$$J_{sw} = \frac{SW}{\log_2 S} \quad (2\text{-}9)$$

其中：SW为多样性指数，S为物种数。

（4）Simpson生态优势度指数（C）

以Simpson指数测定生态优势度，公式为：

$$C = \sum_{i=1}^{S} \frac{n_i(n_i-1)}{N(N-1)} \quad (2\text{-}10)$$

其中：n_i为第i个种的重要值，N为所有种的重要值之和，S为物种数。

2.3.3　种群年龄结构分析

种群年龄以立木级表示，根据高（H）和胸径（DBH）划分为5级，Ⅰ级：H＜33 cm；Ⅱ级：H≥33 cm，DBH＜2.5 cm；Ⅲ级：2.5 cm≤DBH＜7.5 cm；Ⅳ级：7.5 cm≤DBH＜22.5 cm；Ⅴ级：DBH≥22.5 cm。根据各年龄级个体数比例绘制年龄结构图，绘制时不包括Ⅰ级幼苗。

2.4　深圳市植被分类系统

2.4.1　植被分类系统单位

依据《中国植被》的划分原则,《深圳植物志》第1卷将深圳地区的主要植被类型划分为4个植被型、12个植被亚型、56个群系（李沛琼等，2017a；2017b）。郭柯（2020）参考中国植被分类系统的修订方案，将深圳自然植被划分为森林、灌丛、草丛3个植被型组；将深圳人工栽培但目前处于自然状态的群落类型划分为单独的人工林植被型组，包括杉木林、桉树林、相思林等。

本次对深圳市全境的植被类型进行了全面调查，并参考新的《中国植被志》编研方案，高级单位设有植被型组、植被型、植被亚型，中级单位设置有群系组、群系、亚群系，低级单位为群丛；在此基础上，将深圳自然植被划分为3个植被型组，11个植被型，101个群系，252个群丛。人工植被按照中国植被划分方案又分为：林业植被和农业植被，其中林业植被划分为1个植被型组，3个植被型，24个群系，77个群丛；农业植被划分为3个植被型组，4个植被型，8个群系，10个群丛。

考虑到出版规范、阅读习惯，以及植被分类系统本身的等级体系，本书中在编排时采用了"代号与分类单位对应混排"的编排方法，即：

植被型组：用A_1、A_2、A_3……（自然植被），B_1、B_2、B_3……（人工植被），C_1、C_2、C_3……（农业植被）；

植被型：用Ⅰ、Ⅱ、Ⅲ……表示；

植被亚型：用Ⅰ-1、Ⅰ-2、Ⅰ-3……，Ⅱ-1、Ⅱ-2、Ⅱ-3……表示；

群系组：用Ⅰ-1a、Ⅰ-2a、Ⅰ-3a……，Ⅱ-1a、Ⅱ-2a、Ⅱ-3a……表示；

群系：用Ⅰ-1a-1、Ⅰ-2a-1、Ⅰ-3a-1……，Ⅱ-1a-1、Ⅱ-2a-1、Ⅱ-3a-1……表示；

亚群系：用Ⅰ-1a-1a、Ⅰ-2a-1a、Ⅰ-3a-1a……，Ⅱ-1a-1a、Ⅱ-2a-1a、Ⅱ-3a-1a……表示；

群丛：用1.、2.、3.……，各群系、亚群系下的群丛重复编号。

在植被分类系统中，并不是每一个等级都是必需的，其中，植被型组、植被型、群系、群丛，是基本单位，全部都有。而植被亚型、群系组、亚群系并不是都有划分和命名，因此，这里使用小写字母a、b、c……表示，即在植被亚型Ⅲ-1下，命名群系组为Ⅲ-1a、Ⅲ-1b……，而在群系Ⅲ-1a-1下，命名亚群系为Ⅲ-1a-1a，Ⅲ-1a-1b……。植被型组，参考传统的方法，划分为自然植被（用A系列表示）、人工植被（包括林业植被，用B系列表示；农业植被，用C表示），相应地在自然植被中，A_1—森林、A_2—灌丛、A_3—草地；在人工植被中，B_1—人工森林、B_2—人工灌丛、B_3—人工草地；在农业植被中，C_1—乔木类农业植被，C_2—灌木类农业植被，C_3—草本类农业植被等。

实际编排示例：

A_1 森林（植被型组 Vegetation Formation）

III 常绿阔叶林（植被型 Vegetation Subformation）

III-1 季风常绿阔叶林（植被亚型 Vegetation Subformation）

III-1a 低山季风常绿阔叶林（群系组 Alliance Group）

III-1a-22 大头茶林 *Polyspora axillaris* Alliance（群系 Alliance）

III-1a-22a 大头茶+短序润楠亚群系 *Polyspora axillaris* + *Machilus breviflora* Suballiance（亚群系 Suballiance）

1. 大头茶+短序润楠-九节-扇叶铁线蕨群丛 *Polyspora axillaris* + *Machilus breviflora* - *Psychotria asiatica* - *Adiantum flabellulatum* Association（群丛 Association）
2. 大头茶+短序润楠-油茶-扇叶铁线蕨群丛 *Polyspora axillaris* + *Machilus breviflora* - *Camellia oleifera* - *Adiantum flabellulatum* Association（群丛 Association）

III-1a-22b 大头茶+鹅掌柴+山油柑亚群系 *Polyspora axillaris* + *Schefflera heptaphylla* + *Acronychia pedunculata* Suballiance（亚群系 Suballiance）

1. 大头茶+鹅掌柴+山油柑-豺皮樟-黑莎草群丛 *Polyspora axillaris* + *Schefflera heptaphylla* + *Acronychia pedunculata* - *Litsea rotundifolia* var. *oblongifolia* - *Gahnia tristis* Association（群丛 Association）

2. 大头茶+鹅掌柴-豺皮樟-带唇兰+剑叶鳞始蕨群丛 *Polyspora axillaris*+*Schefflera heptaphylla*-*Litsea rotundifolia* var. *oblongifolia*-*Tainia dunnii*+*Lindsaea ensifolia* Association

植被系统的编排标识按3等级标准，并插入2个亚等级，即实际上含5个等级，如：

Ⅲ-1-1 表示“植被型-植被亚型-群系”三级系统；

Ⅲ-1a-1a 表示“植被型-植被亚型-群系组-群系-亚群系”五级系统。

2.4.2 深圳市植被分类系统

A 自然植被

A_1 森林 Forest（植被型组 Vegetation Formation Group）

Ⅰ 常绿针叶林 Evergreen Coniferous Forest（植被型 Vegetation Formation）

Ⅰ-1 暖性常绿针叶林 Warm Evergreen Coniferous Forest（植被亚型 Vegetation Subformation）

Ⅰ-1-1 **马尾松林** *Pinus massoniana* Alliance（群系 Alliance）

1. 马尾松-豺皮樟-芒萁群丛 *Pinus massoniana* - *Litsea rotundifolia* var. *oblongifolia* - *Dicranopteris pedata* Association（群丛 Association）

2. 马尾松-梅叶冬青+桃金娘-芒萁群丛 *Pinus massoniana* - *Ilex asprella* + *Rhodomyrtus tomentosa* - *Dicranopteris pedata* Association

3. 马尾松-岗松+桃金娘-芒萁群丛 *Pinus massoniana* - *Baeckea frutescens* + *Rhodomyrtus tomentosa* - *Dicranopteris pedata Association*

4. 马尾松-黄牛木+豺皮樟-芒萁群丛 *Pinus massoniana* - *Cratoxylum cochinchinense* + *Litsea rotundifolia* var. *oblongifolia* - *Dicranopteris pedata* Association

5. 马尾松-檵木+豺皮樟-芒萁+扇叶铁线蕨群丛 *Pinus massoniana* - *Loropetalum chinense* + *Litsea rotundifolia* var. *oblongifolia* - *Dicranopteris pedata* + *Adiantum flabellulatum* Association

6. 马尾松-布渣叶+九节群丛 *Pinus massoniana* - *Microcos paniculata* + *Psychotria asiatica* Association

Ⅱ 针阔叶混交林 Coniferous and Broad-leaved Mixed Forest

Ⅱ-1 暖性针阔叶混交林 Warm Coniferous and Broad-leaved Mixed Forest

Ⅱ-1-1 **马尾松+大头茶林** *Pinus massoniana*+*Polyspora axillaris* Alliance

1. 马尾松+大头茶-豺皮樟-芒萁群丛 *Pinus massoniana* + *Polyspora axillaris* - *Litsea rotundifolia* var. *oblongifolia* - *Dicranopteris pedata* Association

2. 马尾松+大头茶+浙江润楠-豺皮樟-芒萁群丛 *Pinus massoniana* + *Polyspora axillaris* + *Machilus chekiangensis* - *Litsea rotundifolia* var. *oblongifolia* - *Dicranopteris pedata* Association

Ⅱ-1-2 **马尾松+鹅掌柴林** *Pinus massoniana* + *Schefflera heptaphylla* Alliance

1. 马尾松+鹅掌柴-豺皮樟+桃金娘群丛 *Pinus massoniana* + *Schefflera heptaphylla* - *Litsea rotundifolia* var. *oblongifolia* + *Rhodomyrtus tomentosa* Association

2. 马尾松+鹅掌柴-银柴+梅叶冬青-山麦冬群丛 *Pinus massoniana* + *Schefflera heptaphylla* - *Aporosa dioica* + *Ilex asprella* - *Liriope spicata* Association

Ⅱ-1-3 **马尾松+黧蒴林** *Pinus massoniana* + *Castanopsis fissa* Alliance

1. 马尾松+黧蒴+山乌桕-桃金娘-芒萁群丛 *Pinus massoniana* + *Castanopsis fissa* + *Triadica*

cochinchinensis - *Rhodomyrtus tomentosa* - *Dicranopteris pedata* Association

Ⅱ-1-4 马尾松+米槠林 *Pinus massoniana* + *Castanopsis carlesii* Alliance

1. 马尾松+米槠-豺皮樟+九节-芒萁群丛 *Pinus massoniana* + *Castanopsis carlesii* - *Litsea rotundifolia* var. *oblongifolia* + *Psychotria asiatica* - *Dicranopteris pedata* Association

Ⅱ-1-5 马尾松+木荷+黧蒴林 *Pinus massoniana* + *Schima superba* + *Castanopsis fissa* Alliance

1. 马尾松+木荷+黧蒴-鼠刺+香楠-芒萁群丛 *Pinus massoniana* + *Schima superba* + *Castanopsis fissa* - *Itea chinensis* + *Aidia canthioides* - *Dicranopteris pedata* Association

Ⅱ-1-6 马尾松+木荷林 *Pinus massoniana* + *Schima superba* Alliance

1. 马尾松+木荷-桃金娘-芒萁群丛 *Pinus massoniana* + *Schima superba* - *Rhodomyrtus tomentosa* - *Dicranopteris pedata* Association

Ⅱ-1-7 马尾松+山乌桕林 *Pinus massoniana* + *Triadica cochinchinensis* Alliance

1. 马尾松+山乌桕+山油柑-狗骨柴-黑莎草群丛 *Pinus massoniana* + *Triadica cochinchinensis* + *Acronychia pedunculata* - *Diplospora dubia* - *Gahnia tristis* Association

Ⅱ-1-8 马尾松+鼠刺林 *Pinus massoniana* + *Itea chinensis* Alliance

1. 马尾松+鼠刺+鹅掌柴-杜鹃-团叶鳞始蕨群丛 *Pinus massoniana* + *Itea chinensis* + *Schefflera heptaphylla* - *Rhododendron simsII* - *Lindsaea orbiculata* Association

2. 马尾松+鼠刺+密花树-桃金娘-黑莎草+华山姜群丛 *Pinus massoniana* + *Itea chinensis* + *Myrsine seguinII* - *Rhodomyrtus tomentosa* - *Gahnia tristis* + *Alpinia oblongifolia* Association

3. 马尾松+鼠刺-豺皮樟+桃金娘-芒萁群丛 *Pinus massoniana* + *Itea chinensis* - *Litsea rotundifolia* var. *oblongifolia* + *Rhodomyrtus tomentosa* - *Dicranopteris pedata* Association

4. 马尾松+鼠刺-三花冬青-黑桫椤群丛 *Pinus massoniana* + *Itea chinensis* - *Ilex triflora* - *Alsophila podophylla* Association

Ⅱ-1-9 马尾松+革叶铁榄林 *Pinus massoniana* + *Sinosideroxylon wightianum* Alliance

1. 马尾松+革叶铁榄-三花冬青-芒萁群丛 *Pinus massoniana* + *Sinosideroxylon wightianum* - *Ilex triflora* - *Dicranopteris pedata* Association

2. 马尾松+革叶铁榄-野漆-扇叶铁线蕨群丛 *Pinus massoniana* + *Sinosideroxylon wightianum* - *Toxicodendron succedaneum* - *Adiantum flabellulatum* Association

Ⅱ-1-10 马尾松+樟林 *Pinus massoniana* + *Cinnamomum camphora* Alliance

1. 马尾松+樟-豺皮樟+九节群丛 *Pinus massoniana* + *Cinnamomum camphora* - *Litsea rotundifolia* var. *oblongifolia* + *Psychotria asiatica* Association

Ⅲ 常绿阔叶林 Evergreen Broad-leaved Forest

Ⅲ-1 季风常绿阔叶林 Monsoon Evergreen Broad-Leaved Forest

Ⅲ-1a 低山季风常绿阔叶林 Submontane Monsoon Evergreen Broad-leaved Forest Alliance Group（群系组 Alliance Group）

Ⅲ-1a-1 红鳞蒲桃林 *Syzygium hancei* Alliance

1. 红鳞蒲桃-豺皮樟-扇叶铁线蕨群丛 *Syzygium hancei* - *Litsea rotundifolia* var. *oblongifolia* - *Adiantum f labellulatum* Association

2. 红鳞蒲桃－大叶冬青－芒群丛 *Syzygium hancei* – *Ilex latifolia* – *Miscanthus sinensis* Association

3. 红鳞蒲桃＋鹅掌柴－豺皮樟＋九节－黑莎草群丛 *Syzygium hancei* + *Schefflera heptaphylla* –*Litsea rotundifolia* var. *oblongifolia*+ *Psychotria Asiatica* – *Gahnia tristis* Association

Ⅲ-1a-2 **革叶铁榄林** *Sinosideroxylon wightianum* Alliance

1. 革叶铁榄＋三花冬青－水团花群丛 *Sinosideroxylon wightianum* + *Ilex triflora* – *Adina pilulifera* Association

2. 革叶铁榄＋天料木－豺皮樟－扇叶铁线蕨群丛 *Sinosideroxylon wightianum* + *Homalium cochinchinense* – *Litsea rotundifolia* var. *oblongifolia* – *Adiantum flabellulatum* Association

3. 革叶铁榄＋岭南山竹子－细齿叶柃＋豺皮樟－黑莎草群丛 *Sinosideroxylon wightianum* + *Garcinia oblongifolia* – *Eurya nitida* + *Litsea rotundifolia* var. *oblongifolia* – *Gahnia tristis* Association

4. 革叶铁榄＋密花树－豺皮樟－山麦冬群丛 *Sinosideroxylon wightianum* + *Myrsine seguinii* –*Litsea rotundifolia* var. *oblongifolia*–*Liriope spicata* Association

Ⅲ-1a-3 **黄心树林** *Machilus gamblei* Alliance

1. 黄心树＋红鳞蒲桃－九节－露兜草群丛 *Machilus gamblei*+*Syzygium hancei*–*Psychotria asiatica*–*Pandanus austrosinensis* Association

2. 黄心树＋水团花＋红鳞蒲桃－九节－乌毛蕨群丛 *Machilus gamblei*+*Adina pilulifera*+*Syzygium hancei*–*Psychotria asiatica*–*Blechnum orientale* Association

Ⅲ-1a-4 **布渣叶林** *Microcos paniculata* Alliance

1. 布渣叶＋樟－豺皮樟－山麦冬群丛 *Microcos paniculata* + *Cinnamomum camphora* – *Litsea rotundifolia* var. *oblongifolia* – *Liriope spicata* Association

2. 布渣叶－豺皮樟－乌毛蕨群丛 *Microcos paniculata* – *Litsea rotundifolia* var. *oblongifolia* – *Blechnum orientale* Association

Ⅲ-1a-5 **黄杞林** *Engelhardia roxburghiana* Alliance

1. 黄杞－九节－黑莎草群丛 *Engelhardia roxburghiana* – *Psychotria asiatica* – *Gahnia tristis* Association

2. 黄杞＋黄心树－鼠刺＋油茶＋托竹－露兜草群丛 *Engelhardia roxburghiana* + *Machilus gamblei*–*Itea chinensis* + *Camellia oleifera* + *Pseudosasa cantorii* – *Pandanus austrosinensis* Association

3. 黄杞＋鹿角锥－九节＋罗伞树－扇叶铁线蕨群丛 *Engelhardia roxburghiana*+*Castanopsis lamontII* – *Psychotria asiatica* + *Ardisia quinquegona* – *Adiantum flabellulatum* Association

4. 黄杞－九节－黑莎草群丛 *Engelhardia roxburghiana* – *Psychotria asiatica* – *Gahnia tristis* Association

Ⅲ-1a-6 **鹅掌柴林** *Schefflera heptaphylla* Alliance

Ⅲ-1a-6a 鹅掌柴＋大头茶亚群系 *Schefflera heptaphylla*+*Polyspora axillaris* Suballiance（亚群系 Suballiance）

1. 鹅掌柴＋大头茶－九节－草珊瑚群丛 *Schefflera heptaphylla* + *Polyspora axillaris* – *Psychotria asiatica* – *Sarcandra glabra* Association

2. 鹅掌柴＋大头茶－九节－黑莎草群丛 *Schefflera heptaphylla* + *Polyspora axillaris* – *Psychotria asiatica* – *Gahnia tristis* Association

3. 鹅掌柴＋大头茶－毛茶＋豺皮樟－黑莎草群丛 *Schefflera heptaphylla* + *Polyspora axillaris* – *Antirhea chinensis* + *Litsea rotundifolia* var. *oblongifolia* – *Gahnia tristis* Association

Ⅲ-1a-6b 鹅掌柴＋华润楠＋黏木亚群系 *Schefflera heptaphylla*+*Machilus chinensis*+*Ixonanthes reticulata* Sub-Alliance

1. 鹅掌柴+华润楠+黏木-豺皮樟+毛茶-黑莎草群丛 *Schefflera heptaphylla* + *Machilus chinensis* + *Ixonanthes reticulata* - *Litsea rotundifolia* var. *oblongifolia* + *Antirhea chinensis* - *Gahnia tristis* Association

Ⅲ-1a-6c 鹅掌柴+假苹婆亚群系 *Schefflera heptaphylla*+*Sterculia lanceolata* Suballiance

1. 鹅掌柴+假苹婆-豺皮樟+水团花-山麦冬群丛 *Schefflera heptaphylla* + *Sterculia lanceolata* - *Litsea rotundifolia* var. *oblongifolia* + *Adina pilulifera* - *Liriope spicata* Association

Ⅲ-1a-6d 鹅掌柴+米槠亚群系 *Schefflera heptaphylla*+*Castanopsis carlesii* Suballiance

1. 鹅掌柴+米槠-豺皮樟+梅叶冬青群丛 *Schefflera heptaphylla* + *Castanopsis carlesii* - *Litsea rotundifolia* var. *oblongifolia* + *Ilex asprella* Association

Ⅲ-1a-6e 鹅掌柴+刨花润楠亚群系 *Schefflera heptaphylla*+*Machilus pauhoi* Suballiance

1. 鹅掌柴+红鳞蒲桃+刨花润楠-豺皮樟-芒萁群丛 *Schefflera heptaphylla* + *Syzygium hancei* + *Machilus pauhoi* - *Litsea rotundifolia* var. *oblongifolia* - *Dicranopteris pedata* Association

2. 鹅掌柴+鼠刺+刨花润楠-豺皮樟+九节-芒萁群丛 *Schefflera heptaphylla* + *Itea chinensis* + *Machilus pauhoi* - *Litsea rotundifolia* var. *oblongifolia* + *Psychotria asiatica* - *Dicranopteris pedata* Association

Ⅲ-1a-6f 鹅掌柴+鼠刺亚群系 *Schefflera heptaphylla*+*Itea chinensis* Suballiance

1. 鹅掌柴+鼠刺+五列木-桃金娘-芒萁群丛 *Schefflera heptaphylla* + *Itea chinensis* + *Pentaphylax euryoides* - *Rhodomyrtus tomentosa* - *Dicranopteris pedata* Association

2. 鹅掌柴+鼠刺-豺皮樟-苏铁蕨群丛 *Schefflera heptaphylla* + *Itea chinensis* - *Litsea rotundifolia* var. *oblongifolia* - *Brainea insignis* Association

Ⅲ-1a-6g 鹅掌柴+土蜜树亚群系 *Schefflera heptaphylla*+*Bridelia tomentosa* Suballiance

1. 鹅掌柴+土蜜树-豺皮樟-九节群丛 *Schefflera heptaphylla* + *Bridelia tomentosa* - *Litsea rotundifolia* var. *oblongifolia* - *Psychotria asiatica* Association

Ⅲ-1a-6h 鹅掌柴+樟亚群系 *Schefflera heptaphylla*+*Cinnamomum camphora* Suballiance

1. 鹅掌柴+樟-红淡比-金毛狗群丛 *Schefflera heptaphylla* + *Cinnamomum camphora* - *Cleyera japonica* - *Cibotium barometz* Association

Ⅲ-1a-6i 鹅掌柴+布渣叶亚群系*Schefflera heptaphylla*+*Microcos paniculate* Suballiance

1. 布渣叶+鹅掌柴-九节-半边旗群丛*Microcos paniculate*+*Schefflera heptaphylla*-*Psychotria asiatica*-*Pteris semipinnata* Association

Ⅲ-1a-6j 鹅掌柴+羊舌树亚群系*Schefflera heptaphylla*+*Symplocos glauca* Suballiance

1. 羊舌树+鹅掌柴-荔枝+托竹-半边旗+山麦冬群丛*Symplocos glauca*+*Schefflera heptaphylla*-*Litchi chinensis*+*Pseudosasa cantorii*-*Pteris semipinnata*+*Liriope spicata* Association

Ⅲ-1a-6k 鹅掌柴亚群系 *Schefflera heptaphylla* Suballiance

1. 鹅掌柴-九节-苏铁蕨群丛 *Schefflera heptaphylla* - *Psychotria asiatica* - *Brainea insignis* Association

2. 鹅掌柴+红鳞蒲桃-梅叶冬青-芒萁群丛*Schefflera heptaphylla*+*Syzygium hancei*-*Ilex asprella*-*Dicranopteris pedata* Association

3. 鹅掌柴+山油柑-九节+假鹰爪-半边旗+山麦冬群丛*Schefflera heptaphylla*+*Acronychia pedunculata*-*Psychotria asiatica*+*Desmos chinensis*-*Pteris semipinnata*+*Liriope spicata* Association

4. 鹅掌柴+山油柑-三桠苦+九节-乌毛蕨+草珊瑚群丛*Schefflera heptaphylla*+*Acronychia pedunculata*-*Melicope pteleifolia*+*Psychotria asiatica*-*Blechnum orientale*+*Sarcandra glabra* Association

5. 鹅掌柴+水团花+黄牛木-九节-半边旗群丛 *Schefflera heptaphylla+Adina pilulifera+Cratoxylum cochinchinense-Psychotria asiatica-Pteris semipinnata* Association

6. 鹅掌柴+水团花-九节+豺皮樟-草珊瑚+山麦冬群丛 *Schefflera heptaphylla+Adina pilulifera-Psychotria asiatica+Litsea rotundifolia* var. *oblongifolia-Sarcandra glabra+Liriope spicata* Association

7. 鹅掌柴+土沉香-九节+豺皮樟+香港大沙叶-山麦冬群丛 *Schefflera heptaphylla+Aquilaria sinensis - Psychotria asiatica+Litsea rotundifolia* var. *oblongifolia + Pavetta hongkongensis-Liriope spicata* Association

8. 鹅掌柴+银柴+假苹婆-九节+假鹰爪-淡竹叶群丛 *Schefflera heptaphylla+Aporosa dioica+Sterculia lanceolate-Psychotria asiatica+Desmos chinensis-Lophatherum gracile* Association

9. 鹅掌柴+银柴-九节-山麦冬群丛 *Schefflera heptaphylla+Aporosa dioica-Psychotria asiatica-Liriope spicata* Association

10. 鹅掌柴+竹节树-豺皮樟-黑莎草群丛 *Schefflera heptaphylla+Carallia brachiata-Litsea rotundifolia* var. *oblongifolia-Gahnia tristis* Association

11. 鹅掌柴-豺皮樟+毛冬青-扇叶铁线蕨群丛 *Schefflera heptaphylla-Litsea rotundifolia* var. *oblongifolia+Ilex pubescens-Adiantum flabellulatum* Association

12. 鹅掌柴-豺皮樟-芒萁群丛 *Schefflera heptaphylla-Litsea rotundifolia* var. *oblongifolia-Dicranopteris pedata* Association

13. 鹅掌柴+杂色榕-九节-半边旗群丛 *Schefflera heptaphylla+Ficus variegata-Psychotria asiatica-Pteris semipinnata* Association

Ⅲ-1a-7 **大花枇杷林** *Eriobotrya cavaleriei* Alliance

1. 大花枇杷+华润楠+鸭公树-金毛狗群丛 *Eriobotrya cavaleriei + Machilus chinensis + Neolitsea chui - Cibotium barometz* Association

Ⅲ-1a-8 **阴香林** *Cinnamomum burmannii* Alliance

1. 阴香+黄樟+软荚红豆-三桠苦+豺皮樟-蔓生莠竹群丛 *Cinnamomum burmannii + Cinnamomum parthenoxylon + Ormosia semicastrata - Melicope pteleifolia + Litsea rotundifolia* var. *oblongifolia - Microstegium fasciculatum* Association

2. 阴香-豺皮樟+野漆-九节群丛 *Cinnamomum burmannii - Litsea rotundifolia* var. *oblongifolia + Toxicodendron succedaneum - Psychotria asiatica* Association

3. 阴香+鹅掌柴-豺皮樟+九节-草豆蔻+半边旗群丛 *Cinnamomum burmannii+Schefflera heptaphylla-Litsea rotundifolia* var. *oblongifolia+ Psychotria asiatica-Alpinia katsumadae+Pteris semipinnata* Association

Ⅲ-1a-9 **樟林** *Cinnamomum camphora* Alliance

1. 樟+浙江润楠-梅叶冬青群丛 *Cinnamomum camphora + Machilus chekiangensis - Ilex asprella* Association

2. 樟-布渣叶+黄牛木+豺皮樟-九节群丛 *Cinnamomum camphora - Microcos paniculata + Cratoxylum cochinchinense + Litsea rotundifolia* var. *oblongifolia - Psychotria asiatica* Association

Ⅲ-1a-10 **厚壳桂林** *Cryptocarya chinensis* Alliance

1. 厚壳桂+黄樟+鹅掌柴-九节-草珊瑚群丛 *Cryptocarya chinensis + Cinnamomum parthenoxylon + Schefflera heptaphylla - Psychotria asiatica - Sarcandra glabra* Association

Ⅲ-1a-11 **刨花润楠林** *Machilus pauhoi* Alliance

1. 刨花润楠-罗伞树-桫椤群丛 *Machilus pauhoi - Ardisia quinquegona - Alsophila spinulosa* Association

Ⅲ-1a-12 **华润楠林** *Machilus chinensis* Alliance

1. 华润楠+白桂木+蕈树-罗伞树-乌毛蕨群丛 *Machilus chinensis* + *Artocarpus hypargyreus* + *Altingia chinensis* - *Ardisia quinquegona* - *Blechnum orientale* Association

2. 华润楠+亮叶冬青-密花树+赤楠-杜茎山群丛 *Machilus chinensis* + *Ilex nitidissima* - *Myrsine seguinii* + *Syzygium buxifolium* - *Maesa japonica* Association

3. 华润楠-九节-草珊瑚群丛 *Machilus chinensis* - *Psychotria asiatica* - *Sarcandra glabra* Association

4. 华润楠+密花树-狗骨柴+亮叶冬青-草珊瑚+芒萁群丛 *Machilus chinensis*+*Myrsine seguinii*-*Diplospora dubia*+*Ilex nitidissima*-*Sarcandra glabra*+*Dicranopteris pedata* Association

Ⅲ-1a-13 **浙江润楠林** *Machilus chekiangensis* Alliance

1. 浙江润楠+鹅掌柴-九节-单叶新月蕨群丛 *Machilus chekiangensis* + *Schefflera heptaphylla* - *Psychotria asiatica* - *Pronephrium simplex* Association

2. 浙江润楠+蒲桃-豺皮樟/杜鹃-草珊瑚群丛 *Machilus chekiangensis* + *Syzygium jambos* - *Litsea rotundifolia* var. *oblongifolia* / *Rhododendron simsii*- *Sarcandra glabra* Association

3. 浙江润楠-三花冬青-草珊瑚群丛 *Machilus chekiangensis* - *Ilex triflora* - *Sarcandra glabra* Association

Ⅲ-1a-14 **短序润楠林** *Machilus breviflora* Alliance

1. 短序润楠+浙江润楠-九节-黑桫椤群丛 *Machilus breviflora* + *Machilus chekiangensis* - *Psychotria asiatica* - *Alsophila podophylla* Association

2. 短序润楠+浙江润楠-鹅掌柴+桃金娘-草珊瑚群丛 *Machilus breviflora* + *Machilus chekiangensis* - *Schefflera heptaphylla* + *Rhodomyrtus tomentosa* - *Sarcandra glabra* Association

3. 短序润楠+鹅掌柴-桃金娘群丛 *Machilus breviflora* + *Schefflera heptaphylla* - *Rhodomyrtus tomentosa* Association

4. 短序润楠+光叶山矾-密花树+绿冬青+棱果花-华山姜群丛 *Machilus breviflora* + *Symplocos lancifolia* - *Myrsine seguinii* + *iiex viridis* + *Barthea barthei* - *Alpinia oblongifolia* Association

5. 短序润楠+岭南青冈-吊钟花+红淡比-苦竹+金毛狗群丛 *Machilus breviflora* + *Cyclobalanopsis championii* - *Enkianthus quinqueflorus* + *Cleyera japonica* - *Pleioblastus amarus* + *Cibotium barometz* Association

6. 短序润楠+樟+绿冬青-密花树+九节-草珊瑚群丛 *Machilus breviflora* + *Cinnamomum camphora* + *Ilex viridis* - *Myrsine seguinii* + *Psychotria asiatica* - *Sarcandra glabra* Association

7. 短序润楠-牛耳枫-类芦群丛 *Machilus breviflora* - *Daphniphyllum calycinum* - *Neyraudia reynaudiana* Association

8. 短序润楠+红鳞蒲桃-九节+独子藤-乌毛蕨群丛 *Machilus breviflora*+*Syzygium hancei*-*Psychotria asiatica*+*Celastrus monospermus*-*Blechnum orientale* Association

9. 短序润楠+密花树-鼠刺+九节+吊钟花-团叶鳞始蕨群丛 *Machilus breviflora*+*Myrsine seguinii*-*Itea chinensis*+*Psychotria asiatica*+*Enkianthus quinqueflorus*-*Lindsaea orbiculate* Association

Ⅲ-1a-15 **木荷林** *Schima superba* Alliance

1. 木荷+毛棉杜鹃-柏拉木-金毛狗群丛 *Schima superba* + *Rhododendron moulmainense* - *Blastus cochinchinensis* - *Cibotium barometz* Association

2. 木荷-九节-团叶鳞始蕨群丛 *Schima superba* - *Psychotria asiatica* - *Lindsaea orbiculata* Association

Ⅲ-1a-16 **青冈林** *Cyclobalanopsis glauca* Alliance

1. 青冈+黄牛木-豺皮樟-团叶鳞始蕨群丛 *Cyclobalanopsis glauca* + *Cratoxylum cochinchinense* - *Litsea rotundifolia* var. *oblongifolia* - *Lindsaea orbiculata* Association

Ⅲ-1a-17 **黧蒴林** *Castanopsis fissa* Alliance

1. 黧蒴+米槠-水团花+杜茎山群丛 *Castanopsis fissa* + *Castanopsis carlesii* - *Adina pilulifera* + *Maesa japonica* Association

2. 黧蒴-豺皮樟-团叶鳞始蕨群丛 *Castanopsis fissa* - *Litsea rotundifolia* var. *oblongifolia* - *Lindsaea orbiculata* Association

3. 黧蒴-柃叶连蕊茶+香楠-金毛狗群丛 *Castanopsis fissa* - *Camellia euryoides* + *Aidia canthioides* - *Cibotium barometz* Association

4. 黧蒴-罗伞树-山麦冬群丛 *Castanopsis fissa* - *Ardisia quinquegona* - *Liriope spicata* Association

5. 黧蒴-罗伞树-扇叶铁线蕨群丛 *Castanopsis fissa* - *Ardisia quinquegona* - *Adiantum flabellulatum* Association

6. 黧蒴-毛棉杜鹃-苏铁蕨群丛 *Castanopsis fissa* - *Rhododendron moulmainense* - *Brainea insignis* Association

7. 黧蒴+木荷-九节+鼠刺-金毛狗+乌毛蕨群丛 *Castanopsis fissa*+*Schima superba*-*Psychotria asiatica*+*Itea chinensis*-*Cibotium barometz*+*Blechnum orientale* Association

8. 黧蒴+鹅掌柴-豺皮樟+粗叶榕-乌毛蕨+芒萁群丛 *Castanopsis fissa*+*Schefflera heptaphylla*-*Litsea rotundifolia* var. *oblongifolia*+*Ficus hirta*-*Blechnum orientale*+*Dicranopteris pedata* Association

9. 黧蒴+银柴+鹅掌柴-九节-半边旗群丛 *Castanopsis fissa*+*Aporosa dioica*+*Schefflera heptaphylla*-*Psychotria asiatica*-*Pteris semipinnata* Association

Ⅲ-1a-18 **柯林** *Lithocarpus glaber* Alliance

1. 柯-九节-苏铁蕨群丛 *Lithocarpus glaber* - *Psychotria asiatica* - *Brainea insignis* Association

2. 柯+鹅掌柴-豺皮樟+九节-芒萁群丛 *Lithocarpus glaber*+*Schefflera heptaphylla*-*Litsea rotundifolia* var. *oblongifolia*+*Psychotria asiatica*-*Dicranopteris pedata* Association

Ⅲ-1a-19 **鹿角锥林** *Castanopsis lamontii* Alliance

1. 鹿角锥-九节+罗伞树-扇叶铁线蕨群丛 *Castanopsis lamontii* - *Psychotria asiatica* + *Ardisia quinquegona* - *Adiantum flabellulatum* Association

Ⅲ-1a-20 **米槠林** *Castanopsis carlesii* Alliance

1. 米槠+岭南青冈-九节-草珊瑚群丛 *Castanopsis carlesii* + *Cyclobalanopsis championii* - *Psychotria asiatica* - *Sarcandra glabra* Association

2. 米槠-梅叶冬青-草珊瑚群丛 *Castanopsis carlesii*-*Ilex asprella*-*Sarcandra glabra* Association

Ⅲ-1a-21 **鼠刺林** *Itea chinensis* Alliance

1. 鼠刺+黄樟-九节-芒萁群丛 *Itea chinensis* + *Cinnamomum parthenoxylon* - *Psychotria asiatica* - *Dicranopteris pedata* Association

2. 鼠刺+木荷-柃叶连蕊茶-黑莎草群丛 *Itea chinensis* + *Schima superba* - *Camellia euryoides* - *Gahnia tristis* Association

3. 鼠刺+山油柑-杜鹃-黑莎草群丛 *Itea chinensis* + *Acronychia pedunculata* - *Rhododendron simsii* - *Gahnia tristis* Association

4. 鼠刺+革叶铁榄+大头茶-豺皮樟-露兜草+垂穗石松群丛 *Itea chinensis* + *Sinosideroxylon wightianum* + *Polyspora axillaris* - *Litsea rotundifolia* var. *oblongifolia* - *Pandanus austrosinensis* + *Palhinhaea cernua* Association

5. 鼠刺+大头茶-豺皮樟+鹅掌柴-黑莎草群丛 *Itea chinensis* + *Polyspora axillaris* - *Litsea rotundifolia* var. *oblongifolia* + *Schefflera heptaphylla* - *Gahnia tristis* Association

6. 鼠刺+大头茶-吊钟花-单叶新月蕨群丛 *Itea chinensis* + *Polyspora axillaris* - *Enkianthus quinqueflorus* - *Pronephrium simplex* Association

7. 鼠刺+大头茶-吊钟花-深绿卷柏群丛 *Itea chinensis* + *Polyspora axillaris* - *Enkianthus quinqueflorus* - *Selaginella doederleinii* Association

8. 鼠刺+鹅掌柴-豺皮樟-草珊瑚群丛 *Itea chinensis*+*Schefflera heptaphylla*-*Litsea rotundifolia* var. oblongifolia-Sarcandra glabra Association

9. 鼠刺+鹅掌柴-九节+毛冬青-乌毛蕨群丛 *Itea chinensis*+*Schefflera heptaphylla*-*Psychotria asiatica*+*Ilex pubescens*-*Blechnum orientale* Association

Ⅲ-1a-22 **大头茶林** *Polyspora axillaris* Alliance

Ⅲ-1a-22a 大头茶+短序润楠亚群系 *Polyspora axillaris* + *Machilus breviflora* Suballiance

1. 大头茶+短序润楠-九节-扇叶铁线蕨群丛 *Polyspora axillaris* + *Machilus breviflora* - *Psychotria asiatica* - *Adiantum flabellulatum* Association

2. 大头茶+短序润楠-油茶-扇叶铁线蕨群丛 *Polyspora axillaris* + *Machilus breviflora* - *Camellia oleifera* - *Adiantum flabellulatum* Association

Ⅲ-1a-22b 大头茶+鹅掌柴亚群系 *Polyspora axillaris* + *Schefflera heptaphylla* Suballiance

1. 大头茶+鹅掌柴+山油柑-豺皮樟-黑莎草群丛 *Polyspora axillaris* + *Schefflera heptaphylla* + *Acronychia pedunculata* - *Litsea rotundifolia* var. *oblongifolia* - *Gahnia tristis* Association

2. 大头茶+鹅掌柴-豺皮樟-带唇兰+剑叶鳞始蕨群丛 *Polyspora axillaris*+*Schefflera heptaphylla*-*Litsea rotundifolia* var. *oblongifolia*-*Tainia dunnii*+*Lindsaea ensifolia* Association

Ⅲ-1a-22c 大头茶+华润楠亚群系 *Polyspora axillaris*+*Machilus chinensis* Suballiance

1. 大头茶+华润楠-鼠刺-芒萁群丛 *Polyspora axillaris* + *Machilus chinensis* - *Itea chinensis* - *Dicranopteris pedata* Association

2. 大头茶+华润楠-狗骨柴+亮叶冬青-草珊瑚群丛 *Polyspora axillaris*+*Machilus chinensis*-*Diplospora dubia*+*Ilex nitidissima*-*Sarcandra glabra* Association

Ⅲ-1a-22d 大头茶+樟亚群系 *Polyspora axillaris* + *Cinnamomum camphora* Suballiance

1. 大头茶+樟+鹅掌柴-柏拉木-金毛狗群丛 *Polyspora axillaris* + *Cinnamomum camphora* + *Schefflera heptaphylla* - *Blastus cochinchinensis* - *Cibotium barometz* Association

Ⅲ-1a-22e 大头茶+密花树亚群系 *Polyspora axillaris*+ *Myrsine seguinii* Suballiance

1. 大头茶+密花树-狗骨柴+鼠刺-草珊瑚群丛 *Polyspora axillaris*+*Myrsine seguinii*-*Diplospora dubia*+*Itea chinensis*-*Sarcandra glabra* Association

Ⅲ-1a-22f 大头茶亚群系 *Polyspora axillaris* SubaAlliance

1. 大头茶-豺皮樟-芒萁群丛 *Polyspora axillaris* - *Litsea rotundifolia* var. *oblongifolia* - *Dicranopteris pedata* Association

2. 大头茶-吊钟花-黑莎草群丛 *Polyspora axillaris* - *Enkianthus quinqueflorus* - *Gahnia tristis* Association

3. 大头茶-红淡比+密花树-黑莎草群丛 *Polyspora axillaris* - *Cleyera japonica* + *Myrsine seguinii* - *Gahnia tristis* Association

4. 大头茶-密花树-黑莎草群丛 *Polyspora axillaris* - *Myrsine seguinii* - *Gahnia tristis* Association

Ⅲ -1a-23 白楸林 *Mallotus paniculatus* Alliance

1. 白楸+荔枝+龙眼-紫玉盘-半边旗群丛 *Mallotus paniculatus+Litchi chinensis+Dimocarpus longan-Uvaria macrophylla-Pteris semipinnata* Association

2. 白楸-豺皮樟-山麦冬群丛 *Mallotus paniculatus-Litsea rotundifolia* var. *oblongifolia-Liriope spicata* Association

Ⅲ -1a-24 广东润楠林 *Machilus kwangtungensis* Alliance

1. 广东润楠+香叶树-九节-乌毛蕨+草珊瑚群丛 *Machilus kwangtungensis+Lindera communis-Psychotria asiatica-Blechnum orientale+Sarcandra glabra* Association

Ⅲ -1a-25 假鱼骨木林 *Psydrax dicocca* Alliance

1. 假鱼骨木+箣柊+山乌桕-梅叶冬青-扇叶铁线蕨群丛 *Psydrax dicocca+Scolopia chinensis + Triadica cochinchinensis - Ilex asprella - Adiantum flabellulatum* Association

2. 假鱼骨木+香花枇杷-茜树+谷木-山麦冬群丛 *Psydrax dicocca+Eriobotrya fragrans-Aidia cochinchinensis+Memecylon ligustrifolium-Liriope spicata* Association

Ⅲ -1a-26 栓叶安息香林 *Styrax suberifolius* Alliance

1. 栓叶安息香+鹅掌柴+岭南山竹子-毛茶+豺皮樟-芒萁群丛 *Styrax suberifolius+Schefflera heptaphylla +Garcinia oblongifolia-Antirhea chinensis+Litsea rotundifolia* var. *oblongifolia-Dicranopteris pedata* Association

Ⅲ -1a-27 香花枇杷林 *Eriobotrya fragrans* Alliance

1. 香花枇杷+鹅掌柴+华润楠-鼠刺+大苞白山茶-金毛狗群丛 *Eriobotrya fragrans+Schefflera heptaphylla+Machilus chinensis-Itea chinensis+Camellia granthamiana-Cibotium barometz* Association

2. 香花枇杷+两广梭罗+华润楠-九节+狗骨柴-金毛狗群丛 *Eriobotrya fragrans+Reevesia thyrsoidea+Machilus chinensis-Psychotria asiatica+Diplospora dubia-Cibotium barometz* Association

Ⅲ -1b 山地季风常绿阔叶林 Montane Monsoon Evergreen Broad-leaved Forest Alliance Group

Ⅲ -1b-1 **毛棉杜鹃林** *Rhododendron moulmainense* Alliance

1. 毛棉杜鹃+鼠刺+密花山矾-变叶榕-金毛狗群丛 *Rhododendron moulmainense + Itea chinensis + Symplocos congesta - Ficus variolosa - Cibotium barometz* Association

Ⅲ -1b-2 **吊钟花林** *Enkianthus quinqueflorus* Alliance

1. 吊钟花+密花树-棱果花-金毛狗群丛 *Enkianthus quinqueflorus + Myrsine seguinii - Barthea barthei - Cibotium barometz* Association

Ⅲ -1b-3 **钝叶假蚊母树林** *Distyliopsis tutcheri* Alliance

1. 钝叶假蚊母树+鹿角锥+密花树-锈叶新木姜子-流苏贝母兰群丛 *Distyliopsis tutcheri + Castanopsis lamontii + Myrsine seguinii - Neolitsea cambodiana - Coelogyne fimbriata* Association

Ⅲ -1b-4 **光亮山矾林** *Symplocos lucida* Alliance

1. 光亮山矾+大头茶-密花树-阿里山兔儿风群丛 *Symplocos lucida + Polyspora axillaris - Myrsine seguinii - Ainsliaea macroclinidioides* Association

Ⅲ -1b-5 **密花树林** *Myrsine seguinii* Alliance

1. 密花树+华润楠+鼠刺-吊钟花-单叶新月蕨群丛 *Myrsine seguinii + Machilus chinensis + Itea chinensis -*

Enkianthus quinqueflorus – *Pronephrium simplex* Association

2. 密花树+华润楠-穗花杉-巴郎耳蕨群丛 *Myrsine seguinii* + *Machilus chinensis* – *Amentotaxus argotaenia* – *Polystichum balansae* Association

3. 密花树+罗浮锥-鼠刺+吊钟花-淡竹叶群丛 *Myrsine seguinii* + *Castanopsis faberi* – *Itea chinensis* + *Enkianthus quinqueflorus* – *Lophatherum gracile* Association

Ⅲ-1b-6 **大果核果茶林** *Pyrenaria spectabilis* Alliance

1. 大果核果茶+密花树-狗骨柴群丛 *Pyrenaria spectabilis* + *Myrsine seguinii* – *Diplospora dubia* Association

Ⅳ 常绿与落叶阔叶混交林 Evergreen and Deciduous Broad-leaved Mixed Forest

Ⅳ-1 南亚热带常绿与落叶阔叶混交林 South Subtropical Evergreen and Deciduous Broad-leaved Mixed Forest

Ⅳ-1-1 **枫香树林** *Liquidambar formosana* Alliance

1. 枫香树+黄牛木-豺皮樟-芒萁群丛 *Liquidambar formosana* + *Cratoxylum cochinchinense* – *Litsea rotundifolia* var. *oblongifolia* – *Dicranopteris pedata* Association

2. 枫香树+山油柑-鼠刺+九节-草珊瑚群丛 *Liquidambar formosana* + *Acronychia pedunculata* – *Itea chinensis* + *Psychotria asiatica* – *Sarcandra glabra* Association

3. 枫香树+阴香-豺皮樟+九节-扇叶铁线蕨群丛 *Liquidambar formosana* + *Cinnamomum burmannii* – *Litsea rotundifolia* var. *oblongifolia* + *Psychotria asiatica* – *Adiantum flabellulatum* Association

4. 枫香树-豺皮樟+梅叶冬青-乌毛蕨群丛 *Liquidambar formosana* – *Litsea rotundifolia* var. *oblongifolia* + *Ilex asprella* – *Blechnum orientale* Association

Ⅳ-1-2 **山乌桕林** *Triadica cochinchinensis* Alliance

1. 大头茶+山乌桕-鼠刺+吊钟花-乌毛蕨群丛 *Polyspora axillaris* + *Triadica cochinchinensis* – *Itea chinensis* + *Enkianthus quinqueflorus* – *Blechnum orientale* Association

2. 鹅掌柴+山乌桕-豺皮樟-苏铁蕨群丛 *Schefflera heptaphylla* + *Triadica cochinchinensis* – *Litsea rotundifolia* var. *oblongifolia* – *Brainea insignis* Association

3. 鹅掌柴+山乌桕+土沉香-豺皮樟+梅叶冬青-芒萁群丛*Schefflera heptaphylla*+*Triadica cochinchinensis* +*Aquilaria sinensis*–*Litsea rotundifolia* var. *oblongifolia*+*Ilex asprella*–*Dicranopteris pedata* Association

4. 鹅掌柴+山乌桕-豺皮樟-芒萁群丛*Schefflera heptaphylla*+*Triadica cochinchinensis*–*Litsea rotundifolia* var. *oblongifolia*–*Dicranopteris pedata* Association

5. 山乌桕+鼠刺+红鳞蒲桃-豺皮樟+九节-芒萁+淡竹叶群丛*Triadica cochinchinensis*+*Itea chinensis*+ *Syzygium hancei*–*Litsea rotundifolia* var. *oblongifolia*+*Psychotria asiatica*–*Dicranopteris pedate*+*Lophatherum gracile* Association

Ⅳ-1-3 **野漆林** *Toxicodendron succedaneum* Alliance

1. 野漆-三桠苦+栀子-芒萁群丛 *Toxicodendron succedaneum* – *Melicope pteleifolia* + *Gardenia jasminoides* – *Dicranopteris pedata* Association

2. 野漆-桃金娘+三桠苦-芒萁群丛 *Toxicodendron succedaneum* – *Rhodomyrtus tomentosa*+*Melicope pteleifolia* – *Dicranopteris pedata* Association

3. 野漆+盐肤木-豺皮樟-芒萁群丛 *Toxicodendron succedaneum* + *Rhus chinensis* – *Litsea rotundifolia* var. *oblongifolia* – *Dicranopteris pedata* Association

4. 木荷+野漆-米碎花-三叉蕨群丛 *Schima superba* + *Toxicodendron succedaneum* - *Eurya chinensis* - *Tectaria subtriphylla* Association

5. 野漆+布渣叶-豺皮樟+银柴-山麦冬群丛 *Toxicodendron succedaneum* + *Microcos paniculata* - *Litsea rotundifolia* var. *oblongifolia* + *Aporosa dioica* - *Liriope spicata* Association

Ⅳ-1-4 **黄牛木林** *Cratoxylum cochinchinense* Alliance

1. 黄牛木+布渣叶-梅叶冬青-薇甘菊+山麦冬群丛 *Cratoxylum cochinchinense* + *Microcos paniculata* - *Ilex asprella* - *Mikania micrantha* + *Liriope spicata* Association

2. 黄牛木-豺皮樟+梅叶冬青-九节群丛 *Cratoxylum cochinchinense* - *Litsea rotundifolia* var. *oblongifolia* + *Ilex asprella* - *Psychotria asiatica* Association

3. 黄牛木+水团花-九节-山麦冬群丛 *Cratoxylum cochinchinense* + *Adina pilulifera* - *Psychotria asiatica*- *Liriope spicata* Association

Ⅳ-1-5 **朴树林** *Celtis sinensis* Alliance

1. 朴树+龙眼-九节+紫玉盘-山麦冬群丛 *Celtis sinensis* + *Dimocarpus longan* - *Psychotria asiatica* + *Uvaria macrophylla* - *Liriope spicata* Association

Ⅴ 季雨林 Monsoon Forest

Ⅴ-1 半常绿季雨林 Semi Evergreen Monsoon Forest

Ⅴ-1-1 **亮叶猴耳环林** *Archidendron lucidum* Alliance

1. 亮叶猴耳环-柃叶连蕊茶+鼠刺-金毛狗群丛 *Archidendron lucidum* - *Camellia euryoides* + *Itea chinensis* - *Cibotium barometz* Association

2. 亮叶猴耳环+海杧果+银叶树-阴香+罗伞树-海芋群丛 *Archidendron lucidum* + *Cerbera manghas* + *Heritiera littoralis* - *Cinnamomum burmannii*+*Ardisia quinquegona*-*Alocasia odora* Association

Ⅴ-1-2 白桂木林 *Artocarpus hypargyreus* Alliance

1. 白桂木+鹅掌柴-罗伞树+柳叶毛蕊茶群丛 *Artocarpus hypargyreus* + *Schefflera heptaphylla* - *Ardisia quinquegona* + *Camellia salicifolia* Association

2. 白桂木+翻白叶树-光叶紫玉盘+九节-三叉蕨群丛 *Artocarpus hypargyreus* + *Pterospermum heterophyllum* - *Uvaria boniana* + *Psychotria asiatica* - *Tectaria subtriphylla* Association

Ⅴ-1-3 假苹婆林 *Sterculia lanceolata* Alliance

1. 假苹婆+朴树-柃叶连蕊茶-溪边假毛蕨群丛 *Sterculia lanceolata* + *Celtis sinensis* - *Camellia euryoides* - *Pseudocyclosorus ciliatus* Association

2. 假苹婆+山油柑-常绿荚蒾+黑桫椤-唇柱苣苔群丛 *Sterculia lanceolata* + *Acronychia pedunculata* - *Viburnum sempervirens* - *Alsophila podophylla* + *Chirita sinensis* Association

3. 假苹婆-对叶榕-黑桫椤+金毛狗群丛 *Sterculia lanceolata* - *Ficus hispida* - *Alsophila podophylla* + *Cibotium barometz* Association

Ⅴ-1-4 **岭南山竹子林** *Garcinia oblongifolia* Alliance

1. 岭南山竹子+箣柊-艾胶算盘子-山椒子群丛 *Garcinia oblongifolia* + *Scolopia chinensis* - *Glochidion*

lanceolarium - *Uvaria grandiflora* Association

Ⅴ-1-5 **龙眼林** *Dimocarpus longan* Alliance

1. 龙眼+布渣叶+山蒲桃-九节+山椒子-杯苋群丛 *Dimocarpus longan* + *Microcos paniculata* + *Syzygium levinei* - *Psychotria asiatica* + *Uvaria grandiflora* - *Cyathula prostrata* Association

Ⅴ-1-6 **秋枫林** *Bischofia javanica* Alliance

1. 秋枫+橄榄-红鳞蒲桃-板蓝群丛 *Bischofia javanica* + *Canarium album* - *Syzygium hancei* - *Strobilanthes cusia* Association

Ⅴ-1-7 **山蒲桃林** *Syzygium levinei* Alliance

1. 山蒲桃+红鳞蒲桃-小果柿-刺头复叶耳蕨群丛 *Syzygium levinei* + *Syzygium hancei* - *Diospyros vaccinioides* - *Arachniodes aristata* Association

Ⅴ-1-8 **水东哥林** *Saurauia tristyla* Alliance

1. 水东哥+菩提树+浙江润楠-细齿叶柃-金毛狗群丛 *Saurauia tristyla* + *Ficus religiosa* + *Machilus chekiangensis* - *Eurya nitida* - *Cibotium barometz* Association

Ⅴ-1-9 **水翁林** *Syzygium nervosum* Alliance

1. 水翁+鹅掌柴-九节-露兜草群丛 *Syzygium nervosum* + *Schefflera heptaphylla* - *Psychotria asiatica* - *Pandanus austrosinensis* Association

2. 水翁+阴香+假苹婆-野蕉+桫椤-仙湖苏铁群丛 *Syzygium nervosum* + *Cinnamomum burmannii* + *Sterculia lanceolata* - *Musa balbisiana* + *Alsophila spinulosa* - *Cycas fairylakea* Association

Ⅴ-1-10 **臀果木林** *Pygeum topengii* Alliance

1. 臀果木+银柴+鹅掌柴-九节+罗伞树群丛 *Pygeum topengii* + *Aporosa dioica* + *Schefflera heptaphylla* - *Psychotria asiatica* + *Ardisia quinquegona* Association

Ⅴ-1-11 **香蒲桃林** *Syzygium odoratum* Alliance

1. 香蒲桃-黑叶谷木-淡竹叶群丛 *Syzygium odoratum* - *Memecylon nigrescens* - *Lophatherum gracile* Association

Ⅴ-1-12 **银柴林** *Aporosa dioica* Alliance

1. 银柴+黄桐+乌檀-九节-金毛狗群丛 *Aporosa dioica* + *Endospermum chinense* + *Nauclea officinalis* - *Psychotria asiatica* - *Cibotium barometz* Association

2. 银柴+土沉香-九节-草珊瑚群丛 *Aporosa dioica* + *Aquilaria sinensis* - *Psychotria asiatica* - *Sarcandra glabra* Association

3. 银柴+潺槁-豺皮樟+九节-山麦冬群丛*Aporosa dioica*+*Litsea glutinosa*-*Litsea rotundifolia* var. *oblongifolia*+*Psychotria asiatica*-*Liriope spicata* Association

4. 银柴+假苹婆+鹅掌柴-豺皮樟+九节-山麦冬群丛*Aporosa dioica*+*Sterculia lanceolate*+*Schefflera heptaphylla*-*Litsea rotundifolia* var. *oblongifolia*+*Psychotria asiatica*-*Liriope spicata* Association

5. 银柴+假苹婆+鹅掌柴-紫玉盘+假鹰爪-山麦冬群丛*Aporosa dioica*+*Sterculia lanceolate*+*Schefflera heptaphylla*-*Uvaria macrophylla*+*Desmos chinensis*-*Liriope spicata* Association

6. 银柴+山油柑-豺皮樟-山麦冬群丛*Aporosa dioica*+*Acronychia pedunculata*-*Litsea rotundifolia* var. *oblongifolia*-*Liriope spicata* Association

Ⅴ-1-13 **山油柑林** *Acronychia pedunculata* Alliance

1. 山油柑+三椏苦-毛菍-乌毛蕨+芒萁群丛 *Acronychia pedunculata* + *Melicope pteleifolia*- *Melastoma sanguineum* - *Blechnum orientale* + *Dicranopteris pedata* Association

2. 山油柑+黄牛木-香楠-海金沙群丛 *Acronychia pedunculata* + *Cratoxylum cochinchinense* - *Aidia canthioides* - *Lygodium japonicum* Association

3. 山油柑+鹅掌柴-桃金娘+野牡丹群丛 *Acronychia pedunculata* + *Schefflera heptaphylla* - *Rhodomyrtus tomentosa* + *Melastoma malabathricum* Association

4. 山油柑+黏木+革叶铁榄-豺皮樟-扇叶铁线蕨群丛 *Acronychia pedunculata* + *Ixonanthes reticulata* + *Sinosideroxylon wightianum* - *Litsea rotundifolia* var. *oblongifolia* - *Adiantum flabellulatum* Association

5. 山油柑+野漆-变叶榕群丛 *Acronychia pedunculata* + *Toxicodendron succedaneum* - *Ficus variolosa* Association

6. 山油柑+韧荚红豆-华马钱-山麦冬群丛*Acronychia pedunculata*+*Ormosia indurate*-*Strychnos cathayensis*-*Liriope spicata* Association

Ⅴ-1-14 **黄桐林** *Endospermum chinense* Alliance

1. 黄桐+鹅掌柴+银柴-九节-乌毛蕨群丛 *Endospermum chinense* + *Schefflera heptaphylla* + *Aporosa dioica* - *Psychotria asiatica* -*Blechnum orientale* Association

Ⅴ-1-15 **肉实树林** *Sarcosperma laurinum* Alliance

1. 肉实树+樟+假苹婆-紫玉盘+露兜树-草珊瑚群丛*Sarcosperma laurinum* + *Cinnamomum camphora* + *Sterculia lanceolate* - *Uvaria macrophylla* + *Pandanus tectorius* - *Sarcandra glabra* Association

2. 肉实树+杂色榕+假苹婆-粗叶木-半边旗群丛*Sarcosperma laurinum* + *Ficus variegate* + *Sterculia lanceolate* - *Lasianthus chinensis*-*Pteris semipinnata* Association

Ⅵ 红树林 Mangrove Forest

Ⅵ-1 海滩红树林 Seabeach Mangrove

Ⅵ-1-1 **海榄雌林** *Avicennia marina* Alliance

1. 海榄雌+秋茄群丛 *Avicennia marina* + *Kandelia obovata* Association

2. 海榄雌+蜡烛果群丛 *Avicennia marina* + *Aegiceras corniculatum* Association

Ⅵ-1-2 **海桑林** *Sonneratia caseolaris* Alliance

1. 海桑+无瓣海桑群丛 *Sonneratia caseolaris* + *Sonneratia apetala* Association

Ⅵ-1-3 **木榄林** *Bruguiera gymnorrhiza* Alliance

1. 木榄群丛 *Bruguiera gymnorrhiza* Association

Ⅵ-1-4 **秋茄林** *Kandelia obovata* Alliance

1. 秋茄+木榄群丛 *Kandelia obovata* + *Bruguiera gymnorrhiza* Association

2. 秋茄+蜡烛果群丛 *Kandelia obovata* + *Aegiceras corniculatum* Association

3. 秋茄群丛 *Kandelia obovata* Association

Ⅵ-1-5 **蜡烛果林** *Aegiceras corniculatum* Alliance

1. 蜡烛果+海榄雌群丛 *Aegiceras corniculatum* + *Avicennia marina* Association

2. 蜡烛果群丛 *Aegiceras corniculatum* Association

Ⅵ-1-6 **海漆林** *Excoecaria agallocha* Alliance

1. 海漆－苦郎树群丛 *Excoecaria agallocha* – *Clerodendrum inerme* Association

Ⅵ-2 海岸半红树林 Seashore Semi-mangrove

Ⅵ-2-1 **银叶树林** *Heritiera littoralis* Alliance

1. 银叶树群丛 *Heritiera littoralis* Association

Ⅵ-2-2 **黄槿林** *Hibiscus tiliaceus* Alliance

1. 黄槿+海漆群丛 *Hibiscus tiliaceus* – *Excoecaria agallocha* Association

Ⅶ 竹林 Bamboo Forest

Ⅶ-1 热性竹林 Hot Bamboo Forest

Ⅶ-1-1 **粉单竹林** *Bambusa chungii* Alliance

1. 粉单竹+撑篙竹+黄金间碧竹群丛 *Bambusa chungii* + *Bambusa pervariabilis* + *Bambusa vulgaris* f. vittata Association

2. 粉单竹+青皮竹群丛 *Bambusa chungii* + *Bambusa textilis* Association

Ⅶ-1-2 **麻竹林** *Dendrocalamus latiflorus* Alliance

1. 麻竹群丛 *Dendrocalamus latiflorus* Association

A_2 灌丛 Scrub

Ⅷ 常绿阔叶灌丛 Evergreen Broad-leaved Scrub

Ⅷ-1 热性常绿阔叶灌丛 Hot Evergreen Broad-leaved Scrub

Ⅷ-1-1 **笔管榕灌丛** *Ficus subpisocarpa* Alliance

1. 笔管榕+刺葵－桃金娘+细毛鸭嘴草群丛 *Ficus subpisocarpa* + *Phoenix loureiroi* – *Rhodomyrtus tomentosa* + *Ischaemum ciliare* Association

Ⅷ-1-2 **豺皮樟灌丛** *Litsea rotundifolia* var. *oblongifolia* Alliance

1. 豺皮樟－类芦群丛 *Litsea rotundifolia* var. *oblongifolia* – *Neyraudia reynaudiana* Association

2. 豺皮樟+山油柑－九节群丛 *Litsea rotundifolia* var. *oblongifolia* + *Acronychia pedunculata* – *Psychotria asiatica* Association

3. 豺皮樟+野漆+黄牛木－芒萁群丛 *Litsea rotundifolia* var. *oblongifolia* + *Toxicodendron succedaneum* + *Cratoxylum cochinchinense* – *Dicranopteris pedata* Association

4. 豺皮樟+银柴－类芦群丛 *Litsea rotundifolia* var. *oblongifolia* + *Aporosa dioica* – *Neyraudia reynaudiana* Association

5. 豺皮樟－芒萁群丛 *Litsea rotundifolia* var. *oblongifolia* – *Dicranopteris pedata* Association

Ⅷ-1-3 **厚皮香灌丛** *Ternstroemia gymnanthera* Alliance

1. 厚皮香－芒萁群丛 T*ernstroemia gymnanthera* – *Dicranopteris pedata* Association

Ⅷ-1-4 **黄牛木灌丛** *Cratoxylum cochinchinense* Alliance

1. 黄牛木+豺皮樟+水团花-芒萁群丛 *Cratoxylum cochinchinense* + *Litsea rotundifolia* var. *oblongifolia* + *Adina pilulifera* - *Dicranopteris pedata* Association

2. 黄牛木+桃金娘-夜花藤群丛 *Cratoxylum cochinchinense* + *Rhodomyrtus tomentosa* - *Hypserpa nitida* Association

Ⅷ-1-5 **水团花灌丛** *Adina pilulifera* Alliance

1. 水团花+鹅掌柴-山麦冬群丛 *Adina pilulifera* + *Schefflera heptaphylla* - *Liriope spicata* Association

Ⅷ-1-6 **鼠刺灌丛** *Itea chinensis* Alliance

1. 鼠刺-芒萁群丛 *Itea chinensis* - *Dicranopteris pedata* Association

2. 鼠刺+桃金娘-鳞籽莎群丛 *Itea chinensis* + *Rhodomyrtus tomentosa* - *Lepidosperma chinense* Association

Ⅷ-1-7 **大头茶灌丛** *Polyspora axillaris* Alliance

1. 大头茶-芒萁群丛 *Polyspora axillaris* - *Dicranopteris pedata* Association

2. 大头茶+桃金娘-芒萁群丛 *Polyspora axillaris*+*Rhodomyrtus tomentosa*-*Dicranopteris pedate* Association

Ⅷ-1-8 **桃金娘灌丛** *Rhodomyrtus tomentosa* Alliance

1. 桃金娘+了哥王-蔓九节群丛 *Rhodomyrtus tomentosa* + *Wikstroemia indica* - *Psychotria serpens* Association

2. 桃金娘-芒萁群丛 *Rhodomyrtus tomentosa* - *Dicranopteris pedata* Association

3. 桃金娘+满山红-芒群丛 *Rhodomyrtus tomentosa* +*Rhododendron mariesii* - *Miscanthus sinensis* Association

4. 桃金娘-黑莎草+耳基卷柏群丛 *Rhodomyrtus tomentosa* - *Gahnia tristis* + *Selaginella limbata* Association

5. 桃金娘-细毛鸭嘴草群丛 *Rhodomyrtus tomentosa* - *Ischaemum ciliare* Association

Ⅷ-1-9 **岗松灌丛** *Baeckea frutescens* Alliance

1. 岗松-细毛鸭嘴草群丛 *Baeckea frutescens* - *Ischaemum ciliare* Association

2. 岗松+桃金娘-黑莎草+芒萁群丛 *Baeckea frutescens* + *Rhodomyrtus tomentosa* - *Gahnia tristis* + *Miscanthus sinensis* Association

Ⅷ-1-10 **石斑木灌丛** *Rhaphiolepis indica* Alliance

1. 石斑木+杜鹃-细毛鸭嘴草+耳基卷柏群丛 *Rhaphiolepis indica* + *Rhododendron simsii* - *Ischaemum ciliare* + *Selaginella limbata* Association

2. 石斑木+满山红-芒+耳基卷柏群丛 *Rhaphiolepis indica* + *Rhododendron mariesii* - *Miscanthus sinensis* + *Selaginella limbata* Association

3. 石斑木+桃金娘-扇叶铁线蕨群丛 *Rhaphiolepis indica* + *Rhodomyrtus tomentosa* - *Adiantum flabellulatum* Association

Ⅷ-1-11 **满山红灌丛** *Rhododendron mariesii* Alliance

1. 满山红-芒+耳基卷柏群丛 *Rhododendron mariesii* - *Miscanthus sinensis* + *Selaginella limbata* Association

2. 满山红+赤楠-芒萁群丛 *Rhododendron mariesii* + *Syzygium buxifolium* - *Miscanthus sinensis* Association

Ⅷ-1-12 **格药柃灌丛** *Eurya muricata* Alliance

1. 格药柃-芒灌草丛 *Eurya muricata* - *Miscanthus sinensis* Association

2. 格药柃+/-芒/鳞籽莎+芒萁灌草丛 *Eurya muricata* +/- *Miscanthus sinensis* / *Lepidosperma chinense* + *Miscanthus sinensis* Association

Ⅷ-1-13 **黄杨灌丛** *Buxus sinica* Alliance

1. 黄杨+/-芒群丛 *Buxus sinica* - *Miscanthus sinensis* Association

Ⅷ-1-14 **栀子/赤楠灌丛** *Gardenia jasminoides* / *Syzygium buxifolium* Alliance

1. 栀子/赤楠+/-寄生藤灌丛 *Gardenia jasminoides* / *Syzygium buxifolium* - *Dendrotrophe varians* Association

Ⅸ 肉质刺灌丛 Succulent Thorny Shrub

Ⅸ-1 热带海滨沙滩刺灌丛 Tropical Coastal Beach Thorny Scrub

Ⅸ-1-1 **单叶蔓荆灌丛** *Vitex rotundifolia* Alliance

1. 单叶蔓荆+厚藤群丛 *Vitex rotundifolia* + *Ipomoea pes-caprae* Association

Ⅸ-1-2 **露兜树+箣柊灌丛** *Pandanus tectorius* +*Scolopia chinensis* Alliance

1. 露兜树+箣柊+米碎花-有芒鸭嘴草群丛 *Pandanus tectorius* + *Scolopia chinensis* + *Eurya chinensis* - *Ischaemum aristatum* Association

Ⅸ-1-3 **露兜树/露兜草+/刺葵灌丛** *Pandanus tectorius* / *Pandanus austrosinensis*+ / *Phoenix loureiroi* Alliance

1. 露兜树群丛 *Pandanus tectorius* Association

Ⅹ 竹灌丛 Bamboo Shrubland

Ⅹ-1 暖性竹灌丛 Subtropical Bamboo Shrubland

Ⅹ-1-1 **箬竹竹灌丛** *Indocalamus longiauritus* Alliance

1. 箬竹+芒/石斑木灌丛 *Indocalamus longiauritus*+ *Miscanthus sinensis* / *Rhaphiolepis indica* Association

Ⅹ-1-2 **彗竹竹灌丛** *Pseudosasa hindsii* Alliance

1. 彗竹灌丛 *Pseudosasa hindsii* Association

Ⅹ-1-3 **篌竹竹灌丛 Phyllostachys nidularia Alliance**

1. 篌竹+/桃金娘-芒萁+芒灌丛 *Phyllostachys nidularia* + / *Rhodomyrtus tomentosa* - *Dicranopteris pedata* + *Miscanthus sinensis* Association

A_3 草地 Grassland

Ⅺ 草丛 Herbosa

Ⅺ-1 禾草草丛 Gramineous Herbosa

Ⅺ-1-1 **芒草丛** *Miscanthus sinensis* Alliance

1. 芒+细毛鸭嘴草/蔓生莠竹草丛 *Miscanthus sinensis* + *Ischaemum ciliare* / *Miscanthus floridulus* Association

Ⅺ-1-2 **五节芒草丛** *Miscanthus floridulus* Alliance

1. 五节芒+类芦草丛 *Miscanthus floridulus* + *Neyraudia reynaudiana* Association

Ⅺ-1-3 **蔓生莠竹草/细毛鸭嘴草草丛** *Miscanthus floridulus* / *Ischaemum ciliare* Alliance

1. 蔓生莠竹/细毛鸭嘴草草丛 *Miscanthus floridulus* / *Ischaemum ciliare* Association

Ⅺ-1-4 **鳞籽莎草丛** *Lepidosperma chinense* Alliance

1. 鳞籽莎草丛 *Lepidosperma chinense* Association

Ⅺ-1-5 **洋野黍草丛** *Panicum dichotomiflorum* Alliance

1. 洋野黍+铺地黍群丛 *Panicum dichotomiflorum* + *Panicum repens* Association

Ⅺ-2 **滨海沙生草丛** Coastal Psammophytic Herbosa

Ⅺ-2-1 **老鼠艻草丛** *Spinifex littoreus* Alliance

1. 老鼠艻+海马齿草丛 *Spinifex littoreus* + *Sesuvium portulacastrum* Association

Ⅺ-2-2 **厚藤草丛** *Ipomoea pes-caprae* Alliance

1. 厚藤群丛 Ipomoea pes-caprae Association

Ⅺ-2-3 **珊瑚菜草丛** *Glehnia littoralis* Alliance

1. 珊瑚菜草丛 *Glehnia littoralis* Association

B 人工植被

B$_1$ 人工乔木林 Artificial Arbor Forest

Ⅻ 人工常绿针叶林 Artificial Evergreen Coniferous Forest

Ⅻ-1-1 **杉木林** *Cunninghamia lanceolata* Alliance

1. 杉木+鹅掌柴-豺皮樟-乌毛蕨群丛/半边旗群丛 *Cunninghamia lanceolata*+*Schefflera heptaphylla*-*Litsea rotundifolia* var. *oblongifolia*- *Blechnum orientale* / *Pteris semipinnata* Association

2. 杉木-豺皮樟-蔓生莠竹群丛 *Cunninghamia lanceolata* - *Litsea rotundifolia* var. *oblongifolia* - *Microstegium fasciculatum* Association

3. 杉木-九节群丛 *Cunninghamia lanceolata* - *Psychotria asiatica* Association

Ⅻ–1–2 **湿地松林** *Pinus elliottii* Alliance

1. 湿地松-豺皮樟-乌毛蕨群丛 *Pinus elliottii* - *Pinus elliottii* - *Blechnum orientale* Association

XIII 人工针阔叶混交林 *Artificial Coniferous* and Broad-leaved Mixed Forest

XIII-1a 杉木人工针阔叶混交林 *Cunninghamia lanceolata* Artificial Coniferous and Broad-leaved Mixed Forest Alliance Group

XIII-1a-1 **杉木+对叶榕林** *Cunninghamia lanceolata* + *Ficus hispida* Alliance

1. 杉木+对叶榕+布渣叶-九节-半边旗群丛 *Cunninghamia lanceolata* + *Ficus hispida* + *Microcos paniculata* - *Psychotria asiatica* - *Pteris semipinnata* Association

XIII-1a-2 **杉木+肉桂+土沉香林** *Cunninghamia lanceolata* + *Cinnamomum cassia* + *Aquilaria sinensis* Alliance

1. 杉木+肉桂+土沉香-九节-佩兰群丛 *Cunninghamia lanceolata* + *Cinnamomum cassia* + *Aquilaria sinensis* - *Psychotria asiatica* - *Eupatorium fortunei* Association

XIII-1a-3 **杉木+樟林/米槠林** *Cunninghamia lanceolata*+*Cinnamomum camphora* / *Castanopsis carlesii* Alliance

1. 杉木+樟/米槠-鹅掌柴-九节群丛 *Cunninghamia lanceolata* + *Cinnamomum camphora* / *Castanopsis carlesII* - *Schefflera heptaphylla* - *Psychotria asiatica* Association

XII-1b 马尾松人工针阔叶混交林 *Pinus massoniana* Artificial Coniferous and Broad-leaved Mixed

Forest Alliance Group

XIII-1b-1 **马尾松+马占相思林** *Pinus massoniana* + *Acacia mangium* Alliance

1. 马尾松+马占相思-岗松-芒萁群丛 *Pinus massoniana* + *Acacia mangium* - *Baeckea frutescens* - *Dicranopteris pedata* Association

2. 马尾松(/+杉木)+台湾相思+银柴-九节-山麦冬群丛 *Pinus massoniana* (/+*Cuninghamia lanceolata* + *Acacia confusa* + *Aporosa dioica* -*Psychotria asiatica* - *Liriope spicata* Association

XIII-1b-2 **马尾松+台湾相思林** *Pinus massoniana* + *Acacia confuse* Alliance

1. 马尾松+台湾相思+鼠刺-桃金娘+芒萁群丛 *Pinus massoniana* + *Acacia confusa* + *Itea chinensis* - *Rhodomyrtus tomentosa* + *Dicranopteris pedata* Association

2. 马尾松+台湾相思+银柴-九节-山麦冬群丛 *Pinus massoniana* + *Acacia confusa* + *Aporosa dioica* - *Psychotria asiatica* - *Liriope spicata* Association

XIV 人工阔叶林 Artificial Broad-leaved Forest

XIV-1a 桉林 *Eucalyptus* Forest Alliance Group

XVI -1a-1 **桉树林** *Eucalyptus robusta* Alliance

1. 桉树-毛菍-芒萁群丛 *Eucalyptus robusta* - *Melastoma sanguineum* - *Dicranopteris pedata* Association
2. 桉树+木油桐-荔枝群丛 *Eucalyptus robusta* + *Vernicia montana* - *Litchi chinensis* Association

XIV-1a-2 **赤桉林** *Eucalyptus camaldulensis* Alliance

1. 赤桉-水团花-类芦群丛 *Eucalyptus camaldulensis* - *Adina pilulifera* - *Neyraudia reynaudiana* Association

XIV-1a-3 **窿缘桉林** *Eucalyptus exserta* Alliance

1. 窿缘桉+柠檬桉-赤楠+梅叶冬青-芒萁群丛 *Eucalyptus exserta* + *Eucalyptus citriodora* - *Syzygium buxifolium* + *Ilex asprella* - *Dicranopteris pedata* Association
2. 窿缘桉-豺皮樟群丛 *Eucalyptus exserta* - *Litsea rotundifolia* var. *oblongifolia* Association
3. 窿缘桉-鹅掌柴-芒萁群丛 *Eucalyptus exserta* - *Schefflera heptaphylla* - *Dicranopteris pedata* Association

XIV-1a-4 **柠檬桉林** *Eucalyptus citriodora* Alliance

1. 柠檬桉-豺皮樟-小花露籽草群丛 *Eucalyptus citriodora* - *Litsea rotundifolia* var. *oblongifolia* - *Ottochloa nodosa* var. micrantha Association
2. 柠檬桉-三桠苦+桃金娘-芒萁群丛 *Eucalyptus citriodora* - *Melicope pteleifolia* + *Rhodomyrtus tomentosa* - *Dicranopteris pedata* Association
3. 柠檬桉-豺皮樟+梅叶冬青-山菅兰群丛*Eucalyptus citriodora*-*Litsea rotundifolia* var. *oblongifolia*+*Ilex asprella*-*Dianella ensifolia* Association

XIV-1a-5 **尾叶桉林** *Eucalyptus urophylla* Alliance

1. 尾叶桉+木荷-豺皮樟-芒群丛 *Eucalyptus urophylla* + *Schima superba* - *Litsea rotundifolia* var. *oblongifolia* - *Miscanthus sinensis* Association
2. 尾叶桉+木荷-山乌桕+荔枝-芒萁群丛 *Eucalyptus urophylla* + *Schima superba* - *Triadica cochinchinensis* + *Litchi chinensis* - *Dicranopteris pedata* Association
3. 尾叶桉+西南木荷-梅叶冬青-芒萁群丛*Eucalyptus urophylla*+*Schima wallichii*-*Ilex asprella*-*Dicranopteris pedate* Association

XIV-1b 相思树林 *Acacia* Forest Alliance Group

XIV -1b-1 **大叶相思林** *Acacia auriculiformis* Alliance

1. 大叶相思+柯-豺皮樟-芒萁群丛 *Acacia auriculiformis* + *Lithocarpus glaber* - *Litsea rotundifolia* var. *oblongifolia* - *Dicranopteris pedata* Association

2. 大叶相思+革叶铁榄-岗松-越南叶下珠群丛 *Acacia auriculiformis* + *Sinosideroxylon wightianum* - *Baeckea frutescens* - *Phyllanthus cochinchinensis* Association

3. 大叶相思-梅叶冬青-扇叶铁线蕨群丛 *Acacia auriculiformis* - *Ilex asprella* - *Adiantum flabellulatum* Association

4. 大叶相思-水团花+梅叶冬青-芒萁群丛 *Acacia auriculiformis* - *Adina pilulifera* + *Ilex asprella* - *Dicranopteris pedata* Association

5. 大叶相思-梅叶冬青+桃金娘-芒萁群丛 *Acacia auriculiformis*-*Ilex asprella*+*Rhodomyrtus tomentosa*-*Dicranopteris pedata* Association

6. 大叶相思+木荷+阴香-鹅掌柴-钳唇兰群丛 *Acacia auriculiformis*+*Schima superba*+*Cinnamomum burmannII*-*Schefflera heptaphylla*-*Erythrodes blumei* Association

XIV -1b-2 **马占相思林** *Acacia mangium* Alliance

1. 马占相思+革叶铁榄-鹅掌柴-芒萁群丛 *Acacia mangium* + *Sinosideroxylon wightianum* - *Schefflera heptaphylla* - *Dicranopteris pedata* Association

2. 马占相思-豺皮樟+鹅掌柴-山菅兰群丛 *Acacia mangium* - *Litsea rotundifolia* var. *oblongifolia* + *Schefflera heptaphylla* - *Dianella ensifolia* Association

3. 马占相思-豺皮樟+野漆-芒萁群丛 *Acacia mangium* - *Litsea rotundifolia* var. *oblongifolia* + *Toxicodendron succedaneum* - *Dicranopteris pedata* Association

4. 马占相思-梅叶冬青-扇叶铁线蕨群丛 *Acacia mangium* - *Ilex asprella* - *Adiantum flabellulatum* Association

5. 马占相思-米碎花+鹅掌柴-芒萁群丛 *Acacia mangium* - *Eurya chinensis* + *Schefflera heptaphylla* - *Dicranopteris pedata* Association

6. 马占相思-三桠苦-芒萁群丛 *Acacia mangium* - *Melicope pteleifolia* - *Dicranopteris pedata* Association

7. 马占相思-野漆-芒萁群丛 *Acacia mangium* - *Toxicodendron succedaneum* - *Dicranopteris pedata* Association

8. 马占相思-银柴+桃金娘-芒萁群丛 *Acacia mangium* - *Aporosa dioica* + *Rhodomyrtus tomentosa* - *Dicranopteris pedata* Association

9. 马占相思+鹅掌柴-梅叶冬青+豺皮樟-芒萁+半边旗群丛 *Acacia mangium*+*Schefflera heptaphylla*-*Ilex asprella*+*Litsea rotundifolia* var. *oblongifolia*-*Dicranopteris pedate*+*Pteris semipinnata* Association

10. 马占相思+木荷-九节+豺皮樟-乌毛蕨群丛 *Acacia mangium*+*Schima superba*+*Psychotria asiatica*+*Litsea rotundifolia* var. *oblongifolia*-*Blechnum orientale* Association

11. 马占相思+木荷-石斑木-芒萁群丛 *Acacia mangium*+*Schima superba*–*Rhaphiolepis indica*–*Dicranopteris pedata* Association

12. 马占相思+木麻黄-黑面神群丛 *Acacia mangium*+*Casuarina equisetifolia*-*Breynia fruticosa* Association

13. 马占相思+木油桐+木荷-豺皮樟-芒萁+乌毛蕨群丛 *Acacia mangium*+*Vernicia montana*+*Schima superba*-*Litsea rotundifolia* var. *oblongifolia*-*Dicranopteris pedate*+*Blechnum orientale* Association

14. 马占相思+布渣叶-梅叶冬青-蔓生莠竹群丛 *Acacia mangium*+*Microcos paniculate*-*Ilex asprella*-*Microstegium fasciculatum* Association

XIV-1b-3 **台湾相思林** *Acacia confusa* Alliance

XIV-1b-3a 台湾相思+大叶相思亚群系 *Acacia confusa+Acacia auriculiformis* Suballiance

1. 台湾相思+大叶相思-豺皮樟群丛 *Acacia confusa* + *Acacia auriculiformis* - *Litsea rotundifolia* var. *oblongifolia* Association

2. 台湾相思+大叶相思-米碎花-越南叶下珠群丛 *Acacia confusa* + *Acacia auriculiformis* - *Eurya chinensis* - *Phyllanthus cochinchinensis* Association

XIV-1b-3b 台湾相思+布渣叶亚群系 *Acacia confusa* + *Microcos paniculata* Suballiance

1. 台湾相思+布渣叶-酒饼簕群丛 *Acacia confusa* + *Microcos paniculata* - *Atalantia buxifolia* Association

XIV-1b-3c 台湾相思+野漆亚群系 *Acacia confusa* + *Toxicodendron succedaneum* Suballiance

1. 台湾相思+野漆-豺皮樟-淡竹叶/扇叶铁线蕨群丛 *Acacia confusa* + *Toxicodendron succedaneum* - *Litsea rotundifolia* var. *oblongifolia* / *Lophatherum gracile Adiantum flabellulatum* Association

XIV-1b-3d 台湾相思-九节亚群系 *Acacia confusa-Psychotria asiatica* Suballiance

1. 台湾相思-布渣叶/银柴+九节-海金沙/假蒟群丛 *Acacia confusa* - *Microcos paniculata* / *Aporosa dioica* +*Psychotria asiatica* - *Lygodium japonicum* / *Piper sarmentosum* Association

2. 台湾相思-九节-蔓生莠竹群丛 *Acacia confusa* - *Psychotria asiatica* - *Microstegium fasciculatum* Association

XIV-1b-3e 台湾相思-豺皮樟亚群系 *Acacia confusa* - *Litsea rotundifolia* var. *oblongifolia* Suballiance

1. 台湾相思-豺皮樟-芒萁/芒群丛 *Acacia confusa* - *Litsea rotundifolia* var. *oblongifolia* - *Dicranopteris pedata* / *Miscanthus sinensis* Association

2. 台湾相思-豺皮樟-扇叶铁线蕨+山麦冬群丛 *Acacia confusa* - *Litsea rotundifolia* var. *oblongifolia* - *Adiantum flabellulatum* + *Liriope spicata* Association

XIV-1b-3f 台湾相思亚群系 *Acacia confusa* Suballiance

1. 台湾相思-黄牛木/桃金娘-芒萁群丛 *Acacia confusa* - *Cratoxylum cochinchinense* / *Rhodomyrtus tomentosa* - *Dicranopteris pedata* Association

2. 台湾相思-山菅兰群丛 *Acacia confusa* - *Dianella ensifolia* Association

3. 台湾相思-银柴-山麦冬群丛 *Acacia confusa* - *Aporosa dioica* - *Liriope spicata* Association

XIV-1b-4 **相思树+桉林** *Acacia* spp. + *Eucalyptus* spp. Alliance

XIV-1b-4a 台湾相思+尾叶桉亚群系 *Acacia confusa* + *Eucalyptus urophylla* Suballiance

1. 台湾相思+尾叶桉-梅叶冬青/米碎花-芒萁群丛 *Acacia confusa* + *Eucalyptus urophylla* - *Ilex asprella* / *Eurya chinensis* - *Dicranopteris pedata* Association

2. 台湾相思+尾叶桉-豺皮樟-山麦冬群丛 *Acacia confusa* + *Eucalyptus urophylla* - *Litsea rotundifolia* var. *oblongifolia* - *Liriope spicata* Association

XIV-1b-4b 台湾相思+柠檬桉亚群系 *Acacia confusa* + *Eucalyptus citriodora* Suballiance

1. 台湾相思+柠檬桉-桃金娘/豺皮樟-藿香蓟群丛 *Acacia confusa* + *Eucalyptus citriodora* - *Rhodomyrtus tomentosa* / *Litsea rotundifolia* var. *oblongifolia* - *Ageratum conyzoides* Association

XIV-1b-4c 马占相思+桉亚群系 *Acacia mangium* + *Eucalyptus* spp. Suballiance

1. 马占相思+尾叶桉-鹅掌柴-芒萁群丛 *Acacia mangium* + *Eucalyptus urophylla* - *Schefflera heptaphylla* - *Dicranopteris pedata* Association

2. 马占相思+柠檬桉-豺皮樟群丛 *Acacia mangium+Eucalyptus citriodora-Litsea rotundifolia* var. *oblongifolia* Association

3. 桉树+马占相思/大叶相思–毛菍–芒萁群丛 *Eucalyptus robusta / Eucalyptus exserta / Eucalyptus camaldulensis+ Acacia mangium / Acacia auriculiformis– Melastoma sanguineum– Dicranopteris pedata* Association

XIV-1c 其他人工阔叶林 Other Artificial Broad-leaved Forest Alliance Group

XIV-1c-1 栲+阴香林 *Castanopsis fargesii + Cinnamomum burmannii* Alliance

1. 栲+阴香林–三椏苦群丛 *Castanopsis fargesii + Cinnamomum burmannii – Melicope pteleifolia* Association

XIV-1c-2 醉香含笑林 *Michelia macclurei* Alliance

1. 醉香含笑+马占相思–梅叶冬青–芒萁群丛 *Michelia macclurei+Acacia mangium–Ilex asprella–Dicranopteris pedata* Association

2. 醉香含笑+鹅掌柴–梅叶冬青/豺皮樟–乌毛蕨+芒萁群丛 *Michelia macclurei+Schefflera heptaphylla–Ilex asprella / Litsea rotundifolia* var. *oblongifolia –Blechnum orientale+Dicranopteris pedata* Association

3. 醉香含笑+海南蒲桃+黧蒴–豺皮樟+变叶榕–黑莎草+芒萁群丛 *Michelia macclurei+Syzygium hainanense+Castanopsis fissa–Litsea rotundifolia* var. *oblongifolia+Ficus variolosa–Gahnia tristis+Dicranopteris pedata* Association

XIV-1c-3 壳菜果林 *Mytilaria laosensis* Alliance

1. 壳菜果+樟–梅叶冬青–山麦冬群丛 *Mytilaria laosensis+Cinnamomum camphora+Ilex asprella+Liriope spicata* Association

XIV-1c-4 木荷林 *Schima superba* Alliance

1. 木荷–银柴+九节–半边旗+扇叶铁线蕨群丛 *Schima superba–Aporosa dioica+Psychotria asiatica–Pteris semipinnata+Adiantum flabellulatum* Association

XIV-1c-5 南洋楹林 *Falcataria moluccana* Alliance

1. 南洋楹+山鸡椒–龙眼+三椏苦–小花露籽草群丛 *Falcataria moluccana+Litsea cubeba–Dimocarpus longan+Melicope pteleifolia–Ottochloa nodosa* var. *micrantha* Association

XIV-1c-6 乌榄林 *Canarium pimela* Alliance

1. 乌榄–梅叶冬青+豺皮樟–芒萁群丛 *Canarium pimela–Ilex asprella+Litsea rotundifolia* var. *oblongifolia–Dicranopteris pedata* Association

XIV-1c-7 玉兰林 *Yulania denudate* Alliance

1. 玉兰+大花紫薇–豺皮樟+油茶–芒萁群丛 *Yulania denudata+Lagerstroemia speciose–Litsea rotundifolia* var. *oblongifolia+Camellia oleifera–Dicranopteris pedata* Association

XIV-1c-8 银合欢林 *Leucaena leucocephala* Alliance

1. 银合欢群丛 *Leucaena leucocephala* Association

XIV-1c-9 土沉香林 *Aquilaria sinensis* Alliance

1. 土沉香群丛 *Aquilaria sinensis* Association

XIV-1c-10 无瓣海桑林 *Sonneratia apetala* Alliance

1. 无瓣海桑群丛 *Sonneratia apetala* Association

XIV-1c-11 互叶白千层林 *Melaleuca alternifolia* Alliance

1. 互叶白千层-野牡丹-毛果珍珠茅群丛*Melaleuca alternifolia-Melastoma malabathricum-Scleria levis* Association

C 农业植被 Agriculture Vegetation

C_1 乔木类农业植被 Arbor Agriculture Vegetation （植被型组）

XV 乔木类果园 Arbor Orchard（植被型）

XV-1-1 **荔枝林果园***Litchi chinensis* Alliance（群系）

1. 荔枝-藿香蓟群丛*Litchi chinensis-Ageratum conyzoides* Association
2. 荔枝+凤凰木群丛*Litchi chinensis+Delonix regia* Association
3. 荔枝+潺槁群丛*Litchi chinensis+Litsea glutinosa* Association

XV-1-2 **龙眼林果园***Dimocarpus longan* Alliance

1. 龙眼群丛*Dimocarpus longan* Association

XV-1-3 **杧果林果园***Mangifera indica* Alliance

1. 杧果+波罗蜜群丛 *Mangifera indica+ Artocarpus heterophyllus* Association

XV-1-4 **阳桃林果园***Averrhoa carambola* Alliance

1. 阳桃+番木瓜群丛 *Averrhoa carambola+Carica papaya* Association

XV-1-5 **梅林果园** *Prunus mume* Alliance

1. 梅群丛 *Prunus mume* Association

XV-1-6 **黄皮林果园** *Clausena lansium* Alliance

1. 黄皮群丛 *Clausena lansium* Association

C_2 灌木类农业植被 Shrub Agriculture Vegetation（植被型组）

XVI 饮料类作物园 Beverage Crop（植被型）

XVI-1-1 **茶园** *Camellia sinensis* Alliance

1. 茶群丛*Camellia sinensis* Association

C_3 草本类农业植被 Herbaceous Agriculture Vegetation（植被型组）

XVII 粮食类作物园 Food Crop（植被型）

XVII-1-1 **稻田***Oryza sativa* Alliance

1. 稻群丛*Oryza sativa* Association

XVIII 草本类果园 Herbaceous Orchard（植被型）

XVIII-1-1 **香蕉+大蕉果园***Musa nana+Musa × paradisiaca* Alliance

1. 香蕉+大蕉群丛*Musa nana+Musa × paradisiaca* Association

XVIII-1-2 **火龙果果园***Hylocereus undatus* Alliance

1. 火龙果群丛*Hylocereus undatus* Association

第3章　深圳市植被类型及其主要特征

3.1　森林（A_1）

森林（A_1植被型组），是以乔木生活型植物或乔木状植物为优势层优势种组成的植物群落联合而成的植被型组。深圳市森林植被型组共包含7个植被型，分别为常绿针叶林、针阔叶混交林、常绿阔叶林、常绿与落叶阔叶混交林、季雨林、红树林和竹林。

3.1.1　常绿针叶林（Ⅰ）

常绿针叶林（Ⅰ，植被型），是建群种为常绿针叶树种的森林。常绿针叶林的分布范围很广，从寒温带到热带，从平原到亚高山均有它的分布。《中国植物区系与植被地理》中，根据热量条件差异将常绿针叶林划分为4个植被亚型：寒温性常绿针叶林（Cold-Temperate Evergreen Coniferous Forest）、温性常绿针叶林（Temperate Evergreen Coniferous Forest）、暖性常绿针叶林（Warm Evergreen Coniferous Forest）及热性常绿针叶林（Hot Evergreen Coniferous Forest）。深圳的常绿针叶林植被型中只分布1种植被亚型，为暖性常绿针叶林。

本亚型主要分布于亚热带地区，以暖性松林为代表，分布面积最大的是西部的云南松*Pinus yunnanensis*林和东部的马尾松林，此外分布范围较广的还有杉木林、柏木*Cupressus funebris*林等。

深圳自然分布的占优势的针叶树种较少，仅有松科的马尾松*Pinus massoniana*、罗汉松科的竹柏*Nageia nagi*、红豆杉科的穗花杉*Amentotaxus argotaenia*。其中成为深圳暖性针叶林建群种的只有马尾松，因此本亚型下仅含马尾松林一个群系（图3-1）。深圳的马尾松林群系主要为人工栽培或常绿阔叶林被破坏后形成的次生林，大多分布于海拔200 m以下受到人为干扰较严重的地区和山地近山顶区域混交次生林。马尾松为乔木层建群种，能够适应干旱和贫瘠的生境，也是南亚热带森林演替过程中的先锋树种。

图3-1　常绿针叶林（Ⅰ）之马尾松林群系（大鹏半岛）

Ⅰ-1 暖性常绿针叶林 Warm Evergreen Coniferous Forest（植被亚型）

Ⅰ-1-1 马尾松林 *Pinus massoniana* Alliance（群系）

马尾松林群系包含有6个群丛，群落结构简单，可分为乔、灌、草3层。乔木层以马尾松占绝对优势，高可达16 m，伴生有马占相思、大叶相思、木荷、柠檬桉、黧蒴等。灌木层物种丰富，高2～5 m，常以豺皮樟、梅叶冬青、桃金娘、岗松、破布叶、九节、黄牛木、檵木等占优势。林下层高0.3～1 m，主要以芒萁占优势种，还有许多乔灌层植物的幼苗。主要分布于仙湖植物园、梅林山公园、内伶仃岛、笔架山、大鹏半岛等地。

在马尾松-岗松+桃金娘-芒萁群丛（表3-1）中，马尾松的重要值远高于其他物种，重要值排在第2、第3的为灌木优势种岗松和桃金娘，乔木层还有台湾相思、大叶相思等，群落物种数少，为人为干扰的马尾松次生林。

在马尾松-破布叶+九节群丛（表3-2）中，马尾松的重要值也远高于其他物种，其次为破布叶、九节，因破布叶的高度级位于灌木层，其与九节为灌木层优势物种，其他乔木树种有少量栽培的樟树、阴香、洋蒲桃等；灌木层以豺皮樟和黄牛木为多，群落也为人工干扰比较大的马尾松次生林。

表3-1 马尾松-岗松+桃金娘-芒萁群丛（XH-S19）乔灌层重要值分析

序号	种名	株数	相对多度 RA	相对频度 RF	物种胸面积和/cm^2	相对显著度 RD	重要值 IV
1	马尾松 *Pinus massoniana*	64	37.87	17.39	1676.00	80.03	135.30
2	岗松 *Baeckea frutescens*	43	25.44	13.04	69.79	3.33	41.82
3	桃金娘 *Rhodomyrtus tomentosa*	30	17.75	17.39	54.79	2.62	37.76
4	台湾相思 *Acacia confusa*	16	9.47	17.39	211.40	10.09	36.95
5	石斑木 *Raphiolepis indica*	5	2.96	8.70	7.93	0.38	12.03
6	大叶相思 *Acacia auriculiformis*	4	2.37	4.35	53.79	2.57	9.28
7	豺皮樟 *Litsea rotundifolia* var. *oblongifolia*	2	1.18	4.35	7.80	0.37	5.90
8	豆腐柴 *Premna microphylla*	2	1.18	4.35	2.81	0.13	5.67
9	三椏苦 *Melicope pteleifolia*	1	0.59	4.35	3.90	0.19	5.13
10	银柴 *Aporosa dioica*	1	0.59	4.35	3.90	0.19	5.13
11	木竹子 *Garcinia multiflora*	1	0.59	4.35	1.99	0.10	5.03

表3-2 马尾松-破布叶+九节群丛（BJS-S18）乔灌层重要值分析

序号	种名	株数	相对多度 RA	相对频度 RF	物种胸面积和/cm^2	相对显著度 RD	重要值 IV
1	马尾松 *Pinus massoniana*	37	32.74	10.00	8814.55	91.74	134.49
2	破布叶 *Microcos paniculata*	21	18.58	10.00	455.84	4.74	33.33
3	九节 *Psychotria rubra*	14	12.39	10.00	48.07	0.50	22.89
4	豺皮樟 *Litsea rotundifolia* var. *oblongifolia*	8	7.08	10.00	34.55	0.36	17.44
5	樟 *Cinnamomum camphora*	9	7.96	6.67	91.79	0.96	15.59
6	黄牛木 *Cratoxylum cochinchinense*	3	2.65	10.00	24.61	0.26	12.91
7	阴香 *Cinnamomum burmannii*	4	3.54	6.67	44.16	0.46	10.67
8	野漆 *Toxicodencron succedanea*	3	2.65	6.67	27.52	0.29	9.61
9	洋蒲桃 *Syzygium samarangense*	6	5.31	3.33	51.57	0.54	9.18
10	粗叶榕 *Ficus hirta*	2	1.77	6.67	2.33	0.02	8.46

（续表）

序号	种名	株数	相对多度 RA	相对频度 RF	物种胸面积和/cm^2	相对显著度 RD	重要值 IV
11	艾胶算盘子 *Glochidion lanceolarium*	1	0.88	3.33	7.96	0.08	4.30
12	蒲桃 *Syzygium jambos*	1	0.88	3.33	1.27	0.01	4.23
13	山油柑 *Acronychia pedunculata*	1	0.88	3.33	1.27	0.01	4.23
14	石斑木 *Raphiolepis indica*	1	0.88	3.33	1.27	0.01	4.23
15	龙眼 *Dimocarpus longan*	1	0.88	3.33	0.72	0.01	4.23
16	梅叶冬青 *Ilex asprella*	1	0.88	3.33	0.32	0.00	4.22

3.1.2 针阔叶混交林（Ⅱ）

针阔叶混交林（Ⅱ，植被型），乔木层以针叶树种和阔叶树种共同占优势。《中国植被》及《中国植物区系与植被地理》中所描述的原生性针阔叶混交林属于温性森林，可分为两类，一类是分布于东北山地的温带地区地带性植被——红松*Pinus koraiensis*针阔叶混交林；另一类是分布于亚热带中山的铁杉*Tsuga chinensis*针阔叶混交林，是山地阔叶林带向山地针叶林带过渡的垂直带植被类型。这两个类型分别划分为典型针阔叶混交林（温带）和山地针阔叶混交林（亚热带）两个植被亚型，而这两个植被亚型在《中国植被》中都属于温性针阔叶混交林。分布于深圳的针阔叶混交林不应属于这两个植被亚型中的任何一个，是常绿阔叶林被破坏后，在恢复过程中由常绿针叶林向常绿阔叶林演替形成的次生性针阔叶混交林，是不稳定的演替系列类型。故参考常绿针叶林植被型下植被亚型的划分，根据热量差异增加暖性针阔叶混交林植被亚型，将深圳的针阔叶混交林划分为暖性针阔叶混交林植被亚型。

深圳的针阔叶混交林主要分布于田头山、排牙山、三洲田、内伶仃岛、仙湖植物园、铁岗水库、大鹏半岛东山寺后山、南山公园、笔架山等地，常为阔叶树种与马尾松形成的混交林，包含有10个群系，16个群丛（图3-2）。针叶树优势种为马尾松，阔叶树优势种有大头茶、鹅掌柴、黧蒴、米槠、木荷、山乌桕、山油柑、鼠刺、密花树、铁榄等。若不受到干扰，针阔混交林将较快地向季风常绿阔叶林演替。

图3-2 针阔叶混交林（II）之马尾松+毛棉杜鹃群落（梧桐山）

Ⅱ-1 暖性针阔叶混交林 Warm Coniferous and Broad-leaved Mixed Forest（植被亚型）

Ⅱ-1-1 马尾松+大头茶林*Pinus massoniana*+*Polyspora axillaris* Alliance （群系）

马尾松+大头茶林群系包含2个群丛，植被外貌较平整，呈深绿色。乔木优势种主要有马尾松、浙江润楠、鸭脚木、山油柑、短序润楠、罗浮柿、银柴等；灌木层优势种有大头茶、豺皮樟、鼠刺、桃金娘、狗骨柴、九节、栀子等，一般灌木层盖度比较大，约60%～80%；草本层较稀疏，主要有芒萁、山菅兰、乌毛蕨、海金沙、扇叶铁线蕨、团叶鳞始蕨、剑叶凤尾蕨等。主要分布在马峦山、田头山、排牙山。

在马尾松+大头茶+浙江润楠-豺皮樟-芒萁群丛（表3-3）中，大头茶的重要值最高，其个体数和胸面积和远高于其他物种，其他乔木优势种依次为浙江润楠、马尾松、山油柑，伴生有鹅掌柴、罗浮锥、黄樟、光叶山矾等；灌木层优势种为豺皮樟、鼠刺和桃金娘，重要值排名依次为第5～7，其他伴生有香楠、光叶山矾、栀子、狗骨柴等。

表3-3 马尾松+大头茶+浙江润楠-豺皮樟-芒萁群丛（PYS-S11）乔灌层重要值分析

序号	种名	株数	相对多度 RA	相对频度 RF	物种胸面积和/cm^2	相对显著度 RD	重要值 IV
1	大头茶*Gordonia axillaris*	105	20.87	8.39	11741.00	40.50	69.76
2	浙江润楠*Machilus chekiangensis*	61	12.13	8.39	5424.76	18.71	39.23
3	马尾松*Pinus massoniana*	32	6.36	7.69	4346.46	14.99	29.05
4	山油柑*Acronychia pedunculata*	39	7.75	4.20	3377.27	11.65	23.60
5	豺皮樟*Litsea rotundifolia* var. *oblongifolia*	71	14.12	6.99	479.14	1.65	22.76
6	鼠刺*Itea chinensis*	47	9.34	8.39	457.13	1.58	19.31
7	桃金娘*Rhodomyrtus tomentosa*	39	7.75	6.99	242.15	0.84	15.58
8	香楠*Aidia canthioides*	17	3.38	6.99	169.52	0.58	10.96
9	光叶山矾*Symplocos lancifolia*	9	1.79	4.20	929.46	3.21	9.19
10	鹅掌柴*Schefflera heptaphylla*	10	1.99	4.20	400.20	1.38	7.56
11	山矾*Symplocos sumuntia*	7	1.39	2.10	644.58	2.22	5.71
12	栀子*Gardenia jasminoides*	6	1.19	3.50	69.57	0.24	4.93
13	黄樟*Cinnamomum parthenoxylon*	3	0.60	2.10	65.57	0.23	2.92
14	野漆*Toxicodencron succedanea*	3	0.60	2.10	54.51	0.19	2.88
15	绒毛润楠*Machilus velutina*	3	0.60	2.10	38.91	0.13	2.83
16	狗骨柴*Diplospora dubia*	6	1.19	1.40	46.61	0.16	2.75
17	罗浮锥*Castanopsis fabri*	8	1.59	0.70	75.84	0.26	2.55
18	箣柊*Scolopia chinensis*	4	0.80	1.40	95.99	0.33	2.52
19	变叶榕*Ficus variolosa*	4	0.80	1.40	32.15	0.11	2.30
20	石斑木*Raphiolepis indica*	3	0.60	1.40	7.88	0.03	2.02
21	杨桐*Adinandra millettii*	2	0.40	1.40	11.54	0.04	1.84
22	山乌桕*Sapium discolor*	2	0.40	1.40	7.96	0.03	1.82
23	毛冬青*Ilex pubescens*	2	0.40	1.40	4.85	0.02	1.81
24	华润楠*Machilus chinensis*	3	0.60	0.70	111.43	0.38	1.68
25	黧蒴*Castanopsis fissa*	2	0.40	0.70	43.61	0.15	1.25
26	白背算盘子*Glochidion wrightii*	2	0.40	0.70	42.41	0.15	1.24
27	山鸡椒*Litsea cubeba*	1	0.20	0.70	38.52	0.13	1.03

（续表）

序号	种名	株数	相对多度 RA	相对频度 RF	物种胸面积和/cm²	相对显著度 RD	重要值 IV
28	岭南山竹子 *Garcinia oblongifolia*	1	0.20	0.70	7.96	0.03	0.93
29	银柴 *Aporosa dioica*	1	0.20	0.70	3.90	0.01	0.91
30	中华杜英 *Elaeocarpus chinensis*	1	0.20	0.70	3.90	0.01	0.91
31	细齿叶柃 *Eurya nitida*	1	0.20	0.70	2.86	0.01	0.91
32	常绿荚蒾 *Viburnum sempervirens*	1	0.20	0.70	1.99	0.01	0.90
33	簕欓 *Zanthoxylum avicennae*	1	0.20	0.70	1.99	0.01	0.90
34	密花树 *Myrsine sequinii*	1	0.20	0.70	1.99	0.01	0.90
35	山杜英 *Elaeocarpus sylvestris*	1	0.20	0.70	1.99	0.01	0.90
36	乌材 *Diospyros eriantha*	1	0.20	0.70	1.99	0.01	0.90
37	细轴荛花 *Wikstroemia nutans*	1	0.20	0.70	1.99	0.01	0.90
38	野牡丹 *Melastoma candidum*	1	0.20	0.70	1.99	0.01	0.90
39	米碎花 *Eurya chinensis*	1	0.20	0.70	1.27	0.00	0.90

Ⅱ-1-2 马尾松+鹅掌柴林 *Pinus massoniana*+*Schefflera heptaphylla* Alliance（群系）

马尾松+鹅掌柴林群系包括2个群丛，乔木层物种较少，优势种主要有马尾松、台湾相思、鹅掌柴、簕欓、假苹婆等；灌木层物种丰富，优势种主要有鹅掌柴、银柴、豺皮樟、桃金娘、梅叶冬青、黄牛木、牛耳枫等；草本层常见的有山麦冬、海金沙、扇叶铁线莲、九节和银柴小苗等。主要分布于大鹏半岛自然保护区、七娘山地质公园、清林径水库、公明水库、三洲田、马峦山等。

在马尾松+鹅掌柴-豺皮樟+桃金娘群丛（表3-4）中，鹅掌柴和马尾松为群落建群种，重要值排名前2，相差不大，马尾松种群个体数少，以大树和老树为主，鹅掌柴种群个体数多，以中树和大树为主，其他伴生乔木有簕欓、假苹婆、山乌桕、山油柑等；灌木层以豺皮樟占绝对优势，豺皮樟个体数远多于其他灌木，次优势种为桃金娘、梅叶冬青，以其他伴生灌木有九节、栀子、牛耳枫、毛冬青、石斑木、香楠、野牡丹等。

表3-4　马尾松+鹅掌柴-豺皮樟+桃金娘群丛（SZT-S07）乔灌层重要值分析

序号	种名	株数	相对多度 RA	相对频度 RF	物种胸面积和/cm²	相对显著度 RD	重要值 IV
1	鹅掌柴 *Schefflera heptaphylla*	109	16.80	6.48	3945.19	26.03	49.31
2	马尾松 *Pinus massoniana*	24	3.70	7.41	5630.71	37.15	48.26
3	豺皮樟 *Litsea rotundifolia* var. *oblongifolia*	178	27.43	7.41	1512.99	9.98	44.82
4	桃金娘 *Rhodomyrtus tomentosa*	65	10.02	7.41	125.80	0.83	18.25
5	梅叶冬青 *Ilex asprella*	72	11.09	2.78	295.52	1.95	15.82
6	簕欓 *Zanthoxylum avicennae*	19	2.93	7.41	232.27	1.53	11.87
7	假苹婆 *Sterculia lanceolata*	21	3.24	2.78	662.24	4.37	10.38
8	山乌桕 *Sapium discolor*	7	1.08	2.78	811.05	5.35	9.21
9	箣柊 *Scolopia chinensis*	9	1.39	2.78	705.14	4.65	8.82
10	野漆 *Toxicodencron succedanea*	8	1.23	4.63	321.86	2.12	7.99
11	九节 *Psychotria rubra*	16	2.47	3.70	35.12	0.23	6.40

（续表）

序号	种名	株数	相对多度 RA	相对频度 RF	物种胸面积和/cm^2	相对显著度 RD	重要值 IV
12	山油柑 *Acronychia pedunculata*	10	1.54	3.70	153.05	1.01	6.25
13	栀子 *Gardenia jasminoides*	14	2.16	3.70	21.05	0.14	6.00
14	银柴 *Aporosa dioica*	9	1.39	3.70	78.76	0.52	5.61
15	牛耳枫 *Daphniphyllum calycinum*	7	1.08	3.70	61.28	0.40	5.19
16	黄牛木 *Cratoxylum cochinchinense*	10	1.54	2.78	83.80	0.55	4.87
17	香港算盘子 *Glochidion hongkongense*	8	1.23	1.85	121.83	0.80	3.89
18	毛冬青 *Ilex pubescens*	5	0.77	2.78	15.92	0.11	3.65
19	石斑木 *Raphiolepis indica*	5	0.77	2.78	3.90	0.03	3.57
20	山鸡椒 *Litsea cubeba*	7	1.08	1.85	43.81	0.29	3.22
21	杜虹花 *Callicarpa formosana*	5	0.77	1.85	15.04	0.10	2.72
22	狗骨柴 *Diplospora dubia*	4	0.62	1.85	14.16	0.09	2.56
23	罗浮柿 *Diospyros morrisiana*	2	0.31	0.93	124.78	0.82	2.06
24	香楠 *Aidia canthioides*	6	0.92	0.93	30.96	0.20	2.05
25	野牡丹 *Melastoma candidum*	6	0.92	0.93	6.69	0.04	1.89
26	樟 *Cinnamomum camphora*	3	0.46	0.93	46.79	0.31	1.70
27	常绿荚蒾 *Viburnum sempervirens*	3	0.46	0.93	5.97	0.04	1.43
28	水团花 *Adina pilulifera*	3	0.46	0.93	3.82	0.03	1.41
29	米碎花 *Eurya chinensis*	2	0.31	0.93	3.98	0.03	1.26
30	豆梨 *Pyrus calleryana*	2	0.31	0.93	1.43	0.01	1.24
31	疏花卫矛 *Euonymus laxiflorus*	1	0.15	0.93	9.63	0.06	1.14
32	野鸦椿 *Euscaphis japonica*	1	0.15	0.93	3.90	0.03	1.11
33	粗叶榕 *Ficus hirta*	1	0.15	0.93	1.27	0.01	1.09
34	雀梅藤 *Sageretia thea*	1	0.15	0.93	1.27	0.01	1.09
35	粉背菝葜 *Smilax hypoglauca*	1	0.15	0.93	0.00	0.00	1.08
36	寄生藤 *Dendrotrophe frutescens*	1	0.15	0.93	0.00	0.00	1.08

Ⅱ-1-3 马尾松+黧蒴林 *Pinus massoniana+Castanopsis fissa* Alliance（群系）

马尾松+黧蒴林群系有1个群丛，群落外貌夏季绿色，秋冬季点缀红色，乔木层优势种主要有马尾松、黧蒴、山乌桕；灌木层优势种主要有桃金娘、梅叶冬青；草本层主要有芒萁、黑莎草、牛白藤等。该群落为马尾松针叶林向针阔混交林群落演替的初级阶段类型，有一定人为干扰，群落中阳生性树种也较多，主要分布在梧桐山、仙湖植物园（梧桐山后山，有时也称小梧桐山）等。

Ⅱ-1-4 马尾松+米槠林 *Pinus massoniana+Castanopsis carlesii* Alliance（群系）

马尾松+米槠林群系有1个群丛，群落外貌春夏季为淡绿至深绿色，秋冬季点缀红色。在马尾松+米槠-豺皮樟+九节-芒萁群丛（表3-5）中，以米槠、马尾松占据乔木上层，米槠个体数很大，重要值远高于马尾松种群，为群落中优势种群，其他伴生物种有子凌蒲桃、银柴、亮叶猴耳环、鹅掌柴、山乌桕等；灌木层优势种明显，为豺皮樟和九节，其他伴生灌木有桃金娘、石斑木、毛菍、栀子、台湾榕等；草本层以芒萁占优势，散生有苏铁蕨、扇叶铁线蕨、团叶鳞始蕨、山菅兰。主要分布在田头山。

表3-5 马尾松+米槠-豺皮樟+九节-芒萁群丛（TTS-S08）乔灌层重要值分析

序号	种名	株数	相对多度 RA	相对频度 RF	物种胸面积和/cm^2	相对显著度 RD	重要值 IV
1	米槠 *Castanopsis carlesii*	188	42.53	7.59	10985.01	74.57	124.70
2	豺皮樟 *Litsea rotundifolia* var. *oblongifolia*	51	11.54	6.33	398.31	2.70	20.57
3	马尾松 *Pinus massoniana*	14	3.17	5.06	1233.17	8.37	16.60
4	九节 *Psychotria rubra*	48	10.86	3.80	130.35	0.88	15.54
5	银柴 *Aporosa dioica*	7	1.58	5.06	328.10	2.23	8.87
6	亮叶猴耳环 *Archidendron lucidum*	19	4.30	3.80	61.03	0.41	8.51
7	鹅掌柴 *Schefflera heptaphylla*	9	2.04	3.80	280.75	1.91	7.74
8	黄牛木 *Cratoxylum cochinchinense*	6	1.36	5.06	163.21	1.11	7.53
9	石斑木 *Raphiolepis indica*	9	2.04	5.06	10.73	0.07	7.17
10	子凌蒲桃 *Syzygium championii*	2	0.45	2.53	441.89	3.00	5.98
11	桃金娘 *Rhodomyrtus tomentosa*	9	2.04	3.80	20.31	0.14	5.97
12	毛荖 *Melastoma sanguineum*	7	1.58	3.80	28.01	0.19	5.57
13	山乌桕 *Sapium discolor*	8	1.81	2.53	47.67	0.32	4.67
14	余甘子 *Phyllanthus emblica*	3	0.68	3.80	14.24	0.10	4.57
15	野漆 *Toxicodencron succedanea*	3	0.68	2.53	137.59	0.93	4.14
16	朱砂根 *Ardisia crenata*	6	1.36	2.53	0.32	0.00	3.89
17	鼠刺 *Itea chinensis*	5	1.13	2.53	16.87	0.11	3.78
18	香港算盘子 *Glochidion hongkongense*	6	1.36	1.27	154.22	1.05	3.67
19	猴耳环 *Archidendron clypearia*	3	0.68	2.53	49.74	0.34	3.55
20	中华杜英 *Elaeocarpus chinensis*	3	0.68	2.53	39.79	0.27	3.48
21	木樨 *Osmanthus fragrans*	6	1.36	1.27	66.05	0.45	3.07
22	栀子 *Gardenia jasminoides*	6	1.36	1.27	3.10	0.02	2.64
23	台湾榕 *Ficus formosana*	4	0.90	1.27	1.67	0.01	2.18
24	黄丹木姜子 *Litsea elongata*	3	0.68	1.27	25.70	0.17	2.12
25	山黄麻 *Trema orientalis*	2	0.45	1.27	12.89	0.09	1.81
26	乌桕 *Sapium sebiferum*	1	0.23	1.27	35.09	0.24	1.73
27	野牡丹 *Melastoma candidum*	2	0.45	1.27	0.64	0.00	1.72
28	土沉香 *Aquilaria sinensis*	1	0.23	1.27	17.90	0.12	1.61
29	珊瑚树 *Viburnum odoratissimum*	1	0.23	1.27	15.60	0.11	1.60
30	杨桐 *Adinandra millettii*	1	0.23	1.27	3.90	0.03	1.52
31	豆腐柴 *Premna microphylla*	1	0.23	1.27	2.86	0.02	1.51
32	鲫鱼胆 *Maesa perlarius*	1	0.23	1.27	1.99	0.01	1.51
33	粗叶榕 *Ficus hirta*	1	0.23	1.27	0.72	0.00	1.50
34	狗骨柴 *Diplospora dubia*	1	0.23	1.27	0.72	0.00	1.50
35	鹰爪花 *Artabotrys hexapetalus*	1	0.23	1.27	0.32	0.00	1.49
36	山鸡椒 *Litsea cubeba*	1	0.23	1.27	0.23	0.00	1.49
37	大头茶 *Gordonia axillaris*	1	0.23	1.27	0.18	0.00	1.49
38	菝葜 *Smilax china*	1	0.23	1.27	0.00	0.00	1.49
39	盐肤木 *Rhus chinensis*	1	0.23	1.27	0.00	0.00	1.49

Ⅱ-1-5 马尾松+木荷+黧蒴林*Pinus massoniana*+*Schima superba*+*Castanopsis fissa* Alliance（群系）

马尾松+木荷+黧蒴林有1个群丛，在马尾松+木荷+黧蒴-鼠刺+香楠-芒萁群丛（表3-6）中，乔木层优势种有木荷、黧蒴、马尾松、鼠刺，重要值排名前4，伴生有台湾相思、短序润楠、鹅掌柴、枫香树、罗浮柿、亮叶猴耳环等；灌木层物种较为丰富，优势种为鼠刺、香楠，伴生有野牡丹、米碎花、豺皮樟、桃金娘、岗松、柃叶连蕊茶等；草本层以芒萁占优势，盖度可达75%，散生有黑莎草、铺地蜈蚣、蔓九节等。主要分布在仙湖、梧桐山、清林径水库。

表3-6　马尾松+木荷+黧蒴-鼠刺+香楠-芒萁群丛（XH-S20）乔灌层重要值分析

序号	种名	株数	相对多度 RA	相对频度 RF	物种胸面积和/cm^2	相对显著度 RD	重要值 IV
1	木荷*Schima superba*	45	24.32	10.00	2350.50	28.94	63.27
2	黧蒴*Castanopsis fissa*	9	4.86	3.33	2681.24	33.01	41.21
3	马尾松*Pinus massoniana*	22	11.89	10.00	1245.22	15.33	37.22
4	鼠刺*Itea chinensis*	24	12.97	3.33	488.76	6.02	22.32
5	台湾相思*Acacia confusa*	7	3.78	6.67	224.63	2.77	13.22
6	香楠*Aidia canthioides*	15	8.11	3.33	132.16	1.63	13.07
7	山鸡椒*Litsea cubeba*	12	6.49	3.33	120.96	1.49	11.31
8	豺皮樟*Litsea rotundifolia* var. *oblongifolia*	8	4.32	3.33	140.14	1.73	9.38
9	短序润楠*Machilus breviflora*	8	4.32	3.33	57.69	0.71	8.37
10	鹅掌柴*Schefflera heptaphylla*	3	1.62	3.33	271.92	3.35	8.30
11	桃金娘*Rhodomyrtus tomentosa*	2	1.08	6.67	3.30	0.04	7.79
12	柃叶连蕊茶*Camellia euryoides*	8	4.32	3.33	6.45	0.08	7.74
13	罗浮柿*Diospyros morrisiana*	4	2.16	3.33	110.21	1.36	6.85
14	野牡丹*Melastoma candidum*	4	2.16	3.33	14.02	0.17	5.67
15	亮叶猴耳环*Archidendron lucidum*	2	1.08	3.33	98.44	1.21	5.63
16	野漆*Toxicodencron succedanea*	2	1.08	3.33	63.66	0.78	5.20
17	米碎花*Eurya chinensis*	3	1.62	3.33	3.45	0.04	5.00
18	枫香树*Liquidambar formosana*	1	0.54	3.33	86.66	1.07	4.94
19	台湾榕*Ficus formosana*	1	0.54	3.33	13.45	0.17	4.04
20	岗松*Baeckea frutescens*	1	0.54	3.33	2.59	0.03	3.91
21	土沉香*Aquilaria sinensis*	1	0.54	3.33	2.41	0.03	3.90
22	罗伞树*Ardisia quinquegona*	1	0.54	3.33	1.99	0.02	3.90
23	油茶*Camellia oleifera*	1	0.54	3.33	1.15	0.01	3.89
24	山乌桕*Sapium discolor*	1	0.54	3.33	0.50	0.01	3.88

Ⅱ-1-6 马尾松+木荷林*Pinus massoniana*+*Schima superba* Alliance（群系）

马尾松+木荷群系有1个群丛，在马尾松+木荷-桃金娘-芒萁群丛（表3-7）中，乔木层建群种为马尾松，重要值排名第1，远高于其他种群，阔叶树种优势种群为木荷、山乌桕和尾叶桉，重要值在前4，其他乔木层伴生种有竹节树、盐肤木、台湾相思、野漆等；灌木层优势种为桃金娘、岗松、豺皮樟、梅叶冬青等；草本层以芒萁占优势，其他有类芦、乌毛蕨、毛麝香、蔓九节等。主要分布在大鹏半岛、梧桐山。

表3-7　马尾松+木荷-桃金娘-芒萁群丛（DP-S01）乔灌层重要值分析

序号	种名	株数	相对多度 RA	相对频度 RF	物种胸面积和/cm²	相对显著度 RD	重要值 IV
1	马尾松 *Pinus massoniana*	22	44.90	22.22	1060.05	65.25	132.37
2	木荷 *Schima superba*	5	10.20	14.81	113.00	6.96	31.97
3	山乌桕 *Sapium discolor*	4	8.16	14.81	139.18	8.57	31.55
4	尾叶桉 *Eucalyptus urophylla*	3	6.12	11.11	174.51	10.74	27.98
5	竹节树 *Carallia brachiata*	2	4.08	7.41	51.73	3.1[illegible]	14.67
6	盐肤木 *Rhus chinensis*	2	4.08	7.41	31.83	1.96	13.45
7	桃金娘 *Rhodomyrtus tomentosa*	4	8.16	3.70	0.00	0.00	11.87
8	岗松 *Baeckea frutescens*	3	6.12	3.70	0.00	0.00	9.83
9	豺皮樟 *Litsea rotundifolia* var. *oblongifolia*	1	2.04	3.70	31.83	1.96	7.70
10	台湾相思 *Acacia confusa*	1	2.04	3.70	20.37	1.25	7.00
11	野漆 *Toxicodencron succedanea*	1	2.04	3.70	1.99	0.12	5.87
12	五列木 *Pentaphylax euryoides*	1	2.04	3.70	0.08	0.00	5.75

Ⅱ-1-7 马尾松+山乌桕林 *Pinus massoniana*+*Triadica cochinchinensis* Alliance（群系）

马尾松+山乌桕林群系有1个群丛，是马尾松群落演替的初级阶段类型的群落，山乌桕为先锋阔叶树种，群落主要分布在山坡位向阳位置。乔木层优势物种为马尾松、山乌桕、山油柑，伴生有台湾相思、亮叶猴耳环、鹅掌柴、罗浮柿等；灌木层常以狗骨柴、豺皮樟占优势，伴生有桃金娘、两粤黄檀、银柴、梅叶冬青、毛冬青等；草本层以黑莎草占优势，在局部区域有成片的芒萁，伴生有山菅兰、扇叶铁线蕨、团叶鳞始蕨、毛果珍珠茅、无根藤、蔓九节等。主要分布在大鹏半岛自然保护区。

Ⅱ-1-8 马尾松+鼠刺林 *Pinus massoniana*+*Itea chinensis* Alliance（群系）

马尾松+鼠刺林群系有4个群丛，乔木层优势种主要有马尾松、鼠刺、鹅掌柴，伴生有山油柑、竹节树、八角枫、罗浮柿等；灌木层物种较为丰富，主要有鼠刺、鹅掌柴、密花树、杜鹃、桃金娘、豺皮樟等；草本层常见的有九节、芒萁、黑莎草、团叶鳞始蕨、朱砂根等。主要分布在梧桐山、排牙山、田头山、仙湖等。

在马尾松+鼠刺-桃金娘+豺皮樟-芒萁群丛（表3-8）中，马尾松和鼠刺为群落建群种，重要值排名前2，占据乔木中上层生态位，伴生有台湾相思、山鸡椒、银柴、簕欓、山乌桕等；灌木层优势种为岗松和桃金娘，重要值排名前5，种群数量较大，伴生有豺皮樟、三桠苦、梅叶冬青、石斑木、九节、野牡丹等；草本以芒萁占绝对优势，盖度可达80%以上，伴生有草珊瑚、山菅兰、乌毛蕨、无根藤、小叶海金沙等。

表3-8　马尾松+鼠刺-桃金娘+豺皮樟-芒萁群丛（XH-S03）乔灌层重要值分析

序号	种名	株数	相对多度 RA	相对频度 RF	物种胸面积和/cm²	相对显著度 RD	重要值 IV
1	马尾松 *Pinus massoniana*	24	6.92	8.33	4995.89	52.13	67.38
2	鼠刺 *Itea chinensis*	79	22.77	8.33	1811.94	18.91	50.01
3	岗松 *Baeckea frutescens*	59	17.00	9.72	441.66	4.61	31.33
4	桃金娘 *Rhodomyrtus tomentosa*	60	17.29	9.72	204.60	2.13	29.15
5	台湾相思 *Acacia confusa*	25	7.20	5.56	1164.82	12.15	24.91
6	豺皮樟 *Litsea rotundifolia* var. *oblongifolia*	18	5.19	5.56	112.36	1.17	11.92

（续表）

序号	种名	株数	相对多度 RA	相对频度 RF	物种胸面积和/cm^2	相对显著度 RD	重要值 IV
7	三桠苦 *Melicope pteleifolia*	16	4.61	4.17	50.45	0.53	9.30
8	黄牛木 *Cratoxylum cochinchinense*	4	1.15	5.56	86.60	0.90	7.61
9	山鸡椒 *Litsea cubeba*	5	1.44	4.17	120.79	1.26	6.87
10	银柴 *Aporosa dioica*	4	1.15	4.17	125.81	1.31	6.63
11	毛棉杜鹃 *Rhododendron moulmainense*	3	0.86	4.17	24.25	0.25	5.28
12	簕欓 *Zanthoxylum avicennae*	5	1.44	2.78	81.15	0.85	5.07
13	石斑木 *Raphiolepis indica*	3	0.86	4.17	1.24	0.01	5.04
14	九节 *Psychotria rubra*	6	1.73	2.78	46.55	0.49	4.99
15	野牡丹 *Melastoma candidum*	7	2.02	2.78	9.44	0.10	4.89
16	梅叶冬青 *Ilex asprella*	8	2.31	1.39	42.27	0.44	4.14
17	野漆 *Toxicodencron succedanea*	4	1.15	2.78	5.00	0.05	3.98
18	酸藤子 *Embelia laeta*	2	0.58	2.78	6.83	0.07	3.43
19	乌桕 *Sapium sebiferum*	4	1.15	1.39	28.51	0.30	2.84
20	山乌桕 *Sapium discolor*	1	0.29	1.39	89.31	0.93	2.61
21	柯 *Lithocarpus glaber*	4	1.15	1.39	0.08	0.00	2.54
22	白背算盘子 *Glochidion wrightii*	2	0.58	1.39	49.10	0.51	2.48
23	黄杞 *Engelhardia roxburghiana*	1	0.29	1.39	71.62	0.75	2.42
24	黄檀 *Dalbergia hupeana*	1	0.29	1.39	7.96	0.08	1.76
25	毛菍 *Melastoma sanguineum*	1	0.29	1.39	3.90	0.04	1.72
26	鹅掌柴 *Schefflera heptaphylla*	1	0.29	1.39	1.99	0.02	1.70

Ⅱ-1-9 马尾松+革叶铁榄林 *Pinus massoniana+Sinosideroxylon wightianum* Alliance（群系）

马尾松+革叶铁榄林群系有2个群丛，乔木层优势种主要有马尾松、革叶铁榄，伴生有野漆、柠檬桉、台湾相思、簕欓、山油柑、鹅掌柴等；灌木层优势种主要有三花冬青、变叶榕、豺皮樟、毛冬青、毛茶等；草本层常见的有芒萁、扇叶铁线蕨等。主要分布在南山公园、清林径水库。

在马尾松+革叶铁榄-三花冬青-芒萁群丛（表3-9）中，革叶铁榄重要值排名第1，远超于其他树种，种群数量大；马尾松重要值排名第3，种群数量少，多集中为大树和老树，与革叶铁榄一起占据群落林冠层，为乔木层优势种群，伴生有野漆、赤杨叶、山油柑、小叶买麻藤、岭南山竹子等；三花冬青重要值排名第2，为灌木层优势物种，其他还有豺皮樟、米碎花、毛茶、变叶榕、桃金娘、杜鹃等伴生；草本层多为乔灌木幼苗，草本稀疏，以芒萁为多，伴生有扇叶铁线蕨、海金沙、黑莎草、画眉草等。

表3-9　马尾松+革叶铁榄-三花冬青-芒萁群丛（NS-S14）乔灌层重要值分析

序号	种名	株数	相对多度 RA	相对频度 RF	物种胸面积和/cm^2	相对显著度 RD	重要值 IV
1	革叶铁榄 *Sinosideroxylon wightianum*	265	55.91	10.00	5801.68	70.22	136.12
2	三花冬青 *Ilex triflora*	65	13.71	7.14	221.23	2.68	23.53

（续表）

序号	种名	株数	相对多度 RA	相对频度 RF	物种胸面积和/cm²	相对显著度 RD	重要值 IV
3	马尾松 *Pinus massoniana*	12	2.53	7.14	1092.04	13.22	22.89
4	野漆 *Toxicodencron succedanea*	16	3.38	7.14	320.46	3.88	14.40
5	豺皮樟 *Litsea rotundifolia* var. *oblongifolia*	14	2.95	5.71	167.31	2.02	10.69
6	米碎花 *Eurya chinensis*	12	2.53	5.71	46.95	0.57	8.81
7	杨桐 *Adinandra millettii*	6	1.27	5.71	74.03	0.90	7.88
8	赤杨叶 *Alniphyllum fortunei*	14	2.95	1.43	212.95	2.58	6.96
9	毛茶 *Antirhea chinensis*	9	1.90	4.29	47.87	0.58	6.76
10	变叶榕 *Ficus variolosa*	8	1.69	4.29	18.62	0.23	6.20
11	山油柑 *Acronychia pedunculata*	4	0.84	4.29	60.88	0.74	5.87
12	簕欓 *Zanthoxylum avicennae*	4	0.84	4.29	46.00	0.56	5.69
13	小叶买麻藤 *Gnetum parvifolium*	3	0.63	4.29	35.81	0.43	5.35
14	杜鹃 *Rhododendron simsii*	6	1.27	2.86	11.54	0.14	4.26
15	桃金娘 *Rhodomyrtus tomentosa*	5	1.05	2.86	9.95	0.12	4.03
16	岗松 *Baeckea frutescens*	3	0.63	2.86	13.05	0.16	3.65
17	栀子 *Gardenia jasminoides*	3	0.63	2.86	2.71	0.03	3.52
18	常绿荚蒾 *Viburnum sempervirens*	7	1.48	1.43	16.31	0.20	3.10
19	岭南山竹子 *Garcinia oblongifolia*	3	0.63	1.43	8.59	0.10	2.17
20	台湾榕 *Ficus formosana*	3	0.63	1.43	8.59	0.10	2.17
21	毛冬青 *Ilex pubescens*	2	0.42	1.43	10.90	0.13	1.98
22	红鳞蒲桃 *Syzygium hancei*	2	0.42	1.43	6.72	0.08	1.93
23	越南叶下珠 *Phyllanthus cochinchinensis*	2	0.42	1.43	3.22	0.04	1.89
24	亮叶猴耳环 *Archidendron lucidum*	1	0.21	1.43	20.37	0.25	1.89
25	赤楠 *Syzygium buxifolium*	1	0.21	1.43	2.86	0.03	1.67
26	狗骨柴 *Diplospora dubia*	1	0.21	1.43	1.27	0.02	1.65
27	假苹婆 *Sterculia lanceolata*	1	0.21	1.43	0.72	0.01	1.65
28	红叶藤 *Rourea minor*	1	0.21	1.43	0.00	0.00	1.64

Ⅱ-1-10 马尾松+樟林 *Pinus massoniana+Cinnamomum camphora* Alliance（群系）

马尾松+樟林群系有1个群丛，在马尾松+樟-豺皮樟+九节群丛（表3-10）中，乔木层优势种主要有马尾松、樟、黄牛木，重要值排名在前5，伴生有野漆、破布叶、台湾相思、山油柑、簕欓、潺槁等；灌木层优势种为豺皮樟、九节，重要值分别排在第1和第3，以豺皮樟种群数量最大，灌木层伴生有黄牛木、破布叶、银柴、桃金娘、余甘子、石斑木、栀子、粗叶榕、野牡丹、毛菍等；草本层主要有山麦冬、割鸡芒、海金沙、豺皮樟和九节小苗等，不形成优势种群。主要分布在笔架山。

表3-10 马尾松+樟-豺皮樟+九节群丛（BJS-S16）乔灌层重要值分析

序号	种名	株数	相对多度 RA	相对频度 RF	物种胸面积和/cm^2	相对显著度 RD	重要值 IV
1	豺皮樟 *Litsea rotundifolia* var. *oblongifolia*	275	42.64	7.32	770.73	10.18	60.13
2	马尾松 *Pinus massoniana*	13	2.02	1.22	3457.48	45.67	48.91
3	九节 *Psychotria rubra*	87	13.49	8.54	231.24	3.05	25.08
4	樟 *Cinnamomum camphora*	10	1.55	4.88	1102.23	14.56	20.99
5	黄牛木 *Cratoxylum cochinchinense*	37	5.74	7.32	454.20	6.00	19.05
6	野漆 *Toxicodencron succedanea*	33	5.12	7.32	319.06	4.21	16.65
7	桃金娘 *Rhodomyrtus tomentosa*	43	6.67	7.32	67.22	0.89	14.87
8	破布叶 *Microcos paniculata*	19	2.95	6.10	264.57	3.49	12.54
9	台湾相思 *Acacia confusa*	13	2.02	4.88	235.85	3.12	10.01
10	山油柑 *Acronychia pedunculata*	9	1.40	4.88	214.88	2.84	9.11
11	石斑木 *Raphiolepis indica*	19	2.95	4.88	20.96	0.28	8.10
12	余甘子 *Phyllanthus emblica*	15	2.33	3.66	52.42	0.69	6.68
13	簕欓 *Zanthoxylum avicennae*	9	1.40	4.88	10.05	0.13	6.41
14	潺槁 *Litsea glutinosa*	5	0.78	3.66	122.55	1.62	6.05
15	栀子 *Gardenia jasminoides*	10	1.55	3.66	7.78	0.10	5.31
16	马占相思 *Acacia mangium*	1	0.16	1.22	183.35	2.42	3.80
17	木荷 *Schima superba*	3	0.47	2.44	12.46	0.16	3.07
18	粗叶榕 *Ficus hirta*	3	0.47	2.44	2.15	0.03	2.93
19	白簕 *Eleutherococcus trifoliatus*	8	1.24	1.22	10.19	0.13	2.59
20	野牡丹 *Melastoma candidum*	5	0.78	1.22	3.08	0.04	2.04
21	毛菍 *Melastoma sanguineum*	4	0.62	1.22	5.01	0.07	1.91
22	银柴 *Aporosa dioica*	4	0.62	1.22	3.90	0.05	1.89
23	细齿叶柃 *Eurya nitida*	2	0.31	1.22	3.98	0.05	1.58
24	大叶相思 *Acacia auriculiformis*	1	0.16	1.22	5.09	0.07	1.44
25	山乌桕 *Sapium discolor*	1	0.16	1.22	2.41	0.03	1.41
26	苹婆 *Sterculia nobilis*	1	0.16	1.22	1.99	0.03	1.40
27	马缨丹 *Lantana camara*	1	0.16	1.22	1.27	0.02	1.39
28	了哥王 *Wikstroemia indica*	1	0.16	1.22	0.20	0.00	1.38

3.1.3 常绿阔叶林（Ⅲ）

常绿阔叶林（Ⅲ，植被型），是以常绿阔叶树种为建群种或优势种的森林类型，植被外貌终年常绿，是亚热带地区的代表性植被，通常以壳斗科、樟科、山茶科植物占优势。《中国植被》将常绿阔叶林划分为典型常绿阔叶林、季风常绿阔叶林、山地常绿阔叶苔藓林和山地苔藓矮曲林4个植被亚型。其中典型常绿阔叶林是中亚热带的地带性植被，季风常绿阔叶林是南亚热带的地带性植被；后两者则是亚热带和热带山地垂直带上的植被类型。深圳的常绿阔叶林只分为1个植被亚型，为季风常绿阔叶林植被亚型。

季风常绿阔叶林是南亚热带的地带性植被，属于亚热带植被向热带植被过渡的一种植被类型。本亚型森林群落主要由亚热带、热带科属组成，常以壳斗科锥属、樟科润楠属的喜暖树种占优势，中下层则有较多的热带成分，群落中偶尔混生有少量的落叶树种。鼎湖山的季风常绿阔叶林是本亚型的最典型代表。

深圳的季风常绿阔叶林主要以樟科、山茶科、五加科、壳斗科等占优势，物种组成较复杂，优势种不明显，常以多种植物形成共优势群落；群落树冠不整齐，乔木层通常可分为2～3层，最上层高15～20 m，有时可达30 m；灌木层也可分为1～2层，高度为2～6 m（图3-3～3-5）。根据各群系分布的海拔差异，将深圳的季风常绿阔叶林划分为低山季风常绿阔叶林和山地季风常绿阔叶林两个群系组。

（1）低山季风常绿阔叶林（群系组）

该群系组包含27群系，114个群丛。主要分布在三洲田、铁岗水库、南山公园、围岭公园、笔架山、仙湖、七娘山、罗屋田水库、排牙山、大鹏半岛、凤凰山、田头山、阳台山，海拔200～500 m。优势种主要为鹅掌柴、大头茶、鼠刺、短序润楠、浙江润楠、华润楠、黧蒴、木荷等。

（2）山地季风常绿阔叶林（群系组）

该群系组包含6群系，8个群丛。主要分布在深圳市中部海岸山脉和东南部大鹏半岛，如三洲田、七娘山、排牙山等地，海拔500 m以上。与香港地区的山地常绿阔叶林类似，群落冠层整体不高，具有某些山顶矮林的特征。主要优势种有毛棉杜鹃、吊钟花、钝叶假蚊母树、光亮山矾、密花树、大果核果茶、绿冬青、鼠刺、大头茶等。

图3-3 常绿阔叶林（Ⅲ）的外貌（七娘山）

图3-4 常绿阔叶林（Ⅲ）的外貌（梧桐山）

图3-5 常绿阔叶林（Ⅲ）的林内结构（梧桐山）

Ⅲ-1 季风常绿阔叶林 Monsoon Evergreen Broad-Leaved Forest（植被亚型）

Ⅲ-1a 低山季风常绿阔叶林 Submontane Monsoon Evergreen Broad-leaved Forest Alliance Group（群系组）

Ⅲ-1a-1 红鳞蒲桃林*Syzygium hancei* Alliance（群系）

红鳞蒲桃林群系有2个群丛，乔木层优势种主要有红鳞蒲桃、山乌桕、鹅掌柴、光叶山矾、簕欓、山乌桕、野漆、银柴、柯、鬣蒴等；灌木层优势种主要有赤楠、常绿荚蒾、九节、台湾榕、梅叶冬青、桃金娘、展毛野牡丹、栀子、黑面神、米碎花等，还有较多木质藤本，如刺果藤、小叶红叶藤、紫玉盘、假鹰爪；草本层常见有草珊瑚、黑莎草、菝葜、两面针、蔓九节、芒萁、扇叶铁线蕨、酸藤子、越南叶下珠。在深圳山地沟谷区域有广泛分布，主要在阳台山、大顶岭公园、塘朗山、梧桐山、马峦山、田头山、大鹏半岛等。

在红鳞蒲桃-豺皮樟-扇叶铁线蕨群丛（表3-11）中，乔木层优势种为红鳞蒲桃，重要值排名第1，次优势种为鹅掌柴和山乌桕，重要值排名第3和第4，伴生乔木有野漆、银柴、杨梅、山鸡椒、山油柑、罗浮柿等；灌木层以豺皮樟占优势，种群数量大，重要值排名第2，次优势种为桃金娘，重要值排名第5，伴生灌木为梅叶冬青、常绿荚蒾、台湾榕、九节、野牡丹、越南叶下珠、米碎花、杜鹃、栀子、黑面神等；草本层以扇叶铁线蕨占优势，伴生有草珊瑚、黑莎草、露兜草、芒萁、山菅兰、山麦冬等。

表3-11 红鳞蒲桃-豺皮樟-扇叶铁线蕨群丛（SZT-S09）乔灌层重要值分析

序号	种名	株数	相对多度 RA	相对频度 RF	物种胸面积和/cm^2	相对显著度 RD	重要值 IV
1	红鳞蒲桃*Syzygium hancei*	30	5.16	7.53	7585.30	44.33	57.02
2	豺皮樟*Litsea rotundifolia* var. *oblongifolia*	174	29.95	8.60	1383.85	8.09	46.64

（续表）

序号	种名	株数	相对多度 RA	相对频度 RF	物种胸面积和/cm^2	相对显著度 RD	重要值 IV
3	鹅掌柴 *Schefflera heptaphylla*	34	5.85	6.45	2908.56	17.00	29.30
4	山乌桕 *Sapium discolor*	29	4.99	6.45	1924.57	11.25	22.69
5	桃金娘 *Rhodomyrtus tomentosa*	78	13.43	4.30	290.14	1.70	19.42
6	野漆 *Toxicodencron succedanea*	26	4.48	6.45	504.44	2.95	13.87
7	梅叶冬青 *Ilex asprella*	42	7.23	4.30	236.19	1.38	12.91
8	常绿荚蒾 *Viburnum sempervirens*	36	6.20	5.38	48.70	0.28	11.86
9	台湾榕 *Ficus formosana*	19	3.27	6.45	215.81	1.26	10.98
10	黄牛木 *Cratoxylum cochinchinense*	15	2.58	4.30	266.48	1.56	8.44
11	九节 *Psychotria rubra*	9	1.55	6.45	24.23	0.14	8.14
12	银柴 *Aporosa dioica*	11	1.89	3.23	260.18	1.52	6.64
13	杨梅 *Myrica rubra*	14	2.41	1.08	439.59	2.57	6.05
14	野牡丹 *Melastoma candidum*	8	1.38	4.30	57.53	0.34	6.01
15	越南叶下珠 *Phyllanthus cochinchinensis*	10	1.72	2.15	20.53	0.12	3.99
16	光叶山矾 *Symplocos lancifolia*	3	0.52	1.08	344.73	2.01	3.61
17	山鸡椒 *Litsea cubeba*	6	1.03	2.15	60.16	0.35	3.53
18	山油柑 *Acronychia pedunculata*	5	0.86	1.08	176.82	1.03	2.97
19	香楠 *Aidia canthioides*	4	0.69	2.15	21.65	0.13	2.97
20	石斑木 *Raphiolepis indica*	2	0.34	2.15	3.98	0.02	2.52
21	米碎花 *Eurya chinensis*	6	1.03	1.08	28.89	0.17	2.28
22	杜鹃 *Rhododendron simsii*	5	0.86	1.08	7.36	0.04	1.98
23	硬壳柯 *Lithocarpus hancei*	2	0.34	1.08	51.57	0.30	1.72
24	栀子 *Gardenia jasminoides*	3	0.52	1.08	7.49	0.04	1.64
25	阴香 *Cinnamomum burmannii*	2	0.34	1.08	36.69	0.21	1.63
26	罗浮柿 *Diospyros morrisiana*	1	0.17	1.08	55.88	0.33	1.57
27	香港算盘子 *Glochidion hongkongense*	1	0.17	1.08	53.79	0.31	1.56
28	簕欓 *Zanthoxylum avicennae*	1	0.17	1.08	49.74	0.29	1.54
29	鼠刺 *Itea chinensis*	1	0.17	1.08	36.10	0.21	1.46
30	杂色榕 *Ficus variegata*	1	0.17	1.08	6.45	0.04	1.29
31	黑面神 *Breynia fruticosa*	1	0.17	1.08	1.27	0.01	1.25
32	毛果算盘子 *Glochidion eriocarpum*	1	0.17	1.08	1.27	0.01	1.25
33	粗叶榕 *Ficus hirta*	1	0.17	1.08	0.72	0.00	1.25

Ⅲ-1a-2 革叶铁榄林*Sinosideroxylon wightianum* Alliance（群系）

革叶铁榄林群系有2个群丛，乔木层优势种主要有革叶铁榄、矮冬青、天料木、台湾相思、野漆、鹅掌柴、山油柑、黄牛木等，高度在6～10 m；灌木层优势种主要有水团花、豺皮樟、桃金娘、梅叶冬青、粗叶榕、毛冬青、毛菍、野牡丹、狗骨柴等，高度在2～4 m；草本层以乔灌木幼苗为多，常见草本植物有扇叶铁线蕨、团叶鳞始蕨、乌毛蕨、芒萁、山菅兰等。主要分布在南山公园、马峦山、七娘山。

在革叶铁榄+三花冬青-水团花群丛（表3-12）中，革叶铁榄为群落建群种，重要值排名第1，种群数量远多于其他乔木，伴生乔木主要有水团花、野漆、簕欓、鹅掌柴；灌木层以三花冬青占绝对优势，重要值排名第2，种群数量达196株，伴生灌木较多，如桃金娘、了哥王、豺皮樟、台湾榕、粗叶榕、香楠、羊角拗、变叶榕、毛冬青、狗骨柴等；草本层植物较稀疏，多为灌木幼苗，草本植物有零散的山菅兰、露兜草、扇叶铁线蕨、海金沙、山芝麻等。

表3-12 革叶铁榄+三花冬青-水团花群丛（NS-S07）乔灌层重要值分析

序号	种名	株数	相对多度 RA	相对频度 RF	物种胸面积和/cm^2	相对显著度 RD	重要值 IV
1	革叶铁榄*Sinosideroxylon wightianum*	243	44.83	14.04	7236.22	82.65	141.52
2	三花冬青*Ilex triflora*	196	36.16	8.77	587.28	6.71	51.64
3	水团花*Adina pilulifera*	18	3.32	12.28	95.73	1.09	16.70
4	野漆*Toxicodencron succedanea*	18	3.32	10.53	91.28	1.04	14.89
5	桃金娘*Rhodomyrtus tomentosa*	6	1.11	8.77	15.20	0.17	10.05
6	了哥王*Wikstroemia indica*	8	1.48	7.02	41.38	0.47	8.97
7	簕欓*Zanthoxylum avicennae*	7	1.29	7.02	33.66	0.38	8.69
8	鹅掌柴*Schefflera heptaphylla*	7	1.29	1.75	375.21	4.29	7.33
9	豺皮樟*Litsea rotundifolia* var. *oblongifolia*	12	2.21	3.51	121.20	1.38	7.11
10	台湾榕*Ficus formosana*	5	0.92	3.51	10.82	0.12	4.55
11	粗叶榕*Ficus hirta*	2	0.37	3.51	3.98	0.05	3.92
12	毛茶*Antirhea chinensis*	6	1.11	1.75	28.33	0.32	3.18
13	香楠*Aidia canthioides*	4	0.74	1.75	29.84	0.34	2.83
14	笔管榕*Ficus subpisocarpa*	1	0.18	1.75	49.74	0.57	2.51
15	羊角拗*Strophanthus divaricatus*	2	0.37	1.75	19.26	0.22	2.34
16	变叶榕*Ficus variolosa*	1	0.18	1.75	3.90	0.04	1.98
17	檵木*Loropetalum chinense*	1	0.18	1.75	3.90	0.04	1.98
18	毛冬青*Ilex pubescens*	1	0.18	1.75	3.90	0.04	1.98
19	岗松*Baeckea frutescens*	1	0.18	1.75	1.99	0.02	1.96
20	狗骨柴*Diplospora dubia*	1	0.18	1.75	0.72	0.01	1.95
21	金柑*Fortunella japonica*	1	0.18	1.75	0.72	0.01	1.95
22	栀子*Gardenia jasminoides*	1	0.18	1.75	0.72	0.01	1.95

Ⅲ-1a-3 黄心树林 *Machilus gamblei* Alliance（群系）

黄心树林群系有2个群丛，乔木层优势种主要有黄心树、红鳞蒲桃、水团花、鼠刺、银柴等；灌木层优势种主要有九节、罗浮买麻藤、豺皮樟、三花冬青等；草本层以乔灌木幼苗为多，常见草本植物有乌毛蕨、露兜草、扇叶铁线蕨、团叶鳞始蕨、草珊瑚等。主要分布在阳台山、三洲田、凤凰山、梧桐山。

在黄心树+水团花+红鳞蒲桃-九节-乌毛蕨群丛（表3-13）中，乔木层优势种为黄心树，重要值排名第1，次优势种为水团花和红鳞蒲桃，重要值排名第2和第3，伴生乔木主要有鼠刺、银柴、土沉香、枫香树等；灌木层以九节占优势，次优势种为罗浮买麻藤、豺皮樟，伴生灌木有栀子、梅叶冬青、粗叶榕和多花勾儿茶等；草本层植物较稀疏，多为乔灌木幼苗，优势草本植物有乌毛蕨、团叶鳞始蕨、草珊瑚等，其他草本植物零星分布有黑莎草、扇叶铁线蕨、小叶红叶藤、玉叶金花等。

表3-13　黄心树+水团花+红鳞蒲桃-九节-乌毛蕨群丛(YTS-S02)乔灌层重要值分析

序号	种名	株数	相对多度 RA	相对频度 RF	物种胸面积和/cm²	相对显著度 RD	重要值 IV
1	黄心树 *Machilus gamblei*	16	8.89	7.84	2139.50	29.19	45.92
2	水团花 *Adina pilulifera*	22	12.22	7.84	1664.11	22.70	42.77
3	红鳞蒲桃 *Syzygium hancei*	33	18.33	5.88	1006.76	13.73	37.95
4	九节 *Psychotria asiatica*	44	24.44	7.84	215.46	2.94	35.23
5	鼠刺 *Itea chinensis*	12	6.67	3.92	499.84	6.82	17.41
6	银柴 *Aporosa dioica*	7	3.89	7.84	396.94	5.42	17.15
7	土沉香 *Aquilaria sinensis*	6	3.33	5.88	325.85	4.45	13.66
8	罗浮买麻藤 *Gnetum luofuense*	5	2.78	7.84	17.76	0.24	10.86
9	枫香树 *Liquidambar formosana*	1	0.56	1.96	408.28	5.57	8.09
10	鹅掌柴 *Schefflera heptaphylla*	7	3.89	3.92	2.54	0.03	7.85
11	豺皮樟 *Litsea rotundifolia* var. *oblongifolia*	3	1.67	3.92	142.68	1.95	7.53
12	木荷 *Schima superba*	1	0.56	1.96	330.06	4.50	7.02
13	簕欓 *Zanthoxylum avicennae*	2	1.11	3.92	51.94	0.71	5.74
14	假苹婆 *Sterculia lanceolata*	3	1.67	3.92	7.48	0.10	5.69
15	栀子 *Gardenia jasminoides*	2	1.11	3.92	6.61	0.09	5.12
16	岭南山竹子 *Garcinia oblongifolia*	4	2.22	1.96	15.53	0.21	4.39
17	梅叶冬青 *Ilex asprella*	3	1.67	1.96	9.53	0.13	3.76
18	粗叶榕 *Ficus hirta*	3	1.67	1.96	0.00	0.00	3.63
19	铁冬青 *Ilex rotunda*	1	0.56	1.96	63.62	0.87	3.38
20	多花勾儿茶 *Berchemia floribunda*	2	1.11	1.96	12.32	0.17	3.24
21	野漆 *Toxicodendron succedaneum*	1	0.56	1.96	6.16	0.08	2.60
22	锡叶藤 *Tetracera sarmentosa*	1	0.56	1.96	3.80	0.05	2.57
23	橄榄 *Canarium album*	1	0.56	1.96	3.46	0.05	2.56
24	潺槁 *Litsea glutinosa*	1	0.56	1.96	0.00	0.00	2.52
25	罗伞树 *Ardisia quinquegona*	1	0.56	1.96	0.00	0.00	2.52
26	牛耳枫 *Daphniphyllum calycinum*	1	0.56	1.96	0.00	0.00	2.52

Ⅲ-1a-4 破布叶林 *Microcos paniculata* Alliance（群系）

破布叶林群系有2个群丛，乔木层优势种主要有山油柑、樟、乌榄、苦楝、山乌桕、鹅掌柴、银柴、黄牛木；灌木层优势种主要有破布叶、豺皮樟、粗叶榕、九节、香港大沙叶、水团花、栀子等；草本层优势种有朱砂根、山麦冬、海金沙、小叶海金沙、薇甘菊、鸡矢藤、乌毛蕨等。主要分布在笔架山公园、塘朗山、内伶仃岛、大顶岭公园、小南山公园。

在破布叶-豺皮樟-乌毛蕨群丛（表3-14）中，破布叶为乔木层建群种，重要值排名第1，种群数量远多于其他乔木，如银柴、黄牛木、野漆、山油柑、樟等；灌木层以豺皮樟占绝对优势，重要值排名第2，伴生有香港算盘子、九节、毛冬青、栀子、桃金娘、野牡丹等；草本层优势种为乌毛蕨，伴生有扇叶铁线蕨、芒萁、海金沙等。该群落为受到人为干扰后，处于常绿阔叶林演替初期。

表3-14　破布叶-豺皮樟-乌毛蕨群丛（BJS-S07）乔灌层重要值分析

序号	种名	株数	相对多度 RA	相对频度 RF	物种胸面积和/cm²	相对显著度 RD	重要值 IV
1	破布叶 *Microcos paniculata*	70	42.94	10.34	1427.92	45.62	98.91
2	豺皮樟 *Litsea rotundifolia* var. *oblongifolia*	42	25.77	10.34	510.54	16.31	52.42
3	银柴 *Aporosa dioica*	13	7.98	6.90	342.32	10.94	25.81
4	黄牛木 *Cratoxylum cochinchinense*	5	3.07	10.34	115.48	3.69	17.10
5	野漆 *Toxicodencron succedanea*	8	4.91	6.90	63.93	2.04	13.85
6	香港算盘子 *Glochidion hongkongense*	2	1.23	6.90	81.57	2.61	10.73
7	山油柑 *Acronychia pedunculata*	2	1.23	3.45	189.43	6.05	10.73
8	九节 *Psychotria rubra*	4	2.45	6.90	10.13	0.32	9.67
9	毛冬青 *Ilex pubescens*	6	3.68	3.45	62.19	1.99	9.12
10	樟 *Cinnamomum camphora*	1	0.61	3.45	150.58	4.81	8.87
11	算盘子 *Glochidion puberum*	1	0.61	3.45	140.37	4.48	8.55
12	栀子 *Gardenia jasminoides*	2	1.23	3.45	6.72	0.21	4.89
13	簕欓 *Zanthoxylum avicennae*	1	0.61	3.45	13.45	0.43	4.49
14	垂叶榕 *Ficus benjamina*	1	0.61	3.45	9.63	0.31	4.37
15	桂花 *Osmanthus fragrans*	1	0.61	3.45	1.83	0.06	4.12
16	桃金娘 *Rhodomyrtus tomentosa*	1	0.61	3.45	1.83	0.06	4.12
17	野牡丹 *Melastoma candidum*	1	0.61	3.45	0.97	0.03	4.09
18	石斑木 *Raphiolepis indica*	1	0.61	3.45	0.72	0.02	4.08
19	水团花 *Adina pilulifera*	1	0.61	3.45	0.32	0.01	4.07

Ⅲ-1a-5 黄杞林 *Engelhardia roxburghiana* Alliance（群系）

黄杞林群系只有1个群丛，在黄杞-九节-黑莎草群丛（表3-15）中，群落建群种为黄杞，重要值排名第1，种群数量也远大于其他物种，乔木层伴生种有山蒲桃、鼠刺、银柴、红鳞蒲桃、鹅掌柴、野漆、土沉香、鳘蒴；灌木层优势种为九节，重要值排名第2，次优势种为豺皮樟，重要值排名第3，伴生灌木有栀子、香楠、三椏苦、变叶榕、常绿荚蒾、余甘子、毛冬青、小叶红叶藤、石斑木；草本层优势种为黑莎草，其他草本为草珊瑚、乌毛蕨、芒萁。主要分布在阳台山、排牙山、七娘山、梧桐山。

表3-15 黄杞-九节-黑莎草群丛（XH-S16）乔灌层重要值分析

序号	种名	株数	相对多度 RA	相对频度 RF	物种胸面积和/cm²	相对显著度 RD	重要值 IV
1	黄杞*Engelhardia roxburghiana*	150	47.17	11.11	38008.12	94.69	152.97
2	九节*Psychotria rubra*	48	15.09	11.11	125.01	0.31	26.52
3	豺皮樟*Litsea rotundifolia* var. *oblongifolia*	25	7.86	7.94	83.93	0.21	16.01
4	山蒲桃*Syzygium levinei*	11	3.46	6.35	76.89	0.19	10.00
5	鼠刺*Itea chinensis*	11	3.46	6.35	28.53	0.07	9.88
6	栀子*Gardenia jasminoides*	13	4.09	4.76	61.99	0.15	9.00
7	银柴*Aporosa dioica*	7	2.20	4.76	99.91	0.25	7.21
8	红鳞蒲桃*Syzygium hancei*	6	1.89	4.76	21.41	0.05	6.70
9	鹅掌柴*Schefflera heptaphylla*	4	1.26	4.76	248.12	0.62	6.64
10	香楠*Aidia canthioides*	4	1.26	4.76	10.92	0.03	6.05
11	野漆*Toxicodencron succedanea*	5	1.57	3.17	153.84	0.38	5.13
12	变叶榕*Ficus variolosa*	5	1.57	3.17	31.43	0.08	4.83
13	三桠苦*Melicope pteleifolia*	4	1.26	3.17	86.18	0.21	4.65
14	台湾榕*Ficus formosana*	3	0.94	3.17	14.47	0.04	4.15
15	黧蒴*Castanopsis fissa*	1	0.31	1.59	733.39	1.83	3.73
16	山油柑*Acronychia pedunculata*	5	1.57	1.59	126.38	0.31	3.47
17	常绿荚蒾*Viburnum sempervirens*	5	1.57	1.59	8.52	0.02	3.18
18	土沉香*Aquilaria sinensis*	2	0.63	1.59	128.37	0.32	2.54
19	黄牛木*Cratoxylum cochinchinense*	1	0.31	1.59	58.01	0.14	2.05
20	石斑木*Raphiolepis indica*	1	0.31	1.59	15.60	0.04	1.94
21	余甘子*Phyllanthus emblica*	1	0.31	1.59	5.75	0.01	1.92
22	毛冬青*Ilex pubescens*	1	0.31	1.59	5.09	0.01	1.91
23	黑面神*Breynia fruticosa*	1	0.31	1.59	3.90	0.01	1.91
24	杜鹃*Rhododendron simsii*	1	0.31	1.59	1.99	0.00	1.91
25	山乌桕*Sapium discolor*	1	0.31	1.59	0.97	0.00	1.90
26	八角枫*Alangium chinense*	1	0.31	1.59	0.72	0.00	1.90
27	小叶红叶藤*Rourea microphylla*	1	0.31	1.59	0.62	0.00	1.90

Ⅲ-1a-6 鹅掌柴林*Schefflera heptaphylla* Alliance（群系）

鹅掌柴林群系主要划分为9个亚群系13个群丛，乔木层的优势种主要有鹅掌柴、大头茶、华润楠、短序润楠、浙江润楠、红鳞蒲桃、樟、假苹婆、鼠刺、黄牛木、山乌桕、山油柑、岭南山竹子、白楸、黏木等；灌木层的优势种主要有鼠刺、毛茶、九节、豺皮樟、水团花、破布叶、桃金娘、罗伞树、牛耳枫、白背算盘子、毛冬青等；草本层的优势种主要有黑莎草、芒萁、乌毛蕨、苏铁蕨、山菅兰、草珊瑚、扇叶铁线蕨、剑叶凤尾蕨、半边旗等。在深圳各山地广泛分布，主要在大鹏半岛、七娘山、田头山、马峦山、凤凰山、梧桐山、阳台山、梅林水库、塘朗山。

在鹅掌柴+鼠刺-豺皮樟-苏铁蕨群丛（表3-16）中，乔木层优势种为鹅掌柴、鼠刺、山油柑，重要值排名前4，优势度相差不大，以鼠刺种群数量较大，鹅掌柴种群则以大树和老树为主，伴生乔木有红鳞蒲桃、岭南山竹子、假苹婆、浙江润楠、黄樟、箣柊、亮叶猴耳环，阔叶乔木树种丰富；灌木层以豺皮樟占主要优势，重要值排名第2，有较多乔木小树，伴生灌木有桃金娘、香楠、罗伞树、黑柃、牛耳枫、九节、狗骨柴、野牡丹、变叶榕、毛冬青等；草本层以苏铁蕨占优势，高度在1～1.5 m，其他分布有小片的黑莎草、乌毛蕨、芒萁、翠云草等，伴生小草本有草珊瑚、团叶鳞始蕨、扇叶铁线蕨、缘毛珍珠茅等。

表3-16　鹅掌柴+鼠刺-豺皮樟-苏铁蕨群丛（PYS-S10）乔灌层重要值分析

序号	种名	株数	相对多度 RA	相对频度 RF	物种胸面积和/cm²	相对显著度 RD	重要值 IV
1	鹅掌柴*Schefflera heptaphylla*	33	4.91	6.75	7366.49	30.66	42.32
2	豺皮樟*Litsea rotundifolia* var. *oblongifolia*	162	24.11	6.13	2253.02	9.38	39.62
3	鼠刺*Itea chinensis*	123	18.30	6.75	3211.21	13.37	38.42
4	山油柑*Acronychia pedunculata*	49	7.29	6.75	3015.59	12.55	26.59
5	红鳞蒲桃*Syzygium hancei*	14	2.08	3.68	1752.22	7.29	13.06
6	岭南山竹子*Garcinia oblongifolia*	43	6.40	4.29	425.26	1.77	12.46
7	桃金娘*Rhodomyrtus tomentosa*	31	4.61	5.52	202.72	0.84	10.98
8	天料木*Homalium cochinchinense*	21	3.13	4.29	504.76	2.10	9.52
9	假苹婆*Sterculia lanceolata*	17	2.53	3.68	781.55	3.25	9.46
10	香楠*Aidia canthioides*	16	2.38	3.68	101.80	0.42	6.49
11	乌材*Diospyros eriantha*	14	2.08	3.07	304.70	1.27	6.42
12	浙江润楠*Machilus chekiangensis*	9	1.34	3.07	342.50	1.43	5.83
13	黄樟*Cinnamomum parthenoxylon*	6	0.89	1.23	798.64	3.32	5.44
14	箣柊*Scolopia chinensis*	6	0.89	2.45	444.14	1.85	5.20
15	亮叶猴耳环*Archidendron lucidum*	8	1.19	0.61	728.37	3.03	4.84
16	水团花*Adina pilulifera*	9	1.34	2.45	168.55	0.70	4.49
17	银柴*Aporosa dioica*	6	0.89	1.84	225.24	0.94	3.67
18	罗伞树*Ardisia quinquegona*	7	1.04	2.45	13.93	0.06	3.55
19	黑柃*Eurya macartneyi*	2	0.30	1.23	348.63	1.45	2.98
20	竹节树*Carallia brachiata*	5	0.74	1.84	11.70	0.05	2.63
21	密花树*Myrsine sequinii*	4	0.60	1.84	10.35	0.04	2.48
22	牛耳枫*Daphniphyllum calycinum*	3	0.45	1.84	19.58	0.08	2.37
23	九节*Psychotria rubra*	7	1.04	1.23	21.72	0.09	2.36
24	狗骨柴*Diplospora dubia*	5	0.74	1.23	51.33	0.21	2.18
25	蒲桃*Syzygium jambos*	5	0.74	1.23	38.63	0.16	2.13
26	朴树*Celtis sinensis*	1	0.15	0.61	277.01	1.15	1.92
27	白背算盘子*Glochidion wrightii*	2	0.30	1.23	72.02	0.30	1.82
28	土沉香*Aquilaria sinensis*	3	0.45	1.23	21.65	0.09	1.76
29	罗浮柿*Diospyros morrisiana*	2	0.30	1.23	52.20	0.22	1.74
30	金柑*Fortunella japonica*	3	0.45	1.23	13.53	0.06	1.73
31	水同木*Ficus fistulosa*	3	0.45	1.23	9.07	0.04	1.71
32	野牡丹*Melastoma candidum*	2	0.30	1.23	11.54	0.05	1.57

（续表）

序号	种名	株数	相对多度 RA	相对频度 RF	物种胸面 积和/cm^2	相对显著度 RD	重要值 IV
33	两广梭罗 *Revesia thyrsoidea*	2	0.30	1.23	10.82	0.05	1.57
34	变叶榕 *Ficus variolosa*	3	0.45	0.61	113.40	0.47	1.53
35	山杜英 *Elaeocarpus sylvestris*	4	0.60	0.61	38.52	0.16	1.37
36	常绿荚蒾 *Viburnum sempervirens*	4	0.60	0.61	7.96	0.03	1.24
37	野漆 *Toxicodencron succedanea*	2	0.30	0.61	77.19	0.32	1.23
38	岭南酸枣 *Spondias lakonensis*	1	0.15	0.61	91.99	0.38	1.15
39	日本杜英 *Elaeocarpus japonicus*	2	0.30	0.61	8.44	0.04	0.95
40	黑面神 *Breynia fruticosa*	1	0.15	0.61	20.37	0.08	0.85
41	中华杜英 *Elaeocarpus chinensis*	1	0.15	0.61	11.46	0.05	0.81
42	黄牛木 *Cratoxylum cochinchinense*	1	0.15	0.61	9.63	0.04	0.80
43	毛冬青 *Ilex pubescens*	1	0.15	0.61	6.45	0.03	0.79
44	毛菍 *Melastoma sanguineum*	1	0.15	0.61	6.45	0.03	0.79
45	绿冬青 *Ilex viridis*	1	0.15	0.61	5.09	0.02	0.78
46	香港算盘子 *Glochidion hongkongense*	1	0.15	0.61	5.09	0.02	0.78
47	红淡比 *Cleyera japonica*	1	0.15	0.61	3.90	0.02	0.78
48	石斑木 *Raphiolepis indica*	1	0.15	0.61	2.86	0.01	0.77
49	南烛 *Lyonia ovalifolia*	1	0.15	0.61	2.41	0.01	0.77
50	杨桐 *Adinandra millettii*	1	0.15	0.61	1.99	0.01	0.77

Ⅲ-1a-7 大花枇杷林 *Eriobotrya cavaleriei* Alliance（群系）

大花枇杷林群系主要有1个群丛，在大花枇杷+华润楠+鸭公树-金毛狗群丛（表3-17）中，乔木优势种为大花枇杷、华润楠、鸭公树，重要排名前3，为群落林冠层优势种群，以大花枇杷种群数量最大，平均每100 m^2里有13.7株，乔木层伴生物种有绒毛润楠、鹅掌柴、黄果厚壳桂、密花树、肉实树、福建青冈、大头茶、山油柑、乌材等；灌木层没有明显优势物种，分布零散，种群数量较少，主要有绿冬青、栀子、香楠、疏花卫矛、毛棉杜鹃等，还有紫玉盘等木质藤本；草本层优势种为金毛狗，盖度可达70%以上，伴生有草豆蔻、乌毛蕨、山蒟、草珊瑚、山麦冬等草本，有较多乔灌木幼苗，如鸭公树、华润楠、九节等。主要分布在梧桐山、田头山、排牙山、七娘山。

表3-17 大花枇杷+华润楠+鸭公树-金毛狗群丛（PYS-S02）乔灌层重要值分析

序号	种名	株数	相对多度 RA	相对频度 RF	物种胸面 积和/cm^2	相对显著度 RD	重要 值IV
1	大花枇杷 *Eriobotrya cavaleriei*	137	31.28	10.26	6830.45	25.02	66.55
2	华润楠 *Machilus chinensis*	65	14.84	9.40	6984.95	25.59	49.83
3	鸭公树 *Neolitsea chunii*	54	12.33	10.26	4258.19	15.60	38.18
4	绒毛润楠 *Machilus velutina*	43	9.82	7.69	2052.26	7.52	25.03
5	鹅掌柴 *Schefflera heptaphylla*	13	2.97	5.13	1646.14	6.03	14.13
6	黄果厚壳桂 *Cryptocarya concinna*	15	3.42	2.56	944.05	3.46	9.45
7	密花树 *Myrsine sequinii*	11	2.51	5.13	370.04	1.36	9.00

（续表）

序号	种名	株数	相对多度 RA	相对频度 RF	物种胸面积和/cm²	相对显著度 RD	重要值 IV
8	肉实树 *Sarcosperma laurinum*	8	1.83	3.42	643.30	2.36	7.60
9	绿冬青 *Ilex viridis*	6	1.37	4.27	279.18	1.02	6.67
10	福建青冈 *Cyclobalanopsis chungii*	5	1.14	1.71	441.81	1.62	4.47
11	大头茶 *Gordonia axillaris*	4	0.91	2.56	232.68	0.85	4.33
12	紫玉盘 *Uvaria macrophylla*	6	1.37	2.56	73.45	0.27	4.20
13	厚皮香 *Ternstroemia gymnanthera*	5	1.14	1.71	194.41	0.71	3.56
14	乌材 *Diospyros eriantha*	8	1.83	0.85	189.47	0.69	3.38
15	日本杜英 *Elaeocarpus japonicus*	1	0.23	0.85	616.25	2.26	3.34
16	黄牛奶树 *Symplocos cochinchinensis* var. *laurina*	3	0.68	1.71	244.78	0.90	3.29
17	山油柑 *Acronychia pedunculata*	4	0.91	1.71	129.57	0.47	3.10
18	栀子 *Gardenia jasminoides*	3	0.68	1.71	9.41	0.03	2.43
19	赤杨叶 *Alniphyllum fortunei*	2	0.46	1.71	53.02	0.19	2.36
20	延平柿 *Diospyros tsangii*	2	0.46	1.71	28.33	0.10	2.27
21	香楠 *Aidia canthioides*	2	0.46	1.71	16.31	0.06	2.23
22	疏花卫矛 *Euonymus laxiflorus*	2	0.46	1.71	5.89	0.02	2.19
23	小叶五月茶 *Antidesma microphyllum*	2	0.46	1.71	3.22	0.01	2.18
24	毛棉杜鹃 *Rhododendron moulmainense*	4	0.91	0.85	82.76	0.30	2.07
25	红楠 *Machilus thunbergii*	4	0.91	0.85	80.53	0.29	2.06
26	光叶山矾 *Symplocos lancifolia*	4	0.91	0.85	53.79	0.20	1.96
27	紫玉盘柯 *Lithocarpus uvariifolius*	2	0.46	0.85	168.70	0.62	1.93
28	五列木 *Pentaphylax euryoides*	4	0.91	0.85	25.78	0.09	1.86
29	楝叶吴茱萸 *Tetradium glabrifolium*	1	0.23	0.85	198.94	0.73	1.81
30	牛耳枫 *Daphniphyllum calycinum*	2	0.46	0.85	115.39	0.42	1.73
31	柯 *Lithocarpus glaber*	2	0.46	0.85	99.47	0.36	1.68
32	禾串树 *Bridelia balansae*	1	0.23	0.85	108.94	0.40	1.48
33	中华杜英 *Elaeocarpus chinensis*	2	0.46	0.85	19.89	0.07	1.38
34	鼠刺 *Itea chinensis*	1	0.23	0.85	38.52	0.14	1.22
35	黑柃 *Eurya macartneyi*	1	0.23	0.85	31.83	0.12	1.20
36	假柿木姜子 *Litsea monopetala*	1	0.23	0.85	5.09	0.02	1.10
37	肖蒲桃 *Acmena acuminatissima*	1	0.23	0.85	4.48	0.02	1.10
38	轮叶木姜子 *Litsea verticillata*	1	0.23	0.85	3.90	0.01	1.10
39	假苹婆 *Sterculia lanceolata*	1	0.23	0.85	2.86	0.01	1.09
40	木竹子 *Garcinia multiflora*	1	0.23	0.85	2.86	0.01	1.09
41	腺叶山矾 *Symplocos adenophylla*	1	0.23	0.85	2.86	0.01	1.09
42	罗伞树 *Ardisia quinquegona*	1	0.23	0.85	2.41	0.01	1.09
43	糙果茶 *Camellia furfuracea*	1	0.23	0.85	1.99	0.01	1.09
44	山牡荆 *Vitex quinata*	1	0.23	0.85	1.99	0.01	1.09

Ⅲ-1a-8 阴香林 *Cinnamomum burmannii* Alliance（群系）

阴香林群系主要有2个群丛，乔木优势种主要有阴香、黄樟、软荚红豆、野漆、栲、银柴；灌木层优势种主要有豺皮樟、九节、三桠苦；草本层优势种主要有蔓生莠竹。属于次生林群落，主要分布在笔架山、凤凰山。

在阴香+黄樟+软荚红豆-三桠苦+豺皮樟-蔓生莠竹群丛（表3-18）中，乔木层优势种为阴香、黄樟和软荚红豆，重要值排名前3，伴生乔木有西南木荷、栲、厚壳桂、野漆、山油柑、南酸枣、黧蒴、短序润楠、鹅掌柴、大叶相思、小果山龙眼、亮叶猴耳环等；灌木层以三桠苦、豺皮樟占优势，盖度约30%，有较多乔木小树，伴生灌木有九节、细齿叶柃、梅叶冬青、石斑木等；草本层有小片区的蔓生莠竹占优势，伴生有乌毛蕨、海金沙、薇甘菊、扇叶铁线蕨、山麦冬、凤尾蕨等。

表3-18 阴香+黄樟+软荚红豆-三桠苦+豺皮樟-蔓生莠竹群丛（FHS-S01）乔灌层重要值分析

序号	种名	株数	相对多度 RA	相对频度 RF	物种胸面积和/cm^2	相对显著度 RD	重要值 IV
1	阴香 *Cinnamomum burmannii*	115	21.99	5.61	5437.43	26.70	54.30
2	黄樟 *Cinnamomum parthenoxylon*	40	7.65	7.48	4447.25	21.84	36.96
3	软荚红豆 *Ormosia semicastrata*	97	18.54	3.74	2211.46	10.97	33.25
4	西南木荷 *Schima wallichii*	38	7.27	2.80	2089.72	10.26	20.33
5	山乌桕 *Sapium discolor*	13	2.49	4.67	958.37	4.71	11.86
6	三桠苦 *Melicope pteleifolia*	20	3.82	5.61	86.44	0.42	9.86
7	豺皮樟 *Litsea rotundifolia* var. *oblongifolia*	20	3.82	3.74	314.07	1.54	9.10
8	栲 *Castanopsis fargesii*	10	1.91	3.74	594.62	2.92	8.57
9	厚壳桂 *Cryptocarya chinensis*	11	2.10	4.67	282.08	1.39	8.16
10	野漆 *Toxicodencron succedanea*	13	2.49	3.74	356.51	1.75	7.97
11	山油柑 *Acronychia pedunculata*	13	2.49	4.67	79.54	0.39	7.55
12	南酸枣 *Choerospondias axillaris*	11	2.10	3.74	184.56	0.91	6.75
13	九节 *Psychotria rubra*	14	2.68	3.74	24.29	0.12	6.53
14	蝴蝶果 *Cleidiocarpon cavaleriei*	10	1.91	2.80	254.89	1.25	5.97
15	细齿叶柃 *Eurya nitida*	15	2.87	2.80	56.58	0.28	5.95
16	黧蒴 *Castanopsis fissa*	8	1.53	1.87	462.11	2.27	5.67
17	短序润楠 *Machilus breviflora*	8	1.53	2.80	150.48	0.74	5.07
18	乌桕 *Sapium sebiferum*	6	1.15	1.87	288.27	1.42	4.43
19	凤凰木 *Delonix regia*	2	0.38	0.93	434.89	2.14	3.45
20	银柴 *Aporosa dioica*	3	0.57	2.80	4.48	0.02	3.40
21	鹅掌柴 *Schefflera heptaphylla*	8	1.53	0.93	175.09	0.86	3.32
22	大叶相思 *Acacia auriculiformis*	4	0.76	1.87	125.02	0.61	3.25
23	盐肤木 *Rhus chinensis*	5	0.96	1.87	25.46	0.13	2.95
24	梅叶冬青 *Ilex asprella*	2	0.38	1.87	2.71	0.01	2.26
25	山杜英 *Elaeocarpus sylvestris*	2	0.38	0.93	169.10	0.83	2.15
26	小果山龙眼 *Helicia cochinchinensis*	5	0.96	0.93	16.11	0.08	1.97
27	瓜馥木 *Fissistigma oldhamii*	5	0.96	0.93	13.91	0.07	1.96

（续表）

序号	种名	株数	相对多度 RA	相对频度 RF	物种胸面积和/cm²	相对显著度 RD	重要值 IV
28	马占相思 *Acacia mangium*	2	0.38	0.93	120.72	0.59	1.91
29	铁刀木 *Senna siamea*	1	0.19	0.93	97.48	0.48	1.60
30	亮叶猴耳环 *Archidendron lucidum*	3	0.57	0.93	19.58	0.10	1.60
31	木棉 *Bombax ceiba*	3	0.57	0.93	16.23	0.08	1.59
32	毛果巴豆 *Croton lachnocarpus*	3	0.57	0.93	2.15	0.01	1.52
33	腊肠树 *Cassia fistula*	2	0.38	0.93	39.23	0.19	1.51
34	石斑木 *Raphiolepis indica*	2	0.38	0.93	2.55	0.01	1.33
35	簕欓 *Zanthoxylum avicennae*	1	0.19	0.93	35.09	0.17	1.30
36	岭南槭 *Acer tutcheri*	1	0.19	0.93	13.45	0.07	1.19
37	杉木 *Cunninghamia lanceolata*	1	0.19	0.93	7.96	0.04	1.16
38	杨梅 *Myrica rubra*	1	0.19	0.93	1.99	0.01	1.14

Ⅲ-1a-9 樟林 *Cinnamomum camphora* Alliance（群系）

樟林群系主要有2个群丛，乔木优势种主要有樟、浙江润楠、银柴、野漆、假苹婆、鹅掌柴等，灌木层的优势种主要有黄牛木、豺皮樟、梅叶冬青、栀子、九节；草本层优势种主要有朱砂根、山麦冬、海金沙、小叶海金沙、薇甘菊、鸡矢藤、乌毛蕨。主要分布在笔架山、阳台山、大顶岭公园、三洲田。

在樟+浙江润楠-梅叶冬青群丛（表3-19）中，乔木层优势种为樟，重要值排名第1，以成熟大树为主，次优势种为浙江润楠，重要值排名第3，伴生乔木有银柴、野漆、马尾松、红花荷、马尾松、假苹婆、鹅掌柴等；灌木层优势种为梅叶冬青，重要值排名第2，次优势种为豺皮樟，重要值排名第4，伴生灌木有石岩枫、米碎花、三椏苦、九节等；草本层优势种不明显，有较多乔灌木幼苗，散生草本有扇叶铁线蕨、芒萁、乌毛蕨、山菅兰等。

表3-19　樟+浙江润楠-梅叶冬青群丛（FHS-S02）乔灌层重要值分析

序号	种名	株数	相对多度 RA	相对频度 RF	物种胸面积和/cm²	相对显著度 RD	重要值 IV
1	樟 *Cinnamomum camphora*	63	21.14	8.00	7013.24	58.70	87.84
2	梅叶冬青 *Ilex asprella*	76	25.50	8.00	546.38	4.57	38.08
3	浙江润楠 *Machilus chekiangensis*	37	12.42	12.00	961.69	8.05	32.47
4	豺皮樟 *Litsea rotundifolia* var. *oblongifolia*	45	15.10	8.00	315.84	2.64	25.74
5	银柴 *Aporosa dioica*	18	6.04	10.00	322.53	2.70	18.74
6	石岩枫 *Mallotus repandus*	9	3.02	4.00	515.34	4.31	11.33
7	野漆 *Toxicodencron succedanea*	6	2.01	6.00	361.12	3.02	11.04
8	马尾松 *Pinus massoniana*	4	1.34	4.00	658.90	5.51	10.86
9	红花荷 *Rhodoleia championii*	7	2.35	6.00	134.80	1.13	9.48
10	黄牛奶树 *Symplocos cochinchinensis* var. *laurina*	3	1.01	2.00	577.49	4.83	7.84
11	黄牛木 *Cratoxylum cochinchinense*	6	2.01	4.00	58.33	0.49	6.50
12	米碎花 *Eurya chinensis*	5	1.68	4.00	27.77	0.23	5.91

（续表）

序号	种名	株数	相对多度 RA	相对频度 RF	物种胸面积和/cm^2	相对显著度 RD	重要值IV
13	假苹婆 *Sterculia lanceolata*	4	1.34	4.00	34.93	0.29	5.63
14	鹅掌柴 *Schefflera heptaphylla*	4	1.34	4.00	12.97	0.11	5.45
15	山黄麻 *Trema orientalis*	2	0.67	4.00	57.69	0.48	5.15
16	马占相思 *Acacia mangium*	2	0.67	2.00	153.11	1.28	3.95
17	红胶木 *Lophostemon confertus*	3	1.01	2.00	95.89	0.80	3.81
18	枫香树 *Liquidambar formosana*	1	0.34	2.00	81.49	0.68	3.02
19	三椏苦 *Melicope pteleifolia*	1	0.34	2.00	7.96	0.07	2.40
20	杨桐 *Adinandra millettii*	1	0.34	2.00	7.96	0.07	2.40
21	九节 *Psychotria rubra*	1	0.34	2.00	1.99	0.02	2.35

Ⅲ-1a-10 厚壳桂林 *Cryptocarya chinensis* Alliance（群系）

厚壳桂林群系有1个群丛，在厚壳桂+黄樟+鹅掌柴-九节-草珊瑚群丛（表3-20）中，乔木层优势种为厚壳桂、黄樟、鹅掌柴，重要值排名前3，其中厚壳桂排名第1，种群数量远多于其他物种，伴生乔木有猴耳环、水翁、浙江润楠、红鳞蒲桃、香港算盘子、假苹婆、山油柑等；灌木层优势种不明显，以九节重要值较高，有较多乔木幼苗，其他灌木有罗伞树、细轴荛花、毛冬青、三椏苦、鲫鱼胆等；草本层物种较丰富，优势种为草珊瑚，其他还有乌毛蕨、华山姜、华南紫萁、金毛狗、二花珍珠茅、娃儿藤、小叶海金沙等。主要分布在田头山、七娘山。

表3-20　厚壳桂+黄樟+鹅掌柴-九节-草珊瑚群丛（TTS-S03）乔灌层重要值分析

序号	种名	株数	相对多度 RA	相对频度 RF	物种胸面积和/cm^2	相对显著度 RD	重要值 IV
1	厚壳桂 *Cryptocarya chinensis*	119	30.36	9.60	13115.62	25.53	65.49
2	黄樟 *Cinnamomum parthenoxylon*	34	8.67	5.60	9488.26	18.47	32.74
3	鹅掌柴 *Schefflera heptaphylla*	49	12.50	8.80	4961.20	9.66	30.96
4	猴耳环 *Archidendron clypearia*	22	5.61	6.40	4246.65	8.27	20.28
5	水翁蒲桃 *Syzygium nervosum*	9	2.30	4.00	5912.61	11.51	17.81
6	浙江润楠 *Machilus chekiangensis*	12	3.06	4.80	4233.04	8.24	16.10
7	红鳞蒲桃 *Syzygium hancei*	11	2.81	5.60	1757.95	3.42	11.83
8	香港算盘子 *Glochidion hongkongense*	20	5.10	2.40	2123.47	4.13	11.64
9	九节 *Psychotria rubra*	18	4.59	4.80	103.47	0.20	9.59
10	假苹婆 *Sterculia lanceolata*	11	2.81	4.00	856.49	1.67	8.47
11	罗浮柿 *Diospyros morrisiana*	6	1.53	3.20	1150.13	2.24	6.97
12	罗伞树 *Ardisia quinquegona*	11	2.81	3.20	70.74	0.14	6.14
13	杂色榕 *Ficus variegata*	7	1.79	2.40	352.29	0.69	4.87
14	白花油麻藤 *Mucuna birdwoodiana*	5	1.28	3.20	85.11	0.17	4.64
15	水同木 *Ficus fistulosa*	6	1.53	2.40	84.91	0.17	4.10

续表

序号	种名	株数	相对多度 RA	相对频度 RF	物种胸面积和/cm^2	相对显著度 RD	重要值 IV
16	山油柑 *Acronychia pedunculata*	4	1.02	1.60	518.45	1.01	3.63
17	绒毛润楠 *Machilus velutina*	6	1.53	1.60	211.68	0.41	3.54
18	水团花 *Adina pilulifera*	3	0.77	2.40	33.98	0.07	3.23
19	野漆 *Toxicodencron succedanea*	3	0.77	1.60	215.34	0.42	2.78
20	山乌桕 *Sapium discolor*	2	0.51	1.60	322.21	0.63	2.74
21	银柴 *Aporosa dioica*	2	0.51	1.60	120.48	0.23	2.34
22	胭脂 *Artocarpus tonkinensis*	1	0.26	0.80	630.33	1.23	2.28
23	细轴荛花 *Wikstroemia nutans*	2	0.51	1.60	23.00	0.04	2.15
24	毛冬青 *Ilex pubescens*	2	0.51	1.60	8.44	0.02	2.13
25	鲫鱼胆 *Maesa perlarius*	2	0.51	1.60	7.08	0.01	2.12
26	香楠 *Aidia canthioides*	2	0.51	1.60	3.26	0.01	2.12
27	常绿荚蒾 *Viburnum sempervirens*	4	1.02	0.80	23.24	0.05	1.87
28	三桠苦 *Melicope pteleifolia*	2	0.51	0.80	63.66	0.12	1.43
29	华南紫萁 *Osmunda vachellii*	2	0.51	0.80	10.19	0.02	1.33
30	艾胶算盘子 *Glochidion lanceolarium*	1	0.26	0.80	121.04	0.24	1.29
31	粗毛野桐 *Mallotus hookerianus*	1	0.26	0.80	97.48	0.19	1.24
32	细齿叶柃 *Eurya nitida*	1	0.26	0.80	71.62	0.14	1.19
33	变叶榕 *Ficus variolosa*	1	0.26	0.80	31.83	0.06	1.12
34	中华杜英 *Elaeocarpus chinensis*	1	0.26	0.80	23.00	0.04	1.10
35	簕欓 *Zanthoxylum avicennae*	1	0.26	0.80	15.60	0.03	1.09
36	黑老虎 *Kadsura coccinea*	1	0.26	0.80	9.63	0.02	1.07
37	木竹子 *Garcinia multiflora*	1	0.26	0.80	9.63	0.02	1.07
38	豺皮樟 *Litsea rotundifolia* var. *oblongifolia*	1	0.26	0.80	7.96	0.02	1.07
39	岗柃 *Eurya groffii*	1	0.26	0.80	3.36	0.01	1.06
40	鼠刺 *Itea chinensis*	1	0.26	0.80	1.99	0.00	1.06

Ⅲ-1a-11 刨花润楠林 *Machilus pauhoi* Alliance（群系）

刨花润楠林群系有1个群丛，在刨花润楠－罗伞树－桫椤群丛（表3-21）中，群落建群种为刨花润楠，重要值排名第1，以大树和老树为主，位于乔木林冠层，乔木层优势乔木为厚壳桂、鹅掌柴，伴生有木荷、杜英、假苹婆、网脉山龙眼等；灌木层优势种为罗伞树、九节，伴生有常山、香港大沙叶、鸡柏紫藤、柏拉木、杜茎山、茜树、三桠苦等，有较多木质藤本，如山椒子、假鹰爪、罗浮买麻藤、柠檬清风藤、独子藤、藤黄檀、华南云实、刺果藤等；草本层优势种为桫椤，种群数量为39株，平均高度约1.4 m，伴生草本有乌毛蕨、华南紫萁、角花乌敛莓、半边旗、草珊瑚、剑叶鳞始蕨。主要分布在田头山。

表3-21 刨花润楠-罗伞树-桫椤群丛（TTS-S17）乔灌层重要值分析

序号	种名	株数	相对多度 RA	相对频度 RF	物种胸面积和/cm^2	相对显著度 RD	重要值 IV
1	刨花润楠 *Machilus pauhoi*	24	4.27	3.98	9211.81	38.89	47.14
2	木荷 *Schima superba*	4	0.71	1.14	5459.17	23.05	24.89
3	厚壳桂 *Cryptocarya chinensis*	44	7.83	3.41	630.21	2.66	13.90
4	罗伞树 *Ardisia quinquegona*	56	9.96	2.27	262.05	1.11	13.34
5	桫椤 *Alsophila spinulosa*	39	6.94	4.55	354.64	1.50	12.98
6	杜英 *Elaeocarpus decipiens*	4	0.71	0.57	2701.89	11.41	12.69
7	鹅掌柴 *Schefflera heptaphylla*	27	4.80	3.41	635.74	2.68	10.90
8	九节 *Psychotria rubra*	36	6.41	3.41	147.74	0.62	10.44
9	常山 *Dichroa febrifuga*	25	4.45	2.84	441.24	1.86	9.15
10	假苹婆 *Sterculia lanceolata*	16	2.85	2.84	776.04	3.28	8.96
11	锡叶藤 *Tetracera asiatica*	29	5.16	2.84	113.38	0.48	8.48
12	山椒子 *Uvaria grandiflora*	16	2.85	3.41	53.64	0.23	6.48
13	网脉山龙眼 *Helicia reticulata*	3	0.53	1.14	767.21	3.24	4.91
14	柏拉木 *Blastus cochinchinensis*	14	2.49	2.27	33.82	0.14	4.91
15	假鹰爪 *Desmos chinensis*	9	1.60	2.27	37.56	0.16	4.03
16	香港大沙叶 *Pavetta hongkongensis*	8	1.42	2.27	34.64	0.15	3.84
17	大罗伞树 *Ardisia hanceana*	11	1.96	1.70	29.74	0.13	3.79
18	广东蛇葡萄 *Ampelopsis cantoniensis*	13	2.31	1.14	79.12	0.33	3.78
19	岭南山竹子 *Garcinia oblongifolia*	6	1.07	2.27	51.05	0.22	3.56
20	水同木 *Ficus fistulosa*	8	1.42	1.70	45.26	0.19	3.32
21	罗浮买麻藤 *Gnetum lofuense*	7	1.25	1.70	51.07	0.22	3.17
22	鸡柏紫藤 *Elaeagnus loureirii*	6	1.07	1.70	86.44	0.36	3.14
23	红鳞蒲桃 *Syzygium hancei*	4	0.71	2.27	5.13	0.02	3.01
24	鼠刺 *Itea chinensis*	3	0.53	1.14	244.40	1.03	2.70
25	柠檬清风藤 *Sabia limoniacea*	4	0.71	1.70	22.36	0.09	2.51
26	厚叶算盘子 *Glochidion hirsutum*	2	0.36	1.14	238.49	1.01	2.50
27	水东哥 *Saurauia tristyla*	4	0.71	1.70	15.14	0.06	2.48
28	土沉香 *Aquilaria sinensis*	3	0.53	1.70	12.18	0.05	2.29
29	独子藤 *Celastrus monospermus*	3	0.53	1.70	10.52	0.04	2.28
30	杜茎山 *Maesa japonica*	5	0.89	1.14	39.65	0.17	2.19
31	光叶山矾 *Symplocos lancifolia*	1	0.18	0.57	336.21	1.42	2.17
32	藤黄檀 *Dalbergia hancei*	6	1.07	0.57	71.62	0.30	1.94
33	扁担藤 *Tetrastigma planicaule*	4	0.71	1.14	16.47	0.07	1.92
34	银柴 *Aporosa dioica*	3	0.53	1.14	15.86	0.07	1.74
35	锐尖山香圆 *Turpinia arguta*	3	0.53	1.14	7.50	0.03	1.70
36	茜树 *Aidia cochinchinensis*	3	0.53	1.14	3.52	0.01	1.69
37	三桠苦 *Melicope pteleifolia*	2	0.36	1.14	41.38	0.17	1.67

（续表）

序号	种名	株数	相对多度 RA	相对频度 RF	物种胸面积和/cm^2	相对显著度 RD	重要值 IV
38	三花冬青 *Ilex triflora*	2	0.36	1.14	15.30	0.06	1.56
39	绒毛润楠 *Machilus velutina*	4	0.71	0.57	43.45	0.18	1.46
40	尖山橙 *Melodinus fusiformis*	1	0.18	0.57	161.14	0.68	1.43
41	水团花 *Adina pilulifera*	3	0.53	0.57	66.37	0.28	1.38
42	华南云实 *Caesalpinia crista*	4	0.71	0.57	15.60	0.07	1.35
43	花椒簕 *Zanthoxylum scandens*	3	0.53	0.57	7.22	0.03	1.13
44	白花悬钩子 *Rubus leucanthus*	3	0.53	0.57	3.94	0.02	1.12
45	豺皮樟 *Litsea rotundifolia* var. *oblongifolia*	2	0.36	0.57	26.90	0.11	1.04
46	杨梅 *Myrica rubra*	1	0.18	0.57	58.01	0.24	0.99
47	毛果算盘子 *Glochidion eriocarpum*	2	0.36	0.57	7.74	0.03	0.96
48	绿花鸡血藤 *Callerya championii*	2	0.36	0.57	5.27	0.02	0.95
49	蒲葵 *Livistona chinensis*	2	0.36	0.57	5.27	0.02	0.95
50	舶梨榕 *Ficus pyriformis*	2	0.36	0.57	3.98	0.02	0.94
51	黄樟 *Cinnamomum parthenoxylon*	1	0.18	0.57	45.84	0.19	0.94
52	薄叶红厚壳 *Calophyllum membranaceum*	2	0.36	0.57	1.43	0.01	0.93
53	猴耳环 *Archidendron clypearia*	1	0.18	0.57	31.83	0.13	0.88
54	秋枫 *Bischofia javanica*	1	0.18	0.57	13.45	0.06	0.80
55	黄毛猕猴桃 *Actinidia fulvicoma*	1	0.18	0.57	11.46	0.05	0.79
56	野漆 *Toxicodencron succedanea*	1	0.18	0.57	11.46	0.05	0.79
57	华润楠 *Machilus chinensis*	1	0.18	0.57	7.18	0.03	0.78
58	山乌桕 *Sapium discolor*	1	0.18	0.57	5.09	0.02	0.77
59	变叶榕 *Ficus variolosa*	1	0.18	0.57	1.99	0.01	0.75
60	刺果藤 *Byttneria aspera*	1	0.18	0.57	1.99	0.01	0.75
61	细轴荛花 *Wikstroemia nutans*	1	0.18	0.57	1.99	0.01	0.75
62	毛冬青 *Ilex pubescens*	1	0.18	0.57	1.27	0.01	0.75
63	山黄麻 *Trema orientalis*	1	0.18	0.57	0.72	0.00	0.75

Ⅲ-1a-12 华润楠林 *Machilus chinensis* Alliance（群系）

华润楠林群系主要有3个群丛，乔木优势种主要有华润楠、黄果厚壳桂、黄杞、假苹婆、银柴、亮叶冬青；灌木层优势种主要有密花树、九节、赤楠、杜茎山、变叶榕、毛冬青等；草本层优势种主要有草珊瑚、华山姜、黑莎草、山麦冬等。分布在梧桐山、田头山、排牙山、七娘山。

在华润楠+亮叶冬青–密花树+赤楠–杜茎山群丛（表3–22）中，乔木层优势种为华润楠、亮叶冬青，重要值排名前2，有较多大树，位于乔木上层，次优势种为绒毛润楠，重要值排名第3，位于乔木下层，伴生乔木有山杜英、大花枇杷、山油柑、深山含笑、短序润楠、杨梅等；灌木层优势种为密花树和赤楠，高度在2.5～4.5 m，伴生灌木有变叶榕、毛冬青、窄叶短柱茶、罗伞树、小叶五月茶、疏花卫矛、桃金娘、小蜡、米碎花等；草本层以乔灌木幼苗为多，有几片区域中杜茎山略占优势，伴生草本有山麦冬、山菅兰、团叶鳞始蕨、华山姜、黑莎草、草珊瑚等。

表3-22 华润楠+亮叶冬青-密花树+赤楠-杜茎山群丛（PYS-S03）乔灌层重要值分析

序号	种名	株数	相对多度 RA	相对频度 RF	物种胸面积和/cm^2	相对显著度 RD	重要值 IV
1	华润楠 *Machilus chinensis*	58	12.75	6.90	9299.58	39.15	58.80
2	亮叶冬青 *Ilex nitidissima*	77	16.92	6.90	6151.50	25.90	49.72
3	绒毛润楠 *Machilus velutina*	66	14.51	6.90	1147.57	4.83	26.23
4	密花树 *Myrsine sequinii*	42	9.23	6.03	659.88	2.78	18.04
5	赤楠 *Syzygium buxifolium*	34	7.47	6.90	312.86	1.32	15.69
6	山杜英 *Elaeocarpus sylvestris*	12	2.64	3.45	1974.79	8.31	14.40
7	大花枇杷 *Eriobotrya cavaleriei*	26	5.71	5.17	335.60	1.41	12.30
8	变叶榕 *Ficus variolosa*	30	6.59	4.31	224.19	0.94	11.85
9	杨梅 *Myrica rubra*	9	1.98	3.45	486.85	2.05	7.48
10	鼠刺 *Itea chinensis*	6	1.32	3.45	85.39	0.36	5.13
11	毛冬青 *Ilex pubescens*	10	2.20	2.59	80.21	0.34	5.12
12	窄叶短柱茶 *Camellia fluviatilis*	6	1.32	3.45	52.60	0.22	4.99
13	深山含笑 *Michelia maudiae*	8	1.76	0.86	517.73	2.18	4.80
14	柞木 *Xylosma japonicum*	2	0.44	0.86	802.30	3.38	4.68
15	山油柑 *Acronychia pedunculata*	3	0.66	2.59	305.10	1.28	4.53
16	密花山矾 *Symplocos congesta*	9	1.98	1.72	150.24	0.63	4.33
17	罗伞树 *Ardisia quinquegona*	7	1.54	1.72	241.68	1.02	4.28
18	竹叶木姜子 *Litsea pseudoelongata*	5	1.10	2.59	83.24	0.35	4.04
19	小叶五月茶 *Antidesma microphyllum*	5	1.10	2.59	64.30	0.27	3.96
20	显脉杜英 *Elaeocarpus dubius*	4	0.88	1.72	196.48	0.83	3.43
21	疏花卫矛 *Euonymus laxiflorus*	4	0.88	1.72	77.91	0.33	2.93
22	桃金娘 *Rhodomyrtus tomentosa*	3	0.66	1.72	40.82	0.17	2.56
23	小蜡 *Ligustrum sinense*	3	0.66	0.86	207.14	0.87	2.39
24	罗浮柿 *Diospyros morrisiana*	2	0.44	1.72	31.19	0.13	2.30
25	豺皮樟 *Litsea rotundifolia* var. *oblongifolia*	2	0.44	1.72	17.35	0.07	2.24
26	华女贞 *Ligustrum lianum*	2	0.44	1.72	13.05	0.05	2.22
27	鸭公树 *Neolitsea chunii*	2	0.44	1.72	11.62	0.05	2.21
28	米碎花 *Eurya chinensis*	2	0.44	1.72	3.98	0.02	2.18
29	细轴荛花 *Wikstroemia nutans*	2	0.44	1.72	3.98	0.02	2.18
30	短序润楠 *Machilus breviflora*	2	0.44	0.86	88.89	0.37	1.68
31	山矾 *Symplocos sumuntia*	1	0.22	0.86	23.00	0.10	1.18
32	银柴 *Aporosa dioica*	1	0.22	0.86	23.00	0.10	1.18
33	矮冬青 *Ilex lohfauensis*	1	0.22	0.86	9.63	0.04	1.12
34	黄果厚壳桂 *Cryptocarya concinna*	1	0.22	0.86	7.96	0.03	1.12
35	栀子 *Gardenia jasminoides*	1	0.22	0.86	5.09	0.02	1.10
36	黄杞 *Engelhardia roxburghiana*	1	0.22	0.86	2.86	0.01	1.09
37	山蒲桃 *Syzygium levinei*	1	0.22	0.86	2.41	0.01	1.09

（续表）

序号	种名	株数	相对多度 RA	相对频度 RF	物种胸面积和/cm^2	相对显著度 RD	重要值 IV
38	鹅掌柴 *Schefflera heptaphylla*	1	0.22	0.86	1.99	0.01	1.09
39	红鳞蒲桃 *Syzygium hancei*	1	0.22	0.86	1.99	0.01	1.09
40	九管血 *Ardisia brevicaulis*	1	0.22	0.86	1.61	0.01	1.09
41	亮叶猴耳环 *Archidendron lucidum*	1	0.22	0.86	1.61	0.01	1.09

Ⅲ-1a-13 浙江润楠林 *Machilus chekiangensis* Alliance（群系）

浙江润楠林群系主要有3个群丛，乔木优势种主要有浙江润楠、短序润楠、鹅掌柴、黧蒴、山蒲桃、网脉山龙眼，灌木层优势种主要有九节、豺皮樟、三花冬青、毛冬青、牛耳枫、大罗伞树等；草本层优势种主要有单叶新月蕨、草珊瑚。主要分布在排牙山、田头山。

在浙江润楠–三花冬青–草珊瑚群丛（表3–23）中，乔木层优势种为浙江润楠，重要值排名第1，其种群数量小，但都为成熟老树，占据群落林冠层，高度约15～21 m，伴生有厚壳桂、短序润楠、网脉山龙眼、红楠、樟、山杜英等；灌木层优势种为三花冬青，重要值排名第2，伴生灌木有毛冬青、牛耳枫、九节、疏花卫矛、格药柃、赤楠、柳叶杜茎山、变叶榕、大罗伞树等；草本层优势种为草珊瑚，伴生有乌毛蕨、华山姜、海金沙、扇叶铁线蕨、团叶鳞始蕨等。

表3–23 浙江润楠–三花冬青–草珊瑚群丛（TTS–S21）乔灌层重要值分析

序号	种名	株数	相对多度 RA	相对频度 RF	物种胸面积和/cm^2	相对显著度 RD	重要值 IV
1	浙江润楠 *Machilus chekiangensis*	8	3.96	3.95	3916.33	34.83	42.74
2	三花冬青 *Ilex triflora*	32	15.84	5.26	2131.44	18.96	40.06
3	短序润楠 *Machilus breviflora*	13	6.44	5.26	1204.64	10.71	22.41
4	网脉山龙眼 *Helicia reticulata*	13	6.44	5.26	272.91	2.43	14.13
5	红楠 *Machilus thunbergii*	5	2.48	1.32	877.26	7.80	11.59
6	毛冬青 *Ilex pubescens*	11	5.45	5.26	45.84	0.41	11.12
7	厚壳桂 *Cryptocarya chinensis*	7	3.47	3.95	408.79	3.64	11.05
8	山杜英 *Elaeocarpus sylvestris*	8	3.96	5.26	185.97	1.65	10.88
9	牛耳枫 *Daphniphyllum calycinum*	9	4.46	5.26	123.84	1.10	10.82
10	九节 *Psychotria rubra*	12	5.94	3.95	37.32	0.33	10.22
11	樟 *Cinnamomum camphora*	3	1.49	2.63	616.96	5.49	9.60
12	疏花卫矛 *Euonymus laxiflorus*	5	2.48	3.95	356.98	3.18	9.60
13	密花树 *Myrsine sequinii*	4	1.98	5.26	242.31	2.16	9.40
14	山油柑 *Acronychia pedunculata*	9	4.46	2.63	169.06	1.50	8.59
15	赤楠 *Syzygium buxifolium*	4	1.98	3.95	180.72	1.61	7.53
16	假鱼骨木 *Psydrax dicocca*	10	4.95	1.32	12.63	0.11	6.38
17	格药柃 *Eurya muricata*	6	2.97	2.63	67.40	0.60	6.20
18	柳叶杜茎山 *Maesa salicifolia*	6	2.97	2.63	5.51	0.05	5.65
19	毛菍 *Melastoma sanguineum*	3	1.49	3.95	6.53	0.06	5.49
20	红鳞蒲桃 *Syzygium hancei*	4	1.98	2.63	44.09	0.39	5.00

（续表）

序号	种名	株数	相对多度 RA	相对频度 RF	物种胸面积和/cm²	相对显著度 RD	重要值 IV
21	鹅掌柴*Schefflera heptaphylla*	4	1.98	2.63	32.23	0.29	4.90
22	鼠刺*Itea chinensis*	4	1.98	2.63	25.86	0.23	4.84
23	变叶榕*Ficus variolosa*	3	1.49	2.63	26.42	0.23	4.35
24	大罗伞树*Ardisia hanceana*	4	1.98	1.32	68.99	0.61	3.91
25	变叶树参*Dendropanax proteus*	2	0.99	2.63	0.40	0.00	3.63
26	大头茶*Gordonia axillaris*	3	1.49	1.32	91.99	0.82	3.62
27	豺皮樟*Litsea rotundifolia* var. *oblongifolia*	2	0.99	1.32	56.18	0.50	2.81
28	山香圆*Turpinia montana*	2	0.99	1.32	2.55	0.02	2.33
29	光叶山矾*Symplocos lancifolia*	1	0.50	1.32	15.60	0.14	1.95
30	香楠*Aidia canthioides*	1	0.50	1.32	7.96	0.07	1.88
31	鸡骨香*Croton crassifolius*	1	0.50	1.32	6.45	0.06	1.87
32	罗浮柿*Diospyros morrisiana*	1	0.50	1.32	1.27	0.01	1.82
33	常绿荚蒾*Viburnum sempervirens*	1	0.50	1.32	0.32	0.00	1.81
34	水团花*Adina pilulifera*	1	0.50	1.32	0.08	0.00	1.81

Ⅲ-1a-14 短序润楠林*Machilus breviflora* Alliance（群系）

短序润楠林群系主要有7个群丛，乔木优势种主要有短序润楠、浙江润楠、鹅掌柴、光叶山矾、密花树、岭南青冈；灌木层优势种主要有九节、桃金娘、绿冬青、棱果花、吊钟花、红淡比；草本层优势种主要有黑桫椤、草珊瑚、华山姜、苦竹、金毛狗、乌毛蕨。主要分布在阳台山、梧桐山、田头山、三洲田。

在短序润楠+岭南青冈-吊钟花+红淡比-苦竹+金毛狗群丛（表3-24）中，乔木层优势种为短序润楠和岭南青冈，重要值排名前2，次优势种为黄杞，重要值排名第5，伴生乔木有米槠、革叶铁榄、网脉山龙眼、鹅掌柴、栎叶柯、石笔木、山乌桕、木莲等；灌木层优势种为吊钟花和红淡比，整体高度在2.5～6 m，次优势灌木为石斑木、豺皮樟和罗伞树，伴生灌木有绿冬青、变叶树参、柏拉木、香楠、赤楠、竹叶榕、刺毛杜鹃、台湾榕等；草本层优势种为苦竹和金毛狗，盖度达40%，伴生有草豆蔻、草珊瑚、伏石蕨、狗脊、扇叶铁线蕨、牯岭藜芦、石仙桃、毛果珍珠茅、石菖蒲、石仙桃等。

表3-24 短序润楠+岭南青冈-吊钟花+红淡比-苦竹+金毛狗群丛（SZT-S03）乔灌层重要值分析

序号	种名	株数	相对多度 RA	相对频度 RF	物种胸面积和/cm²	相对显著度 RD	重要值 IV
1	短序润楠*Machilus breviflora*	69	11.22	6.35	5562.05	25.16	42.73
2	岭南青冈*Cyclobalanopsis championii*	34	5.53	3.97	6044.05	27.34	36.84
3	吊钟花*Enkianthus quinqueflorus*	84	13.66	4.76	1515.16	6.85	25.27
4	红淡比*Cleyera japonica*	76	12.36	4.76	1121.65	5.07	22.19
5	黄杞*Engelhardia roxburghiana*	24	3.90	2.38	1267.82	5.73	12.02
6	石斑木*Raphiolepis indica*	24	3.90	3.17	757.10	3.42	10.50
7	豺皮樟*Litsea rotundifolia* var. *oblongifolia*	19	3.09	4.76	580.60	2.63	10.48
8	罗伞树*Ardisia quinquegona*	20	3.25	4.76	308.10	1.39	9.41
9	革叶铁榄*Sinosideroxylon wightianum*	15	2.44	3.17	298.53	1.35	6.96

（续表）

序号	种名	株数	相对多度 RA	相对频度 RF	物种胸面积和/cm²	相对显著度 RD	重要值 IV
10	鹅掌柴 *Schefflera heptaphylla*	9	1.46	3.97	213.13	0.96	6.40
11	栎叶柯 *Lithocarpus quercifolius*	14	2.28	1.59	549.08	2.48	6.35
12	密花树 *Myrsine sequinii*	12	1.95	3.17	253.95	1.15	6.27
13	石笔木 *Pyrenaria spectabilis*	9	1.46	3.17	222.67	1.01	5.65
14	罗浮柿 *Diospyros morrisiana*	8	1.30	3.17	159.75	0.72	5.20
15	山乌桕 *Sapium discolor*	5	0.81	2.38	431.95	1.95	5.15
16	绿冬青 *Ilex viridis*	8	1.30	2.38	294.44	1.33	5.01
17	米槠 *Castanopsis carlesii*	2	0.33	0.79	841.61	3.81	4.93
18	变叶树参 *Dendropanax proteus*	12	1.95	2.38	63.98	0.29	4.62
19	柏拉木 *Blastus cochinchinensis*	7	1.14	3.17	33.50	0.15	4.46
20	夜香木兰 *Lirianthe coco*	9	1.46	2.38	95.76	0.43	4.28
21	香楠 *Aidia canthioides*	5	0.81	3.17	32.12	0.15	4.13
22	网脉山龙眼 *Helicia reticulata*	4	0.65	2.38	183.74	0.83	3.86
23	木莲 *Manglietia fordiana*	6	0.98	2.38	53.85	0.24	3.60
24	赤楠 *Syzygium buxifolium*	5	0.81	2.38	62.23	0.28	3.48
25	小果山龙眼 *Helicia cochinchinensis*	4	0.65	1.59	249.00	1.13	3.36
26	竹叶榕 *Ficus stenophylla*	4	0.65	1.59	107.51	0.49	2.72
27	榕叶冬青 *Ilex ficoidea*	5	0.81	0.79	221.54	1.00	2.61
28	杂色榕 *Ficus variegata*	3	0.49	1.59	94.94	0.43	2.50
29	香叶树 *Lindera communis*	4	0.65	1.59	35.89	0.16	2.40
30	五列木 *Pentaphylax euryoides*	4	0.65	0.79	99.79	0.45	1.90
31	小叶五月茶 *Antidesma microphyllum*	4	0.65	0.79	31.99	0.14	1.59
32	樟 *Cinnamomum camphora*	1	0.16	0.79	127.32	0.58	1.53
33	刺毛杜鹃 *Rhododendron championiae*	4	0.65	0.79	11.46	0.05	1.50
34	白桂木 *Artocarpus hypargyreus*	2	0.33	0.79	35.97	0.16	1.28
35	阴香 *Cinnamomum burmannii*	1	0.16	0.79	70.67	0.32	1.28
36	中华卫矛 *Euonymus nitidus*	2	0.33	0.79	3.98	0.02	1.14
37	亮叶猴耳环 *Archidendron lucidum*	1	0.16	0.79	17.90	0.08	1.04
38	山檨叶泡花树 *Meliosma thorelii*	1	0.16	0.79	11.46	0.05	1.01
39	杜鹃 *Rhododendron simsii*	1	0.16	0.79	9.63	0.04	1.00
40	台湾榕 *Ficus formosana*	1	0.16	0.79	6.45	0.03	0.99
41	细轴荛花 *Wikstroemia nutans*	1	0.16	0.79	6.45	0.03	0.99
42	山杜英 *Elaeocarpus sylvestris*	1	0.16	0.79	5.09	0.02	0.98
43	鼠刺 *Itea chinensis*	1	0.16	0.79	3.90	0.02	0.97
44	华南青皮木 *Schoepfia chinensis*	1	0.16	0.79	2.86	0.01	0.97
45	柳叶毛蕊茶 *Camellia salicifolia*	1	0.16	0.79	2.86	0.01	0.97
46	巴豆 *Croton tiglium*	1	0.16	0.79	1.27	0.01	0.96
47	金柑 *Fortunella japonica*	1	0.16	0.79	1.27	0.01	0.96
48	梅叶冬青 *Ilex asprella*	1	0.16	0.79	0.72	0.00	0.96

Ⅲ-1a-15 木荷林*Schima superba* Alliance（群系）

木荷林群系主要有2个群丛，乔木优势种为木荷；灌木层优势种主要有毛棉杜鹃、九节、柏拉木；草本层优势种主要有团叶鳞始蕨、金毛狗。主要分布在大顶岭公园、凤凰山、银湖山、梧桐山、田头山。

在木荷+毛棉杜鹃-柏拉木-金毛狗群丛（表3-25）中，乔木层优势种为木荷和毛棉杜鹃，重要值排名前2，其中木荷为乔木上层优势种，高度约15～22 m，伴生有黄樟、山杜英、罗浮栲、红鳞蒲桃、厚壳桂等，毛棉杜鹃为乔木下层优势种，种群数量大，高度约6～10 m，伴生有华润楠、绒毛润楠、网脉山龙眼、厚壳桂、山油柑、罗浮柿、鹅掌柴等；灌木层以柏拉木占优势种，重要值排名第6，高度约2.2～4.5 m，伴生灌木有九节、罗伞树、细齿叶柃、疏花卫矛、天料木、大苞白山茶、薄叶红厚壳、鲫鱼胆等；草本层优势种为金毛狗，盖度约30%，伴生有露兜草、草珊瑚、翠云草、乌毛蕨、轮环藤、深绿卷柏、山麦冬、团叶鳞始蕨等草本。

表3-25　木荷+毛棉杜鹃-柏拉木-金毛狗群丛（TTS-S07）乔灌层重要值分析

序号	种名	株数	相对多度 RA	相对频度 RF	物种胸面积和/cm^2	相对显著度 RD	重要值 IV
1	毛棉杜鹃*Rhododendron moulmainense*	213	49.65	9.52	5276.65	14.71	73.88
2	木荷*Schima superba*	21	4.90	7.14	10645.33	29.67	41.71
3	黄樟*Cinnamomum parthenoxylon*	11	2.56	6.35	4494.22	12.53	21.44
4	罗浮锥*Castanopsis fabri*	3	0.70	2.38	5113.09	14.25	17.33
5	山杜英*Elaeocarpus sylvestris*	11	2.56	5.56	1792.50	5.00	13.12
6	柏拉木*Blastus cochinchinensis*	26	6.06	6.35	102.87	0.29	12.70
7	鹅掌柴*Schefflera heptaphylla*	10	2.33	4.76	1119.73	3.12	10.21
8	九节*Psychotria rubra*	25	5.83	3.97	143.94	0.40	10.20
9	浙江润楠*Machilus chekiangensis*	5	1.17	3.17	1649.18	4.60	8.94
10	罗伞树*Ardisia quinquegona*	14	3.26	4.76	200.20	0.56	8.58
11	红鳞蒲桃*Syzygium hancei*	6	1.40	3.17	1293.61	3.61	8.18
12	细齿叶柃*Eurya nitida*	11	2.56	4.76	77.27	0.22	7.54
13	罗浮柿*Diospyros morrisiana*	7	1.63	3.97	565.00	1.57	7.17
14	绒毛润楠*Machilus velutina*	11	2.56	3.17	350.08	0.98	6.71
15	疏花卫矛*Euonymus laxiflorus*	6	1.40	4.76	17.63	0.05	6.21
16	网脉山龙眼*Helicia reticulata*	6	1.40	2.38	682.77	1.90	5.68
17	天料木*Homalium cochinchinense*	9	2.10	2.38	202.37	0.56	5.04
18	大苞白山茶*Camellia granthamiana*	7	1.63	2.38	147.87	0.41	4.42
19	马尾松*Pinus massoniana*	1	0.23	0.79	928.19	2.59	3.61
20	厚壳桂*Cryptocarya chinensis*	3	0.70	1.59	455.34	1.27	3.56
21	密花树*Myrsine sequinii*	4	0.93	1.59	68.06	0.19	2.71
22	华润楠*Machilus chinensis*	5	1.17	0.79	230.10	0.64	2.60
23	鼠刺*Itea chinensis*	2	0.47	1.59	65.97	0.18	2.24
24	野漆*Toxicodencron succedanea*	1	0.23	0.79	76.47	0.21	1.24
25	山油柑*Acronychia pedunculata*	1	0.23	0.79	55.88	0.16	1.18
26	柿*Diospyros kaki*	1	0.23	0.79	49.74	0.14	1.17

（续表）

序号	种名	株数	相对多度 RA	相对频度 RF	物种胸面 积和/cm²	相对显著度 RD	重要值 IV
27	杨梅 *Myrica rubra*	1	0.23	0.79	35.09	0.10	1.12
28	短序润楠 *Machilus breviflora*	1	0.23	0.79	20.37	0.06	1.08
29	岭南山竹子 *Garcinia oblongifolia*	1	0.23	0.79	9.63	0.03	1.05
30	山蒲桃 *Syzygium levinei*	1	0.23	0.79	5.09	0.01	1.04
31	薄叶红厚壳 *Calophyllum membranaceum*	1	0.23	0.79	2.86	0.01	1.03
32	银柴 *Aporosa dioica*	1	0.23	0.79	1.99	0.01	1.03
33	亮叶猴耳环 *Archidendron lucidum*	1	0.23	0.79	1.27	0.00	1.03
34	饭甑青冈 *Cyclobalanopsis fleuryi*	1	0.23	0.79	0.72	0.00	1.03
35	鲫鱼胆 *Maesa perlarius*	1	0.23	0.79	0.01	0.00	1.03

Ⅲ-1a-16 青冈林 *Cyclobalanopsis glauca* Alliance（群系）

青冈林群系有1个群丛，为青冈+黄牛木–豺皮樟–团叶鳞始蕨群丛，乔木层优势种主要有青冈、黄牛木、鹅掌柴，伴生有银柴、山乌桕、土沉香、绒毛润楠、尖脉木姜子、野漆等；灌木层优势种主要有豺皮樟、梅叶冬青、桃金娘等，伴生有野牡丹、毛菍、变叶榕、粗叶榕、锡叶藤等；草本层较稀疏，以蕨类为多，如团叶鳞始蕨、扇叶铁线蕨、半边旗、乌毛蕨、小叶海金沙，其他还有草珊瑚、山菅兰等。该群丛主要分布在300～500 m的山坡、山谷，在梧桐山、大鹏半岛比较常见。

Ⅲ-1a-17 黧蒴林 *Castanopsis fissa* Alliance（群系）

黧蒴林群系主要有6个群丛，乔木优势种主要有黧蒴、红鳞蒲桃、短序润楠、山油柑、银柴、罗浮柿、山杜英；灌木层优势种主要有九节、罗伞树、柃叶连蕊茶、香楠、毛棉杜鹃、梅叶冬青、常绿荚蒾、狗骨柴、栀子、香港大沙叶等；草本层优势种主要有山麦冬、扇叶铁线蕨、金毛狗、乌毛蕨、淡竹叶。主要分布在梧桐山、阳台山、铁岗水库、仙湖、三洲田、排牙山。

在黧蒴–罗伞树–扇叶铁线蕨群丛（表3-26）中，乔木层优势种为黧蒴，重要值排名第1，以大树为主，位于群落上层，伴生有罗浮柿、山杜英、山乌桕、猴耳环、岭南山竹子、野漆、山油柑等，次优势种为鼠刺，重要值排名第3，位于群落中层，伴生有厚皮香、黄牛木、山油柑、银柴、假苹婆、密花树、破布叶、两广梭罗等；灌木层优势种为罗伞树，重要值排名第2，伴生灌木有九节、梅叶冬青、常绿荚蒾、假鹰爪、狗骨柴、香港大沙叶、豺皮樟、柳叶毛蕊茶等。

表3-26 黧蒴–罗伞树–扇叶铁线蕨群丛（PYS-S12）乔灌层重要值分析

序号	种名	株数	相对多度 RA	相对频度 RF	物种胸面 积和/cm²	相对显著度 RD	重要值 IV
1	黧蒴 *Castanopsis fissa*	41	7.66	2.02	4721.73	30.28	39.96
2	罗伞树 *Ardisia quinquegona*	120	22.43	8.08	888.01	5.69	36.21
3	鼠刺 *Itea chinensis*	53	9.91	6.06	1255.57	8.05	24.02
4	九节 *Psychotria rubra*	35	6.54	5.05	334.46	2.14	13.74
5	山杜英 *Elaeocarpus sylvestris*	15	2.80	4.04	981.99	6.30	13.14
6	银柴 *Aporosa dioica*	14	2.62	3.03	1155.56	7.41	13.06
7	厚皮香 *Ternstroemia gymnanthera*	11	2.06	3.03	1240.37	7.95	13.04

（续表）

序号	种名	株数	相对多度 RA	相对频度 RF	物种胸面积和/cm^2	相对显著度 RD	重要值 IV
8	乌材 *Diospyros eriantha*	21	3.93	5.05	544.67	3.49	12.47
9	破布叶 *Microcos paniculata*	22	4.11	5.05	399.00	2.56	11.72
10	岭南山竹子 *Garcinia oblongifolia*	15	2.80	4.04	583.82	3.74	10.59
11	假苹婆 *Sterculia lanceolata*	20	3.74	4.04	416.67	2.67	10.45
12	山油柑 *Acronychia pedunculata*	20	3.74	3.03	563.45	3.61	10.38
13	黄牛木 *Cratoxylum cochinchinense*	15	2.80	5.05	313.22	2.01	9.86
14	梅叶冬青 *Ilex asprella*	24	4.49	3.03	178.09	1.14	8.66
15	绒毛润楠 *Machilus velutina*	13	2.43	4.04	239.33	1.53	8.01
16	罗浮柿 *Diospyros morrisiana*	8	1.50	4.04	317.28	2.03	7.57
17	密花树 *Myrsine sequinii*	17	3.18	1.01	169.42	1.09	5.27
18	山乌桕 *Sapium discolor*	5	0.93	2.02	305.82	1.96	4.92
19	常绿荚蒾 *Viburnum sempervirens*	18	3.36	1.01	35.81	0.23	4.60
20	假鹰爪 *Desmos chinensis*	7	1.31	3.03	25.62	0.16	4.50
21	狗骨柴 *Diplospora dubia*	3	0.56	3.03	69.87	0.45	4.04
22	香港大沙叶 *Pavetta hongkongensis*	5	0.93	2.02	162.18	1.04	3.99
23	野漆 *Toxicodencron succedanea*	3	0.56	1.01	337.49	2.16	3.74
24	银叶树 *Heritiera littoralis*	4	0.75	2.02	65.17	0.42	3.19
25	紫玉盘 *Uvaria macrophylla*	5	0.93	2.02	11.70	0.08	3.03
26	豺皮樟 *Litsea rotundifolia* var. *oblongifolia*	4	0.75	2.02	19.89	0.13	2.90
27	黏木 *Ixonanthes chinensis*	1	0.19	1.01	97.48	0.63	1.82
28	两广梭罗 *Revesia thyrsoidea*	4	0.75	1.01	7.96	0.05	1.81
29	山鸡椒 *Litsea cubeba*	3	0.56	1.01	34.08	0.22	1.79
30	猴耳环 *Archidendron clypearia*	1	0.19	1.01	49.74	0.32	1.52
31	八角枫 *Alangium chinense*	1	0.19	1.01	35.09	0.23	1.42
32	华润楠 *Machilus chinensis*	1	0.19	1.01	15.60	0.10	1.30
33	香楠 *Aidia canthioides*	1	0.19	1.01	6.45	0.04	1.24
34	土沉香 *Aquilaria sinensis*	1	0.19	1.01	3.90	0.03	1.22
35	柳叶毛蕊茶 *Camellia salicifolia*	1	0.19	1.01	1.99	0.01	1.21
36	疏花卫矛 *Euonymus laxiflorus*	1	0.19	1.01	1.99	0.01	1.21
37	野牡丹 *Melastoma candidum*	1	0.19	1.01	1.99	0.01	1.21
38	栀子 *Gardenia jasminoides*	1	0.19	1.01	1.99	0.01	1.21

Ⅲ-1a-18 柯林 *Lithocarpus glaber* Alliance（群系）

柯林群系有1个群丛，在柯-九节-苏铁蕨群丛（表3-27）中，群落建群种为柯，重要值排名第1，远高于其他乔木物种，种群数量大，乔木层优势种群有鹅掌柴、银柴，伴生有木荷、红鳞蒲桃、罗浮柿、山杜英等；灌木层优势种为九节，重要值排名第2，种群数量大，其他灌木还有豺皮樟、毛冬青、石斑木、狗骨柴、大罗伞树等；草本层优势种为苏铁蕨，重要值排名第3，平均高度约1.7 m，占草本层盖度约30%，伴生草本有半边旗、芒萁、淡竹叶、草珊瑚、团叶鳞始蕨。主要分布在田头山。

表3-27　柯-九节-苏铁蕨群丛（TTS-S16）乔灌层重要值分析

序号	种名	株数	相对多度 RA	相对频度 RF	物种胸面积和/cm^2	相对显著度 RD	重要值 IV
1	柯 *Lithocarpus glaber*	304	43.12	12.63	23602.40	64.52	120.28
2	九节 *Psychotria rubra*	233	33.05	12.63	2731.44	7.47	53.15
3	苏铁蕨 *Brainea insignis*	42	5.96	8.42	4406.84	12.05	26.43
4	鹅掌柴 *Schefflera heptaphylla*	19	2.70	9.47	2250.07	6.15	18.32
5	豺皮樟 *Litsea rotundifolia* var. *oblongifolia*	27	3.83	6.32	274.16	0.75	10.90
6	银柴 *Aporosa dioica*	16	2.27	5.26	396.29	1.08	8.62
7	木荷 *Schima superba*	4	0.57	2.11	1513.56	4.14	6.81
8	毛冬青 *Ilex pubescens*	6	0.85	5.26	23.55	0.06	6.18
9	红鳞蒲桃 *Syzygium hancei*	9	1.28	4.21	189.24	0.52	6.00
10	杨桐 *Adinandra millettii*	8	1.13	4.21	98.68	0.27	5.62
11	石斑木 *Raphiolepis indica*	6	0.85	3.16	75.60	0.21	4.22
12	罗浮柿 *Diospyros morrisiana*	4	0.57	2.11	262.76	0.72	3.39
13	山杜英 *Elaeocarpus sylvestris*	2	0.28	2.11	201.81	0.55	2.94
14	狗骨柴 *Diplospora dubia*	3	0.43	2.11	15.60	0.04	2.57
15	鼠刺 *Itea chinensis*	3	0.43	2.11	6.78	0.02	2.55
16	大罗伞树 *Ardisia hanceana*	2	0.28	2.11	1.99	0.01	2.39
17	亮叶猴耳环 *Archidendron lucidum*	2	0.28	2.11	1.27	0.00	2.39
18	黄樟 *Cinnamomum parthenoxylon*	1	0.14	1.05	346.64	0.95	2.14
19	山乌桕 *Sapium discolor*	1	0.14	1.05	71.62	0.20	1.39
20	香港算盘子 *Glochidion hongkongense*	2	0.28	1.05	14.72	0.04	1.38
21	野漆 *Toxicodencron succedanea*	2	0.28	1.05	3.67	0.01	1.35
22	白背算盘子 *Glochidion wrightii*	1	0.14	1.05	31.83	0.09	1.28
23	刨花润楠 *Machilus pauhoi*	1	0.14	1.05	23.00	0.06	1.26
24	毛菍 *Melastoma sanguineum*	1	0.14	1.05	7.96	0.02	1.22
25	三椏苦 *Melicope pteleifolia*	1	0.14	1.05	7.96	0.02	1.22
26	土沉香 *Aquilaria sinensis*	1	0.14	1.05	7.96	0.02	1.22
27	栀子 *Gardenia jasminoides*	1	0.14	1.05	5.09	0.01	1.21
28	变叶榕 *Ficus variolosa*	1	0.14	1.05	3.36	0.01	1.20
29	粗叶榕 *Ficus hirta*	1	0.14	1.05	1.99	0.01	1.20
30	锡叶藤 *Tetracera asiatica*	1	0.14	1.05	1.99	0.01	1.20

Ⅲ-1a-19 鹿角锥林 *Castanopsis lamontii* Alliance（群系）

鹿角锥林群系有1个群丛，在鹿角锥-九节+罗伞树-扇叶铁线蕨群丛（表3-28）中，群落建群种为鹿角锥，重要值排名第1，远高于其他物种，乔木层优势种为蒲桃、银柴等，伴生有土沉香、鹅掌柴、红鳞蒲桃、亮叶猴耳环等；灌木层优势种为九节和罗伞树，重要值排名前3，高于其他乔木物种，伴生灌木还有豺皮樟、台湾榕、三椏苦、石斑木、白花灯笼、绿冬青等；草本层优势种为扇叶铁线蕨，整体盖度约30%，其他还分布有淡竹叶、黑莎草、团叶鳞始蕨、毛果珍珠茅、芒萁等。主要分布在阳台山。

表3-28 鹿角锥-九节+罗伞树-扇叶铁线蕨群丛（YTS-S02）乔灌层重要值分析

序号	种名	株数	相对多度 RA	相对频度 RF	物种胸面积和/cm^2	相对显著度 RD	重要值 IV
1	鹿角锥 *Castanopsis lamontii*	101	19.92	12.62	25680.05	79.25	111.79
2	九节 *Psychotria rubra*	120	23.67	11.65	622.44	1.92	37.24
3	罗伞树 *Ardisia quinquegona*	99	19.53	9.71	668.15	2.06	31.30
4	蒲桃 *Syzygium jambos*	49	9.66	8.74	1544.30	4.77	23.17
5	豺皮樟 *Litsea rotundifolia* var. *oblongifolia*	44	8.68	5.83	1183.46	3.65	18.16
6	银柴 *Aporosa dioica*	17	3.35	6.80	817.74	2.52	12.67
7	土沉香 *Aquilaria sinensis*	14	2.76	4.85	404.19	1.25	8.86
8	鹅掌柴 *Schefflera heptaphylla*	9	1.78	2.91	346.32	1.07	5.76
9	红鳞蒲桃 *Syzygium hancei*	3	0.59	2.91	613.14	1.89	5.40
10	亮叶猴耳环 *Archidendron lucidum*	11	2.17	2.91	22.30	0.07	5.15
11	台湾榕 *Ficus formosana*	5	0.99	2.91	36.76	0.11	4.01
12	三桠苦 *Melicope pteleifolia*	2	0.39	1.94	7.72	0.02	2.36
13	石斑木 *Raphiolepis indica*	2	0.39	1.94	5.51	0.02	2.35
14	变叶榕 *Ficus variolosa*	2	0.39	1.94	3.12	0.01	2.35
15	杉木 *Cunninghamia lanceolata*	1	0.20	0.97	315.84	0.97	2.14
16	茶 *Camellia sinensis*	3	0.59	0.97	3.82	0.01	1.57
17	白花灯笼 *Clerodendrum fortunatum*	3	0.59	0.97	2.15	0.01	1.57
18	水团花 *Adina pilulifera*	2	0.39	0.97	29.68	0.09	1.46
19	浙江润楠 *Machilus chekiangensis*	2	0.39	0.97	12.18	0.04	1.40
20	香港大沙叶 *Pavetta hongkongensis*	1	0.20	0.97	25.78	0.08	1.25
21	绿冬青 *Ilex viridis*	1	0.20	0.97	17.90	0.06	1.22
22	黄牛木 *Cratoxylum cochinchinense*	1	0.20	0.97	13.45	0.04	1.21
23	杨桐 *Adinandra millettii*	1	0.20	0.97	9.63	0.03	1.20
24	油茶 *Camellia oleifera*	1	0.20	0.97	3.90	0.01	1.18
25	紫玉盘 *Uvaria macrophylla*	1	0.20	0.97	3.90	0.01	1.18
26	山鸡椒 *Litsea cubeba*	1	0.20	0.97	2.86	0.01	1.18
27	珊瑚树 *Viburnum odoratissimum*	1	0.20	0.97	1.99	0.01	1.17
28	毛菍 *Melastoma sanguineum*	1	0.20	0.97	1.27	0.00	1.17
29	粗叶榕 *Ficus hirta*	1	0.20	0.97	0.72	0.00	1.17
30	大青 *Clerodendrum cyrtophyllum*	1	0.20	0.97	0.72	0.00	1.17
31	假苹婆 *Sterculia lanceolata*	1	0.20	0.97	0.72	0.00	1.17
32	簕欓 *Zanthoxylum avicennae*	1	0.20	0.97	0.72	0.00	1.17
33	橄榄 *Canarium album*	1	0.20	0.97	0.50	0.00	1.17
34	榼藤 *Entada phaseoloides*	1	0.20	0.97	0.00	0.00	1.17
35	两粤黄檀 *Dalbergia benthamii*	1	0.20	0.97	0.00	0.00	1.17
36	罗浮买麻藤 *Gnetum lofuense*	1	0.20	0.97	0.00	0.00	1.17
37	锡叶藤 *Tetracera asiatica*	1	0.20	0.97	0.00	0.00	1.17

Ⅲ-1a-20 米槠林*Castanopsis carlesii* Alliance（群系）

米槠林群系有1个群丛，在米槠+岭南青冈–九节–草珊瑚群丛（表3-29）中，乔木层优势种为米槠和岭南青冈，重要值排名前2，次优势种为密花树、罗浮柿、红淡比、绒毛润楠等，伴生有鹅掌柴、山杜英、光叶山矾、浙江润楠、红鳞蒲桃等；灌木层优势种为九节，种群数量较大，重要值排名第3，其他灌木较零散，有香楠、变叶树参、细轴荛花、中华卫矛、毛冬青、豺皮樟、油茶、粗叶榕等；草本层优势种为草珊瑚，伴生有草豆蔻、山麦冬、狗脊、扇叶铁线蕨、缘毛珍珠茅等。主要分布在三洲田。

表3-29　米槠+岭南青冈–九节–草珊瑚群丛（SZT-S01）乔灌层重要值分析

序号	种名	株数	相对多度 RA	相对频度 RF	物种胸面积和/cm^2	相对显著度 RD	重要值 IV
1	米槠*Castanopsis carlesii*	21	3.89	4.02	12757.10	43.10	51.01
2	岭南青冈*Cyclobalanopsis championii*	20	3.70	2.87	7167.14	24.21	30.79
3	九节*Psychotria rubra*	87	16.11	6.32	188.17	0.64	23.07
4	密花树*Myrsine sequinii*	72	13.33	4.02	1322.65	4.47	21.82
5	罗浮柿*Diospyros morrisiana*	33	6.11	6.32	2082.90	7.04	19.47
6	红淡比*Cleyera japonica*	25	4.63	5.75	629.72	2.13	12.50
7	绒毛润楠*Machilus velutina*	14	2.59	2.87	1477.93	4.99	10.46
8	香楠*Aidia canthioides*	25	4.63	5.17	158.18	0.53	10.34
9	鼠刺*Itea chinensis*	20	3.70	4.60	214.62	0.73	9.03
10	鹅掌柴*Schefflera heptaphylla*	15	2.78	4.02	548.96	1.85	8.66
11	光叶山矾*Symplocos lancifolia*	17	3.15	4.60	258.99	0.88	8.62
12	变叶树参*Dendropanax proteus*	21	3.89	4.60	37.94	0.13	8.61
13	细轴荛花*Wikstroemia nutans*	15	2.78	5.75	21.76	0.07	8.60
14	中华卫矛*Euonymus nitidus*	21	3.89	2.30	352.18	1.19	7.38
15	腺叶山矾*Symplocos adenophylla*	8	1.48	2.87	481.67	1.63	5.98
16	梅叶冬青*Ilex asprella*	12	2.22	3.45	91.11	0.31	5.98
17	山杜英*Elaeocarpus sylvestris*	11	2.04	2.87	201.86	0.68	5.59
18	毛冬青*Ilex pubescens*	11	2.04	2.30	216.03	0.73	5.07
19	浙江润楠*Machilus chekiangensis*	8	1.48	2.30	98.45	0.33	4.11
20	疏花卫矛*Euonymus laxiflorus*	9	1.67	1.72	160.45	0.54	3.93
21	豺皮樟*Litsea rotundifolia* var. *oblongifolia*	10	1.85	1.15	194.83	0.66	3.66
22	黄牛奶树*Symplocos cochinchinensis* var. *laurina*	7	1.30	1.15	239.55	0.81	3.26
23	油茶*Camellia oleifera*	7	1.30	1.72	46.21	0.16	3.18
24	野漆*Toxicodencron succedanea*	3	0.56	1.72	46.49	0.16	2.44
25	粗叶榕*Ficus hirta*	5	0.93	1.15	3.18	0.01	2.09
26	黑柃*Eurya macartneyi*	4	0.74	1.15	26.98	0.09	1.98
27	红鳞蒲桃*Syzygium hancei*	4	0.74	1.15	6.68	0.02	1.91
28	罗浮锥*Castanopsis fabri*	3	0.56	0.57	150.08	0.51	1.64
29	日本五月茶*Antidesma japonicum*	2	0.37	1.15	9.89	0.03	1.55
30	秤钩风*Diploclisia affinis*	4	0.74	0.57	7.72	0.03	1.34

（续表）

序号	种名	株数	相对多度 RA	相对频度 RF	物种胸面积和/cm^2	相对显著度 RD	重要值 IV
31	樟*Cinnamomum camphora*	1	0.19	0.57	168.39	0.57	1.33
32	台湾榕*Ficus formosana*	3	0.56	0.57	32.41	0.11	1.24
33	细齿叶柃*Eurya nitida*	3	0.56	0.57	19.34	0.07	1.20
34	华润楠*Machilus chinensis*	3	0.56	0.57	11.02	0.04	1.17
35	山香圆*Turpinia montana*	2	0.37	0.57	30.00	0.10	1.05
36	簕欓*Zanthoxylum avicennae*	1	0.19	0.57	76.47	0.26	1.02
37	八角枫*Alangium chinense*	1	0.19	0.57	12.43	0.04	0.80
38	鲫鱼胆*Maesa perlarius*	1	0.19	0.57	7.96	0.03	0.79
39	小花山小橘*Glycosmis parviflora*	1	0.19	0.57	7.96	0.03	0.79
40	山橘*Citrus japonica*	1	0.19	0.57	6.45	0.02	0.78
41	栀子*Gardenia jasminoides*	1	0.19	0.57	2.86	0.01	0.77
42	牛耳枫*Daphniphyllum calycinum*	1	0.19	0.57	1.27	0.00	0.76
43	鸡柏紫藤*Elaeagnus loureirii*	1	0.19	0.57	0.72	0.00	0.76
44	杖藤*Calamus rhabdocladus*	1	0.19	0.57	0.32	0.00	0.76

Ⅲ-1a-21 鼠刺林*Itea chinensis* Alliance（群系）

鼠刺林群系主要有7个群丛，乔木层优势种主要有鼠刺、黄樟、革叶铁榄、大头茶、浙江润楠、黧蒴、土沉香、银柴、山油柑、密花树；灌木层优势种主要有毛棉杜鹃、九节、柃叶连蕊茶、豺皮樟、吊钟花、变叶榕、杜鹃、桃金娘等；草本层优势种主要有芒萁、黑莎草、露兜草、垂穗石松、深绿卷柏、单叶新月蕨。主要分布在梧桐山、三洲田、排牙山、七娘山。

在鼠刺+山油柑-杜鹃-黑莎草群丛（表3-30）中，群落建群种为鼠刺，重要值排名第1，种群数量达150株，远多于其他物种，次优势种为山油柑，重要值排名第2，伴生乔木为红鳞蒲桃、野漆、银柴、木竹子、鹅掌柴、黄牛木、土沉香罗浮柿、假柿木姜子、黄樟等；灌木层优势种为杜鹃，重要值排名第5，次优势灌木有栀子、豺皮樟，伴生灌木有白背算盘子、变叶榕、狗骨柴、毛冬青、香楠、藤黄檀、香港黄檀、竹叶榕、桃金娘、毛菍、了哥王等。

表3-30 鼠刺+山油柑-杜鹃-黑莎草群丛（XH-S08）乔灌层重要值分析

序号	种名	株数	相对多度 RA	相对频度 RF	物种胸面积和/cm^2	相对显著度 RD	重要值 IV
1	鼠刺*Itea chinensis*	150	36.23	8.06	2577.85	25.69	69.99
2	山油柑*Acronychia pedunculata*	38	9.18	8.06	1774.20	17.68	34.93
3	红鳞蒲桃*Syzygium hancei*	10	2.42	4.03	1169.47	11.66	18.10
4	野漆*Toxicodencron succedanea*	18	4.35	6.45	617.04	6.15	16.95
5	杜鹃*Rhododendron simsii*	31	7.49	5.65	155.18	1.55	14.68
6	栀子*Gardenia jasminoides*	19	4.59	5.65	64.74	0.65	10.88
7	银柴*Aporosa dioica*	9	2.17	4.03	418.74	4.17	10.38
8	豺皮樟*Litsea rotundifolia* var. *oblongifolia*	18	4.35	4.03	140.73	1.40	9.78

（续表）

序号	种名	株数	相对多度 RA	相对频度 RF	物种胸面积和/cm^2	相对显著度 RD	重要值 IV
9	白背算盘子 *Glochidion wrightii*	5	1.21	2.42	566.83	5.65	9.28
10	木竹子 *Garcinia multiflora*	5	1.21	0.81	644.58	6.42	8.44
11	鹅掌柴 *Schefflera heptaphylla*	4	0.97	2.42	447.15	4.46	7.84
12	黄牛木 *Cratoxylum cochinchinense*	5	1.21	3.23	199.58	1.99	6.42
13	土沉香 *Aquilaria sinensis*	6	1.45	3.23	136.16	1.36	6.03
14	变叶榕 *Ficus variolosa*	11	2.66	1.61	119.76	1.19	5.46
15	九节 *Psychotria rubra*	8	1.93	3.23	19.83	0.20	5.36
16	狗骨柴 *Diplospora dubia*	5	1.21	2.42	164.65	1.64	5.27
17	毛冬青 *Ilex pubescens*	4	0.97	2.42	19.76	0.20	3.58
18	柃叶连蕊茶 *Camellia euryoides*	4	0.97	2.42	15.30	0.15	3.54
19	香花鸡血藤 *Callerya dielsiana*	4	0.97	2.42	7.40	0.07	3.46
20	罗浮柿 *Diospyros morrisiana*	4	0.97	0.81	169.00	1.68	3.46
21	香楠 *Aidia canthioides*	6	1.45	1.61	31.61	0.32	3.38
22	藤黄檀 *Dalbergia hancei*	3	0.72	2.42	6.88	0.07	3.21
23	黄连木 *Pistacia chinensis*	2	0.48	1.61	111.91	1.12	3.21
24	厚皮香 *Ternstroemia gymnanthera*	3	0.72	0.81	146.18	1.46	2.99
25	香港黄檀 *Dalbergia millettii*	5	1.21	1.61	11.62	0.12	2.94
26	毛菍 *Melastoma sanguineum*	5	1.21	1.61	9.95	0.10	2.92
27	竹叶榕 *Ficus stenophylla*	4	0.97	1.61	7.34	0.07	2.65
28	假柿木姜子 *Litsea monopetala*	5	1.21	0.81	53.79	0.54	2.55
29	紫玉盘 *Uvaria macrophylla*	2	0.48	1.61	2.25	0.02	2.12
30	桃金娘 *Rhodomyrtus tomentosa*	2	0.48	1.61	1.43	0.01	2.11
31	了哥王 *Wikstroemia indica*	4	0.97	0.81	15.06	0.15	1.92
32	罗浮买麻藤 *Gnetum lofuense*	2	0.48	0.81	53.10	0.53	1.82
33	黄樟 *Cinnamomum parthenoxylon*	2	0.48	0.81	41.38	0.41	1.70
34	酸藤子 *Embelia laeta*	1	0.24	0.81	42.10	0.42	1.47
35	潺槁 *Litsea glutinosa*	1	0.24	0.81	35.09	0.35	1.40
36	亮叶猴耳环 *Archidendron lucidum*	1	0.24	0.81	20.37	0.20	1.25
37	小花山小橘 *Glycosmis parviflora*	1	0.24	0.81	3.36	0.03	1.08
38	岗松 *Baeckea frutescens*	1	0.24	0.81	2.86	0.03	1.08
39	黄毛榕 *Ficus fulva*	1	0.24	0.81	2.86	0.03	1.08
40	龙须藤 *Bauhinia championii*	1	0.24	0.81	2.86	0.03	1.08
41	小果葡萄 *Vitis balansana*	1	0.24	0.81	1.99	0.02	1.07
42	酒饼簕 *Severinia buxifolia*	1	0.24	0.81	0.72	0.01	1.06
43	木荷 *Schima superba*	1	0.24	0.81	0.72	0.01	1.06
44	台湾榕 *Ficus formosana*	1	0.24	0.81	0.50	0.00	1.05

Ⅲ-1a-22 大头茶林*Polyspora axillaris* Alliance（群系）

大头茶林群系分为5个亚群系，有9个群丛，乔木优势种主要有大头茶、短序润楠、鹅掌柴、岭南山茉莉、山油柑、红鳞蒲桃、小叶青冈；灌木层优势种主要有九节、豺皮樟、桃金娘、密花树、变叶榕；草本层优势种主要有扇叶铁线蕨、芒萁、金毛狗、黑莎草。主要分布在梧桐山、排牙山、七娘山、田头山、三洲田、马峦山。

在大头茶+鹅掌柴+山油柑-豺皮樟-黑莎草群丛（表3-31）中，乔木层优势种为大头茶，重要值排名第1，次优势种为鹅掌柴、山油柑和小叶青冈，重要值排名前5，伴生乔木有假苹婆、红鳞蒲桃、簕欓、米槠、黄果厚壳桂、烟斗柯、白桂木、革叶铁榄、网脉山龙眼等；灌木层优势种为豺皮樟、重要值排名第2，种群数量大，伴生灌木有变叶榕、香楠、毛冬青、桃金娘、台湾榕、天料木、矮冬青、毛茶、常绿荚蒾等；草本层优势种为黑莎草，盖度达30%，伴生草本有露兜草、翠云草、剑叶鳞始蕨、扇叶铁线蕨、山麦冬、乌毛蕨、毛果珍珠茅等。

表3-31　大头茶+鹅掌柴+山油柑-豺皮樟-黑莎草群丛（SZT-S16）乔灌层重要值分析

序号	种名	株数	相对多度 RA	相对频度 RF	物种胸面积和/cm^2	相对显著度 RD	重要值 IV
1	大头茶*Gordonia axillaris*	104	19.73	7.30	5882.88	26.12	53.16
2	豺皮樟*Litsea rotundifolia* var. *oblongifolia*	137	26.00	7.30	2082.68	9.25	42.54
3	鹅掌柴*Schefflera heptaphylla*	35	6.64	8.03	2653.53	11.78	26.45
4	山油柑*Acronychia pedunculata*	46	8.73	8.03	1867.01	8.29	25.05
5	小叶青冈*Cyclobalanopsis myrsinaefolia*	32	6.07	5.11	1226.31	5.45	16.63
6	假苹婆*Sterculia lanceolata*	17	3.23	2.92	1647.27	7.31	13.46
7	红鳞蒲桃*Syzygium hancei*	6	1.14	0.73	1529.32	6.79	8.66
8	簕欓*Zanthoxylum avicennae*	8	1.52	3.65	380.56	1.69	6.86
9	变叶榕*Ficus variolosa*	13	2.47	3.65	110.14	0.49	6.61
10	米槠*Castanopsis carlesii*	9	1.71	1.46	745.72	3.31	6.48
11	黄果厚壳桂*Cryptocarya concinna*	12	2.28	2.19	321.57	1.43	5.89
12	烟斗柯*Lithocarpus corneus*	6	1.14	1.46	614.97	2.73	5.33
13	白桂木*Artocarpus hypargyreus*	2	0.38	1.46	571.68	2.54	4.38
14	香楠*Aidia canthioides*	5	0.95	2.92	61.67	0.27	4.14
15	鼠刺*Itea chinensis*	7	1.33	1.46	298.36	1.32	4.11
16	笔管榕*Ficus subpisocarpa*	4	0.76	1.46	338.84	1.50	3.72
17	光叶山矾*Symplocos lancifolia*	3	0.57	2.19	141.57	0.63	3.39
18	水翁蒲桃*Syzygium nervosum*	4	0.76	0.73	391.12	1.74	3.23
19	革叶铁榄*Sinosideroxylon wightianum*	3	0.57	2.19	102.34	0.45	3.21
20	毛冬青*Ilex pubescens*	5	0.95	2.19	13.61	0.06	3.20
21	桃金娘*Rhodomyrtus tomentosa*	4	0.76	2.19	18.64	0.08	3.03
22	网脉山龙眼*Helicia reticulata*	6	1.14	0.73	206.01	0.91	2.78
23	天料木*Homalium cochinchinense*	3	0.57	1.46	84.93	0.38	2.41
24	台湾榕*Ficus formosana*	3	0.57	1.46	29.72	0.13	2.16

（续表）

序号	种名	株数	相对多度 RA	相对频度 RF	物种胸面积和/cm^2	相对显著度 RD	重要值 IV
25	杜鹃 *Rhododendron simsii*	3	0.57	1.46	14.50	0.06	2.09
26	矮冬青 *Ilex lohfauensis*	2	0.38	1.46	4.02	0.02	1.86
27	黧蒴 *Castanopsis fissa*	1	0.19	0.73	198.94	0.88	1.80
28	亮叶冬青 *Ilex viridis*	3	0.57	0.73	101.30	0.45	1.75
29	浙江润楠 *Machilus chekiangensis*	1	0.19	0.73	154.06	0.68	1.60
30	毛菍 *Melastoma sanguineum*	2	0.38	0.73	94.38	0.42	1.53
31	吊钟花 *Enkianthus quinqueflorus*	3	0.57	0.73	15.28	0.07	1.37
32	亮叶猴耳环 *Archidendron lucidum*	2	0.38	0.73	53.64	0.24	1.35
33	常绿荚蒾 *Viburnum sempervirens*	3	0.57	0.73	5.97	0.03	1.33
34	山牡荆 *Vitex quinata*	1	0.19	0.73	86.66	0.38	1.30
35	中华杜英 *Elaeocarpus chinensis*	2	0.38	0.73	40.74	0.18	1.29
36	柞木 *Xylosma japonicum*	2	0.38	0.73	34.46	0.15	1.26
37	水团花 *Adina pilulifera*	2	0.38	0.73	32.23	0.14	1.25
38	黑柃 *Eurya macartneyi*	2	0.38	0.73	26.90	0.12	1.23
39	绒毛润楠 *Machilus velutina*	2	0.38	0.73	25.46	0.11	1.22
40	香港木兰 *Magnolia championi*	2	0.38	0.73	16.07	0.07	1.18
41	金柑 *Fortunella japonica*	1	0.19	0.73	53.79	0.24	1.16
42	乌材 *Diospyros eriantha*	1	0.19	0.73	53.79	0.24	1.16
43	马尾松 *Pinus massoniana*	1	0.19	0.73	38.52	0.17	1.09
44	朴树 *Celtis sinensis*	1	0.19	0.73	38.52	0.17	1.09
45	木竹子 *Garcinia multiflora*	1	0.19	0.73	25.78	0.11	1.03
46	山乌桕 *Sapium discolor*	1	0.19	0.73	20.37	0.09	1.01
47	华润楠 *Machilus chinensis*	1	0.19	0.73	11.46	0.05	0.97
48	山杜英 *Elaeocarpus sylvestris*	1	0.19	0.73	9.63	0.04	0.96
49	石笔木 *Pyrenaria spectabilis*	1	0.19	0.73	7.96	0.04	0.96
50	老虎刺 *Pterolobium punctatum*	1	0.19	0.73	7.96	0.04	0.96
51	野牡丹 *Melastoma candidum*	1	0.19	0.73	5.09	0.02	0.94
52	竹节树 *Carallia brachiata*	1	0.19	0.73	5.09	0.02	0.94
53	竹叶青冈 *Cyclobalanopsis bamusaefolia*	1	0.19	0.73	5.09	0.02	0.94
54	九节 *Psychotria rubra*	1	0.19	0.73	3.90	0.02	0.94
55	薄叶红厚壳 *Calophyllum membranaceum*	1	0.19	0.73	1.99	0.01	0.93
56	球花脚骨脆 *Casearia glomerata*	1	0.19	0.73	1.99	0.01	0.93
57	石斑木 *Raphiolepis indica*	1	0.19	0.73	1.99	0.01	0.93
58	栀子 *Gardenia jasminoides*	1	0.19	0.73	1.99	0.01	0.93

Ⅲ-1a-23 白楸林*Mallotus paniculatus* Alliance（群系）

白楸林群系有2个群丛，乔木层优势种主要有白楸、荔枝、龙眼、假苹婆、降香、银柴、鹅掌柴等；灌木层优势种主要有紫玉盘、九节、毛茶、梅叶冬青、豺皮樟等；草本层常见有剑叶凤尾蕨、半边旗、山麦冬、小花露籽草、凤尾蕨等。主要分布在大鹏半岛、马峦山、梧桐山、阳台山、南山公园。

在白楸+荔枝+龙眼–紫玉盘–半边旗群丛（表3-32）中，乔木优势种为白楸和荔枝，重要值排名前2，伴生乔木主要有龙眼、假苹婆、银柴等；灌木层以紫玉盘占优势，次优势种为九节，伴生灌木有毛茶、梅叶冬青、酸藤子、香港大沙叶等；草本层以剑叶凤尾蕨占优势，伴生有半边旗、凤尾蕨、小花露籽草等。该群丛属于荒废果园或退果还林的群落类型，处于常绿阔叶林演替初期。

表3-32 白楸+荔枝+龙眼–紫玉盘–半边旗群丛（S05）乔灌层重要值分析

序号	种名	株数	相对多度 RA	相对频度 RF	物种胸面积和/cm²	相对显著度 RD	重要值 IV
1	荔枝*Litchi chinensis*	12	16.67	12.12	3598.59	40.49	69.28
2	白楸*Mallotus paniculatus*	12	16.67	9.09	3796.31	42.72	68.48
3	龙眼*Dimocarpus longan*	11	15.28	9.09	1128.01	12.69	37.06
4	紫玉盘*Uvaria macrophylla*	9	12.50	12.12	6.01	0.07	24.69
5	假苹婆*Sterculia lanceolata*	6	8.33	9.09	164.54	1.85	19.28
6	九节*Psychotria asiatica*	6	8.33	6.06	3.90	0.04	14.44
7	银柴*Aporosa dioica*	3	4.17	9.09	34.57	0.39	13.65
8	毛茶*Antirhea chinensis*	1	1.39	6.06	0.76	0.01	7.46
9	梅叶冬青*Ilex asprella*	3	4.17	3.03	2.71	0.03	7.23
10	柘*Maclura tricuspidata*	2	2.78	3.03	1.63	0.02	5.83
11	簕欓*Zanthoxylum avicennae*	1	1.39	3.03	94.72	1.07	5.49
12	酸藤子*Embelia laeta*	1	1.39	3.03	17.43	0.20	4.62
13	破布叶*Microcos paniculata*	1	1.39	3.03	15.46	0.17	4.59
14	五月茶*Antidesma bunius*	1	1.39	3.03	13.45	0.15	4.57
15	山蒲桃*Syzygium levinei*	1	1.39	3.03	6.16	0.07	4.49
16	鹅掌柴*Schefflera heptaphylla*	1	1.39	3.03	1.83	0.02	4.44
17	香港大沙叶*Pavetta hongkongensis*	1	1.39	3.03	0.72	0.01	4.43

Ⅲ-1a-24 广东润楠林*Machilus kwangtungensis* Alliance（群系）

广东润楠林群系只有1个群丛，在广东润楠+香叶树–九节–乌毛蕨+草珊瑚群丛（表3-33）中，乔木层优势种为广东润楠，重要值排名第1，次优势种为香叶树和猴耳环，重要值排前5，伴生乔木主要有水同木、鹅掌柴、水东哥、假苹婆、红鳞蒲桃等；灌木层以九节占优势，次优势种为锡叶藤、假鹰爪，伴生灌木有梅叶冬青、栀子、毛茶、藤黄檀、檵木等；草本层以草珊瑚、乌毛蕨占优势种，伴生有金毛狗、半边旗、华南紫萁、珍珠茅、酸藤子、芒萁、乌毛蕨等。主要分布在马峦山、梧桐山、笔架山、梅沙尖。

表3-33 广东润楠+香叶树-九节-乌毛蕨+草珊瑚群丛（S10）乔灌层重要值分析

序号	种名	株数	相对多度 RA	相对频度 RF	物种胸面积和/cm²	相对显著度 RD	重要值 IV
1	广东润楠 *Machilus kwangtungensis*	12	5.71	4.76	12459.37	67.27	77.75
2	九节 *Psychotria asiatica*	29	13.81	7.14	63.67	0.34	21.30
3	香叶树 *Lindera communis*	10	4.76	3.57	1965.27	10.61	18.94
4	锡叶藤 *Tetracera sarmentosa*	26	12.38	3.57	84.83	0.46	16.41
5	猴耳环 *Archidendron clypearia*	16	7.62	4.76	454.58	2.45	14.84
6	水同木 *Ficus fistulosa*	20	9.52	3.57	67.52	0.36	13.46
7	鹅掌柴 *Schefflera heptaphylla*	8	3.81	3.57	949.20	5.12	12.51
8	水东哥 *Saurauia tristyla*	11	5.24	4.76	43.83	0.24	10.24
9	假苹婆 *Sterculia lanceolata*	7	3.33	4.76	349.22	1.89	9.98
10	假鹰爪 *Desmos chinensis*	8	3.81	4.76	22.97	0.12	8.70
11	红鳞蒲桃 *Syzygium hancei*	5	2.38	4.76	27.58	0.15	7.29
12	银柴 *Aporosa dioica*	3	1.43	2.38	320.22	1.73	5.54
13	荔枝 *Litchi chinensis*	5	2.38	2.38	13.28	0.07	4.83
14	野漆 *Toxicodendron succedaneum*	3	1.43	2.38	112.44	0.61	4.42
15	梅叶冬青 *Ilex asprella*	4	1.90	2.38	22.34	0.12	4.41
16	栀子 *Gardenia jasminoides*	3	1.43	2.38	6.45	0.03	3.84
17	白楸 *Mallotus paniculatus*	3	1.43	1.19	210.80	1.14	3.76
18	毛茶 *Antirhea chinensis*	3	1.43	1.19	185.57	1.00	3.62
19	土蜜树 *Bridelia tomentosa*	1	0.48	1.19	346.64	1.87	3.54
20	半枫荷 *Semiliquidambar cathayensis*	1	0.48	2.38	118.04	0.64	3.49
21	藤黄檀 *Dalbergia hancei*	2	0.95	2.38	25.23	0.14	3.47
22	檵木 *Loropetalum chinense*	2	0.95	2.38	14.32	0.08	3.41
23	玉叶金花 *Mussaenda pubescens*	2	0.95	2.38	3.58	0.02	3.35
24	台湾榕 *Ficus formosana*	2	0.95	2.38	2.71	0.01	3.35
25	假桂乌口树 *Tarenna attenuata*	2	0.95	2.38	1.68	0.01	3.34
26	紫玉盘 *Uvaria macrophylla*	2	0.95	2.38	1.64	0.01	3.34
27	簕欓 *Zanthoxylum avicennae*	2	0.95	1.19	211.99	1.14	3.29
28	珊瑚树 *Viburnum odoratissimum*	1	0.48	1.19	248.02	1.34	3.01
29	毛菍 *Melastoma sanguineum*	3	1.43	1.19	16.00	0.09	2.71
30	光叶山矾 *Symplocos lancifolia*	2	0.95	1.19	40.19	0.22	2.36
31	水团花 *Adina pilulifera*	2	0.95	1.19	24.87	0.13	2.28
32	羊舌树 *Symplocos glauca*	1	0.48	1.19	62.39	0.34	2.00
33	山油柑 *Acronychia pedunculata*	1	0.48	1.19	15.60	0.08	1.75
34	亮叶猴耳环 *Archidendron lucidum*	1	0.48	1.19	9.63	0.05	1.72
35	中华卫矛 *Euonymus nitidus*	1	0.48	1.19	9.63	0.05	1.72
36	花椒簕 *Zanthoxylum scandens*	1	0.48	1.19	3.90	0.02	1.69
37	小叶红叶藤 *Rourea microphylla*	1	0.48	1.19	2.86	0.02	1.68
38	粗叶榕 *Ficus hirta*	1	0.48	1.19	1.27	0.01	1.67
39	毛冬青 *Ilex pubescens*	1	0.48	1.19	0.97	0.01	1.67
40	小蜡 *Ligustrum sinense*	1	0.48	1.19	0.72	0.00	1.67
41	光叶海桐 *Pittosporum glabratum*	1	0.48	1.19	0.58	0.00	1.67

Ⅲ-1a-25 假鱼骨木林*Psydrax dicocca* Alliance（群系）

假鱼骨木林群系有2个群丛，乔木层优势种主要有假鱼骨木、箣柊、香花枇杷、茜树、山乌桕、山油柑、山蒲桃、土沉香等；灌木层优势种主要有谷木、梅叶冬青、毛茶、九节、变叶榕、狗骨柴、栀子、纤花冬青等，还有许多木质藤本，如山橙、锡叶藤、寄生藤、罗浮买麻藤、粉背菝葜、华马钱、菝葜等；草本层以乔灌木幼苗为多，常见草本植物有山麦冬、扇叶铁线蕨、茅莓、中华苔草、黑莎草等。主要分布在梧桐山、排牙山、七娘山。

在假鱼骨木+香花枇杷-茜树+谷木-山麦冬群丛（表3-34）中，假鱼骨木为群落建群种，重要值排名第1，远高于于其他乔木，乔木层次优势种为香花枇杷和茜树，重要值排名前3，伴生乔木主要有山油柑、山蒲桃、竹节树、箣柊、岭南山竹子等；灌木层以谷木占优势种，次优势种为毛茶、九节、山橙，伴生灌木有变叶榕、纤花冬青、粉背菝葜和罗浮买麻藤等；草本层植物较稀疏，多为乔灌木幼苗，草本植物零星分布有山麦冬、中华苔草、黑莎草、割鸡芒、扇叶铁线蕨、团叶鳞始蕨等。

表3-34 假鱼骨木+香花枇杷-茜树+谷木-山麦冬群丛（S04）乔灌层重要值分析

序号	种名	株数	相对多度 RA	相对频度 RF	物种胸面积和/cm^2	相对显著度 RD	重要值 IV
1	假鱼骨木*Psydrax dicocca*	20	9.22	4.60	2418.31	40.02	53.83
2	香花枇杷*Eriobotrya fragrans*	20	9.22	4.60	450.39	7.45	21.27
3	茜树*Aidia cochinchinensis*	21	9.68	4.60	208.77	3.45	17.73
4	山油柑*Acronychia pedunculata*	11	5.07	3.45	346.06	5.73	14.24
5	山蒲桃*Syzygium levinei*	10	4.61	4.60	296.83	4.91	14.12
6	谷木*Memecylon ligustrifolium*	9	4.15	2.30	235.95	3.90	10.35
7	竹节树*Carallia brachiata*	12	5.53	3.45	39.90	0.66	9.64
8	箣柊*Scolopia chinensis*	4	1.84	3.45	260.96	4.32	9.61
9	岭南山竹子*Garcinia oblongifolia*	7	3.23	1.15	279.71	4.63	9.00
10	毛茶*Antirhea chinensis*	8	3.69	3.45	98.99	1.64	8.77
11	九节*Psychotria asiatica*	9	4.15	3.45	27.64	0.46	8.05
12	山橙*Melodinus suaveolens*	8	3.69	3.45	39.16	0.65	7.78
13	肉实树*Sarcosperma laurinum*	5	2.30	2.30	184.19	3.05	7.65
14	山乌桕*Triadica cochinchinensis*	3	1.38	2.30	236.27	3.91	7.59
15	变叶榕*Ficus variolosa*	6	2.76	3.45	48.73	0.81	7.02
16	银柴*Aporosa dioica*	5	2.30	2.30	55.72	0.92	5.53
17	纤花冬青*Ilex graciliflora*	1	0.46	1.15	222.18	3.68	5.29
18	粉背菝葜*Smilax hypoglauca*	5	2.30	2.30	3.68	0.06	4.66
19	白桂木*Artocarpus hypargyreus*	2	0.92	2.30	82.52	1.37	4.59
20	罗浮买麻藤*Gnetum luofuense*	3	1.38	2.30	52.70	0.87	4.55
21	中华杜英*Elaeocarpus chinensis*	4	1.84	2.30	18.06	0.30	4.44

（续表）

序号	种名	株数	相对多度 RA	相对频度 RF	物种胸面积和/cm²	相对显著度 RD	重要值 IV
22	香港大沙叶*Pavetta hongkongensis*	4	1.84	2.30	15.12	0.25	4.39
23	锡叶藤*Tetracera sarmentosa*	4	1.84	2.30	4.79	0.08	4.22
24	乌材*Diospyros eriantha*	3	1.38	1.15	89.29	1.48	4.01
25	黄牛木*Cratoxylum cochinchinense*	2	0.92	2.30	7.42	0.12	3.34
26	鹅掌柴*Schefflera heptaphylla*	1	0.46	1.15	103.13	1.71	3.32
27	天料木*Homalium cochinchinense*	2	0.92	2.30	5.73	0.09	3.32
28	梅叶冬青*Ilex asprella*	4	1.84	1.15	7.96	0.13	3.12
29	亮叶猴耳环*Archidendron lucidum*	1	0.46	1.15	62.39	1.03	2.64
30	寄生藤*Dendrotrophe varians*	3	1.38	1.15	3.82	0.06	2.60
31	狗骨柴*Diplospora dubia*	2	0.92	1.15	17.35	0.29	2.36
32	羊舌树*Symplocos glauca*	1	0.46	1.15	42.10	0.70	2.31
33	细齿叶柃*Eurya nitida*	1	0.46	1.15	25.78	0.43	2.04
34	日本杜英*Elaeocarpus japonicus*	1	0.46	1.15	15.60	0.26	1.87
35	野漆*Toxicodendron succedaneum*	1	0.46	1.15	11.46	0.19	1.80
36	假苹婆*Sterculia lanceolata*	1	0.46	1.15	5.09	0.08	1.69
37	毛冬青*Ilex pubescens*	1	0.46	1.15	2.86	0.05	1.66
38	桃金娘*Rhodomyrtus tomentosa*	1	0.46	1.15	2.86	0.05	1.66
39	腺叶桂樱*Laurocerasus phaeosticta*	1	0.46	1.15	2.86	0.05	1.66
40	山橘*Fortunella hindsii*	1	0.46	1.15	1.99	0.03	1.64
41	栀子*Gardenia jasminoides*	1	0.46	1.15	1.99	0.03	1.64
42	日本五月茶*Antidesma japonicum*	1	0.46	1.15	1.27	0.02	1.63
43	豺皮樟*Litsea rotundifolia* var. *oblongifolia*	1	0.46	1.15	0.92	0.02	1.63
44	菝葜*Smilax china*	1	0.46	1.15	0.76	0.01	1.62
45	假鹰爪*Desmos chinensis*	1	0.46	1.15	0.76	0.01	1.62
46	白藤*Calamus tetradactylus*	1	0.46	1.15	0.72	0.01	1.62
47	白花苦灯笼*Tarenna mollissima*	1	0.46	1.15	0.72	0.01	1.62
48	清香藤*Jasminum lanceolaria*	1	0.46	1.15	0.72	0.01	1.62
49	紫玉盘*Uvaria macrophylla*	1	0.46	1.15	0.72	0.01	1.62

Ⅲ-1a-26 栓叶安息香林*Styrax suberifolius* Alliance（群系）

栓叶安息香林群系只有1个群丛，在栓叶安息香+鹅掌柴+岭南山竹子－毛茶+豺皮樟－芒萁群丛（表3-35）中，栓叶安息香为群落建群种，重要值排名第1，种群数量远多于其他乔木，乔木层伴生种主要有鹅掌柴、岭南山竹子、华润楠、簕欓、黄牛木、牛耳枫、山油柑、假苹婆等；灌木层优势种为毛茶，重要值排名第3，次优势种为豺皮樟，重要值排名第5，伴生灌木有九节、石斑木、毛菍、小果柿、山香圆、梅叶冬青等；草本层以芒萁占优势种，次优势种为蔓九节、山麦冬、扇叶铁线蕨，伴生有草珊瑚、乌毛蕨、高秆珍珠茅、芒、剑叶鳞始蕨、海金沙、兖州卷柏等。主要分布在七娘山。

表3-35 栓叶安息香+鹅掌柴+岭南山竹子–毛茶+豺皮樟–芒萁群丛（QNS-20）乔灌层重要值分析

序号	种名	株数	相对多度 RA	相对频度 RF	物种胸面积和/cm^2	相对显著度 RD	重要值 IV
1	栓叶安息香 *Styrax suberifolius*	91	16.70	6.01	5758.86	24.58	47.29
2	鹅掌柴 *Schefflera heptaphylla*	35	6.42	6.01	4698.97	20.06	32.49
3	毛茶 *Antirhea chinensis*	62	11.38	6.01	1046.96	4.47	21.86
4	岭南山竹子 *Garcinia oblongifolia*	45	8.26	6.56	1525.90	6.51	21.33
5	豺皮樟 *Litsea rotundifolia* var. *oblongifolia*	54	9.91	3.28	870.34	3.71	16.90
6	华润楠 *Machilus chinensis*	21	3.85	3.28	1909.46	8.15	15.28
7	簕欓 *Zanthoxylum avicennae*	19	3.49	4.37	1011.59	4.32	12.18
8	黄牛木 *Cratoxylum cochinchinense*	24	4.40	4.92	574.47	2.45	11.77
9	牛耳枫 *Daphniphyllum calycinum*	17	3.12	4.37	198.63	0.85	8.34
10	山油柑 *Acronychia pedunculata*	12	2.20	2.19	776.04	3.31	7.70
11	假苹婆 *Sterculia lanceolata*	12	2.20	2.73	557.04	2.38	7.31
12	黄樟 *Cinnamomum parthenoxylon*	4	0.73	1.09	1259.07	5.37	7.20
13	罗浮柿 *Diospyros morrisiana*	9	1.65	3.28	530.70	2.27	7.20
14	山乌桕 *Triadica cochinchinensis*	11	2.02	2.19	695.51	2.97	7.17
15	珊瑚树 *Viburnum odoratissimum*	12	2.20	2.73	190.59	0.81	5.75
16	水团花 *Adina pilulifera*	14	2.57	2.19	226.88	0.97	5.72
17	白肉榕 *Ficus vasculosa*	8	1.47	2.73	173.32	0.74	4.94
18	九节 *Psychotria asiatica*	7	1.28	3.28	35.49	0.15	4.71
19	野漆 *Toxicodendron succedaneum*	6	1.10	2.73	93.82	0.40	4.23
20	土沉香 *Aquilaria sinensis*	6	1.10	2.19	166.48	0.71	4.00
21	石斑木 *Rhaphiolepis indica*	5	0.92	2.73	72.34	0.31	3.96
22	毛菍 *Melastoma sanguineum*	7	1.28	2.19	69.47	0.30	3.77
23	山蒲桃 *Syzygium levinei*	5	0.92	2.19	137.03	0.58	3.69
24	鼠刺 *Itea chinensis*	6	1.10	2.19	75.04	0.32	3.61
25	小果柿 *Diospyros vaccinioides*	6	1.10	1.09	185.34	0.79	2.98
26	山香圆 *Turpinia montana*	5	0.92	1.64	32.23	0.14	2.69
27	余甘子 *Phyllanthus emblica*	2	0.37	1.09	189.71	0.81	2.27
28	梅叶冬青 *Ilex asprella*	4	0.73	1.09	21.17	0.09	1.92

（续表）

序号	种名	株数	相对多度RA	相对频度RF	物种胸面积和/cm^2	相对显著度RD	重要值IV
29	紫玉盘 *Uvaria macrophylla*	3	0.55	1.09	23.63	0.10	1.74
30	香港大沙叶 *Pavetta hongkongensis*	3	0.55	1.09	4.85	0.02	1.66
31	大果冬青 *Ilex macrocarpa*	5	0.92	0.55	40.50	0.17	1.64
32	罗浮买麻藤 *Gnetum luofuense*	2	0.37	1.09	10.19	0.04	1.50
33	黑面神 *Breynia fruticosa*	2	0.37	1.09	2.71	0.01	1.47
34	变叶榕 *Ficus variolosa*	2	0.37	0.55	68.83	0.29	1.21
35	杂色榕 *Ficus variegata*	2	0.37	0.55	41.54	0.18	1.09
36	桃金娘 *Rhodomyrtus tomentosa*	2	0.37	0.55	16.07	0.07	0.98
37	亮叶猴耳环 *Archidendron lucidum*	2	0.37	0.55	13.05	0.06	0.97
38	香楠 *Aidia canthioides*	2	0.37	0.55	8.99	0.04	0.95
39	对叶榕 *Ficus hispida*	1	0.18	0.55	35.09	0.15	0.88
40	木荷 *Schima superba*	1	0.18	0.55	17.90	0.08	0.81
41	秃瓣杜英 *Elaeocarpus glabripetalus*	1	0.18	0.55	11.46	0.05	0.78
42	疏花卫矛 *Euonymus laxiflorus*	1	0.18	0.55	11.46	0.05	0.78
43	天料木 *Homalium cochinchinense*	1	0.18	0.55	9.63	0.04	0.77
44	广东琼楠 *Beilschmiedia fordii*	1	0.18	0.55	9.63	0.04	0.77
45	栀子 *Gardenia jasminoides*	1	0.18	0.55	6.45	0.03	0.76
46	日本杜英 *Elaeocarpus japonicus*	1	0.18	0.55	5.09	0.02	0.75
47	两面针 *Zanthoxylum nitidum*	1	0.18	0.55	5.09	0.02	0.75
48	肉实树 *Sarcosperma laurinum*	1	0.18	0.55	3.90	0.02	0.75
49	瓜馥木 *Fissistigma oldhamii*	1	0.18	0.55	1.27	0.01	0.74

Ⅲ-1a-27 香花枇杷林 *Eriobotrya fragrans* Alliance（群系）

香花枇杷林群系有2个群丛，乔木层优势种主要有香花枇杷、两广梭罗、华润楠、黄樟、鹅掌柴、亮叶槭、岭南山竹子、罗浮柿、密花树等，整体高度约4.0~19.0 m；灌木层优势种主要有大苞白山茶、鼠刺、变叶榕、罗浮买麻藤、罗伞树、九节、榕叶冬青等，整体高度约1.6~4.2 m；草本层常见优势种有金毛狗、单叶新月蕨、扇叶铁线蕨、广东石豆兰、褐果苔草、石仙桃、网脉酸藤子、草珊瑚等。主要分布在梧桐山、田头山、七娘山、排牙山。

在香花枇杷+鹅掌柴+华润楠-鼠刺+大苞白山茶-金毛狗群丛（表3-36）中，香花枇杷为群落建群种，重要值排名第1，种群数量远多于其他乔木，伴生乔木主要有鹅掌柴、华润楠、亮叶槭、密花树、黄樟、中华杜英、两广梭罗、天料木等；灌木层以鼠刺占优势种，次优势种为罗伞树、大苞白山茶，伴生灌木有九节、山牡荆、榕叶冬青、白花悬钩子、粉背菝葜、山香圆、狗骨柴、细齿叶柃等；草本层以金毛狗占优势种，重要值排名第7，伴生有单叶新月蕨、广东石豆兰、石仙桃、薜荔、草珊瑚等。

表3-36 香花枇杷+鹅掌柴+华润楠-鼠刺+大苞白山茶-金毛狗群丛（S13）乔灌层重要值分析

序号	种名	株数	相对多度 RA	相对频度 RF	物种胸面积和/cm^2	相对显著度 RD	重要值 IV
1	香花枇杷 *Eriobotrya fragrans*	72	14.52	6.06	5824.44	17.74	38.32
2	鹅掌柴 *Schefflera heptaphylla*	10	2.02	2.53	3307.09	10.07	14.61
3	华润楠 *Machilus chinensis*	8	1.61	2.02	3420.14	10.42	14.05
4	亮叶槭 *Acer lucidum*	22	4.44	4.04	1089.49	3.32	11.79
5	密花树 *Myrsine seguinii*	22	4.44	4.55	319.43	0.97	9.95
6	黄樟 *Cinnamomum parthenoxylon*	6	1.21	2.02	2076.27	6.32	9.55
7	金毛狗 *Cibotium barometz*	39	7.86	1.52	0.00	0.00	9.38
8	中华杜英 *Elaeocarpus chinensis*	5	1.01	2.02	1739.97	5.30	8.33
9	两广梭罗 *Reevesia thyrsoidea*	12	2.42	1.52	1278.98	3.90	7.83
10	天料木 *Homalium cochinchinense*	15	3.02	3.54	378.66	1.15	7.71
11	岭南山竹子 *Garcinia oblongifolia*	9	1.81	3.54	678.74	2.07	7.42
12	假苹婆 *Sterculia lanceolata*	14	2.82	2.53	572.45	1.74	7.09
13	猴欢喜 *Sloanea sinensis*	11	2.22	1.52	1065.13	3.24	6.98
14	厚壳桂 *Cryptocarya chinensis*	16	3.23	2.53	378.50	1.15	6.90
15	假鱼骨木 *Psydrax dicocca*	5	1.01	1.52	1186.39	3.61	6.14
16	鼠刺 *Itea chinensis*	13	2.62	2.53	239.81	0.73	5.88
17	罗浮买麻藤 *Gnetum luofuense*	12	2.42	3.03	75.96	0.23	5.68
18	变叶榕 *Ficus variolosa*	9	1.81	3.03	222.61	0.68	5.52
19	肉实树 *Sarcosperma laurinum*	7	1.41	2.53	509.79	1.55	5.49
20	大头茶 *Polyspora axillaris*	6	1.21	2.02	681.05	2.07	5.30
21	罗浮柿 *Diospyros morrisiana*	6	1.21	2.02	669.82	2.04	5.27
22	华南皂荚 *Gleditsia fera*	2	0.40	1.01	1264.73	3.85	5.27
23	罗伞树 *Ardisia quinquegona*	10	2.02	2.53	133.52	0.41	4.95
24	大苞白山茶 *Camellia granthamiana*	11	2.22	1.52	351.27	1.07	4.80
25	亮叶猴耳环 *Archidendron lucidum*	10	2.02	1.52	376.04	1.15	4.68
26	九节 *Psychotria asiatica*	9	1.81	2.53	37.26	0.11	4.45
27	广东箣柊 *Scolopia saeva*	7	1.41	1.52	335.03	1.02	3.95
28	山牡荆 *Vitex quinata*	6	1.21	1.52	380.57	1.16	3.88
29	榕叶冬青 *Ilex ficoidea*	7	1.41	0.51	639.25	1.95	3.86
30	白花悬钩子 *Rubus leucanthus*	14	2.82	1.01	9.95	0.03	3.86
31	粉背菝葜 *Smilax hypoglauca*	16	3.23	0.51	0.00	0.00	3.73
32	山香圆 *Turpinia montana*	6	1.21	2.02	13.85	0.04	3.27
33	野漆 *Toxicodendron succedaneum*	5	1.01	1.52	185.75	0.57	3.09
34	狗骨柴 *Diplospora dubia*	4	0.81	2.02	49.60	0.15	2.98
35	细齿叶柃 *Eurya nitida*	4	0.81	1.52	196.26	0.60	2.92

（续表）

序号	种名	株数	相对多度 RA	相对频度 RF	物种胸面积和/cm^2	相对显著度 RD	重要值 IV
36	簕欓 *Zanthoxylum avicennae*	3	0.60	1.52	248.09	0.76	2.88
37	浙江润楠 *Machilus chekiangensis*	2	0.40	0.51	611.78	1.86	2.77
38	山油柑 *Acronychia pedunculata*	4	0.81	0.51	458.68	1.40	2.71
39	假玉桂 *Celtis timorensis*	2	0.40	1.01	416.00	1.27	2.68
40	山橙 *Melodinus suaveolens*	7	1.41	1.01	7.80	0.02	2.45
41	紫玉盘 *Uvaria macrophylla*	4	0.81	1.52	1.99	0.01	2.33
42	烟斗柯 *Lithocarpus corneus*	1	0.20	0.51	484.39	1.48	2.18
43	广东琼楠 *Beilschmiedia fordii*	1	0.20	0.51	384.24	1.17	1.88
44	疏花卫矛 *Euonymus laxiflorus*	3	0.60	1.01	24.92	0.08	1.69
45	乌材 *Diospyros eriantha*	2	0.40	1.01	49.76	0.15	1.56
46	绒毛润楠 *Machilus velutina*	2	0.40	0.51	200.32	0.61	1.52
47	两面针 *Zanthoxylum nitidum*	2	0.40	1.01	6.37	0.02	1.43
48	禾串树 *Bridelia balansae*	2	0.40	1.01	2.87	0.01	1.42
49	吊钟花 *Enkianthus quinqueflorus*	3	0.60	0.51	40.53	0.12	1.23
50	假鹰爪 *Desmos chinensis*	3	0.60	0.51	6.45	0.02	1.13
51	独子藤 *Celastrus monospermus*	3	0.60	0.51	4.14	0.01	1.12
52	细轴荛花 *Wikstroemia nutans*	3	0.60	0.51	0.00	0.00	1.11
53	豺皮樟 *Litsea rotundifolia* var. *oblongifolia*	2	0.40	0.51	63.77	0.19	1.10
54	藤槐 *Bowringia callicarpa*	2	0.40	0.51	5.10	0.02	0.92
55	小叶青冈 *Cyclobalanopsis myrsinifolia*	1	0.20	0.51	28.74	0.09	0.79
56	山杜英 *Elaeocarpus sylvestris*	1	0.20	0.51	25.80	0.08	0.79
57	石斑木 *Rhaphiolepis indica*	1	0.20	0.51	20.38	0.06	0.77
58	革叶铁榄 *Sinosideroxylon wightianum*	1	0.20	0.51	15.61	0.05	0.75
59	香港黄檀 *Dalbergia millettii*	1	0.20	0.51	13.46	0.04	0.75
60	藤黄檀 *Dalbergia hancei*	1	0.20	0.51	6.45	0.02	0.73
61	广州山柑 *Capparis cantoniensis*	1	0.20	0.51	3.90	0.01	0.72
62	寄生藤 *Dendrotrophe varians*	1	0.20	0.51	3.90	0.01	0.72
63	韧荚红豆 *Ormosia indurata*	1	0.20	0.51	3.90	0.01	0.72
64	茜树 *Aidia cochinchinensis*	1	0.20	0.51	1.99	0.01	0.71
65	薯莨 *Dioscorea cirrhosa*	1	0.20	0.51	1.27	0.00	0.71
66	小叶红叶藤 *Rourea microphylla*	1	0.20	0.51	1.27	0.00	0.71
67	山蒲桃 *Syzygium levinei*	1	0.20	0.51	0.00	0.00	0.71
68	五列木 *Pentaphylax euryoides*	1	0.20	0.51	0.00	0.00	0.71
69	栀子 *Gardenia jasminoides*	1	0.20	0.51	0.00	0.00	0.71

Ⅲ-1b 山地季风常绿阔叶林 Montane Monsoon Evergreen Broad-leaved Forest Alliance Group（群系组）

Ⅲ-1b-1 毛棉杜鹃林 *Rhododendron moulmainense* Alliance（群系）

毛棉杜鹃林群系有1个群丛，在毛棉杜鹃+鼠刺+腺叶山矾-变叶榕-金毛狗群丛中（表3-37），乔木层优势种为毛棉杜鹃，重要值排名第1，种群数量远多于其他物种，次优势种为鼠刺、腺叶山矾，重要值排名前5，种群数量不大，伴生有鹅掌柴、山乌桕、土沉香、罗浮柿等；灌木层优势灌木有变叶榕和白背算盘子，伴生灌木为九节、独子藤、毛冬青、罗伞树、杜鹃等；草本层优势种为金毛狗，伴生有乌毛蕨、黑莎草、草珊瑚、深绿卷柏等。主要分布在梧桐山、田头山。

表3-37 毛棉杜鹃+鼠刺+腺叶山矾-变叶榕-金毛狗群丛（TTS-S19）乔灌层重要值分析

序号	种名	株数	相对多度 RA	相对频度 RF	物种胸面积和/cm²	相对显著度 RD	重要值 IV
1	毛棉杜鹃 *Rhododendron moulmainense*	99	27.27	7.69	1224.60	20.77	55.73
2	鼠刺 *Itea chinensis*	41	11.29	7.69	1163.20	19.73	38.72
3	腺叶山矾 *Symplocos adenophylla*	20	5.51	7.69	1040.04	17.64	30.84
4	鹅掌柴 *Schefflera heptaphylla*	9	2.48	7.69	463.97	7.87	18.04
5	白背算盘子 *Glochidion wrightii*	11	3.03	7.69	320.80	5.44	16.16
6	变叶榕 *Ficus variolosa*	12	3.31	7.69	108.25	1.84	12.83
7	九节 *Psychotria rubra*	3	0.83	1.92	453.51	7.69	10.44
8	独子藤 *Celastrus monospermus*	5	1.38	3.85	269.21	4.57	9.79
9	土沉香 *Aquilaria sinensis*	1	0.28	1.92	305.90	5.19	7.39
10	山乌桕 *Sapium discolor*	1	0.28	1.92	175.79	2.98	5.18
11	毛冬青 *Ilex pubescens*	2	0.55	3.85	3.98	0.07	4.46
12	罗浮柿 *Diospyros morrisiana*	2	0.55	1.92	73.61	1.25	3.72
13	罗伞树 *Ardisia quinquegona*	3	0.83	1.92	21.90	0.37	3.12
14	野漆 *Toxicodencron succedanea*	2	0.55	1.92	28.33	0.48	2.95
15	毛菍 *Melastoma sanguineum*	2	0.55	1.92	19.26	0.33	2.80
16	杜鹃 *Rhododendron simsii*	2	0.55	1.92	15.92	0.27	2.74
17	桃金娘 *Rhodomyrtus tomentosa*	2	0.55	1.92	9.31	0.16	2.63
18	常绿荚蒾 *Viburnum sempervirens*	2	0.55	1.92	3.26	0.06	2.53
19	豺皮樟 *Litsea rotundifolia* var. *oblongifolia*	2	0.55	1.92	2.55	0.04	2.52
20	白花酸藤果 *Embelia ribes*	1	0.28	1.92	13.45	0.23	2.43
21	藤黄檀 *Dalbergia hancei*	1	0.28	1.92	9.63	0.16	2.36
22	石斑木 *Raphiolepis indica*	1	0.28	1.92	8.77	0.15	2.35
23	山鸡椒 *Litsea cubeba*	1	0.28	1.92	2.86	0.05	2.25
24	南烛 *Lyonia ovalifolia*	1	0.28	1.92	1.99	0.03	2.23
25	天料木 *Homalium cochinchinense*	1	0.28	1.92	1.61	0.03	2.23
26	罗浮买麻藤 *Gnetum lofuense*	1	0.28	1.92	1.27	0.02	2.22
27	岭南山竹子 *Garcinia oblongifolia*	1	0.28	1.92	0.00	0.00	2.20

Ⅲ-1b-2 吊钟花林*Enkianthus quinqueflorus* Alliance（群系）

吊钟花林群系有1个群丛，在吊钟花+密花树-棱果花-金毛狗群丛（表3-38）中，乔木层优势种为吊钟花、密花树，重要值排名前2，吊钟花种群数量远多于其他物种，主要位于乔木中层，乔木上层以硬壳柯、烟斗柯、短序润楠、红鳞蒲桃、蕈树为多，但其种群数量较小，其他伴生乔木还有革叶铁榄、鹅掌柴、山油柑、网脉山龙眼、光叶山矾等；灌木层优势种为棱果花，重要值排名第3，其他灌木有疏花卫矛、台湾榕、变叶榕、豺皮樟、细轴荛花、毛冬青、白花苦灯笼、桃金娘；草本层优势种为金毛狗，盖度约30%，伴生有草珊瑚、山麦冬、香港带唇兰、露兜草、华山姜。主要分布在梧桐山、三洲田、排牙山、七娘山。

表3-38 吊钟花+密花树-棱果花-金毛狗群丛（SZT-S13）乔灌层重要值分析

序号	种名	株数	相对多度 RA	相对频度 RF	物种胸面积和/cm^2	相对显著度 RD	重要值 IV
1	吊钟花*Enkianthus quinqueflorus*	217	38.20	6.78	3191.72	27.08	72.06
2	密花树*Myrsine sequinii*	63	11.09	6.78	1506.52	12.78	30.65
3	棱果花*Barthea barthei*	49	8.63	6.78	319.74	2.71	18.12
4	革叶铁榄*Sinosideroxylon wightianum*	22	3.87	5.08	539.34	4.58	13.53
5	鹅掌柴*Schefflera heptaphylla*	19	3.35	5.08	357.96	3.04	11.47
6	山油柑*Acronychia pedunculata*	11	1.94	3.39	645.05	5.47	10.80
7	疏花卫矛*Euonymus laxiflorus*	16	2.82	4.24	383.76	3.26	10.31
8	烟斗柯*Lithocarpus corneus*	6	1.06	1.69	813.68	6.90	9.65
9	网脉山龙眼*Helicia reticulata*	13	2.29	4.24	355.41	3.01	9.54
10	硬壳柯*Lithocarpus hancei*	6	1.06	0.85	871.77	7.40	9.30
11	短序润楠*Machilus breviflora*	6	1.06	3.39	547.12	4.64	9.09
12	厚壳桂*Cryptocarya chinensis*	10	1.76	4.24	147.34	1.25	7.25
13	蕈树*Altingia chinensis*	6	1.06	1.69	427.09	3.62	6.37
14	篌竹*Phyllostachys nidularia*	24	4.23	1.69	0.01	0.00	5.92
15	台湾榕*Ficus formosana*	9	1.58	1.69	210.16	1.78	5.06
16	水团花*Adina pilulifera*	5	0.88	3.39	48.70	0.41	4.68
17	光叶山矾*Symplocos lancifolia*	8	1.41	1.69	146.74	1.24	4.35
18	变叶榕*Ficus variolosa*	10	1.76	1.69	91.43	0.78	4.23
19	红淡比*Cleyera japonica*	7	1.23	1.69	137.27	1.16	4.09
20	山鸡椒*Litsea cubeba*	3	0.53	2.54	114.59	0.97	4.04
21	豺皮樟*Litsea rotundifolia* var. *oblongifolia*	5	0.88	2.54	40.27	0.34	3.76
22	五列木*Pentaphylax euryoides*	2	0.35	0.85	240.96	2.04	3.24
23	细轴荛花*Wikstroemia nutans*	3	0.53	2.54	14.09	0.12	3.19
24	杜鹃*Rhododendron simsii*	5	0.88	1.69	69.31	0.59	3.16
25	毛冬青*Ilex pubescens*	3	0.53	2.54	6.84	0.06	3.13
26	红鳞蒲桃*Syzygium hancei*	3	0.53	0.85	204.04	1.73	3.11
27	白花苦灯笼*Tarenna mollissima*	5	0.88	1.69	49.17	0.42	2.99
28	变叶树参*Dendropanax proteus*	4	0.70	1.69	16.25	0.14	2.54
29	罗浮柿*Diospyros morrisiana*	2	0.35	1.69	43.29	0.37	2.41

（续表）

序号	种名	株数	相对多度 RA	相对频度 RF	物种胸面积和/cm²	相对显著度 RD	重要值 IV
30	桃金娘*Rhodomyrtus tomentosa*	3	0.53	1.69	5.97	0.05	2.27
31	毛果算盘子*Glochidion eriocarpum*	5	0.88	0.85	9.95	0.08	1.81
32	饶平石楠*Photinia raupingensis*	1	0.18	0.85	71.62	0.61	1.63
33	山香圆*Turpinia montana*	3	0.53	0.85	22.94	0.19	1.57
34	黄杞*Engelhardia roxburghiana*	1	0.18	0.85	58.01	0.49	1.52
35	白桂木*Artocarpus hypargyreus*	1	0.18	0.85	38.52	0.33	1.35
36	赤楠*Syzygium buxifolium*	2	0.35	0.85	3.98	0.03	1.23
37	假苹婆*Sterculia lanceolata*	1	0.18	0.85	6.45	0.05	1.08
38	牛耳枫*Daphniphyllum calycinum*	1	0.18	0.85	6.45	0.05	1.08
39	日本五月茶*Antidesma japonicum*	1	0.18	0.85	5.09	0.04	1.07
40	石斑木*Raphiolepis indica*	1	0.18	0.85	5.09	0.04	1.07
41	金柑*Fortunella japonica*	1	0.18	0.85	2.86	0.02	1.05
42	山香圆*Turpinia montana*	1	0.18	0.85	2.86	0.02	1.05
43	香楠*Aidia canthioides*	1	0.18	0.85	2.86	0.02	1.05
44	乌材*Diospyros eriantha*	1	0.18	0.85	2.41	0.02	1.04
45	野牡丹*Melastoma candidum*	1	0.18	0.85	1.99	0.02	1.04
46	薄叶红厚壳*Calophyllum membranaceum*	1	0.18	0.85	1.61	0.01	1.04

Ⅲ-1b-3 钝叶假蚊母树林*Distyliopsis tutcheri* Alliance（群系）

钝叶假蚊母树林群系有1个群丛，在钝叶假蚊母树+鹿角锥+密花树-锈叶新木姜子-流苏贝母兰群丛（表3-39）中，群落建群种为钝叶假蚊母树，重要值排名第1，种群数量大，乔木层优势种有鹿角锥、密花树、粗脉桂、黄丹木姜子、樟叶泡花树、深山含笑等，重要值相差不大，排名前10，其他伴生有大花枇杷、大头茶、假鱼骨木、谷木叶冬青、韧荚红豆、烟斗柯、饭甑青冈等；灌木层优势种为锈叶新木姜子，重要值排名第4，整体高度在3～5 m，灌木在灌木层优势不明显，主要有细枝柃、吊钟花、三花冬青、疏花卫矛、变叶树参、白花苦灯笼；草本层优势种主要有流苏贝母兰、紫花短筒苣苔、华山姜、乌毛蕨、深圳耳草、中华复叶耳蕨。主要分布在排牙山。

表3-39 钝叶假蚊母树+鹿角锥+密花树-锈叶新木姜子-流苏贝母兰群丛（DP-S10）乔灌层重要值分析

序号	种名	株数	相对多度 RA	相对频度 RF	物种胸面积和/cm²	相对显著度 RD	重要值 IV
1	钝叶假蚊母树*Distyliopsis tutcheri*	202	20.14	5.65	5169.99	14.73	40.51
2	鹿角锥*Castanopsis lamontii*	33	3.29	4.44	7115.45	20.27	27.99
3	密花树*Myrsine sequinii*	93	9.27	5.65	3594.55	10.24	25.16
4	锈叶新木姜子*Neolitsea cambodiana*	133	13.26	2.82	1423.38	4.05	20.14
5	粗脉桂*Cinnamomum validinerve*	46	4.59	4.84	3179.06	9.06	18.48
6	黄丹木姜子*Litsea elongata*	92	9.17	3.63	1596.17	4.55	17.35
7	樟叶泡花树*Meliosma squamulata*	45	4.49	4.44	1328.88	3.79	12.71
8	深山含笑*Michelia maudiae*	28	2.79	4.44	1431.86	4.08	11.31

（续表）

序号	种名	株数	相对多度 RA	相对频度 RF	物种胸面积和/cm²	相对显著度 RD	重要值 IV
9	鸭公树 *Neolitsea chunii*	42	4.19	4.03	783.76	2.23	10.45
10	密花山矾 *Symplocos congesta*	31	3.09	4.84	767.49	2.19	10.12
11	大花枇杷 *Eriobotrya cavaleriei*	29	2.89	4.44	610.20	1.74	9.06
12	大头茶 *Gordonia axillaris*	23	2.29	2.02	876.90	2.50	6.81
13	细枝柃 *Eurya loquaiana*	28	2.79	3.23	116.49	0.33	6.35
14	假鱼骨木 *Psydrax dicocca*	12	1.20	3.23	105.63	0.30	4.72
15	硬壳柯 *Lithocarpus hancei*	13	1.30	1.61	569.10	1.62	4.53
16	谷木叶冬青 *Ilex memecylifolia*	13	1.30	2.02	358.12	1.02	4.33
17	两广梭罗 *Revesia thyrsoidea*	3	0.30	0.81	1126.90	3.21	4.32
18	纤花冬青 *Ilex graciliflora*	4	0.40	0.81	1038.49	2.96	4.16
19	韧荚红豆 *Ormosia indurata*	7	0.70	2.02	393.38	1.12	3.83
20	烟斗柯 *Lithocarpus corneus*	8	0.80	1.21	509.79	1.45	3.46
21	棱果花 *Barthea barthei*	14	1.40	1.61	72.40	0.21	3.21
22	华润楠 *Machilus chinensis*	4	0.40	1.21	546.48	1.56	3.17
23	饭甑青冈 *Cyclobalanopsis fleuryi*	5	0.50	1.21	505.32	1.44	3.15
24	山乌桕 *Sapium discolor*	4	0.40	1.21	466.96	1.33	2.94
25	绒毛山胡椒 *Lindera nacusua*	7	0.70	2.02	15.70	0.04	2.76
26	乐东拟单性木兰 *Parakmeria lotungensis*	6	0.60	1.21	183.35	0.52	2.33
27	福建青冈 *Cyclobalanopsis chungii*	4	0.40	1.61	57.53	0.16	2.18
28	厚皮香 *Ternstroemia gymnanthera*	4	0.40	1.61	46.31	0.13	2.14
29	三花冬青 *Ilex triflora*	6	0.60	1.21	46.95	0.13	1.94
30	硬壳桂 *Cryptocarya chingii*	4	0.40	0.81	208.51	0.59	1.80
31	疏花卫矛 *Euonymus laxiflorus*	5	0.50	1.21	7.12	0.02	1.73
32	黄杞 *Engelhardia roxburghiana*	4	0.40	1.21	17.81	0.05	1.66
33	广东冬青 *Ilex kwangtungensis*	4	0.40	1.21	6.15	0.02	1.63
34	吊钟花 *Enkianthus quinqueflorus*	3	0.30	1.21	19.04	0.05	1.56
35	变叶树参 *Dendropanax proteus*	3	0.30	1.21	0.24	0.00	1.51
36	绒毛润楠 *Machilus velutina*	3	0.30	0.81	47.27	0.13	1.24
37	白花苦灯笼 *Tarenna mollissima*	4	0.40	0.81	8.46	0.02	1.23
38	毛锥 *Castanopsis fordii*	2	0.20	0.81	54.51	0.16	1.16
39	红淡比 *Cleyera japonica*	2	0.20	0.81	38.99	0.11	1.12
40	石斑木 *Raphiolepis indica*	2	0.20	0.81	15.22	0.04	1.05
41	罗浮柿 *Diospyros morrisiana*	1	0.10	0.40	183.35	0.52	1.03
42	树参 *Dendropanax dentiger*	2	0.20	0.81	2.31	0.01	1.01
43	山矾 *Symplocos sumuntia*	2	0.20	0.81	1.43	0.00	1.01
44	腺叶桂樱 *Laurocerasus phaeosticta*	1	0.10	0.40	175.79	0.50	1.00
45	羊舌树 *Symplocos glauca*	2	0.20	0.40	103.45	0.29	0.90

（续表）

序号	种名	株数	相对多度 RA	相对频度 RF	物种胸面积和/cm^2	相对显著度 RD	重要值 IV
46	银柴*Aporosa dioica*	1	0.10	0.40	91.99	0.26	0.76
47	金柑*Fortunella japonica*	2	0.20	0.40	3.86	0.01	0.61
48	野漆*Toxicodencron succedanea*	1	0.10	0.40	31.83	0.09	0.59
49	新木姜子*Neolitsea aurata*	1	0.10	0.40	9.63	0.03	0.53
50	紫玉盘*Uvaria macrophylla*	1	0.10	0.40	5.75	0.02	0.52
51	鼠刺*Itea chinensis*	1	0.10	0.40	3.36	0.01	0.51
52	日本杜英*Elaeocarpus japonicus*	1	0.10	0.40	2.86	0.01	0.51
53	黄果厚壳桂*Cryptocarya concinna*	1	0.10	0.40	1.99	0.01	0.51
54	红鳞蒲桃*Syzygium hancei*	1	0.10	0.40	0.72	0.00	0.50
55	日本五月茶*Antidesma japonicum*	1	0.10	0.40	0.72	0.00	0.50
56	豺皮樟*Litsea rotundifolia* var. *oblongifolia*	1	0.10	0.40	0.32	0.00	0.50
57	山香圆*Turpinia montana*	1	0.10	0.40	0.32	0.00	0.50
58	光叶山矾*Symplocos lancifolia*	1	0.10	0.40	0.08	0.00	0.50

Ⅲ-1b-4 光亮山矾林*Symplocos lucida* Alliance（群系）

光亮山矾林群系有1个群丛，在光亮山矾+大头茶-密花树-阿里山兔儿风群丛（表3-40）中，乔木层优势种为光亮山矾和大头茶，重要值排名前2，光亮山矾种群数量较大，乔木上层伴生有黄杞、浙江润楠，高度约7～8 m，乔木中层伴生有鼠刺、香花枇杷、腺叶桂樱、华润楠、红鳞蒲桃、马尾松等；灌木层优势种为密花树，重要值排名第3，种群数量为213株，平均高度3.3 m，伴生灌木有吊钟花、赤楠、南烛、石斑木、变叶榕、变叶树参、小蜡等；草本层优势种为阿里山兔儿风，盖度约25%，局部区域有成片的深绿卷柏，其他草本有粤港耳草、团叶鳞始蕨、山姜、蔓九节、牯岭藜芦、黑莎草、芒萁、山菅兰等。主要分布在七娘山中高海拔区域。

表3-40 光亮山矾+大头茶-密花树-阿里山兔儿风群丛（QNS-05）乔灌层重要值分析

序号	种名	株数	相对多度 RA	相对频度 RF	物种胸面积和/cm^2	相对显著度 RD	重要值 IV
1	光亮山矾*Symplocos lucida*	332	29.64	7.79	10010.77	36.93	74.37
2	大头茶*Gordonia axillaris*	162	14.46	7.79	5574.90	20.57	42.82
3	密花树*Myrsine sequinii*	213	19.02	7.79	3020.37	11.14	37.95
4	鼠刺*Itea chinensis*	97	8.66	7.14	1636.57	6.04	21.84
5	吊钟花*Enkianthus quinqueflorus*	57	5.09	3.90	981.37	3.62	12.61
6	赤楠*Syzygium buxifolium*	49	4.38	6.49	422.69	1.56	12.43
7	浙江润楠*Machilus chekiangensis*	15	1.34	4.55	906.59	3.34	9.23
8	香花枇杷*Eriobotrya fragrans*	21	1.88	5.19	416.39	1.54	8.61
9	南烛*Lyonia ovalifolia*	21	1.88	4.55	452.02	1.67	8.09
10	腺叶桂樱*Laurocerasus phaeosticta*	18	1.61	3.90	686.22	2.53	8.03
11	黄杞*Engelhardia roxburghiana*	13	1.16	1.95	1310.78	4.84	7.94
12	黑柃*Eurya macartneyi*	21	1.88	4.55	84.19	0.31	6.73

（续表）

序号	种名	株数	相对多度 RA	相对频度 RF	物种胸面积和/cm^2	相对显著度 RD	重要值 IV
13	石斑木 *Raphiolepis indica*	12	1.07	3.90	101.16	0.37	5.34
14	华润楠 *Machilus chinensis*	9	0.80	2.60	337.85	1.25	4.65
15	变叶榕 *Ficus variolosa*	4	0.36	2.60	39.11	0.14	3.10
16	红鳞蒲桃 *Syzygium hancei*	11	0.98	1.30	76.29	0.28	2.56
17	马尾松 *Pinus massoniana*	2	0.18	1.30	264.83	0.98	2.45
18	变叶树参 *Dendropanax proteus*	5	0.45	1.95	9.57	0.04	2.43
19	小蜡 *Ligustrum sinense*	7	0.63	1.30	44.96	0.17	2.09
20	饶平石楠 *Photinia raupingensis*	4	0.36	1.30	102.04	0.38	2.03
21	狗骨柴 *Diplospora dubia*	7	0.63	1.30	24.91	0.09	2.02
22	毛棉杜鹃 *Rhododendron moulmainense*	5	0.45	1.30	51.57	0.19	1.94
23	日本杜英 *Elaeocarpus japonicus*	3	0.27	1.30	94.64	0.35	1.92
24	豺皮樟 *Litsea rotundifolia* var. *oblongifolia*	3	0.27	1.30	94.24	0.35	1.91
25	罗浮柿 *Diospyros morrisiana*	2	0.18	1.30	27.77	0.10	1.58
26	网脉假卫矛 *Microtropis reticulata*	3	0.27	1.30	2.67	0.01	1.58
27	罗浮锥 *Castanopsis fabri*	3	0.27	0.65	168.55	0.62	1.54
28	网脉山龙眼 *Helicia reticulata*	2	0.18	0.65	59.07	0.22	1.05
29	柏拉木 *Blastus cochinchinensis*	4	0.36	0.65	8.83	0.03	1.04
30	光叶山矾 *Symplocos lancifolia*	2	0.18	0.65	32.63	0.12	0.95
31	日本五月茶 *Antidesma japonicum*	2	0.18	0.65	1.99	0.01	0.84
32	落瓣短柱茶 *Camellia kissi*	1	0.09	0.65	17.90	0.07	0.80
33	栀子 *Gardenia jasminoides*	1	0.09	0.65	13.45	0.05	0.79
34	厚壳桂 *Cryptocarya chinensis*	1	0.09	0.65	7.96	0.03	0.77
35	尖脉木姜子 *Litsea acutivena*	1	0.09	0.65	6.45	0.02	0.76
36	满山红 *Rhododendron mariesii*	1	0.09	0.65	3.90	0.01	0.75
37	显脉新木姜子 *Neolitsea phanerophlebia*	1	0.09	0.65	3.36	0.01	0.75
38	网脉琼楠 *Beilschmiedia tsangii*	1	0.09	0.65	2.86	0.01	0.75
39	山油柑 *Acronychia pedunculata*	1	0.09	0.65	1.99	0.01	0.75
40	细轴荛花 *Wikstroemia nutans*	1	0.09	0.65	0.97	0.00	0.74

Ⅲ-1b-5 密花树林 *Myrsine seguinii* Alliance（群系）

密花树林群系主要有3个群丛，乔木层优势种主要有密花树、华润楠、香花枇杷、穗花杉、罗浮锥；灌木层优势种主要有吊钟花、疏花卫矛、鼠刺、山香园、变叶榕、亮叶冬青、毛棉杜鹃；草本层优势种主要有单叶新月蕨、巴郎耳蕨、淡竹叶、乌毛蕨、缘毛珍珠茅。主要分布在七娘山。

在密花树+华润楠+鼠刺-吊钟花-单叶新月蕨群丛（表3-41）中，乔木层优势种为密花树和鼠刺，重要值排名前2，种群数量均达140株以上，次优势种为华润楠、香花枇杷和浙江润楠，重要值排名前5，群落表现为多优势种共存状态，其他乔木如大头茶、岭南槭、腺叶桂樱、罗浮柿、尖脉木姜子等均占有一定优势，伴生乔木有光亮山矾、黄杞、鹅掌柴、白桂木、日本杜英、红鳞蒲桃、秀柱花、山油柑、网脉山龙眼、烟斗柯、穗花杉等；灌木层优势种为吊钟花，重要值排名第6，伴生灌木较少，主要有疏花卫矛、栀子、南烛、变叶榕、赤楠、粗叶榕等；草本层以单叶新月蕨、金毛狗、乌毛蕨占优势种，盖度达60%，伴生草本有粤港耳草、天门冬、深绿卷柏、扇叶铁线蕨、山姜、蔓九节、黑莎草、狗肝菜、短小蛇根草、草珊瑚等。

表3-41 密花树+华润楠+鼠刺-吊钟花-单叶新月蕨群丛（QNS-07）乔灌层重要值分析

序号	种名	株数	相对多度 RA	相对频度 RF	物种胸面积和/cm²	相对显著度 RD	重要值 IV
1	密花树 *Myrsine sequinii*	196	22.22	6.38	5611.13	11.61	40.22
2	鼠刺 *Itea chinensis*	142	16.10	6.38	4393.65	9.09	31.57
3	华润楠 *Machilus chinensis*	43	4.88	4.26	8676.19	17.95	27.08
4	香花枇杷 *Eriobotrya fragrans*	64	7.26	5.85	3413.56	7.06	20.17
5	浙江润楠 *Machilus chekiangensis*	29	3.29	3.19	4649.63	9.62	16.10
6	吊钟花 *Enkianthus quinqueflorus*	69	7.82	3.72	1164.62	2.41	13.96
7	大头茶 *Gordonia axillaris*	29	3.29	4.26	2720.06	5.63	13.17
8	腺叶桂樱 *Laurocerasus phaeosticta*	37	4.20	3.72	2244.40	4.64	12.56
9	岭南槭 *Acer tutcheri*	38	4.31	6.38	707.90	1.46	12.16
10	罗浮柿 *Diospyros morrisiana*	31	3.51	3.72	2133.83	4.42	11.65
11	光亮山矾 *Symplocos lucida*	18	2.04	3.72	2212.59	4.58	10.34
12	尖脉木姜子 *Litsea acutivena*	29	3.29	5.32	706.05	1.46	10.07
13	黄樟 *Cinnamomum parthenoxylon*	19	2.15	3.19	1311.10	2.71	8.06
14	黄杞 *Engelhardia roxburghiana*	9	1.02	0.53	2293.10	4.74	6.30
15	鹅掌柴 *Schefflera heptaphylla*	8	0.91	3.19	310.91	0.64	4.74
16	白桂木 *Artocarpus hypargyreus*	7	0.79	2.66	463.94	0.96	4.41
17	日本杜英 *Elaeocarpus japonicus*	8	0.91	2.13	589.77	1.22	4.26
18	黄棉木 *Metadina trichotoma*	13	1.47	2.13	281.09	0.58	4.18
19	红鳞蒲桃 *Syzygium hancei*	11	1.25	2.13	142.74	0.30	3.67
20	山香圆 *Turpinia montana*	6	0.68	2.66	83.95	0.17	3.51
21	木荷 *Schima superba*	2	0.23	0.53	1253.27	2.59	3.35
22	秀柱花 *Eustigma oblongifolium*	8	0.91	1.06	366.16	0.76	2.73
23	山油柑 *Acronychia pedunculata*	3	0.34	1.60	272.79	0.56	2.50
24	网脉山龙眼 *Helicia reticulata*	2	0.23	1.06	390.33	0.81	2.10
25	长花厚壳树 *Ehretia longiflora*	3	0.34	1.06	303.91	0.63	2.03
26	硬壳柯 *Lithocarpus hancei*	3	0.34	0.53	484.15	1.00	1.87
27	珊瑚树 *Viburnum odoratissimum*	4	0.45	1.06	149.92	0.31	1.83
28	疏花卫矛 *Euonymus laxiflorus*	4	0.45	1.06	13.85	0.03	1.55
29	中华杜英 *Elaeocarpus chinensis*	2	0.23	1.06	84.83	0.18	1.47
30	短序润楠 *Machilus breviflora*	2	0.23	1.06	48.54	0.10	1.39
31	毛棉杜鹃 *Rhododendron moulmainense*	2	0.23	1.06	39.57	0.08	1.37

（续表）

序号	种名	株数	相对多度 RA	相对频度 RF	物种胸面积和/cm^2	相对显著度 RD	重要值 IV
32	野漆 *Toxicodencron succedanea*	2	0.23	1.06	25.88	0.05	1.34
33	光叶山矾 *Symplocos lancifolia*	2	0.23	1.06	16.57	0.03	1.32
34	山杜英 *Elaeocarpus sylvestris*	2	0.23	0.53	264.91	0.55	1.31
35	棱果花 *Barthea barthei*	5	0.57	0.53	23.40	0.05	1.15
36	密花山矾 *Symplocos congesta*	2	0.23	0.53	178.65	0.37	1.13
37	烟斗柯 *Lithocarpus corneus*	4	0.45	0.53	24.91	0.05	1.04
38	栀子 *Gardenia jasminoides*	3	0.34	0.53	13.85	0.03	0.90
39	假苹婆 *Sterculia lanceolata*	3	0.34	0.53	5.25	0.01	0.88
40	南烛 *Lyonia ovalifolia*	2	0.23	0.53	31.35	0.06	0.82
41	假鱼骨木 *Psydrax dicocca*	1	0.11	0.53	76.47	0.16	0.80
42	对叶榕 *Ficus hispida*	2	0.23	0.53	18.40	0.04	0.80
43	穗花杉 *Amentotaxus argotaenia*	2	0.23	0.53	1.99	0.00	0.76
44	米槠 *Castanopsis carlesii*	1	0.11	0.53	43.95	0.09	0.74
45	罗浮锥 *Castanopsis fabri*	1	0.11	0.53	35.09	0.07	0.72
46	韧荚红豆 *Ormosia indurata*	1	0.11	0.53	13.45	0.03	0.67
47	变叶榕 *Ficus variolosa*	1	0.11	0.53	9.63	0.02	0.67
48	亮叶槭 *Acer lucidum*	1	0.11	0.53	7.96	0.02	0.66
49	网脉假卫矛 *Microtropis reticulata*	1	0.11	0.53	5.09	0.01	0.66
50	显脉新木姜子 *Neolitsea phanerophlebia*	1	0.11	0.53	5.09	0.01	0.66
51	落瓣短柱茶 *Camellia kissi*	1	0.11	0.53	3.90	0.01	0.65
52	厚壳桂 *Cryptocarya chinensis*	1	0.11	0.53	1.99	0.00	0.65
53	赤楠 *Syzygium buxifolium*	1	0.11	0.53	0.97	0.00	0.65
54	榕叶冬青 *Ilex ficoidea*	1	0.11	0.53	0.72	0.00	0.65

Ⅲ-1b-6 大果核果茶林 *Pyrenaria spectabilis* Alliance（群系）

大果核果茶林群系有1个群丛，为大果核果茶+密花树-狗骨柴群丛。乔木层优势种为大果核果茶、密花树、山油柑、鹅掌柴等，常伴生有罗浮柿、白桂木、柯、浙江润楠、鼠刺、土沉香等；灌木层优势种为狗骨柴、密花树、香港大沙叶等，伴生有变叶榕、台湾榕、毛冬青、栀子、桃金娘、九节、白背算盘子等；草本层优势种不明显，常散生有山菅兰、山麦冬、扇叶铁线蕨、剑叶鳞始蕨、乌毛蕨、草珊瑚、莲座紫金牛等。主要分布在梧桐山、三洲田、马峦山、田头山、排牙山、七娘山等，成片群落面积不大。

3.1.4 常绿与落叶阔叶混交林（Ⅳ）

常绿与落叶阔叶混交林（Ⅳ，植被型）是亚热带和暖温带的地带性植被之一，是常绿阔叶林与落叶阔叶林的过渡类型。主要分布于北亚热带丘陵山地、亚热带中山山地、亚热带石灰岩地区和部分暖温带低海拔山地。中国植被分类系统修订方案中，依据生境和物种组成差异将其划分为北亚热带常绿与落叶阔叶混交林、亚热带山地常绿与落叶阔叶混交林，以及亚热带石灰岩山地常绿与落叶阔叶混交林3个植被亚型。

深圳的常绿与落叶阔叶混交林是原生植被遭到破坏后形成的次生林，是次生演替系列中的一个类型，而不属于上述3类植被亚型之一。由于中国植被分类系统中没有对应的植被亚型，故依据分布地区将其命名为南亚热带常绿落叶阔叶混交林，属于植被亚型级别（图3-6）。

深圳的落叶树种较少，能成为乔木层优势种的仅有金缕梅科的枫香树、大戟科的山乌桕和漆树科的野漆。常绿阔叶林被破坏后，枫香树、山乌桕和野漆作为次生演替先锋阔叶树种侵入群落并定居，常可见它们散生于常绿阔叶林中，作为建群种的并不多见。深圳常绿落叶阔叶混交林中，与落叶树共占优势的常绿树种有山油柑、银柴、白楸、亮叶猴耳环、大头茶、鹅掌柴、红鳞蒲桃、豺皮樟等。

依据落叶树建群种的差异可将此植被亚型划分为5个群系，枫香树林群系、山乌桕林群系野漆林群系、黄牛木林群系和朴树林群系，共包含19个群丛。枫香树群系分布于梧桐山、笔架山和仙湖植物园。山乌桕群系分布于梧桐山、马峦山、大鹏半岛的径心水库、七娘山。野漆群系广泛分布于各山地低海拔区域，如围岭公园、塘朗山、笔架山公园、大鹏半岛等。

图3-6 常绿与落叶阔叶混交林（IV；梧桐山）

Ⅳ-1 南亚热带常绿与落叶阔叶混交林 South Subtropical Evergreen and Deciduous Broad-leaved Mixed Forest（植被亚型）

Ⅳ-1-1 枫香树林 *Liquidambar formosana* Alliance（群系）

枫香树林群系主要有4个群丛，乔木优势种主要有枫香树、山油柑、鼠刺、黄牛木、鹅掌柴；灌木层优势种主要有鼠刺、九节、银柴、梅叶冬青、豺皮樟、假鹰爪；草本层优势种主要有草珊瑚、扇叶铁线蕨、芒萁、乌毛蕨。主要分布在梧桐山、笔架山。

在枫香树-豺皮樟+梅叶冬青-乌毛蕨群丛（表3-42）中，乔木层优势种为枫香树、黄牛木和鹅掌柴，重要值排名前5，其中枫香树以成熟大树为主，重要值排名第2，位于群落上层，高度约8～11 m，伴生有台湾相思，黄牛木和鹅掌柴位于乔木层下层，高度在5～7.5 m，伴生有破布叶、土蜜树、香港算盘子、野漆、山乌桕等；灌木层以豺皮樟和梅叶冬青占优势种，重要值排名前3，整体高度在2.5～4.5 m，伴生灌木有毛冬青、九节、粗叶榕、三桠苦、石斑木、桃金娘、栀子等；草本层乌毛蕨和求米草略占优势，有零星的小片分布，伴生有半边旗、山麦冬、粪箕笃、小叶海金沙、扇叶铁线蕨、鸡矢藤等。

表3-42 枫香树-豺皮樟+梅叶冬青-乌毛蕨群丛（BJS-S27）乔灌层重要值分析

序号	种名	株数	相对多度 RA	相对频度 RF	物种胸面积和/cm^2	相对显著度 RD	重要值 IV
1	豺皮樟 *Litsea rotundifolia* var. *oblongifolia*	114	27.08	6.10	612.42	7.02	40.19
2	枫香树 *Liquidambar formosana*	12	2.85	4.88	2279.93	26.13	33.85
3	梅叶冬青 *Ilex asprella*	83	19.71	6.10	393.81	4.51	30.33
4	黄牛木 *Cratoxylum cochinchinense*	36	8.55	6.10	902.13	10.34	24.99
5	鹅掌柴 *Schefflera heptaphylla*	18	4.28	6.10	1096.79	12.57	22.94
6	野漆 *Toxicodencron succedanea*	25	5.94	6.10	472.33	5.41	17.45
7	银柴 *Aporosa dioica*	22	5.23	7.32	316.34	3.62	16.17
8	台湾相思 *Acacia confusa*	3	0.71	1.22	947.69	10.86	12.79
9	破布叶 *Microcos paniculata*	15	3.56	3.66	353.48	4.05	11.27
10	毛冬青 *Ilex pubescens*	14	3.33	4.88	47.53	0.54	8.75
11	九节 *Psychotria rubra*	18	4.28	3.66	43.65	0.50	8.43
12	土蜜树 *Bridelia tomentosa*	6	1.43	3.66	192.36	2.20	7.29
13	香港算盘子 *Glochidion hongkongense*	2	0.48	2.44	278.22	3.19	6.10
14	山油柑 *Acronychia pedunculata*	8	1.90	3.66	37.02	0.42	5.98
15	江边刺葵 *Phoenix roebelenii*	1	0.24	1.22	389.93	4.47	5.93
16	粗叶榕 *Ficus hirta*	6	1.43	3.66	4.00	0.05	5.13
17	三桠苦 *Melicope pteleifolia*	4	0.95	3.66	7.18	0.08	4.69
18	潺槁 *Litsea glutinosa*	2	0.48	2.44	145.23	1.66	4.58
19	石斑木 *Raphiolepis indica*	6	1.43	2.44	4.30	0.05	3.91
20	山鸡椒 *Litsea cubeba*	3	0.71	2.44	54.75	0.63	3.78
21	山乌桕 *Sapium discolor*	2	0.48	2.44	34.87	0.40	3.31
22	栀子 *Gardenia jasminoides*	2	0.48	2.44	5.27	0.06	2.97
23	桃金娘 *Rhodomyrtus tomentosa*	5	1.19	1.22	6.37	0.07	2.48
24	白背叶 *Mallotus apelta*	3	0.71	1.22	9.07	0.10	2.04
25	余甘子 *Phyllanthus emblica*	2	0.48	1.22	26.12	0.30	1.99
26	洋紫荆 *Bauhinia variegata*	1	0.24	1.22	28.73	0.33	1.79
27	白花灯笼 *Clerodendrum fortunatum*	2	0.48	1.22	3.22	0.04	1.73
28	山黄麻 *Trema orientalis*	1	0.24	1.22	20.37	0.23	1.69
29	楝叶吴萸 *Tetradium glabrifolium*	1	0.24	1.22	11.46	0.13	1.59
30	羊角拗 *Strophanthus divaricatus*	1	0.24	1.22	1.61	0.02	1.48
31	黑面神 *Breynia fruticosa*	1	0.24	1.22	0.72	0.01	1.47
32	青江藤 *Celastrus hindsii*	1	0.24	1.22	0.00	0.00	1.46

Ⅳ-1-2 山乌桕林 *Triadica cochinchinensis* Alliance（群系）

山乌桕林群系主要有2个群丛，乔木优势种主要有大头茶、山乌桕、鹅掌柴、白楸、簕欓；灌木层优势种主要有吊钟花、狗骨柴、毛冬青、鼠刺；草本层优势种主要有乌毛蕨、苏铁蕨。主要分布在梧桐山、排牙山、七娘山。

在大头茶+山乌桕-鼠刺+吊钟花-乌毛蕨群丛（表3-43）中，乔木层的优势种为大头茶和山乌桕，重要值排名前3，主要位于群落上层，高度在6～9 m，伴生有黄桐、木荚红豆、华润楠、山油柑、假鱼骨木、光叶山矾、广东蒴柊、亮叶猴耳环、岭南山竹子、罗浮柿、鹅掌柴、黏木等；灌木层优势种为鼠刺和吊钟花，种群数量较大，重要值排名前4，高度在2～5 m，有较多乔木小树，如山乌桕、大头茶、木荚红豆、黄桐、中华杜英、纤花冬青、山油柑，主要灌木有细齿叶柃、桃金娘、变叶榕、豺皮樟、毛菍、狗骨柴、毛茶、粗叶木、三花冬青、日本五月茶等；草本层优势种为乌毛蕨，盖度达35%，伴生草本有毛果珍珠茅、小叶海金沙、五节芒、团叶鳞始蕨、扇叶铁线蕨、山麦冬、山菅兰、芒萁、蔓九节、剑叶耳草、草珊瑚、黑莎草、垂穗石松等。

表3-43　大头茶+山乌桕-鼠刺+吊钟花-乌毛蕨群丛（QNS-01）乔灌层重要值分析

序号	种名	株数	相对多度 RA	相对频度 RF	物种胸面积和/cm^2	相对显著度 RD	重要值 IV
1	鼠刺*Itea chinensis*	217	23.79	6.42	2114.75	13.81	44.02
2	大头茶*Gordonia axillaris*	59	6.47	3.74	3359.21	21.94	32.15
3	山乌桕*Sapium discolor*	68	7.46	5.88	2420.54	15.81	29.15
4	吊钟花*Enkianthus quinqueflorus*	156	17.11	3.21	562.54	3.67	23.99
5	黄桐*Endospermum chinense*	15	1.64	2.67	1001.08	6.54	10.86
6	细齿叶柃*Eurya nitida*	34	3.73	5.35	215.65	1.41	10.48
7	木荚红豆*Ormosia xylocarpa*	36	3.95	2.67	585.89	3.83	10.45
8	山油柑*Acronychia pedunculata*	28	3.07	3.21	603.04	3.94	10.22
9	桃金娘*Rhodomyrtus tomentosa*	41	4.50	4.28	153.53	1.00	9.78
10	变叶榕*Ficus variolosa*	33	3.62	4.81	149.02	0.97	9.40
11	豺皮樟*Litsea rotundifolia* var. *oblongifolia*	34	3.73	3.74	228.08	1.49	8.96
12	光叶山矾*Symplocos lancifolia*	8	0.88	2.14	606.57	3.96	6.98
13	鹅掌柴*Schefflera heptaphylla*	6	0.66	2.67	548.39	3.58	6.91
14	假鱼骨木*Psydrax dicocca*	17	1.86	2.14	370.83	2.42	6.43
15	亮叶猴耳环*Archidendron lucidum*	9	0.99	3.21	280.67	1.83	6.03
16	毛菍*Melastoma sanguineum*	10	1.10	3.74	59.56	0.39	5.23
17	狗骨柴*Diplospora dubia*	15	1.64	2.67	65.66	0.43	4.75
18	岭南山竹子*Garcinia oblongifolia*	5	0.55	0.53	483.99	3.16	4.24
19	纤花冬青*Ilex graciliflora*	14	1.54	1.60	137.23	0.90	4.04
20	毛茶*Antirhea chinensis*	9	0.99	2.67	31.11	0.20	3.86
21	龙眼*Dimocarpus longan*	7	0.77	2.14	144.19	0.94	3.85
22	华润楠*Machilus chinensis*	4	0.44	1.60	185.91	1.21	3.26
23	中华杜英*Elaeocarpus chinensis*	10	1.10	1.60	84.11	0.55	3.25
24	粗叶木*Lasianthus chinensis*	11	1.21	1.60	43.30	0.28	3.09

（续表）

序号	种名	株数	相对多度 RA	相对频度 RF	物种胸面积和/cm²	相对显著度 RD	重要值 IV
25	木荷*Schima superba*	4	0.44	1.60	159.33	1.04	3.08
26	三花冬青*Ilex triflora*	4	0.44	2.14	24.15	0.16	2.74
27	岗松*Baeckea frutescens*	6	0.66	1.60	46.67	0.30	2.57
28	簕欓*Zanthoxylum avicennae*	5	0.55	1.07	84.69	0.55	2.17
29	赤楠*Syzygium buxifolium*	4	0.44	1.60	9.31	0.06	2.10
30	广东箣柊*Scolopia saeva*	1	0.11	0.53	198.94	1.30	1.94
31	饶平石楠*Photinia raupingensis*	2	0.22	1.07	61.75	0.40	1.69
32	山香圆*Turpinia montana*	3	0.33	1.07	10.58	0.07	1.47
33	天料木*Homalium cochinchinense*	3	0.33	1.07	4.58	0.03	1.43
34	黄牛木*Cratoxylum cochinchinense*	2	0.22	1.07	14.72	0.10	1.38
35	革叶铁榄*Sinosideroxylon wightianum*	2	0.22	1.07	14.72	0.10	1.38
36	野漆*Toxicodencron succedanea*	2	0.22	1.07	8.44	0.06	1.34
37	马尾松*Pinus massoniana*	1	0.11	0.53	76.47	0.50	1.14
38	日本五月茶*Antidesma japonicum*	4	0.44	0.53	3.81	0.02	1.00
39	川桂*Cinnamomum wilsonii*	2	0.22	0.53	32.23	0.21	0.96
40	罗浮柿*Diospyros morrisiana*	1	0.11	0.53	31.83	0.21	0.85
41	黏木*Ixonanthes chinensis*	1	0.11	0.53	31.83	0.21	0.85
42	栀子*Gardenia jasminoides*	2	0.22	0.53	10.05	0.07	0.82
43	白背算盘子*Glochidion wrightii*	2	0.22	0.53	8.99	0.06	0.81
44	金柑*Fortunella japonica*	2	0.22	0.53	6.76	0.04	0.80
45	日本粗叶木*Lasianthus japonicus*	2	0.22	0.53	3.98	0.03	0.78
46	山鸡椒*Litsea cubeba*	1	0.11	0.53	9.63	0.06	0.71
47	荔枝*Litchi chinensis*	1	0.11	0.53	7.96	0.05	0.70
48	飞龙掌血*Toddalia asiatica*	1	0.11	0.53	3.36	0.02	0.67
49	罗浮买麻藤*Gnetum lofuense*	1	0.11	0.53	2.15	0.01	0.66
50	绒毛山胡椒*Lindera nacusua*	1	0.11	0.53	1.99	0.01	0.66
51	水团花*Adina pilulifera*	1	0.11	0.53	1.61	0.01	0.65
52	寄生藤*Dendrotrophe frutescens*	1	0.11	0.53	1.40	0.01	0.65
53	常绿荚蒾*Viburnum sempervirens*	1	0.11	0.53	1.27	0.01	0.65
54	小果柿*Diospyros vaccinioides*	1	0.11	0.53	1.03	0.01	0.65
55	毛冬青*Ilex pubescens*	1	0.11	0.53	0.81	0.01	0.65
56	五列木*Pentaphylax euryoides*	1	0.11	0.53	0.72	0.00	0.65

Ⅳ-1-3 野漆林 *Toxicodendron succedaneum* Alliance（群系）

野漆林群系主要有5个群丛，乔木优势种主要有野漆、木荷、盐肤木、破布叶、黄牛木、水团花、鹅掌柴、山油柑、白楸；灌木层优势种主要有三桠苦、栀子、米碎花、九节、桃金娘、豺皮樟、梅叶冬青、野牡丹、毛菍；草本层优势种主要有芒萁、山麦冬、三叉蕨。主要分布在大顶岭公园、梧桐山、围岭公园、笔架山、大鹏半岛。

在野漆+黄牛木-豺皮樟+九节-芒萁群丛（表3-44）中，乔木层优势种为野漆和黄牛木，重要值排名前3，整体高度在4～5 m，伴生乔木有破布叶、水团花、樟、山油柑、银柴、余甘子等；灌木层以豺皮樟占主要优势种，重要值排名第1，种群数量大，整体高度在2～3.6 m，次优势种为九节，重要值排名第4，伴生灌木有桃金娘、野牡丹、梅叶冬青、石斑木、栀子、米碎花等；草本层以芒萁占优势种，盖度约25%，伴生草本有类芦、海金沙、山菅兰、凤尾蕨、山麦冬等。

表3-44 野漆+黄牛木-豺皮樟+九节-芒萁群丛（BJS-S06）乔灌层重要值分析

序号	种名	株数	相对多度 RA	相对频度 RF	物种胸面积和/cm^2	相对显著度 RD	重要值 IV
1	豺皮樟 *Litsea rotundifolia* var. *oblongifolia*	271	42.61	9.84	931.23	17.41	69.86
2	野漆 *Toxicodencron succedanea*	66	10.38	9.84	864.50	16.16	36.38
3	黄牛木 *Cratoxylum cochinchinense*	50	7.86	9.84	916.47	17.14	34.83
4	九节 *Psychotria rubra*	105	16.51	9.84	275.84	5.16	31.50
5	破布叶 *Microcos paniculata*	39	6.13	9.84	523.25	9.78	25.75
6	水团花 *Adina pilulifera*	40	6.29	6.56	533.89	9.98	22.83
7	樟 *Cinnamomum camphora*	4	0.63	4.92	517.47	9.68	15.22
8	山油柑 *Acronychia pedunculata*	10	1.57	6.56	264.96	4.95	13.08
9	桃金娘 *Rhodomyrtus tomentosa*	16	2.52	6.56	18.88	0.35	9.43
10	野牡丹 *Melastoma candidum*	6	0.94	6.56	77.65	1.45	8.95
11	余甘子 *Phyllanthus emblica*	2	0.31	1.64	322.29	6.03	7.98
12	梅叶冬青 *Ilex asprella*	11	1.73	3.28	23.71	0.44	5.45
13	银柴 *Aporosa dioica*	5	0.79	3.28	33.74	0.63	4.70
14	石斑木 *Raphiolepis indica*	2	0.31	3.28	3.39	0.06	3.66
15	栀子 *Gardenia jasminoides*	1	0.16	1.64	31.83	0.60	2.39
16	毛冬青 *Ilex pubescens*	3	0.47	1.64	3.82	0.07	2.18
17	米碎花 *Eurya chinensis*	3	0.47	1.64	3.82	0.07	2.18
18	潺槁 *Litsea glutinosa*	1	0.16	1.64	1.27	0.02	1.82
19	粗叶榕 *Ficus hirta*	1	0.16	1.64	0.32	0.01	1.80

Ⅳ-1-4 黄牛木林 *Cratoxylum cochinchinense* Alliance（群系）

黄牛木林群系有2个群丛，乔木层的优势种主要有黄牛木、破布叶、广东木姜子、樟、苦楝、野漆、鹅掌柴；灌木层的主要优势种有豺皮樟、梅叶冬青、银柴、水团花、米碎花、粗叶榕；草本层主要有山麦冬、粉防己、海金沙、轮环藤、薇甘菊、小叶海金沙。主要分布在梧桐山、围岭公园、大顶岭公园、田头山、马峦山、大鹏半岛。

在黄牛木+破布叶-梅叶冬青-薇甘菊+山麦冬群丛（表3-45）中，乔木层优势种为黄牛木和破布叶，重要值排名前3，伴生乔木有广东木姜子、野漆、银柴、马尾松、红鳞蒲桃、山乌桕、潺槁等；灌木层优势种为梅叶冬青，重要值排名第2，次优势种为豺皮樟，重要值排名第5，伴生有粗叶榕、天料木、雀梅藤、九节、栀子、毛冬青、鲫鱼胆、石斑木等；草本层有较多的薇甘菊入侵，本地优势种为山麦冬，伴生有玉叶金花、半边旗、扇叶铁线蕨、芒、求米草、乌毛蕨等。

表3-45　黄牛木+破布叶-梅叶冬青-薇甘菊+山麦冬群丛(WLGY-S01)乔灌层重要值分析

序号	种名	株数	相对多度 RA	相对频度 RF	物种胸面积和/cm²	相对显著度 RD	重要值 IV
1	黄牛木 *Cratoxylum cochinchinense*	98	23.56	6.33	2221.22	29.95	59.83
2	梅叶冬青 *Ilex asprella*	100	24.04	6.33	472.93	6.38	36.74
3	破布叶 *Microcos paniculata*	42	10.10	7.59	1052.73	14.19	31.88
4	广东木姜子 *Litsea kwangtungensis*	4	0.96	1.27	1586.02	21.38	23.61
5	豺皮樟 *Litsea rotundifolia* var. *oblongifolia*	42	10.10	7.59	374.87	5.05	22.74
6	野漆 *Toxicodencron succedanea*	22	5.29	6.33	584.04	7.87	19.49
7	银柴 *Aporosa dioica*	7	1.68	6.33	117.22	1.58	9.59
8	粗叶榕 *Ficus hirta*	10	2.40	5.06	29.83	0.40	7.87
9	米碎花 *Eurya chinensis*	14	3.37	3.80	47.25	0.64	7.80
10	天料木 *Homalium cochinchinense*	12	2.88	1.27	188.40	2.54	6.69
11	马尾松 *Pinus massoniana*	2	0.48	2.53	262.31	3.54	6.55
12	雀梅藤 *Sageretia thea*	8	1.92	3.80	22.78	0.31	6.03
13	九节 *Psychotria rubra*	6	1.44	3.80	28.05	0.38	5.62
14	栀子 *Gardenia jasminoides*	4	0.96	3.80	3.32	0.04	4.80
15	毛冬青 *Ilex pubescens*	8	1.92	2.53	22.42	0.30	4.76
16	潺槁 *Litsea glutinosa*	2	0.48	2.53	30.76	0.41	3.43
17	香港算盘子 *Glochidion hongkongense*	2	0.48	2.53	12.49	0.17	3.18
18	鲫鱼胆 *Maesa perlarius*	5	1.20	1.27	10.53	0.14	2.61
19	红鳞蒲桃 *Syzygium hancei*	2	0.48	1.27	63.66	0.86	2.60
20	山乌桕 *Sapium discolor*	3	0.72	1.27	45.44	0.61	2.60
21	算盘子 *Glochidion puberum*	3	0.72	1.27	40.35	0.54	2.53
22	变叶榕 *Ficus variolosa*	3	0.72	1.27	26.32	0.35	2.34
23	山油柑 *Acronychia pedunculata*	1	0.24	1.27	49.74	0.67	2.18
24	香港大沙叶 *Pavetta hongkongensis*	1	0.24	1.27	43.95	0.59	2.10
25	土蜜树 *Bridelia tomentosa*	2	0.48	1.27	12.18	0.16	1.91
26	番石榴 *Psidium guajava*	1	0.24	1.27	11.46	0.15	1.66
27	桃金娘 *Rhodomyrtus tomentosa*	1	0.24	1.27	11.46	0.15	1.66
28	余甘子 *Phyllanthus emblica*	1	0.24	1.27	11.46	0.15	1.66
29	鹅掌柴 *Schefflera heptaphylla*	1	0.24	1.27	7.96	0.11	1.61
30	土沉香 *Aquilaria sinensis*	1	0.24	1.27	6.45	0.09	1.59
31	鸦胆子 *Brucea javanica*	1	0.24	1.27	5.75	0.08	1.58

（续表）

序号	种名	株数	相对多度 RA	相对频度 RF	物种胸面积和/cm^2	相对显著度 RD	重要值 IV
32	盐肤木*Rhus chinensis*	1	0.24	1.27	5.09	0.07	1.57
33	石斑木*Raphiolepis indica*	1	0.24	1.27	4.48	0.06	1.57
34	三桠苦*Melicope pteleifolia*	1	0.24	1.27	1.99	0.03	1.53
35	山柑藤*Cansjera rheedii*	1	0.24	1.27	1.99	0.03	1.53
36	酸藤子*Embelia laeta*	1	0.24	1.27	0.00	0.00	1.51

Ⅳ-1-5 朴树林*Celtis sinensis* Alliance（群系）

朴树林群系只有1个群丛，在朴树+龙眼–九节+紫玉盘–山麦冬群丛（表3–46）中，乔木优势种为朴树和龙眼，重要值排名前3，乔木层伴生种主要有银柴、黄心树、潺槁、破布叶、黄樟、杂色榕、华润楠、假苹婆等；灌木层以紫玉盘、九节占优势种，次优势种为假鹰爪、白簕等，伴生灌木有粗叶榕、锡叶藤、香港大沙叶、毛果算盘子、黄荆、青江藤、黑面神、小果叶下珠等；草本层以山麦冬占优势，伴生有海金沙、小叶海金沙、肖菝葜、长节耳草、鸡矢藤、山蒟、野葛、剑叶凤尾蕨等。主要分布在阳台山、马峦山、七娘山、梧桐山、内伶仃岛、小南山公园。

表3–46 朴树+龙眼–九节+紫玉盘–山麦冬群丛（YTA-S01）乔灌层重要值分析

序号	种名	株数	相对多度 RA	相对频度 RF	物种胸面积和/cm^2	相对显著度 RD	重要值 IV
1	朴树*Celtis sinensis*	18	4.19	6.90	7491.50	19.39	30.47
2	龙眼*Dimocarpus longan*	48	11.16	4.31	5611.25	14.52	29.99
3	紫玉盘*Uvaria macrophylla*	59	13.72	6.90	128.61	0.33	20.95
4	九节*Psychotria asiatica*	57	13.26	6.03	463.62	1.20	20.49
5	银柴*Aporosa dioica*	39	9.07	5.17	223.77	0.58	14.82
6	假鹰爪*Desmos chinensis*	32	7.44	4.31	62.95	0.16	11.92
7	黄心树*Machilus gamblei*	17	3.95	5.17	134.17	0.35	9.47
8	潺槁*Litsea glutinosa*	27	6.28	1.72	435.69	1.13	9.13
9	白簕*Eleutherococcus trifoliatus*	16	3.72	5.17	2.67	0.01	8.90
10	破布叶*Microcos paniculata*	9	2.09	1.72	890.79	2.31	6.12
11	粗叶榕*Ficus hirta*	11	2.56	3.45	6.76	0.02	6.02
12	黄樟*Cinnamomum parthenoxylon*	7	1.63	1.72	918.64	2.38	5.73
13	锡叶藤*Tetracera sarmentosa*	9	2.09	3.45	17.75	0.05	5.59
14	香港大沙叶*Pavetta hongkongensis*	11	2.56	2.59	112.28	0.29	5.43
15	毛果算盘子*Glochidion eriocarpum*	7	1.63	3.45	7.48	0.02	5.10
16	杂色榕*Ficus variegata*	2	0.47	1.72	1087.11	2.81	5.00
17	黄荆*Vitex negundo*	9	2.09	2.59	12.65	0.03	4.71
18	青江藤*Celastrus hindsii*	5	1.16	2.59	1.43	0.00	3.75
19	华润楠*Machilus chinensis*	2	0.47	0.86	927.16	2.40	3.73
20	假苹婆*Sterculia lanceolata*	4	0.93	2.59	9.79	0.03	3.54

（续表）

序号	种名	株数	相对多度 RA	相对频度 RF	物种胸面积和/cm^2	相对显著度 RD	重要值 IV
21	黑面神*Breynia fruticosa*	4	0.93	1.72	1.27	0.00	2.66
22	珊瑚树*Viburnum odoratissimum*	2	0.47	1.72	168.47	0.44	2.63
23	小果叶下珠*Phyllanthus reticulatus*	3	0.70	1.72	7.00	0.02	2.44
24	山蒟*Piper hancei*	3	0.70	1.72	0.76	0.00	2.42
25	玉叶金花*Mussaenda pubescens*	2	0.47	1.72	9.71	0.03	2.21
26	两粤黄檀*Dalbergia benthamii*	2	0.47	1.72	3.58	0.01	2.20
27	罗浮买麻藤*Gnetum luofuense*	3	0.70	0.86	5.97	0.02	1.58
28	香叶树*Lindera communis*	2	0.47	0.86	3.98	0.01	1.34
29	白楸*Mallotus paniculatus*	2	0.47	0.86	2.55	0.01	1.33
30	小叶红叶藤*Rourea microphylla*	2	0.47	0.86	1.43	0.00	1.33
31	土沉香*Aquilaria sinensis*	1	0.23	0.86	53.79	0.14	1.23
32	毛八角枫*Alangium kurzii*	1	0.23	0.86	31.83	0.08	1.18
33	黄牛木*Cratoxylum cochinchinense*	1	0.23	0.86	9.63	0.02	1.12
34	栀子*Gardenia jasminoides*	1	0.23	0.86	7.96	0.02	1.12
35	假柿木姜子*Litsea monopetala*	1	0.23	0.86	5.09	0.01	1.11
36	飞龙掌血*Toddalia asiatica*	1	0.23	0.86	3.90	0.01	1.10
37	酸叶胶藤*Urceola rosea*	1	0.23	0.86	1.99	0.01	1.10
38	藤构*Broussonetia kaempferi* var. *australis*	1	0.23	0.86	1.27	0.00	1.10
39	羊角拗*Strophanthus divaricatus*	1	0.23	0.86	1.27	0.00	1.10
40	五月茶*Antidesma bunius*	1	0.23	0.86	0.72	0.00	1.10
41	阴香*Cinnamomum burmannii*	1	0.23	0.86	0.72	0.00	1.10
42	细叶台湾榕*Ficus formosana* f. *shimadai*	1	0.23	0.86	0.72	0.00	1.10
43	酒饼簕*Atalantia buxifolia*	1	0.23	0.86	0.32	0.00	1.10
44	山猪菜*Merremia umbellata* subsp. *orientalis*	1	0.23	0.86	0.32	0.00	1.10
45	酸藤子*Embelia laeta*	1	0.23	0.86	0.32	0.00	1.10
46	台湾榕*Ficus formosana*	1	0.23	0.86	0.00	0.00	1.09

3.1.5 季雨林（V）

季雨林(V, 植被型)，是在热带边缘有周期性干湿交替的季风热带气候条件下，形成的地带性森林植被类型，以热带植物区系成分为主。季雨林包含3个植被亚型，分别为落叶季雨林、半常绿季雨林和石灰岩季雨林。深圳的季雨林可划分为1个植被亚型，为半常绿季雨林植被亚型（图3-7～图3-10）。

本亚型是热带性常绿树种为主的森林类型，部分地区有一定比例的落叶树种混生其中。群落具有茎花、板根、藤本和附生植物发达等雨林特征，但不及雨林。深圳的半常绿季雨林包含15个群系，31个群丛。群落内物种丰富，具有雨林景观，常以桑科、桃金娘科、叶下珠科等占优势种，优势种以亮叶猴耳环、白桂木、假苹婆、香蒲桃、银柴、臀果木、山油柑、水东哥等为主。

图3-7 季雨林（V）的外貌（大鹏半岛）

图3-8 季雨林（V）的外貌（阳台山）

图3-9　季雨林（Ⅴ）的林间结构（田头山）

图3-10　季雨林（Ⅴ）的林间结构（梧桐山）

Ⅴ-1 半常绿季雨林 Semi-evergreen Monsoon Forest（植被亚型）

Ⅴ-1-1亮叶猴耳环林*Archidendron lucidum* Alliance（群系）

亮叶猴耳环林群系有1个群丛，在亮叶猴耳环－柃叶连蕊茶＋鼠刺－金毛狗群丛（表3-47）中，乔木层优势种为亮叶猴耳环，重要值排名第2，次优势种为山油柑，重要值排名第4，伴生种有蕈树、银柴、木荷、野漆、假苹婆、土沉香；灌木层优势种为柃叶连蕊茶和鼠刺，重要值排名前3，柃叶连蕊茶种群数量为278株，远高于其他物种，优势灌木有九节、狗骨柴、豺皮樟等，伴生灌木有罗伞树、毛冬青、变叶榕、石斑木、香楠、日本五月茶等；草本层优势种主要有金毛狗、苏铁蕨、黑莎草，伴生有扇叶铁线蕨、短小蛇根草。主要分布在仙湖、田头山、七娘山。

表3-47 亮叶猴耳环－柃叶连蕊茶＋鼠刺－金毛狗群丛（XH-S10）乔灌层重要值分析

序号	种名	株数	相对多度 RA	相对频度 RF	物种胸面积和/cm^2	相对显著度 RD	重要值 IV
1	柃叶连蕊茶*Camellia euryoides*	278	29.23	7.91	4199.73	15.69	52.83
2	亮叶猴耳环*Archidendron lucidum*	33	3.47	3.95	7704.09	28.78	36.20
3	鼠刺*Itea chinensis*	153	16.09	6.21	3231.63	12.07	34.37
4	山油柑*Acronychia pedunculata*	43	4.52	6.21	1940.10	7.25	17.98
5	九节*Psychotria rubra*	92	9.67	6.78	404.47	1.51	17.96
6	狗骨柴*Diplospora dubia*	59	6.20	6.78	750.46	2.80	15.79
7	野漆*Toxicodencron succedanea*	24	2.52	6.21	859.33	3.21	11.95
8	银柴*Aporosa dioica*	33	3.47	4.52	1029.08	3.84	11.83
9	蕈树*Altingia chinensis*	13	1.37	2.26	1417.12	5.29	8.92
10	豺皮樟*Litsea rotundifolia* var. *oblongifolia*	24	2.52	5.08	258.69	0.97	8.57
11	黄牛木*Cratoxylum cochinchinense*	19	2.00	4.52	436.83	1.63	8.15
12	假苹婆*Sterculia lanceolata*	30	3.15	2.26	701.94	2.62	8.04
13	木荷*Schima superba*	5	0.53	0.56	1788.08	6.68	7.77
14	土沉香*Aquilaria sinensis*	8	0.84	3.39	491.31	1.84	6.07
15	罗浮柿*Diospyros morrisiana*	10	1.05	3.39	396.56	1.48	5.92
16	毛冬青*Ilex pubescens*	9	0.95	3.95	27.81	0.10	5.01
17	罗伞树*Ardisia quinquegona*	17	1.79	2.26	90.36	0.34	4.39
18	紫弹树*Celtis biondii*	13	1.37	1.13	130.31	0.49	2.98
19	变叶榕*Ficus variolosa*	7	0.74	1.69	77.35	0.29	2.72
20	石斑木*Raphiolepis indica*	5	0.53	1.69	86.16	0.32	2.54
21	密花树*Myrsine sequinii*	12	1.26	1.13	31.67	0.12	2.51
22	香楠*Aidia canthioides*	11	1.16	0.56	142.05	0.53	2.25
23	酸藤子*Embelia laeta*	3	0.32	1.69	16.55	0.06	2.07
24	日本五月茶*Antidesma japonicum*	6	0.63	1.13	23.71	0.09	1.85
25	白花灯笼*Clerodendrum fortunatum*	4	0.42	1.13	9.97	0.04	1.59
26	黄杞*Engelhardia roxburghiana*	2	0.21	1.13	56.36	0.21	1.55
27	白背算盘子*Glochidion wrightii*	2	0.21	1.13	34.70	0.13	1.47
28	假鱼骨木*Psydrax dicocca*	2	0.21	1.13	11.78	0.04	1.38
29	榕叶冬青*Ilex ficoidea*	2	0.21	0.56	91.61	0.34	1.12

（续表）

序号	种名	株数	相对多度 RA	相对频度 RF	物种胸面积和/cm²	相对显著度 RD	重要值 IV
30	梅叶冬青 *Ilex asprella*	2	0.21	0.56	77.03	0.29	1.06
31	赛山梅 *Styrax confusus*	2	0.21	0.56	67.64	0.25	1.03
32	米碎花 *Eurya chinensis*	1	0.11	0.56	23.00	0.09	0.76
33	红鳞蒲桃 *Syzygium hancei*	1	0.11	0.56	20.37	0.08	0.75
34	三桠苦 *Melicope pteleifolia*	1	0.11	0.56	15.60	0.06	0.73
35	寄生藤 *Dendrotrophe frutescens*	1	0.11	0.56	13.45	0.05	0.72
36	粗叶木 *Lasianthus chinensis*	1	0.11	0.56	5.09	0.02	0.69
37	常绿荚蒾 *Viburnum sempervirens*	1	0.11	0.56	3.36	0.01	0.68
38	桃金娘 *Rhodomyrtus tomentosa*	1	0.11	0.56	3.36	0.01	0.68
39	山鸡椒 *Litsea cubeba*	1	0.11	0.56	2.41	0.01	0.68
40	短序润楠 *Machilus breviflora*	1	0.11	0.56	0.97	0.00	0.67
41	红叶藤 *Rourea minor*	1	0.11	0.56	0.97	0.00	0.67

V-1-2 白桂木林 *Artocarpus hypargyreus* Alliance（群系）

白桂木林群系主要有2个群丛，乔木优势种主要有白桂木、鹅掌柴、翻白叶树、刨花润楠、山油柑、银柴、假柿木姜子；灌木层优势种主要有光叶紫玉盘、九节、刺果藤、山椒子、香港大沙叶、粗叶榕；草本层优势种主要有三叉蕨、半边旗、扇叶铁线蕨、海芋、山麦冬。主要分布在梧桐山、三洲田、马峦山、七娘山、内伶仃岛。

在白桂木+翻白叶树-光叶紫玉盘+九节-三叉蕨群丛（表3-48）中，乔木层优势种为白桂木和翻白叶树，重要值排名前2，次优势种为刨花润楠、假柿木姜子和常绿臭椿，重要值排名前6，有较多成熟老树个体，伴生乔木有假苹婆、亮叶猴耳环、潺槁、破布叶、短序润楠、浙江润楠、白楸、白桐树等；灌木层优势种为光叶紫玉盘，重要值排名第3，为大型木质藤本，整体高度在2～4 m，伴生灌木有九节、刺果藤、龙须藤、香港大沙叶、广州山柑、白藤、紫玉盘、山椒子、鲫鱼胆、枇杷叶紫珠等；草本层以三叉蕨占优势种，盖度约20%，伴生有海芋、华山姜、半边旗、乌敛莓、薇甘菊、淡竹叶、弓果黍等。

表3-48　白桂木+翻白叶树-光叶紫玉盘+九节-三叉蕨群丛（NLD-S14）乔灌层重要值分析

序号	种名	株数	相对多度 RA	相对频度 RF	物种胸面积和/cm²	相对显著度 RD	重要值 IV
1	白桂木 *Artocarpus hypargyreus*	21	3.34	4.27	9353.49	22.82	30.43
2	翻白叶树 *Pterospermum heterophyllum*	56	8.90	2.44	6985.21	17.04	28.38
3	光叶紫玉盘 *Uvaria boniana*	57	9.06	5.49	1600.40	3.90	18.45
4	刨花润楠 *Machilus pauhoi*	12	1.91	3.05	4860.93	11.86	16.82
5	假柿木姜子 *Litsea monopetala*	24	3.82	3.66	3765.09	9.19	16.66
6	常绿臭椿 *Ailanthus fordii*	20	3.18	3.05	3743.42	9.13	15.36
7	九节 *Psychotria rubra*	62	9.86	4.27	405.90	0.99	15.12
8	刺果藤 *Byttneria aspera*	45	7.15	6.71	155.38	0.38	14.24
9	假苹婆 *Sterculia lanceolata*	32	5.09	1.83	2218.60	5.41	12.33

（续表）

序号	种名	株数	相对多度 RA	相对频度 RF	物种胸面积和/cm²	相对显著度 RD	重要值 IV
10	亮叶猴耳环 *Archidendron lucidum*	35	5.56	6.10	245.00	0.60	12.26
11	潺槁 *Litsea glutinosa*	24	3.82	4.27	1470.02	3.59	11.67
12	破布叶 *Microcos paniculata*	19	3.02	4.88	543.69	1.33	9.23
13	龙须藤 *Bauhinia championii*	21	3.34	4.27	98.93	0.24	7.85
14	短序润楠 *Machilus breviflora*	5	0.79	1.22	2155.14	5.26	7.27
15	浙江润楠 *Machilus chekiangensis*	19	3.02	1.83	920.69	2.25	7.10
16	尖叶清风藤 *Sabia swinhoei*	13	2.07	3.66	19.50	0.05	5.77
17	香港大沙叶 *Pavetta hongkongensis*	13	2.07	2.44	147.00	0.36	4.86
18	广州山柑 *Capparis cantoniensis*	8	1.27	3.05	17.75	0.04	4.36
19	秤钩风 *Diploclisia affinis*	14	2.23	1.22	309.40	0.75	4.20
20	鲫鱼胆 *Maesa perlarius*	10	1.59	2.44	25.82	0.06	4.09
21	白藤 *Calamus tetradactylus*	9	1.43	2.44	43.53	0.11	3.98
22	紫玉盘 *Uvaria macrophylla*	12	1.91	1.22	150.64	0.37	3.49
23	秋枫 *Bischofia javanica*	2	0.32	1.22	688.58	1.68	3.22
24	山椒子 *Uvaria grandiflora*	11	1.75	1.22	28.23	0.07	3.04
25	血桐 *Macaranga tanarius*	3	0.48	1.83	95.83	0.23	2.54
26	白楸 *Mallotus paniculatus*	4	0.64	0.61	451.70	1.10	2.35
27	紫麻 *Oreocnide frutescens*	4	0.64	1.22	14.00	0.03	1.89
28	白桐树 *Claoxylon indicum*	4	0.64	1.22	13.81	0.03	1.89
29	飞龙掌血 *Toddalia asiatica*	4	0.64	1.22	0.72	0.00	1.86
30	枇杷叶紫珠 *Callicarpa kochiana*	6	0.95	0.61	25.31	0.06	1.63
31	鹅掌柴 *Schefflera heptaphylla*	2	0.32	1.22	14.32	0.03	1.57
32	银柴 *Aporosa dioica*	1	0.16	0.61	245.12	0.60	1.37
33	黄心树 *Machilus gamblei*	4	0.64	0.61	20.05	0.05	1.29
34	山柑藤 *Cansjera rheedii*	3	0.48	0.61	5.97	0.01	1.10
35	小花山小橘 *Glycosmis parviflora*	3	0.48	0.61	4.79	0.01	1.10
36	五月茶 *Antidesma bunius*	1	0.16	0.61	84.05	0.21	0.97
37	瓜馥木 *Fissistigma oldhamii*	2	0.32	0.61	10.19	0.02	0.95
38	荔枝 *Litchi chinensis*	1	0.16	0.61	24.37	0.06	0.83
39	山蒲桃 *Syzygium levinei*	1	0.16	0.61	19.12	0.05	0.82
40	球花脚骨脆 *Casearia glomerata*	1	0.16	0.61	1.61	0.00	0.77

V-1-3 假苹婆林 *Sterculia lanceolata* Alliance（群系）

假苹婆林群系主要有3个群丛，乔木层优势种主要有假苹婆、朴树、山油柑、鹅掌柴、银柴、假柿木姜子、红鳞蒲桃；灌木层优势种主要有柃叶连蕊茶、常绿荚蒾、鲫鱼胆、九节、梅叶冬青、两粤黄檀、罗伞树、锐尖山香圆；草本层优势种主要有黑桫椤、金毛狗、华南紫萁、溪边假毛蕨、唇柱苣苔、扇叶铁线蕨、石菖蒲、半边旗。主要分布在梧桐山、塘朗山、排牙山、田头山、七娘山、内伶仃岛。

在假苹婆+山油柑-常绿荚蒾+黑桫椤-唇柱苣苔群丛（表3-49）中，乔木层优势种为假苹婆和山油柑，重要值排名前2，次优势种为鼠刺和鹅掌柴，伴生乔木有水团花、水翁、爪哇脚骨脆、野漆、红鳞蒲桃、黄樟、木竹子、野柿等；灌木层优势种为黑桫椤和常绿荚蒾，高度为2.5～4 m，伴生灌木有谷木叶冬青、九节、香港算盘子、桃金娘、毛冬青、罗伞树、狗骨柴、大叶紫珠、疏花卫矛、白花苦灯笼等；草本层物种丰富，优势种为唇柱苣苔、金毛狗、华南紫萁等，总盖度达35%，伴生草本有阔鳞鳞毛蕨、草珊瑚、淡竹叶、黑桫椤、华山姜、蔓九节、山麦冬、石菖蒲、团叶鳞始蕨、乌毛蕨、石柑子、毛果珍珠茅等。

表3-49　假苹婆+山油柑-常绿荚蒾+黑桫椤-唇柱苣苔群丛（TTS-S02）乔灌层重要值分析

序号	种名	株数	相对多度 RA	相对频度 RF	物种胸面积和/cm^2	相对显著度 RD	重要值 IV
1	假苹婆 *Sterculia lanceolata*	57	19.45	7.29	3701.17	30.34	57.08
2	山油柑 *Acronychia pedunculata*	36	12.29	5.21	1604.28	13.15	30.64
3	黑桫椤 *Alsophila podophylla*	28	9.56	5.21	1118.54	9.17	23.93
4	鼠刺 *Itea chinensis*	32	10.92	5.21	909.25	7.45	23.58
5	鹅掌柴 *Schefflera heptaphylla*	14	4.78	5.21	1237.23	10.14	20.13
6	常绿荚蒾 *Viburnum sempervirens*	20	6.83	7.29	165.36	1.36	15.47
7	水团花 *Adina pilulifera*	14	4.78	7.29	265.51	2.18	14.25
8	水翁蒲桃 *Syzygium nervosum*	4	1.37	4.17	486.97	3.99	9.52
9	谷木叶冬青 *Ilex memecylifolia*	5	1.71	2.08	443.88	3.64	7.43
10	胭脂 *Artocarpus tonkinensis*	3	1.02	2.08	453.99	3.72	6.83
11	九节 *Psychotria rubra*	12	4.10	1.04	110.53	0.91	6.04
12	粗毛野桐 *Mallotus hookerianus*	8	2.73	2.08	146.70	1.20	6.02
13	爪哇脚骨脆 *Casearia velutina*	4	1.37	3.13	122.07	1.00	5.49
14	香港算盘子 *Glochidion hongkongense*	4	1.37	2.08	140.79	1.15	4.60
15	木竹子 *Garcinia multiflora*	2	0.68	1.04	347.04	2.84	4.57
16	黄牛木 *Cratoxylum cochinchinense*	2	0.68	2.08	143.32	1.17	3.94
17	野漆 *Toxicodencron succedanea*	3	1.02	1.04	199.26	1.63	3.70
18	柿 *Diospyros kaki*	3	1.02	2.08	24.35	0.20	3.31
19	红鳞蒲桃 *Syzygium hancei*	2	0.68	2.08	10.82	0.09	2.85
20	桃金娘 *Rhodomyrtus tomentosa*	2	0.68	2.08	9.95	0.08	2.85
21	锐尖山香圆 *Turpinia arguta*	2	0.68	2.08	7.08	0.06	2.82
22	黄樟 *Cinnamomum parthenoxylon*	1	0.34	1.04	161.14	1.32	2.70
23	罗伞树 *Ardisia quinquegona*	2	0.68	1.04	73.85	0.61	2.33
24	变叶榕 *Ficus variolosa*	2	0.68	1.04	60.88	0.50	2.22
25	毛冬青 *Ilex pubescens*	3	1.02	1.04	15.52	0.13	2.19
26	野牡丹 *Melastoma candidum*	3	1.02	1.04	15.36	0.13	2.19
27	狗骨柴 *Diplospora dubia*	2	0.68	1.04	30.88	0.25	1.98
28	厚壳树 *Ehretia thyrsiflora*	2	0.68	1.04	17.59	0.14	1.87
29	大叶紫珠 *Callicarpa macrophylla*	2	0.68	1.04	3.98	0.03	1.76
30	白花油麻藤 *Mucuna birdwoodiana*	1	0.34	1.04	17.90	0.15	1.53
31	日本五月茶 *Antidesma japonicum*	1	0.34	1.04	13.45	0.11	1.49

（续表）

序号	种名	株数	相对多度 RA	相对频度 RF	物种胸面积和/cm^2	相对显著度 RD	重要值 IV
32	乌材 *Diospyros eriantha*	1	0.34	1.04	11.46	0.09	1.48
33	毛果算盘子 *Glochidion eriocarpum*	1	0.34	1.04	7.96	0.07	1.45
34	杨桐 *Adinandra millettii*	1	0.34	1.04	7.96	0.07	1.45
35	白花苦灯笼 *Tarenna mollissima*	1	0.34	1.04	4.48	0.04	1.42
36	金樱子 *Rosa laevigata*	1	0.34	1.04	4.48	0.04	1.42
37	假鱼骨木 *Psydrax dicocca*	1	0.34	1.04	3.90	0.03	1.41
38	疏花卫矛 *Euonymus laxiflorus*	1	0.34	1.04	3.90	0.03	1.41
39	水同木 *Ficus fistulosa*	1	0.34	1.04	3.90	0.03	1.41
40	樟 *Cinnamomum camphora*	1	0.34	1.04	3.90	0.03	1.41
41	光叶海桐 *Pittosporum glabratum*	1	0.34	1.04	3.36	0.03	1.41
42	薄叶红厚壳 *Calophyllum membranaceum*	1	0.34	1.04	2.86	0.02	1.41
43	毛果巴豆 *Croton lachnocarpus*	1	0.34	1.04	2.86	0.02	1.41
44	石斑木 *Raphiolepis indica*	1	0.34	1.04	2.86	0.02	1.41
45	岗松 *Baeckea frutescens*	1	0.34	1.04	1.99	0.02	1.40
46	细轴荛花 *Wikstroemia nutans*	1	0.34	1.04	1.99	0.02	1.40
47	小花山小橘 *Glycosmis parviflora*	1	0.34	1.04	1.99	0.02	1.40

V-1-4岭南山竹子林 *Garcinia oblongifolia* Alliance（群系）

岭南山竹子林群系有1个群丛，为岭南山竹子+簕杉-艾胶算盘子-山椒子群丛。乔木层优势种为岭南山竹子、簕柊、鹅掌柴，常伴生有黧蒴、银柴、山油柑、革叶铁榄、两广梭罗、鼠刺；灌木层优势种为艾胶算盘子、香楠，常伴生有赤楠、细齿叶柃、豺皮樟、毛冬青、狗骨柴、粗叶木、罗浮买麻藤等；草本层以山椒子、假鹰爪占优势种，主要草本有黑莎草、剑叶鳞始蕨、扇叶铁线蕨、海金沙、山菅兰等。该群丛主要分布在低海拔沟谷区域，成片面积不大，主要分布在银湖山、清林径水库、梧桐山、马峦山、排牙山、七娘山。

V-1-5龙眼林 *Dimocarpus longan* Alliance（群系）

龙眼林群系有1个群丛，在龙眼+破布叶+山蒲桃-九节+山椒子-杯苋群丛（表3-50）中，乔木优势种为破布叶、龙眼、山蒲桃，重要值排名前3，其中破布叶种群数量209株，占主要优势，伴生乔木有榕树、银柴、潺槁、白桂木、鹅掌柴等；灌木层物种丰富，优势种为九节、山椒子，重要值排名前6，其他灌木有朱砂根、山石榴、白藤、酒饼簕、香港大沙叶等，有较多木质藤本，如假鹰爪、紫玉盘、飞龙掌血、两面针、青江藤；草本层优势种为杯苋，伴生有海金沙、海芋、山麦冬等。荔枝、龙眼在深圳各山地低海拔地区有广泛种植。

表3-50 龙眼+破布叶+山蒲桃-九节+山椒子-杯苋群丛（NLD-S13）乔灌层重要值分析

序号	种名	株数	相对多度 RA	相对频度 RF	物种胸面积和/cm^2	相对显著度 RD	重要值 IV
1	破布叶 *Microcos paniculata*	209	24.97	6.91	16241.62	36.45	68.33
2	龙眼 *Dimocarpus longan*	41	4.90	4.61	7740.04	17.37	26.88
3	山蒲桃 *Syzygium levinei*	31	3.70	6.45	7015.41	15.74	25.90
4	榕树 *Ficus microcarpa*	7	0.84	0.46	6654.51	14.93	16.23

（续表）

序号	种名	株数	相对多度 RA	相对频度 RF	物种胸面积和/cm^2	相对显著度 RD	重要值 IV
5	九节 *Psychotria rubra*	75	8.96	6.91	90.28	0.20	16.08
6	山椒子 *Uvaria grandiflora*	54	6.45	5.53	710.73	1.60	13.58
7	假鹰爪 *Desmos chinensis*	41	4.90	4.15	47.67	0.11	9.15
8	朱砂根 *Ardisia crenata*	44	5.26	3.69	12.22	0.03	8.97
9	紫玉盘 *Uvaria macrophylla*	36	4.30	3.69	221.03	0.50	8.48
10	两面针 *Zanthoxylum nitidum*	33	3.94	4.15	91.87	0.21	8.30
11	白藤 *Calamus tetradactylus*	30	3.58	4.61	3.32	0.01	8.20
12	银柴 *Aporosa dioica*	22	2.63	3.69	357.48	0.80	7.12
13	青江藤 *Celastrus hindsii*	20	2.39	4.61	42.32	0.09	7.09
14	江边刺葵 *Phoenix roebelenii*	4	0.48	1.38	2145.33	4.81	6.68
15	山石榴 *Catunaregam spinosa*	28	3.35	2.76	16.89	0.04	6.15
16	锡叶藤 *Tetracera asiatica*	23	2.75	3.23	35.51	0.08	6.05
17	酒饼簕 *Severinia buxifolia*	17	2.03	3.69	0.72	0.00	5.72
18	秧青 *Dalbergia assamica*	2	0.24	0.46	2208.83	4.96	5.66
19	飞龙掌血 *Toddalia asiatica*	17	2.03	3.23	88.39	0.20	5.46
20	山柑藤 *Cansjera rheedii*	9	1.08	2.76	5.87	0.01	3.85
21	亮叶鸡血藤 *Millettia nitida*	8	0.96	2.30	3.02	0.01	3.27
22	羊角拗 *Strophanthus divaricatus*	7	0.84	1.84	34.60	0.08	2.76
23	菝葜 *Smilax china*	6	0.72	1.84	0.95	0.00	2.56
24	潺槁 *Litsea glutinosa*	5	0.60	1.84	2.23	0.01	2.45
25	华南忍冬 *Lonicera confusa*	7	0.84	1.38	4.54	0.01	2.23
26	白桂木 *Artocarpus hypargyreus*	2	0.24	0.92	418.98	0.94	2.10
27	金柑 *Fortunella japonica*	9	1.08	0.92	0.18	0.00	2.00
28	鹅掌柴 *Schefflera heptaphylla*	6	0.72	0.92	10.82	0.02	1.66
29	簕欓 *Zanthoxylum avicennae*	2	0.24	0.92	223.53	0.50	1.66
30	香花鸡血藤 *Callerya dielsiana*	3	0.36	0.92	7.08	0.02	1.30
31	香港大沙叶 *Pavetta hongkongensis*	3	0.36	0.92	6.53	0.01	1.29
32	簕茜 *Benkara sinensis*	3	0.36	0.92	0.26	0.00	1.28
33	血桐 *Macaranga tanarius*	2	0.24	0.92	29.05	0.07	1.23
34	黄牛木 *Cratoxylum cochinchinense*	1	0.12	0.46	71.62	0.16	0.74
35	翻白叶树 *Pterospermum heterophyllum*	2	0.24	0.46	3.98	0.01	0.71
36	假苹婆 *Sterculia lanceolata*	2	0.24	0.46	2.55	0.01	0.71
37	罗浮买麻藤 *Gnetum lofuense*	1	0.12	0.46	5.09	0.01	0.59
38	对叶榕 *Ficus hispida*	1	0.12	0.46	0.72	0.00	0.58
39	广州山柑 *Capparis cantoniensis*	1	0.12	0.46	0.72	0.00	0.58
40	豺皮樟 *Litsea rotundifolia* var. *oblongifolia*	1	0.12	0.46	0.32	0.00	0.58
41	黑面神 *Breynia fruticosa*	1	0.12	0.46	0.08	0.00	0.58
42	尖山橙 *Melodinus fusiformis*	1	0.12	0.46	0.08	0.00	0.58

V-1-6 秋枫林*Bischofia javanica* Alliance（群系）

秋枫林群系有1个群丛，在秋枫+橄榄-红鳞蒲桃-板蓝群丛（表3-51）中，乔木层优势种为秋枫、橄榄，重要值排名前2，次优势种为华润楠、鹅掌柴，重要值排名前5，伴生种有假苹婆、青果榕、水东哥、短序润楠、阴香、乌檀等；灌木层优势种为红鳞蒲桃，重要值排名第3，整体高度约3.7 m，伴生灌木有大罗伞树、常山、茶、紫玉盘、梅叶冬青等；草本层优势种为板蓝，伴生有海芋、狮子尾、黑足鳞毛蕨等。主要分布在七娘山。

表3-51　秋枫+橄榄-红鳞蒲桃-板蓝群丛（QNS-S01）乔灌层重要值分析

序号	种名	株数	相对多度 RA	相对频度 RF	物种胸面积和/cm²	相对显著度 RD	重要值 IV
1	秋枫*Bischofia javanica*	5	4.95	4.55	4797.01	37.97	47.46
2	橄榄*Canarium album*	9	8.91	6.82	2916.14	23.08	38.81
3	红鳞蒲桃*Syzygium hancei*	18	17.82	9.09	210.98	1.67	28.58
4	华润楠*Machilus chinensis*	12	11.88	9.09	406.44	3.22	24.19
5	鹅掌柴*Schefflera heptaphylla*	4	3.96	4.55	1836.33	14.53	23.04
6	阴香*Cinnamomum burmannii*	8	7.92	9.09	209.31	1.66	18.67
7	水东哥*Saurauia tristyla*	6	5.94	9.09	208.11	1.65	16.68
8	杂色榕*Ficus variegata*	9	8.91	4.55	265.78	2.10	15.56
9	银柴*Aporosa dioica*	2	1.98	2.27	975.32	7.72	11.97
10	常山*Dichroa febrifuga*	5	4.95	6.82	24.56	0.19	11.96
11	短序润楠*Machilus breviflora*	3	2.97	4.55	22.52	0.18	7.69
12	乌檀*Nauclea officinalis*	2	1.98	2.27	241.44	1.91	6.16
13	假苹婆*Sterculia lanceolata*	2	1.98	2.27	183.98	1.46	5.71
14	大罗伞树*Ardisia hanceana*	1	0.99	2.27	286.48	2.27	5.53
15	茶*Camellia sinensis*	3	2.97	2.27	4.95	0.04	5.28
16	蒲桃*Syzygium jambos*	2	1.98	2.27	23.00	0.18	4.43
17	紫玉盘*Uvaria macrophylla*	2	1.98	2.27	8.99	0.07	4.32
18	梅叶冬青*Ilex asprella*	2	1.98	2.27	4.14	0.03	4.29
19	罗伞树*Ardisia quinquegona*	1	0.99	2.27	3.90	0.03	3.29
20	猴耳环*Archidendron clypearia*	1	0.99	2.27	1.99	0.02	3.28
21	水翁蒲桃*Syzygium nervosum*	1	0.99	2.27	1.27	0.01	3.27
22	黄毛五月茶*Antidesma fordii*	1	0.99	2.27	0.72	0.01	3.27
23	中华卫矛*Euonymus nitidus*	1	0.99	2.27	0.72	0.01	3.27
24	石岩枫*Mallotus repandus*	1	0.99	2.27	0.11	0.00	3.26

V-1-7 山蒲桃林*Syzygium levinei* Alliance（群系）

山蒲桃林群系有1个群丛，在山蒲桃+红鳞蒲桃-小果柿-刺头复叶耳蕨群丛（表3-52）中，乔木层优势种为山蒲桃和红鳞蒲桃，重要值排名前2，次优势种为短序润楠和滨海槭，重要值排名前5，伴生乔木有破布叶、鹅掌柴、假苹婆、山杜荆、翻白叶树、芳槁润楠、白桂木、大叶桂樱等；灌木层以小果柿占绝对优势种，重要值排名第3，种群数量达477株，其他伴生灌木有九节、紫珠、紫玉盘、鲫鱼胆等；草本层以刺头复叶耳蕨占优势，散生有半边旗、华山姜、三叉蕨、山麦冬、石柑子、蜘蛛抱蛋等。主要分布在内伶仃岛、梧桐山、田头山、排牙山、七娘山。

表3-52　山蒲桃+红鳞蒲桃-小果柿-刺头复叶耳蕨群丛（NLD-S11）乔灌层重要值分析

序号	种名	株数	相对多度 RA	相对频度 RF	物种胸面积和/cm^2	相对显著度 RD	重要值 IV
1	山蒲桃*Syzygium levinei*	183	9.69	1.32	16632.13	22.66	33.67
2	红鳞蒲桃*Syzygium hancei*	155	8.21	1.32	16293.26	22.20	31.72
3	小果柿*Diospyros vaccinioides*	477	25.26	1.32	2504.37	3.41	29.99
4	短序润楠*Machilus breviflora*	108	5.72	1.32	5775.90	7.87	14.91
5	滨海槭*Acer sino-oblongum*	66	3.50	1.32	3748.00	5.11	9.92
6	江边刺葵*Phoenix roebelenii*	13	0.69	1.32	5690.98	7.75	9.76
7	九节*Psychotria rubra*	126	6.67	1.32	469.11	0.64	8.63
8	刺葵*Phoenix hanceana*	17	0.90	1.32	4523.82	6.16	8.38
9	山牡荆*Vitex quinata*	24	1.27	1.32	2658.72	3.62	6.21
10	翻白叶树*Pterospermum heterophyllum*	32	1.69	1.32	1994.99	2.72	5.73
11	轮叶木姜子*Litsea verticillata*	65	3.44	1.32	371.74	0.51	5.27
12	笔管榕*Ficus subpisocarpa*	6	0.32	1.32	2346.58	3.20	4.83
13	假苹婆*Sterculia lanceolata*	29	1.54	1.32	1428.48	1.95	4.80
14	广州山柑*Capparis cantoniensis*	56	2.97	1.32	95.41	0.13	4.41
15	黄心树*Machilus gamblei*	15	0.79	1.32	1669.93	2.28	4.39
16	潺槁*Litsea glutinosa*	29	1.54	1.32	1014.60	1.38	4.23
17	破布叶*Microcos paniculata*	33	1.75	1.32	761.60	1.04	4.10
18	野漆*Toxicodencron succedanea*	4	0.21	2.64	684.05	0.93	3.78
19	小花山小橘*Glycosmis parviflora*	37	1.96	1.32	68.08	0.09	3.37
20	白桂木*Artocarpus hypargyreus*	7	0.37	1.32	1073.86	1.46	3.15
21	大叶紫珠*Callicarpa macrophylla*	24	1.27	1.32	243.41	0.33	2.92
22	紫玉盘*Uvaria macrophylla*	26	1.38	1.32	129.23	0.18	2.87
23	鹅掌柴*Schefflera heptaphylla*	26	1.38	1.32	127.91	0.17	2.87
24	天料木*Homalium cochinchinense*	25	1.32	1.32	88.77	0.12	2.76
25	大叶桂樱*Laurocerasus zippeliana*	23	1.22	1.32	27.86	0.04	2.57
26	刺果藤*Byttneria aspera*	22	1.17	1.32	28.67	0.04	2.52
27	羊角拗*Strophanthus divaricatus*	18	0.95	1.32	134.61	0.18	2.45
28	长尾毛蕊茶*Camellia caudata*	13	0.69	1.32	238.31	0.32	2.33
29	三桠苦*Melicope pteleifolia*	13	0.69	1.32	124.54	0.17	2.17
30	光叶紫玉盘*Uvaria boniana*	14	0.74	1.32	61.53	0.08	2.14
31	鲫鱼胆*Maesa perlarius*	14	0.74	1.32	42.69	0.06	2.12
32	银柴*Aporosa dioica*	8	0.42	1.32	259.54	0.35	2.09
33	常绿臭椿*Ailanthus fordii*	7	0.37	1.32	285.21	0.39	2.08

（续表）

序号	种名	株数	相对多度 RA	相对频度 RF	物种胸面积和/cm^2	相对显著度 RD	重要值 IV
34	白藤*Calamus tetradactylus*	14	0.74	1.32	4.14	0.01	2.06
35	黄樟*Cinnamomum parthenoxylon*	9	0.48	1.32	163.87	0.22	2.02
36	扶芳藤*Euonymus fortunei*	11	0.58	1.32	45.02	0.06	1.96
37	簕欓*Zanthoxylum avicennae*	5	0.26	1.32	270.90	0.37	1.95
38	五月茶*Antidesma bunius*	4	0.21	1.32	279.04	0.38	1.91
39	假鹰爪*Desmos chinensis*	10	0.53	1.32	29.36	0.04	1.89
40	厚壳桂*Cryptocarya chinensis*	8	0.42	1.32	64.80	0.09	1.83
41	裸花紫珠*Callicarpa nudiflora*	5	0.26	1.32	164.17	0.22	1.80
42	中华卫矛*Euonymus nitidus*	6	0.32	1.32	122.99	0.17	1.80
43	球花脚骨脆*Casearia glomerata*	7	0.37	1.32	48.56	0.07	1.75
44	香港大沙叶*Pavetta hongkongensis*	7	0.37	1.32	21.63	0.03	1.72
45	白桐树*Claoxylon indicum*	4	0.21	1.32	137.35	0.19	1.71
46	猴耳环*Archidendron clypearia*	7	0.37	1.32	7.66	0.01	1.70
47	亮叶猴耳环*Archidendron lucidum*	7	0.37	1.32	2.49	0.00	1.69
48	白楸*Mallotus paniculatus*	6	0.32	1.32	14.58	0.02	1.65
49	山椒子*Uvaria grandiflora*	6	0.32	1.32	10.50	0.01	1.65
50	酒饼簕*Severinia buxifolia*	5	0.26	1.32	19.34	0.03	1.61
51	薄叶猴耳环*Archidendron utile*	3	0.16	1.32	82.36	0.11	1.59
52	青江藤*Celastrus hindsii*	5	0.26	1.32	2.31	0.00	1.58
53	豺皮樟*Litsea rotundifolia* var. *oblongifolia*	4	0.21	1.32	36.80	0.05	1.58
54	八角枫*Alangium chinense*	2	0.11	1.32	109.92	0.15	1.57
55	珊瑚树*Viburnum odoratissimum*	3	0.16	1.32	69.15	0.09	1.57
56	网脉琼楠*Beilschmiedia tsangii*	4	0.21	1.32	24.53	0.03	1.56
57	玉叶金花*Mussaenda pubescens*	4	0.21	1.32	1.48	0.00	1.53
58	枇杷叶紫珠*Callicarpa kochiana*	2	0.11	1.32	41.46	0.06	1.48
59	黑面神*Breynia fruticosa*	3	0.16	1.32	2.25	0.00	1.48
60	亮叶鸡血藤*Millettia nitida*	3	0.16	1.32	1.69	0.00	1.48
61	白背叶*Mallotus apelta*	2	0.11	1.32	4.34	0.01	1.43
62	紫麻*Oreocnide frutescens*	2	0.11	1.32	0.72	0.00	1.42
63	飞龙掌血*Toddalia asiatica*	2	0.11	1.32	0.02	0.00	1.42
64	光叶山黄麻*Trema cannabina*	1	0.05	1.32	9.63	0.01	1.38
65	黄毛楤木*Aralia decaisneana*	1	0.05	1.32	5.75	0.01	1.38
66	瓜馥木*Fissistigma oldhamii*	1	0.05	1.32	0.32	0.00	1.37
67	牛耳枫*Daphniphyllum calycinum*	1	0.05	1.32	0.32	0.00	1.37

V-1-8 水东哥林*Saurauia tristyla* Alliance（群系）

水东哥林群系有1个群丛，在水东哥+菩提树+浙江润楠-细齿叶柃-金毛狗群丛（表3-53）中，乔木优势种为水东哥、菩提树、浙江润楠，重要值排名前3，以水东哥占主要优势，种群数量较大，其他伴生乔木有黄檀、银柴、山油柑、假苹婆等；灌木层优势种为细齿叶柃，重要值排名第5，其他灌木有毛冬青、紫玉盘、变叶榕、栀子、罗伞树；草本层优势种为金毛狗，伴生有草珊瑚、乌毛蕨、山菅兰、艳山姜。主要分布在阳台山、仙湖。

表3-53　水东哥+菩提树+浙江润楠-细齿叶柃-金毛狗群丛（XH-S04）乔灌层重要值分析

序号	种名	株数	相对多度 RA	相对频度 RF	物种胸面积和/cm^2	相对显著度 RD	重要值 IV
1	水东哥*Saurauia tristyla*	22	22.68	11.76	3624.28	33.21	67.65
2	菩提树*Ficus religiosa*	8	8.25	14.71	2026.22	18.56	41.52
3	浙江润楠*Machilus chekiangensis*	7	7.22	2.94	2352.17	21.55	31.71
4	黄檀*Dalbergia hupeana*	8	8.25	2.94	544.79	4.99	16.18
5	细齿叶柃*Eurya nitida*	4	4.12	8.82	19.06	0.17	13.12
6	银柴*Aporosa dioica*	4	4.12	5.88	34.56	0.32	10.32
7	毛冬青*Ilex pubescens*	4	4.12	5.88	23.67	0.22	10.22
8	南蛇藤*Celastrus orbiculatus*	1	1.03	2.94	535.08	4.90	8.87
9	紫玉盘*Uvaria macrophylla*	2	2.06	5.88	12.49	0.11	8.06
10	香花鸡血藤*Callerya dielsiana*	1	1.03	2.94	424.07	3.89	7.86
11	山油柑*Acronychia pedunculata*	4	4.12	2.94	81.74	0.75	7.81
12	山香圆*Turpinia montana*	3	3.09	2.94	95.65	0.88	6.91
13	变叶榕*Ficus variolosa*	3	3.09	2.94	19.58	0.18	6.21
14	假苹婆*Sterculia lanceolata*	1	1.03	2.94	97.48	0.89	4.87
15	红叶藤*Rourea minor*	1	1.03	2.94	53.79	0.49	4.46
16	栀子*Gardenia jasminoides*	1	1.03	2.94	2.86	0.03	4.00
17	酸藤子*Embelia laeta*	1	1.03	2.94	1.99	0.02	3.99
18	罗伞树*Ardisia quinquegona*	1	1.03	2.94	1.61	0.01	3.99

V-1-9 水翁蒲桃林*Syzygium nervosum* Alliance（群系）

水翁蒲桃林群系主要有2个群丛，乔木优势种主要有水翁蒲桃、阴香、假苹婆、鹅掌柴；灌木层优势种主要有野蕉、桫椤、对叶榕、艾胶算盘子、九节；草本层优势种主要有露兜草、仙湖苏铁、黑桫椤等。主要分布在塘朗山、田头山、七娘山。

在水翁蒲桃+阴香+假苹婆-野蕉+桫椤-仙湖苏铁群丛（表3-54）中，乔木层上层优势种为水翁蒲桃，重要值排名第5，水翁蒲桃种群数量少，但以老树为主，在群落上层优势明显，伴生有楝叶吴茱萸、水东哥等，乔木下层优势种为阴香和假苹婆，重要值排名前4，伴生有枫香树、山乌桕、鹅掌柴、破布叶、蒲桃、银柴等；灌木层优势种为野蕉和桫椤，重要值排名前2，整体高度在2～5.5 m，伴生灌木有对叶榕、艾胶算盘子、鲫鱼胆、天料木、粗叶榕等；草本层特征种为仙湖苏铁，平均高度约2.2 m，其他低矮草本也比较丰富，盖度可达45%，主要有海芋、半边旗、薇甘菊、三裂叶野葛、牛轭草、剑叶耳草、华南毛蕨、傅氏凤尾蕨、草珊瑚等。

表3-54　水翁蒲桃+阴香+假苹婆-野蕉+桫椤-仙湖苏铁群丛（TLS-S02）乔灌层重要值分析

序号	种名	株数	相对多度 RA	相对频度 RF	物种胸面 积和/cm²	相对显著度 RD	重要值 IV
1	野蕉 *Musa balbisiana*	76	26.76	7.04	2455.36	9.62	43.42
2	桫椤 *Alsophila spinulosa*	66	23.24	8.45	2505.89	9.82	41.51
3	阴香 *Cinnamomum burmannii*	27	9.51	9.86	4558.83	17.86	37.22
4	假苹婆 *Sterculia lanceolata*	24	8.45	9.86	3117.69	12.21	30.52
5	水翁蒲桃 *Syzygium nervosum*	6	2.11	8.45	4155.77	16.28	26.84
6	水东哥 *Saurauia tristyla*	9	3.17	8.45	938.46	3.68	15.30
7	黑桫椤 *Alsophila podophylla*	23	8.10	4.23	466.88	1.83	14.15
8	枫香树 *Liquidambar formosana*	3	1.06	2.82	2592.95	10.16	14.03
9	仙湖苏铁 *Cycas fairylakea*	16	5.63	2.82	1224.30	4.80	13.25
10	对叶榕 *Ficus hispida*	8	2.82	7.04	642.19	2.52	12.37
11	楝叶吴萸 *Tetradium glabrifolium*	2	0.70	2.82	1286.29	5.04	8.56
12	破布叶 *Microcos paniculata*	3	1.06	4.23	231.81	0.91	6.19
13	山乌桕 *Sapium discolor*	3	1.06	4.23	170.14	0.67	5.95
14	艾胶算盘子 *Glochidion lanceolarium*	3	1.06	2.82	344.01	1.35	5.22
15	水团花 *Adina pilulifera*	2	0.70	2.82	302.08	1.18	4.70
16	鲫鱼胆 *Maesa perlarius*	4	1.41	2.82	78.62	0.31	4.53
17	银柴 *Aporosa dioica*	2	0.70	2.82	54.11	0.21	3.73
18	鹅掌柴 *Schefflera heptaphylla*	2	0.70	1.41	222.18	0.87	2.98
19	蒲桃 *Syzygium jambos*	1	0.35	1.41	121.04	0.47	2.23
20	柚 *Citrus maxima*	1	0.35	1.41	45.84	0.18	1.94
21	山油柑 *Acronychia pedunculata*	1	0.35	1.41	13.45	0.05	1.81
22	天料木 *Homalium cochinchinense*	1	0.35	1.41	0.72	0.00	1.76

Ⅴ-1-10 臀果木林 *Pygeum topengii* Alliance（群系）

臀果木林群系有1个群丛，在臀果木+银柴+鹅掌柴-香港大沙叶+九节群丛（表3-55）中，乔木优势种为臀果木、银柴、鹅掌柴，重要值排名前3，臀果木以大树、老树为主，占主要优势，次生优势种有假苹婆，伴生乔木有绒毛润楠、土蜜树、刨花润楠、山油柑、黄果厚壳桂；灌木层优势种为香港大沙叶、九节、罗伞树，重要值排名前7，伴生灌木有香楠、毛冬青、紫玉盘、刺果藤等。主要分布在梧桐山、排牙山、七娘山。

表3-55　臀果木+银柴+鹅掌柴-香港大沙叶+九节群丛（PYS-S04）乔灌层重要值分析

序号	种名	株数	相对多度 RA	相对频度 RF	物种胸面 积和/cm²	相对显著度 RD	重要值 IV
1	臀果木 *Pygeum topengii*	28	16.09	9.84	9492.80	56.07	81.99
2	银柴 *Aporosa dioica*	40	22.99	9.84	2042.85	12.07	44.89
3	鹅掌柴 *Schefflera heptaphylla*	23	13.22	9.84	2713.83	16.03	39.08
4	假苹婆 *Sterculia lanceolata*	21	12.07	6.56	1159.21	6.85	25.47
5	香港大沙叶 *Pavetta hongkongensis*	5	2.87	6.56	133.53	0.79	10.22

（续表）

序号	种名	株数	相对多度 RA	相对频度 RF	物种胸面积和/cm²	相对显著度 RD	重要值 IV
6	九节 *Psychotria rubra*	5	2.87	4.92	68.74	0.41	8.20
7	罗伞树 *Ardisia quinquegona*	5	2.87	4.92	37.66	0.22	8.01
8	绒毛润楠 *Machilus velutina*	7	4.02	1.64	144.83	0.86	6.52
9	土蜜树 *Bridelia tomentosa*	7	4.02	1.64	125.41	0.74	6.40
10	香楠 *Aidia canthioides*	4	2.30	3.28	26.26	0.16	5.73
11	刨花润楠 *Machilus pauhoi*	1	0.57	1.64	496.64	2.93	5.15
12	毛冬青 *Ilex pubescens*	2	1.15	3.28	30.58	0.18	4.61
13	紫玉盘 *Uvaria macrophylla*	2	1.15	3.28	10.23	0.06	4.49
14	山油柑 *Acronychia pedunculata*	2	1.15	1.64	144.04	0.85	3.64
15	刺果藤 *Byttneria aspera*	2	1.15	1.64	46.00	0.27	3.06
16	乌材 *Diospyros eriantha*	2	1.15	1.64	43.29	0.26	3.04
17	黄果厚壳桂 *Cryptocarya concinna*	2	1.15	1.64	23.65	0.14	2.93
18	罗浮柿 *Diospyros morrisiana*	1	0.57	1.64	49.74	0.29	2.51
19	簕欓 *Zanthoxylum avicennae*	1	0.57	1.64	35.09	0.21	2.42
20	破布叶 *Microcos paniculata*	1	0.57	1.64	28.73	0.17	2.38
21	鼠刺 *Itea chinensis*	1	0.57	1.64	13.45	0.08	2.29
22	毛果算盘子 *Glochidion eriocarpum*	1	0.57	1.64	11.46	0.07	2.28
23	长尾毛蕊茶 *Camellia caudata*	1	0.57	1.64	9.63	0.06	2.27
24	小叶买麻藤 *Gnetum parvifolium*	1	0.57	1.64	7.18	0.04	2.26
25	毛菍 *Melastoma sanguineum*	1	0.57	1.64	5.75	0.03	2.25
26	假鹰爪 *Desmos chinensis*	1	0.57	1.64	5.09	0.03	2.24
27	肖蒲桃 *Acmena acuminatissima*	1	0.57	1.64	5.09	0.03	2.24
28	栀子 *Gardenia jasminoides*	1	0.57	1.64	5.09	0.03	2.24
29	鹰爪花 *Artabotrys hexapetalus*	1	0.57	1.64	4.48	0.03	2.24
30	藤黄檀 *Dalbergia hancei*	1	0.57	1.64	3.90	0.02	2.24
31	光叶紫玉盘 *Uvaria boniana*	1	0.57	1.64	2.86	0.02	2.23
32	狗骨柴 *Diplospora dubia*	1	0.57	1.64	2.41	0.01	2.23
33	变叶榕 *Ficus variolosa*	1	0.57	1.64	1.99	0.01	2.23

V-1-11 香蒲桃林 *Syzygium odoratum* Alliance（群系）

香蒲桃林群系有1个群丛，在香蒲桃-黑叶谷木-淡竹叶群丛（表3-56）中，香蒲桃为群落建群种，重要值排名第1，种群数量远高于其他物种，乔木层优势种为银柴，重要值排名第2，种群数量也较多，伴生有薄叶润楠、木竹子、榕叶冬青等；灌木层优势种为黑叶谷木，伴生灌木有九节、构棘、紫玉盘、狗骨柴等；草本层优势种为淡竹叶，伴生有沿阶草、中华薹草、香港带唇兰。主要分布在大鹏半岛。

表3-56 香蒲桃-黑叶谷木-淡竹叶群丛（DP-S03）乔灌层重要值分析

序号	种名	株数	相对多度 RA	相对频度 RF	物种胸面积和/cm²	相对显著度 RD	重要值 IV
1	香蒲桃*Syzygium odoratum*	249	50.92	25.40	35072.28	79.12	155.44
2	银柴*Aporosa dioica*	190	38.85	25.40	8008.16	18.07	82.32
3	薄叶润楠*Machilus leptophylla*	13	2.66	14.29	776.04	1.75	18.69
4	黑叶谷木*Memecylon nigrescens*	14	2.86	7.94	162.74	0.37	11.17
5	九节*Psychotria rubra*	5	1.02	6.35	27.14	0.06	7.43
6	构棘*Maclura cochinchinensis*	5	1.02	3.17	108.38	0.24	4.44
7	木竹子*Garcinia multiflora*	2	0.41	3.17	161.46	0.36	3.95
8	络石*Trachelospermum jasminoides*	2	0.41	3.17	0.00	0.00	3.58
9	紫玉盘*Uvaria macrophylla*	3	0.61	1.59	8.04	0.02	2.22
10	狗骨柴*Diplospora dubia*	1	0.20	1.59	2.86	0.01	1.80
11	朱砂根*Ardisia crenata*	1	0.20	1.59	0.72	0.00	1.79
12	榕叶冬青*Ilex ficoidea*	1	0.20	1.59	0.32	0.00	1.79
13	牛眼马钱*Strychnos angustiflora*	1	0.20	1.59	0.32	0.00	1.79
14	蒲桃*Syzygium jambos*	1	0.20	1.59	0.32	0.00	1.79

Ⅴ-1-12 银柴林*Aporosa dioica* Alliance（群系）

银柴林群系主要有2个群丛，乔木优势种主要有银柴、土沉香、山油柑、鹅掌柴；灌木层优势种主要有九节、梅叶冬青、毛冬青、豺皮樟；草本层优势种主要有草珊瑚、金毛狗。主要分布在塘朗山、阳台山、银湖山、梧桐山、马峦山、田头山、大鹏半岛。

在银柴+土沉香-九节-草珊瑚群丛（表3-57）中，乔木层优势种为银柴和土沉香，重要值排名前3，种群数量较多，伴生乔木有木荷、短序润楠、枫香树、簕欓、鹅掌柴、黄牛木、破布叶、杉木、山油柑、假苹婆等；灌木层以九节占绝对优势种，重要值排名第1，种群数量达125株，伴生灌木有毛冬青、豺皮樟、梅叶冬青、粗叶榕、紫玉盘、三桠苦、毛果算盘子、黑面神、细齿叶柃、石斑木、锡叶藤、香花鸡血藤等；草本层以草珊瑚占优势，伴生有半边旗、海金沙、黑莎草、山麦冬、扇叶铁线蕨、艳山姜等。

表3-57 银柴+土沉香-九节-草珊瑚群丛（XH-S05）乔灌层重要值分析

序号	种名	株数	相对多度 RA	相对频度 RF	物种胸面积和/cm²	相对显著度 RD	重要值 IV
1	九节*Psychotria rubra*	125	31.25	8.96	1284.30	6.98	47.19
2	银柴*Aporosa dioica*	39	9.75	8.21	2198.51	11.96	29.92
3	土沉香*Aquilaria sinensis*	28	7.00	6.72	1997.80	10.86	24.58
4	木荷*Schima superba*	5	1.25	0.75	2280.07	12.40	14.40
5	枫香树*Liquidambar formosana*	8	2.00	3.73	1539.05	8.37	14.10
6	短序润楠*Machilus breviflora*	5	1.25	2.24	1610.57	8.76	12.25
7	毛冬青*Ilex pubescens*	23	5.75	4.48	140.55	0.76	10.99
8	豺皮樟*Litsea rotundifolia* var. *oblongifolia*	19	4.75	5.22	172.13	0.94	10.91
9	簕欓*Zanthoxylum avicennae*	7	1.75	2.99	1006.73	5.47	10.21
10	鹅掌柴*Schefflera heptaphylla*	7	1.75	4.48	605.31	3.29	9.52

（续表）

序号	种名	株数	相对多度 RA	相对频度 RF	物种胸面积和/cm^2	相对显著度 RD	重要值 IV
11	黄牛木 *Cratoxylum cochinchinense*	8	2.00	2.99	737.05	4.01	8.99
12	破布叶 *Microcos paniculata*	10	2.50	2.24	764.78	4.16	8.90
13	杉木 *Cunninghamia lanceolata*	9	2.25	2.24	784.70	4.27	8.76
14	榕树 *Ficus microcarpa*	2	0.50	1.49	956.28	5.20	7.19
15	梅叶冬青 *Ilex asprella*	15	3.75	2.24	184.46	1.00	6.99
16	粗叶榕 *Ficus hirta*	8	2.00	2.99	268.41	1.46	6.44
17	山油柑 *Acronychia pedunculata*	3	0.75	1.49	487.03	2.65	4.89
18	山香圆 *Turpinia montana*	5	1.25	1.49	346.66	1.89	4.63
19	三桠苦 *Melicope pteleifolia*	5	1.25	2.24	157.80	0.86	4.35
20	紫玉盘 *Uvaria macrophylla*	5	1.25	2.24	49.38	0.27	3.76
21	铁冬青 *Ilex rotunda*	4	1.00	1.49	215.29	1.17	3.66
22	假苹婆 *Sterculia lanceolata*	3	0.75	2.24	70.17	0.38	3.37
23	香花鸡血藤 *Callerya dielsiana*	3	0.75	2.24	24.42	0.13	3.12
24	毛果算盘子 *Glochidion eriocarpum*	5	1.25	1.49	24.37	0.13	2.88
25	细齿叶柃 *Eurya nitida*	3	0.75	1.49	26.86	0.15	2.39
26	罗浮买麻藤 *Gnetum lofuense*	2	0.50	1.49	50.05	0.27	2.26
27	酸藤子 *Embelia laeta*	2	0.50	1.49	46.55	0.25	2.25
28	黑面神 *Breynia fruticosa*	2	0.50	1.49	30.58	0.17	2.16
29	对叶榕 *Ficus hispida*	2	0.50	1.49	2.71	0.01	2.01
30	小叶买麻藤 *Gnetum parvifolium*	2	0.50	0.75	83.80	0.46	1.70
31	猴耳环 *Archidendron clypearia*	1	0.25	0.75	108.94	0.59	1.59
32	鼠刺 *Itea chinensis*	3	0.75	0.75	4.31	0.02	1.52
33	水石榕 *Elaeocarpus hainanensis*	2	0.50	0.75	12.05	0.07	1.31
34	白背算盘子 *Glochidion wrightii*	1	0.25	0.75	51.75	0.28	1.28
35	野漆 *Toxicodencron succedanea*	1	0.25	0.75	45.84	0.25	1.25
36	石斑木 *Raphiolepis indica*	1	0.25	0.75	6.74	0.04	1.03
37	红叶藤 *Rourea minor*	1	0.25	0.75	3.57	0.02	1.02
38	香港算盘子 *Glochidion hongkongense*	1	0.25	0.75	2.86	0.02	1.01
39	岭南山竹子 *Garcinia oblongifolia*	1	0.25	0.75	1.27	0.01	1.00
40	酒饼簕 *Severinia buxifolia*	1	0.25	0.75	0.97	0.01	1.00
41	白花灯笼 *Clerodendrum fortunatum*	1	0.25	0.75	0.72	0.00	1.00
42	红鳞蒲桃 *Syzygium hancei*	1	0.25	0.75	0.18	0.00	1.00
43	八角枫 *Alangium chinense*	1	0.25	0.75	0.08	0.00	1.00

V-1-13 山油柑林 *Acronychia pedunculata* Alliance（群系）

山油柑林群系主要有5个群丛，乔木优势种主要有山油柑、鹅掌柴、黄牛木、革叶铁榄、岭南山竹子、罗浮柿、黧蒴等；灌木层优势种主要有香楠、豺皮樟、三桠苦、毛菍、桃金娘、野牡丹；草本层优势种主要有扇叶铁线蕨、海金沙。主要分布在内伶仃岛、小南山公园、塘朗山、阳台山、梧桐山、三洲田、马峦山、田头山、大鹏半岛。

在山油柑+黏木+革叶铁榄-豺皮樟-扇叶铁线蕨群丛（表3-58）中，乔木层优势种为山油柑、黏木和革叶铁榄，重要值排名前3，整体高度在5～10 m，伴生乔木有岭南山竹子、密花树、蕈树、水翁、鹅掌柴、野漆、假苹婆、白桂木、红鳞蒲桃等；灌木层优势种为豺皮樟，重要值排名第5，整体高度为2.5～4.5 m，伴生灌木有毛冬青、香楠、台湾榕、桃金娘、狗骨柴、毛茶、变叶榕、薄叶红厚壳等；草本层以扇叶铁线蕨占优势种，伴生有越南叶下珠、毛果珍珠茅、小叶海金沙、剑叶鳞始蕨、蔓九节、黑莎草、芒萁等。

表3-58 山油柑+黏木+革叶铁榄-豺皮樟-扇叶铁线蕨群丛（SZT-S14）乔灌层重要值分析

序号	种名	株数	相对多度 RA	相对频度 RF	物种胸面积和/cm²	相对显著度 RD	重要值 IV
1	山油柑 *Acronychia pedunculata*	64	15.88	7.97	3424.80	19.27	43.12
2	黏木 *Ixonanthes chinensis*	35	8.68	5.80	4054.13	22.81	37.29
3	革叶铁榄 *Sinosideroxylon wightianum*	44	10.92	8.70	1957.21	11.01	30.63
4	岭南山竹子 *Garcinia oblongifolia*	18	4.47	5.07	1645.03	9.26	18.79
5	豺皮樟 *Litsea rotundifolia* var. *oblongifolia*	36	8.93	4.35	371.33	2.09	15.37
6	鹅掌柴 *Schefflera heptaphylla*	16	3.97	4.35	1038.82	5.85	14.16
7	密花树 *Myrsine sequinii*	14	3.47	3.62	503.11	2.83	9.93
8	木竹子 *Garcinia multiflora*	8	1.99	2.90	773.41	4.35	9.24
9	毛冬青 *Ilex pubescens*	17	4.22	4.35	86.38	0.49	9.05
10	香楠 *Aidia canthioides*	20	4.96	2.90	153.62	0.86	8.73
11	假苹婆 *Sterculia lanceolata*	11	2.73	3.62	169.28	0.95	7.31
12	野漆 *Toxicodencron succedanea*	7	1.74	3.62	323.64	1.82	7.18
13	红鳞蒲桃 *Syzygium hancei*	14	3.47	2.17	209.37	1.18	6.83
14	台湾榕 *Ficus formosana*	12	2.98	2.90	156.77	0.88	6.76
15	绒毛润楠 *Machilus velutina*	10	2.48	1.45	441.26	2.48	6.41
16	白桂木 *Artocarpus hypargyreus*	5	1.24	2.90	339.80	1.91	6.05
17	黄牛木 *Cratoxylum cochinchinense*	6	1.49	2.17	194.57	1.09	4.76
18	水翁蒲桃 *Syzygium nervosum*	3	0.74	0.72	563.89	3.17	4.64
19	小叶青冈 *Cyclobalanopsis myrsinaefolia*	2	0.50	0.72	572.96	3.22	4.44
20	桃金娘 *Rhodomyrtus tomentosa*	5	1.24	2.17	16.93	0.10	3.51
21	毛茶 *Antirhea chinensis*	4	0.99	2.17	52.04	0.29	3.46
22	狗骨柴 *Diplospora dubia*	3	0.74	2.17	23.10	0.13	3.05
23	短序润楠 *Machilus breviflora*	4	0.99	1.45	71.46	0.40	2.84
24	簕欓 *Zanthoxylum avicennae*	2	0.50	1.45	45.28	0.25	2.20
25	蕈树 *Altingia chinensis*	1	0.25	0.72	215.18	1.21	2.18
26	变叶榕 *Ficus variolosa*	2	0.50	1.45	35.19	0.20	2.14
27	薄叶红厚壳 *Calophyllum membranaceum*	2	0.50	1.45	8.99	0.05	2.00
28	金柑 *Fortunella japonica*	2	0.50	1.45	3.60	0.02	1.97
29	篌竹 *Phyllostachys nidularia*	5	1.24	0.72	0.00	0.00	1.97

（续表）

序号	种名	株数	相对多度 RA	相对频度 RF	物种胸面积和/cm^2	相对显著度 RD	重要值 IV
30	黑面神 *Breynia fruticosa*	2	0.50	1.45	2.49	0.01	1.96
31	软荚红豆 *Ormosia semicastrata*	3	0.74	0.72	77.83	0.44	1.91
32	子凌蒲桃 *Syzygium championii*	4	0.99	0.72	15.60	0.09	1.80
33	栲 *Castanopsis fargesii*	1	0.25	0.72	127.32	0.72	1.69
34	常绿荚蒾 *Viburnum sempervirens*	3	0.74	0.72	5.97	0.03	1.50
35	矮冬青 *Ilex lohfauensis*	3	0.74	0.72	4.83	0.03	1.50
36	光叶山矾 *Symplocos lancifolia*	2	0.50	0.72	10.35	0.06	1.28
37	野牡丹 *Melastoma candidum*	2	0.50	0.72	3.98	0.02	1.24
38	水团花 *Adina pilulifera*	1	0.25	0.72	42.10	0.24	1.21
39	五列木 *Pentaphylax euryoides*	1	0.25	0.72	7.96	0.04	1.02
40	毛果巴豆 *Croton lachnocarpus*	1	0.25	0.72	3.90	0.02	0.99
41	毛菍 *Melastoma sanguineum*	1	0.25	0.72	3.36	0.02	0.99
42	栀子 *Gardenia jasminoides*	1	0.25	0.72	3.36	0.02	0.99
43	梅叶冬青 *Ilex asprella*	1	0.25	0.72	2.86	0.02	0.99
44	毛果算盘子 *Glochidion eriocarpum*	1	0.25	0.72	1.99	0.01	0.98
45	山鸡椒 *Litsea cubeba*	1	0.25	0.72	1.99	0.01	0.98
46	山牡荆 *Vitex quinata*	1	0.25	0.72	1.99	0.01	0.98
47	紫玉盘 *Uvaria macrophylla*	1	0.25	0.72	1.99	0.01	0.98
48	日本杜英 *Elaeocarpus japonicus*	1	0.25	0.72	1.61	0.01	0.98

V-1-14 黄桐林 *Endospermum chinense* Alliance（群系）

黄桐林群系有1个群丛，在黄桐+鹅掌柴+银柴–九节–乌毛蕨群丛（表3–59）中，乔木层优势种为银柴、鹅掌柴、山乌桕和黄桐，重要值排名前4，黄桐作为群落特征种和季雨林森林代表种，在群落中优势地位明显，以成熟大树和老树为主，占据群落林冠层，高度达25 m，山乌桕为群落适应干旱季节的优势种，群落整体发展接近气候顶极群落，乔木优势种丰富；灌木层以多种小乔木为主，灌木植物优势度不明显，以耐阴灌木九节为主，伴生有梅叶冬青、细齿叶柃、常绿荚蒾、变叶榕、香楠、疏花卫矛等；草本层以乌毛蕨占优势种，伴生有华山姜、割鸡芒、扇叶铁线蕨、黑莎草、草珊瑚、单叶新月蕨等。

表3–59　黄桐+鹅掌柴+银柴–九节–乌毛蕨群丛（GL–8）乔灌层重要值分析

序号	种名	株数	相对多度 RA	相对频度 RF	物种胸面积和/cm^2	相对显著度 RD	重要值 IV
1	银柴 *Aporosa dioica*	66	10.61	5.13	2587.58	8.09	23.83
2	鹅掌柴 *Schefflera heptaphylla*	25	4.02	3.42	4585.03	14.33	21.77
3	山乌桕 *Triadica cochinchinensis*	46	7.40	3.85	2725.96	8.52	19.76

（续表）

序号	种名	株数	相对多度 RA	相对频度 RF	物种胸面积和/cm^2	相对显著度 RD	重要值 IV
4	黄桐 *Endospermum chinense*	20	3.22	3.42	3702.55	11.57	18.21
5	九节 *Psychotria asiatica*	58	9.32	5.13	116.64	0.36	14.82
6	华润楠 *Machilus chinensis*	18	2.89	3.42	1936.94	6.05	12.37
7	肉实树 *Sarcosperma laurinum*	15	2.41	3.42	1851.75	5.79	11.62
8	梅叶冬青 *Ilex asprella*	35	5.63	3.85	409.79	1.28	10.75
9	鱼骨木 *Psydrax dicocca*	12	1.93	2.56	1599.92	5.00	9.49
10	山油柑 *Acronychia pedunculata*	9	1.45	1.71	1762.82	5.51	8.67
11	臀果木 *Pygeum topengii*	22	3.54	2.56	805.49	2.52	8.62
12	中华杜英 *Elaeocarpus chinensis*	17	2.73	2.99	844.35	2.64	8.36
13	细齿叶柃 *Eurya nitida*	26	4.18	2.56	276.59	0.86	7.61
14	岭南山竹子 *Garcinia oblongifolia*	19	3.05	2.99	472.65	1.48	7.52
15	黄樟 *Cinnamomum parthenoxylon*	6	0.96	1.28	1537.74	4.81	7.05
16	黄牛奶树 *Symplocos cochinchinensis* var. *laurina*	9	1.45	0.43	1429.86	4.47	6.34
17	腺叶桂樱 *Laurocerasus phaeosticta*	9	1.45	1.28	960.75	3.00	5.73
18	白楸 *Mallotus paniculatus*	9	1.45	2.56	501.59	1.57	5.58
19	山杜英 *Elaeocarpus sylvestris*	5	0.80	1.28	941.72	2.94	5.03
20	箣柊 *Scolopia chinensis*	11	1.77	1.71	442.52	1.38	4.86
21	乌材 *Diospyros eriantha*	11	1.77	2.14	287.90	0.90	4.81
22	桃金娘 *Rhodomyrtus tomentosa*	15	2.41	2.14	44.11	0.14	4.69
23	紫玉盘 *Uvaria macrophylla*	16	2.57	1.71	6.21	0.02	4.30
24	鼠刺 *Itea chinensis*	11	1.77	1.28	184.08	0.58	3.63
25	罗浮柿 *Diospyros morrisiana*	7	1.13	1.28	355.73	1.11	3.52
26	假鹰爪 *Desmos chinensis*	10	1.61	1.71	36.94	0.12	3.43
27	常绿荚蒾 *Viburnum sempervirens*	8	1.29	1.71	81.05	0.25	3.25
28	寄生藤 *Dendrotrophe varians*	6	0.96	1.71	107.72	0.34	3.01
29	白桂木 *Artocarpus hypargyreus*	5	0.80	1.71	136.86	0.43	2.94
30	红鳞蒲桃 *Syzygium hancei*	7	1.13	1.28	141.32	0.44	2.85
31	黄牛木 *Cratoxylum cochinchinense*	4	0.64	1.71	120.46	0.38	2.73
32	变叶榕 *Ficus variolosa*	6	0.96	1.28	111.31	0.35	2.59
33	荔枝 *Litchi chinensis*	7	1.13	1.28	28.05	0.09	2.50
34	簕欓 *Zanthoxylum avicennae*	4	0.64	1.71	36.23	0.11	2.47

（续表）

序号	种名	株数	相对多度 RA	相对频度 RF	物种胸面积和/cm²	相对显著度 RD	重要值 IV
35	香楠*Aidia canthioides*	4	0.64	1.28	13.22	0.04	1.97
36	山蒲桃*Syzygium levinei*	3	0.48	0.85	198.89	0.62	1.96
37	假苹婆*Sterculia lanceolata*	3	0.48	1.28	59.63	0.19	1.95
38	锡叶藤*Tetracera sarmentosa*	3	0.48	1.28	16.32	0.05	1.82
39	亮叶猴耳环*Archidendron lucidum*	4	0.64	0.85	90.29	0.28	1.78
40	疏花卫矛*Euonymus laxiflorus*	4	0.64	0.85	18.63	0.06	1.56
41	土沉香*Aquilaria sinensis*	3	0.48	0.85	37.58	0.12	1.45
42	野漆*Toxicodendron succedaneum*	3	0.48	0.85	23.41	0.07	1.41
43	栀子*Gardenia jasminoides*	3	0.48	0.85	7.80	0.02	1.36
44	光叶山矾*Symplocos lancifolia*	2	0.32	0.85	34.71	0.11	1.28
45	禾串树*Bridelia balansae*	2	0.32	0.85	25.24	0.08	1.26
46	白背算盘子*Glochidion wrightii*	2	0.32	0.85	23.91	0.07	1.25
47	牛耳枫*Daphniphyllum calycinum*	2	0.32	0.85	19.90	0.06	1.24
48	黄毛五月茶*Antidesma fordii*	3	0.48	0.43	24.36	0.08	0.99
49	毛果算盘子*Glochidion eriocarpum*	3	0.48	0.43	17.91	0.06	0.97
50	独子藤*Celastrus monospermus*	3	0.48	0.43	4.86	0.02	0.92
51	山橙*Melodinus suaveolens*	2	0.32	0.43	20.38	0.06	0.81
52	羊舌树*Symplocos glauca*	1	0.16	0.43	71.66	0.22	0.81
53	两广梭罗*Reevesia thyrsoidea*	1	0.16	0.43	28.74	0.09	0.68
54	水同木*Ficus fistulosa*	1	0.16	0.43	15.61	0.05	0.64
55	毛菍*Melastoma sanguineum*	1	0.16	0.43	9.63	0.03	0.62
56	藤黄檀*Dalbergia hancei*	1	0.16	0.43	7.96	0.02	0.61
57	尖山橙*Melodinus fusiformis*	1	0.16	0.43	6.45	0.02	0.61
58	亮叶冬青*Ilex viridis*	1	0.16	0.43	5.10	0.02	0.60
59	厚叶算盘子*Glochidion hirsutum*	1	0.16	0.43	2.87	0.01	0.60
60	豺皮樟*Litsea rotundifolia* var. *oblongifolia*	1	0.16	0.43	1.99	0.01	0.59
61	狗骨柴*Diplospora dubia*	1	0.16	0.43	1.99	0.01	0.59

V-1-15 肉实树林*Sarcosperma laurinum* Alliance（群系）

肉实树林群系有2个群丛，乔木层优势种主要有肉实树、樟、杂色榕、竹叶木姜子、假苹婆、华南木姜子、桂木、华润楠等；灌木层优势种主要有粗叶木、锯叶竹节树、香港大沙叶、华马钱、山石榴等；草本层以乔灌木幼苗为多，常见草本植物有露兜草、草珊瑚、秤钩风、半边旗等。主要分布在内伶仃岛、阳台山、梧桐山、排牙山、七娘山。

在肉实树+杂色榕+假苹婆–粗叶木–半边旗群丛（表3–60）中，肉实树为群落建群种，重要值排名第1，种群数量远多于其他乔木，乔木层次优势种为杂色榕、假苹婆、华南木姜子，伴生乔木主要有桂木、华润楠、银柴、腺叶桂樱、竹节树等；灌木层以粗叶木占优势种，次优势种为锯叶竹节树、香港大沙叶，伴生灌木有山石榴、买麻藤、山牡荆、紫玉盘等；草本层植物较稀疏，多为乔灌木幼苗，草本植物零星分布有露兜草、草珊瑚、半边旗等。该群丛为村落旁的风水林，是保护较为完整的低地季雨林群落。

表3-60 肉实树+杂色榕+假苹婆–粗叶木–半边旗群丛(SZ03)乔灌层重要值分析

序号	种名	株数	相对多度 RA	相对频度 RF	物种胸面积和/cm^2	相对显著度 RD	重要值 IV
1	肉实树 *Sarcosperma laurinum*	120	31.17	9.16	10530.86	13.04	53.37
2	杂色榕 *Ficus variegata*	18	4.68	6.87	14722.87	18.23	29.78
3	假苹婆 *Sterculia lanceolata*	41	10.65	7.63	6762.63	8.37	26.66
4	华南木姜子 *Litsea greenmaniana*	24	6.23	5.34	11982.82	14.84	26.42
5	桂木 *Artocarpus nitidus* subsp. *lingnanensis*	17	4.42	5.34	9743.17	12.06	21.82
6	华润楠 *Machilus chinensis*	15	3.90	4.58	9213.16	11.41	19.88
7	银柴 *Aporosa dioica*	16	4.16	6.11	514.71	0.64	10.90
8	腺叶桂樱 *Laurocerasus phaeosticta*	16	4.16	3.82	1391.25	1.72	9.70
9	竹节树 *Carallia brachiata*	10	2.60	4.58	53.26	0.07	7.24
10	五月茶 *Antidesma bunius*	7	1.82	2.29	2229.62	2.76	6.87
11	白桂木 *Artocarpus hypargyreus*	6	1.56	2.29	2197.29	2.72	6.57
12	二色波罗蜜 *Artocarpus styracifolius*	4	1.04	2.29	2170.63	2.69	6.02
13	粗叶木 *Lasianthus chinensis*	8	2.08	3.82	37.00	0.05	5.94
14	山蒲桃 *Syzygium levinei*	7	1.82	3.82	238.02	0.29	5.93
15	白颜树 *Gironniera subaequalis*	5	1.30	2.29	1804.98	2.24	5.82
16	朴树 *Celtis sinensis*	9	2.34	2.29	833.34	1.03	5.66
17	长柄梭罗 *Reevesia longipetiolata*	4	1.04	1.53	1747.36	2.16	4.73
18	梭罗树 *Reevesia pubescens*	11	2.86	1.53	259.16	0.32	4.70
19	锯叶竹节树 *Carallia diplopetala*	5	1.30	1.53	399.72	0.49	3.32
20	香港大沙叶 *Pavetta hongkongensis*	3	0.78	2.29	36.69	0.05	3.11
21	龙眼 *Dimocarpus longan*	6	1.56	1.53	8.36	0.01	3.10
22	短序润楠 *Machilus breviflora*	5	1.30	1.53	141.73	0.18	3.00
23	杜英 *Elaeocarpus decipiens*	2	0.52	1.53	487.01	0.60	2.65
24	潺槁 *Litsea glutinosa*	4	1.04	1.53	1.67	0.00	2.57

（续表）

序号	种名	株数	相对多度 RA	相对频度 RF	物种胸面积和/cm^2	相对显著度 RD	重要值 IV
25	山石榴*Catunaregam spinosa*	2	0.52	1.53	134.09	0.17	2.21
26	假鱼骨木*Psydrax dicocca*	1	0.26	0.76	945.46	1.17	2.19
27	台湾榕*Ficus formosana*	2	0.52	1.53	19.89	0.02	2.07
28	买麻藤*Gnetum montanum*	2	0.52	0.76	512.64	0.63	1.92
29	鹅掌柴*Schefflera heptaphylla*	1	0.26	0.76	673.54	0.83	1.86
30	小果山龙眼*Helicia cochinchinensis*	3	0.78	0.76	3.82	0.00	1.55
31	琼楠*Beilschmiedia intermedia*	1	0.26	0.76	367.97	0.46	1.48
32	皂荚*Gleditsia sinensis*	1	0.26	0.76	346.64	0.43	1.45
33	光叶山黄麻*Trema cannabina*	1	0.26	0.76	168.39	0.21	1.23
34	云南银柴*Aporosa yunnanensis*	1	0.26	0.76	45.84	0.06	1.08
35	南岭黄檀*Dalbergia balansae*	1	0.26	0.76	25.78	0.03	1.06
36	山牡荆*Vitex quinata*	1	0.26	0.76	1.99	0.00	1.03
37	巴豆*Croton tiglium*	1	0.26	0.76	0.72	0.00	1.02
38	翻白叶树*Pterospermum heterophyllum*	1	0.26	0.76	0.72	0.00	1.02
39	猴耳环*Archidendron clypearia*	1	0.26	0.76	0.72	0.00	1.02
40	山油柑*Acronychia pedunculata*	1	0.26	0.76	0.72	0.00	1.02
41	紫玉盘*Uvaria macrophylla*	1	0.26	0.76	0.72	0.00	1.02

3.1.6 红树林（VI）

红树林（VI，植被型），是分布于热带及邻近热带沿海潮间带上的一种特殊的热带性森林。红树林主要由红树科及部分其他科（大戟科、海桑科、紫金牛科等）的红树植物和半红树植物组成。由于生境特殊，红树林经常受到海水的淹没，生长在其中的植物发育出了与生境相适应的形态特征，如呼吸根、板根、支柱根密集交错，叶片厚革质或肉质，有分泌腺体和储水组织，还有与众不同的“胎生”现象。《中国植物区系与植被地理》依据物种组成和生境差异，将红树林划分为海滩红树林和海岸半红树林2个亚型。深圳的海岸线上分布有大面积的红树林，以深圳湾福田红树林自然保护区和西部沿海滩涂为主要分布区，其间红树林的2个植被亚型均有分布。

Ⅵ-1 海滩红树林 Seabeach Mangrove（植被亚型）

海滩红树林为典型红树林，主要分布于海滩上，经常被海水淹没。深圳的海滩红树林主要分布于福田红树林保护区、坝光村、盐灶村、田寮吓、大碓口河涌、东涌河、西涌河、鹿咀澙湖、海上田园风景区、固戍滩涂、侨城湿地、深圳湾大沙河口、前海西站海岸滩涂和内伶仃岛等地，包含6个群系，10个群丛，主要由秋茄、木榄、白骨壤、桐花树、老鼠簕、海桑等真红树植物组成，其中混有人工栽培种无瓣海桑（图3-11、3-12）。群落结构较简单，常为单优势群落，或2～3种混生。

图3-11　红树林（VI）之海桑+无瓣海桑林（福田深圳湾）

图3-12　红树林（VI）之海桑+秋茄林（福田深圳湾）

VI-1-1 海榄雌林*Avicennia marina* Alliance（群系）

海榄雌林群系有2个群丛，为海榄雌+秋茄树群丛和海榄雌+蜡烛果群丛。海榄雌作为红树林先锋物种，主要生长在海岸带滩涂外围区域，海榄雌群落在深圳主要分布在福田红树林自然保护区和盐灶村坝光红树林区域。福田红树林区域的海榄雌群落面积较大，位于红树林外围，以白骨壤为群落优势种，整体高度在2～4 m，散生有秋茄和蜡烛果，林下局部区域分布有小片老鼠簕。坝光红树林区域的海边滩涂地有少量海榄雌群落分布，面积约为4000 m^2，高度1～3 m，白骨壤占多数，部分有秋茄和蜡烛果等。

VI-1-2 海桑林*Sonneratia caseolaris* Alliance（群系）

海桑林群系有1个群丛，为海桑+无瓣海桑群丛。群落以海桑、无瓣海桑占优势种，伴生种有秋茄、木榄等，其群落外缘或外围还有黄槿、杨叶肖槿、蜡烛果、秋茄、草海桐、许树等，伴生草本有老鼠簕、厚藤，再往岸边为美洲蟛蜞菊、白花鬼针草等入侵物种。

VI-1-3 木榄林*Bruguiera gymnorrhiza* Alliance（群系）

木榄林群系有群丛1个，为木榄群丛，主要分布在福田红树林，为栽培纯林，面积有约3000 m^2，在周围有明显的种群扩散，零星分布在秋茄群落外围。其他在大鹏半岛的鹿嘴红树林片区有小面积的栽培，伴生有秋茄、蜡烛果等；海上田园也有小面积分布，约有2000 m^2，以木榄占优势种，伴生有秋茄、蜡烛果等。

VI-1-4 秋茄树林*Kandelia obovata* Alliance（群系）

秋茄树林群系主要有3个群丛，为秋茄树+木榄群丛、秋茄树+蜡烛果群丛和秋茄树群丛，在深圳主要分布在福田红树林、海上田园、东涌红树林、鹿嘴红树林片区、深圳湾公园流花山、华侨城湿地红树林。在福田红树林有成熟的秋茄树群落，群落高度可达7～8 m，在乔木层占绝对优势，局部伴生有木榄、无瓣海桑；灌木层以蜡烛果占优势种，盖度约10%～20%，草本层以老鼠簕占优势种，盖度可达80%。其他区域的秋茄群落面积较小，群落高度约3～4 m，常伴生有海榄雌、木榄、蜡烛果、海漆、许树、黄槿等。

VI-1-5 蜡烛果林*Aegiceras corniculatum* Alliance（群系）

蜡烛果林群系主要有2个群丛，为蜡烛果+海榄雌群丛和蜡烛果群丛，主要分布在福田红树林自然保护区，在海滩外围可形成蜡烛果优势群落，高度约2～3 m，常与海榄雌伴生，形成混交群落，草本层有丰富的幼苗，局部区域有小片老鼠簕。其他在坝光红树林、鹿嘴红树林区域有小面积的种植，整体高度约2 m，常与秋茄、木榄等形成混交群落。

VI-1-6 海漆林*Excoecaria agallocha* Alliance（群系）

海漆林群系有1个群丛，为海漆-苦郎树群丛。海漆为红树林岸边植物，耐水性不强，常沿红树林带状或环状分布，群落以海漆占优势种，伴生有秋茄、黄槿；灌木层以苦郎树为多，有伞序臭黄荆、鱼藤等。主要分布在福田红树林、东涌红树林、鹿嘴红树林。

Ⅵ-2 海岸半红树林 Seashore Semi-mangrove（植被亚型）

海岸半红树林分布于离海滩稍远，只有大潮能够到达的地方，偶尔被海水淹没。深圳的半红树林较少，仅有2个群系，2个群丛，即银叶树群丛和黄槿+海漆群丛。银叶树群丛分布于盐灶村的坝光红树林，黄槿-海漆群丛分布于大碓口河涌（图3-13）。

图3-13 红树林（VI）之银叶树林（坝光盐灶村）

VI-2-1 银叶树林*Heritiera littoralis* Alliance（群系）

银叶树林群系有1个群丛，为银叶树群丛。主要分布在坝光红树林，面积约为8000 m^2，群落外貌呈密林状，林相整齐，郁闭度达90.0%，群落结构及组成都较为简单。乔木层只有1层，树高约12～18 m，树干基部有发达的板根，板根的高和宽均达1.5 m。林下植物较为稀疏，偶尔有九节、朱砂根、酒饼簕等非红树植物。该群落是南亚热带具有代表性的半红树群落，发育良好，为盐灶村的风水林群落，盐灶村银叶树的林龄已有数百年，是我国目前发现的最古老、现存面积最大、保存最完整的银叶树群落。其中树龄100年以上的银叶树有27株，500年以上的银叶树有1株，林相完整，是目前我国发现的典型的半红树林代表类群之一，

VI-2-2 黄槿林*Hibiscus tiliaceus* Alliance（群系）

黄槿林群系有1个群丛，为黄槿+海漆群丛，主要分布在福田红树林区域，群落呈零散分布，乔木层以黄槿、海漆占优势种，伴生有杨叶肖槿；草本层多为岸边外来入侵草本，如五爪金龙、薇甘菊、白花鬼针草、宽叶十万错、牛筋草等。

3.1.7 竹林（VII）

竹林（VII，植被型），分布广泛，从热带到温带都有分布；通常为竹类植物单优群落，偶有其他树种散生其中，林下较空旷。不同地区的竹林组成成分有较大差异，但结构相似，通常分两层，乔木层竹类占绝对优势，通常无灌木层，仅有稀疏的林下层。《中国植被》将竹林分为温性竹林、暖性竹林和热性竹林，深圳的竹林可划分为1种植被亚型，为热性竹林植被亚型。

热性竹林分布于热带和亚热带南部地区，主要由丛生竹种组成。深圳的竹林包括人工栽培的和自然分布的，包含4群系，5群丛，主要有麻竹林和粉单竹林，为早期在村边、河道边栽培，目前仅在少量偏远山区有扩散分布，面积较小，如梧桐山低海拔沟谷、马峦山东部、田头山南部金龟村等（图3-14）。

图3-14　竹林（VII）之粉单竹林（马峦山）

3.2　灌丛（A_2）

灌丛高度一般在5 m以下，以丛生的灌木生活型植物为优势。深圳灌丛可划分为3个植被型，包含19个群系，35个群丛。

3.2.1　常绿阔叶灌丛（VIII）

常绿阔叶灌丛（VIII，植被型），分布于热带、亚热带地区，是森林植被受到破坏后形成的次生植被类型。群落以灌木或乔木幼树为主，通常为阳生性植物占优势。根据分布范围的热量差异可以划分为不同类型。深圳的常绿阔叶灌丛可划分为1个植被亚型，为热性常绿阔叶灌丛植被亚型。

热性常绿阔叶灌丛植被亚型主要分布于热带边缘地区，以热带性成分为优势。深圳的热性常绿阔叶灌丛包含13个群系，28个群丛，主要由豺皮樟、黄牛木、桃金娘、水团花、厚皮香等植物组成。主要分布在中高海拔山地的山顶，或有裸露岩石的山腰（图3-15～图3-17）。

图3-15 常绿阔叶灌丛（VIII；七娘山）

图3-16 常绿阔叶灌丛（VIII）之岗松灌丛（七娘山）

图3-17 常绿阔叶灌丛（VIII）之桃金娘灌丛（南澳三角山）

VIII-1 热性常绿阔叶灌丛 Hot Evergreen Broad-leaved Scrub（植被亚型）

VIII-1-1 笔管榕灌丛*Ficus subpisocarpa* Alliance（群系）

笔管榕灌丛有1个群丛，为笔管榕+刺葵-桃金娘+细毛鸭嘴草群丛，灌木优势种为笔管榕、刺葵，整体高度在3～4 m，伴生有鼠刺、罗浮柿、变叶榕、石斑木、银柴、岭南山竹子；草本层高度0.8～1.5 m，有较多低矮状灌木，如桃金娘、栀子、岗松、链珠藤、寄生藤等，草本植物有细毛鸭跖草、蜈蚣草、白喙刺子莞、无根藤等。主要分布在海岸带边缘，如内伶仃岛、大鹏半岛。

VIII-1-2 豺皮樟灌丛*Litsea rotundifolia* var. *oblongifolia* Alliance（群系）

豺皮樟灌丛群系主要有5个群丛，灌木层优势种主要有豺皮樟、山油柑、黄牛木；草本层优势种主要有类芦、芒萁。主要分布在梅林公园、三洲田、马峦山、田头山、大鹏半岛。

在豺皮樟+山油柑-九节灌丛（表3-61）中，豺皮樟为群落优势种，重要值排名第1，种群数量远多于其他物种，次优势种为山油柑，重要值排名第2，以中小树为主，高度在3～5 m，伴生有破布叶、黄牛木、九节、毛冬青、水团花、银柴、石斑木、粗叶榕、鹅掌柴、野漆、栀子、鸦胆子等；草本层以九节幼苗占优势种，草本植物较少，有海金沙、山麦冬。该群落整体处于灌木群落朝常绿阔叶林演替发展的初期阶段，以灌木物种为优势，有较多乔灌木物种，乔木物种目前处于小树至中树阶段，没有大树。

表3-61 豺皮樟+山油柑-九节灌丛（BJS-S02）乔灌层重要值分析

序号	种名	株数	相对多度 RA	相对频度 RF	物种胸面积和/cm^2	相对显著度 RD	重要值 IV
1	豺皮樟*Litsea rotundifolia* var. *oblongifolia*	120	44.78	6.67	465.31	26.23	77.68
2	山油柑*Acronychia pedunculata*	14	5.22	3.33	542.40	30.58	39.14

（续表）

序号	种名	株数	相对多度 RA	相对频度 RF	物种胸面积和/cm^2	相对显著度 RD	重要值 IV
3	破布叶 *Microcos paniculata*	25	9.33	6.67	242.57	13.68	29.67
4	黄牛木 *Cratoxylum cochinchinense*	14	5.22	6.67	149.35	8.42	20.31
5	九节 *Psychotria rubra*	22	8.21	6.67	71.56	4.03	18.91
6	毛冬青 *Ilex pubescens*	14	5.22	6.67	45.36	2.56	14.45
7	水团花 *Adina pilulifera*	7	2.61	6.67	86.36	4.87	14.15
8	银柴 *Aporosa dioica*	4	1.49	6.67	73.65	4.15	12.31
9	石斑木 *Raphiolepis indica*	3	1.12	6.67	1.91	0.11	7.89
10	粗叶榕 *Ficus hirta*	2	0.75	6.67	0.55	0.03	7.44
11	鹅掌柴 *Schefflera heptaphylla*	5	1.87	3.33	21.41	1.21	6.41
12	野漆 *Toxicodencron succedanea*	3	1.12	3.33	22.96	1.29	5.75
13	马缨丹 *Lantana camara*	5	1.87	3.33	7.08	0.40	5.60
14	潺槁 *Litsea glutinosa*	2	0.75	3.33	21.65	1.22	5.30
15	羊角拗 *Strophanthus divaricatus*	3	1.12	3.33	2.86	0.16	4.61
16	山石榴 *Catunaregam spinosa*	1	0.37	3.33	5.09	0.29	3.99
17	栀子 *Gardenia jasminoides*	1	0.37	3.33	5.09	0.29	3.99
18	鸦胆子 *Brucea javanica*	1	0.37	3.33	1.03	0.06	3.76
19	华南忍冬 *Lonicera confusa*	1	0.37	3.33	0.97	0.05	3.76
20	紫玉盘 *Uvaria macrophylla*	1	0.37	3.33	0.23	0.01	3.72

VIII-1-3 厚皮香灌丛 *Ternstroemia gymnanthera* Alliance（群系）

厚皮香灌丛群系有1个群丛，在厚皮香-芒萁灌丛（表3-62）中，群落整体高度在3～4 m，厚皮香为群落建群种，种群数量达476株，高2 m以上种群的平均高度为4.0 m，其中高度在4.0～6.5 m的有117株，灌木优势种有岗松、大头茶，伴生有桃金娘、野牡丹、栀子、变叶榕，还是马尾松、网脉山龙眼小树；草本层优势种为芒萁，盖度达70%，伴生有黑莎草、蔓九节、山菅兰、二花珍珠茅。主要分布在排牙山、七娘山。

表3-62　厚皮香-芒萁灌丛（PYS-S13）乔灌层重要值分析

序号	种名	株数	相对多度 RA	相对频度 RF	物种胸面积和/cm^2	相对显著度 RD	重要值 IV
1	厚皮香 *Ternstroemia gymnanthera*	476	83.66	22.86	8097.60	91.57	198.08
2	岗松 *Baeckea frutescens*	55	9.67	20.00	346.00	3.91	33.58
3	马尾松 *Pinus massoniana*	7	1.23	14.29	205.71	2.33	17.84
4	桃金娘 *Rhodomyrtus tomentosa*	6	1.05	11.43	18.86	0.21	12.70
5	大头茶 *Gordonia axillaris*	12	2.11	8.57	105.92	1.20	11.88
6	野牡丹 *Melastoma candidum*	3	0.53	8.57	17.43	0.20	9.30
7	栀子 *Gardenia jasminoides*	4	0.70	5.71	9.87	0.11	6.53
8	变叶榕 *Ficus variolosa*	3	0.53	5.71	12.33	0.14	6.38
9	网脉山龙眼 *Helicia reticulata*	3	0.53	2.86	29.40	0.33	3.72

VIII-1-4 黄牛木灌丛*Cratoxylum cochinchinense Alliance*（群系）

黄牛木灌丛群系主要有2个群丛，灌木层优势种主要有黄牛木、水团花、桃金娘、夜花藤；草本层优势种主要有芒萁。主要分布在大顶岭公园、笔架山、阳台山、马峦山、七娘山。

在黄牛木+豺皮樟+水团花-芒萁灌丛（表3-63）中，群落优势种为黄牛木、豺皮樟和水团花，重要值排名前3，整体高度为2.5～4 m，次优势种有野漆、石斑木、白花灯笼、银柴、梅叶冬青、九节等，重要值排名前10，伴生乔木有簕欓、山油柑、台湾相思、破布叶、鹅掌柴、山乌桕、亮叶猴耳环，伴生灌木有桃金娘、栀子、粗叶榕、台湾榕、野牡丹、毛冬青等；草本层以芒萁占优势种，盖度达40%，伴生有海金沙、蔓九节、山菅兰等。群落整体处于灌木群落朝常绿阔叶林演替的中期阶段，乔木物种占优势，有较多灌木物种，乔木物种目前处于小树至中树阶段，没有大树。

表3-63 黄牛木+豺皮樟+水团花-芒萁灌丛（BJS-S05）乔灌层重要值分析

序号	种名	株数	相对多度 RA	相对频度 RF	物种胸面积和/cm^2	相对显著度 RD	重要值 IV
1	黄牛木*Cratoxylum cochinchinense*	113	19.48	7.50	1722.80	32.67	59.65
2	豺皮樟*Litsea rotundifolia* var. *oblongifolia*	131	22.59	7.50	441.85	8.38	38.46
3	水团花*Adina pilulifera*	87	15.00	5.00	913.06	17.31	37.31
4	野漆*Toxicodencron succedanea*	34	5.86	6.25	606.38	11.50	23.61
5	石斑木*Raphiolepis indica*	25	4.31	7.50	282.93	5.36	17.17
6	白花灯笼*Clerodendrum fortunatum*	38	6.55	6.25	67.33	1.28	14.08
7	银柴*Aporosa dioica*	17	2.93	7.50	192.30	3.65	14.08
8	梅叶冬青*Ilex asprella*	30	5.17	3.75	248.70	4.72	13.64
9	九节*Psychotria rubra*	28	4.83	5.00	122.12	2.32	12.14
10	桃金娘*Rhodomyrtus tomentosa*	18	3.10	6.25	27.30	0.52	9.87
11	栀子*Gardenia jasminoides*	12	2.07	3.75	35.81	0.68	6.50
12	粗叶榕*Ficus hirta*	4	0.69	2.50	106.00	2.01	5.20
13	台湾相思*Acacia confusa*	5	0.86	2.50	93.42	1.77	5.13
14	山油柑*Acronychia pedunculata*	5	0.86	1.25	139.50	2.64	4.76
15	簕欓*Zanthoxylum avicennae*	4	0.69	3.75	10.35	0.20	4.64
16	破布叶*Microcos paniculata*	3	0.52	2.50	43.61	0.83	3.84
17	台湾榕*Ficus formosana*	6	1.03	2.50	14.80	0.28	3.82
18	野牡丹*Melastoma candidum*	4	0.69	2.50	8.59	0.16	3.35
19	毛冬青*Ilex pubescens*	3	0.52	2.50	9.73	0.18	3.20
20	楝*Melia azedarach*	2	0.34	1.25	74.89	1.42	3.01
21	潺槁*Litsea glutinosa*	2	0.34	2.50	3.58	0.07	2.91
22	鹅掌柴*Schefflera heptaphylla*	1	0.17	1.25	36.78	0.70	2.12
23	山乌桕*Sapium discolor*	1	0.17	1.25	28.73	0.54	1.97
24	毛菍*Melastoma sanguineum*	2	0.34	1.25	12.55	0.24	1.83
25	紫玉盘*Uvaria macrophylla*	1	0.17	1.25	11.46	0.22	1.64
26	亮叶猴耳环*Archidendron lucidum*	1	0.17	1.25	7.96	0.15	1.57
27	米碎花*Eurya chinensis*	1	0.17	1.25	5.75	0.11	1.53

（续表）

序号	种名	株数	相对多度 RA	相对频度 RF	物种胸面积和/cm²	相对显著度 RD	重要值 IV
28	艾胶算盘子 *Glochidion lanceolarium*	1	0.17	1.25	5.09	0.10	1.52
29	金樱子 *Rosa laevigata*	1	0.17	1.25	0.72	0.01	1.44

VIII-1-5 水团花灌丛 *Adina pilulifera* Alliance（群系）

水团花灌丛群系有1个群丛，在水团花+鹅掌柴–山麦冬灌丛（表3–64）中，群落整体高度在4～7 m，乔木层不明显，高度约8～10 m，盖度不足20%，主要散生有水团花、鹅掌柴、土沉香、红鳞蒲桃、山乌桕；灌木层高度为3～6 m，优势种为水团花、鹅掌柴、豺皮樟，重要值排名前3，伴生有九节、银柴、梅叶冬青、杨桐、细齿叶柃、红鳞蒲桃、香楠、野漆、山油柑、狗骨柴等；草本层优势种为山麦冬，伴生团叶鳞始蕨、山菅兰、草珊瑚、淡竹叶等。群落整体处于灌木群落朝常绿阔叶林演替的中期阶段，有较多灌木物种，乔木物种目前处于小树至中树阶段，没有大树。主要分布在塘朗山、阳台山。

表3–64 水团花+鹅掌柴–山麦冬灌丛（TLS–S01）乔灌层重要值分析

序号	种名	株数	相对多度 RA	相对频度 RF	物种胸面积和/cm²	相对显著度 RD	重要值 IV
1	水团花 *Adina pilulifera*	64	15.88	7.97	3424.80	19.27	43.12
2	鹅掌柴 *Schefflera heptaphylla*	35	8.68	5.80	4054.13	22.81	37.29
3	豺皮樟 *Litsea rotundifolia* var. *oblongifolia*	44	10.92	8.70	1957.21	11.01	30.63
4	九节 *Psychotria rubra*	18	4.47	5.07	1645.03	9.26	18.79
5	银柴 *Aporosa dioica*	36	8.93	4.35	371.33	2.09	15.37
6	梅叶冬青 *Ilex asprella*	16	3.97	4.35	1038.82	5.85	14.16
7	杨桐 *Adinandra millettii*	14	3.47	3.62	503.11	2.83	9.93
8	红鳞蒲桃 *Syzygium hancei*	8	1.99	2.90	773.41	4.35	9.24
9	土沉香 *Aquilaria sinensis*	17	4.22	4.35	86.38	0.49	9.05
10	细齿叶柃 *Eurya nitida*	20	4.96	2.90	153.62	0.86	8.73
11	山油柑 *Acronychia pedunculata*	11	2.73	3.62	169.28	0.95	7.31
12	黄牛木 *Cratoxylum cochinchinense*	7	1.74	3.62	323.64	1.82	7.18
13	香楠 *Aidia canthioides*	14	3.47	2.17	209.37	1.18	6.83
14	山乌桕 *Sapium discolor*	12	2.98	2.90	156.77	0.88	6.76
15	野漆 *Toxicodencron succedanea*	10	2.48	1.45	441.26	2.48	6.41
16	余甘子 *Phyllanthus emblica*	5	1.24	2.90	339.80	1.91	6.05
17	山石榴 *Catunaregam spinosa*	6	1.49	2.17	194.57	1.09	4.76
18	变叶榕 *Ficus variolosa*	3	0.74	0.72	563.89	3.17	4.64
19	木荷 *Schima superba*	2	0.50	0.72	572.96	3.22	4.44
20	狗骨柴 *Diplospora dubia*	5	1.24	2.17	16.93	0.10	3.51
21	台湾榕 *Ficus formosana*	4	0.99	2.17	52.04	0.29	3.46
22	簕欓 *Zanthoxylum avicennae*	3	0.74	2.17	23.10	0.13	3.05
23	樟 *Cinnamomum camphora*	4	0.99	1.45	71.46	0.40	2.84

（续表）

序号	种名	株数	相对多度RA	相对频度RF	物种胸面积和/cm²	相对显著度RD	重要值IV
24	黄樟 *Cinnamomum parthenoxylon*	2	0.50	1.45	45.28	0.25	2.20
25	山牡荆 *Vitex quinata*	1	0.25	0.72	215.18	1.21	2.18
26	粗叶榕 *Ficus hirta*	2	0.50	1.45	35.19	0.20	2.14
27	柯 *Lithocarpus glaber*	2	0.50	1.45	8.99	0.05	2.00
28	香花鸡血藤 *Callerya dielsiana*	2	0.50	1.45	3.60	0.02	1.97
29	香港大沙叶 *Pavetta hongkongensis*	5	1.24	0.72	0.00	0.00	1.97
30	紫玉盘 *Uvaria macrophylla*	2	0.50	1.45	2.49	0.01	1.96
31	华南忍冬 *Lonicera confusa*	3	0.74	0.72	77.83	0.44	1.91
32	罗浮买麻藤 *Gnetum lofuense*	4	0.99	0.72	15.60	0.09	1.80
33	锡叶藤 *Tetracera asiatica*	1	0.25	0.72	127.32	0.72	1.69

VIII-1-6 鼠刺灌丛 *Itea chinensis* Alliance（群系）

鼠刺灌丛群系主要有2个群丛，为鼠刺-芒萁群丛和鼠刺+桃金娘-鳞籽莎群丛。鼠刺为灌木或小乔木，在不同的生长环境下，其分枝情况、树高有明显差异，深圳的鼠刺灌丛主要生长在中高海拔区域、土壤层薄的海岸带山坡、石壁周围，群落整体高度约2～4 m，以鼠刺、桃金娘为优势的灌丛，伴生有大头茶、石斑木、小蜡、米碎花、细齿叶柃、寄生藤、锡叶藤等；草本层常以芒萁、芒、鳞籽莎占优势种，伴生有乌毛蕨、画眉草、鹧鸪草、石松、耳基卷柏、金草等。主要分布在大鹏半岛、内伶仃岛、田头山、马峦山、三洲田、梧桐山等。

VIII-1-7 大头茶灌丛 *Polyspora axillaris* Alliance（群系）

大头茶灌丛群系有1个群丛，为大头茶-芒萁群丛。大头茶为灌木或乔木，在较干旱的山地陡坡区域、中高海拔的山脊至山顶区域，因土壤和海风的影响，大头茶常发育成灌丛群落，整体高度在2～4 m，局部区域高度不足2 m，也能正常开花结果，群落常伴生有石斑木、簕柃、栀子、桃金娘、羊角拗、变叶榕、小果柿、毛冬青、岗松等；草本层以芒萁为主，伴生有山菅兰、缘毛珍珠茅、黑莎草、芒等。主要分布在七娘山、排牙山、田头山、马峦山、三洲田、梧桐山。

VIII-1-8 桃金娘灌丛 *Rhodomyrtus tomentosa* Alliance（群系）

桃金娘灌丛群系主要有5个群丛，灌木以桃金娘占优势种，伴生有岗松、石斑木、余甘子、毛冬青、华女贞、变叶榕、狗骨柴、密花树、了哥王、满山红、野牡丹、锈毛梅等；草本优势种为芒萁、芒、细毛鸭嘴草、耳基卷柏、蔓九节等，零散有白喙刺子莞、石松、山菅兰、蜈蚣草等。桃金娘灌丛为典型的山坡灌丛群落，主要生长在阳坡较干旱的土坡、石壁区域和山脊至山顶低矮灌木带区域，主要分布在塘朗山、梧桐山、三洲田、马峦山、田头山、大鹏半岛、内伶仃岛。

VIII-1-9 岗松灌丛 *Baeckea frutescens* Alliance（群系）

岗松灌丛群系主要有2个群丛，为岗松-细毛鸭嘴草群丛和岗松+桃金娘-黑莎草+芒萁群丛，灌木常以岗松占绝对优势种，其他有桃金娘、赤楠、豺皮樟、变叶榕、栀子、石斑木、米碎花等，草本常以黑莎草、芒萁、细毛鸭嘴草、垂穗石松、五节芒等占优势种。岗松灌丛为典型的山坡灌丛群落，主要生长在阳坡较干旱的山地黄壤、砂砾土区域和山脊至山顶低矮灌木带区域，主要分布在围岭公园、梧桐山、马峦山、田头山、大鹏半岛。

在岗松+桃金娘-芒萁群丛（表3-65）灌木层分析中，岗松为灌丛建群种，重要值排名第1，种群数量远多于其他物种，桃金娘占优势种，重要值排名第2，伴生灌木丰富，有赤楠、米碎花、酸藤子、豺皮樟、变叶榕、栀子、石斑木、羊角拗、小果柿等14种，物种个数均较少；草本层以芒萁占优势种，盖度约20%，伴生有垂穗石松、刺子莞、剑叶凤尾蕨、蔓九节、山菅兰、无根藤、细毛鸭嘴草、毛秆野古草等。

表3-65 岗松+桃金娘-芒萁灌丛（QNS-S11）灌木层重要值分析

序号	种名	株数	频度	相对多度 RA	相对频度 RF	相对显著度 RD	重要值 IV
1	岗松*Baeckea frutescens*	265	4	61.34	12.9	75.8	150.04
2	桃金娘*Rhodomyrtus tomentosa*	70	4	16.2	12.9	8.11	37.22
3	赤楠*Syzygium buxifolium*	24	3	5.56	9.68	3.62	18.86
4	米碎花*Eurya chinensis*	17	3	3.94	9.68	2.59	16.2
5	酸藤子*Embelia laeta*	8	3	1.85	9.68	0.53	12.06
6	链珠藤*Alyxia sinensis*	12	1	2.78	3.23	4.74	10.74
7	寄生藤*Dendrotrophe varians*	9	2	2.08	6.45	1.88	10.42
8	豺皮樟*Litsea rotundifolia* var. *oblongifolia*	4	2	0.93	6.45	0.52	7.9
9	变叶榕*Ficus variolosa*	3	2	0.69	6.45	0.28	7.43
10	栀子*Gardenia jasminoides*	5	1	1.16	3.23	0.51	4.9
11	石斑木*Rhaphiolepis indica*	5	1	1.16	3.23	0.21	4.59
12	匙羹藤*Gymnema sylvestre*	3	1	0.69	3.23	0.21	4.13
13	菝葜*Smilax china*	1	1	0.23	3.23	0.58	4.03
14	羊角拗*Strophanthus divaricatus*	2	1	0.46	3.23	0.35	4.03
15	小果柿*Diospyros vaccinioides*	2	1	0.46	3.23	0.05	3.73
16	越南叶下珠*Phyllanthus cochinchinensis*	2	1	0.46	3.23	0.05	3.73

VIII-1-10 石斑木灌丛*Rhaphiolepis indica* Alliance（群系）

石斑木灌丛群系主要有3个群丛，为石斑木+杜鹃-细毛鸭嘴草+耳基卷柏群丛、石斑木+满山红-芒+耳基卷柏群丛和石斑木+桃金娘-扇叶铁线蕨群丛。该群系灌木优势种为石斑木，次优势种常有杜鹃、满山红、桃金娘、赤楠、变叶榕等，伴生灌木常有栀子、格药柃、白花灯笼、锈毛莓、毛菍、寄生藤、链珠藤、北江荛花等；草本层常以芒、细毛鸭嘴草、耳基卷柏占优势种，伴生有地菍、金草、灯台兔儿风、牯岭藜芦等。石斑木为常绿灌木植物，在山地低海拔至高海拔区域都能生长，常作为乔木群落下灌木层优势种或伴生种，在生境条件好的低海拔山谷区域，可长成小乔木状，高达4 m；在中高海拔段山地常形成优势灌丛，主要分布在排牙山、七娘山、梧桐山、田头山、马峦山、三洲田。

VIII-1-11 满山红灌丛*Rhododendron mariesii* Alliance（群系）

满山红灌丛群系主要有2个群丛，为满山红-芒+耳基卷柏群丛和满山红+赤楠-芒萁群丛。满山红为落叶性灌木，其灌丛有较多常绿灌木，如鼠刺、密花树、赤楠、石斑木、桃金娘、细齿叶柃等伴生在群落中，草本层优势种常为芒萁、芒、耳基卷柏、鹧鸪草等，灌丛整体保存全年常绿。该群系分布面积不大，主要在高海拔近山顶区域，如梧桐山、田头山、三洲田、排牙山、七娘山。

VIII-1-12 格药柃灌丛*Eurya muricata* Alliance（群系）

格药柃灌丛群系主要有2个群丛，为格药柃-芒群丛和格药柃-鳞籽莎+芒萁群丛，灌木以格药柃占优势种，伴生有灌木状的大头茶、浙江润楠、密花树、鼠刺、尖脉木姜子、山矾等，典型灌木有石斑木、栀子、野牡丹、毛冬青等；草本植物以芒、鳞籽莎、芒萁占优势种，局部区域盖度可达40%，伴生草本有金草、黄花小二仙草、毛麝香、地菍等。主要分布在七娘山山顶区域。

VIII-1-13 黄杨灌丛*Buxus sinica* Alliance（群系）

黄杨灌丛群系有1个群丛，为黄杨-芒灌丛，灌木以黄杨占优势种，盖度占20%～40%，群落整体高度在0.8～1.2 m，伴生灌木有大头茶、石斑木、细齿叶柃、格药柃、栀子、满山红、香花鸡血藤、锈毛莓、小果菝葜等；草本以芒和芒萁占优势种，盖度可达50%，伴生有垂穗石松、金草、地菍等。分布面积较小，在七娘山主峰近山顶区域。

VIII-1-14 栀子/赤楠灌丛 *Gardenia jasminoides* / *Syzygium buxifolium* Alliance（群系）

栀子/赤楠灌丛群系有一个群丛，即栀子/赤楠+/–寄生藤灌丛，灌木以栀子、赤楠为主，或两者交替出现，占绝对优势，盖度为50%～80%，群落整体高度1.0～1.4 m，伴生灌木有米碎花、石斑木、满山红、鸦胆子、桃金娘、毛稔等；藤本以寄生藤占优势，盖度达30%～40%，其他藤本有菝葜、羊角坳、娃儿藤、曲轴海金沙等；草本植物有芒、黑莎草、珍珠茅等。主要分布在大鹏半岛东涌沿岸低丘陵地。

3.2.2 肉质刺灌丛（IX）

肉质刺灌丛（IX，植被型）主要由生长于滨海沙滩的旱生灌木组成，植物常带刺，叶片肉质，根系较浅。《中国植物区系与植被地理》将其划分为热带海滨沙滩刺灌丛和干热河谷肉质刺灌丛。深圳的肉质刺灌丛可划分为1种植被亚型，为热带海滨沙滩刺灌丛植被亚型。

热带海滨沙滩刺灌丛植被亚型主要分布与热带和南亚热带的海滨沙滩上。深圳的热带海滨沙滩刺灌丛包含3个群系，3个群丛，主要以露兜树、草海桐、箣柊、单叶蔓荆等植物占优势种，分布于沿海各大沙滩上（图3–18）。

图3–18　肉质刺灌丛（IX；大鹏半岛）

IX-1 热带海滨沙滩刺灌丛 Tropical Coastal Beach Thorny Scrub（植被亚型）

IX-1-1 单叶蔓荆灌丛*Vitex rotundifolia* Alliance（群系）

单叶蔓荆灌丛群系有1个群丛，为单叶蔓荆+厚藤群丛，灌丛呈匍匐状，高度不足1 m，主要分布在海拔裸露岩石和沙滩区域，耐旱性比较强，叶片较厚，略肉质，在深圳内伶仃岛、大鹏半岛东涌、西涌沙滩有群落分布。

IX-1-2 露兜树+箣柊灌丛*Scaevola taccada*+*Scolopia chinensis* Alliance（群系）

露兜树+箣柊灌丛群系有1个群丛，为草海桐+箣柊+米碎花-有芒鸭嘴草群丛，灌木层优势种主要有箣柊、露兜树、米碎花、草海桐；草本层优势种为有芒鸭嘴草，伴生有无根藤、山麦冬、李花蟛蜞菊。主要分布在海岸带沙滩至石壁区域，如内伶仃岛、大鹏半岛的海岸带区域。

IX-1-3 露兜树灌丛*Pandanus tectorius* Alliance（群系）

露兜树灌丛群系有1个群丛，为露兜树群丛，常以露兜树形成优势群落，群落高度约2～3 m，其群落常伴生有低矮的漏槁和簕欓，灌木有羊角拗、石斑木、栀子、山柑藤、簕柊、赤楠、小果柿等，草本有细毛鸭嘴草、芒、画眉草、蜈蚣草等。主要分布在内伶仃岛、大鹏半岛的海岸带区域。

3.2.3 竹灌丛（X）

竹灌丛（X，植被型），是指高度不超过5 m的丛生竹类灌丛。一部分是竹类本身属于灌木状竹类，其成熟林高度不超过3 m，如箬竹属的竹类；另一部分是因为受生境条件的限制，竹类整体生长高度不会超过5 m，如干旱陡坡、石壁崖壁区域，或在山顶受风力和土壤影响，其生长呈矮化状态。依据竹丛的划分，深圳竹丛可划分为1种植被亚型，为热性竹丛植被亚型，共包含有3个竹丛群系，3个群丛，以箬叶竹、彗竹、篌竹等有优势种，主要分布在各山地山脊线至山顶区域。

X-1 暖性竹灌丛 Subtropical Bamboo Shrubland（植被亚型）

X-1-1 箬叶竹竹灌丛*Indocalamus longiauritus* Alliance（群系）

箬叶竹竹灌丛群系有1个群丛，为箬叶竹+石斑木灌丛，灌丛中箬叶竹盖度可达90%，平均高度为1.2 m，其他灌木优势种有石斑木、杜鹃、毛冬青、满山红、锈毛莓、香花鸡血藤等；草本层主要有耳基卷柏、积雪草、山麦冬等。主要分布于山地高海拔段的山脊至山顶区域，如梅沙尖、马峦山、七娘山等。

X-1-2 彗竹竹灌丛*Pseudosasa hindsii* Alliance（群系）

彗竹竹灌丛群系有1个群丛，为彗竹灌丛。彗竹属于灌木状竹类，成熟竹灌丛高度一般为3～5 m，常形成小片的优势竹灌丛，在深圳主要分布在中海拔山地，常见于石壁下方有较厚土层区域，周边群落伴生植物主要有银柴、鼠刺、大头茶、山矾、石斑木、香港大沙叶等。主要分布在梅沙尖、内伶仃岛、排牙山、七娘山。

X-1-3 篌竹竹灌丛*Phyllostachys nidularia* Alliance（群系）

篌竹竹灌丛群系有1个群丛，为篌竹+桃金娘-芒萁+芒灌丛。篌竹为乔木类竹林，在深圳山地主要以竹灌丛群落为主，整体高度在2～4 m，生长在中高海拔段的山谷，或有较厚的山地黄壤层的山坡，伴生优势灌木主要有桃金娘、了哥王、石斑木、白花灯笼、酸藤子等；草本植物常见为芒、芒萁，零散分布有乌敛莓、地菍、牯岭藜芦、黄花小二仙草。主要分布在阳台山、清林径水库、梧桐山、三洲田、马峦山、沙头角、田头山、排牙山、七娘山。

3.3 草地（A_3）

草地是以草本植物为优势的植被类型，群落结构简单，一般只有1层。《中国植被志》分类系统将原中国植被分类系统中的草原、草甸、灌草丛、稀树草原等合并为草地植被型组。深圳草地可划分为1个植被型，包含2个植被亚型，6个群系，6个群丛。

草丛（XI，植被型），通常是森林或灌丛被反复破坏（砍伐、火烧），导致水土严重流失，土壤变得干旱、贫瘠后形成的逆行演替植被类型。《中国植被》将该类型称为灌草丛。在停止受到破坏后，灌木、乔木会不断入侵草丛，进而向当地的气候顶极演替。草丛通常以1～2种草本植物占优势种。《中国植物区系与植被地理》将草丛划分为禾草草丛和蕨类草丛。

在深圳的植被类型中，草丛植被型包含2种植被型，一个为广布于丘陵低山上人为破坏后形成的禾草草丛，一个为分布于沿海沙滩上的滨海砂生草丛（图3-19、图3-20）。《中国植被》和《中国植物区系与植被地理》均未划分出滨海砂生草丛植被型,《广东植被》则对该草丛植被型进行了叙述。

图3-19　草丛（XI）之芒草丛（七娘山）

图3-20　草丛（XI）之蔓生莠竹草丛（七娘山）

XI-1 禾草草丛 Gramineous Herbosa

禾草草丛广泛分布于亚热带、热带，以禾本科草类植物占优势。深圳的禾草草丛植被亚型包含5个群系，5个群丛，主要以芒、五节芒、类芦、象草、蔓生莠竹、鳞籽莎等禾草、莎草类占优势种，分布于人为干扰较严重的山区及山顶草坡，如小南山公园、阳台山、梧桐山、三洲田、马峦山、排牙山、七娘山。洋野黍+铺地黍群丛和蔓生莠竹群丛则常见于次生林边缘的溪谷区域、水库水岸带。

XI-2 滨海砂生草丛 Gostal Psammophytic Herbosa

深圳的滨海砂生草丛植被亚型呈带状分布于深圳沿海沙滩的外缘，群落矮小，物种组成简单，主要有匍匐生长的藤本或匍匐草本，也有一定面积的海岸淤泥带的半红树草丛和沙地植物。这一植被亚型包含3个群系，3个群丛，为老鼠艻+海马齿群丛、厚藤群丛和珊瑚菜群丛。主要分布在大鹏半岛东涌、西涌沙滩。

3.4 人工植被（B）

人工植被（B）植被型组主要是早期由人工栽培但目前处于自然状态的半自然森林类型。这类森林在深圳分布广泛，已经成为深圳自然植被的一部分，但由于群落建群种并非原产于深圳的物种，其群落外貌和结构与自然分布的植被存在一定的差异，故将其列为一个单独的植被型组。深圳的人工林可划分为3个植被型，即人工常绿针叶林、人工针阔叶混交林和人工阔叶林。

3.4.1 人工常绿针叶林（XII）

人工常绿针叶林（XII，植被型），仅包含2个群系，5个群丛。杉木林多为人工栽培，仅少量为次生林，它在气候湿润温凉、土壤肥沃的地方生长较好，通常集中分布于中亚热带和南亚热带北缘，在南亚热带南部生长较差。深圳的杉木林不多，仅在大鹏半岛的葵涌、仙湖植物园和笔架山公园有分布。湿地松林为后期生态防护林或经济林发展种植的，在深圳主要见于大鹏自然保护区的枫木浪水库区域（图3–21）。

图3–21 人工常绿针叶林（XII）之湿地松林（枫木浪水库）

XII-1-1 杉木林*Cunninghamia lanceolata* Alliance（群系）

杉木林群系主要有3个群系，乔木层以杉木为建群种，伴生有山鸡椒、野漆，灌木层有较多乔木小树，如银柴、鹅掌柴、山油柑，灌木优势种常为豺皮樟、九节、梅叶冬青；草本层优势种为蔓生莠竹、乌毛蕨、芒萁等，伴生有山菅兰、扇叶铁线蕨、剑叶鳞始蕨。主要分布在仙湖、阳台山、大顶林公园。

在杉木-豺皮樟-蔓生莠竹群丛（表3-66）中，杉木为群落建群种，重要值排名第1，种群数量和显著度远高于其他物种，乔木优势种有银柴、鹅掌柴、山鸡椒，为阔叶林先锋物种，伴生乔木有八角枫、亮叶猴耳环、山油柑、光叶山矾、土沉香、簕欓、猴耳环等；灌木层优势种为豺皮樟，重要值排名第2，伴生灌木有九节、三桠苦、桃金娘、台湾榕、梅叶冬青、栀子、常绿荚蒾、红叶藤、假鹰爪、锈毛莓、算盘子等；草本层优势种为蔓生莠竹，盖度约30%，有小片的芒萁零散分布，伴生草本有粽叶芦、乌毛蕨、白茅、草珊瑚、半边旗、阔鳞鳞毛蕨等。

表3-66　杉木-豺皮樟-蔓生莠竹群丛（XH-S15）乔灌层重要值分析

序号	种名	株数	相对多度 RA	相对频度 RF	物种胸面积和/cm^2	相对显著度 RD	重要值 IV
1	杉木*Cunninghamia lanceolata*	110	34.81	7.92	11846.50	76.82	119.55
2	豺皮樟*Litsea rotundifolia* var. *oblongifolia*	37	11.71	5.94	279.87	1.81	19.46
3	银柴*Aporosa dioica*	21	6.65	4.95	604.81	3.92	15.52
4	鹅掌柴*Schefflera heptaphylla*	13	4.11	4.95	788.34	5.11	14.18
5	山鸡椒*Litsea cubeba*	20	6.33	4.95	202.18	1.31	12.59
6	八角枫*Alangium chinense*	9	2.85	5.94	68.04	0.44	9.23
7	九节 *Psychotria rubra*	11	3.48	4.95	47.55	0.31	8.74
8	三桠苦 *Melicope pteleifolia*	5	1.58	4.95	22.78	0.15	6.68
9	亮叶猴耳环*Archidendron lucidum*	7	2.22	3.96	48.03	0.31	6.49
10	桃金娘 *Rhodomyrtus tomentosa*	7	2.22	3.96	13.69	0.09	6.26
11	鼠刺*Itea chinensis*	7	2.22	2.97	122.61	0.80	5.98
12	台湾榕 *Ficus formosana*	8	2.53	2.97	47.05	0.31	5.81
13	梅叶冬青 *Ilex asprella*	8	2.53	2.97	32.54	0.21	5.71
14	山油柑*Acronychia pedunculata*	2	0.63	1.98	452.98	2.94	5.55
15	黄牛木 *Cratoxylum cochinchinense*	2	0.63	1.98	347.04	2.25	4.86
16	光叶山矾*Symplocos lancifolia*	3	0.95	2.97	11.70	0.08	4.00
17	栀子 *Gardenia jasminoides*	3	0.95	2.97	9.54	0.06	3.98
18	常绿荚蒾 *Viburnum sempervirens*	3	0.95	2.97	4.70	0.03	3.95
19	野漆 *Toxicodendron succedaneum*	4	1.27	1.98	5.13	0.03	3.28
20	红叶藤 *Rourea minor*	2	0.63	1.98	18.22	0.12	2.73
21	常绿臭椿*Ailanthus fordii*	2	0.63	1.98	5.41	0.04	2.65
22	假鹰爪 *Desmos chinensis*	2	0.63	1.98	3.18	0.02	2.63
23	野牡丹 *Melastoma candidum*	2	0.63	1.98	2.33	0.02	2.63
24	算盘子 *Glochidion puberum*	4	1.27	0.99	53.79	0.35	2.60

（续表）

序号	种名	株数	相对多度 RA	相对频度 RF	物种胸面积和/cm²	相对显著度 RD	重要值 IV
25	香港算盘子 *Glochidion hongkongense*	1	0.32	0.99	164.02	1.06	2.37
26	锈毛莓 *Rubus reflexus*	4	1.27	0.99	1.27	0.01	2.26
27	露兜树 *Pandanus tectorius*	3	0.95	0.99	0.00	0.00	1.94
28	簕欓 *Zanthoxylum avicennae*	1	0.32	0.99	97.48	0.63	1.94
29	土沉香 *Aquilaria sinensis*	2	0.63	0.99	7.80	0.05	1.67
30	香花鸡血藤 *Callerya dielsiana*	2	0.63	0.99	5.73	0.04	1.66
31	铁冬青 *Ilex rotunda*	1	0.32	0.99	53.79	0.35	1.66
32	毛菍 *Melastoma sanguineum*	2	0.63	0.99	1.03	0.01	1.63
33	葫芦茶 *Tadehagi triquetrum*	2	0.63	0.99	0.64	0.00	1.63
34	猴耳环 *Archidendron clypearia*	1	0.32	0.99	38.52	0.25	1.56
35	毛冬青 *Ilex pubescens*	1	0.32	0.99	3.90	0.03	1.33
36	石斑木 *Raphiolepis indica*	1	0.32	0.99	3.90	0.03	1.33
37	朴树 *Celtis sinensis*	1	0.32	0.99	2.86	0.02	1.33
38	山黄麻 *Trema orientalis*	1	0.32	0.99	1.40	0.01	1.32
39	芬芳安息香 *Styrax odoratissimus*	1	0.32	0.99	0.32	0.00	1.31

XII-1-2 湿地松林 *Pinus elliottii* Alliance（群系）

湿地松林群系有1个群丛，为湿地松－豺皮樟－乌毛蕨群丛。该群丛属于人工次生林，乔木层优势种均为人工种植，湿地松为建群种，高度约7～13 m，零散种有桉树、台湾相思等；灌木层以豺皮樟为优势，高度约3～5 m，伴生有野漆、银柴、鹅掌柴、盐肤木、桃金娘、梅叶冬青、毛冬青等；草本层以乌毛蕨占优势种，高度约1～2 m，有粗叶榕、酸藤子、羊角拗、玉叶金花、芒萁等，低矮草本有山菅兰、扇叶铁线蕨、团叶鳞始蕨、蔓九节、地菍等。主要分布在大鹏半岛的枫木浪水库区域。

3.4.2 人工针阔叶混交林（XIII）

人工针阔叶混交林（XIII，植被型），主要为人工栽培的杉木与野生阔叶树组成的混交林和人工栽培的阔叶树与马尾松组成的混交林，可划分为2个群系组，一个为杉木人工针阔叶混交林群系组，包含3群系，3个群丛；另一个为马尾松人工针阔叶混交林群系组，包含2群系，4个群丛。与马尾松组成混交林的栽培树种主要为马占相思和台湾相思。

XIII-1a 杉木人工针阔叶混交林 *Cunninghamia lanceolata* Artificial Coniferous and Broad-leaved Mixed Forest Alliance Group（群系组）

XIII-1a-1 杉木＋对叶榕林 *Cunninghamia lanceolate*+*Ficus hispida* Alliance（群系）

杉木＋对叶榕林群系有1个群丛，在杉木＋对叶榕＋破布叶－九节－半边旗群丛（表3-67）中，乔木层优势种为杉木、对叶榕、破布叶和银柴，重要值排名前4，其中杉木和对叶榕更占优势，有较多的大树和老树，分布于乔木上层，伴生有银柴、土蜜树、杂色榕、山油柑等；灌木层以九节占优势种，重要值排名第5，伴生灌木有三椏苦、梅叶冬青、白花灯笼、雀梅藤、桃金娘、粗叶榕、细齿叶柃等；草本层较稀疏，以零散小片的半边旗占优势种，伴生有凤尾蕨、海金沙、鸡矢藤、扇叶铁线蕨、玉叶金花等。

表3-67　杉木+对叶榕+破布叶-九节-半边旗群丛（BJS-S26）乔灌层重要值分析

序号	种名	株数	相对多度 RA	相对频度 RF	物种胸面积和/cm²	相对显著度 RD	重要值 IV
1	杉木 *Cunninghamia lanceolata*	38	21.97	9.38	3188.02	54.75	86.09
2	对叶榕 *Ficus hispida*	20	11.56	9.38	1028.40	17.66	38.60
3	破布叶 *Microcos paniculata*	24	13.87	9.38	532.58	9.15	32.39
4	银柴 *Aporosa dioica*	23	13.29	9.38	227.47	3.91	26.58
5	九节 *Psychotria rubra*	27	15.61	9.38	79.40	1.36	26.35
6	三椏苦 *Melicope pteleifolia*	7	4.05	9.38	43.17	0.74	14.16
7	土蜜树 *Bridelia tomentosa*	5	2.89	3.13	424.88	7.30	13.31
8	梅叶冬青 *Ilex asprella*	6	3.47	6.25	19.42	0.33	10.05
9	白花灯笼 *Clerodendrum fortunatum*	5	2.89	6.25	2.71	0.05	9.19
10	杂色榕 *Ficus variegata*	1	0.58	3.13	249.55	4.29	7.99
11	雀梅藤 *Sageretia thea*	4	2.31	3.13	5.09	0.09	5.52
12	山油柑 *Acronychia pedunculata*	3	1.73	3.13	2.92	0.05	4.91
13	桃金娘 *Rhodomyrtus tomentosa*	3	1.73	3.13	2.92	0.05	4.91
14	粗叶榕 *Ficus hirta*	3	1.73	3.13	1.49	0.03	4.88
15	豺皮樟 *Litsea rotundifolia* var. *oblongifolia*	1	0.58	3.13	5.09	0.09	3.79
16	马缨丹 *Lantana camara*	1	0.58	3.13	5.09	0.09	3.79
17	细齿叶柃 *Eurya nitida*	1	0.58	3.13	3.90	0.07	3.77
18	红鳞蒲桃 *Syzygium hancei*	1	0.58	3.13	1.27	0.02	3.72

XIII-1a-2 杉木+肉桂+土沉香林 *Cunninghamia lanceolate+Cinnamomum cassia+Aquilaria sinensis* Alliance（群系）

杉木+肉桂+土沉香林群系有1个群丛，在杉木+肉桂+土沉香-九节-佩兰群丛（表3-68）中，乔木层优势种为杉木、肉桂和土沉香，重要值排名前3，都是人工栽培植物，同时也有较多野生阔叶乔木扩散到群落中，如鼠刺、亮叶猴耳环、银柴、绒毛润楠、竹叶青冈、山鸡椒、山油柑等；灌木层优势种为柃叶连蕊茶，重要值排名第5，伴生灌木有九节、狗骨柴、罗伞树、毛冬青、豺皮樟等；草本层以佩兰占优势种，整体盖度约20%，其他还有较多的粽叶芦、玉叶金花、薇甘菊、山菅兰、藿香蓟等。主要分布在仙湖植物园。

表3-68　杉木+肉桂+土沉香-九节-泽兰群丛（XH-S14）乔灌层重要值分析

序号	种名	株数	相对多度 RA	相对频度 RF	物种胸面积和/cm²	相对显著度 RD	重要值 IV
1	杉木 *Cunninghamia lanceolata*	49	10.12	8.33	10389.53	40.31	58.77
2	肉桂 *Cinnamomum cassia*	78	16.12	11.90	4451.03	17.27	45.29
3	土沉香 *Aquilaria sinensis*	91	18.80	11.90	3217.54	12.48	43.19
4	鼠刺 *Itea chinensis*	56	11.57	3.57	1004.37	3.90	19.04
5	柃叶连蕊茶 *Camellia euryoides*	50	10.33	3.57	989.76	3.84	17.74
6	亮叶猴耳环 *Archidendron lucidum*	9	1.86	1.19	2864.95	11.12	14.17
7	银柴 *Aporosa dioica*	20	4.13	5.95	899.78	3.49	13.58
8	九节 *Psychotria rubra*	31	6.40	3.57	207.18	0.80	10.78
9	狗骨柴 *Diplospora dubia*	23	4.75	3.57	263.58	1.02	9.35

（续表）

序号	种名	株数	相对多度 RA	相对频度 RF	物种胸面积和/cm²	相对显著度 RD	重要值 IV
10	绒毛润楠*Machilus velutina*	11	2.27	5.95	87.30	0.34	8.56
11	竹叶青冈*Cyclobalanopsis bamusaefolia*	13	2.69	3.57	138.21	0.54	6.79
12	山鸡椒*Litsea cubeba*	7	1.45	4.76	20.31	0.08	6.29
13	阴香*Cinnamomum burmannii*	7	1.45	3.57	271.55	1.05	6.07
14	山油柑*Acronychia pedunculata*	7	1.45	2.38	355.00	1.38	5.20
15	罗伞树*Ardisia quinquegona*	5	1.03	3.57	15.36	0.06	4.66
16	野漆*Toxicodendron succedaneum*	4	0.83	3.57	66.37	0.26	4.66
17	毛冬青*Ilex pubescens*	4	0.83	3.57	13.07	0.05	4.45
18	黄牛木*Cratoxylum cochinchinense*	3	0.62	2.38	95.97	0.37	3.37
19	豺皮樟*Litsea rotundifolia* var. *oblongifolia*	3	0.62	2.38	15.44	0.06	3.06
20	华南青皮木*Schoepfia chinensis*	4	0.83	1.19	158.52	0.62	2.63
21	高山榕*Ficus altissima*	1	0.21	1.19	144.41	0.56	1.96
22	枫香树*Liquidambar formosana*	2	0.41	1.19	31.13	0.12	1.72
23	黄杞*Engelhardia roxburghiana*	1	0.21	1.19	45.84	0.18	1.57
24	罗浮柿*Diospyros morrisiana*	1	0.21	1.19	23.00	0.09	1.49
25	酸藤子*Embelia laeta*	1	0.21	1.19	3.90	0.02	1.41
26	潺槁*Litsea glutinosa*	1	0.21	1.19	1.15	0.00	1.40
27	三桠苦*Melicope pteleifolia*	1	0.21	1.19	0.32	0.00	1.40

XIII-1a-3 杉木+樟林*Cunninghamia lanceolata+Cinnamomum camphora* Alliance（群系）

杉木+樟林群系有1个群丛，在杉木+樟-鹅掌柴-九节群丛（表3-69）中，杉木种群已经退化，目前残留较少数的老树，重要值排名第5，乔木层优势种为樟，也为栽培植物，以大树、老树为主，重要值排名第1，次优势种为鹅掌柴和山油柑，为扩散进来的原生物种，重要值排名前3，伴生乔木有野漆、乌墨、土蜜树、对叶榕、布渣叶、银柴等；灌木层优势种为九节和豺皮樟，盖度约30%，伴生灌木有梅叶冬青、栀子、毛冬青、余甘子、石斑木、白花灯笼等；草本层优势种不明显，多为灌木小苗，散生有海金沙、毛果珍珠茅、芒萁、山麦冬、半边旗等。主要分布在笔架山，羊白山、罗田水库。

表3-69　杉木+樟-鹅掌柴-九节群丛（BJS-S12）乔灌层重要值分析

序号	种名	株数	相对多度 RA	相对频度 RF	物种胸面积和/cm²	相对显著度 RD	重要值 IV
1	樟*Cinnamomum camphora*	72	19.46	8.06	6766.09	55.63	83.15
2	鹅掌柴*Schefflera heptaphylla*	104	28.11	8.06	2036.29	16.74	52.91
3	山油柑*Acronychia pedunculata*	26	7.03	6.45	1149.52	9.45	22.93
4	九节*Psychotria rubra*	29	7.84	11.29	75.67	0.62	19.75
5	杉木*Cunninghamia lanceolata*	16	4.32	4.84	928.36	7.63	16.80
6	豺皮樟*Litsea rotundifolia* var. *oblongifolia*	29	7.84	4.84	127.16	1.05	13.72
7	野漆*Toxicodencron succedanea*	16	4.32	6.45	155.51	1.28	12.05
8	梅叶冬青*Ilex asprella*	24	6.49	3.23	46.79	0.38	10.10

（续表）

序号	种名	株数	相对多度 RA	相对频度 RF	物种胸面积和/cm²	相对显著度 RD	重要值 IV
9	对叶榕 *Ficus hispida*	10	2.70	4.84	169.05	1.39	8.93
10	乌墨 *Syzygium cumini*	5	1.35	1.61	413.54	3.40	6.36
11	栀子 *Gardenia jasminoides*	5	1.35	4.84	4.57	0.04	6.23
12	银柴 *Aporosa dioica*	4	1.08	4.84	18.64	0.15	6.07
13	破布叶 *Microcos paniculata*	3	0.81	3.23	46.99	0.39	4.42
14	潺槁 *Litsea glutinosa*	3	0.81	3.23	22.12	0.18	4.22
15	黄牛木 *Cratoxylum cochinchinense*	3	0.81	3.23	11.30	0.09	4.13
16	毛冬青 *Ilex pubescens*	3	0.81	3.23	4.36	0.04	4.07
17	余甘子 *Phyllanthus emblica*	2	0.54	3.23	5.89	0.05	3.81
18	土蜜树 *Bridelia tomentosa*	2	0.54	1.61	91.93	0.76	2.91
19	石斑木 *Raphiolepis indica*	4	1.08	1.61	5.09	0.04	2.74
20	水团花 *Adina pilulifera*	3	0.81	1.61	15.79	0.13	2.55
21	杂色榕 *Ficus variegata*	1	0.27	1.61	42.83	0.35	2.24
22	白花灯笼 *Clerodendrum fortunatum*	2	0.54	1.61	1.43	0.01	2.17
23	香港算盘子 *Glochidion hongkongense*	1	0.27	1.61	17.90	0.15	2.03
24	马缨丹 *Lantana camara*	1	0.27	1.61	2.86	0.02	1.91
25	野牡丹 *Melastoma candidum*	1	0.27	1.61	1.99	0.02	1.90
26	朱砂根 *Ardisia crenata*	1	0.27	1.61	1.15	0.01	1.89

XIII-1b 马尾松人工针阔叶混交林 *Pinus massoniana* Artificial Coniferous and Broad-leaved Mixed Forest Alliance Group（群系组）

XIII-1b-1 马尾松+马占相思林 *Pinus massoniana+Acacia mangium* Alliance（群系）

马尾松+马占相思林群系主要有2个群丛，乔木层以马尾松和马占相思占绝对优势种，灌木层优势种有岗松、桃金娘、豺皮樟；草本层以芒萁占优势种。主要分布在内伶仃岛、排牙山。

在马尾松+马占相思-岗松-芒萁群丛（表3-70）中，乔木层优势种为马占相思和马尾松，重要值排名前2，马占相思的种群数量和优势度均较大，伴生乔木有簕欓、软荚红豆、大头茶、鹅掌柴等；灌木层优势种为岗松和豺皮樟，重要值排名前5，种群数量不大，伴生灌木有桃金娘、赤楠、石斑木、毛茶、野牡丹、栀子、变叶榕、台湾榕等；草本层优势种为芒萁，盖度达65%，伴生草本有山菅兰、蜈蚣草、蔓九节、马唐等，其他还有不少灌木幼苗。

表3-70　马尾松+马占相思-岗松-芒萁群丛（PYS-S15）乔灌层重要值分析

序号	种名	株数	相对多度 RA	相对频度 RF	物种胸面积和/cm²	相对显著度 RD	重要值 IV
1	马占相思 *Acacia mangium*	119	48.57	17.39	2093.05	59.30	125.26
2	马尾松 *Pinus massoniana*	51	20.82	17.39	960.10	27.20	65.41
3	岗松 *Baeckea frutescens*	19	7.76	10.87	96.61	2.74	21.36
4	豺皮樟 *Litsea rotundifolia* var. *oblongifolia*	13	5.31	4.35	134.09	3.80	13.45
5	簕欓 *Zanthoxylum avicennae*	7	2.86	8.70	24.93	0.71	12.26

（续表）

序号	种名	株数	相对多度 RA	相对频度 RF	物种胸面积和/cm^2	相对显著度 RD	重要值 IV
6	桃金娘 *Rhodomyrtus tomentosa*	10	4.08	6.52	32.71	0.93	11.53
7	赤楠 *Syzygium buxifolium*	3	1.22	6.52	8.75	0.25	7.99
8	石斑木 *Raphiolepis indica*	7	2.86	4.35	20.05	0.57	7.77
9	大头茶 *Gordonia axillaris*	4	1.63	4.35	13.53	0.38	6.36
10	软荚红豆 *Ormosia semicastrata*	2	0.82	2.17	112.12	3.18	6.17
11	毛茶 *Antirhea chinensis*	2	0.82	4.35	5.73	0.16	5.33
12	野牡丹 *Melastoma candidum*	3	1.22	2.17	8.59	0.24	3.64
13	栀子 *Gardenia jasminoides*	1	0.41	2.17	7.96	0.23	2.81
14	变叶榕 *Ficus variolosa*	1	0.41	2.17	3.90	0.11	2.69
15	鹅掌柴 *Schefflera heptaphylla*	1	0.41	2.17	2.86	0.08	2.66
16	台湾榕 *Ficus formosana*	1	0.41	2.17	2.86	0.08	2.66
17	毛冬青 *Ilex pubescens*	1	0.41	2.17	1.99	0.06	2.64

XIII-1b-2 马尾松+台湾相思林 *Pinus massoniana+Acacia confusa* Alliance（群系）

马尾松+台湾相思林群系主要有2个群丛，为马尾松+台湾相思+鼠刺-桃金娘+芒萁群丛和马尾松+台湾相思+银柴-九节-山麦冬群丛。乔木层优势种为马尾松、台湾相思、鼠刺、银柴等；灌木层优势种为桃金娘、九节、豺皮樟、梅叶冬青等；草本层优势种为芒萁。主要分布在内伶仃岛。在不同地段，局部会出现杉木片层，如大鹏半岛观音山等地。

在台湾相思+马尾松+银柴-九节-山麦冬群丛（表3-71）中，乔木层优势种为台湾相思、马尾松和银柴，重要值排名前3，伴生乔木有簕欓、鹅掌柴、香港算盘子等；灌木层优势种为九节和豺皮樟，重要值排名前5，伴生灌木比较丰富，主要有梅叶冬青、山柑藤、牛耳枫、青江藤、栀子、香港大沙叶、假鹰爪、雀梅藤、锡叶藤等；草本层以山麦冬占优势种，盖度约18%，伴生草本有扇叶铁线蕨、山菅兰、弓果黍等。

表3-71 台湾相思+马尾松+银柴-九节-山麦冬群丛（NLD-S06）乔灌层重要值分析

序号	种名	株数	相对多度 RA	相对频度 RF	物种胸面积和/cm^2	相对显著度 RD	重要值 IV
1	台湾相思 *Acacia confusa*	17	4.00	6.00	4338.40	31.04	41.04
2	马尾松 *Pinus massoniana*	14	3.29	5.00	3492.50	24.99	33.28
3	银柴 *Aporosa dioica*	50	11.76	6.00	2127.42	15.22	32.99
4	九节 *Psychotria rubra*	84	19.76	6.00	320.46	2.29	28.06
5	豺皮樟 *Litsea rotundifolia* var. *oblongifolia*	58	13.65	6.00	628.24	4.49	24.14
6	鹅掌柴 *Schefflera heptaphylla*	23	5.41	6.00	1541.46	11.03	22.44
7	簕欓 *Zanthoxylum avicennae*	27	6.35	6.00	567.47	4.06	16.41
8	梅叶冬青 *Ilex asprella*	28	6.59	4.00	343.85	2.46	13.05
9	山柑藤 *Cansjera rheedii*	15	3.53	6.00	71.48	0.51	10.04
10	牛耳枫 *Daphniphyllum calycinum*	14	3.29	6.00	76.87	0.55	9.84
11	青江藤 *Celastrus hindsii*	15	3.53	5.00	31.29	0.22	8.75
12	栀子 *Gardenia jasminoides*	9	2.12	5.00	24.37	0.17	7.29

（续表）

序号	种名	株数	相对多度 RA	相对频度 RF	物种胸面积和/cm^2	相对显著度 RD	重要值 IV
13	石斑木 *Raphiolepis indica*	8	1.88	4.00	19.20	0.14	6.02
14	香港大沙叶 *Pavetta hongkongensis*	11	2.59	3.00	18.43	0.13	5.72
15	假鹰爪 *Desmos chinensis*	10	2.35	3.00	25.23	0.18	5.53
16	雀梅藤 *Sageretia thea*	12	2.82	2.00	18.26	0.13	4.95
17	锡叶藤 *Tetracera asiatica*	4	0.94	3.00	5.09	0.04	3.98
18	玉叶金花 *Mussaenda pubescens*	4	0.94	2.00	19.18	0.14	3.08
19	酒饼簕 *Severinia buxifolia*	4	0.94	2.00	4.24	0.03	2.97
20	刺葵 *Phoenix hanceana*	1	0.24	1.00	198.94	1.42	2.66
21	菝葜 *Smilax china*	5	1.18	1.00	21.01	0.15	2.33
22	假苹婆 *Sterculia lanceolata*	1	0.24	1.00	35.09	0.25	1.49
23	两面针 *Zanthoxylum nitidum*	1	0.24	1.00	17.90	0.13	1.36
24	香港算盘子 *Glochidion hongkongense*	1	0.24	1.00	16.73	0.12	1.36
25	山蒲桃 *Syzygium levinei*	1	0.24	1.00	7.96	0.06	1.29
26	潺槁 *Litsea glutinosa*	1	0.24	1.00	1.99	0.01	1.25
27	柳叶石斑木 *Rhaphiolepis salicifolia*	1	0.24	1.00	1.61	0.01	1.25
28	土蜜树 *Bridelia tomentosa*	1	0.24	1.00	1.61	0.01	1.25
29	毛果算盘子 *Glochidion eriocarpum*	1	0.24	1.00	0.20	0.00	1.24
30	野漆 *Toxicodencron succedanea*	1	0.24	1.00	0.08	0.00	1.24
31	罗浮买麻藤 *Gnetum lofuense*	1	0.24	1.00	0.00	0.00	1.24

3.4.3 人工阔叶林（XIV）

人工阔叶林（XIV，植被型），可以划分为2个群系组，一个为桉树林群系组，包含5群系，9个群丛，常以桃金娘科桉属（*Eucalyptus*）植物占优势；一个为相思林群系组，包含4群系，34个群丛，以豆科相思树属（*Acacia*）植物占优势。这两类型广泛分布于南亚热带，深圳各区域均有分布（图3-22）。

图3-22　人工阔叶林（XIV）之桉树林群落（阳台山）

XIV-1a 桉林 *Eucalyptus* spp. Forest Alliance Group（群系组）

XIV-1a-1 桉树林 *Eucalyptus robusta* Alliance（群系）

1. 桉树－毛菍－芒萁群丛 *Eucalyptus robusta* – *Melastoma sanguineum* – *Dicranopteris pedata* Association

桉树林群系有2个群丛，以桉树占主要优势种。在桉树－毛菍/豺皮樟－芒萁群丛（表3-72）中，乔木优势种为桉树，重要值排名第1，有时混有窿缘桉、赤桉亦占优势等，均为早期人工栽培树种，其他树种较少，主要有野漆、银柴、木油桐等；灌木层优势种不明显，主要有豺皮樟、毛菍、三桠苦、石斑木、桃金娘等；草本层优势种为芒萁，盖度可达40%～60%，其他草本植物有小叶海金沙、山菅兰、乌毛蕨、蔓生莠竹、求米草、土麦冬等。深圳市各区均有小斑块分布，连片面积不是很大，如九龙山、凤凰山等地区沿山脚地带。

表3-72　桉树－毛菍－芒萁群丛（JLS-05）乔灌层重要值分析

序号	种名	株数	相对多度 RA	相对频度 RF	胸高断面积和/cm²	相对显著度 RD	重要值 IV
1	豺皮樟 *Litsea rotundifolia*	60	39.74	6.52	106.04	1.23	47.49
2	马占相思 *Acacia mangium*	8	5.30	4.35	3251.45	37.76	47.40
3	木油桐 *Vernicia montana*	11	7.28	8.70	1806.95	20.98	36.96
4	木荷 *Schima superba*	9	5.96	6.52	1701.17	19.75	32.24
5	梅叶冬青 *Ilex asprella*	12	7.95	6.52	6.53	0.08	14.54
6	毛锥 *Castanopsis fordii*	4	2.65	4.35	437.50	5.08	12.08
7	楝叶吴茱萸 *Tetradium glabrifolium*	4	2.65	4.35	333.56	3.87	10.87
8	桉 *Eucalyptus robusta*	4	2.65	2.17	520.13	6.04	10.86
9	鸭脚木 *Heptapleurum heptaphyllum*	4	2.65	4.35	4.53	0.05	7.05
10	小果菝葜 *Smilax davidiana*	4	2.65	4.35	0.00	0.00	7.00
11	杨桐 *Adinandra millettii*	3	1.99	4.35	17.83	0.21	6.54
12	火力楠 *Michelia macclurei*	2	1.32	4.35	32.84	0.38	6.05
13	黄樟 *Cinnamomum parthenoxylon*	2	1.32	2.17	181.58	2.11	5.61
14	马尾松 *Pinus massonia*	1	0.66	2.17	132.73	1.54	4.38
15	三桠苦 *Melicope pteleifolia*	3	1.99	2.17	10.87	0.13	4.29
16	假鹰爪 *Desmos chinensis*	2	1.32	2.17	3.08	0.04	3.53
17	灰毛大青 *Clerodendrum canescens*	2	1.32	2.17	0.00	0.00	3.50
18	鸡蛋花 *Plumeria rubra*	2	1.32	2.17	0.00	0.00	3.50
19	山苍子 *Litsea cubeba*	2	1.32	2.17	0.00	0.00	3.50
20	山乌桕 *Triadica cochinchinensis*	2	1.32	2.17	0.00	0.00	3.50
21	红鳞蒲桃 *Syzygium hancei*	1	0.66	2.17	31.17	0.36	3.20
22	毛菍 *Melastoma sanguineum*	1	0.66	2.17	18.10	0.21	3.05
23	簕欓 *Zanthoxylum avicennae*	1	0.66	2.17	13.85	0.16	3.00
24	粗叶榕 *Ficus hirta*	1	0.66	2.17	0.95	0.01	2.85
25	青江藤 *Celastrus hindsii*	1	0.66	2.17	0.95	0.01	2.85
26	九节 *Psychotria asiatica*	1	0.66	2.17	0.00	0.00	2.84
27	榄仁 *Terminalia catappa*	1	0.66	2.17	0.00	0.00	2.84
28	马缨丹 *Lantana camara*	1	0.66	2.17	0.00	0.00	2.84
29	毛冬青 *Ilex pubescens*	1	0.66	2.17	0.00	0.00	2.84
30	土沉香 *Aquilaria sinensis*	1	0.66	2.17	0.00	0.00	2.84

桉树+木油桐-荔枝群丛，在九龙山景区道路边荒废的果园周围区域有分布，属低丘陵山地。该群落乔木第一层以桉树、木油桐占优势，高度约13～16 m，散生有南洋楹、阴香等，乔木第二层主要以荔枝占优势，林下空旷，草本稀疏，有山菅兰、山麦冬、芒萁等。乔木层受干扰明显，南洋楹、阴香、木油桐均为种植的园林绿化树种，林下次生灌木亦较少，恢复较差。在五指耙水库区，乔木层以桉树+木荷占优势种。

XIV-1a-2 赤桉林*Eucalyptus camaldulensis* Alliance（群系）

赤桉林群系有1个群丛，在赤桉-水团花-类芦群丛（表3-73）中，群落建群种为赤桉，重要值排名第1，种群数量大，基本占据乔木层，伴生有马占相思、马尾松等；灌木层优势种为水团花，重要值排名第2，整体高度在2～3 m，伴生乔木有野漆、盐肤木、银柴、鹅掌柴、山鸡椒、山乌桕等，优势灌木为梅叶冬青，重要值排名第3，伴生灌木有石斑木、桃金娘、山黄麻、九节等；草本层以类芦占优势种，盖度约15%，伴生草本有鸡矢藤、芒、芒萁、山银花、酸藤子、薇甘菊等。主要分布在梅林公园。

表3-73　赤桉-水团花-类芦群丛（MLGY-S03）乔灌层重要值分析

序号	种名	株数	相对多度 RA	相对频度 RF	物种胸面积和/cm²	相对显著度 RD	重要值 IV
1	赤桉*Eucalyptus camaldulensis*	123	30.83	8.33	2937.31	67.70	106.86
2	水团花*Adina pilulifera*	86	21.55	8.33	128.01	2.95	32.84
3	马占相思*Acacia mangium*	18	4.51	4.17	913.25	21.05	29.73
4	梅叶冬青*Ilex asprella*	34	8.52	8.33	36.00	0.83	17.68
5	野漆*Toxicodencron succedanea*	23	5.76	6.94	68.28	1.57	14.28
6	盐肤木*Rhus chinensis*	22	5.51	5.56	26.94	0.62	11.69
7	鸦胆子*Brucea javanica*	15	3.76	6.94	16.78	0.39	11.09
8	豺皮樟*Litsea rotundifolia* var. *oblongifolia*	17	4.26	5.56	10.36	0.24	10.06
9	银柴*Aporosa dioica*	5	1.25	2.78	74.78	1.72	5.75
10	山黄麻*Trema orientalis*	4	1.00	4.17	16.19	0.37	5.54
11	石斑木*Raphiolepis indica*	3	0.75	4.17	3.62	0.08	5.00
12	鹅掌柴*Schefflera heptaphylla*	10	2.51	1.39	31.71	0.73	4.63
13	桃金娘*Rhodomyrtus tomentosa*	4	1.00	2.78	1.99	0.05	3.83
14	山鸡椒*Litsea cubeba*	4	1.00	2.78	1.93	0.04	3.82
15	山乌桕*Sapium discolor*	3	0.75	2.78	3.52	0.08	3.61
16	马尾松*Pinus massoniana*	1	0.25	1.39	51.75	1.19	2.83
17	杨桐*Adinandra millettii*	5	1.25	1.39	6.96	0.16	2.80
18	簕欓*Zanthoxylum avicennae*	4	1.00	1.39	1.80	0.04	2.43
19	破布叶*Microcos paniculata*	3	0.75	1.39	0.00	0.00	2.14
20	华南忍冬*Lonicera confusa*	2	0.50	1.39	0.92	0.02	1.91
21	黄牛木*Cratoxylum cochinchinense*	1	0.25	1.39	0.97	0.02	1.66
22	小叶菝葜*Smilax microphylla*	1	0.25	1.39	0.97	0.02	1.66
23	红鳞蒲桃*Syzygium hancei*	1	0.25	1.39	0.81	0.02	1.66
24	九节*Psychotria rubra*	1	0.25	1.39	0.72	0.02	1.66
25	粗叶榕*Ficus hirta*	1	0.25	1.39	0.62	0.01	1.65
26	毛菍*Melastoma sanguineum*	1	0.25	1.39	0.54	0.01	1.65
27	土蜜树*Bridelia tomentosa*	1	0.25	1.39	0.54	0.01	1.65

（续表）

序号	种名	株数	相对多度 RA	相对频度 RF	物种胸面积和/cm^2	相对显著度 RD	重要值 IV
28	栀子 *Gardenia jasminoides*	1	0.25	1.39	0.50	0.01	1.65
29	假苹婆 *Sterculia lanceolata*	1	0.25	1.39	0.32	0.01	1.65
30	白花灯笼 *Clerodendrum fortunatum*	1	0.25	1.39	0.08	0.00	1.64
31	马缨丹 *Lantana camara*	1	0.25	1.39	0.08	0.00	1.64
32	两面针 *Zanthoxylum nitidum*	1	0.25	1.39	0.00	0.00	1.64

XIV-1a-3 窿缘桉林 *Eucalyptus exserta* Alliance（群系）

窿缘桉林群系主要有3个群丛，乔木优势种主要有窿缘桉、柠檬桉、鹅掌柴；灌木层优势种主要有赤楠、梅叶冬青、豺皮樟；草本层优势种主要有芒萁。主要分布在笔架山、莲花山、石岩水库。

在窿缘桉–鹅掌柴–芒萁群丛（表3–74）中，群落建群种为窿缘桉，重要值排名第1，以大树、老树为主，占据群落乔木层，高度在11～15 m；灌木层鹅掌柴、假苹婆、梅叶冬青占优势，重要值排名前4，整体高度在2.5～4 m，伴生有盐肤木，破布叶、野漆、潺槁、土蜜树、香港算盘子等；草本层优势种为芒萁，盖度约30%，伴生有野葛、山菅兰、金毛狗、假臭草、扇叶铁线蕨、无根藤、小叶海金沙等。

表3–74 窿缘桉–鹅掌柴–芒萁群丛（SYSK–S04）乔灌层重要值分析

序号	种名	株数	相对多度 RA	相对频度 RF	物种胸面积和/cm^2	相对显著度 RD	重要值 IV
1	窿缘桉 *Eucalyptus exserta*	29	32.58	11.54	3311.86	79.07	123.19
2	鹅掌柴 *Schefflera heptaphylla*	11	12.36	11.54	152.95	3.65	27.55
3	假苹婆 *Sterculia lanceolata*	11	12.36	7.69	251.46	6.00	26.06
4	梅叶冬青 *Ilex asprella*	9	10.11	11.54	59.13	1.41	23.06
5	盐肤木 *Rhus chinensis*	4	4.49	11.54	35.17	0.84	16.87
6	破布叶 *Microcos paniculata*	6	6.74	3.85	109.82	2.62	13.21
7	野漆 *Toxicodencron succedanea*	3	3.37	7.69	27.22	0.65	11.71
8	潺槁 *Litsea glutinosa*	2	2.25	7.69	17.59	0.42	10.36
9	香港算盘子 *Glochidion hongkongense*	2	2.25	7.69	15.92	0.38	10.32
10	土蜜树 *Bridelia tomentosa*	4	4.49	3.85	49.26	1.18	9.52
11	银柴 *Aporosa dioica*	3	3.37	3.85	77.35	1.85	9.06
12	豺皮樟 *Litsea rotundifolia* var. *oblongifolia*	2	2.25	3.85	51.57	1.23	7.32
13	黄牛木 *Cratoxylum cochinchinense*	2	2.25	3.85	21.41	0.51	6.60
14	鸦胆子 *Brucea javanica*	1	1.12	3.85	7.96	0.19	5.16

XIV-1a-4 柠檬桉林 *Eucalyptus citriodora* Alliance（群系）

柠檬桉林群系主要有2个群丛，乔木优势种主要为柠檬桉；灌木层优势种有桃金娘、三桠苦、豺皮樟等；草本层优势种主要有小花露籽草、芒萁。主要分布在塘朗山、银湖山、笔架山、围岭公园、松子坑水库、清林径水库。

在柠檬桉–三桠苦–芒萁群丛（表3–75）中，群落建群种为柠檬桉，重要值排名第1，占据群落乔木层，高度在5～11 m，灌木层有少数个体；灌木层以三桠苦占绝对优势种，种群数量大，平均高度3.2 m，重要值排名第2，伴生有野漆、鹅掌柴、黄牛木、银柴、桃金娘、米碎花、豺皮樟、毛菍、毛冬青等；草本层以芒萁占优势种，盖度达55%，伴生有白花灯笼、地菍、海金沙、乌毛蕨、蔓九节、玉叶金花等。

表3-75　柠檬桉-三桠苦+桃金娘-芒萁群丛（WLGY-S05）乔灌层重要值分析

序号	种名	株数	相对多度 RA	相对频度 RF	物种胸面积和/cm²	相对显著度 RD	重要值 IV
1	柠檬桉*Eucalyptus citriodora*	43	20.00	14.29	2580.95	62.21	96.49
2	三桠苦*Melicope pteleifolia*	109	50.70	14.29	1201.80	28.97	93.95
3	桃金娘*Rhodomyrtus tomentosa*	20	9.30	14.29	68.10	1.64	25.23
4	野漆*Toxicodendron succedaneum*	7	3.26	7.14	54.51	1.31	11.71
5	鹅掌柴*Schefflera heptaphylla*	3	1.40	4.76	158.38	3.82	9.97
6	米碎花*Eurya chinensis*	3	1.40	7.14	9.31	0.22	8.76
7	粗叶榕*Ficus hirta*	2	0.93	4.76	4.14	0.10	5.79
8	白花灯笼*Clerodendrum fortunatum*	2	0.93	4.76	2.94	0.07	5.76
9	豺皮樟*Litsea rotundifolia* var. *oblongifolia*	5	2.33	2.38	42.41	1.02	5.73
10	山黄麻*Trema orientalis*	1	0.47	2.38	7.18	0.17	3.02
11	黄牛木*Cratoxylum cochinchinense*	1	0.47	2.38	5.09	0.12	2.97
12	毛菍*Melastoma sanguineum*	1	0.47	2.38	3.90	0.09	2.94
13	银柴*Aporosa dioica*	1	0.47	2.38	2.86	0.07	2.92
14	毛冬青*Ilex pubescens*	1	0.47	2.38	2.41	0.06	2.90
15	木荷*Schima superba*	1	0.47	2.38	2.41	0.06	2.90
16	石斑木*Raphiolepis indica*	1	0.47	2.38	2.41	0.06	2.90
17	马缨丹*Lantana camara*	1	0.47	2.38	0.02	0.00	2.85

XIV-1a-5 尾叶桉林*Eucalyptus urophylla* Alliance（群系）

尾叶桉林群系主要有2个群丛，乔木优势种主要有尾叶桉、木荷、山乌桕、荔枝；灌木层优势种主要有豺皮樟；草本层优势种主要有芒萁、芒。主要分布在大顶林公园、石岩水库、马峦山、田头山、松子坑水库。

在尾叶桉+木荷-豺皮樟-芒群丛（表3-76）中，尾叶桉为群落建群种，重要值排名第1，种群数量远多于其他物种，乔木层次优势种为木荷，重要值排名第2，伴生乔木有红鳞蒲桃、子凌蒲桃、山乌桕、山鸡椒、鹅掌柴、南洋楹、簕欓等；灌木层优势种为豺皮樟，重要值排名第4，伴生有鹅掌柴、子凌蒲桃、银柴、簕欓、山油柑、小树，其他灌木有石斑木、鸦胆子、粗叶榕、黑面神、三桠苦、台湾榕等；草本层以芒占优势种，盖度约45%，伴生草本有山姜、芒萁、山麦冬、山菅兰、粪箕笃、蕨、玉叶金花等。

表3-76　尾叶桉+木荷-豺皮樟-芒群丛（SYSK-S01）乔灌层重要值分析

序号	种名	株数	相对多度 RA	相对频度 RF	物种胸面积和/cm²	相对显著度 RD	重要值 IV
1	尾叶桉*Eucalyptus urophylla*	259	50.29	11.76	4328.30	45.65	107.71
2	木荷*Schima superba*	51	9.90	8.24	1627.52	17.17	35.30
3	子凌蒲桃*Syzygium championii*	32	6.21	3.53	873.52	9.21	18.96
4	豺皮樟*Litsea rotundifolia* var. *oblongifolia*	31	6.02	5.88	233.48	2.46	14.36

（续表）

序号	种名	株数	相对多度 RA	相对频度 RF	物种胸面积和/cm^2	相对显著度 RD	重要值 IV
5	野漆 *Toxicodencron succedanea*	20	3.88	7.06	235.87	2.49	13.43
6	鹅掌柴 *Schefflera heptaphylla*	23	4.47	4.71	268.18	2.83	12.00
7	红鳞蒲桃 *Syzygium hancei*	9	1.75	2.35	464.10	4.89	9.00
8	山鸡椒 *Litsea cubeba*	13	2.52	3.53	273.19	2.88	8.94
9	簕欓 *Zanthoxylum avicennae*	6	1.17	5.88	89.21	0.94	7.99
10	潺槁 *Litsea glutinosa*	6	1.17	4.71	158.04	1.67	7.54
11	山乌桕 *Sapium discolor*	4	0.78	3.53	196.32	2.07	6.38
12	黄牛木 *Cratoxylum cochinchinense*	11	2.14	2.35	89.21	0.94	5.43
13	盐肤木 *Rhus chinensis*	4	0.78	3.53	38.83	0.41	4.72
14	蒲桃 *Syzygium jambos*	8	1.55	2.35	73.69	0.78	4.68
15	银柴 *Aporosa dioica*	5	0.97	2.35	112.52	1.19	4.51
16	破布叶 *Microcos paniculata*	5	0.97	2.35	75.60	0.80	4.12
17	山油柑 *Acronychia pedunculata*	3	0.58	2.35	72.34	0.76	3.70
18	白背叶 *Mallotus apelta*	2	0.39	2.35	29.36	0.31	3.05
19	梧桐 *Firmiana simplex*	2	0.39	1.18	51.57	0.54	2.11
20	九节 *Psychotria rubra*	3	0.58	1.18	15.28	0.16	1.92
21	南洋楹 *Falcataria moluccana*	1	0.19	1.18	42.10	0.44	1.81
22	樟 *Cinnamomum camphora*	2	0.39	1.18	23.08	0.24	1.81
23	黧蒴 *Castanopsis fissa*	1	0.19	1.18	31.83	0.34	1.71
24	亮叶猴耳环 *Archidendron lucidum*	2	0.39	1.18	10.19	0.11	1.67
25	铁刀木 *Senna siamea*	1	0.19	1.18	11.46	0.12	1.49
26	水团花 *Adina pilulifera*	1	0.19	1.18	9.63	0.10	1.47
27	光叶山黄麻 *Trema cannabina*	1	0.19	1.18	7.96	0.08	1.45
28	杨桐 *Adinandra millettii*	1	0.19	1.18	7.96	0.08	1.45
29	大头茶 *Gordonia axillaris*	1	0.19	1.18	5.09	0.05	1.42
30	铁冬青 *Ilex rotunda*	1	0.19	1.18	5.09	0.05	1.42
31	鸦胆子 *Brucea javanica*	1	0.19	1.18	5.09	0.05	1.42
32	梅叶冬青 *Ilex asprella*	1	0.19	1.18	3.90	0.04	1.41
33	三椏苦 *Melicope pteleifolia*	1	0.19	1.18	3.90	0.04	1.41
34	台湾榕 *Ficus formosana*	1	0.19	1.18	3.90	0.04	1.41
35	粗叶榕 *Ficus hirta*	1	0.19	1.18	1.99	0.02	1.39
36	石斑木 *Raphiolepis indica*	1	0.19	1.18	1.99	0.02	1.39

XIV-1b 相思树林 *Acacia* spp. Forest Alliance Group（群系组）

XIV-1b-1 大叶相思林*Acacia auriculiformis* Alliance（群系）

大叶相思林群系主要有4个群丛，乔木优势种主要有大叶相思、柯、梅叶冬青、革叶铁榄、岗松；灌木层优势种主要有水团花；草本层优势种主要有扇叶铁线蕨、越南叶下珠、芒萁。主要分布在梅林公园、南山公园。

在大叶相思-梅叶冬青-扇叶铁线蕨群丛（3-77）中，群落建群种为大叶相思，重要值排名第1，种群数量远高于其他乔木，伴生乔木有台湾相思、鹅掌柴、水团花、银柴、簕欓；灌木层优势种为梅叶冬青，种群数量大，重要值排名第2，伴生灌木有豺皮樟、九节、粗叶榕、桃金娘、石斑木、米碎花、栀子等；草本层优势种为扇叶铁线蕨，盖度约10%，伴生草本有海金沙、山麦冬、草珊瑚、剑叶耳草等。

表3-77 大叶相思-梅叶冬青-扇叶铁线蕨群丛（MLGY-S01）乔灌层重要值分析

序号	种名	株数	相对多度 RA	相对频度 RF	物种胸面积和/cm^2	相对显著度 RD	重要值 IV
1	大叶相思*Acacia auriculiformis*	162	20.93	9.02	20864.42	87.23	117.18
2	梅叶冬青*Ilex asprella*	287	37.08	9.02	1228.97	5.14	51.24
3	豺皮樟*Litsea rotundifolia* var. *oblongifolia*	70	9.04	9.02	127.08	0.53	18.60
4	台湾相思*Acacia confusa*	35	4.52	6.77	1111.90	4.65	15.94
5	鹅掌柴*Schefflera heptaphylla*	43	5.56	8.27	129.56	0.54	14.37
6	水团花*Adina pilulifera*	32	4.13	6.77	73.18	0.31	11.21
7	九节*Psychotria rubra*	37	4.78	6.02	68.50	0.29	11.08
8	粗叶榕*Ficus hirta*	13	1.68	6.77	10.03	0.04	8.49
9	桃金娘*Rhodomyrtus tomentosa*	24	3.10	3.76	26.54	0.11	6.97
10	石斑木*Raphiolepis indica*	15	1.94	4.51	11.50	0.05	6.50
11	银柴*Aporosa dioica*	10	1.29	4.51	24.35	0.10	5.91
12	杨桐*Adinandra millettii*	7	0.90	4.51	19.08	0.08	5.50
13	簕欓*Zanthoxylum avicennae*	8	1.03	3.76	16.77	0.07	4.86
14	米碎花*Eurya chinensis*	7	0.90	3.01	6.21	0.03	3.94
15	栀子*Gardenia jasminoides*	3	0.39	2.26	9.35	0.04	2.68
16	土蜜树*Bridelia tomentosa*	3	0.39	1.50	10.27	0.04	1.93
17	潺槁*Litsea glutinosa*	2	0.26	1.50	2.04	0.01	1.77
18	柠檬桉*Eucalyptus citriodora*	1	0.13	0.75	114.91	0.48	1.36
19	雀梅藤*Sageretia thea*	2	0.26	0.75	51.57	0.22	1.23
20	山鸡椒*Litsea cubeba*	3	0.39	0.75	0.24	0.00	1.14
21	柏拉木*Blastus cochinchinensis*	2	0.26	0.75	1.96	0.01	1.02
22	假鹰爪*Desmos chinensis*	1	0.13	0.75	3.90	0.02	0.90
23	红花荷*Rhodoleia championii*	1	0.13	0.75	2.86	0.01	0.89
24	香港算盘子*Glochidion hongkongense*	1	0.13	0.75	1.99	0.01	0.89
25	紫玉盘*Uvaria macrophylla*	1	0.13	0.75	1.99	0.01	0.89
26	红鳞蒲桃*Syzygium hancei*	1	0.13	0.75	0.72	0.00	0.88
27	黑面神*Breynia fruticosa*	1	0.13	0.75	0.08	0.00	0.88
28	锡叶藤*Tetracera asiatica*	1	0.13	0.75	0.08	0.00	0.88

XIV-1b-2 马占相思林*Acacia mangium* Alliance（群系）

马占相思林群系主要有9个群丛，乔木优势种主要有马占相思、铁榄、尾叶桉、银柴；灌木层优势种主要有豺皮樟、米碎花、三桠苦、桃金娘；草本层优势种主要有芒萁、扇叶铁线蕨。主要分布在大鹏半岛、梅林公园、南山公园、排牙山。

在马占相思-三桠苦-芒萁群丛（表3-78）中，马占相思为群落建群种，重要值排名第1，以大树、老树为主，种群数量大，占据群落乔木层，高度整体在5～13 m，伴生有几棵野漆、山乌桕；灌木层优势种为三桠苦，平均高度3.1 m，伴生灌木有梅叶冬青、豺皮樟、栀子、桃金娘、毛菍、石斑木、香楠、香港算盘子、台湾榕、毛冬青等；草本层以芒萁占优势种，盖度可达60%，伴生有乌毛蕨、牯岭藜芦、海金沙、鸡矢藤、玉叶金花、粽叶芦、蔓九节等。

表3-78 马占相思-三桠苦-芒萁群丛（WLGY-S04）乔灌层重要值分析

序号	种名	株数	相对多度 RA	相对频度 RF	物种胸面积和/cm^2	相对显著度 RD	重要值 IV
1	马占相思*Acacia mangium*	106	33.87	14.08	9441.92	84.90	132.85
2	三桠苦*Melicope pteleifolia*	53	16.93	8.45	762.57	6.86	32.24
3	野漆*Toxicodencron succedanea*	19	6.07	14.08	480.69	4.32	24.48
4	梅叶冬青*Ilex asprella*	41	13.10	5.63	121.05	1.09	19.82
5	豺皮樟*Litsea rotundifolia* var. *oblongifolia*	20	6.39	4.23	43.13	0.39	11.00
6	山乌桕*Sapium discolor*	6	1.92	7.04	48.18	0.43	9.39
7	栀子*Gardenia jasminoides*	14	4.47	4.23	23.99	0.22	8.91
8	桃金娘*Rhodomyrtus tomentosa*	13	4.15	4.23	14.63	0.13	8.51
9	毛菍*Melastoma sanguineum*	6	1.92	4.23	11.11	0.10	6.24
10	石斑木*Raphiolepis indica*	4	1.28	4.23	4.97	0.04	5.55
11	香楠*Aidia canthioides*	3	0.96	2.82	115.77	1.04	4.82
12	黄牛木*Cratoxylum cochinchinense*	5	1.60	2.82	18.06	0.16	4.58
13	香港算盘子*Glochidion hongkongense*	2	0.64	2.82	8.16	0.07	3.53
14	台湾榕*Ficus formosana*	2	0.64	2.82	2.76	0.02	3.48
15	白花灯笼*Clerodendrum fortunatum*	2	0.64	2.82	1.29	0.01	3.47
16	毛冬青*Ilex pubescens*	4	1.28	1.41	8.57	0.08	2.76
17	盐肤木*Rhus chinensis*	2	0.64	1.41	2.96	0.03	2.07
18	米碎花*Eurya chinensis*	2	0.64	1.41	0.64	0.01	2.05
19	酸藤子*Embelia laeta*	2	0.64	1.41	0.50	0.00	2.05
20	九节*Psychotria rubra*	1	0.32	1.41	3.57	0.03	1.76
21	马尾松*Pinus massoniana*	1	0.32	1.41	1.99	0.02	1.75
22	野牡丹*Melastoma candidum*	1	0.32	1.41	1.61	0.01	1.74
23	鼠刺*Itea chinensis*	1	0.32	1.41	1.27	0.01	1.74
24	小叶买麻藤*Gnetum parvifolium*	1	0.32	1.41	0.97	0.01	1.74
25	鸦胆子*Brucea javanica*	1	0.32	1.41	0.97	0.01	1.74
26	粗叶榕*Ficus hirta*	1	0.32	1.41	0.18	0.00	1.73

XIV-1b-3 台湾相思林*Acacia confusa* Alliance（群系）

台湾相思林群系主要有11个群丛，乔木优势种主要有湾相思、大叶相思、银柴、柠檬桉、野漆、破布叶；灌木层优势种主要有豺皮樟、桃金娘、九节；草本层优势种主要有酒饼簕、淡竹叶、蔓生莠竹、藿香蓟、扇叶铁线蕨、海金沙等。主要分布在笔架山、凤凰山、莲花山。

在台湾相思-豺皮樟-芒萁群丛（表3-79）中，群落建群种为台湾相思，重要值排名第1，以成熟大树为主，种群数量也大，整体高度在7～14 m，伴生乔木有凤凰木、野漆、黧蒴、山乌桕、醉香含笑，下层乔木有台湾相思、潺槁、簕欓等；灌木层以豺皮樟占优势种，重要值排名第2，种群数据大，整体高度2～4 m，伴生灌木有米碎花、桃金娘、羊角拗、雀梅藤、梅叶冬青、九节、马缨丹、粗叶榕、细齿叶柃、岗松、石斑木等；草本层有较多灌木小苗，草本优势种为芒萁，盖度约30%，伴生草本有类芦、凤尾蕨、金腰箭、薇甘菊、胜红蓟、升马唐等。

表3-79　台湾相思-豺皮樟-芒萁群丛（LHS-S05）乔灌层重要值分析

序号	种名	株数	相对多度 RA	相对频度 RF	物种胸面积和/cm²	相对显著度 RD	重要值 IV
1	台湾相思*Acacia confusa*	149	22.07	8.51	8500.95	72.75	103.34
2	豺皮樟*Litsea rotundifolia* var. *oblongifolia*	193	28.59	7.80	513.94	4.40	40.79
3	凤凰木*Delonix regia*	27	4.00	4.96	299.39	2.56	11.53
4	潺槁 *Litsea glutinosa*	14	2.07	3.55	528.89	4.53	10.15
5	米碎花*Eurya chinensis*	40	5.93	3.55	69.37	0.59	10.07
6	桃金娘*Rhodomyrtus tomentosa*	34	5.04	4.26	84.90	0.73	10.02
7	羊角拗*Strophanthus divaricatus*	22	3.26	4.96	42.29	0.36	8.59
8	梅叶冬青 *Ilex asprella*	25	3.70	4.26	56.10	0.48	8.44
9	黧蒴*Castanopsis fissa*	12	1.78	3.55	301.24	2.58	7.90
10	九节 *Psychotria rubra*	20	2.96	4.26	37.69	0.32	7.54
11	醉香含笑*Michelia macclurei*	9	1.33	4.26	186.61	1.60	7.19
12	野漆 *Toxicodencron succedanea*	8	1.19	3.55	256.20	2.19	6.92
13	簕欓 *Zanthoxylum avicennae*	9	1.33	3.55	213.67	1.83	6.71
14	马缨丹*Lantana camara*	16	2.37	2.13	36.64	0.31	4.81
15	粗叶榕*Ficus hirta*	8	1.19	3.55	5.57	0.05	4.78
16	蒲桃*Syzygium jambos*	11	1.63	2.13	72.65	0.62	4.38
17	黄牛木*Cratoxylum cochinchinense*	5	0.74	3.55	9.25	0.08	4.37
18	雀梅藤*Sageretia thea*	7	1.04	2.84	11.62	0.10	3.97
19	树头菜*Crateva unilocularis*	7	1.04	2.13	92.75	0.79	3.96
20	山乌桕*Sapium discolor*	4	0.59	1.42	205.25	1.76	3.77
21	细齿叶柃*Eurya nitida*	15	2.22	0.71	19.10	0.16	3.09
22	银柴*Aporosa dioica*	4	0.59	2.13	26.68	0.23	2.95
23	破布叶 *Microcos paniculata*	3	0.44	2.13	6.13	0.05	2.62
24	石斑木*Raphiolepis indica*	7	1.04	1.42	10.32	0.09	2.54
25	血桐*Macaranga tanarius*	4	0.59	1.42	6.85	0.06	2.07
26	白背叶 *Mallotus apelta*	2	0.30	1.42	8.60	0.07	1.79

（续表）

序号	种名	株数	相对多度 RA	相对频度 RF	物种胸面积和 /cm²	相对显著度 RD	重要值 IV
27	土蜜树 *Bridelia tomentosa*	2	0.30	1.42	8.38	0.07	1.79
28	盐肤木 *Rhus chinensis*	2	0.30	1.42	4.40	0.04	1.75
29	岗松 *Baeckea frutescens*	3	0.44	0.71	3.82	0.03	1.19
30	马尾松 *Pinus massoniana*	1	0.15	0.71	25.78	0.22	1.08
31	粗糠柴 *Mallotus philippinensis*	1	0.15	0.71	23.00	0.20	1.05
32	麻楝 *Chukrasia tabularis*	2	0.30	0.71	3.22	0.03	1.03
33	山牡荆 *Vitex quinata*	1	0.15	0.71	4.36	0.04	0.89
34	山椒子 *Uvaria grandiflora*	1	0.15	0.71	3.90	0.03	0.89
35	粗叶木 *Lasianthus chinensis*	1	0.15	0.71	2.86	0.02	0.88
36	小花山小橘 *Glycosmis parviflora*	1	0.15	0.71	1.27	0.01	0.87
37	两面针 *Zanthoxylum nitidum*	1	0.15	0.71	0.72	0.01	0.86
38	毛果算盘子 *Glochidion eriocarpum*	1	0.15	0.71	0.32	0.00	0.86
39	越南叶下珠 *Phyllanthus cochinchinensis*	1	0.15	0.71	0.00	0.00	0.86

XIV-1b-4 相思树+桉林 *Eucalyptus* spp. + *Acacia* spp. Alliance（群系）

相思树+桉林群系主要有6个群丛，乔木优势种主要有台湾相思、马占相思、大叶相思、尾叶桉、柠檬桉、赤桉、窿缘桉、桉，偶见马尾松、银柴、鹅掌柴等；灌木层优势种主要有豺皮樟、米碎花、梅叶冬青、桃金娘；草本层优势种主要有山麦冬、芒萁、藿香蓟等。深圳市各区、各山地外围多有分布。

在台湾相思+尾叶桉－梅叶冬青－山麦冬群丛（表3-80）中，乔木层优势种为台湾相思和尾叶桉，重要值排名前2，台湾相思占明显优势，种群数量较大，其他乔木层伴生种有桉、窿缘桉、马占相思、鹅掌柴、野漆等；灌木层优势种为梅叶冬青，重要值排名第3，伴生乔木有鹅掌柴、革叶铁榄、香楠等，灌木有毛冬青、变叶榕、桃金娘、矮冬青、狗骨柴、石斑木、豺皮樟、台湾榕、毛茶等；草本层有较多乔灌木小苗，草本以山麦冬占优势种，伴生有朱砂根、芒、山菅兰、玉叶金花、小叶海金沙等。主要分布在笔架山、凤凰山、莲花山等。

表3-80　台湾相思+尾叶桉－梅叶冬青－山麦冬群丛（NS-S06）乔灌层重要值分析

序号	种名	株数	相对多度 RA	相对频度 RF	物种胸面积和 /cm²	相对显著度 RD	重要值 IV
1	台湾相思 *Acacia confusa*	102	24.76	9.20	4977.41	31.11	65.06
2	尾叶桉 *Eucalyptus urophylla*	37	8.98	8.05	4030.84	25.19	42.22
3	梅叶冬青 *Ilex asprella*	80	19.42	4.60	440.86	2.76	26.77
4	鹅掌柴 *Schefflera heptaphylla*	31	7.52	9.20	561.26	3.51	20.23
5	桉 *Eucalyptus robusta*	15	3.64	3.45	2037.98	12.74	19.83
6	窿缘桉 *Eucalyptus exserta*	9	2.18	2.30	1999.94	12.50	16.98
7	毛冬青 *Ilex pubescens*	22	5.34	6.90	159.31	1.00	13.23
8	变叶榕 *Ficus variolosa*	11	2.67	5.75	57.85	0.36	8.78
9	革叶铁榄 *Sinosideroxylon wightianum*	11	2.67	4.60	122.31	0.76	8.03

（续表）

序号	种名	株数	相对多度 RA	相对频度 RF	物种胸面积和/cm^2	相对显著度 RD	重要值 IV
10	马占相思 *Acacia mangium*	6	1.46	2.30	602.96	3.77	7.52
11	野漆 *Toxicodencron succedanea*	7	1.70	4.60	163.05	1.02	7.32
12	大叶相思 *Acacia auriculiformis*	4	0.97	2.30	516.06	3.23	6.50
13	桃金娘 *Rhodomyrtus tomentosa*	7	1.70	4.60	23.32	0.15	6.44
14	香楠 *Aidia canthioides*	7	1.70	3.45	52.92	0.33	5.48
15	簕欓 *Zanthoxylum avicennae*	6	1.46	3.45	13.69	0.09	4.99
16	杜鹃 *Rhododendron simsii*	10	2.43	2.30	40.66	0.25	4.98
17	矮冬青 *Ilex lohfauensis*	9	2.18	2.30	35.09	0.22	4.70
18	狗骨柴 *Diplospora dubia*	4	0.97	3.45	18.86	0.12	4.54
19	石斑木 *Raphiolepis indica*	4	0.97	3.45	8.83	0.06	4.47
20	豺皮樟 *Litsea rotundifolia* var. *oblongifolia*	6	1.46	2.30	37.64	0.24	3.99
21	台湾榕 *Ficus formosana*	4	0.97	2.30	11.94	0.07	3.34
22	刺毛杜鹃 *Rhododendron championiae*	8	1.94	1.15	10.19	0.06	3.15
23	山油柑 *Acronychia pedunculata*	3	0.73	2.30	18.06	0.11	3.14
24	毛茶 *Antirhea chinensis*	2	0.49	2.30	1.99	0.01	2.80
25	乌材 *Diospyros eriantha*	4	0.97	1.15	33.66	0.21	2.33
26	金柑 *Fortunella japonica*	2	0.49	1.15	19.50	0.12	1.76
27	栀子 *Gardenia jasminoides*	1	0.24	1.15	3.90	0.02	1.42

桉树+马占相思/大叶相思–毛菍–芒萁群丛中（表3-81）中，乔木优势种为桉树，重要值排名第1，次优势种为马占相思、窿缘桉、赤桉、大叶相思等，均为早期人工栽培树种，乔木层伴生有马尾松、野漆、银柴、山油柑等；灌木层优势种不明显，以毛菍优势度较高，伴生物种有三椏苦、鹅掌柴、石斑木、桃金娘、豺皮樟等；草本层优势种为芒萁，盖度可达60%，伴生草本有海金沙、山菅兰、蔓生莠竹、乌毛蕨、毛果珍珠茅。主要分布在罗田水库、凤凰山、铁岗水库、仙湖植物园、大鹏半岛。

表3-81　桉树+马占相思/大叶相思–毛菍–芒萁群丛（XH-S17）乔灌层重要值分析

序号	种名	株数	相对多度 RA	相对频度 RF	物种胸面积和/cm^2	相对显著度 RD	重要值 IV
1	桉树 *Eucalyptus robusta*	39	27.86	10.00	2129.04	31.26	69.12
2	马占相思 *Acacia mangium*	8	5.71	7.50	1353.85	19.88	33.09
3	窿缘桉 *Eucalyptus exserta*	16	11.43	10.00	602.86	8.85	30.28
4	赤桉 *Eucalyptus camaldulensis*	10	7.14	5.00	1047.00	15.37	27.52
5	大叶相思 *Acacia auriculiformis*	8	5.71	5.00	734.34	10.78	21.50
6	马尾松 *Pinus massoniana*	7	5.00	7.50	97.56	1.43	13.93
7	野漆 *Toxicodencron succedanea*	6	4.29	7.50	95.33	1.40	13.19
8	银柴 *Aporosa dioica*	6	4.29	7.50	93.11	1.37	13.15
9	毛菍 *Melastoma sanguineum*	10	7.14	5.00	29.40	0.43	12.57
10	三椏苦 *Melicope pteleifolia*	5	3.57	7.50	16.15	0.24	11.31

（续表）

序号	种名	株数	相对多度 RA	相对频度 RF	物种胸面积和/cm²	相对显著度 RD	重要值 IV
11	山油柑 *Acronychia pedunculata*	5	3.57	2.50	189.15	2.78	8.85
12	石斑木 *Raphiolepis indica*	5	3.57	5.00	13.05	0.19	8.76
13	台湾相思 *Acacia confusa*	1	0.71	2.50	334.15	4.91	8.12
14	山鸡椒 *Litsea cubeba*	7	5.00	2.50	35.65	0.52	8.02
15	桃金娘 *Rhodomyrtus tomentosa*	3	2.14	5.00	2.71	0.04	7.18
16	鹅掌柴 *Schefflera heptaphylla*	2	1.43	5.00	32.96	0.48	6.91
17	山乌桕 *Sapium discolor*	1	0.71	2.50	3.90	0.06	3.27
18	白背叶 *Mallotus apelta*	1	0.71	2.50	0.72	0.01	3.22

XIV-1c 其他人工阔叶林群系组 Other Artificial Broad Leaved Forest Alliance Group（群系组）

XIV-1c-1 栲+阴香林 *Castanopsis fargesii* + *Cinnamomum burmannii* Alliance（群系）

栲+阴香林群系有1个群丛，乔木层优势种主要有栲、阴香，其他有鹅掌柴、银柴等；灌木层优势种主要有三極苦、土密树、九节、桃金娘、罗浮买麻藤等；草本层常见有乌毛蕨、珍珠茅、团叶鳞始蕨、山麦冬、菝葜等。主要分布在塘朗山。

XIV-1c-2 醉香含笑林 *Michelia macclurei* Alliance（群系）

醉香含笑林群系有4个群丛，乔木层优势种主要有醉香含笑、鹅掌柴、马占相思、红鳞蒲桃、黧蒴、海南蒲桃、银柴、阴香、木油桐等；灌木层优势种主要有豺皮樟、梅叶冬青、九节、桃金娘、艾胶算盘子、罗浮买麻藤等；草本层常见有芒萁、乌毛蕨、黑莎草、芒、团叶鳞始蕨、山麦冬、土茯苓等。主要分布在阳台山、凤凰山、清林径水库。

在醉香含笑+鹅掌柴－豺皮樟－乌毛蕨群丛（表3-82）中，乔木层优势种为醉香含笑，重要值排名第1，次优势种为鹅掌柴，重要值排名第2，伴生乔木主要有黧蒴、银柴、木油桐、水团花、木荷、红胶木等；灌木层以豺皮樟占优势种，次优势种为梅叶冬青，伴生灌木有九节、鲫鱼胆、粗叶榕、桃金娘等；草本层以乌毛蕨占优势种，伴生有团叶鳞始蕨、扇叶铁线蕨、山菅、半边旗、剑叶鳞始蕨、黑莎草等。

表3-82 醉香含笑+鹅掌柴－豺皮樟－乌毛蕨群丛（YTS-S01）乔灌层重要值分析

序号	种名	株数	相对多度 RA	相对频度 RF	物种胸面积和/cm²	相对显著度 RD	重要值 IV
1	醉香含笑 *Michelia macclurei*	12	6.15	4.23	5705.11	35.08	45.46
2	鹅掌柴 *Schefflera heptaphylla*	38	19.49	5.63	884.48	5.44	30.56
3	黧蒴 *Castanopsis fissa*	6	3.08	4.23	2176.47	13.38	20.68
4	银柴 *Aporosa dioica*	23	11.79	5.63	402.37	2.47	19.90
5	木油桐 *Vernicia montana*	11	5.64	5.63	1391.46	8.56	19.83
6	水团花 *Adina pilulifera*	17	8.72	5.63	784.17	4.82	19.17
7	豺皮樟 *Litsea rotundifolia* var. *oblongifolia*	16	8.21	4.23	264.80	1.63	14.06
8	土沉香 *Aquilaria sinensis*	5	2.56	5.63	848.52	5.22	13.41
9	木荷 *Schima superba*	6	3.08	5.63	702.69	4.32	13.03

（续表）

序号	种名	株数	相对多度 RA	相对频度 RF	物种胸面积和/cm^2	相对显著度 RD	重要值 IV
10	红胶木 *Lophostemon confertus*	4	2.05	2.82	1026.91	6.31	11.18
11	梅叶冬青 *Ilex asprella*	9	4.62	5.63	13.58	0.08	10.33
12	艾胶算盘子 *Glochidion lanceolarium*	9	4.62	2.82	148.35	0.91	8.34
13	山乌桕 *Triadica cochinchinensis*	3	1.54	4.23	392.58	2.41	8.18
14	九节 *Psychotria asiatica*	5	2.56	4.23	5.47	0.03	6.82
15	红鳞蒲桃 *Syzygium hancei*	5	2.56	2.82	127.83	0.79	6.17
16	铁冬青 *Ilex rotunda*	1	0.51	1.41	555.72	3.42	5.34
17	罗浮锥 *Castanopsis faberi*	1	0.51	1.41	175.99	1.08	3.00
18	山杜英 *Elaeocarpus sylvestris*	1	0.51	1.41	136.85	0.84	2.76
19	野漆 *Toxicodendron succedaneum*	2	1.03	1.41	49.32	0.30	2.74
20	楝叶吴萸 *Tetradium glabrifolium*	1	0.51	1.41	128.68	0.79	2.71
21	黄心树 *Machilus gamblei*	1	0.51	1.41	107.51	0.66	2.58
22	两粤黄檀 *Dalbergia benthamii*	2	1.03	1.41	16.08	0.10	2.53
23	浙江润楠 *Machilus chekiangensis*	1	0.51	1.41	84.95	0.52	2.44
24	鲫鱼胆 *Maesa perlarius*	2	1.03	1.41	0.00	0.00	2.43
25	罗浮买麻藤 *Gnetum luofuense*	2	1.03	1.41	0.00	0.00	2.43
26	簕欓 *Zanthoxylum avicennae*	1	0.51	1.41	60.82	0.37	2.30
27	黄牛奶树 *Symplocos cochinchinensis* var. *laurina*	1	0.51	1.41	34.35	0.21	2.13
28	枫香树 *Liquidambar formosana*	1	0.51	1.41	24.63	0.15	2.07
29	三桠苦 *Melicope pteleifolia*	1	0.51	1.41	6.16	0.04	1.96
30	锡叶藤 *Tetracera sarmentosa*	1	0.51	1.41	5.73	0.04	1.96
31	假鹰爪 *Desmos chinensis*	1	0.51	1.41	2.01	0.01	1.93
32	蔓九节 *Psychotria serpens*	1	0.51	1.41	0.95	0.01	1.93
33	粗叶榕 *Ficus hirta*	1	0.51	1.41	0.00	0.00	1.92
34	假苹婆 *Sterculia lanceolata*	1	0.51	1.41	0.00	0.00	1.92
35	牛耳枫 *Daphniphyllum calycinum*	1	0.51	1.41	0.00	0.00	1.92
36	桃金娘 *Rhodomyrtus tomentosa*	1	0.51	1.41	0.00	0.00	1.92
37	杨桐 *Adinandra millettii*	1	0.51	1.41	0.00	0.00	1.92

XIV-1c-3 壳菜果林 *Mytilaria laosensis* Alliance（群系）

壳菜果林群系只有1个群丛，在壳菜果+樟树－梅叶冬青－山麦冬群丛（表3-83）中，壳菜果为群落建群种，重要值排名第1，种群数量远多于其他乔木，伴生乔木主要有樟、银柴、马占相思、枫香树、水团花、鹅掌柴等；灌木层以梅叶冬青占优势种，重要值排名第3，次优势种为粗叶榕，伴生灌木有罗浮买麻藤、九节、玉叶金花、假鹰爪等；草本层植物较稀疏，多为乔灌木幼苗，草本植物零星分布有半边旗、海金沙、山麦冬、蔓生莠竹、乌毛蕨、小花露籽草等。主要分布在梧桐山、大顶岭公园。

表3-83 壳菜果+樟树-梅叶冬青-山麦冬群丛（DDL-S11）乔灌层重要值分析

序号	种名	株数	相对多度 RA	相对频度 RF	物种胸面积和/cm²	相对显著度 RD	重要值 IV
1	壳菜果 *Mytilaria laosensis*	25	16.89	1.61	7103.09	48.05	66.56
2	樟 *Cinnamomum camphora*	5	3.38	1.61	4434.14	30.00	34.99
3	梅叶冬青 *Ilex asprella*	35	23.65	6.45	15.12	0.10	30.20
4	银柴 *Aporosa dioica*	16	10.81	6.45	243.27	1.65	18.91
5	粗叶榕 *Ficus hirta*	15	10.14	6.45	4.30	0.03	16.62
6	马占相思 *Acacia mangium*	1	0.68	4.84	1407.65	9.52	15.04
7	枫香树 *Liquidambar formosana*	5	3.38	1.61	1345.58	9.10	14.09
8	水团花 *Adina pilulifera*	11	7.43	4.84	97.80	0.66	12.93
9	鹅掌柴 *Schefflera heptaphylla*	5	3.38	6.45	2.86	0.02	9.85
10	罗浮买麻藤 *Gnetum luofuense*	3	2.03	6.45	34.46	0.23	8.71
11	九节 *Psychotria asiatica*	2	1.35	6.45	0.00	0.00	7.80
12	玉叶金花 *Mussaenda pubescens*	4	2.70	4.84	3.98	0.03	7.57
13	阴香 *Cinnamomum burmannii*	4	2.70	4.84	0.00	0.00	7.54
14	黄牛木 *Cratoxylum cochinchinense*	3	2.03	4.84	85.47	0.58	7.44
15	假鹰爪 *Desmos chinensis*	1	0.68	6.45	0.00	0.00	7.13
16	破布叶 *Microcos paniculata*	2	1.35	4.84	0.00	0.00	6.19
17	牛耳枫 *Daphniphyllum calycinum*	1	0.68	4.84	0.72	0.00	5.52
18	假苹婆 *Sterculia lanceolata*	1	0.68	4.84	0.00	0.00	5.51

XIV-1c-4 木荷林 *Schima superba* Alliance（群系）

木荷林群系只有1个群丛，在木荷-银柴+九节-半边旗+扇叶铁线蕨群丛（表3-84）中，木荷为群落建群种，重要值排名第1，种群数量远多于其他乔木，乔木层伴生种主要有银柴、鹅掌柴、三桠苦、阴香、水团花等，整体高度在4.0~19.0 m；灌木层以九节占优势种，重要值排名第2，次优势种为粗叶榕，重要值排名第5，伴生灌木有罗浮买麻藤、假鹰爪、梅叶冬青、玉叶金花等，整体高度在1.6 ~3.5 m；草本层以小花露籽草占优势种，盖度约70%，伴生有海金沙、半边旗、扇叶铁线蕨、草珊瑚、牛白藤、钱氏鳞始蕨、乌毛蕨等。木荷林作为森林防火带在深圳的山地和郊野公园广泛栽培，主要分布在梧桐山、大鹏半岛、田心山、阳台山、凤凰山、大顶岭公园。

表3-84 木荷-银柴+九节-半边旗+扇叶铁线蕨群丛（DDL-S12）乔灌层重要值分析

序号	种名	株数	相对多度 RA	相对频度 RF	物种胸面积和/cm²	相对显著度 RD	重要值 IV
1	木荷 *Schima superba*	62	34.07	4.69	30571.36	99.73	138.48
2	九节 *Psychotria asiatica*	35	19.23	6.25	6.68	0.02	25.50
3	银柴 *Aporosa dioica*	20	10.99	6.25	14.56	0.05	17.29
4	鹅掌柴 *Schefflera heptaphylla*	11	6.04	6.25	3.82	0.01	12.31
5	粗叶榕 *Ficus hirta*	11	6.04	6.25	2.15	0.01	12.30

（续表）

序号	种名	株数	相对多度 RA	相对频度 RF	物种胸面积和/cm²	相对显著度 RD	重要值 IV
6	三椏苦 *Melicope pteleifolia*	12	6.59	4.69	0.00	0.00	11.28
7	阴香 *Cinnamomum burmannii*	6	3.30	4.69	0.00	0.00	7.98
8	水团花 *Adina pilulifera*	5	2.75	4.69	19.74	0.06	7.50
9	罗浮买麻藤 *Gnetum luofuense*	2	1.10	6.25	9.63	0.03	7.38
10	假鹰爪 *Desmos chinensis*	1	0.55	6.25	0.00	0.00	6.80
11	梅叶冬青 *Ilex asprella*	1	0.55	6.25	0.00	0.00	6.80
12	破布叶 *Microcos paniculata*	2	1.10	4.69	2.15	0.01	5.79
13	玉叶金花 *Mussaenda pubescens*	2	1.10	4.69	1.27	0.00	5.79
14	牛耳枫 *Daphniphyllum calycinum*	1	0.55	4.69	0.00	0.00	5.24

XIV-1c-5 南洋楹林 *Falcataria moluccana* Alliance（群系）

南洋楹林群系只有1个群丛，在南洋楹+山鸡椒-龙眼+三椏苦-小花露籽草群丛（表3-85）中，乔木层优势种为南洋楹，重要值排名第1，次优势种为山鸡椒和龙眼，重要值排名第2和第3，伴生乔木主要有鹅掌柴、三椏苦、野漆、鱼尾葵、土蜜树、银柴、猴樟等；灌木层以九节占优势种，次优势种为粗叶榕，伴生灌木有梅叶冬青、酸藤子、毛果算盘子、两面针、白花酸藤果、玉叶金花、野牡丹等；草本层以小花露籽草占优势种，伴生有小叶海金沙、乌毛蕨、半边旗、剑叶鳞始蕨等。主要分布在横坑水库、九龙山公园、小南山公园。

表3-85　南洋楹+山鸡椒-龙眼+三椏苦-小花露籽草群丛（HKSK-S04）乔灌层重要值分析

序号	种名	株数	相对多度 RA	相对频度 RF	物种胸面积和/cm²	相对显著度 RD	重要值 IV
1	南洋楹 *Falcataria moluccana*	24	14.63	7.84	6473.21	87.58	110.06
2	山鸡椒 *Litsea cubeba*	28	17.07	7.84	408.10	5.52	30.44
3	龙眼 *Dimocarpus longan*	16	9.76	7.84	236.62	3.20	20.80
4	鹅掌柴 *Schefflera heptaphylla*	13	7.93	7.84	47.66	0.64	16.41
5	三椏苦 *Melicope pteleifolia*	12	7.32	7.84	67.85	0.92	16.08
6	九节 *Psychotria asiatica*	8	4.88	7.84	2.36	0.03	12.75
7	粗叶榕 *Ficus hirta*	8	4.88	5.88	1.90	0.03	10.79
8	梅叶冬青 *Ilex asprella*	9	5.49	1.96	38.12	0.52	7.96
9	酸藤子 *Embelia laeta*	6	3.66	3.92	12.57	0.17	7.75
10	野漆 *Toxicodendron succedaneum*	6	3.66	3.92	0.95	0.01	7.59
11	毛果算盘子 *Glochidion eriocarpum*	5	3.05	3.92	5.67	0.08	7.05
12	两面针 *Zanthoxylum nitidum*	4	2.44	3.92	2.54	0.03	6.40
13	白花酸藤果 *Embelia ribes*	4	2.44	3.92	2.26	0.03	6.39
14	玉叶金花 *Mussaenda pubescens*	4	2.44	3.92	0.00	0.00	6.36
15	野牡丹 *Melastoma malabathricum*	6	3.66	1.96	2.85	0.04	5.66
16	鱼尾葵 *Caryota maxima*	2	1.22	3.92	22.26	0.30	5.44
17	土蜜树 *Bridelia tomentosa*	2	1.22	3.92	11.59	0.16	5.30

（续表）

序号	种名	株数	相对多度RA	相对频度RF	物种胸面积和/cm^2	相对显著度RD	重要值IV
18	石斑木*Rhaphiolepis indica*	2	1.22	3.92	4.09	0.06	5.20
19	银柴*Aporosa dioica*	1	0.61	1.96	50.27	0.68	3.25
20	黑面神*Breynia fruticosa*	2	1.22	1.96	0.00	0.00	3.18
21	猴樟*Cinnamomum bodinieri*	1	0.61	1.96	0.20	0.00	2.57
22	细齿叶柃*Eurya nitida*	1	0.61	1.96	0.00	0.00	2.57

XIV-1c-6 乌榄林*Canarium pimela* Alliance（群系）

乌榄林群系只有1个群丛，在乌榄－梅叶冬青+豺皮樟－芒萁群丛（表3-86）中，乌榄为群落建群种，重要值排名第1，种群数量远多于其他乔木，伴生乔木主要有竹节树、山乌桕、醉香含笑、鹅掌柴、银柴、野漆、木荷、水团花、黄牛木等，整体高度约3.5~16.0 m；灌木层以梅叶冬青占优势，重要值排名第2，次优势种为豺皮樟，重要值排名第3，伴生灌木有毛冬青、粗叶榕、常绿荚蒾，毛茶、粗叶木、九节、毛果算盘子，还有许多木质藤本，如罗浮买麻藤、小叶红叶藤、白花酸藤果、锡叶藤、酸藤子等，整体高度1.6～3.3 m；草本层以芒萁占优势种，盖度约80%，伴生有扇叶铁线蕨、团叶鳞始蕨、细圆藤、二花珍珠茅、山麦冬、剑叶鳞始蕨、芒等。主要分布在凤凰山。

表3-86　乌榄－梅叶冬青+豺皮樟－芒萁群丛（FHS-S07）乔灌层重要值分析

序号	种名	株数	相对多度RA	相对频度RF	物种胸面积和/cm^2	相对显著度RD	重要值IV
1	乌榄*Canarium pimela*	23	9.43	6.56	3798.79	60.57	76.55
2	梅叶冬青*Ilex asprella*	85	34.84	6.56	414.72	6.61	48.01
3	豺皮樟*Litsea rotundifolia* var. *oblongifolia*	31	12.70	6.56	164.33	2.62	21.88
4	竹节树*Carallia brachiata*	12	4.92	3.28	450.57	7.18	15.38
5	山乌桕*Triadica cochinchinensis*	6	2.46	4.92	397.89	6.34	13.72
6	醉香含笑*Michelia macclurei*	10	4.10	4.92	142.52	2.27	11.29
7	鹅掌柴*Schefflera heptaphylla*	6	2.46	4.92	153.27	2.44	9.82
8	银柴*Aporosa dioica*	6	2.46	4.92	119.68	1.91	9.29
9	毛冬青*Ilex pubescens*	10	4.10	3.28	82.04	1.31	8.69
10	野漆*Toxicodendron succedaneum*	4	1.64	4.92	97.48	1.55	8.11
11	罗浮买麻藤*Gnetum luofuense*	6	2.46	4.92	25.23	0.40	7.78
12	木荷*Schima superba*	4	1.64	3.28	153.82	2.45	7.37
13	水团花*Adina pilulifera*	4	1.64	3.28	46.79	0.75	5.66
14	小叶红叶藤*Rourea microphylla*	5	2.05	3.28	0.00	0.00	5.33
15	粗叶榕*Ficus hirta*	4	1.64	3.28	0.72	0.01	4.93
16	白花酸藤果*Embelia ribes*	3	1.23	3.28	16.33	0.26	4.77
17	黄牛木*Cratoxylum cochinchinense*	1	0.41	1.64	147.14	2.35	4.40
18	常绿荚蒾*Viburnum sempervirens*	4	1.64	1.64	5.81	0.09	3.37

（续表）

序号	种名	株数	相对多度 RA	相对频度 RF	物种胸面积和/cm^2	相对显著度 RD	重要值 IV
19	锡叶藤 *Tetracera sarmentosa*	3	1.23	1.64	5.25	0.08	2.95
20	酸藤子 *Embelia laeta*	3	1.23	1.64	0.00	0.00	2.87
21	楝叶吴萸 *Tetradium glabrifolium*	2	0.82	1.64	5.73	0.09	2.55
22	红鳞蒲桃 *Syzygium hancei*	1	0.41	1.64	28.73	0.46	2.51
23	毛茶 *Antirhea chinensis*	1	0.41	1.64	5.09	0.08	2.13
24	簕欓 *Zanthoxylum avicennae*	1	0.41	1.64	3.90	0.06	2.11
25	余甘子 *Phyllanthus emblica*	1	0.41	1.64	3.90	0.06	2.11
26	变叶榕 *Ficus variolosa*	1	0.41	1.64	1.27	0.02	2.07
27	粗叶木 *Lasianthus chinensis*	1	0.41	1.64	0.72	0.01	2.06
28	对叶榕 *Ficus hispida*	1	0.41	1.64	0.00	0.00	2.05
29	九节 *Psychotria asiatica*	1	0.41	1.64	0.00	0.00	2.05
30	毛果算盘子 *Glochidion eriocarpum*	1	0.41	1.64	0.00	0.00	2.05
31	三椏苦 *Melicope pteleifolia*	1	0.41	1.64	0.00	0.00	2.05
32	山黄麻 *Trema tomentosa*	1	0.41	1.64	0.00	0.00	2.05
33	水同木 *Ficus fistulosa*	1	0.41	1.64	0.00	0.00	2.05

XIV-1c-7 玉兰林 *Yulania denudata* Alliance（群系）

玉兰林群系只有1个群丛，在玉兰+大叶紫薇−豺皮樟+油茶−芒萁群丛（表3-87）中，乔木优势种为玉兰，重要值排名第1，次优势种大花紫薇，重要值排名第2，伴生乔木主要有鹅掌柴、油茶、山乌桕、山黄麻、火焰树、三椏苦等；灌木层以豺皮樟占优势种，重要值排名第3，伴生灌木有白背叶、白花酸藤果、酸藤子、石斑木、桃金娘、盐肤木、梅叶冬青等；草本层以芒萁占优势种，有薇甘菊入侵，伴生有黑莎草、寄生藤、毛果珍珠茅、二花珍珠茅、无根藤、一点红、金草、乌毛蕨等。主要分布在横坑水库。

表3-87　玉兰+大叶紫薇−豺皮樟+油茶−芒萁群丛（HKSK-S02）乔灌层重要值分析

序号	种名	株数	相对多度 RA	相对频度 RF	物种胸面积和/cm^2	相对显著度 RD	重要值 IV
1	玉兰 *Yulania denudata*	17	7.52	6.25	614.34	46.29	60.06
2	大花紫薇 *Lagerstroemia speciosa*	12	5.31	6.25	319.19	24.05	35.61
3	豺皮樟 *Litsea rotundifolia* var. *oblongifolia*	39	17.26	4.69	63.50	4.78	26.73
4	鹅掌柴 *Schefflera heptaphylla*	17	7.52	4.69	117.77	8.87	21.08
5	油茶 *Camellia oleifera*	22	9.73	6.25	27.06	2.04	18.02
6	山乌桕 *Triadica cochinchinensis*	18	7.96	6.25	28.33	2.13	16.35
7	山黄麻 *Trema tomentosa*	12	5.31	6.25	31.19	2.35	13.91
8	火焰树 *Spathodea campanulata*	3	1.33	3.13	80.69	6.08	10.53

（续表）

序号	种名	株数	相对多度 RA	相对频度 RF	物种胸面积和/cm^2	相对显著度 RD	重要值 IV
9	白背叶 *Mallotus apelta*	8	3.54	6.25	1.43	0.11	9.90
10	三椏苦 *Melicope pteleifolia*	10	4.42	4.69	4.30	0.32	9.44
11	白花酸藤果 *Embelia ribes*	7	3.10	4.69	0.00	0.00	7.78
12	野漆 *Toxicodendron succedaneum*	7	3.10	3.13	15.76	1.19	7.41
13	酸藤子 *Embelia laeta*	9	3.98	3.13	0.00	0.00	7.11
14	变叶榕 *Ficus variolosa*	7	3.10	3.13	0.00	0.00	6.22
15	石斑木 *Rhaphiolepis indica*	4	1.77	3.13	0.72	0.05	4.95
16	桃金娘 *Rhodomyrtus tomentosa*	3	1.33	3.13	1.99	0.15	4.60
17	银柴 *Aporosa dioica*	2	0.88	3.13	7.72	0.58	4.59
18	鸡眼藤 *Morinda parvifolia*	6	2.65	1.56	0.00	0.00	4.22
19	寄生藤 *Dendrotrophe varians*	5	2.21	1.56	0.00	0.00	3.77
20	山鸡椒 *Litsea cubeba*	2	0.88	1.56	1.43	0.11	2.56
21	盐肤木 *Rhus chinensis*	2	0.88	1.56	1.43	0.11	2.56
22	大叶相思 *Acacia auriculiformis*	2	0.88	1.56	0.00	0.00	2.45
23	黑面神 *Breynia fruticosa*	2	0.88	1.56	0.00	0.00	2.45
24	马占相思 *Acacia mangium*	2	0.88	1.56	0.00	0.00	2.45
25	梅叶冬青 *Ilex asprella*	2	0.88	1.56	0.00	0.00	2.45
26	杨桐 *Adinandra millettii*	1	0.44	1.56	5.09	0.38	2.39
27	黄花风铃木 *Handroanthus chrysanthus*	1	0.44	1.56	3.90	0.29	2.30
28	白楸 *Mallotus paniculatus*	1	0.44	1.56	0.72	0.05	2.06
29	细齿叶柃 *Eurya nitida*	1	0.44	1.56	0.72	0.05	2.06
30	两面针 *Zanthoxylum nitidum*	1	0.44	1.56	0.00	0.00	2.00
31	栀子 *Gardenia jasminoides*	1	0.44	1.56	0.00	0.00	2.00

XIV-1c-8 银合欢林 *Leucaena leucocephala* Alliance（群系）

银合欢林群落有1个群丛，即银合欢群丛，以银合欢占绝对优势种，近乎小片纯林，面积不大，在林缘地带有簕仔树、水茄、赛葵、海芋、白茅、乌毛蕨、土茯苓等，在光明区横坑水库周边、大鹏半岛七娘山山脚局部等有分布。

XIV-1c-9 土沉香林 *Aquilaria sinensis* Alliance（群系）

土沉香林群落有1个群丛，即土沉香群丛，分布在仙湖植物园北部半山腰，为香港回归纪念林，于1997年3月由深圳、香港两地的青年共同种植，占地50多亩*，林内种植了1997株国家重点保护野生植物——土沉香，纪念林的外貌是一幅中国地图，以象征祖国的统一。该群落为土沉香纯林，乔木层高6～12 m以下；林下灌木较少，仅有桃金娘、五指毛桃、越南叶下珠等少数几种；草本层主要包括白木香幼苗、芒萁、胜红蓟、蔓生莠竹、铁线蕨、蜈蚣草、芒等。

*1 hm^2=15亩

XIV-1c-10 无瓣海桑林 *Sonneratia apetala* Alliance（群系）

无瓣海桑林群系有1个群丛，即无瓣海桑群丛。无瓣海桑是优良的红树林造林和防护树种，生长快，为大乔木，在深圳海岸带有广泛的栽培。无瓣海桑群落主要分布在福田红树林、深圳湾公园流花山一带、西湾红树林公园、大铲湾码头靠前海湾区域、大鹏半岛鹿嘴山庄红树林区域。群落以无瓣海桑占优势种，其他栽培种还有秋茄、木榄、黄槿、杨叶肖槿、蜡烛果、许树；海滩草本植物有老鼠簕、厚藤、芦苇、海芋，局部区域有侵入的美洲蟛蜞菊、白花鬼针草等外来种。

XIV-1c-11 互叶白千层林 *Melaleuca alternifolia* Alliance（群系）

互叶白千层林群系只有1个群丛，在互叶白千层–野牡丹–毛果珍珠茅群丛（表3–81）中，互叶白千层为群落建群种，重要值排名第1，种群数量远多于其他乔木，乔木层伴生种只有马占相思；灌木层没有明显优势种，分布零散，种群数量较少，有野牡丹、毛菍、三椏苦；草本层以芒萁占优势种，伴生草本植物有小叶海金沙、二花珍珠茅、乌毛蕨、野葛、粪箕笃。主要分布在凤凰山、阳台山、石岩水库。

表3–88　互叶白千层–野牡丹–毛果珍珠茅群丛（FHS-S05）乔灌层重要值分析

序号	种名	株数	相对多度 RA	相对频度 RF	物种胸面积和/cm²	相对显著度 RD	重要值 IV
1	互叶白千层 *Melaleuca alternifolia*	361	96.52	42.86	42912.03	99.99	239.38
2	野牡丹 *Melastoma malabathricum*	6	1.60	14.29	0.00	0.00	15.89
3	马占相思 *Acacia mangium*	3	0.80	14.29	2.55	0.01	15.09
4	毛菍 *Melastoma sanguineum*	2	0.53	14.29	0.00	0.00	14.82
5	三椏苦 *Melicope pteleifolia*	2	0.53	14.29	0.00	0.00	14.82

3.5　农业植被（C）

农业植被（C植被型组）是以农业生产为目的而耕作的人工栽培植物群落。这类群落在深圳市分布广泛，按生活型可划分为乔木类农业植被、灌木类农业植被和草本类农业植被3类，按功能类型又可进一步划分为乔木类果园、饮料植物、粮食植物、草本类果园等4个植被型。

3.5.1　乔木类果园

乔木类果园（植被型），共包含6个群系，8个群丛，均为典型的南亚热带果树群落，主要分布于山地低海拔地段地和村落周边。乔木类果园主要为荔枝果园，其面积较大，其他果园有龙眼果园、杧果果园、阳桃果园、梅果园、黄皮果园等，面积相对较小。果树类群落常以单优势果树为主，如下作简要描述。

XV-1-1 荔枝林果园 *Litchi chinensis* Alliance（群系）

荔枝果园群系属于乔木类农业植被，有3个群丛，乔木层以荔枝占绝对优势种，其他伴生乔木偶尔有凤凰木、苦楝、潺槁等；灌木层多为荔枝幼树，偶见马缨丹；草本层常有侵入的藿香蓟占优势种，其他常见草本植物有薇甘菊、牛白藤、羊角拗、乌毛蕨等。广泛分布于深圳村落旁和山地的低海拔地段。

在荔枝–藿香蓟群丛（表3–88）中，在600 m²的样地内，乔木层仅有荔枝，共有98株，高度在3.6～5.1 m；草本层植物以藿香蓟占绝对优势种，主要伴生草本植物有薇甘菊、牛白藤、野茼蒿、乌毛蕨等，其他草本植物零星分布有华南毛蕨、鬼针草、草豆蔻、海金沙、地菍等。

表3-88 荔枝-藿香蓟群丛（XH-S13）乔木层、草本层重要值分析

序号	种名	株数	相对多度 RA	相对频度 RF	物种胸面积和 /cm²或盖度/%	相对显著度 RD	重要值 IV
1	荔枝 *Litchi chinensis*	98	100	100	2721.39*	100	300
2	藿香蓟 *Ageratum conyzoides*	3	5.66	5.26	11.11	26.02	31.03
3	薇甘菊 *Mikania micrantha*	5	9.43	8.77	18.52	20.43	24.36
4	牛白藤 *Hedyotis hedyotidea*	9	16.98	8.77	18.52	15.70	18.72
5	乌毛蕨 *Blechnum orientale*	2	3.77	3.51	7.41	8.60	10.26
6	野茼蒿 *Crassocephalum crepidioides*	19	35.85	5.26	11.11	6.45	7.69
7	华南毛蕨 *Cyclosorus parasiticus*	2	3.77	1.75	3.70	2.15	2.56
8	鬼针草 *Bidens pilosa*	1	1.89	1.75	3.70	2.15	2.56
9	草豆蔻 *Alpinia hainanensis*	1	1.89	1.75	3.70	0.65	0.77
10	白花酸藤子 *Embelia ribes*	1	1.89	1.75	3.70	0.43	0.51
11	海金沙 *Lygodium japonicum*	3	5.66	3.51	7.41	0.43	0.51
12	地菍 *Melastoma dodecandrum*	1	1.89	1.75	3.70	0.43	0.51
13	求米草 *Oplismenus undulatifolius*	5	9.43	1.75	3.70	0.22	0.26
14	半边旗 *Pteris semipinnata*	1	1.89	1.75	3.70	0.22	0.26

注：“*”表示物种胸面积，此栏其他数值均为盖度。

3.5.2 饮料类作物园

饮料类作物园（植被型），代表群落主要为茶园群系、茶群丛，属于灌木类农业植被，零散分布于村落附近或山地低海拔地段，也有少数分布于中高海拔地段。深圳市人工茶园种植面积较小，且分布零散，如三洲田（东部华侨城）和马峦山种植有较大规模的茶园，面积达50 hm²。深圳市山地分布有野生茶和野生普洱茶，亦为茶园的野生种质资源，零星分布，有待进一步开展保护性开发利用。

3.5.3 粮食类作物园

粮食类作物园（植被型），植物代表群落主要为稻田群系、稻群丛，属于草本类农业植被。以前在深圳村落旁有广泛分布，随着深圳市城市化进程的加快，现仅在少数村落保存有粮食自留地，或者在深圳市基本农田保护地有水稻种植。

3.5.4 草本类果园

草本类果园（植被型），有2个群系、2个群丛，即香蕉+大蕉群丛、火龙果群丛，属于草本类农业植被，均为典型的热带水果群落，主要分布于村落旁、低山脚地。香蕉+大蕉群丛种植面积较小，但分布广泛，在梧桐山、田头山、排牙山、七娘山等山地，早期农耕活动区域依然保有少面积的小群落，有时呈半野生状况。火龙果是南方重要的经济作物，在中国南方及深圳市均种植历史不长，目前保存面积较少，在茜坑水库有一个火龙果园，面积约7 hm²。

第4章　深圳市植被分布格局

植被在空间尺度上有两个全球性的地理分布规律，一是地带性规律，二是非地带性规律。能够反映某地区气候和土壤特征的植被类型，称为地带性植被或显域植被；植被地带性是地理地带性规律在植被分布上的反映。地带性包括水平地带性（经度地带性和纬度地带性）和垂直地带性，一般来说，某地区热量的纬度地带性和水分的经度地带性综合决定了该地区植被的水平地带性，植被的垂直地带性从属于水平地带性，从低海拔到高海拔构成植被垂直带谱，反映该地区自然条件的垂直分异情况。

由于生境的异质性，地区内还会出现一些无法反映气候地带性的植被类型，这些植被类型被称为隐域植被或非地带性植被类型。非地带性规律主要由于海陆分布、地形起伏、洋流等因素的影响，导致陆地自然带植被的分布不具备水平地域分异规律和山地垂直分异规律，在地带性植被类型中出现不属于该地带植被的植被类型，或者使陆地地带性自然植被表现不完整。

4.1　深圳市地带性植被

植被分带是一种大尺度的植被外貌划分，植被的地理分布受到现代气候因素的制约。温度带与植被带并非一一对应的。植被类型的地带性可依据温度气候带的性质进行定义和划分，如热带、亚热带、温带等植被，界线的划定是以热量为标准。植被类型的地带性也可依据干湿气候带进行划分，强调水分与热量条件，是一种反映植被生活型和植被郁闭状况的气候指标，在植被分区时尤为重要（方精云，2001）。

在我国东部，由南向北，不仅温度递减，降水也呈显著的递减趋势，因此依据植被的外貌以及水分、热量气候要素进行划分就很容易确定植被分带特征。物种是构成植被的组成要素，其分布不仅受到现代环境条件的制约，更受古地质、古地理条件的影响。因此，在考察植被高等级分类单位时，常常依据热量气候带以及水分分布特征；而划分植被低级分类单位，如群系、群丛的划分时，物种分布、植物区系构成就显示出更大的重要性。据此，方精云（2001）将中国东部的植被带划分为6个带，其中，深圳地区属于第V、VI带，即北部属于亚热带常绿阔叶林带（V），这一地带常分为北、中、南亚热带；广东大部分地区属于南亚热带，北界以南岭南坡为界，南界以雷州半岛北部以及向东沿岸山脉的北坡为界。深圳地区的南部属于热带雨林季雨林带（VI），相当于年均温25℃线以南地区，沿海岸山脉南坡一线，包括沿海滩涂地区的红树林群落等。

深圳市的经度范围为113°46′～114°37′，纬度范围为22°27′～22°52′，其地带性植被主要表现在纬度地带性，依据中国植被区划中植被地带的划分结果，深圳的水平地带性植被主要有两个，一个为南亚热带季风常绿阔叶林；另一个为北热带半常绿季雨林。深圳山地海拔最高为943.7 m，在海拔梯度的垂直地带性上没有明显的地带性尺度变化，与水平地带性植被大致相当。

4.2　深圳市植被的水平分布特征

深圳整体呈长方形，总面积为1997.47 km^2，因其城市发展需要，深圳保留的自然山地呈零散的斑块状，主要的自然山地植被分布在罗田森林公园、大顶林山地公园、凤凰山、阳台山、铁岗水库、塘朗山、银湖山、大南山公园、小南山公园、梧桐山、三洲田公园、马峦山、田头山、大鹏半岛等。

依据对深圳全域范围的植物群落现状调查结果，绘制出的深圳市自然和半自然状态下的植物群落和植被类型的现状分布图如下（图4-1）。

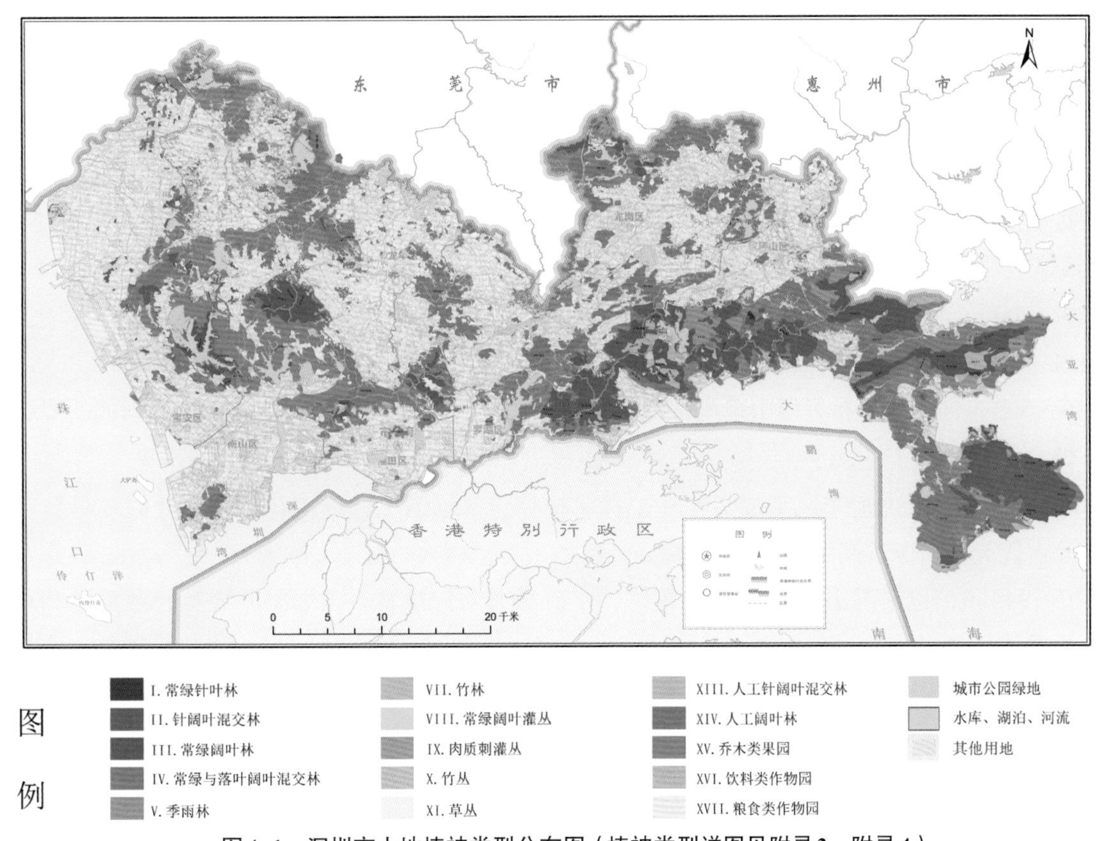

图4-1　深圳市山地植被类型分布图（植被类型详图见附录3、附录4）

由于人类活动频繁，深圳的原生植被遭到了严重的破坏，天然植被目前仅在中部（从梧桐山至东部的田头山、排牙山一带）和东南部（大鹏半岛）得到较好的保留。

深圳中部和东南部植被中季风常绿阔叶林分布最为广泛，以厚壳桂林、浙江润楠林、黧蒴林、鹅掌柴林、大头茶林、鼠刺林等为代表；半常绿季雨林也主要分布于这一区域，半常绿季雨林属于热带性森林，而热带林生态系统具有脆弱性，季雨林在遭到破坏后常常会被其他植被类型取代，因此深圳半常绿季雨林的保存率极低，仅残存于低海拔沟谷或村边的风水林中，以银柴+黄桐+乌檀林和白桂木+翻白叶树林为典型代表；东南部海岸还分布有以银叶树为代表的海岸半红树林及以白骨壤、秋茄、桐花树为代表的海滩红树林。

深圳西部地区和内伶仃岛的植被大部分为人工林，包括人工常绿针叶林、人工针阔叶混交林和人工常绿阔叶林，其中人工常绿阔叶林分布最广，以相思林和桉树林为代表。西部沿海地区分布有少量的红树林，以秋茄、白骨壤、木榄、桐花树等本地真红树植物群落形成海滩红树林，但因深圳城市发展，其原生生境破坏殆尽，天然红树林残存面积极少，目前海岸带以人工种植的无瓣海桑、秋茄等红树林为主。

深圳北部区域天然植被分布较少，以半自然的公园绿化林或水库生态防护林为主，集中分布区域在罗田森林公园、大顶岭山地公园、清林径水库区域，主要有黧蒴、栲、桉树、柠檬桉、木荷、阴香、米槠、大叶相思、马占相思、壳菜果、樟、荔枝、龙眼等优势种群，在清林径水库保留有少数的山油柑、岭南山竹子、鹅掌柴、竹节树、革叶铁榄等优势的植物群落。

4.3　深圳市植被的垂直分布特征

4.3.1　基本特征

深圳地区山峰众多，海拔均不超过1000 m，但因其南部为海岸山脉，面向南海，植被在垂直带上仍表现出随海拔梯度而有所变化的特点，即从低海拔到高海拔，深圳植被类型有明显变化（图4-2），特别是在东部排牙山地区，出现7个亚植被带。

海拔150 m以下，山地植被以人工次生林为主，包括以相思林和桉树林为主的人工常绿阔叶林、以杉木林为代表的人工针叶林、杉木与次生阔叶树种或马尾松与人工常绿阔叶树种组成的人工针阔叶混交林。此外，在局部中海拔段的人为干扰区域分布有常绿与落叶阔叶混交林，如鹅掌柴+银柴+山乌桕群系、野漆+山乌桕+山油柑群系等。

海拔150～300 m，主要类型为常绿针叶林、季雨林和次生性的常绿阔叶灌丛；季雨林仅存在于部分受到保护的地段内，如内伶仃岛、排牙山、七娘山等地，有时上限可达到350 m。

海拔300～500 m，主要分布有低山季风常绿阔叶林，以鹅掌柴、鼠刺、大头茶、浙江润楠、厚壳桂、黧蒴等占优势种。

海拔500～750 m，为山地季风常绿阔叶林、常绿矮林、常绿灌丛，以密花树、钝叶假蚊母树、毛棉杜鹃、吊钟花等占优势种，群落高度通常在4～10 m。

海拔730～944 m，包括近山顶50 m海拔范围，常分布有常绿矮林、常绿阔叶灌丛、灌草丛和草丛植被类型，受山顶整体环境影响，乔灌木树种在该区域生长矮化，整体高度在2～5 m，以典型矮林、灌丛群落为主，在局部区域分布有以五节芒、芒、蔓生莠竹、鳞籽莎等为优势的小面积草丛群落。

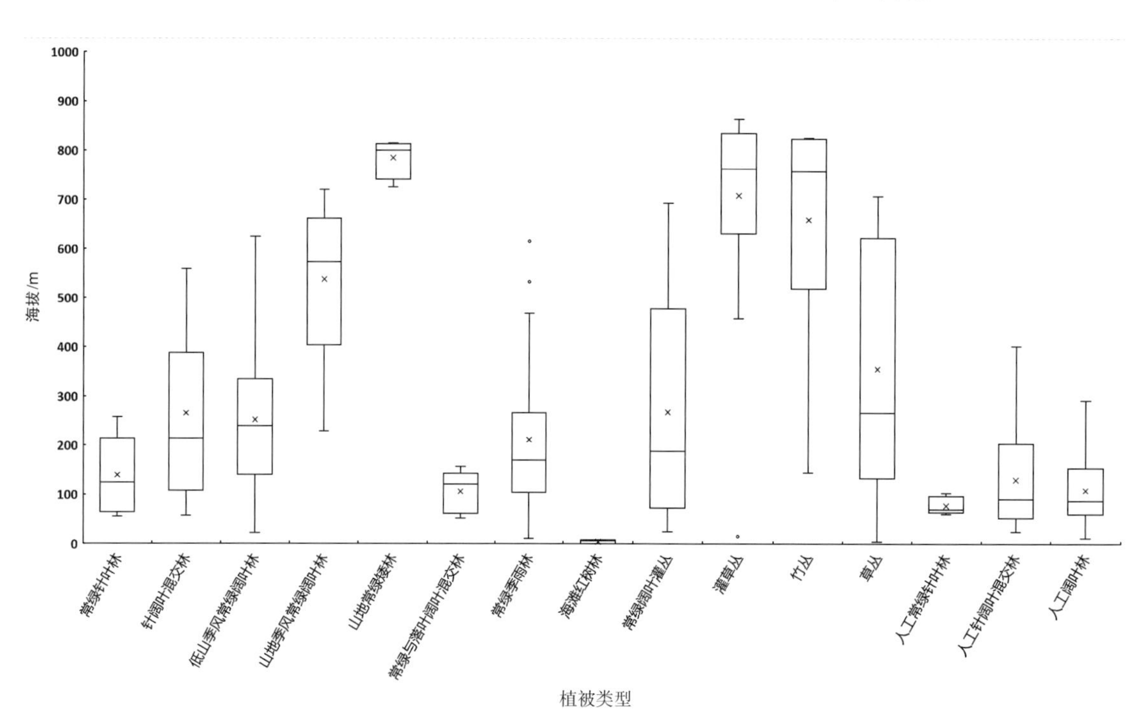

图4-2　深圳市植被型沿海拔分布箱线图

4.3.2　山地植被垂直带谱

选取深圳阳台山、梧桐山、七娘山等典型山地，调查其植被垂直分布特征，从低海拔至山顶记录沿线垂直方向的群落类型，在水平方向上大约延伸了2～3 km，以绘制植被群落类型垂直分布图。

4.3.2.1　阳台山-龙眼山线

选取阳台山西北坡的龙眼山线作为调查路线，其山脚低海拔为80 m，到阳台山山顶高海拔为550 m，垂直高差470 m，该登山线坡度主要在20°～60°，陡坡段较多，有少数平地路段。依据群落类型调查结果，绘制其植被垂直带谱（图4-3）。从阳台山-龙眼山线的植被垂直带可以分为4个主要带谱，从低海拔到高海拔依次分布如下。

（1）农业植被带

海拔段为80～150 m，以荔枝+龙眼果园为主，果园边缘有少数次生林群落，以黧蒴、木荷、银柴占优势种。

（2）人工+次生阔叶林带

海拔段为150～300 m，以木荷防火带伴生群落可分布到海拔500 m，主要优势栽培种群有黧蒴、木荷、火力楠、木油桐等，次生优势种群有银柴、红鳞蒲桃、水团花、黄牛木、华润楠、土沉香、鹅掌柴等，该区域受到较明显的人为干扰破坏，群落伴生有较多的栽培植物，群落郁闭度不高，整体处于演替初期阶段。

（3）常绿阔叶林带

海拔段为300～480 m，以典型亚热带常绿阔叶林植被为主，优势种群有黄心树、红鳞蒲桃、华润楠、鹅掌柴、黄杞、鼠刺、水团花、银柴、豺皮樟、九节等，有少面积的以落叶树种楝叶吴茱萸、山乌桕、野漆占优势种的常绿与阔叶混交群落，群落整体发展较成熟，有较多大树和老树，郁闭度较大，结构分层明显，群落朝亚顶极发展。

（4）矮林+灌丛带

海拔段为480～550 m，为近山顶区域，以乔木矮林与灌丛群落为主，群落整体高度在2～5 m，优势种群有山油柑、密花树、细齿叶柃、桃金娘、变叶榕、箣竹等，有较多藤状灌木，如寄生藤、酸藤子、香花鸡血藤等。

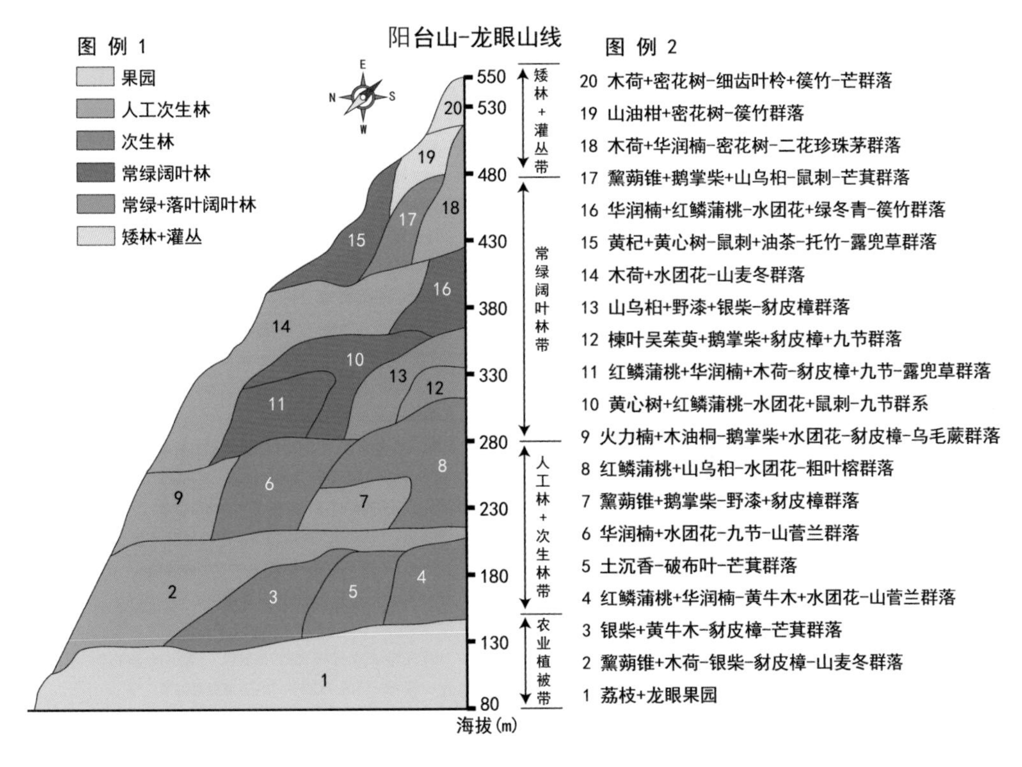

图4-3　宝安区阳台山-龙眼山线垂直带谱

4.3.2.2　梧桐山-秀桐线

选取梧桐山东北坡的秀桐线作为调查路线，其山脚低海拔为110 m，到梧桐山山顶高海拔为910 m，垂直高差804 m，该登山线坡度主要在20°～60°，陡坡段较多，主要路段为山脊线段。依据群落类型调查结果，绘制其植被垂直带谱（图4-4）。从梧桐山秀桐线的植被垂直带可以分为5个主要带谱，从低海拔到高海拔依次分布如下。

（1）人工次生林带

海拔段为110～160 m，主要以台湾相思+黧蒴-豺皮樟群落为主，有一定的人为干扰，主要位于本区域山坡段，面积不大，林内的原生物种发展迅速，群落正朝常绿阔叶林或季雨林类型演替。

（2）沟谷季雨林带

海拔段为110～210 m，为假柿木姜子+五月茶+假苹婆-野蕉群落，伴生有水东哥、银柴、山油柑、印度榕（栽培）等，位于本区域山谷溪流段，林下物种丰富。

（3）常绿阔叶林带

主要海拔段为150～850 m，是本路线植被垂直带谱的主体部分，主要优势种群有短序润楠、黧蒴、银柴、鹅掌柴、红鳞蒲桃、羊舌树、土沉香、毛棉杜鹃、密花树、假苹婆、鼠刺、水团花、腺叶桂樱、亮叶冬青、硬壳柯、少叶黄杞、饭甑青冈等。在本区域海拔200～350 m的山谷有一片热性竹林，以粉单竹为主，林内保留有较多桫椤群落。同时受山路开发破坏影响，在600～700 m的海拔段，沿路分布有带状的箬叶竹竹丛，伴生有粗叶榕等。

（4）矮林+灌丛带

海拔段为850～900 m，主要为矮林和灌木群落，如华润楠+红花荷+鼠刺-赤楠+细齿叶柃矮林群落、桃金娘+满山红+变叶榕灌丛群落，整体高度在1.5～3.5 m。

（5）草丛带

海拔段为890～910 m，以草丛群落为主，以芒、鳞籽莎、蕨状薹草、有芒鸭嘴草等占优势，伴生有低矮的灌木，如变叶榕、桃金娘、赤楠等。

梧桐山最高海拔为944 m，植被保存较好，垂直植被带明显，在整个深圳市有较好的代表性；另东部地区的七娘山、排牙山植被也有明显的垂直带。

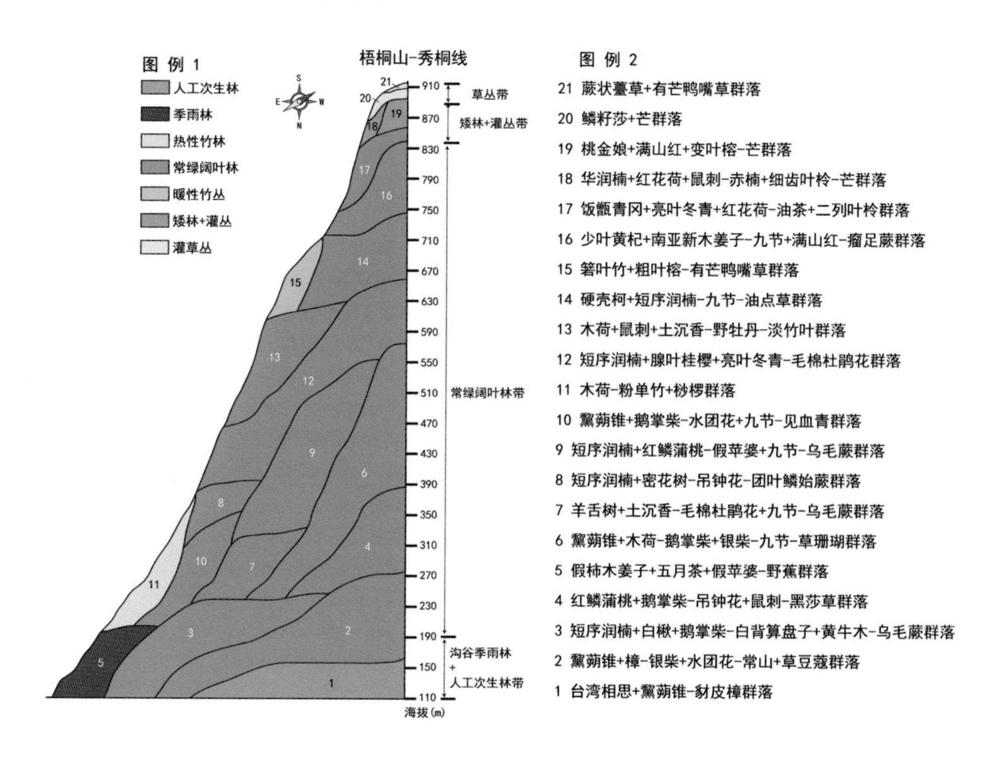

图4-4　罗湖区梧桐山-秀桐线植被垂直带谱

4.3.2.3　七娘山-主峰科考线

选取七娘山西北坡的主峰科考线作为调查路线，其山脚低海拔为30 m，到主峰山顶高海拔为840 m，垂直高差810 m，该登山线坡度主要在30°～70°，陡坡段较多，在低海拔段坡度较缓。依据群落类型调查结果，绘制其植被垂直带谱（图4-5）。从七娘山－主峰科考线的植被垂直带可以分为6个主要带谱，从低海拔到高海拔依次分布如下。

（1）农业植被带

海拔段为30～70 m，为荔枝＋龙眼果园，群落边缘有较多栽培绿化灌木和草本，目前正退园还林，有较多本地野生种扩散其中，如白楸、山乌桕、亮叶猴耳环、银柴等。

（2）季雨林带

海拔段为50～300 m，主要分在溪谷至半山腰区域，以榕树、岭南山竹子、山油柑、假鱼骨木、土沉香等占优势种群。

（3）人工次生林带

海拔段为70～300 m，本区域坡度较缓，受公园改造影响，栽培有较多的木荷、红鳞蒲桃、簕杜鹃等，群落整体郁闭度不高，散生有山乌桕、野漆、簕欓、梅叶冬青等强阳物种，群落处于演替初期阶段。同时，在70～190 m海拔段有小片马尾松＋银柴＋黄牛木针阔叶混交林群落，次生性明显。

（4）常绿阔叶林带

海拔段为250～670 m，为本线路垂直带谱的主体，主要优势种有假苹婆、鹅掌柴、香花枇杷、饭甑青冈、岭南山茉莉、厚壳桂、密花树、五列木、腺叶桂樱、大头茶、华润楠、黄樟、烟斗柯、鼠刺、吊钟花等，群落整体发展成熟，乔木层树种丰富，郁闭度较高，部分群落类型已发展至亚顶极。同时，在海拔510～700 m段，有小片落叶树广东木瓜红和岭南槭为优势或伴生的常绿与落叶阔叶混交林群落。

（5）矮林＋灌丛带

海拔段为670～820 m，以近山顶的低矮乔木林和灌草丛为主，优势种群有大头茶、鼠刺、密花树、岭南青冈、山矾、尖脉木姜子、桃金娘、赤楠等，群落整体高度在2～4.5 m。

（6）草丛带

海拔段为820～840 m，主要以芒、鳞籽莎为优势，低矮草本有细毛鸭嘴草、耳基卷柏、芒萁等，伴生灌木有石斑木、变叶榕、满山红、鼠刺等。

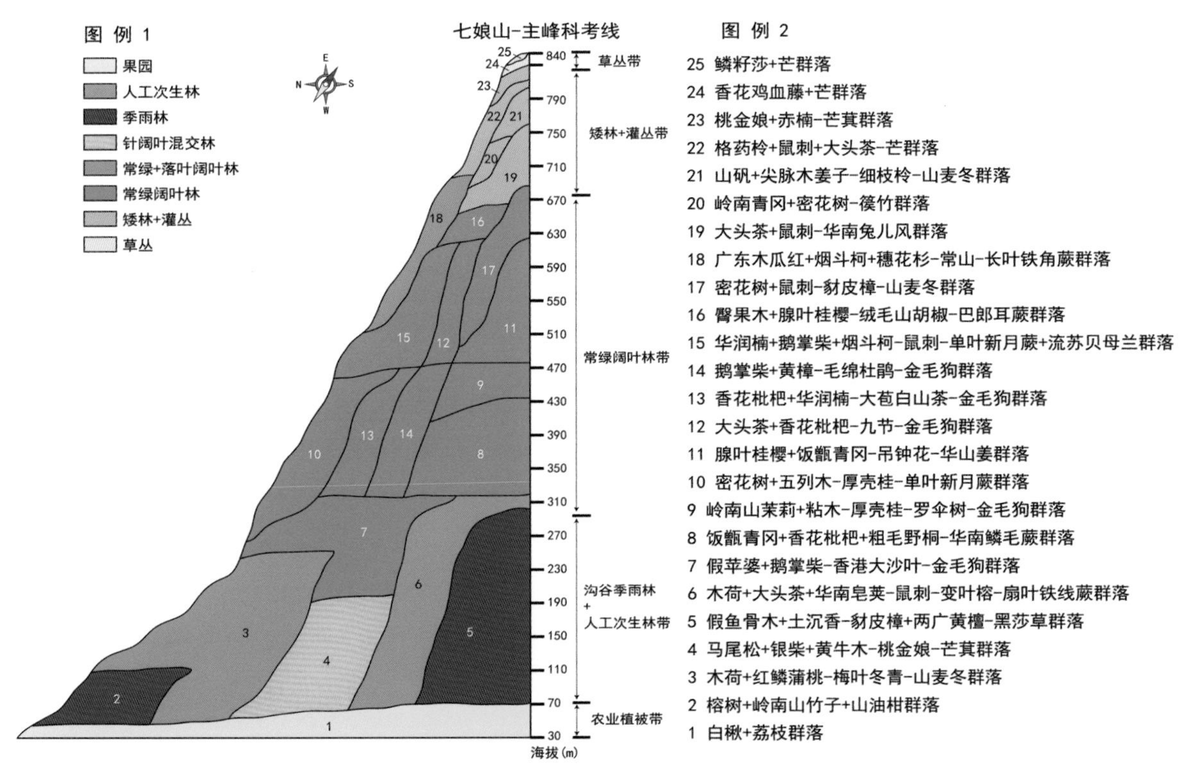

图4-5　大鹏新区七娘山－主峰科考线植被垂直带谱

4.4 主要区域与代表性植物群落及其特征

4.4.1 南山区大南山公园

大南山公园位于南山区西南部，距离海边直线距离约5 km，是典型的海岸带丘陵地貌，最高海拔336 m，植被以常绿阔叶林为主，森林面积约453 hm^2，在中高海拔区域保存有典型的南亚热带针阔叶混交林、常绿阔叶林和常绿阔叶矮林或灌丛，在低海拔至中海拔区域分布有大面积的人工常绿阔叶林和果园。依据深圳植被分类系统的划分，大南山公园主要有森林植被、人工林植被和农业植被3个植被型组。

在森林植被中，有针阔叶混交林和常绿阔叶林两种类型，分布面积约20 hm^2。针阔叶混交林主要为革叶铁榄+马尾松-野漆+桃金娘-芒萁群丛，分布在高海拔至山顶区域，目前残留面积不大，马尾松是天然次生林的先锋树种，更替过程中会被逐渐替代，而后形成山地常绿阔叶林。该群丛乔木层优势种有革叶铁榄、马尾松，高4～6 m，伴生有银柴、鹅掌柴等；灌木层较丰富，高度1.5～3 m，有小果柿、豺皮樟、野漆、天料木、细齿叶柃、常绿荚迷、岭南山竹子、变叶榕等，有大型木质藤本罗浮买麻藤和小叶红叶藤等；草本层主要有鳞子莎、铁芒萁、黑莎草、露兜和华南省藤等。

常绿阔叶林主要有革叶铁榄群系、革叶铁榄+假苹婆群系、鹅掌柴+革叶铁榄群系等，分布在东南坡向的几条较大沟谷、山腰区域，乔木层优势种主要有革叶铁榄、鹅掌柴、假苹婆、银柴、簕欓、野漆、山油柑等，灌木层优势种主要有革叶铁榄、天料木、豺皮樟、映山红、变叶榕、毛冬青、细齿叶柃、杨桐、三花冬青等，草本层主要有扇叶铁线蕨、铁芒萁、黑莎草、越南叶下珠、团叶鳞始蕨、山麦冬等。在局部山脊区域分布有革叶铁榄+毛茶+杨桐、革叶铁榄+岗松+南烛等矮林或灌丛群落。

人工林植被中，以人工常绿阔叶林为主，分布面积约240 hm^2，主要有桉树+台湾相思群系、大叶相思+台湾相思群系、马占相思+桉树群系、马占相思+尾叶桉群系、榕树+木荷群系、榕树+木棉群系、凤凰木群系。乔木层优势种均为人工栽培植物，散生有鹅掌柴、革叶铁榄、竹节树等，灌木层主要有狗骨柴、簕欓、米碎花、豺皮樟、野漆、细齿叶柃、桃金娘等，草本层主要有较多革叶铁榄、桃金娘、岗松、九节等幼苗，草本植物以芒萁、山麦冬、黑莎草、山菅兰为主。

农业植被中，以荔枝果园为主，主要分布于西北坡的中低海拔区域，面积约192 hm^2。群落外观整齐，组成非常单一，树高2～3 m，树龄在20年以下。在西坡山麓的月亮湾公园有一块荔枝林保护地，树龄有几十年到上百年，站在南山望去，郁郁葱葱，十分美丽。

4.4.2 南山区内伶仃岛

内伶仃岛位于广东省深圳市南山区西南部，是珠江三角洲当中的一座岛屿，东北距蛇口约9 km，总面积约554 hm^2，最高峰尖峰山海拔340.9 m。内伶仃岛植物种类繁多，有维管植物619种，保存着较完好的南亚热带常绿阔叶林，其中白桂木、野生荔枝等为国家重点保护野生植物；野生动物资源也十分丰富，岛上有国家二级保护野生动物兽类猕猴，总数达900多只。

依据深圳植被分类系统的划分，内伶仃岛主要有森林植被、灌丛植被、草丛植被、人工林植被和农业植被等5个植被型组。

森林植被分布面积约225 hm^2，主要有常绿针叶林、针阔叶混交林和常绿阔叶林。常绿针叶林以马尾松为建群种或优势种，包含6个群丛，乔木伴生种有短序润楠、鹅掌柴、山油柑、银柴等，灌木层优势种有檵木、梅叶冬青、破布叶、九节、黄牛木、豺皮樟、桃金娘、米碎花等。针阔叶混交林以马尾松与银柴、短序润楠、潺槁等为乔木层优势种，包含有3个群丛，乔木伴生有台湾相思、鹅掌柴、罗浮柿、白桂木、岭南山竹子等，灌木层优势种有豺皮樟、九节、石斑木、粗叶榕、香港大沙叶、紫玉盘、锡叶藤等。常绿阔叶林以红鳞蒲桃、短序润楠、假苹婆、白桂木、榕树、翻白叶树、土蜜树、破布叶、黄牛木、朴树、血桐、潺槁等为乔木层优势种，灌木层常以刺葵、山椒子、紫玉盘、白藤、九节、对叶榕、马甲子等为优势。另外，在东湾有小面积的红树林分布，主要为海榄雌+桐花树群落，为发育早期的红树林群落。在居住区的溪流区域有小片的青皮竹林。

灌丛植被主要分布在海岸沙滩、海岸带崖壁、石壁区域、山脊至山顶的较干旱区域，包含5个主要群丛，灌木优势种有单叶蔓荆、刺葵、豺皮樟、檵木、米碎花等。

草丛植被主要为次生禾草草丛和杂类草丛，主要分布在受人为干扰破坏的裸地、林缘等，主要有象草草丛、五节芒草丛、芒+芒萁草丛、蔓生莠竹草丛、白花柳叶箬+鹧鸪草草丛、薇甘菊草丛等。

人工阔叶林植被在内伶仃岛有广泛的分布，目前处于演替中期阶段，林间原生阔叶林物种发展迅速，主要有台湾相思+鹅掌柴群系、台湾相思+翻白叶树群系、台湾相思+布渣叶群系、台湾相思+龙眼群系、台湾相思+木麻黄群系，群落灌木层优势种不明显，主要有九节、对叶榕、大沙叶、假鹰爪、锡叶藤、黑面神、羊角拗等。

农业植被分布面积较小，主要为荔枝+龙眼果园，在道路边、村边零散种植有芒果、波罗蜜等。

4.4.3 宝安区罗田森林公园

罗田森林公园位于深圳宝安区的东北部区域，是深圳北部区域保留面积较大的山地森林植被，连片森林面积约1200 hm^2，整体海拔在200 m以下，植被人工干扰和改造明显，以人工和半自然的果园和水源涵养生态林为主。

依据深圳植被分类系统的划分，罗田森林公园包含有森林植被、人工林植被和农业植被3个植被型组，其中森林植被以常绿阔叶林为主，有小面积的常绿与落叶阔叶混交林；人工林植被以人工常绿阔叶林为主，有小面积的人工针阔叶混交林和常绿与落叶阔叶混交林；农业植被以荔枝+龙眼、黄皮果园为主，有小面积的农田。

森林植被中，分布面积约550 hm^2，有桉树+黧蒴群系、栲+黧蒴群系、黧蒴+樟群系、米槠+樟群系和鹅掌柴+山乌桕群系，乔木层主要优势种有桉树、木荷、黧蒴、栲、樟、米槠、阴香、鹅掌柴、破布叶、红鳞蒲桃、山乌桕、黄牛木、银柴；灌木层主要有豺皮樟、三桠苦、梅叶冬青、栀子、粗叶榕、白背算盘子，在林缘有较多的薇甘菊、五爪金龙等入侵至群落灌木层中；草本植物多以阳生性或伴生植物为多，如乌毛蕨、芒萁、小叶海金沙、蔓生莠竹、白花鬼针草、假臭草、牛筋草、飞扬草等。

人工林植被中，分布面积约220 hm^2，有桉树群系、大叶相思群系、观光木群系、黄花风铃木群系、复羽叶栾树群系和杉木+樟群系，乔木层主要优势种有桉树、大叶相思、白千层、观光木、栲、复羽叶栾树、杉木、樟、醉香含笑、木油桐、壳菜果、南洋楹等；灌木层植物较少，分布零散，主要有毛菍、粗叶榕、梅叶冬青、毛冬青、银合欢等；草本层植物稀疏，有栽培较多的山麦冬，伴生有团叶鳞始蕨、草珊瑚、山菅兰等。

农业植被中，分布面积约420 hm^2，以荔枝+龙眼果园为主，分布在路边、山地下坡位和山谷较平缓区域，目前基本已转变为公园式管理，局部区域次生有较多本地植物，如银柴、鹅掌柴、对叶榕、三桠苦、粗叶榕等。

4.4.4 罗湖区梧桐山

梧桐山位于深圳中部地区，处于罗湖区与盐田区交界区域，为海岸带丘陵山地地貌，最高海拔943.7 m，也是深圳最高峰。梧桐山保存了深圳地区典型的南亚热带针阔叶混交林、常绿阔叶林、季雨林、常绿矮林、常绿灌丛等植被，森林面积约2948 hm^2。依据深圳植被分类系统的划分，梧桐山主要有森林植被、灌丛植被、草地植被、人工林植被和农业植被5个植被型组。

其中，森林植被有约2564 hm^2，有针阔叶混交林、常绿阔叶林、常绿与落叶阔叶混交林、季雨林和竹林5个植被型。针阔叶混交林主要有马尾松+山油柑群系、马尾松+鳌蒴群系、马尾松+鼠刺群系和杉木+鳌蒴群系，属于人工林后期的次生林类型，目前正朝着常绿阔叶林群落演替，主要分布在梧桐山中高海拔区域。常绿阔叶林是本区域的植被类型主体，分布面积约2413 hm^2，主要海拔范围在110～850 m，群落乔木层主要优势种有白楸、鳌蒴、大头茶、鼠刺、浙江润楠、短序润楠、鹅掌柴、红鳞蒲桃、山油柑、腺叶桂樱、黄心树、毛八角枫、台湾相思、华润楠、黄杞、樟树、假苹婆、亮叶冬青、密花树、小叶青冈、羊舌树、硬壳柯、罗浮锥等，灌木优势种有毛棉杜鹃、吊钟花、豺皮樟、白背算盘子、水团花、杨桐、梅叶冬青、米碎花等。季雨林主要有山油柑+五月茶群系，分布在低海拔热性山谷。常绿与落叶阔叶混交林主要分布在梧桐山中海拔山坡，主要优势的落叶树种为枫香树、山乌桕、黄牛木等，分布面积不大。竹林为热性竹林粉单竹林，为早期栽培扩散发展起来的，主要分布在低海拔溪流谷地。

灌丛植被包括乔木矮林和灌草丛2个群落类型，均属于常绿阔叶灌丛，分布在中高海拔区域，分布面积约60 hm^2，主要优势种为亮叶冬青、鼠刺、毛棉杜鹃、密花树、杜鹃、满山红、豺皮樟、变叶榕、桃金娘、赤楠等。

草地植被分布面积小，主要为山顶高海拔区域的禾草类和莎草类草丛，呈零散斑块状分布，伴生有少量灌木，草本以芒、细毛鸭嘴草、蕨状薹草、鳞籽莎等占优势种。

人工林植被分布面积约268 hm^2，主要分布在中低海拔区域和开发区域的生态修复林，主要优势栽培乔木为木荷、台湾相思、桉树、大叶相思、杉木等，林下层有抛荒的荔枝果园。

农业植被为荔枝+龙眼果园，分布面积约34 hm^2，分布在低海拔区域，目前已划为公园式管理。

4.4.5 盐田区三洲田和坪山区马峦山

三洲田森林公园和马峦山郊野公园均位于深圳南部的海岸带山地丘陵区，为连成一片的山地，其植被类型相似，因此作为一个片区进行分析，以下简称三洲田和马峦山地区。该片区整体山地海拔在300～600 m之间，其最高峰为梅沙尖顶753 m，森林面积约7889 hm^2，保存了深圳典型的南亚热带常绿阔叶林和常绿灌丛植被。依据深圳植被分类系统的划分，三洲田和马峦山片区主要有森林植被、灌丛植被、草地植被、人工林植被和农业植被5个植被型组。

其中，森林植被面积约5385 hm^2，有常绿阔叶林、季雨林、常绿针叶林、针阔叶混交林和竹林5个植被型，以常绿阔叶林为主体，面积占比达85%，主要群落乔木建群种或优势种有蕈树、假苹婆、鹅掌柴、白楸、大头茶、短序润楠、浙江润楠、华润楠、岭南青冈、鳌蒴、米槠、红鳞蒲桃、山油柑、小叶青冈，灌木层优势种有水团花、豺皮樟、九节、桃金娘、鼠刺、吊钟花、五列木、变叶榕、毛菍、棱果花、亮叶冬青、赤楠。季雨林分布在区域低海拔，为白桂木+鹅掌柴群系，分布面积约5 hm^2，伴生有樟、山油柑、银柴、假柿木姜子等，灌木层以豺皮樟占优势，草本层常见有成片的金毛狗优势层片。常绿针叶林分布面积约33 hm^2，以马尾松为建群种，灌木以桃金娘、岗松、鼠刺等占优势。针阔叶混交林主要有马尾松+鹅掌柴群系、马尾松+山油柑群系、杉木+鹅掌柴群系、杉木+山乌桕群系，属于次生林群落，正朝着常绿阔叶林演替发展中，群落中常见有大头茶、鼠刺、鹅掌柴、岭南山竹子、豺皮樟、桃金娘等。竹林主要分布在马峦打鼓岭东北半山、三洲田梅沙尖东坡对面低山的水沟，或在低山丘陵土层深厚的坡麓地处分散分布，面积约2 hm^2，为青皮竹+粉单竹竹林。

灌丛植被分布面积约765 hm^2，主要分布在海拔500 m以上的山脊至山顶区域，在低海拔的小山地山顶也常有小面积分布，有常绿阔叶灌丛和竹丛2个植被型。其中，常绿阔叶灌丛面积约740 hm^2，以豺皮樟、桃金娘、米碎花、变叶榕、岗松、吊钟花、山黄麻等为灌木建群种或优势种；竹丛呈零散分布在山坡石壁上、山脊陡峭区域等，主要以篌竹、苗竹仔、箬竹占优势，伴生有变叶榕、了哥王、石斑木等灌木。

草地植被有人工和次生性草地，人工草地分布在区域内的高尔夫球场，有大面积的百慕大草草地，次生性草地分布在人工湿地、溪流边，主要以铺地黍、蔓生莠竹占优势。

人工林植被分布面积约1246 hm^2，分布在片区内中低海拔区域，主要人工造林乔木有桉树、尾叶桉、柠檬桉、马占相思、台湾相思、大叶相思，伴生优势乔木有鹅掌柴、马尾松、山油柑、银柴等，林下灌木优势种有豺皮樟、米碎花、桃金娘、梅叶冬青、光荚含羞草。

农业植被分布面积约590 hm^2，主要为荔枝、龙眼果园，有小面积的杨梅、波罗蜜、黄皮，在三洲田北部区域种植有约50 hm^2的茶园。

4.4.6 坪山区田头山

田头山位于深圳东部的坪山区，与惠州交界，设立有田头山市级自然保护区，属于海岸带低山山地地貌，山地整体海拔在200～500 m，最高海拔683 m，森林面积约1844 hm^2，保存有华南地区较为典型的南亚热带森林生态系统，其自然植被主要包括针阔叶林混交林、常绿阔叶林、季雨林、常绿阔叶灌木矮林或灌丛等植被类型。在低海拔至中海拔区域分布大面积的人工常绿阔叶林和果园。依据深圳植被分类系统的划分，田头山主要有森林植被、灌丛植被、人工林植被和农业植被4个植被型组。

其中，森林植被分布面积约863 hm^2，以常绿阔叶林为主，面积约852 hm^2，主要有白楸+荔枝群系、大头茶+亮叶冬青群系、大头茶+密花树群系、大头茶+鼠刺群系、短序润楠+大头茶群系、浙江润楠+大头茶群系、短序润楠+黄樟群系、鹅掌柴+黄心树群系、黄心树+柯群系、山油柑+红鳞蒲桃群系、山油柑+厚壳桂群系、山油柑+岭南山竹子群系、柯+鹅掌柴群系、柯+华润楠群系、鬣蒴群系、厚壳桂群系等，是区域植被的优势组成，灌木层优势种为密花树、鼠刺、赤楠、柳叶毛蕊茶、羊角杜鹃、粗糠柴、豺皮樟、桃金娘、岗松、柏拉木、九节等，大型木质藤本罗浮买麻藤、山橙、锡叶藤、刺果藤也很常见。草本层有金毛狗、苏铁蕨、华南紫萁、黑桫椤等优势群落。在低海拔的沟谷区域有小面积的季雨林植被，以假苹婆+山油柑-山橙群丛为优势。

灌丛植被分布面积约43 hm^2，主要在海拔400 m以上的山脊至山顶区域，以大头茶、鼠刺、亮叶冬青、桃金娘、赤楠、栀子、毛冬青等为优势的矮林和灌丛为主，整体高度在2～4 m，部分以桃金娘、岗松、石斑木为优势的山顶灌丛高度在0.8～1.6 m。

人工林植被分布面积约838 hm^2，主要为人工常绿阔叶林，分布在田头山周边中低海拔区域，建群或优势乔木为桉树、大叶相思、台湾相思、荔枝等，伴生有鬣蒴、白楸、水翁蒲桃、山乌桕等，灌木层为本地常绿阔叶物种，如鹅掌柴、银柴、豺皮樟、梅叶冬青、鼠刺、山油柑等。

农业植被分布约98 hm^2，以荔枝+龙眼果园为主，分布在田头山周边村边、低海拔山谷区域，部分已经荒弃，林内本地乔木更新较多。

4.4.7 大鹏新区七娘山

七娘山地质公园位于大鹏半岛东南角，最高海拔为869.7 m，为深圳第二高峰，区域内保存有各类火山地貌遗迹，属于粤东海岸带山地地貌，保存有大面积的原生亚热带常绿阔叶林，森林面积约5390 hm^2，依据深圳植被分类系统的划分，七娘山主要有森林植被、灌丛植被、草地植被和农业植被4个植被型组。

其中，森林植被有约5032 hm^2，主要有针阔叶混交林、常绿阔叶林和季雨林3个植被型。针阔叶混交林主要为马尾松与常绿阔叶树组成的优势群落，主要有马尾松+鹅掌柴群系、马尾松+革叶铁榄群系、马尾松+山油柑群系和马尾松+岭南山竹子群系，常见伴生乔木有银柴、簕欓、山乌桕、亮叶猴耳环等，优势灌木有狗骨柴、石斑木、两粤黄檀、豺皮樟、岗松、细齿叶柃等，主要分布在中低海拔的山坡或小山顶。常绿阔叶林是森林植被的主体，分布面积约4642 hm^2，优势乔木种群有白楸、台湾相思、银柴、大头茶、鼠刺、山油柑、鹅掌柴、浙江润楠、红鳞蒲桃、香花枇杷、烟斗柯、厚壳桂、岭南山茉莉、密花树、栓叶安息香、韧荚红豆、革叶铁榄、山矾、纤花冬青、血桐等，灌木层优势种群有豺皮樟、吊钟花、狗骨柴、变叶榕、白肉榕、九节、米碎花等。季雨林分布面积较少，主要分布在低海拔沟谷、低地，以岭南山竹子、银柴、山油柑等为优势种群，常见有广东箣柊、闽粤石楠、红鳞蒲桃、山蒲桃等。

灌丛植被分布约191 hm^2，包括常绿阔叶灌丛、肉质刺灌丛和暖性竹丛3个植被型，主要分布于低海拔的海岸带区域、顺风向的阳坡和近山顶的高海拔区域。常绿阔叶灌丛优势种有大头茶、鼠刺、岗松、桃金娘、余甘子、细齿叶柃、豺皮樟、石斑木、满山红、变叶榕、小果柿、寄生藤等。肉刺刺灌丛分布海岸带区域，以箣柊、露兜树、草海桐为优势，伴生有赤楠、链珠藤、了哥王、米碎花、岗松、栓叶安息香、山柑藤等。竹丛主要为篌竹竹丛和�竹竹丛，伴生有石斑木、满山红、山矾等灌木。

草地植被分布面积小，主要为山顶高海拔区域的禾草类和莎草类草丛，呈零散斑块状分布，伴生有少量灌木和木质藤，如石斑木、格药柃、香花鸡血藤，草本以芒、细毛鸭嘴草、蔓生莠竹、鳞籽莎、耳基卷柏等占优势。

农业植被主要为荔枝+龙眼果园，分布在靠近居民区的低海拔山地，约165 hm^2，目前大部分已荒弃，园中有较多阔叶物种扩散，如白楸、山乌桕、银柴、豺皮樟、簕欓、鹅掌柴等。

第5章 深圳市植被与植物群落特征及群落演替

5.1 深圳市植物群落多样性分析

依据对深圳植被样地调查结果，选取194个主要群落样方，包括森林群落127个、灌丛群落7个、人工林群落60个，计算各群落的物种多样性指数（Shannon-Wiener指数，SW）、均匀度指数（Pielous均匀度指数，Jsw）和生态优势度指数（Simpson指数，C），并对不同植被型组的群落多样性进行分析（表5-1）。

表5-1 深圳植被194个植物群落多样性分析

序号	样地编号	植被型组	群落名称	S/种	N/株	群落		立木层			林下层		
						SW	Jsw	SW	Jsw	C	SW	Jsw	C
1	SZ-S182	森林	马尾松-豺皮樟-芒萁	54	602	4.36	0.76	3.90	0.75	0.12	4.16	0.84	0.12
2	SZ-S048	森林	马尾松-秤星树+桃金娘-芒萁	42	442	4.18	0.77	3.62	0.74	0.19	4.17	0.87	0.10
3	SZ-S188	森林	马尾松-岗松+桃金娘-芒萁	17	208	2.77	0.68	2.36	0.68	0.26	2.66	0.80	0.22
4	SZ-S187	森林	马尾松-黄牛木+豺皮樟-芒萁	34	579	3.40	0.67	2.73	0.63	0.12	4.12	0.90	0.06
5	SZ-S064	森林	马尾松-檵木+豺皮樟-芒萁+扇叶铁线蕨	43	1018	3.87	0.71	3.59	0.67	0.09	3.66	0.82	0.08
6	SZ-S017	森林	马尾松-破布叶+九节	20	148	3.40	0.79	3.02	0.77	0.23	3.31	0.87	0.12
7	SZ-S093	森林	马尾松+大头茶+浙江润楠-豺皮樟-芒萁	60	743	4.43	0.75	3.82	0.72	0.10	4.11	0.76	0.08
8	SZ-S151	森林	马尾松+大头茶-豺皮樟-芒萁	79	926	4.70	0.75	3.87	0.72	0.08	5.30	0.89	0.06
9	SZ-S123	森林	马尾松+鹅掌柴-豺皮樟+桃金娘	66	833	4.40	0.73	3.72	0.72	0.09	4.95	0.88	0.03
10	SZ-S063	森林	马尾松+鹅掌柴-银柴+秤星树-山麦冬	61	1344	4.64	0.78	4.58	0.77	0.06	3.52	0.77	0.10
11	SZ-S149	森林	马尾松+米槠-豺皮樟+九节-芒萁	56	518	3.85	0.66	3.39	0.64	0.19	4.42	0.89	0.10
12	SZ-S189	森林	马尾松+木荷+黧蒴-鼠刺+香楠-芒萁	37	221	4.24	0.81	3.70	0.81	0.09	3.63	0.91	0.15
13	SZ-S028	森林	马尾松+木荷-桃金娘-芒萁	29	223	3.25	0.67	2.77	0.77	0.23	2.59	0.57	0.27
14	SZ-S134	森林	马尾松+木荷-桃金娘-芒萁	14	222	1.69	0.44	2.42	0.76	0.22	0.46	0.20	0.53
15	SZ-S087	森林	马尾松+鼠刺+鹅掌柴-杜鹃-九节	46	878	3.88	0.70	3.39	0.70	0.09	3.69	0.77	0.07
16	SZ-S090	森林	马尾松+鼠刺+密花树-桃金娘-黑莎草+华山姜	43	621	3.94	0.73	3.30	0.72	0.10	4.36	0.87	0.05
17	SZ-S091	森林	马尾松+鼠刺-豺皮樟+桃金娘-芒萁	48	363	4.34	0.78	3.61	0.77	0.08	3.93	0.80	0.10
18	SZ-S145	森林	马尾松+鼠刺-豺皮樟+桃金娘-芒萁	56	874	4.34	0.75	3.89	0.74	0.07	4.13	0.80	0.07
19	SZ-S160	森林	马尾松+鼠刺-三花冬青-黑桫椤	57	278	4.85	0.83	4.57	0.82	0.05	3.71	0.83	0.13
20	SZ-S175	森林	马尾松+鼠刺-桃金娘+芒萁	41	427	4.01	0.75	3.54	0.75	0.11	3.85	0.83	0.16

（续表）

序号	样地编号	植被型组	群落名称	S/种	N/株	群落		立木层			林下层		
						SW	Jsw	SW	Jsw	C	SW	Jsw	C
21	SZ-S081	森林	马尾松+铁榄-矮冬青-芒萁	44	594	3.34	0.61	2.68	0.55	0.22	4.31	0.85	0.05
22	SZ-S079	森林	马尾松+铁榄-野漆-扇叶铁线蕨	41	720	2.98	0.56	2.14	0.46	0.33	4.13	0.83	0.07
23	SZ-S015	森林	马尾松+樟-豺皮樟+九节	54	823	3.72	0.65	3.22	0.66	0.09	4.06	0.79	0.06
24	SZ-S084	森林	大花枇杷+华润楠+鸭公树-金毛狗	67	653	4.16	0.69	3.65	0.68	0.10	3.12	0.59	0.22
25	SZ-S105	森林	大头茶+短序润楠-九节-扇叶铁线蕨	82	774	4.78	0.75	4.03	0.70	0.13	3.79	0.78	0.08
26	SZ-S147	森林	大头茶+短序润楠-油茶-扇叶铁线蕨	53	525	4.25	0.74	3.69	0.72	0.10	4.46	0.89	0.04
27	SZ-S132	森林	大头茶+鹅掌柴+山油柑-豺皮樟-黑莎草	88	726	4.82	0.75	4.02	0.68	0.07	4.96	0.88	0.03
28	SZ-S150	森林	大头茶+华润楠-鼠刺-芒萁	55	633	3.97	0.69	3.34	0.67	0.12	4.97	0.93	0.07
29	SZ-S152	森林	大头茶+樟+鹅掌柴-柏拉木-金毛狗	79	839	4.26	0.68	3.65	0.69	0.07	5.30	0.92	0.03
30	SZ-S126	森林	大头茶-豺皮樟-芒萁	69	1228	3.57	0.58	1.92	0.40	0.32	4.52	0.78	0.04
31	SZ-S096	森林	大头茶-吊钟花-黑莎草	37	694	3.50	0.67	2.91	0.64	0.17	4.20	0.87	0.07
32	SZ-S121	森林	大头茶-红淡比+密花树-黑莎草	65	1498	3.52	0.58	2.64	0.50	0.24	4.68	0.85	0.04
33	SZ-S110	森林	大头茶-密花树-黑莎草	75	794	4.76	0.76	4.09	0.72	0.15	4.00	0.84	0.08
34	SZ-S164	森林	短序润楠+光叶山矾-密花树+绿冬青+棱果花-华山姜	55	381	4.90	0.85	3.93	0.81	0.06	4.28	0.83	0.06
35	SZ-S119	森林	短序润楠+岭南青冈-吊钟花+红淡比-苦竹+金毛狗	77	1096	4.84	0.77	4.36	0.78	0.06	3.90	0.73	0.07
36	SZ-S146	森林	短序润楠+樟+绿冬青-密花树+九节-草珊瑚	55	455	4.20	0.73	3.39	0.72	0.16	4.40	0.83	0.08
37	SZ-S120	森林	短序润楠+浙江润楠-鹅掌柴+桃金娘-草珊瑚	64	1047	4.23	0.70	3.46	0.65	0.10	4.76	0.88	0.03
38	SZ-S154	森林	短序润楠+浙江润楠-九节-黑桫椤	78	362	5.30	0.84	4.58	0.83	0.05	5.00	0.90	0.04
39	SZ-S128	森林	鹅掌柴+大头茶-九节-草珊瑚	74	447	4.66	0.75	3.12	0.63	0.17	5.04	0.86	0.03
40	SZ-S127	森林	鹅掌柴+大头茶-九节-黑莎草	104	1048	5.17	0.77	4.11	0.71	0.12	5.20	0.84	0.03
41	SZ-S100	森林	鹅掌柴+大头茶-毛茶+豺皮樟-黑莎草	106	1114	5.77	0.86	5.07	0.83	0.04	4.85	0.85	0.04
42	SZ-S044	森林	鹅掌柴+红鳞蒲桃+刨花润楠-豺皮樟-芒萁	116	3167	5.14	0.75	4.78	0.73	0.04	4.30	0.76	0.08
43	SZ-S099	森林	鹅掌柴+华润楠+黏木-豺皮樟+毛茶-黑莎草	100	1082	5.19	0.78	4.46	0.75	0.05	4.95	0.83	0.03
44	SZ-S122	森林	鹅掌柴+假苹婆-豺皮樟+水团花-山麦冬	78	619	4.83	0.77	4.21	0.75	0.09	4.48	0.82	0.05
45	SZ-S042	森林	鹅掌柴+鼠刺+刨花润楠-豺皮樟+九节-芒萁	91	2062	5.05	0.78	4.56	0.78	0.06	4.19	0.72	0.10
46	SZ-S043	森林	鹅掌柴+鼠刺+刨花润楠-豺皮樟+九节-芒萁	96	2689	4.94	0.75	4.47	0.73	0.06	4.02	0.70	0.10

（续表）

序号	样地编号	植被型组	群落名称	S/种	N/株	群落		立木层			林下层		
						SW	Jsw	SW	Jsw	C	SW	Jsw	C
47	SZ-S045	森林	鹅掌柴+鼠刺+刨花润楠-豺皮樟+九节-芒萁	90	3259	4.89	0.75	4.32	0.71	0.06	4.61	0.80	0.05
48	SZ-S092	森林	鹅掌柴+鼠刺-豺皮樟-苏铁蕨	77	945	4.72	0.75	4.09	0.72	0.07	4.70	0.83	0.04
49	SZ-S020	森林	鹅掌柴+土蜜树-豺皮樟-九节	56	470	4.61	0.79	4.07	0.79	0.08	3.93	0.77	0.07
50	SZ-S021	森林	鹅掌柴+土蜜树-豺皮樟-九节	31	181	4.16	0.84	3.80	0.85	0.07	3.67	0.94	0.08
51	SZ-S118	森林	鹅掌柴+樟-红淡比-金毛狗	89	674	5.31	0.82	4.60	0.80	0.05	4.34	0.78	0.09
52	SZ-S033	森林	鹅掌柴-九节-苏铁蕨	80	1425	4.64	0.73	4.16	0.72	0.07	4.48	0.80	0.05
53	SZ-S125	森林	红鳞蒲桃-豺皮樟-栀子	59	813	4.56	0.78	3.72	0.74	0.09	4.59	0.87	0.03
54	SZ-S133	森林	红鳞蒲桃-大叶冬青-芒	31	284	3.06	0.62	2.72	0.62	0.18	3.44	0.84	0.12
55	SZ-S144	森林	厚壳桂+黄樟+鹅掌柴-九节-草珊瑚	92	599	5.05	0.77	3.90	0.73	0.09	5.24	0.87	0.03
56	SZ-S085	森林	华润楠+绿冬青-密花树+赤楠-杜茎山	67	565	4.65	0.77	4.05	0.76	0.09	4.81	0.92	0.04
57	SZ-S083	森林	华润楠-九节-草珊瑚	102	940	5.16	0.77	4.73	0.78	0.05	4.79	0.81	0.06
58	SZ-S165	森林	黄牛木+破布叶-秤星树-薇甘菊+山麦冬	55	599	4.28	0.74	3.58	0.68	0.08	4.07	0.81	0.06
59	SZ-S166	森林	黄牛木-豺皮樟+秤星树-九节	55	852	3.99	0.69	3.47	0.67	0.12	4.54	0.89	0.05
60	SZ-S185	森林	黄杞-九节-黑莎草	42	441	3.69	0.68	2.95	0.62	0.28	3.60	0.77	0.08
61	SZ-S157	森林	柯-九节-苏铁蕨	52	1145	3.19	0.56	2.43	0.49	0.21	3.19	0.61	0.11
62	SZ-S158	森林	柯-九节-苏铁蕨	37	421	3.63	0.70	3.07	0.67	0.13	3.42	0.77	0.08
63	SZ-S137	森林	黧蒴-豺皮樟-团叶鳞始蕨	33	316	3.05	0.61	2.56	0.58	0.19	3.89	0.92	0.10
64	SZ-S190	森林	黧蒴-柃叶连蕊茶+香楠-金毛狗	63	1366	2.53	0.42	2.11	0.40	0.15	4.80	0.91	0.04
65	SZ-S131	森林	黧蒴-罗伞树-山麦冬	62	537	4.46	0.75	3.65	0.70	0.11	4.42	0.85	0.05
66	SZ-S094	森林	黧蒴-罗伞树-扇叶铁线蕨	69	671	4.78	0.78	4.24	0.81	0.06	4.62	0.87	0.05
67	SZ-S156	森林	黧蒴-毛棉杜鹃-苏铁蕨	82	1301	4.25	0.67	3.32	0.58	0.11	4.74	0.80	0.04
68	SZ-S194	森林	鹿角锥-九节+罗伞树-扇叶铁线蕨	63	781	4.20	0.70	3.27	0.63	0.18	4.60	0.85	0.05
69	SZ-S117	森林	米槠+岭南青冈-九节+密花树-草珊瑚	75	888	5.06	0.81	4.57	0.83	0.06	4.54	0.81	0.05
70	SZ-S148	森林	木荷+鹿角杜鹃-柏拉木-金毛狗	64	606	4.29	0.71	3.21	0.63	0.10	4.86	0.88	0.04
71	SZ-S162	森林	木荷-九节-团叶鳞始蕨	54	312	4.70	0.82	4.23	0.79	0.06	4.24	0.89	0.05
72	SZ-S159	森林	刨花润楠-罗伞树-桫椤	96	741	5.61	0.85	5.19	0.85	0.05	5.18	0.89	0.03
73	SZ-S003	森林	破布叶+樟-豺皮樟-山麦冬	51	541	4.17	0.73	3.11	0.67	0.12	4.62	0.88	0.06
74	SZ-S007	森林	破布叶-豺皮樟-乌毛蕨	31	229	3.55	0.72	2.63	0.62	0.16	3.06	0.80	0.18
75	SZ-S046	森林	青冈+黄牛木-豺皮樟-团叶鳞始蕨	106	2733	4.82	0.72	4.18	0.68	0.06	4.51	0.79	0.05
76	SZ-S142	森林	鼠刺+大头茶-豺皮樟+鹅掌柴-黑莎草	55	1047	3.79	0.65	3.05	0.61	0.11	4.31	0.83	0.09
77	SZ-S106	森林	鼠刺+大头茶-吊钟花-单叶新月蕨	89	1128	4.06	0.63	3.25	0.55	0.12	3.16	0.65	0.12
78	SZ-S109	森林	鼠刺+大头茶-吊钟花-深绿卷柏	40	503	3.35	0.63	2.63	0.54	0.16	2.08	0.60	0.26
79	SZ-S107	森林	鼠刺+黄樟-九节-芒萁	76	1074	4.45	0.71	3.78	0.66	0.08	3.12	0.68	0.17
80	SZ-S191	森林	鼠刺+木荷-柃叶连蕊茶-黑莎草	52	502	3.75	0.66	3.26	0.63	0.10	4.23	0.92	0.06
81	SZ-S179	森林	鼠刺+山油柑-杜鹃-黑莎草	68	602	4.67	0.77	3.91	0.72	0.08	4.53	0.84	0.05

（续表）

序号	样地编号	植被型组	群落名称	S/种	N/株	群落		立木层			林下层		
						SW	Jsw	SW	Jsw	C	SW	Jsw	C
82	SZ-S108	森林	鼠刺+铁榄+大头茶-豺皮樟-露兜草+垂穗石松	58	416	4.81	0.82	4.30	0.78	0.05	3.25	0.88	0.12
83	SZ-S076	森林	铁榄+矮冬青-水团花	37	614	2.70	0.52	2.20	0.49	0.26	4.16	0.88	0.08
84	SZ-S077	森林	铁榄+矮冬青-水团花	40	443	2.71	0.51	2.22	0.50	0.32	3.73	0.76	0.07
85	SZ-S082	森林	铁榄+天料木-豺皮樟-扇叶铁线蕨	48	559	4.48	0.80	3.93	0.80	0.08	4.39	0.85	0.05
86	SZ-S035	森林	阴香+黄樟-软荚红豆-蔓生莠竹	68	680	4.80	0.79	4.09	0.76	0.07	4.94	0.93	0.03
87	SZ-S009	森林	阴香-豺皮樟+野漆-九节	41	245	3.99	0.74	3.24	0.74	0.17	4.26	0.89	0.06
88	SZ-S036	森林	樟+浙江润楠-秤星树	21	298	3.20	0.73	3.20	0.73	0.13	0.00	0.00	0.00
89	SZ-S014	森林	樟-破布叶+黄牛木+豺皮樟-九节	38	267	4.09	0.78	3.30	0.74	0.19	4.02	0.84	0.07
90	SZ-S089	森林	浙江润楠+鹅掌柴-九节-单叶新月蕨	85	932	5.02	0.78	4.34	0.76	0.07	4.73	0.82	0.04
91	SZ-S153	森林	浙江润楠+蒲桃-豺皮樟-草珊瑚	97	516	5.39	0.82	4.67	0.80	0.06	5.42	0.91	0.03
92	SZ-S163	森林	浙江润楠-三花冬青-草珊瑚	46	315	4.83	0.88	4.58	0.90	0.06	2.94	0.74	0.12
93	SZ-S129	森林	吊钟花+硬壳柯-密花树+棱果花-金毛狗	74	761	4.53	0.73	3.73	0.68	0.08	4.81	0.87	0.05
94	SZ-S034	森林	钝叶假蚊母树+鹿角锥+密花树-锈叶新木姜子-流苏贝母兰	97	1450	4.85	0.73	4.29	0.73	0.05	4.03	0.68	0.06
95	SZ-S102	森林	光亮山矾+大头茶-密花树-阿里山兔儿风	73	1701	4.06	0.66	3.38	0.63	0.11	2.67	0.53	0.17
96	SZ-S161	森林	毛棉杜鹃+鼠刺+密花山矾-变叶榕-金毛狗	44	420	3.41	0.63	2.86	0.59	0.09	4.23	0.94	0.07
97	SZ-S103	森林	密花树+华润楠-吊钟花-单叶新月蕨	94	1295	5.00	0.76	4.14	0.72	0.06	4.01	0.75	0.08
98	SZ-S101	森林	密花树+华润楠-穗花杉-巴郎耳蕨	92	907	5.20	0.80	4.58	0.79	0.04	3.78	0.73	0.08
99	SZ-S104	森林	密花树+罗浮锥-鼠刺+吊钟花-淡竹叶	107	1096	5.35	0.79	4.78	0.78	0.03	3.76	0.72	0.07
100	SZ-S174	森林	枫香树+黄牛木-豺皮樟-芒萁	53	658	4.37	0.76	3.90	0.75	0.08	4.44	0.83	0.06
101	SZ-S192	森林	枫香树+山油柑-鼠刺+九节-草珊瑚	59	512	4.29	0.73	3.59	0.71	0.07	3.91	0.74	0.06
102	SZ-S008	森林	枫香树+阴香-豺皮樟+九节-扇叶铁线蕨	38	302	4.16	0.79	3.51	0.79	0.09	3.77	0.83	0.07
103	SZ-S025	森林	枫香树-豺皮樟+秤星树-九节	53	565	4.24	0.74	3.66	0.73	0.07	3.97	0.78	0.06
104	SZ-S098	森林	大头茶+山乌桕-鼠刺+吊钟花-乌毛蕨	87	1199	4.97	0.77	4.13	0.71	0.06	4.77	0.86	0.04
105	SZ-S031	森林	鹅掌柴+山乌桕-豺皮樟-苏铁蕨	80	1028	4.94	0.78	4.42	0.77	0.05	4.71	0.85	0.06
106	SZ-S080	森林	木荷+野漆-米碎花-三叉蕨	41	260	4.26	0.80	3.49	0.77	0.11	4.24	0.90	0.05
107	SZ-S004	森林	野漆+破布叶-豺皮樟+银柴-山麦冬	27	218	3.77	0.79	3.12	0.74	0.11	2.99	0.79	0.17
108	SZ-S172	森林	野漆+三桠苦-桃金娘-芒萁	53	1006	4.20	0.73	3.83	0.72	0.07	3.35	0.67	0.15
109	SZ-S170	森林	野漆+三桠苦-栀子-芒萁	26	179	4.05	0.86	3.78	0.86	0.12	3.33	0.87	0.23
110	SZ-S019	森林	野漆+盐肤木-豺皮樟-芒萁	51	400	4.57	0.81	3.83	0.77	0.09	4.37	0.89	0.06
111	SZ-S069	森林	白桂木+翻白叶树-光叶紫玉盘+九节-三叉蕨	66	892	5.09	0.84	4.80	0.84	0.04	4.15	0.80	0.06

（续表）

序号	样地编号	植被型组	群落名称	S/种	N/株	群落		立木层			林下层		
						SW	Jsw	SW	Jsw	C	SW	Jsw	C
112	SZ-S088	森林	假苹婆+朴树-柃叶连蕊茶-溪边假毛蕨	55	427	4.63	0.80	3.83	0.77	0.10	4.01	0.78	0.08
113	SZ-S143	森林	假苹婆+山油柑-常绿荚蒾-黑桫椤+唇柱苣苔	93	474	5.26	0.80	4.25	0.77	0.07	5.00	0.84	0.04
114	SZ-S193	森林	假苹婆-对叶榕-黑桫椤+金毛狗	36	158	4.22	0.82	3.12	0.70	0.12	4.14	0.90	0.05
115	SZ-S181	森林	亮叶猴耳环-柃叶连蕊茶+鼠刺-金毛狗+桫椤	65	1159	4.30	0.71	3.80	0.69	0.07	4.42	0.86	0.06
116	SZ-S068	森林	龙眼+破布叶+山蒲桃-九节+山椒子-杯苋	49	1002	4.43	0.79	4.26	0.77	0.08	3.80	0.79	0.11
117	SZ-S111	森林	秋枫+橄榄-红鳞蒲桃-板蓝	32	239	3.59	0.72	4.01	0.87	0.08	1.58	0.53	0.23
118	SZ-S066	森林	山蒲桃+红鳞蒲桃-小果柿-刺头复叶耳蕨	89	2044	4.75	0.73	4.50	0.73	0.04	4.38	0.85	0.06
119	SZ-S180	森林	山油柑+黄牛木-香楠-海金沙	41	424	4.29	0.80	3.59	0.76	0.10	4.07	0.85	0.06
120	SZ-S167	森林	山油柑+三桠苦-毛菍-乌毛蕨+芒萁	29	197	3.90	0.80	3.28	0.75	0.15	3.59	0.83	0.09
121	SZ-S130	森林	山油柑+黏木+铁榄-豺皮樟-扇叶铁线蕨	84	693	5.38	0.84	4.53	0.81	0.06	4.72	0.83	0.03
122	SZ-S176	森林	水东哥+菩提树+浙江润楠-细齿叶柃-金毛狗	38	169	4.58	0.87	3.70	0.86	0.10	4.06	0.86	0.08
123	SZ-S141	森林	水翁蒲桃+阴香+假苹婆-野蕉+桫椤+仙湖苏铁	57	600	4.12	0.71	3.28	0.72	0.08	3.11	0.58	0.07
124	SZ-S086	森林	臀果木+银柴+鹅掌柴-九节+罗伞树	54	218	4.43	0.77	3.78	0.75	0.12	4.60	0.95	0.04
125	SZ-S030	森林	香蒲桃-黑叶谷木-淡竹叶	25	1737	3.10	0.67	1.67	0.43	0.35	2.83	0.69	0.11
126	SZ-S112	森林	银柴+黄桐+乌檀-九节-金毛狗	79	468	5.24	0.83	5.09	0.87	0.03	3.40	0.73	0.13
127	SZ-S177	森林	银柴+土沉香-九节-草珊瑚	70	597	4.76	0.78	4.18	0.75	0.06	4.72	0.86	0.05
128	SZ-S002	灌丛	豺皮樟+山油柑-九节	26	297	3.17	0.67	3.00	0.68	0.11	2.57	0.81	0.17
129	SZ-S006	灌丛	豺皮樟+野漆+黄牛木-芒萁	38	747	3.21	0.61	2.74	0.65	0.11	4.11	0.84	0.07
130	SZ-S055	灌丛	豺皮樟+银柴-类芦	42	506	3.98	0.74	3.57	0.72	0.08	3.89	0.81	0.08
131	SZ-S056	灌丛	豺皮樟-类芦	43	540	4.07	0.75	3.85	0.75	0.07	3.10	0.65	0.15
132	SZ-S095	灌丛	厚皮香-芒萁	31	684	1.94	0.39	0.98	0.31	0.46	4.23	0.87	0.09
133	SZ-S005	灌丛	黄牛木+水团花-芒萁	45	680	4.00	0.73	3.51	0.72	0.09	4.18	0.89	0.09
134	SZ-S140	灌丛	水团花+鹅掌柴-山麦冬	58	633	4.13	0.70	3.28	0.65	0.14	4.25	0.79	0.05
135	SZ-S097	人工林	马占相思+马尾松-岗松-芒萁	32	342	3.42	0.68	2.50	0.61	0.23	4.01	0.85	0.08
136	SZ-S124	人工林	马占相思+马尾松-桃金娘-芒萁	31	355	3.66	0.74	2.66	0.70	0.24	2.98	0.68	0.14
137	SZ-S024	人工林	杉木+对叶榕+破布叶-九节-半边旗	33	262	4.11	0.81	3.34	0.80	0.13	3.76	0.86	0.12
138	SZ-S183	人工林	杉木+肉桂+土沉香-九节-佩兰	64	725	4.46	0.74	3.69	0.77	0.10	4.44	0.81	0.05
139	SZ-S012	人工林	杉木+樟-鹅掌柴-九节	47	499	4.11	0.74	3.44	0.73	0.13	4.05	0.82	0.07
140	SZ-S173	人工林	台湾相思+马尾松+鼠刺-桃金娘+芒萁	52	655	4.31	0.76	3.81	0.74	0.09	3.54	0.71	0.12

（续表）

序号	样地编号	植被型组	群落名称	S/种	N/株	群落		立木层			林下层		
						SW	Jsw	SW	Jsw	C	SW	Jsw	C
141	SZ-S061	人工林	台湾相思+马尾松+银柴-九节-芒萁	39	535	4.20	0.79	3.97	0.79	0.07	3.27	0.77	0.12
142	SZ-S184	人工林	杉木-豺皮樟-蔓生莠竹	75	491	4.89	0.79	3.83	0.72	0.17	5.14	0.90	0.04
143	SZ-S011	人工林	杉木-鹅掌柴-乌毛蕨	36	407	3.38	0.65	2.99	0.66	0.13	3.42	0.79	0.13
144	SZ-S029	人工林	杉木-鹅掌柴-乌毛蕨	33	596	3.20	0.63	1.40	0.44	0.46	2.78	0.58	0.12
145	SZ-S026	人工林	杉木-九节-半边旗	23	193	3.47	0.77	3.00	0.71	0.15	3.21	0.89	0.11
146	SZ-S016	人工林	杉木-九节	53	318	4.84	0.84	4.48	0.85	0.08	4.36	0.91	0.05
147	SZ-S010	人工林	杉木-九节-乌毛蕨+半边旗	39	251	3.83	0.72	2.74	0.66	0.21	3.57	0.78	0.09
148	SZ-S138	人工林	桉+马占相思-鹅掌柴+豺皮樟-芒萁	27	270	2.82	0.59	1.87	0.51	0.27	3.86	0.91	0.12
149	SZ-S049	人工林	赤桉-水团花-山菅+类芦	45	491	3.91	0.71	3.40	0.67	0.16	3.55	0.77	0.07
150	SZ-S186	人工林	蓝桉+马占相思	31	189	4.27	0.86	3.58	0.86	0.10	3.93	0.91	0.11
151	SZ-S038	人工林	窿缘桉+柠檬桉-赤楠+秤星树-芒萁	66	976	4.65	0.77	4.08	0.76	0.10	4.29	0.76	0.10
152	SZ-S022	人工林	窿缘桉-豺皮樟	32	490	2.52	0.50	2.27	0.51	0.22	2.57	0.64	0.16
153	SZ-S115	人工林	窿缘桉-鹅掌柴-芒萁	34	132	4.30	0.84	3.17	0.83	0.20	4.03	0.92	0.08
154	SZ-S023	人工林	柠檬桉-豺皮樟-小花露籽草	19	87	2.96	0.70	1.87	0.67	0.36	2.88	0.78	0.13
155	SZ-S169	人工林	柠檬桉-三桠苦+桃金娘-芒萁	24	293	3.02	0.66	2.40	0.57	0.21	3.39	0.85	0.17
156	SZ-S113	人工林	尾叶桉+木荷-豺皮樟-芒	63	661	3.92	0.66	3.00	0.58	0.16	4.64	0.86	0.06
157	SZ-S155	人工林	尾叶桉+木荷-山乌桕+荔枝-芒萁	46	800	4.31	0.78	3.81	0.74	0.14	3.04	0.68	0.13
158	SZ-S136	人工林	大叶相思+柯-豺皮樟-芒萁	20	405	2.04	0.47	1.33	0.42	0.35	3.28	0.80	0.16
159	SZ-S070	人工林	大叶相思+铁榄-岗松-越南叶下珠	45	1043	3.90	0.71	3.38	0.69	0.13	3.99	0.80	0.06
160	SZ-S047	人工林	大叶相思-秤星树-扇叶铁线蕨	48	1190	3.85	0.69	3.06	0.63	0.19	3.47	0.67	0.08
161	SZ-S051	人工林	大叶相思-水团花+秤星树-芒萁	36	539	3.81	0.74	3.67	0.73	0.07	3.26	0.91	0.20
162	SZ-S078	人工林	马占相思+铁榄-鹅掌柴-芒萁	51	944	4.68	0.82	4.21	0.89	0.06	4.64	0.87	0.05
163	SZ-S072	人工林	马占相思+尾叶桉-鹅掌柴-芒萁	39	351	3.82	0.72	2.26	0.65	0.26	4.27	0.84	0.07
164	SZ-S139	人工林	马占相思-豺皮樟+鹅掌柴-山菅	48	528	4.18	0.75	3.84	0.74	0.14	3.89	0.85	0.08
165	SZ-S027	人工林	马占相思-豺皮樟+野漆-芒萁	31	254	3.59	0.73	2.85	0.67	0.22	3.62	0.85	0.08
166	SZ-S054	人工林	马占相思-秤星树-扇叶铁线蕨	35	467	3.65	0.71	2.92	0.64	0.16	3.03	0.74	0.10
167	SZ-S074	人工林	马占相思-米碎花+鹅掌柴-芒萁	57	1081	4.57	0.78	3.99	0.77	0.11	4.44	0.85	0.05
168	SZ-S168	人工林	马占相思-三桠苦-芒萁	46	498	4.10	0.74	3.24	0.69	0.22	4.31	0.82	0.09
169	SZ-S116	人工林	马占相思-野漆-芒萁	52	366	4.65	0.82	4.08	0.80	0.12	4.55	0.92	0.08
170	SZ-S178	人工林	马占相思-银柴+桃金娘-芒萁	41	349	3.95	0.74	3.03	0.66	0.26	4.18	0.87	0.10
171	SZ-S032	人工林	台湾相思+尾叶桉-豺皮樟-芒萁	42	951	3.86	0.72	3.31	0.67	0.13	4.11	0.85	0.20
172	SZ-S075	人工林	台湾相思+尾叶桉-豺皮樟-山麦冬	46	562	4.45	0.81	3.75	0.79	0.09	4.17	0.83	0.06
173	SZ-S071	人工林	尾叶桉+台湾相思-米碎花-芒萁	52	625	4.42	0.78	3.63	0.79	0.09	4.83	0.89	0.05
174	SZ-S053	人工林	台湾相思+大叶相思-豺皮樟	36	543	4.08	0.79	3.89	0.78	0.09	4.12	0.92	0.07
175	SZ-S073	人工林	台湾相思+大叶相思-米碎花-越南叶下珠	39	632	3.46	0.65	2.58	0.59	0.15	3.89	0.81	0.07
176	SZ-S050	人工林	台湾相思+柠檬桉-豺皮樟	36	630	3.54	0.68	3.23	0.69	0.15	3.07	0.75	0.12

（续表）

序号	样地编号	植被型组	群落名称	S/种	N/株	群落		立木层			林下层		
						SW	Jsw	SW	Jsw	C	SW	Jsw	C
177	SZ-S052	人工林	台湾相思+柠檬桉-豺皮樟	27	374	3.64	0.76	3.28	0.72	0.13	2.87	0.73	0.12
178	SZ-S040	人工林	台湾相思+柠檬桉-桃金娘-藿香蓟	35	507	3.65	0.71	2.91	0.64	0.18	2.78	0.61	0.13
179	SZ-S065	人工林	台湾相思+破布叶-酒饼簕	35	744	2.67	0.52	2.33	0.51	0.19	3.61	0.79	0.08
180	SZ-S114	人工林	台湾相思+野漆-豺皮樟-淡竹叶	57	1164	4.00	0.69	3.06	0.62	0.10	4.62	0.84	0.04
181	SZ-S001	人工林	台湾相思+野漆-豺皮樟-扇叶铁线蕨	52	710	3.80	0.67	3.34	0.66	0.08	4.12	0.84	0.05
182	SZ-S041	人工林	台湾相思-豺皮樟-芒萁	64	1000	4.57	0.76	3.72	0.70	0.15	4.17	0.78	0.05
183	SZ-S135	人工林	台湾相思-豺皮樟-芒	30	386	2.11	0.43	1.39	0.40	0.35	4.31	0.93	0.09
184	SZ-S018	人工林	台湾相思-豺皮樟-扇叶铁线蕨+山麦冬	36	465	3.70	0.72	2.65	0.62	0.25	3.90	0.83	0.06
185	SZ-S171	人工林	台湾相思-黄牛木-芒萁	24	289	3.48	0.76	2.64	0.69	0.23	3.57	0.91	0.11
186	SZ-S057	人工林	台湾相思-九节+破布叶-海金沙	57	1274	4.51	0.77	4.22	0.76	0.08	4.05	0.79	0.07
187	SZ-S067	人工林	台湾相思-九节+破布叶-海金沙	36	1094	3.34	0.65	3.07	0.64	0.15	3.75	0.82	0.09
188	SZ-S058	人工林	台湾相思-九节+银柴-海金沙	40	1024	2.93	0.55	2.54	0.51	0.14	3.83	0.85	0.10
189	SZ-S060	人工林	台湾相思-九节+银柴-海金沙	44	872	3.05	0.56	2.63	0.52	0.14	3.17	0.73	0.10
190	SZ-S059	人工林	台湾相思-九节-蔓生莠竹	63	1389	3.60	0.60	3.09	0.56	0.10	3.63	0.70	0.09
191	SZ-S062	人工林	台湾相思-破布叶+九节-假蒟	50	1235	3.30	0.58	2.99	0.55	0.14	3.54	0.77	0.09
192	SZ-S037	人工林	台湾相思-山菅	19	99	3.30	0.78	1.89	0.73	0.36	2.76	0.75	0.10
193	SZ-S039	人工林	台湾相思-桃金娘-芒萁	25	117	3.72	0.80	3.54	0.78	0.15	2.50	0.89	0.27
194	SZ-S013	人工林	台湾相思-银柴-山麦冬	22	213	2.39	0.53	1.24	0.41	0.44	2.97	0.78	0.12

注：S，表示群落内物种数；N，表示群落内个体总数；SW，表示物种多样性指数（Shannon-Wiener指数）；Jsw，表示均匀度指数（Pielous均匀度指数）；C，表示生态优势度指数（Simpson指数）。

5.1.1　森林群落多样性

5.1.1.1　森林群落多样性特征

深圳地区127个森林群落多样性统计分析如表5-2所示。由表可知，森林群落的物种多样性指数范围为1.69～5.77，平均值为4.30；群落物种多样性指数小于2的群落仅有1个，在2～3的有5个，3～4有30个，4～5有71个，大于等于5的有20个，可见深圳大部分森林群落的物种多样性指数在4～5，说明大部分森林群落保存较好。

森林群落的均匀度指数范围为0.42～0.88，平均值为0.74，大部分群落的均匀度指数在0.7～0.8。林下层的物种多样性和均匀度均高于立木层，生态优势度则低于立木层，说明深圳的森林群落林下层物种丰富，且优势种不明显。

比较不同森林群落的物种多样性指数，发现物种多样性指数较高的群落通常受到人为干扰较少，而物种多样性指数低的群落常常受到较为严重的干扰和破坏。

群落物种多样性指数最高的群落是位于七娘山海拔280 m处的鹅掌柴+大头茶-毛茶+豺皮樟-黑莎草群落（SZ-S100），群落类型为季风常绿阔叶林。该群落在1200 m^2样地内拥有植物106种，株数共计1114株；群落SW多样性指数为5.77，均匀度指数为0.86，说明群落内物种比较丰富，且不同种之间个体数分配较均匀。该群落立木层SW多样性指数为5.07，均匀度指数为0.83，优势度指数为0.041，林下层SW多样性指数为

4.85，均匀度指数为0.85，优势度指数为0.038。立木层和林下层的SW多样性均较高，且个体数分配均匀，优势度指数均较小，立木层和林下层的优势种均不突出。

群落物种多样性指数最低的群落是位于铁岗水库的马尾松+木荷－桃金娘－芒萁群落（SZ-S/028）。该群落为人工次生林，所处位置靠近社区，受到人为干扰较严重，局部保存有小面积的天然植被。在300 m^2内仅有14种植物，总个体数为222，SW多样性指数为1.69，均匀度指数为0.44，群落整体、立木层和林下层的物种丰富度和均匀度均极低，而立木层和林下层的优势种明显而单一，立木层中针叶树种以马尾松占绝对优势，阔叶树种以木荷占优势，乔木层还有少量马占相思，林下层灌木层不明显，草本层以芒萁占绝对优势。

表5-2　深圳地区森林群落多样性指数统计

物种多样性	群落		立木层			林下层		
	SW	Jsw	SW	Jsw	C	SW	Jsw	C
最大值	5.77	0.88	5.19	0.90	0.348	5.42	0.95	0.530
最小值	1.69	0.42	1.67	0.40	0.033	0.46	0.20	0.026
平均值	4.30	0.74	3.68	0.71	0.110	4.10	0.81	0.082

注：SW表示Shannon-Wiener多样性指数，Jsw表示基于Shannon-Wiener指数的Pielous均匀度指数，C表示Simpson生态优势度指数。

5.1.1.2　不同植被型森林群落多样性的比较

深圳森林包括常绿针叶林、针阔叶混交林、常绿与落叶阔叶混交林、常绿阔叶林和季雨林等5种植被型，各植被型群落多样性指数平均值及标准差见表5-3。

表5-3　深圳地区不同植被型森林群落多样性指数

植被型	群落		立木层			林下层		
	SW	Jsw	SW	Jsw	C	SW	Jsw	C
常绿针叶林	3.66 ± 0.59b	0.73 ± 0.05ab	3.20 ± 0.60a	0.71 ± 0.05a	0.17 ± 0.07a	3.68 ± 0.61a	0.85 ± 0.04a	0.12 ± 0.05a
针阔叶混交林	3.92 ± 0.78b	0.70 ± 0.10b	3.45 ± 0.67a	0.71 ± 0.09a	0.13 ± 0.08ab	3.83 ± 1.05a	0.78 ± 0.17a	0.12 ± 0.12a
常绿与落叶阔叶混交林	4.35 ± 0.36ab	0.78 ± 0.04a	3.75 ± 0.34a	0.75 ± 0.04a	0.08 ± 0.02b	3.99 ± 0.59a	0.82 ± 0.07a	0.09 ± 0.06ab
常绿阔叶林	4.39 ± 0.72a	0.73 ± 0.08b	3.71 ± 0.75a	0.70 ± 0.10a	0.11 ± 0.06b	4.20 ± 0.82a	0.81 ± 0.13a	0.07 ± 0.04b
季雨林	4.47 ± 0.60a	0.78 ± 0.06a	3.86 ± 0.78a	0.75 ± 0.10a	0.10 ± 0.07b	3.92 ± 0.84a	0.80 ± 0.11a	0.08 ± 0.05ab

注：SW，表示Shannon-Wiener多样性指数；Jsw，表示基于Shannon-Wiener指数的Pielous均匀度指数；C，表示Simpson生态优势度指数。同一指数含不同字母表示差异显著，含相同字母表示差异不显著，数字加粗者显示为具“显著差异”的数据列。

从表5-3可以看出，不同植被型的群落SW多样性指数、群落Jsw均匀度指数、立木层和林下层Simpson生态优势度指数差异显著；而立木层和林下层的SW多样性指数及其Jsw均匀度指数差异均不显著。

群落SW多样性指数均值的大小顺序为：

季雨林＞常绿阔叶林＞常绿与落叶阔叶混交林＞针阔叶混交林＞常绿针叶林；

群落Jsw均匀度指数平均值的大小顺序为：

季雨林=常绿与落叶阔叶混交林＞常绿针叶林=常绿阔叶林＞针阔叶混交林。

经克鲁斯卡尔-沃利斯（Kruskal-Wallis）检验表明：

①季雨林和常绿阔叶林的SW多样性指数，与常绿针叶林和针阔叶混交林的SW多样性指数差异显著，常绿与落叶阔叶混交林的SW多样性指数与其他植被型的差异均不显著。

②季雨林和常绿与落叶阔叶混交林的Jsw均匀度指数，与常绿阔叶林和针阔叶混交林的Jsw均匀度指数差

异显著，常绿针叶林的Jsw指数与其他植被型的差异不显著。

③常绿针叶林的立木层Simpson生态优势度指数，显著高于常绿与落叶阔叶混交林、常绿阔叶林和季雨林。这是由于常绿针叶林为针叶树单优势群落，优势种极突出，而常绿与落叶阔叶混交林、常绿阔叶林和季雨林通常为多优势种共占优势，优势种的优势地位不突出。

从群落演替的角度推测，深圳的常绿针叶林和针阔叶混交林处于演替的早期阶段，常绿与落叶阔叶混交林处于演替中期，而常绿阔叶林和季雨林处于演替后期或已经成为亚顶极状态。

5.1.2　灌丛群落多样性

针对7个灌丛群落多样性分析统计如表5-4所示，群落SW多样性指数范围为1.94～4.13，平均值为3.50，群落内林下层物种多样性高于立木层。从各指数的平均值看，灌丛群落立木层、林下层及群落整体的物种多样性和均匀度均低于森林群落。

群落多样性最高的群落，是位于塘朗山的水团花+鹅掌柴－山麦冬群落（SZ-S140），群落SW多样性指数为4.13，均匀度指数为0.70，800 m^2范围内有维管植物58种633株，立木层SW多样性指数、Jsw均匀度指数、Simpson生态优势度指数分别为3.28、0.65、0.14，林下层SW多样性指数、Jsw均匀度指数和Simpson生态优势度指数分别为4.25、0.79、0.05。立木层和林下层均有较高的物种丰富度，且个体分配较均匀，立木层和林下层优势种均不突出。

群落多样性最低的群落，是位于排牙山的厚皮香－芒萁群落（SZ-S095），800 m^2样地内含维管植物31种684株，立木层的SW多样性指数、Jsw均匀度指数、Simpson生态优势度指数分别为0.98、0.31、0.46，林下层的SW多样性指数、Jsw均匀度指数、Simpson生态优势度指数分别为4.23、0.87、0.09。可知该群落立木层物种多样性较低，个体分配不均匀，优势种突出，而林下层物种多样性较丰富，个体分配均匀，优势种不明显。

上述两个群落中，厚皮香－芒萁群落立木层拥有植物个体569株，水团花+鹅掌柴－山麦冬群落立木层拥有植物个体405株，从个体数看，厚皮香群落拥有更多的植物个体，但从物种数看，厚皮香群落立木层仅含维管植物9种，而水团花群落立木层含维管植物33种，水团花群落的物种丰富度显著高于厚皮香群落。厚皮香群落立木层的569株植物个体中有476株为厚皮香，厚皮香在立木层占有绝对优势，重要值比重达到66%，使群落的优势种十分突出，相应地厚皮香群落的物种多样性较低。

表5-4　深圳地区灌丛群落多样性指数统计

物种多样性	群落		立木层			林下层		
	SW	Jsw	SW	Jsw	C	SW	Jsw	C
最大值	4.13	0.75	3.85	0.75	0.46	4.25	0.89	0.17
最小值	1.94	0.39	0.98	0.31	0.07	2.57	0.65	0.05
平均值	3.50	0.66	2.99	0.64	0.15	3.76	0.81	0.10

注：SW，表示Shannon-Wiener多样性指数；Jsw，表示基于Shannon-Wiener指数的Pielous均匀度指数；C，表示Simpson生态优势度指数。

5.1.3　人工林群落多样性

人工林群落多样性分析统计见表5-5，从表中可以看出，人工林群落SW多样性指数范围为2.04～4.89，平均值为3.75；Jsw均匀度指数的范围为0.43～0.86，平均值为0.71，人工林群落的物种多样性和均匀度均小于森林群落，而大于灌丛群落。

群落多样性最高的人工林群落，是位于仙湖植物园的杉木－豺皮樟－蔓生莠竹群落（SZ-S184），群落SW多样性指数为4.89，Jsw均匀度指数为0.79，立木层和林下层的SW多样性指数、Jsw均匀度指数和Simpson生态优势度指数分别为3.83、0.72、0.17和5.14、0.90、0.04，林下层的物种多样性远高于立木层。该群落立木层含有维管植物39种316株，乔木层中杉木占绝对优势，灌木层物种丰富，以豺皮樟占主要优势，但优势地位不明显，银柴、鹅掌柴和山鸡椒在灌木层中也占有一定的优势地位，且个体分配较均匀；林下层含有维管植物53种175株，物种丰富度较高，蔓生莠竹的重要值最高，但仅占10.71%，优势地位并不突出，玉叶金花、芒萁及部分立木层物种的幼苗均在林下层中占有一定地位。

群落多样性最低的人工林群落，是位于铁岗水库的大叶相思+柯–豺皮樟–芒萁群落（SZ-S136），群落SW多样性指数、Jsw均匀度指数分别为2.04、0.47，立木层SW多样性指数、Jsw均匀度指数、Simpson生态优势度指数分别为1.33、0.42、0.35；林下层SW多样性指数、Jsw均匀度指数、Simpson生态优势度指数分别为3.28、0.80、0.16。可见群落立木层和林下层物种多样性均较低，立木层有9种植物329株，其中乔木层仅有大叶相思和柯2种，个体数分别为118和193，两者在立木层占绝对优势，灌木层立木稀疏，仅含7种植物18株；林下层以柯的幼苗和芒萁占优势，优势地位突出。

表5–5　深圳地区人工林群落多样性统计

物种多样性	群落		立木层			林下层		
	SW	Jsw	SW	Jsw	C	SW	Jsw	C
最大值	4.89	0.86	4.48	0.89	0.46	5.14	0.93	0.27
最小值	2.04	0.43	1.24	0.40	0.06	2.50	0.58	0.04
平均值	3.75	0.71	3.07	0.67	0.17	3.73	0.81	0.10

注：SW，表示Shannon-Wiener多样性指数；Jsw表示基于Shannon-Wiener指数的Pielous均匀度指数；C，表示Simpson生态优势度指数。

5.1.4　不同植被型组群落多样性比较

运用Kruskal-Wallis检验对深圳地区森林、灌丛和人工林群落多样性进行比较（表5–6）。结果表明，不同植被型组的群落多样性存在显著差异（图5–1）。森林的群落物种多样性和均匀度均显著高于灌丛和人工林，灌丛和人工林之间的群落物种多样性及均匀度差异不显著。

表5–6　深圳地区不同植被型组的群落多样性指数平均值

植被型组	群落		立木层			林下层		
	SW	Jsw	SW	Jsw	C	SW	Jsw	C
森林	4.30 ± 0.71 a	0.74 ± 0.08 a	3.68 ± 0.72 a	0.71 ± 0.10 a	0.11 ± 0.07 b	4.07 ± 0.84 a	0.81 ± 0.12 a	0.08 ± 0.06 a
灌丛	3.50 ± 0.80 b	0.66 ± 0.13 b	2.99 ± 0.96 b	0.64 ± 0.15 a,b	0.15 ± 0.14 a，b	3.76 ± 0.66 a，b	0.81 ± 0.08 a	0.10 ± 0.05 a，b
人工林	3.75 ± 0.66 b	0.71 ± 0.10 b	3.07 ± 0.77 b	0.67 ± 0.11 b	0.17 ± 0.09 a	3.73 ± 0.61 b	0.81 ± 0.08 a	0.10 ± 0.04 b
总计	4.10 ± 0.75	0.72 ± 0.09	3.46 ± 0.79	0.70 ± 0.11	0.13 ± 0.08	3.96 ± 0.78	0.81 ± 0.11	0.09 ± 0.06

注：SW，表示Shannon-Wiener多样性指数；Jsw，表示基于Shannon-Wiener指数的Pielous均匀度指数；C，表示Simpson生态优势度指数。表中的三类指数，上下两两比较，当含有相同字母a或b时，表示差异不显著；若所含字母不同，如上为a下为b，即表示差异显著。

在表5–6中，森林与灌丛比较，群落SW多样性指数（a，b）、Jsw多样性指数（a，b）、立木层SW指数（a，b）均差异显著；而立木层Jsw指数（a）、生态优势度（b），以及林下层SW指数（a）、Jsw指数（a）、生态优势度（a），均不显著。森林与人工林比较，除林下层的Jsw指数（a）差异不显著外，其他的均差异显著。灌丛与人工林比较，均差异不显著。

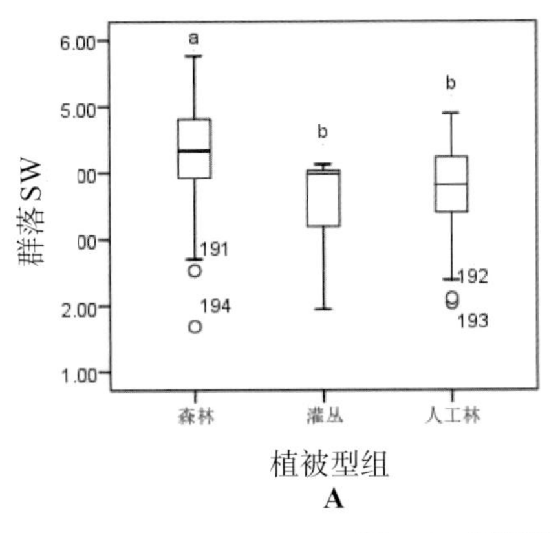

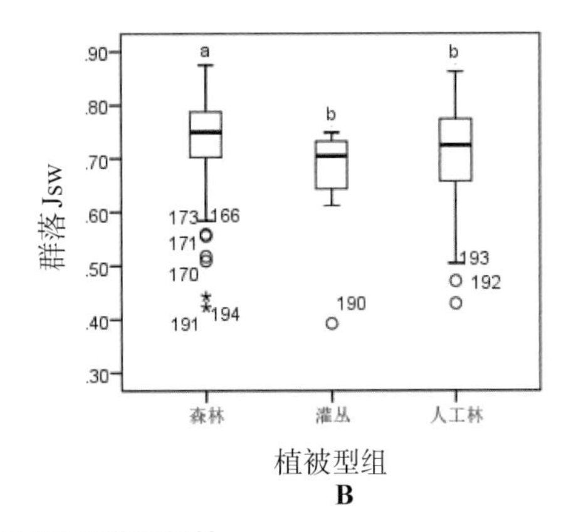

图5-1 深圳地区不同植被型组群落多样性

深圳地区不同植被型组的立木层物种多样性存在显著差异（图5-2）。森林立木层的物种多样性显著高于灌丛和人工林，灌丛和人工林之间立木层物种多样性差异不显著；森林立木层的物种均匀度与灌丛差异不显著，但显著高于人工林，灌丛与人工林的立木层物种均匀度差异也不显著；森林立木层的物种生态优势度显著低于人工林，而与灌丛立木层的物种生态优势度差异不显著，灌丛和人工林的物种生态优势度差异也不显著，说明森林植被型组立木层的物种优势种不如人工林突出。

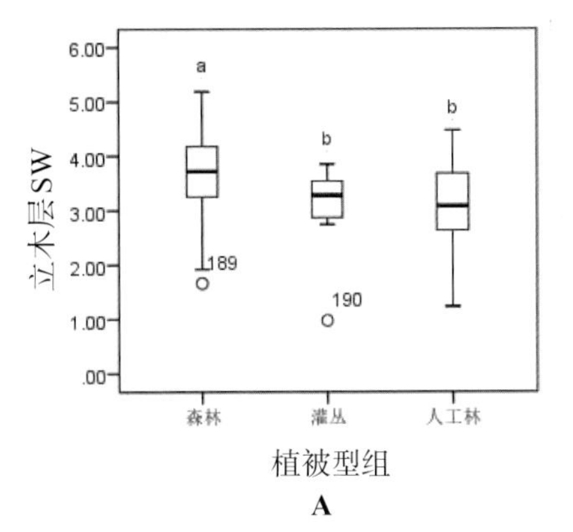

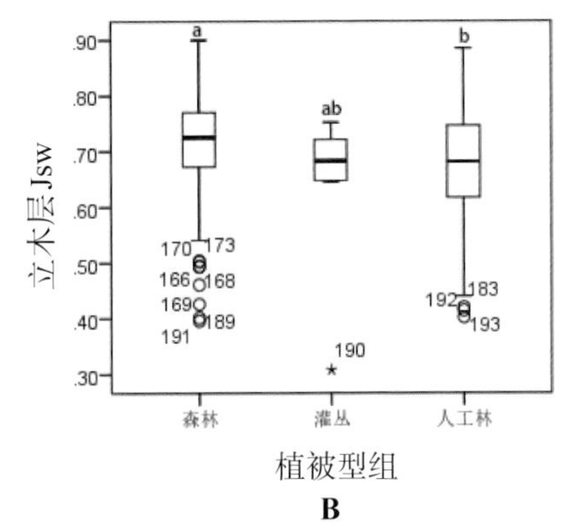

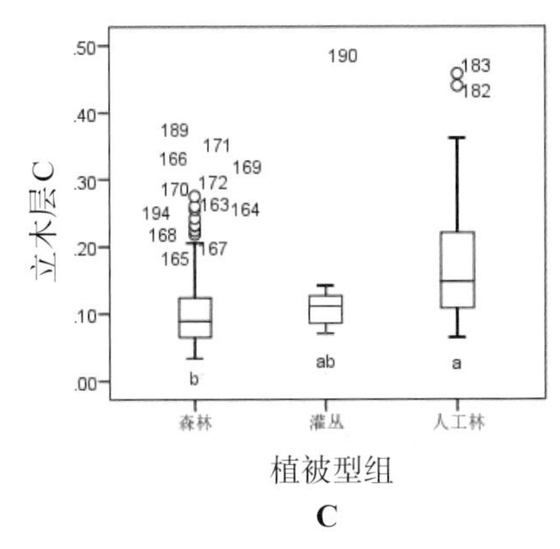

图5-2 深圳地区不同植被型组的立木层物种多样性

不同植被型组的林下层物种多样性存在显著差异（图5-3）。森林的林下层物种多样性显著高于人工林，与灌丛差异不显著，人工林与灌丛的林下层物种多样性差异也不显著；森林、灌丛和人工林的林下层物种均匀度差异不显著；森林林下层的物种生态优势度显著低于人工林。

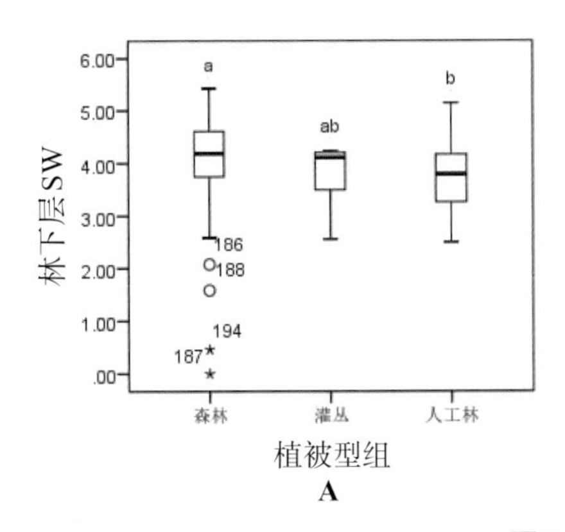

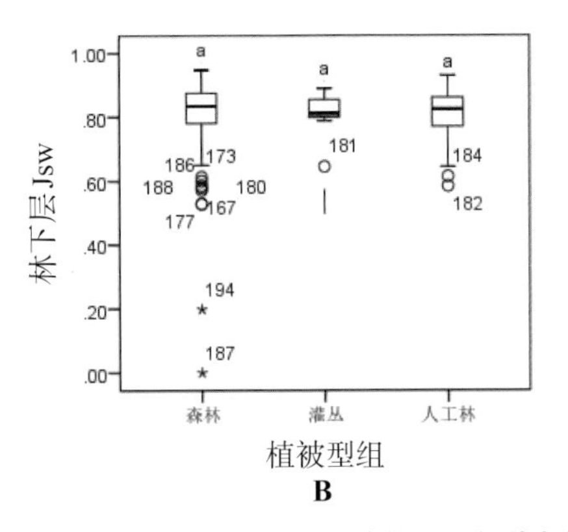

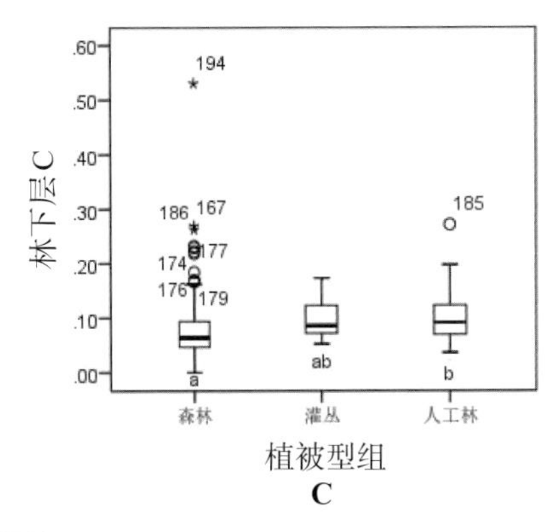

图5-3 深圳地区不同植被型组的林下层物种多样性

综上所述，森林植被型组在3个植被型组中拥有最高的物种多样性。其主要原因是深圳植被中，人工林群落和灌丛群落大多都处于演替的早期阶段，均处于受到干扰后恢复的初期，其群落内物种丰富度较低、分布不均匀，优势种较突出且较单一。而森林群落所处的演替阶段在人工林和灌丛之后，在演替过程中，群落内物种丰富度增加、物种分布均匀化，优势种不明显或多个优势种共存，使森林群落拥有更高的物种多样性。

5.2 深圳市植物群落结构与动态

5.2.1 群落的垂直结构

不同类型群落拥有不同的垂直结构，森林群落和人工林群落从上到下可以分为乔木层、灌木层和草本层，灌丛群落可分为灌木层和草本层，草地群落则通常仅有草本层一层。

深圳市森林群落的乔木层，根据群落结构的复杂程度，通常可以再划分为1～3个亚层。①常绿针叶林由于乔木层物种组成较单一，常以马尾松占绝对优势，通常只有1个亚层，高6～15m；②针阔叶混交林的乔木层通常可以划分为1～2个亚层，上层高9～15m，下层高5～8m；③常绿与落叶阔叶混交林、常绿阔叶林和季雨林的乔木层可划分为1～3个亚层，最上层高可达16～30m，中层高10～15m，下层高5～9m。乔木层的分化程度通常与群落所处的演替阶段密切相关，演替早期的冠层分化不明显，随着演替的进行，冠层分化变得明显，结构层次多样而复杂。此外，深圳的森林群落中，层间的藤本植物丰富，大型木质藤本常攀缘生长至树冠层，如占优势的大型木质藤本主要有罗浮买麻藤、白花油麻藤、刺果藤、粉叶羊蹄甲、锡叶藤、华南云实、两粤黄檀、白花酸藤果、酸藤子等。

从整体上对深圳植被的立木高度级进行分析，每3 m为一个高度级，统计群落中不同高度级的植物个体总数和物种数，亦即将植物群落乔灌层的高度1.5～30 m划分为10个高度级，以罗马数字排序，即为I级、II级……IX级、X级，统计结果详见表5-7和图5-4所示。

表5-7　深圳地区植物群落的高度级分布

高度级	I级	II级	III级	IV级	V级	VI级	VII级	VIII级	IX级	X级
树高/m	1.5～3	3.1～6	6.1～9	9.1～12	12.1～15	15.1～18	18.1～21	21.1～24	24.1～27	27.1～30
物种数/种	458	420	317	213	149	73	55	27	11	9
物种数占比/%	25.34	24.25	18.30	12.30	8.60	4.21	3.18	1.56	0.64	0.52
个体数/株	40147	40057	13238	3611	1644	813	330	86	46	21
个体数占比%	40.15	40.06	13.24	3.61	1.64	0.81	0.33	0.09	0.05	0.02

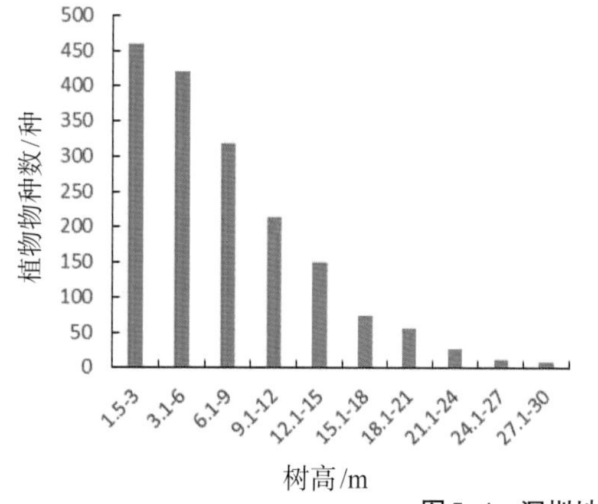

图5-4　深圳地区植物群落的高度级分布

由统计结果可知，分布在高度级1.5～3 m的物种数和植物个体数均最多，其次是高度级3～6 m，这两个高度级所含物种数比例之和达49.59%，个体数比例之和达80.21%。随着高度级的增加，物种数逐渐缓慢减少，高度级在24.1～27 m和27.1～30 m的比例分别0.64%和0.51%，总物种数为20种。

随着高度级的增加，植物个体数在高度级6.1～9 m和9.1～12 m显著减少，在高度级12.1～15 m之后的植物个体数减少缓慢，比例均小于1%，整体变化趋势呈倒J型。在深圳区域内，植物群落在1.5～9 m的高度结构中，主要为群落灌木层和乔木下层，高度级的统计结果显示在该高度级的个体数占个体数总数的93.45%，表明深圳植物群落以乔木下层至灌木层为森林群落的优势层片；同时在物种数上，物种数比例占物种总数的67.89%，深圳植物群落在乔木下层至灌木层也是物种多样性的优势层片。

5.2.2 群落立木的径级结构

将深圳植物群落立木层个体胸径按每2 cm划分一个径级，共划分为42径级，统计群落中不同径级的植物个体数，得到植物群落立木的径级结构图（图5-5）。从图中可以看出，深圳植物群落立木的径级分布与高度级分布情况相似，大致上呈倒“J形”，胸径在2～4 cm的个体最多，占个体数总数的30.09%，其次是胸径在2 cm以下的个体，占个体数总数的28.84%。

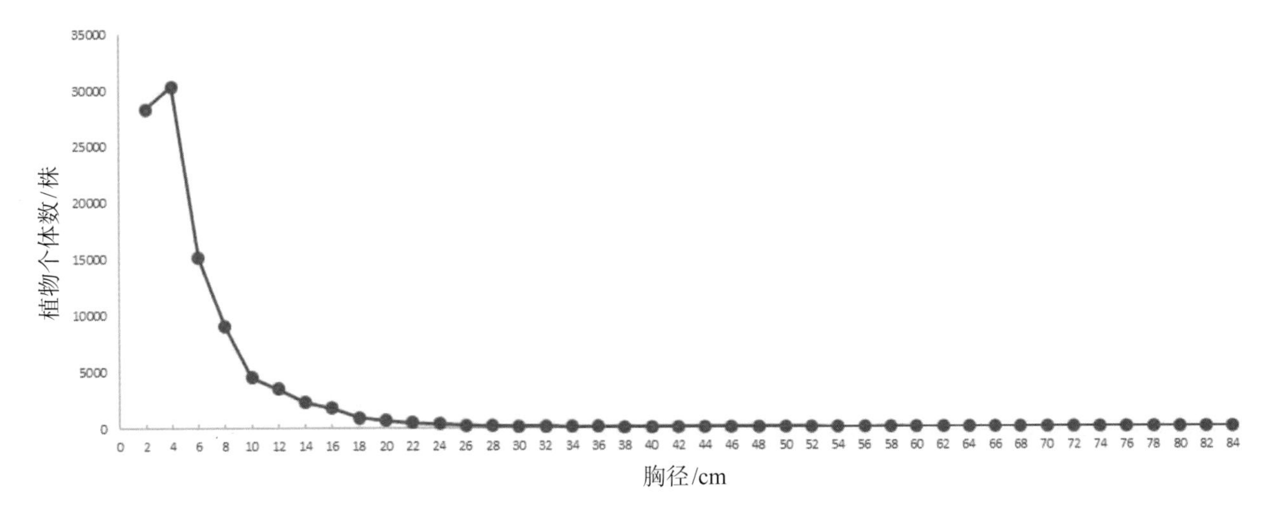

图5-5 深圳地区植物群落立木的径级结构

深圳地区植物群落整体的径级结构与高度级结构的结果相一致，深圳植被中，大部分植物个体的高度在1.5～6 m，胸径在4 cm以下，说明深圳植被中，灌木层和小乔木层的物种数和个体数占主要优势，也是灌木或小乔木在整个深圳植被中重要值排名靠前的原因之一。同时也反映了深圳植被正处于发展阶段，随着植被演替的进行，下层立木可以不断对上层立木进行更新和补充，促进植物群落向气候顶极演替。

5.2.3 优势种群的年龄结构与群落动态

通过种群的年龄结构，可以反映群落的动态和发展趋势，金字塔图可以直观地反映种群年龄结构。依据深圳植物群落样地调查结果，各种群年龄结构可划分为II级～V级不等，对9个植被型中20个典型群落的优势种群年龄结构分析结果见图5-6a～图5-6t。

5.2.3.1 常绿针叶林

在马尾松-黄牛木+豺皮樟-芒萁群落（图5-6a）中，马尾松为衰退种群，种群中缺失Ⅱ级立木，幼苗或幼树在群落中竞争力下降，难以存活；山油柑种群数量少，年龄结构呈稳定型种群，种群在群落中有很大的发展潜力；灌木层优势种豺皮樟和黄牛木均为增长种群，它们对马尾松幼苗的更新有阻碍作用；栀子和野漆也为增长种群。一段时期后马尾松的优势地位将会下降，群落将发育成针阔叶混交林，随着马尾松的消失再演替为常绿阔叶林或季雨林。

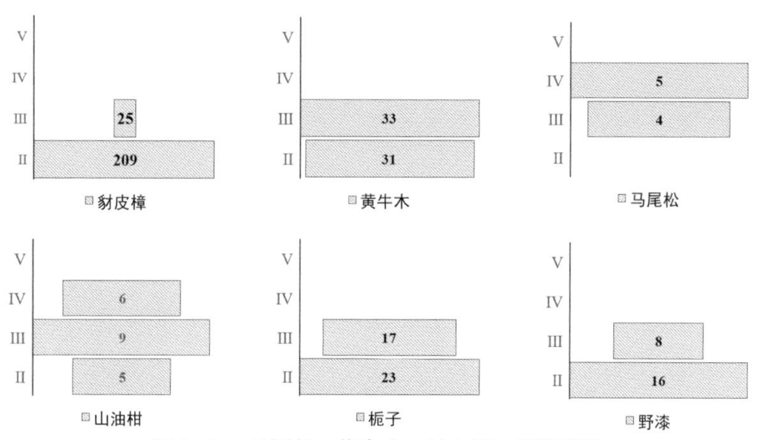

图5-6a　马尾松-黄牛木+豺皮樟-芒萁群落

5.2.3.2 针阔叶混交林

在马尾松+鹅掌柴-银柴+秤星树-山麦冬群落（图5-6b）中，马尾松为衰退型种群，仅具有Ⅳ级和Ⅴ级立木，随着老龄个体的死亡，马尾松将从群落中消失。鹅掌柴的年龄结构呈典型的倒金字塔形，属于衰退型种群，但仍存在一定比例的幼龄个体，短时间内不会迅速从群落中消失。银柴为增长型种群，在群落中重要值最高，但目前仅在灌木层占据优势，随着个体的生长，会逐渐长成乔木，并在乔木层占据一定优势。秤星树和九节为增长型群，由于它们均无法长成乔木，随着种群增长，将在灌木层占据优势。黄牛木为衰退型种群，Ⅱ级立木极少，无法对上层立木进行补充，将逐渐衰退。该群落在马尾松消失后，将演替成为鹅掌柴占优势或鹅掌柴、银柴共占优势的阔叶林，随着鹅掌柴的衰退，银柴可能逐渐取代鹅掌柴的地位，成为群落的主要优势种。

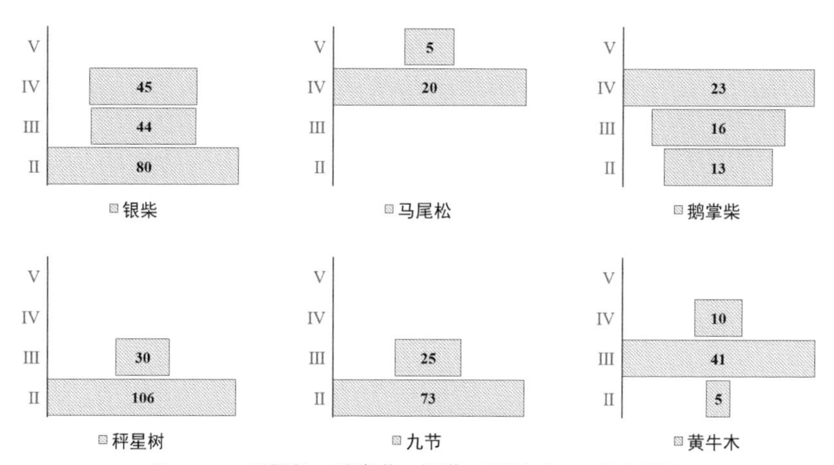

图5-6b　马尾松+鹅掌柴-银柴+秤星树-山麦冬群落

5.2.3.3 常绿阔叶林

在钝叶假蚊母树+鹿角锥+密花树-锈叶新木姜子-流苏贝母兰群落（图5-6c）中，钝叶假蚊母树无Ⅴ级立木，且Ⅱ级立木所占比例较高，种群应仍处于发展阶段，种群较稳定并有一定的增长趋势。鹿角锥为稳定种群，年龄结构完整，且具有一定比例的幼树。密花树幼龄个体比例低，为衰退种群。锈叶新木姜子和尖脉木姜子为增长种群。粗脉桂种群目前较稳定，但由于幼龄个体比例低于老龄个体比例，种群出现衰退的趋势。群落将持续以钝叶假蚊母树和鹿角锥占优势，密花树的优势地位可能被锈叶新木姜子所取代。

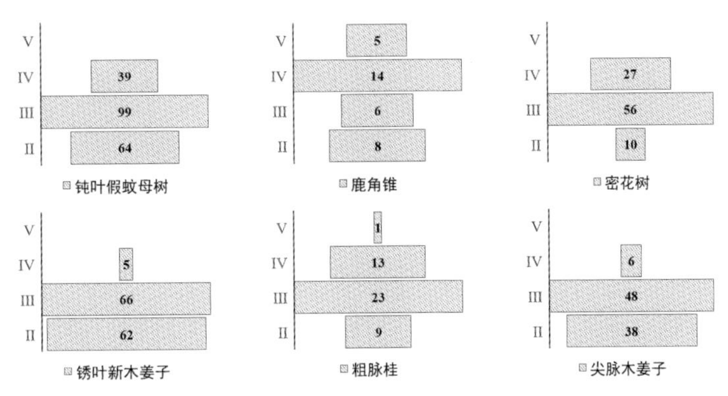

图5-6c　钝叶假蚊母树+鹿角锥+密花树-锈叶新木姜子-流苏贝母兰群落

在鹅掌柴+鼠刺+刨花润楠-豺皮樟+九节-芒萁群落（图5-6d）中，鹅掌柴为典型的衰退种群，鼠刺为较稳定种群，刨花润楠为稳定的成熟种群，红鳞蒲桃、中华杜英为增长种群，豺皮樟为稳定种群。随着群落演替的进行，鹅掌柴将失去优势地位，刨花润楠可能与红鳞蒲桃共同占据乔木上层的优势地位，鼠刺则在乔木中下层占优势，而中华杜英也可能发展成为乔木中下层的优势种。

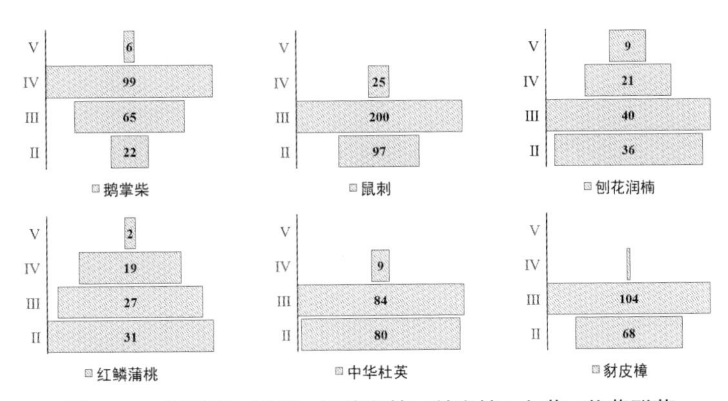

图5-6d　鹅掌柴+鼠刺+刨花润楠-豺皮樟+九节-芒萁群落

在厚壳桂+黄樟+鹅掌柴-九节-草珊瑚群落（图5-6e）中，厚壳桂为衰退种群，无Ⅱ级立木，但Ⅲ、Ⅳ级立木比例远高于Ⅴ级老树，厚壳桂在一段时间内仍将占优势。黄樟、鹅掌柴Ⅳ级立木比例远高于Ⅲ级立木，几乎无Ⅱ级立木，也为衰退种群。猴耳环年龄结构完整，目前为较稳定型种群，但幼龄个体比例低于老龄个体，将逐渐衰退。水翁蒲桃和浙江润楠均为衰退种群，种群中老龄个体占绝对优势，几乎无幼龄个体。该群落为较成熟的常绿阔叶林。

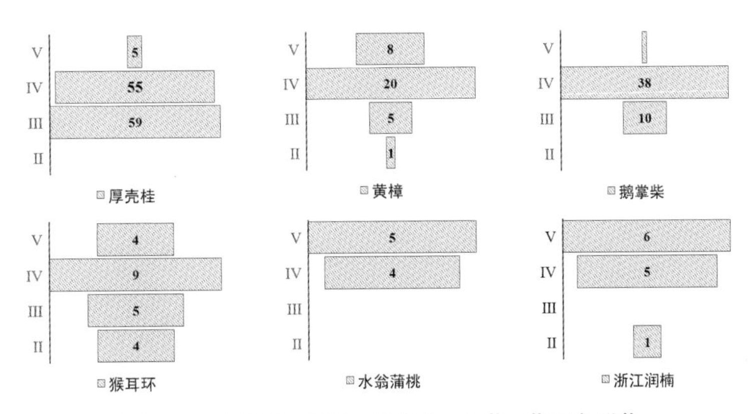

图5-6e　厚壳桂+黄樟+鹅掌柴-九节-草珊瑚群落

在黧蒴－罗伞树－扇叶铁线蕨群落（图5-6f）中，黧蒴为衰退种群，罗伞树为稳定种群，鼠刺Ⅲ级立木比例最大，仍处于发展之中；九节、山杜英、银柴为衰退种群。黧蒴在较长一段时间内仍将占优势，未来将会被其他中生性阔叶树种取代。

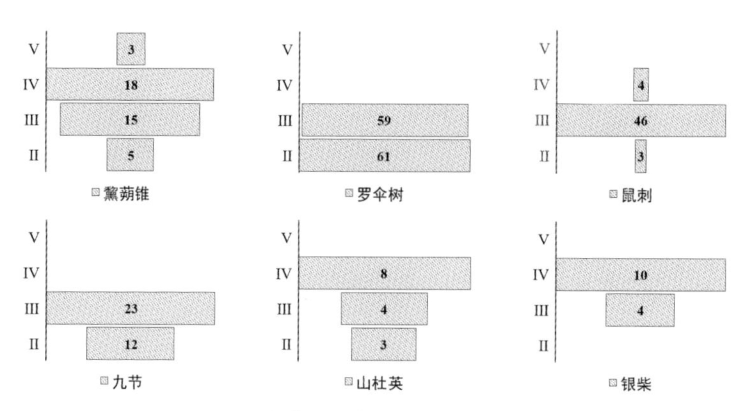

图5-6f　黧蒴－罗伞树－扇叶铁线蕨群落

在鼠刺+大头茶－吊钟花－单叶新月蕨群落（图5-6g）中，鼠刺、山油柑、白背算盘子为衰退种群。吊钟花种群Ⅱ级的立木比例较低，但明显高于Ⅳ级立木比例，目前应处于发展阶段，大量的Ⅲ级小树目前主要在灌木占优势，并持续向乔木层生长，未来可能在乔木层占一定的优势。大头茶种群有一定的衰退趋势，但目前较稳定；九节为增长种群。该群落为较成熟群落。

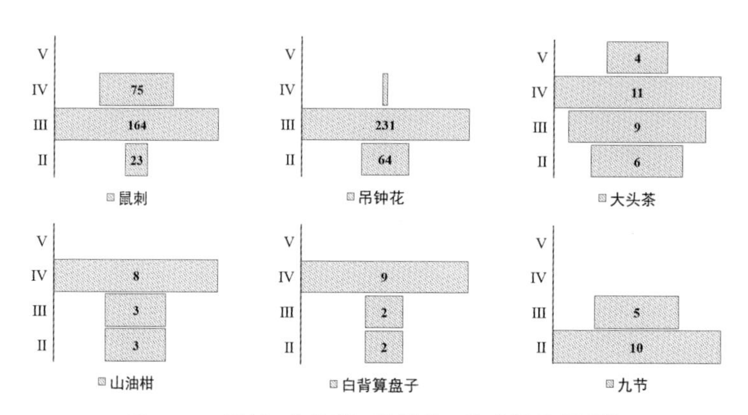

图5-6g　鼠刺+大头茶－吊钟花－单叶新月蕨群落

在浙江润楠+鹅掌柴－九节－单叶新月蕨群落（图5-6h）中，浙江润楠、鹅掌柴、鼠刺、绿冬青、假苹婆、山油柑均为衰退种群，幼龄个体比例显著低于老龄个体，其中浙江润楠和鹅掌柴的年龄结构完整，为较成熟种群，Ⅳ级壮树占比最大，Ⅴ级立木比例较小，它们将继续在群落中占优势。

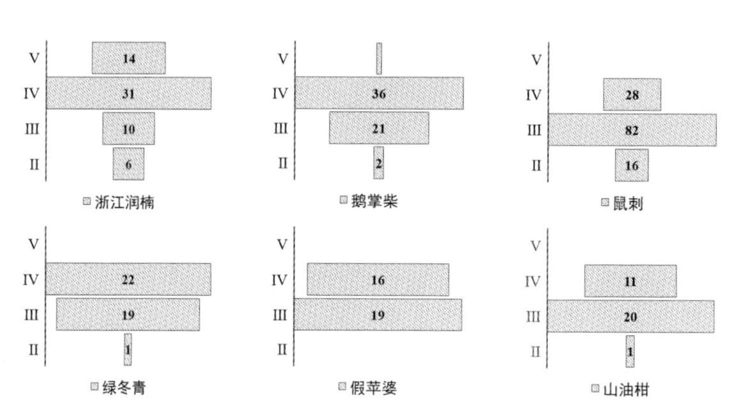

图5-6h　浙江润楠+鹅掌柴－九节－单叶新月蕨群落

在大头茶+短序润楠–油茶–扇叶铁线蕨群落（图5–6i）中，大头茶、油茶、短序润楠、樟、绿冬青幼龄个体比例较低，均有衰退趋势，但大头茶、短序润楠和樟种群均以Ⅳ级壮树为主，个体将继续向Ⅴ级老树发展，绿冬青和油茶以Ⅲ级幼树为主，也是发展中的种群；密花树为稳定型种群。该群落在一段时间内较稳定，优势种组成不会发生明显变化。

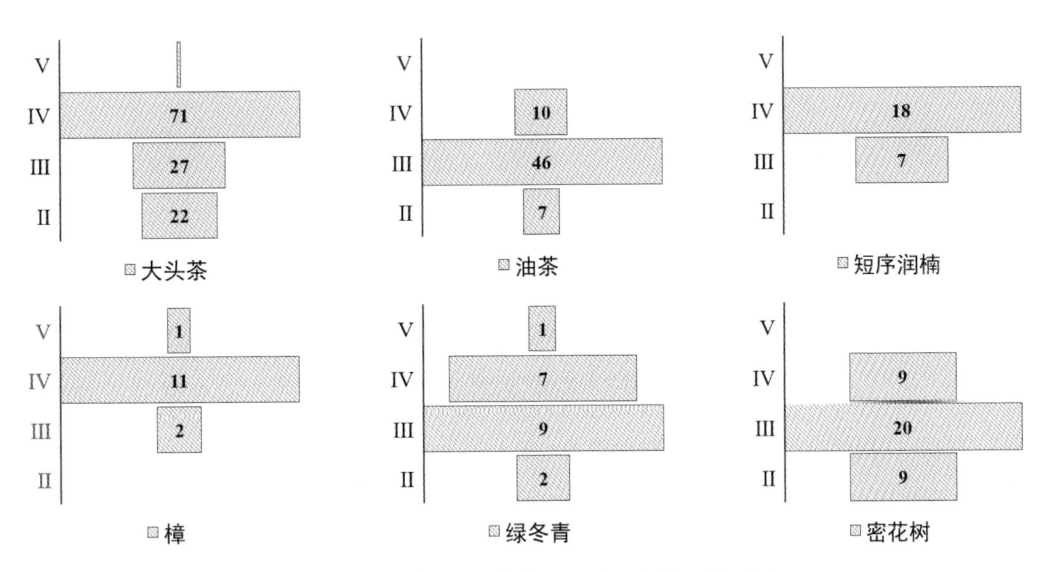

图5–6i　大头茶+短序润楠–油茶–扇叶铁线蕨群落

在毛棉杜鹃、鼠刺、密花山矾常绿阔叶林（图5–6j）中，毛棉杜鹃为Ⅳ级立木较少，Ⅱ、Ⅲ级立木较多，为增长种群。鼠刺为稳定种群，密花山矾、鹅掌柴为衰退种群，白背算盘子为稳定种群，变叶榕为增长种群。随着演替进行，毛棉杜鹃和鼠刺将继续占优势，密花山矾将失去优势地位。

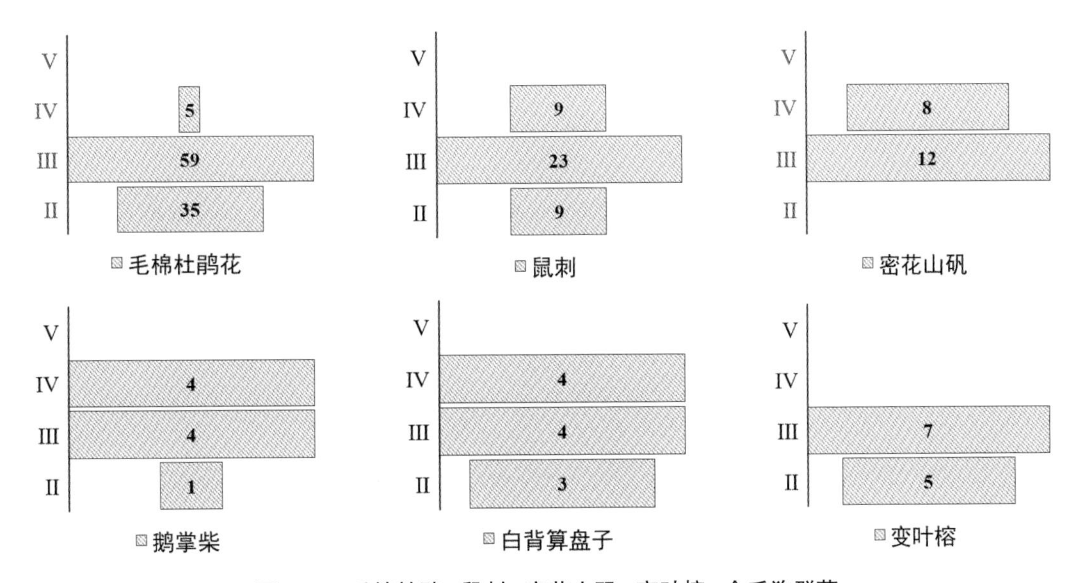

图5–6j　毛棉杜鹃+鼠刺+密花山矾–变叶榕–金毛狗群落

5.2.3.4　常绿与落叶阔叶混交林

在枫香树+山油柑–鼠刺+九节–草珊瑚群落（图5–6k）中，枫香树、山油柑和八角枫均为衰退型种群，红鳞蒲桃为增长型种群，鼠刺为稳定种群，九节为增长种群。枫香树即将失去优势地位，山油柑在一段时间内仍占优势，最后其优势地位可能会被红鳞蒲桃取代，而鼠刺将在乔木中下层中占一定优势。该群落将演替成为常绿阔叶林或季雨林。

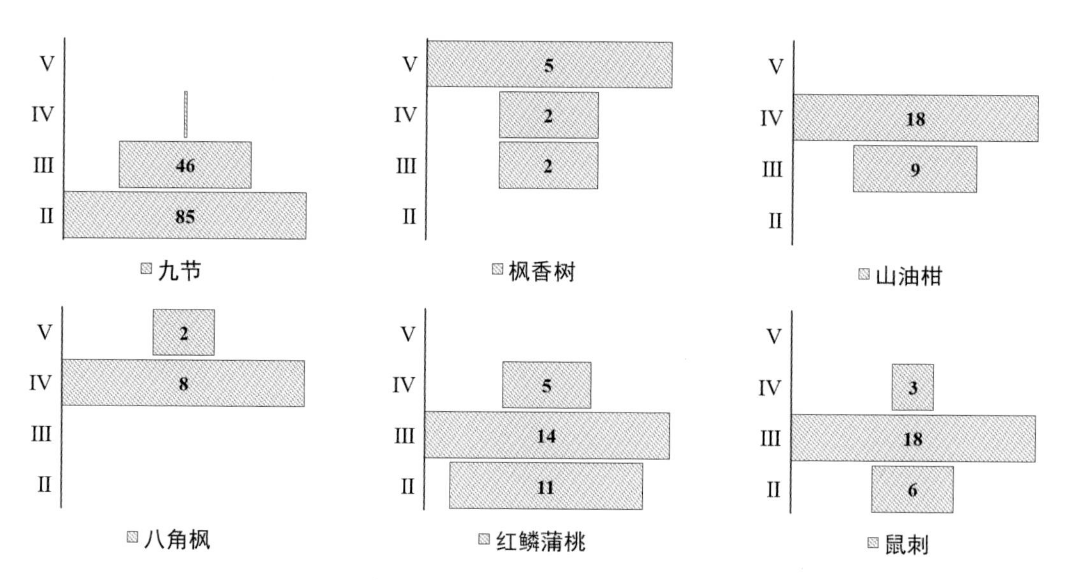

图5-6k 枫香树+山油柑-鼠刺+九节-草珊瑚群落

在大头茶+山乌桕-鼠刺+吊钟花-乌毛蕨群落（图5-6l）中，大头茶为较成熟的增长种群，山乌桕为衰退种群，但仍处于发展中，将继续占有一定优势。鼠刺和吊钟花为增长种群，随着种群的发育，它们可能进入乔木层并在乔木下层占优势。黄桐种群以Ⅱ、Ⅲ级立木为主，此外还存较低比例的Ⅴ级立木，这可能是黄桐种群曾经在群落中占优势，生境改变使其衰退并逐渐消失，随着群落的发展，生境再次发生变化，又变得有利于黄桐种群的繁殖和生长，黄桐种群再次成为增长种群。细齿叶柃为稳定种群，可能发展为灌木层优势种。该混交林群落最终将也发展成为常绿阔叶林或季雨林。

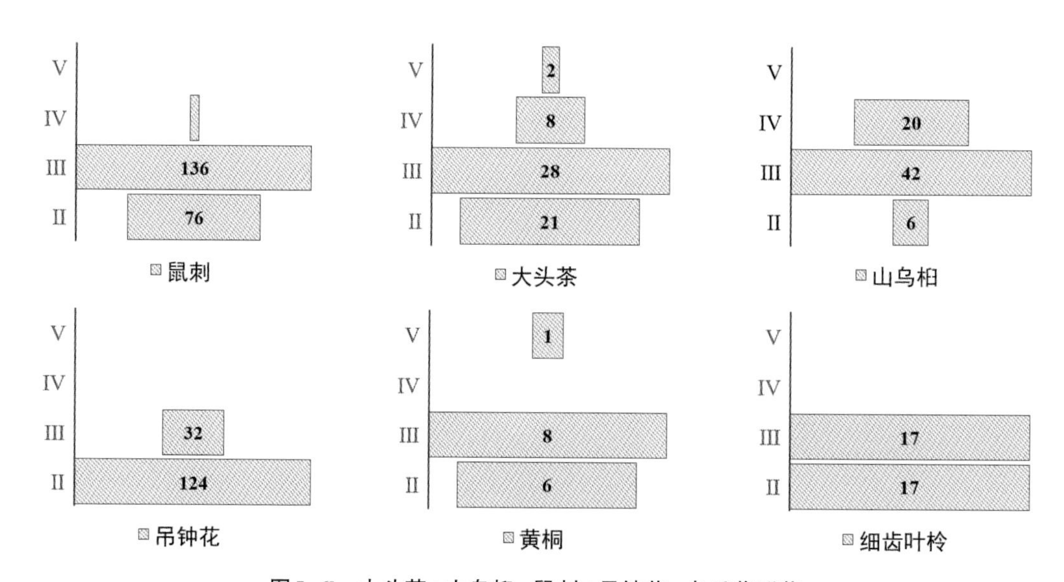

图5-6l 大头茶+山乌桕-鼠刺+吊钟花-乌毛蕨群落

5.2.3.5 季雨林

在白桂木+翻白叶树-光叶紫玉盘+九节-三叉蕨群落（图5-6m）中，白桂木种群Ⅴ级立木个体所占比例最大，幼龄个体比例较小，为衰退种群，随着老龄个体的死亡，其优势地位可能有所下降，但不会从群落中消失；翻白叶树幼龄个体比例高于老龄个体比例，为增长种群；光叶紫玉盘也为增长种群；刨花润楠、假柿木姜子、常绿臭椿种群为稳定种群。该群落中各种群的结构相对稳定，因此群落也较稳定，该群落可能发展成为白桂木、翻白叶树、刨花润楠、假柿木姜子共占优势的群落。

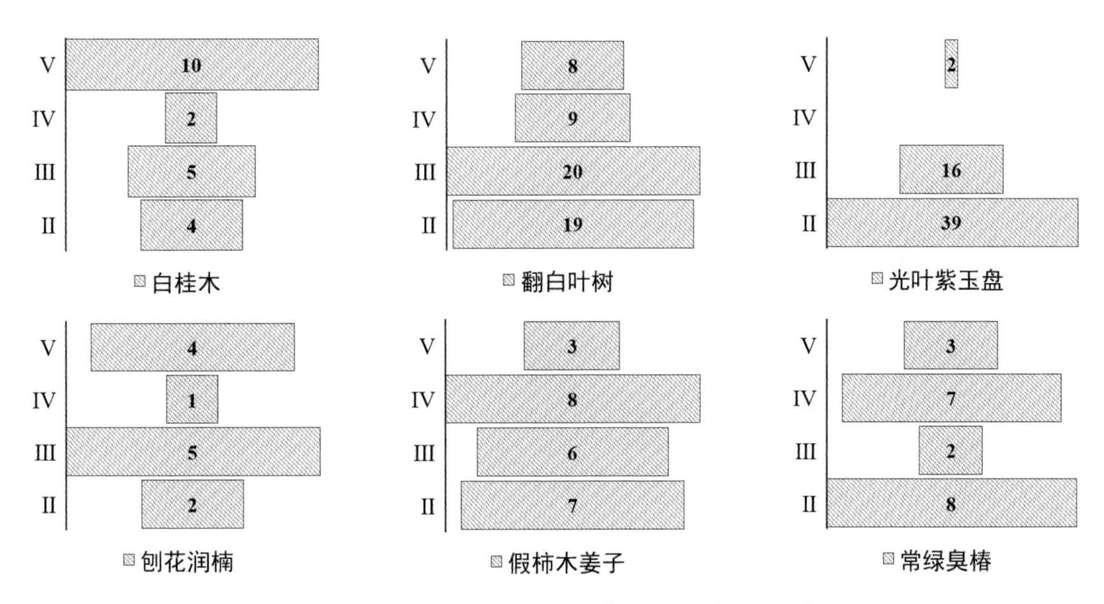

图5-6m 白桂木+翻白叶树-光叶紫玉盘+九节-三叉蕨群落

在银柴+黄桐+乌檀-九节-金毛狗群落（图5-6n）中，银柴属于衰退种群，黄桐为稳定种群，肉实树为年轻增长种群。胭脂、中华杜英为稳定增长种群，乌檀为衰退种群。随着演替的进行，该群落可能发展为以黄桐、肉实树、胭脂、中华杜英共占优势的群落。

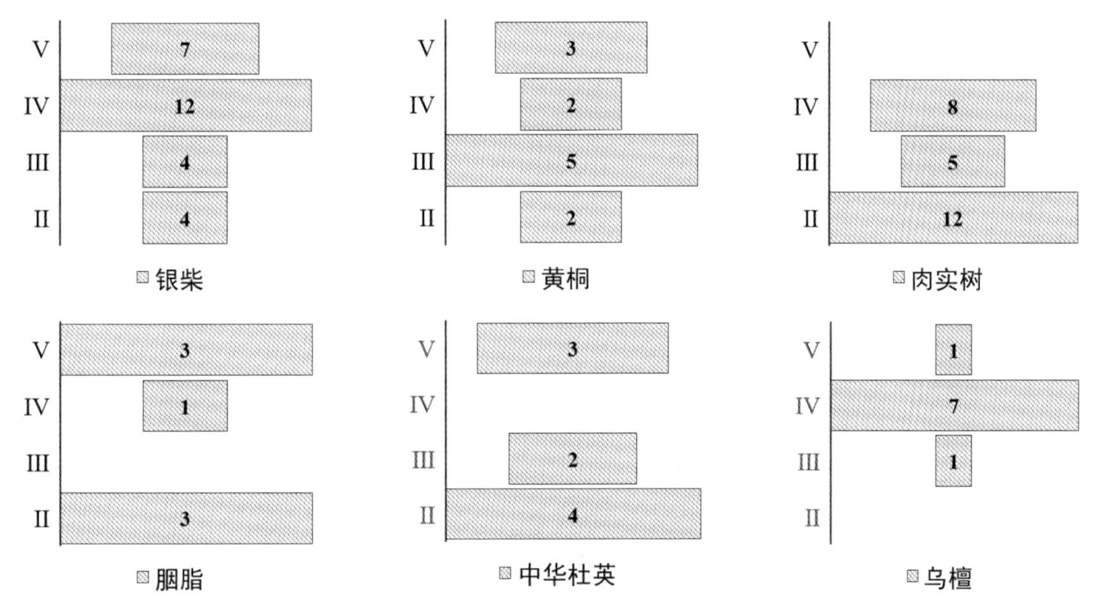

图5-6n 银柴+黄桐+乌檀-九节-金毛狗群落

5.2.3.6 常绿阔叶灌丛

在豺皮樟+银柴-类芦灌丛群落（图5-6o）中，豺皮樟、银柴、秤星树、九节，为增长型种群，种群的幼龄个体占比较大，且年龄结构无中断，种群会持续增长。野漆为稳定型种群，各年龄级比例接近，种群在一段时间内会继续保持稳定，由于种群个体数很少，其在群落中无法占据优势。鹅掌柴种群有一定数量的Ⅳ级立木，但缺少Ⅲ级立木，年龄结构序列出现中断，可能是在鹅掌柴入侵群落并定居后，某段时期受生境干扰或种群竞争的影响，导致该Ⅲ级立木个体死亡，但群落中仍有较大比例的Ⅱ级鹅掌柴立木，因此该种群有两种可能的发展方向，一是由于生境不适合Ⅲ级立木生长，Ⅱ级幼树无法正常生长发育成大乔木，随着现存Ⅳ

级立木衰老死亡，鸭脚木种群在群落中始终保持小乔木状态发展；二是生境条件进一步变化，又变得对鹅掌柴的生长有利，Ⅱ级立木正常发育成Ⅲ级立木，使种群正常生长和繁殖，成为增长种群，同时引导该群落往常绿阔叶林发展。该群落将继续以豺皮樟和银柴占优势种，目前为灌木生活型的豺皮樟和银柴将发育为小乔木，群落将从灌丛发育为银柴+鸭脚木-豺皮樟的典型常绿阔叶林群落类型。

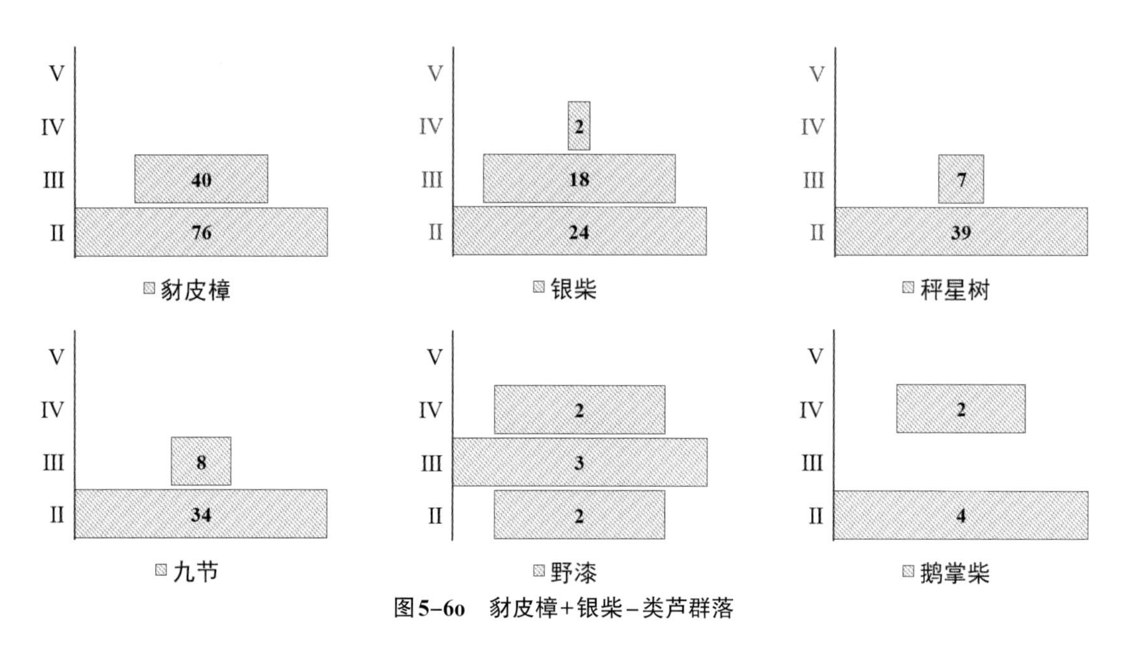

图5-6o　豺皮樟+银柴-类芦群落

在水团花+鹅掌柴-山麦冬灌丛群落（图5-6p）中，水团花、鹅掌柴、豺皮樟、九节、银柴、秤星树均为增长种群，均以Ⅱ级幼树比例最高，其中水团花、鹅掌柴、豺皮樟、银柴为旺盛发展种群，九节和秤星树为初生种群。鹅掌柴已出现Ⅳ级立木，随着种群发育，一段时间后该群落可能演替成为鹅掌柴占优势的常绿阔叶林。

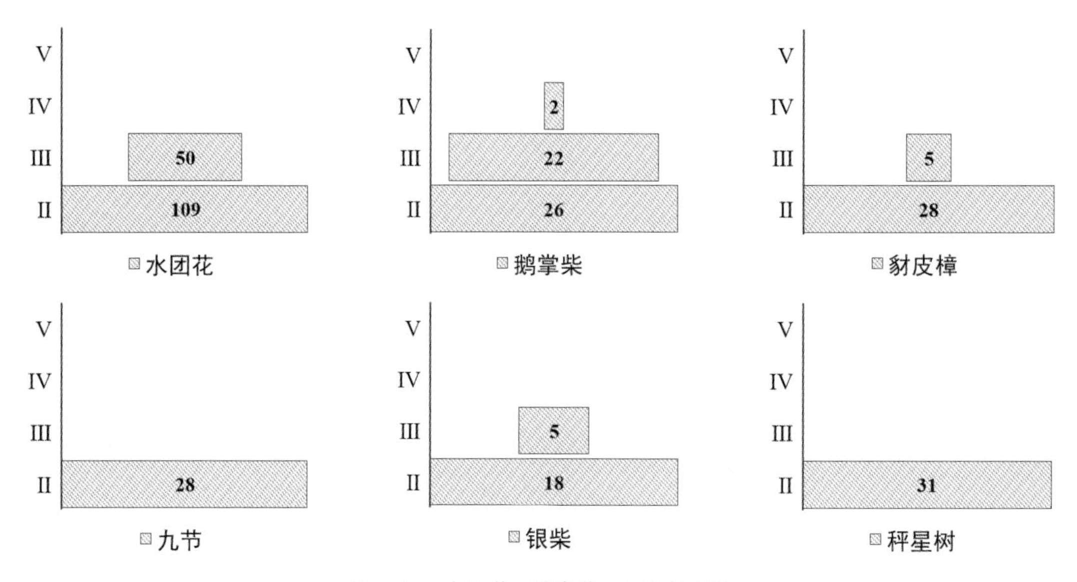

图5-6p　水团花+鹅掌柴-山麦冬群落

5.2.3.7　人工针叶林

在杉木-豺皮樟-蔓生莠竹群落（图5-6q）中，优势种杉木为典型的衰退种群，随着演替进行，最终将从群落中消失。灌木层优势种豺皮樟也为衰退种群，优势地位可能被其他灌木取代。同为衰退种群的还有银柴和鹅掌柴种群，幼龄个体较少，随着老龄个体衰亡，种群数量将减少。山鸡椒为旺盛增长的种群，未来可能成为灌木层或乔木下层的优势种，八角枫为发展初期的种群，Ⅱ级立木比例很高，较长时间后有可能成为群落的优势种。随着演替的进行，该群落经针阔叶混交林阶段最终演替为常绿阔叶林或季雨林。

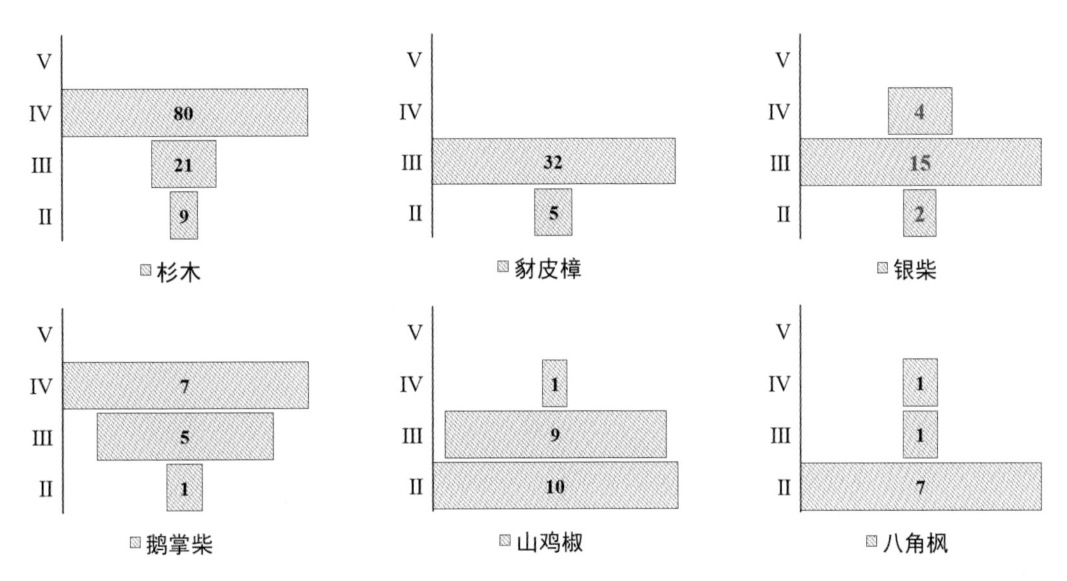

图5-6q 杉木-豺皮樟-蔓生莠竹群落

5.2.3.8 人工针阔叶混交林

在杉木+肉桂+土沉香-九节-佩兰群落（图5-6r）中，杉木、肉桂、土沉香均为衰退种群，该群落中三个主要优势种均为人工栽培种，杉木以Ⅳ级立木为主，肉桂和土沉香除Ⅳ级立木外还有大量的Ⅲ级立木，因此较长一段时间后，杉木可能首先从群落中消失。乔木下层的鼠刺以Ⅲ级立木为主，Ⅱ级立木很少，为衰退种群，但群落内个体仍在发展中；柃叶连蕊茶为较稳定种群。亮叶猴耳环位于乔木上层，属于衰退种群，有较多的Ⅳ、Ⅴ级立木，该群落可能曾经是一个以亮叶猴耳环占优势种的群落，群落中还存在着少量阴香、山油柑、野漆、华南青皮木、黄杞、罗浮柿的老龄个体，原生植被遭到破坏后人工种植了杉木、肉桂和土沉香，生境的改变使原生种群无法自然更新。该群落在自然条件下，可能会先演替为以肉桂和土沉香占优势的人工常绿阔叶林，再演替为次生性的常绿阔叶林或季雨林。

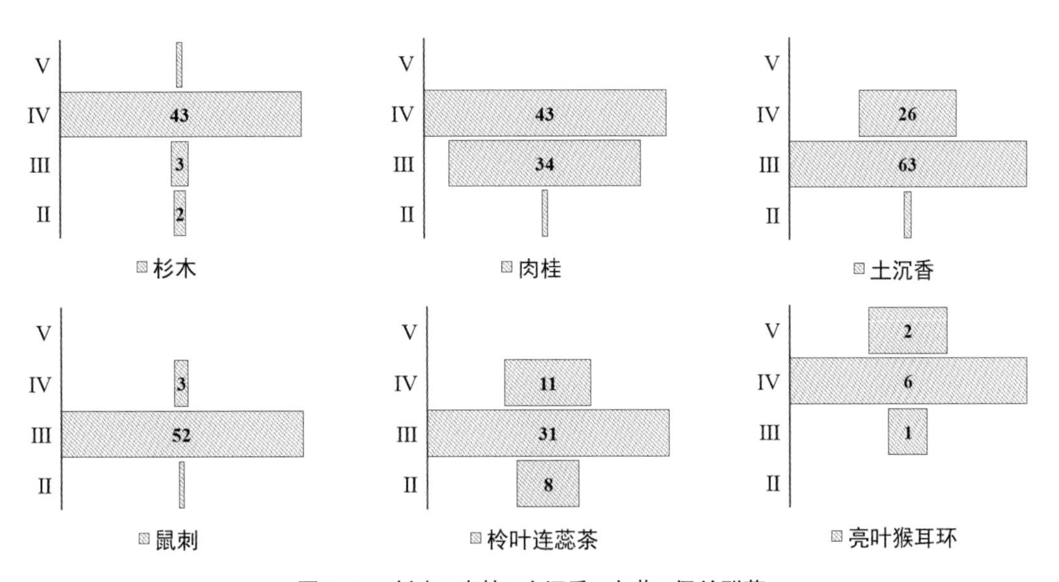

图5-6r 杉木+肉桂+土沉香-九节-佩兰群落

5.2.3.9 人工常绿阔叶林

在大叶相思–秤星树–扇叶铁线蕨群落（图5–6s）中，人工栽培的大叶相思和台湾相思均为衰退种群，但它们的个体仍在继续生长，大叶相思在较长时间将继续占据优势地位，秤星树、豺皮樟、鹅掌柴和水团花均为增长种群，但它们都为灌木或中小乔木，不太可能取代大叶相思的优势地位。在较长一段时间后，大叶相思的优势地位会被其他阔叶树种所取代，群落将演替为次生常绿阔叶林或季雨林。

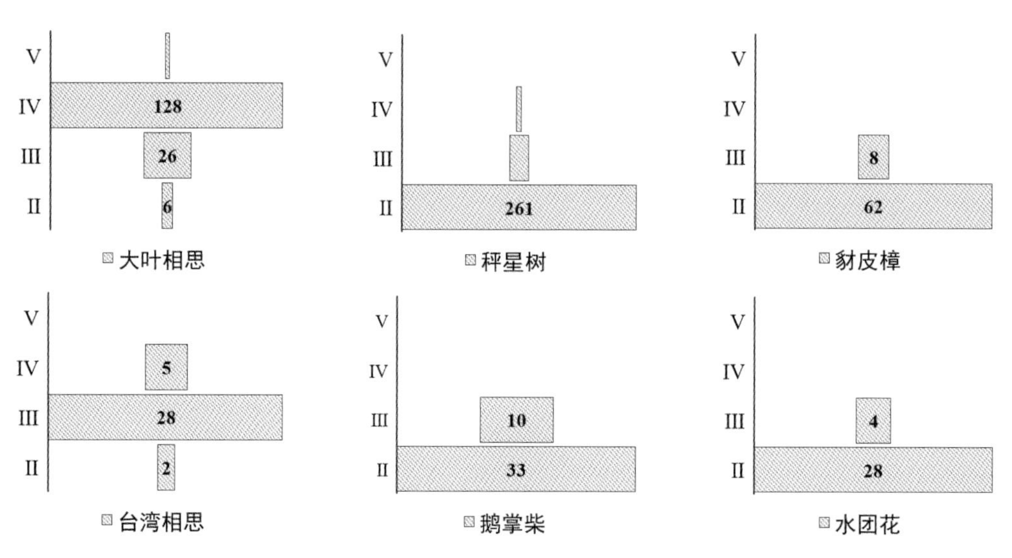

图5-6s　大叶相思–秤星树–扇叶铁线蕨群落

在尾叶桉+木荷–豺皮樟–芒群落（图5–6t）中，尾叶桉Ⅲ级立木占85.33%，Ⅱ级立木仅占10%，为衰退种群；木荷Ⅲ、Ⅳ级立木比例较高，但同时具有一定比例的Ⅱ级立木，为相对稳定的种群；子凌蒲桃仅具有Ⅲ级立木，为衰退种群；豺皮樟和野漆的Ⅱ级立木比例显著低于Ⅲ级立木，也为衰退种群；鹅掌柴具Ⅱ、Ⅲ、Ⅳ级立木，其中，Ⅲ级立木比例最高，Ⅱ级立木次之，种群处于旺盛发展阶段。尾叶桉和木荷在较长时间内将继续占优势。

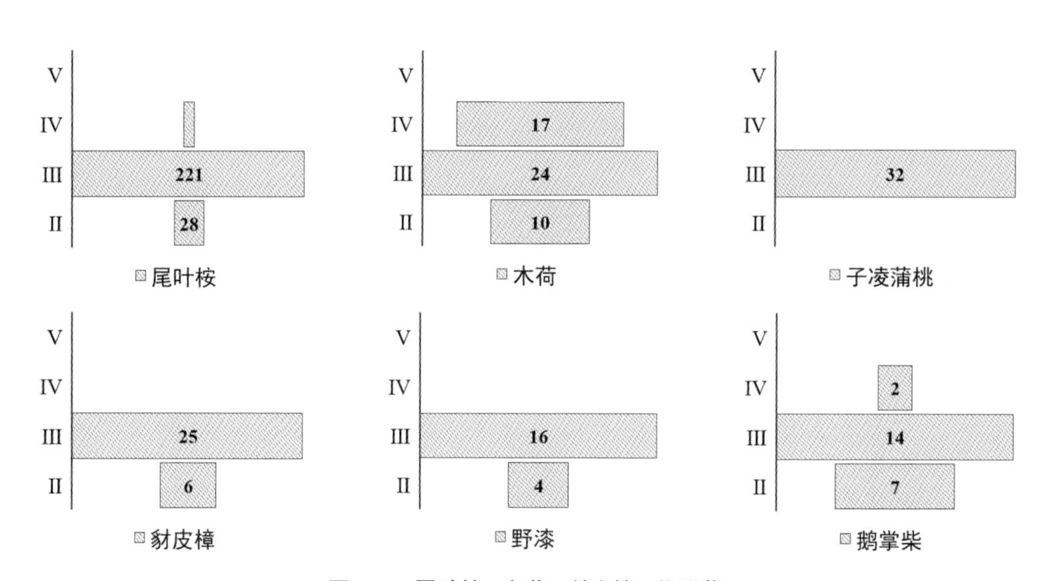

图5-6t　尾叶桉+木荷–豺皮樟–芒群落

5.2.3.10 群落年龄结构特征概要

在这些代表性群落中，年龄结构为增长型的建群种或优势种主要有豺皮樟、银柴、水团花、鹅掌柴、钝叶假蚊母树、刨花润楠、毛棉杜鹃、翻白叶树、大头茶，建群种为增长型种群的群落通常是演替中的群落，这些建群种将继续在群落中占据优势。

衰退型建群种有马尾松、鹅掌柴、鼠刺、厚壳桂、黄樟、黧蒴、浙江润楠、大头茶、短序润楠、白桂木、银柴、枫香树、山油柑、杉木、肉桂、土沉香、大叶相思、尾叶桉。建群种为衰退种群的群落可分为两类，一类是演替前中期的群落如马尾松、杉木、大叶相思、尾叶桉群落等，这些建群种的优势将较快被其他常绿阔叶树种所取代，群落类型也朝本区域地带性常绿阔叶林群落类型发展；另一类是较成熟的群落，如以厚壳桂、黄樟、浙江润楠、白桂木等为建群种的群落，这些群落的建群种年龄结构虽呈衰退型，优势地位可能会下降，但不会从群落中消失，部分群落已是本区域的气候顶极群落类型，其建群种的优势地位表现为周期性衰退和稳定。稳定型建群种主要有2个，为鹿角锥和黄桐，这两个建群种所在群落分别为常绿阔叶林和季雨林类型中接近顶极的群落，这两个建群种将持续在群落内占据建群种地位。

5.3　深圳市植被群落演替

5.3.1　植被整体演替趋势

植被演替是指在一定地段上，群落由一个类型转变为另一类型的有序的演变过程。按演替方向，可以分为两种演替类型，即，一种是顺行演替，环境在不受到干扰的情况下，从不稳定群落向稳定群落的演替方向，总趋势朝向逐渐符合于当地主要生态环境条件的演替过程；另一种是逆行演替，环境在受到干扰破坏时，从稳定的群落向不稳定的群落发展，演替过程倒退，其群落类型往灌木林或草丛退化发展。深圳各植被类型的演替趋势包含顺行演替和逆行演替两种类型。

深圳地区各植被类型之间的顺行演替趋势表现为：草丛向灌丛；灌丛向常绿针叶林再向针阔叶混交林演替（或向常绿落叶阔叶、常绿阔叶林、季雨林演替），针阔叶混交林向常绿阔叶林或季雨林演替（或经过常绿落叶阔叶混交林再向常绿阔叶林、季雨林演替），各植被类型受到严重干扰后可能会发生逆行演替（图5-7）。

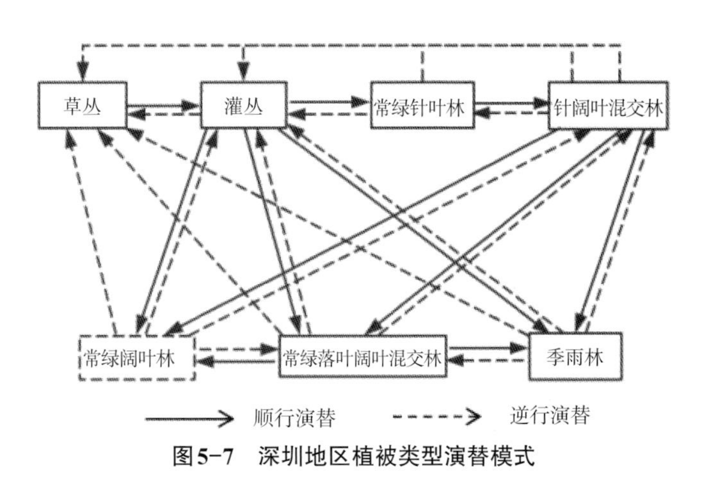

图5-7　深圳地区植被类型演替模式

深圳地区植被的演替基本符合南亚热带森林群落演替模式，即第一阶段为针叶林或其他先锋群落，第二阶段为以针叶树种为主的针阔叶混交林，第三阶段为以喜光树种为主的针阔叶混交林，第四阶段为以喜光性植物为主的常绿阔叶林，第五阶段为以中生植物为主的常绿阔叶林，第六阶段为中生顶极群落。深圳自然植被主要处于第四阶段，即大部分群落为以阳生性植物为主的常绿阔叶林，整体上处于发展之中。

常绿针叶林和常绿针阔叶混交林中，以顺行演替为主。针叶树马尾松种群目前均为衰退型种群，林下已经发育出较多的常绿阔叶树幼苗。随着群落的发展，常绿阔叶林树将取代马尾松的优势地位，常绿针叶林将演替为常绿针阔叶混交林，而常绿针阔叶混交林将进一步向深圳地带性植被常绿阔叶林发展。

常绿与落叶阔叶混交林中，以顺行演替为主。落叶树种通常在原生植被遭到生境破坏、人为活动干扰等影响下，作为先锋物种在群落内发展起来，随着群落的发育，落叶树种的优势地位会被常绿树种取代，落叶树种会退出群落，或在干燥、日光充足生境条件下，零星分布于群落之中，呈伴生状态，常绿落叶阔叶混交林最终会演替成为常绿阔叶林。

在灌丛群落中，部分为逆行演替的结果，该群落是在人类生产开发过程中对原生植被的干扰破坏下发展形成的，如低海拔的建筑、工业场地建设，中高海拔区域高压电线、道路等开发，原生群落多为针阔混交林、常绿阔叶林，其灌木优势种多为增长型种群，灌丛群落正处于旺盛发展中，在周期性干扰下处于相对稳定状态。另一部分灌丛群落为顺行演替，其群落干扰减少，有较多的乔木种群为增长型种群，正在迅速向常绿阔叶林发展。

各个类型的人工林中，为顺行演替，栽培树种目前均已开始衰退，其演替朝着本区域原生优势常绿阔叶林发展。人工常绿针叶林和人工针阔叶混交林中，杉木的优势地位将较快被自然入侵的常绿阔叶树种取代，最终演替成为常绿阔叶林。人工常绿阔叶林主要有两类，一类是相思林，另一类是桉树林。相思林中，虽然相思属建群种的种群已处于衰退中，但由于它们在群落中占据绝对优势，群落中短时间内没有其他树种能够取代它们的地位，它们将继续在群落中占优势，随着群落演替的进行，群落内部结构将变得复杂，物种多样性不断增加，较长一段时间后相思属建群种的地位可能会被其他常绿阔叶树种所取代。桉树林中，也以桉属植物占据绝对优势，它们的种群年龄结构也为衰退型，但由于桉树林中常出现土壤退化现象，其他常绿阔叶树种在桉树林中难以正常生长，桉属植物难以被其他常绿阔叶树种取代，导致群落整体出现衰退，群落顺行演替发展缓慢或朝着灌木类型的逆行演替发展。

5.3.2 常绿针叶林的演替特征

常绿针叶林主要以马尾松林为代表，马尾松或其他松属植物在荒地具有很高的生活力并能很快生长，但是成林以后，马尾松种群的盖幕作用小，林中透视度高，结构简单，湿度低，昼夜温差较大。马尾松群落生境为喜光和较耐阴的树种如鸭脚木、山油柑、银柴等提供了较好的生长发展条件，这些树种入侵马尾松林后能够良好地生长，种群不断发展。原群落中马尾松优势种群的幼苗，由于竞争能力低于其他阔叶物种而不能自然成长，种群优势地位逐渐被阳生性树种所替代。随着新更新树种的不断发展，群落仍然在不断地演替。群落中的中性树种由于有了比较合适的生境而逐渐发展起来，群落更复杂，群落趋于形成以中生树种为优势的接近气候顶极的顶极群落（方炜等，1995），群落中的马尾松优势地位不断下降，以后会逐渐失去优势地位，甚至在群落中消亡。

深圳地区常绿针叶林的演替在梧桐山、内伶仃岛表现比较典型，早期马尾松作为山地生态林、经济林的高效物种，在部分山地大面积种植，形成了优势植物群落，现大面积的被演替为常绿阔叶林群落。如内伶仃岛的东背坳、牛力角至南湾、东湾连线以西，马尾松群落有广泛的分布。1998年调查时，马尾松林已经发展为成熟的常绿针叶林群落，以马尾松作为绝对优势种；在15年的群落演替发展中，由于生境综合条件更适合常绿阔叶林物种的生长，马尾松种群的竞争力下降，在群落中逐渐衰退，群落中南亚热带阔叶树种鸭脚木、银柴、簕欓、假苹婆、豺皮樟等发展迅速，群落逐渐演替为南亚热带常绿阔叶林群落。

5.3.2.1 马尾松–梅叶冬青+豺皮樟群落的演替

该群落属于典型的以马尾松为主的针叶林群落，分布于内伶仃岛东湾北部和北湾交界处山坡的东北部，样地面积为300 m^2。1998年，群落中有立木21种，群落密度为每100 m^2内101株；2013年，群落中有立木18种，群落密度为每100 m^2内55.2株。

（1）群落物种组成及种群地位变化

群落1998年与2013年相似系数为0.564，物种组成结构发生了较大的改变。从表5–8中可见，非优势种群消长较为明显，群落中消退种为：楝叶吴茱萸、华柃、桃金娘、卫矛、展毛野牡丹、余甘子、白背槭、黑面神、白花鬼灯笼。新增种为鸭脚木、牛耳枫、酒饼簕、假苹婆和毛果算盘子。

群落中物种在更替的同时，各种群在群落中的地位也在随之发生变化（图5–8）。1998年，重要值在群落中排在前6位的为：马尾松（重要值95.9，下同）、梅叶冬青（52.19）、豺皮樟（48.33）、九节（16.88）、银柴（9）和簕欓（6.82）；到2013年，这一排位变为：银柴（49.86）、马尾松（47.73）、九节（34.96）、鸭脚木（34.8）、豺皮樟（34.37）和簕欓（23.94）。马尾松在群落中的位置由第1位下降到第2位；梅叶冬青地位亦下降，由第2位降到第8位；豺皮樟由第3降到第5位；而九节地位由第4升为第3，银柴由第5位升至第1；簕欓则保持第6位的优势地位不变；鸭脚木作为新增常绿阔叶物种，重要值达34.8，排名第4，成为群落优势种群。从这一动态变化可以看出，该群落从1998年的常绿针叶林演替为2013年的针阔叶混交林群落，截止到目前，马尾松种群已退出优势地位，群落演替为典型常绿阔叶林类型。

（2）群落物种多样性变化

该群落的多样性指数变化（表5-9）分别为：Shannon-Wiener指数，1998年＜2013年；Simpson指数，1998年＞2013年；Pielous指数，1998年＜2013年。说明该群落中物种多样性增加，群落中的优势种增多，均匀度升高，群落的稳定性增加。

（3）群落结构的变化

1998年，该群落乔木层可以分为2个亚层，第1亚层高度为12～17 m，全部为马尾松；第2亚层高度为8～12 m，以马尾松占优势，常见还有银柴、楝叶吴茱萸。灌木层优势种不太明显，有大面积的梅叶冬青、豺皮樟和九节等，高1.3～4 m。层间植物少，只有木质藤本金刚藤。在2 m × 2 m的草本层小样方中，以银柴小苗最多为主，覆盖率为20%，散生有山麦冬、扇叶铁线蕨（廖文波等，1999）。

到2013年，群落乔木层仍可分为两层，第1亚层全是马尾松，高度达15～25 m；第2亚层以银柴、鸭脚木占优势，常见还有潺槁、簕欓和台湾相思等，高为6～15 m；灌木层主要有豺皮樟、梅叶冬青、九节、石斑木、假鹰爪等，高度2～5 m。林中藤本植物种类增加，出现了山柑藤、青江藤、假鹰爪、雀梅藤、玉叶金华、锡叶藤等。草本层植物种类增加，有较多乔灌木幼苗，如银柴、石斑木、青江藤、牛耳枫、梅叶冬青、酒柄簕、黑面神、香港大沙叶、豺皮樟等，草本有山麦冬、扇叶铁线蕨、山菅兰等。

表5-8 深圳马尾松-梅叶冬青+豺皮樟群落物种频度和重要值的变化

种名	1998年		2013年	
	频度	重要值IV	频度	重要值IV
马尾松 *Pinus massoniana*	1.00	95.90	0.83	47.73
梅叶冬青 *Ilex asprella*	0.67	52.19	0.67	16.07
豺皮樟 *Litsea rotundifolia* var. *oblongifolia*	1.00	48.33	1.00	34.37
九节 *Psychotria rubra*	1.00	16.88	1	34.96
银柴 *Aporosa dioica*	0.67	9.00	1.00	49.86
簕欓 *Zanthoxylum avicennae*	0.67	6.82	1.00	23.94
艾胶算盘子 *Glochidion lanceolarium*	0.67	6.65	0.17	1.88
楝叶吴茱萸 *Euodia meliaefolia*	0.33	5.45	—	—
华柃 *Eurya chinensis*	0.33	5.32	—	—
桃金娘 *Rhodomyrtus tomentosa*	0.33	4.46	—	—
卫矛 *Euonymus angustatus*	0.33	4.23	—	—
香港大沙叶 *Pavetta hongkongensis*	0.33	3.98	0.67	9.72
潺槁 *Litsea glutinosa*	0.33	3.46	0.17	1.85
展毛野牡丹 *Melastoma normale*	0.33	3.24	—	—
余甘子 *Phyllanthus emblica*	0.33	3.20	—	—
白背槭 *Acer decandrum*	0.33	2.17	—	—
栀子花 *Gardenia jasminoides*	0.33	2.16	0.83	10.68
黑面神 *Breynia fruticosa*	0.33	2.13	—	—
白花鬼灯笼 *Tarenna mollissina*	0.33	2.12	—	—
春花 *Rhaphiolepis indica*	0.33	3.09	0.67	8.79
土蜜树 *Bridelia tomentosa*	0.33	3.09	0.17	1.85
鸭脚木 *Schefflera octophylla*	—	—	1.00	34.80
牛耳枫 *Daphniphyllum calycinum*	—	—	0.50	6.72
酒饼簕 *Atalantia buxifolia*	—	—	0.17	2.49
假苹婆 *Sterculia lanceolata*	—	—	0.17	2.25
毛果算盘子 *Glochidion eriocarpum*	—	—	0.17	1.83

注："—"表示"无"，下同。

表5-9 深圳马尾松-梅叶冬青+豺皮樟群落物种多样性指数的变化

年份	Simpson多样性指数	Shannon-Wiener多样性指数	Pielous均匀度指数
1998年	0.162	2.333	0.766
2013年	0.097	2.545	0.836

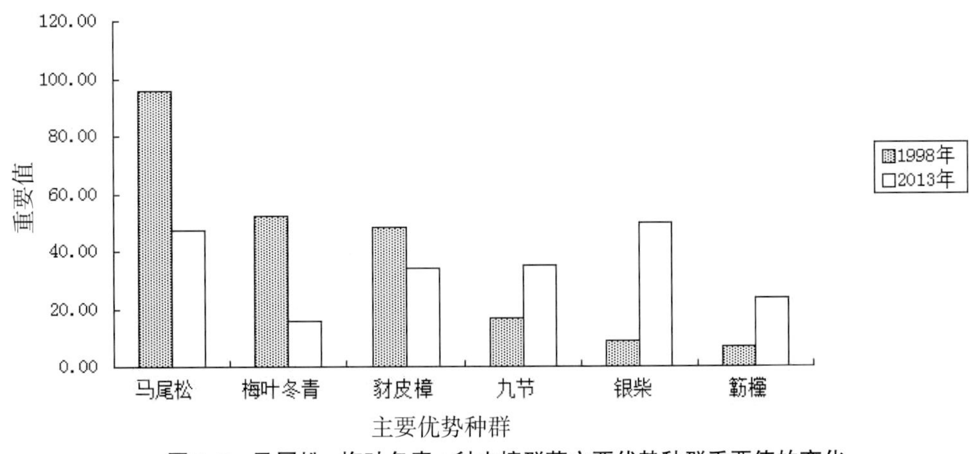

图5-8　马尾松-梅叶冬青+豺皮樟群落主要优势种群重要值的变化

5.3.2.2　马尾松-檵木+豺皮樟群落的演替

该群落属于以马尾松占绝对优势的针叶林群落，乔木层以马尾松为主，分布于内伶仃岛北湾、东湾及至尖峰山之间的交叉路西南侧。1998年，群落中有立木24种，群落密度为每100 m^2有123.6株，群落郁闭度较高，约为90%～95%。2013年，林中有立木22种，群落密度为平均每100 m^2有84株。

（1）群落物种组成及种群地位变化

该群落1998年与2013年的相似性系数为0.68，群落相似性较低，物种组成结构发生了较大改变。群落中消失的种有6个：余甘子、野漆、黑面神、香港算盘子、酸藤子、野牡丹。它们为群落伴生种，重要值均小于1.4。群落更新种有5个：簕柊、白楸、假苹婆、破布叶和鸦胆子。

物种的更替影响着种群在群落中的地位（表5-10、图5-9）。1998年，重要值在群落中排在前8位的依次为：檵木（65.84）、豺皮樟（52.73）、马尾松（31.04）、大沙叶（22.4）、华柃（18.96）、桃金娘（17.33）、梅叶冬青（15.02）和簕欓（13.26）；经过15年的群落演替，前8位变为：檵木（84.31）、豺皮樟（34.65）、梅叶冬青（28.21）、九节（20.06）、栀子（19.36）、马尾松（19.3）、鸭脚木（18.99）和簕欓（9.86）。檵木和豺皮樟保持前2位的优势地位不变，马尾松由第3位下降为第6位。大沙叶、华柃和桃金娘地位下降明显，均降到10位以下。梅叶冬青地位上升，由第7位上升到第3位；九节地位上升明显，由第12位上升到第4位，栀子和鸭脚木也升进前8行列。群落类型已从1998年的马尾松针叶林发展演替为马尾松和鸭脚木的针阔叶混交林群落。

（2）物种多样性的变化

群落多样性指数的变化为：Shannon-Wiener指数，1998年＜2013年；Simpson指数，1998年＜2013年；Pielous指数，1998年＞2013年（表5-11）。说明该群落的物种多样性升高，生态优势度上升，群落中的优势种突出，均匀度下降。

（3）群落结构的变化

1998年，该群落层次明显，乔木层可以分为两层，第一层全是马尾松，高度为12～20 m，第二层主要有簕柊和豺皮樟，灌木层优势种不明显，常见有九节、豺皮樟等。林中藤本植物的种类和数量均较少，主要是金刚藤、香花鸡血藤等。1.5 m以下以九节为主，草本层以麦冬为主（廖文波等，1999）。到2013年，群落乔木层仍可分为两层：第1亚层全是马尾松，高度达15～23 m；第2亚层以鸭脚木占优势，常见还有白楸、簕欓、檵木、漆树和台湾相思等，高为6～15 m；灌木层主要有檵木、豺皮樟、梅叶冬青、九节、栀子等，高度2～

5 m。林中藤本植物种类增加，出现了青江藤、菝葜、山银花、玉叶金华、锡叶藤等。林下草本层丰富度增加，有较多乔灌木幼苗，草本以芒萁为主，在2 m×2 m小样地中，芒萁盖度可达75%，散生有山麦冬、海金沙、扇叶铁线蕨等。

表5-10　深圳马尾松-檵木+豺皮樟群落物种频度和重要值的变化

种名	1998年		2013年	
	频度	重要值IV	频度	重要值IV
檵木 *Loropetalum chinense*	1	65.84	1.00	84.31
豺皮樟 *Litsea rotundifolia* var. *oblongifolia*	1	52.73	1.00	34.65
马尾松 *Pinus massoniana*	0.4	31.04	0.38	19.30
大沙叶 *Pavetta arenosa*	0.8	22.40	0.25	2.15
华柃 *Eurya chinensis*	0.8	18.96	0.13	1.62
桃金娘 *Rhodomyrtus tomentosa*	1	17.33	0.38	4.87
梅叶冬青 *Ilex asprella*	1	15.02	1.00	28.21
簕欓 *Zanthoxylum avicennae*	1	13.26	0.50	9.86
栀子 *Gardenia jasminoides*	1	10.40	0.88	19.36
鸭脚木 *Schefflera octophylla*	0.6	6.93	0.63	18.99
石斑木 *Raphiolepis indica*	0.6	5.13	0.25	3.97
九节 *Psychotria rubra*	0.6	5.44	1.00	20.06
台湾相思 *Glochidion eriocarpum*	0.4	5.25	0.13	8.27
毛果算盘子 *Glochidion eriocarpum*	0.4	4.01	0.13	1.42
牛耳枫 *Daphniphyllum calycinum*	0.4	3.71	0.38	5.54
余甘子 *Phyllanthus emblica*	0.2	3.05	—	—
野漆 *Toxicodendron succedaneum*	0.2	2.44	—	—
毛稔 *Melastoma sanguineum*	0.2	1.97	0.25	3.20
黑面神 *Breynia fruticosa*	0.2	1.90	—	—
香港算盘子 *Glochidion zeylanicum*	0.2	1.77	—	—
酸藤子 *Embelia laeta*	0.2	1.71	—	—
野牡丹 *Melastoma candidum*	0.2	1.70	—	—
箣柊 *Scolopia chinensis*	—	—	0.13	3.53
白楸 *Mallotus paniculatus*	—	—	0.13	1.55
假苹婆 *Sterculia lanceolata*	—	—	0.13	1.46
破布叶 *Microcos paniculata*	—	—	0.13	1.42

表5-11　深圳马尾松-檵木+豺皮樟群落物种多样性指数的变化

年份	Simpson指数	Shannon-Wiener指数	Pielous均匀度指数
1998年	0.116	2.478	0.811
2013年	0.125	2.520	0.783

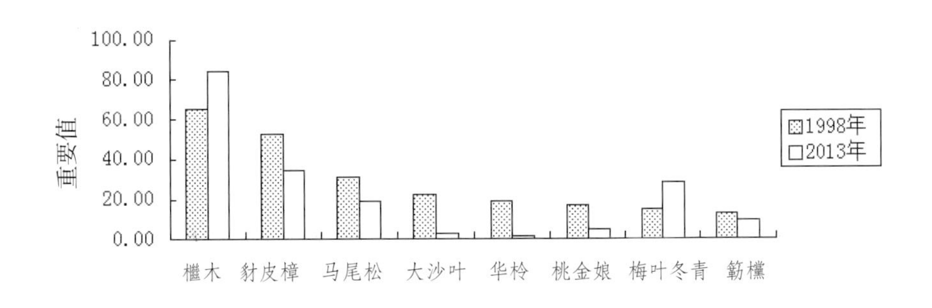

主要优势种群

图5-9 马尾松–檵木+豺皮樟群落主要优势种群重要值的变化

5.3.3 针阔叶混交林群落的演替特征

深圳的针阔叶混交林属于演替过程中的一个类型，分布斑块不多，在梧桐山、清林径水库、马峦山、内伶仃岛等有分布。在内伶仃岛，针阔叶混交林分布于东背坳及南湾、东湾连线稍偏东一带，面积较小，马尾松林较稀疏，阔叶树种开始逐渐占据优势，马尾松的优势度逐渐下降，逐渐由针阔叶混交林向常绿阔叶林演替。

5.3.3.1 马尾松+银柴–豺皮樟群落的演替

马尾松+银柴–豺皮樟群落位于内伶仃东背坳，近山顶，面东坡，坡度20°～35°，样地面积为800 m^2，是内伶仃岛典型的针阔叶混交林。1998年，群落中有立木34种，群落密度为每100 m^2有86.7株。2013年，林中有立木45种，群落密度为每100 m^2内有69.8株。

（1）群落物种组成及主要种群地位的变化

群落1998年与2013年的相似系数为0.744，物种组成相似性较高。群落演替过程中，消退种有6个：卫矛、毛冬青、野牡丹、漆树、白花鬼灯笼和小花山小橘。新增加物种8种：黄牛木、牛耳枫、假苹婆、毛果算盘子、龙眼、假玉桂、厚壳桂、猴耳环等（表5-12）。

群落中物种在更替的同时，各种群在群落中的地位也发生了变化（图5-10）。1998年，重要值在群落中排在前6位的为：马尾松（69.3）、豺皮樟（59.34）、银柴（19.58）、九节（17.61）、簕柊（17.34）和潺槁（8.98）；经过15年的演替，到2013年，前6名排位变为：银柴（49.25）、马尾松（35.95）、鸭脚木（29.38）、梅叶冬青（22.14）、九节（18.18）和黄牛木（17.83）。其中，银柴由第3位上升为第1位，其他种群的地位均有所下降，马尾松由第1位下降为第2位，九节由第4位下降为第5位，豺皮樟、簕柊和潺槁地位下降明显，已经不在前6位之列，它们的优势位置被鸭脚木、梅叶冬青和黄牛木所取代。由此可知，该群落发展演替15年后，群落中以更多阔叶树种占优势，如银柴、鸭脚木、黄牛木、簕欓等，灌木层也多了很多，如九节、梅叶冬青、牛耳枫等，马尾松的重要值比重为14.4%，群落类型已演替为常绿阔叶林。

（2）物种多样性的变化

群落Shannon-Wiener指数，1998＜2013；Simpson指数1998＞2013；Pielous指数1998＜2013（表5-13）。说明群落的物种多样性增加，生态优势度减小，群落的优势种增多，群落更加稳定。均匀度指数的升高表明群落的均匀度更大。

（3）群落结构的变化

原群落乔木层只有1层，高度为8～10 m，优势种为马尾松、银柴、簕柊等。灌木层优势种为豺皮樟、九节，其他常见种还有大沙叶、毛冬青、桃金娘等。层间藤本植物比较丰富，以菝葜和青江藤为主，还有其他一些数量较少的藤本。原来的群落1.5 m以下的苗木中，九节和栀子花的小苗较多，在林下草本层小样方中，分别平均为12.3株和7.8株（廖文波等，1999）。

经过15年的群落演替，该群落已演替为常绿阔叶林，群落结构发生了很大的改变。乔木层可分为两个亚层，第1亚层高10～15m，以马尾松占优势，立木较稀疏；第2亚层高7～10 m，主要为银柴、鸭脚木、黄牛木、簕欓、假苹婆、箣柊等。灌木层主要是梅叶冬青、豺皮樟、栀子、假鹰爪、石斑木、大沙叶、桃金娘等；林间藤本主要有菝葜、青江藤、雀梅藤、锡叶藤、玉叶金花。林下草本层以山麦冬为主，散生有扇叶铁线蕨、朱砂根，九节、银柴、鸭脚木、牛耳枫、簕欓等幼苗占很大盖度，说明该群落有很大的发展空间。

表5-12　深圳马尾松+银柴–豺皮樟群落物种频度和重要值的变化

种名	1998年		2013年	
	频度	重要值IV	频度	重要值IV
马尾松 *Pinus massoniana*	1	69.3	0.67	35.95
豺皮樟 *Litsea rotundifolia* var. *oblongifolia*	1	59.34	0.75	12.41
银柴 *Aporosa dioica*	0.75	19.58	1.00	49.25
九节 *Psychotria rubra*	1	17.61	0.92	18.18
箣柊 *Scolopia chinensis*	0.75	17.34	0.17	1.91
潺槁 *Litsea glutinosa*	0.63	8.98	0.25	2.12
卫矛 *Euonymus angustatus*	0.63	8.97	—	—
毛冬青 *Ilex pubescens*	0.63	8.46	—	—
红车 *Syzygium rehderianum*	0.5	7.65	0.17	1.56
桃金娘 *Rhodomyrtus tomentosa*	0.63	7.52	0.17	1.45
大沙叶 *Pavetta arenosa*	0.38	7.14	0.50	5.17
簕欓 *Zanthoxylum avicennae*	1	6.89	0.92	16.03
土蜜树 *Bridelia tomentosa*	0.5	4.87	0.08	1.13
鸭脚木 *Schefflera octophylla*	0.5	4.71	0.92	29.38
野牡丹 *Melastoma candidum*	0.38	2.13	—	—
漆树 *Rhus succedaneum*	0.38	2.12	—	—
白花鬼灯笼 *Tarenna mollissima*	0.25	2.88	—	—
梅叶冬青 *Ilex asprella*	0.25	2.74	0.58	22.14
小花山小橘 *Glycosmis parviflora*	0.25	2.61	—	—
栀子 *Gardenia jasminoides*	0.25	2.57	0.75	12.05
黑面神 *Breynia fruticosa*	0.25	2.21	0.08	0.73
石斑木 *Rhaphiolepis indica*	0.25	1.69	0.33	5.52
华柃 *Eurya chinensis*	0.13	1.44	0.08	1.25
黄牛木 *Cratoxylum cochinchinense*	—	—	0.67	17.83
牛耳枫 *Daphniphyllum calycinum*	—	—	0.58	7.11
假苹婆 *Sterculia lanceolata*	—	—	0.33	4.25
香港算盘子 *Glochidion zeylanicum*	—	—	0.42	4.09

表5-13 深圳马尾松+银柴-豺皮樟群落物种多样性指数的变化

年份	Simpson指数	Shannon-Wiener指数	Pielous均匀度指数
1998年	0.109	2.328	0.742
2013年	0.078	2.952	0.795

5.3.4 常绿阔叶林的演替特征

南亚热带常绿阔叶林是深圳的地带性植被，在深圳山地的低海拔至高海拔都有广泛的分布，是分布面积最大的一个植被类型。在常绿阔叶林中，乔木层优势种明显，组成种类多样，以热带亚热带树种为主，有浙江润楠、潺槁、假苹婆、红鳞蒲桃、白桂木、鸭脚木、鳌蒴、柯、黄杞、银柴。灌木层优势种有九节、香港大沙叶、豺皮樟、梅叶冬青、毛冬青、桃金娘等；草本主要以华山姜、凤尾蕨、扇叶铁线蕨、芒萁、山麦冬、山菅兰、黑莎草、二花珍珠茅、草珊瑚、金毛狗、乌毛蕨、类芦等为主。层间藤本植物较多，主要有木质藤本植物番荔枝、山椒子、香花鸡血藤、飞龙掌血、龙须藤、山银花、两粤黄檀、藤黄檀、锡叶藤、刺果藤等。深圳常绿阔叶林的演替特征表现为各优势的常绿阔叶林朝着本区域气候顶极群落发展，在种群优势度、群落结构、物种组成等都有相应的表现。

5.3.4.1 破布叶+小叶榕-黄牛木群落的演替

以破布叶+小叶榕-黄牛木群落为代表的常绿阔叶林群落，破布叶为阳生性树种，在乔木层占明显优势，没有很高大的其他树种。同时破布叶种群的不断发展使得林中郁闭度升高，一些中生性树种，如山蒲桃等在适宜的条件下也在不断发展，群落的物种多样性不断升高。群落样地位于内伶仃岛东角咀的东坡南部，样地面积为800 m^2，群落物种重要值分析见表5-14。1998年的调查中，该群落有立木20种，群落密度为每100 m^2有52.3株，每100 m^2的胸径面积显著度为2699.9 cm^2。2013年的复查中，有立木28种，群落密度为每100 m^2有25.3株，每100 m^2的显著度为2852.76 cm^2。

（1）群落物种组成及主要种群地位变化

群落1998年与2013年的相似性系数为0.683，群落物种组成有一定差异。群落中消退种了6种：土蜜树、栀子、白花鬼灯笼、南酸枣、卫矛和紫珠。更新了7种：白桂木、血桐、山石榴、鸡爪簕、鸭脚木、假苹婆和翻白叶树。

群落物种的更替使得种群的在群落中的地位发生了一定的改变（表5-14，图5-11）。1998年，重要值排在群落中前6位的种群分别为：破布叶（58.98）、小叶榕（32.99）、黄牛木（15.42）、九节（15.41）、土蜜树（15.27）和银柴（13.24），经过15年的群落演替，目前这一排位变为：破布叶（121.81），山蒲桃（44.2）、龙

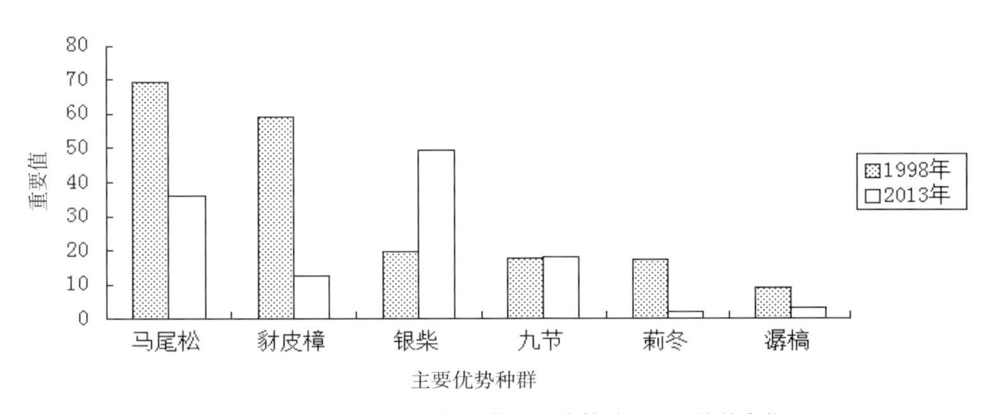

图5-10 马尾松-银柴-豺皮樟群落主要优势种群重要值的变化

眼（37.14）、九节（15.63）、小叶榕（11.8）和刺葵（9.09）。从群落中物种重要值地位变化可以看出，破布叶种群在发展，而土蜜树、南酸枣已被更多岛内优势常绿阔叶树种山蒲桃、鸭脚木、龙眼、假苹婆、翻白叶树等替代，群落发展朝着本区域顶极群落发展。

（2）物种多样性的变化

群落的物种多样性指数（表5-15）的变化情况为：Shannon-Wiener指数，1988年<2013年；Simpson指数1998年<2013年；Pielous指数，1998年<2013年。群落的物种多样性升高，生态优势度升高，优势种突出，群落均匀度升高。

（3）群落结构的变化

1998年，该群落中乔木层以破布叶占明显优势，比较稀疏，高度为8～15 m，此外还有小叶榕、黄牛木等。灌木层以九节、白花鬼灯笼、栀子和较矮小的破布叶占优势。林中藤本植物丰富，且以大型木质藤本，如紫玉盘、花椒簕等为主。林下幼苗主要是九节，在4个草本层小样方中，九节小苗就有19株。

2013年，该群落乔木层高8～20 m，优势种为破布叶、山蒲桃，其次有白桂木、小叶榕、黄牛木等。灌木层优势种为九节、假鹰爪，还有大沙叶、鸭脚木、假苹婆、翻白叶树小苗。林中木质藤本植物丰富了很多，主要有山椒子、紫玉盘、飞龙掌血、单面针、青江藤、锡叶藤、山鸡血藤、菝葜、匙羹藤、山银花、罗浮买麻藤等。林下草本植物很少，以山麦冬、杯苋、凤尾蕨、海芋为主，加上一些乔灌木幼苗如银柴、鸭脚木、龙眼等。

表5-14　深圳破布叶+小叶榕–黄牛木群落物种频度和重要值的变化

种名	1998年		2013年	
	频度	重要值IV	频度	重要值IV
破布叶 *Microcos paniculata*	1	58.98	1.00	121.81
小叶榕 *Ficus microcarpa*	0.13	32.99	0.06	11.80
黄牛木 *Cratoxylum cochinchinensis*	0.63	15.42	0.06	2.31
九节 *Psychotria rubra*	0.88	15.41	0.38	15.63
土蜜树 *Bridelia tomentosa*	0.5	15.27	—	—
银柴 *Aporosa dioica*	0.63	13.24	0.25	7.70
栀子 *Gardenia jasminoides*	0.5	12.18	—	—
白花鬼灯笼 *Tarenna mollissina*	0.5	11.6	—	—
豺皮樟 *Litsea rotundifolia* var. *oblongifolia*	0.63	11.3	0.06	3.38
南酸枣 *Choerospondias axillaris*	0.13	11.24	—	—
潺槁 *Litsea glutinosa*	0.63	11.02	0.13	3.60
龙眼 *Dimocarpus longan*	0.38	10.31	0.38	37.14
卫矛 *Euonymus angustatus*	0.5	7.76	—	—
大叶榕 *Ficus lacor*	0.13	5.55	—	—
紫珠 *Callicarpa cathayana*	0.25	5.02	—	—
簕欓 *Zanthoxylum avicennae*	0.25	4.13	0.06	2.19
小花山小橘 *Glycosmis parviflora*	0.13	3.62	0.06	2.12
大沙叶 *Pavetta arenosa*	0.13	1.66	0.13	3.59
刺葵 *Phoenix hanceana*	0.13	1.49	0.19	9.09
山蒲桃 *Syzygium levinei*	0.13	1.49	0.56	44.20

（续表）

种名	1998年		2013年	
	频度	重要值IV	频度	重要值IV
白桂木 *Artocarpus hypargyreus*	—	—	0.13	4.59
血桐 *Macaranga tanarius* var. *tomentosa*	—	—	0.13	4.32
山石榴 *Catunaregam spinosa*	—	—	0.13	4.23
鸡爪簕 *Oxyceros sinensis*	—	—	0.06	4.02
鸭脚木 *Schefflera octophylla*	—	—	0.13	3.92
假苹婆 *Sterculia lanceolata*	—	—	0.06	1.81
翻白叶树 *Pterospermum heterophyllum*	—	—	0.06	1.79

表5-15　深圳破布叶+小叶榕-黄牛木群落物种多样性指数的变化

年份	Simpson指数	Shannon-Wiener指数	Pielous均匀度指数
1998年	0.071	2.327	0.777
2013年	0.133	2.442	0.779

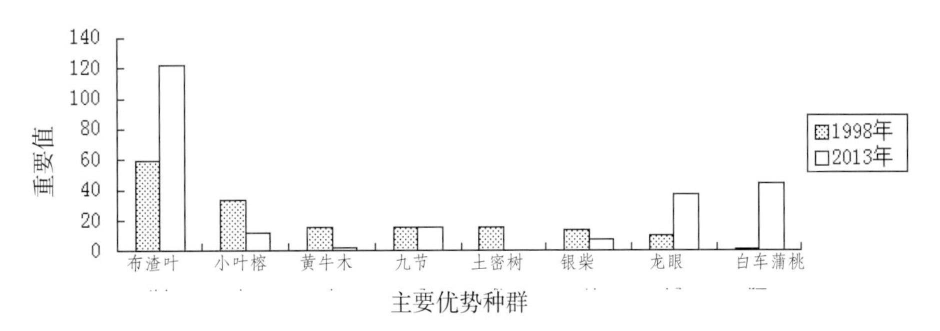

图5-11　破布叶+小叶榕-黄牛木群落主要优势种群重要值的变化

5.3.5　人工常绿阔叶林的演替特征

人工常绿阔叶林在深圳地区有广泛的分布，群系类型约有10个，主要为桉树林和相思林，分布在各类城市公园、山地低海拔人工生态植被改造区域和山地建设开发恢复林区域。内伶仃岛分布有丰富的台湾相思次生林，其台湾相思为20世纪50年代引种的，种植面积范围广，约占全岛面积的35%。台湾相思在内伶仃岛上生长良好，迅速发展形成群落，主要分布在尖峰山以西和南风坳西坡及南坡200 m以下的公路两旁。经过十几年的演替，台湾相思种群在群落中多以第Ⅳ、Ⅴ龄级存在，该种群不断衰退，群落物种多样性均呈现上升趋势，台湾相思群落逐渐成为亚热带常绿阔叶林群落。林中植物次生性较强，其伴生乔木种类主要有破布叶、潺槁、银柴、假苹婆、鸭脚木、翻白叶树、对叶榕、龙眼等；灌木以九节、梅叶冬青、鲫鱼胆、山椒子、朱砂根、栀子、假鹰爪等为主；草本主要有山麦冬、半边旗、凤尾蕨、华山姜、海芋等。

5.3.5.1　台湾相思-龙眼-九节群落的演替

台湾相思-龙眼-九节群落位于内伶仃岛南部的水湾与黑沙湾交界西南坡，靠近岸边。1998年群落中有立木30种，群落密度为每100 m^2内45.3株。2013年群落中有立木数为28种，群落密度为每100 m^2内42.93株。

（1）群落物种组成及种群地位的变化

1998年与2013年的群落相似系数为0.684，从表5-16中可以看出群落中物种消长情况，消退种为：朴树、潺槁、小叶榕；新增种为白楸、秋枫、假苹婆、鲫鱼胆、羊角坳和山石榴等。

在群落中物种更替的过程中，各主要种群在群落中的地位也在发生变化（图5-12）。在1998年，重要值排在前8位的依次为：台湾相思（75.34）、龙眼（43.2）、九节（32.12）、破布叶（27.22）、银柴（19.58）、朴树（15.1）、潺槁（15.57）和对叶榕（10.38）。到2013年，这一排位顺序为：台湾相思（63.66）、破布叶（24.93）、龙眼（22.99）、荔枝（21.14）、九节（19.62）、银柴（15.27）、对叶榕（13.99）和白楸（11.71）。群落中台湾相思仍为第一优势种，重要值明显高于排位第2的破布叶；龙眼、朴树和潺槁位置下降，甚至已经在群落中消退；在演替的过程中，种群发展迅速的有破布叶、荔枝、白楸和假苹婆。群落在台湾相思和龙眼种群衰退的过程中，更多的阳生性物种如白楸、簕欓、对叶榕、豺皮樟种群和代表性阔叶物种鸭脚木、假苹婆、鲫鱼胆、牛耳枫等种群在增长，群落朝本地优势常绿阔叶林群落发展。

（2）多样性指数和生态优势度的变化

Shannon-Wiener指数，1998年＜2013年；Simpson指数，1998年＞2013年；Pielou指数，1998年＞2013年。物种多样性升高，生态优势度降低，优势种群增多，均匀度下降（表5-17）。

（3）群落结构的变化

1998年，群落林冠层连接紧密，乔木层可分为3个亚层，第1亚层是台湾相思，高度为20～30 m；第2亚层以台湾相思、龙眼占优势，高为10～20 m；第3亚层以龙眼占优势，高5～10 m，伴生有破布叶、香港大沙叶和潺槁等。灌木层九节、龙眼占有明显优势，常见还有对叶榕、豺皮樟等。在2 m×2 m草本层小样方中，以九节幼苗为主，覆盖度为46%，伴生有半边旗、海金沙、求米草、麦冬等。林中藤本仅有山鸡血藤、刺果藤和菝葜。

2013年，群落乔木层结构没有变化，物种更加丰富，群落郁闭度上升。乔木层最上层全是台湾相思，高度为20～32 m，第2亚层主要是台湾相思、破布叶、龙眼、对叶榕等，高度为13～20 m，第3亚层主要有破布叶、银柴、白楸、土蜜树、假苹婆等，高度为6～13 m。灌木层主要以荔枝、九节、鲫鱼胆、豺皮樟为主，九节占明显优势。林下草本植物主要有海金沙、海芋、凤尾蕨、华南毛蕨、华山姜、山麦冬、半边旗、柳叶箬、薇甘菊，以及龙眼、荔枝、九节、破布叶和潺槁小苗等。群落中藤本植物丰富，又增加了秤钩枫、白藤、飞龙掌血、单面针、青江藤、山银花、娃儿藤等。

表5-16　深圳台湾相思－龙眼－九节群落物种频度和重要值的变化

种名	1998年		2013年	
	频度	重要值IV	频度	重要值IV
台湾相思 *Acacia confusa*	0.63	75.34	0.56	63.66
龙眼 *Dimocarpus longan*	0.88	43.2	0.88	22.99
九节 *Psychotria rubra*	0.94	32.12	1.00	19.62
破布叶 *Microcos paniculata*	0.88	27.22	0.81	24.93
银柴 *Aporosa dioica*	0.81	19.58	0.88	15.27
朴树 *Celtis sinensis*	0.06	15.1	—	—
潺槁 *Litsea glutinosa*	0.75	15.57	—	—
对叶榕 *Ficus hispida*	0.5	10.38	0.50	13.99
黄花夹竹桃 *Thevetia peruviana*	0.25	7.34	0.13	7.43

（续表）

种名	1998年		2013年	
	频度	重要值IV	频度	重要值IV
土蜜树 *Bridelia tomentosa*	0.19	7.24	0.13	6.93
荔枝 *Litchi chinensis*	0.31	5.15	0.63	21.14
鸭脚木 *Schefflera octophylla*	0.13	4.9	0.44	9.96
小叶榕 *Ficus microcarpa*	0.13	4.76	—	—
簕欓 *Zanthoxylum avicennae*	0.25	2.97	0.06	6.87
豺皮樟 *Litsea rotundifolia* var. *oblongifolia*	0.13	1.67	0.19	7.34
小花山小橘 *Glycosmis parviflora*	0.13	1.66	0.06	6.58
白楸 *Mallotus paniculatus*	—	—	0.50	11.71
秋枫 *Bischofia javanica*	—	—	0.38	9.27
假苹婆 *Sterculia lanceolata*	—	—	0.25	9.11
鲫鱼胆 *Maesa perlarius*	—	—	0.19	7.17
羊角拗 *Strophanthus divaricatus*	—	—	0.19	7.64
山石榴 *Catunaregam spinosa*	—	—	0.13	6.99
紫珠 *Callicarpa cathayana*	—	—	0.06	6.75
牛耳枫 *Daphniphyllum calycinum*	—	—	0.06	6.71
香港大沙叶 *Pavetta hongkongensis*	—	—	0.06	7.00

表5-17 深圳台湾相思－龙眼－九节群落物种多样性指数的变化

年份	Simpson指数	Shannon-Wiener指数	Pielous均匀度指数
1998	0.119	2.186	0.788
2013	0.107	2.38	0.749

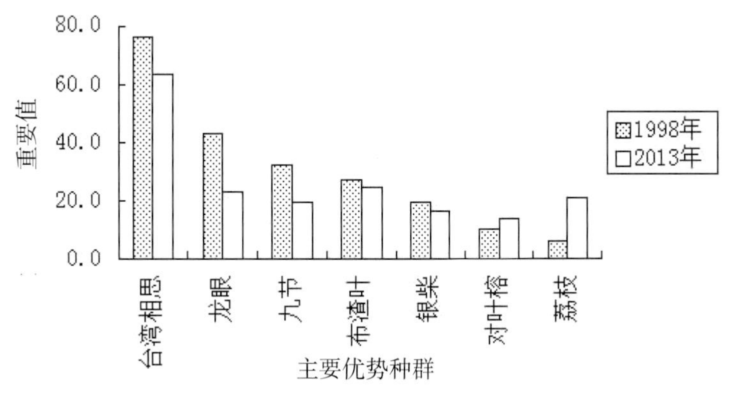

图5-12 台湾相思－龙眼－九节群落中主要优势种群重要值的变化

5.3.5.2 台湾相思－破布叶－九节群落的演替

台湾相思－破布叶－九节群落分布于内伶仃岛东南段的东角咀处。在1998年，群落郁闭度约为70%，林中有立木27种，群落密度较高，为每100 m^{2}有59.8株，每100 m^{2}的胸径面积显著度为3029.8 cm^2。经过15年的发展，郁闭度有所提高，达到80%左右，林中有立木32种，群落密度为每100 m^{2}内有54.5株，每100 m^{2}的胸径面积显著度为2920.45 cm^2。

（1）群落物种组成及主要种群地位的变化

1998年和2013年的群落相似性系数为0.563，在演替过程中，物种消长较为明显，物种组成结构有变化。消退的物种有5个：黑面神、翻白叶树、梅叶冬青、阴香和露兜树。更新物种较多，主要有石岩枫、香港大沙叶、鸭脚木、黄牛木、鲫鱼胆和对叶榕等（表5-18）。

主要种群在群落中的地位发生了一定的变化（图5-13）。1998年，重要值在群落中排名前8的是：台湾相思（98.56）、破布叶（44.93）、九节（32.67）、银柴（19.83）、龙眼（17.26）、豺皮樟（11.81）、簕欓（10.35）和潺槁（9.77），经过十五年的演替，到2013年，排位顺序变为：破布叶（80.16）、台湾相思（75.36）、九节（57.11）、银柴（24.05）、龙眼（14.2）、潺槁（9.4）、石岩枫（6.02）和香港大沙叶（4.79）。位置上升的物种为破布叶和潺槁，破布叶优势地位超过台湾相思，成为群落中第一优势种。排位下降明显的物种为豺皮樟和簕欓，优势地位被新增物种石岩枫和香港大沙叶取代，群落向原生常绿阔叶林群落演替。

（2）多样性指数的变化

群落的Shannon-Wiener指数，1998年＜2013年；Simpson指数，1998年＜2013年；Pielous指数1998年＞2003年。群落的物种多样性升高，生态优势度升高，群落不稳定性加强，均匀度下降（表5-19）。

（3）群落结构的变化

1998年，该群落乔木层可分为3层：第1亚层全是台湾相思，高度为15～23 m；第2亚层以破布叶占优势，高度为9～13 m；第3亚层主要为破布叶、香港大沙叶、簕欓和龙眼等，高度为4～9 m。灌木层以破布叶、九节占优势种，常见还有银柴、龙眼、簕欓、潺槁、豺皮樟、香港大沙叶和梅叶冬青等。藤本植物比较丰富，以杜仲藤为主，其他有飞龙掌血、雀梅藤等。

2013年，群落乔木层结构没有明显变化，第1亚层高15～28 m，全是台湾相思；第2亚层高9～15 m，以破布叶和银柴占优势。第3亚层高5～9 m，优势种有破布叶、银柴、龙眼等，常见还有潺槁、鸭脚木，偶见黄牛木、对叶榕等。灌木层以香港大沙叶、石岩枫、鲫鱼胆等占优势。林中藤本植物以山椒子、单面针占优势，其他还有菝葜、飞龙掌血、山银花和白藤等。

表5-18　深圳台湾相思－破布叶－九节群落物种频度和重要值的变化

种名	1998年		2013年	
	频度	重要值IV	频度	重要值IV
台湾相思 *Acacia confusa*	0.87	98.56	0.73	75.37
破布叶 *Microcos paniculata*	1.00	44.93	1.00	80.16
九节 *Psychotria rubra*	1.00	32.67	0.93	57.11
银柴 *Aporosa dioica*	0.87	19.83	0.93	24.05
龙眼 *Dimocarpus longan*	0.73	17.26	0.60	14.20
豺皮樟 *Litsea rotundifolia* var. *oblongifolia*	0.40	11.81	0.20	3.37
簕欓 *Zanthoxylum avicennae*	0.67	10.35	0.07	1.10
潺槁 *Lisea glutinosa*	0.53	9.77	0.53	9.40

（续表）

种名	1998年		2013年	
	频度	重要值IV	频度	重要值IV
黑面神 *Breynia fruticosa*	0.27	4.95	—	—
翻白叶树 *Pterospermum heterophyllum*	0.27	3.51	—	—
尖山橙 *Melodinus fusiformis*	0.20	2.93	0.13	2.36
梅叶冬青 *Ilex asprella*	0.13	2.85	—	—
阴香 *Cinnamomum burmannii*	0.20	2.76	—	—
露兜树 *Pandanus tectorius*	0.07	1.43	—	—
石岩枫 *Mallotus repandus*	—	—	0.33	6.02
香港大沙叶 *Pavetta hongkongensis*	—	—	0.27	4.79
鸭脚木 *Schefflera octophylla*	—	—	0.13	2.27
黄牛木 *Cratoxylum cochinchinense*	—	—	0.13	2.24
鲫鱼胆 *Maesa perlarius*	—	—	0.07	1.78
对叶榕 *Ardisia crenata*	—	—	0.07	1.42
白楸 *Mallotus paniculatus*	—	—	0.07	1.33
小花山小橘 *Glycosmis parviflora*	—	—	0.07	1.26
天料木 *Homalium cochinchinense*	—	—	0.07	1.22
假苹婆 *Sterculia lanceolata*	—	—	0.07	1.11

表5-19 深圳台湾相思-破布叶-九节群落多样性指数的变化

年份	Simpson指数	Shannon-Wiener指数	Pielous均匀度指数
1998年	0.154	1.868	0.708
2013年	0.183	2.073	0.661

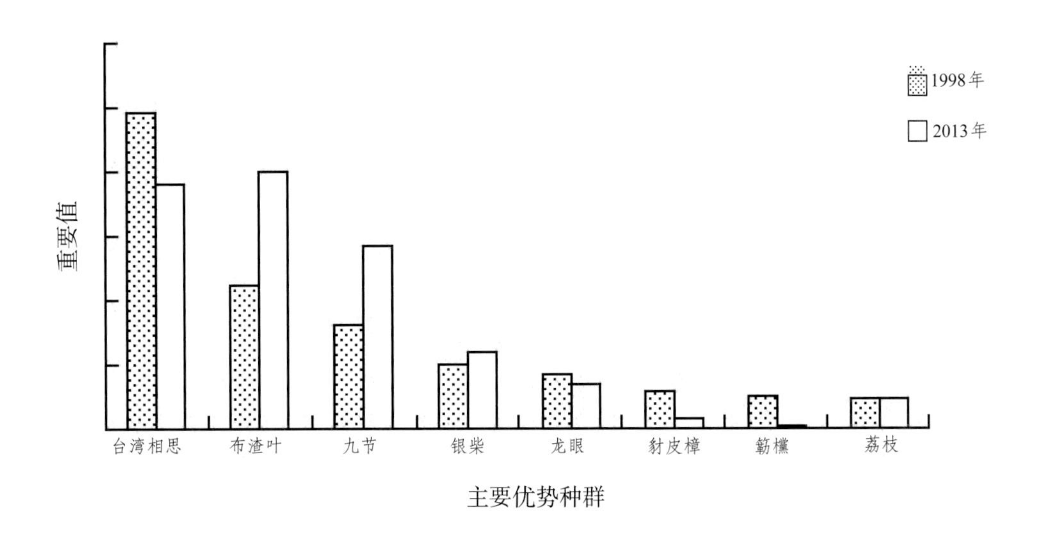

图5-13 台湾相思-破布叶-九节群落主要优势种群重要值的变化

5.4 深圳市典型和特色植物群落及其主要特征

5.4.1 典型植物群落及其主要特征

典型植物群落指在某一特定地区具有地带性意义、典型群落结构与特征的代表性植物群落。此处，在前几章论述植被特征的基础上，选取若干优势种群或特征种群所在的代表性群落进行深入分析，包括低地常绿阔叶优势种——浙江润楠、乡土旱生性优势种——革叶铁榄、区系孑遗种——钝叶假蚊母树、山地常绿阔叶林特征种——黄杞等，以体现其地带性特征及其在区域植被保护方面的意义。

5.4.1.1 浙江润楠群落

浙江润楠群落是南亚热带常绿阔叶林中具有代表性意义的典型地带性植物群落。在深圳地区主要分布于东涌、西涌、田头山、罗屋田、求水岭、七娘山、南澳、马峦山、梧桐山、阳台山等地。研究者分别在田头山、罗屋田、求水岭针对该群落进行了样地调查（表5-20）。

田头山样地：浙江润楠-豺皮樟+鼠刺群落，种类组成在三个样地中最为丰富。乔木层可划分为3个亚层。第一个亚层高20～30 m，以浙江润楠、红鳞蒲桃占优势，乔木有蒲桃、紫弹树等。第二亚层高10～20 m，乔木种类较丰富，除浙江润楠占优势外，其他还有杉木、樟、短序润楠、赤果鱼木等。第三亚层高5～10 m，以鹅掌柴、鼠刺、浙江润楠占优势，其他还有马尾松、黄樟、山乌桕、小果山龙眼、小叶五月茶、中华杜英等14种。灌木层种类丰富，共43种，占样地植物种类总数的44%，且株数较多，占群落总株数的60%，以罗伞树、牛耳枫、豺皮樟、山麻黄为主，其他主要有九节、鼠刺、香港毛蕊茶、豆腐柴、鹰爪花、毛冬青，以及蒲桃、锥、假苹婆、青果榕、亮叶猴耳环等乔木幼树。群落内草本植物亦较丰富，有半边旗、草珊瑚、海芋、黑莎草、华南毛蕨、金毛狗、瘤足蕨等27种，还有浙江润楠、大叶榕、牛耳枫、木油桐等乔灌木的小苗。层间藤本植物有菝葜、蔓九节、南蛇藤、南五味子等9种。

大鹏新区罗屋田样地：大头茶+浙江润楠+马尾松-豺皮樟+鼠刺+桃金娘群落，分布于低海拔阳坡，为针阔叶混交林，群落受到了一定程度的干扰，种类组成稍少。乔木可分为2个亚层，第一个亚层高10～20 m，以浙江润楠、大头茶、马尾松占优势，其他还有腺叶山矾、光叶山矾、山油柑等；其中针叶树优势种群马尾松趋于极度衰退状态，属偏顶极阶段，在不久的将来马尾松会消亡退出群落，从而形成以阔叶树占优势的低山常绿阔叶林。在群落分布的上缘，当海拔上升到400 m或以上时，本群落优势种往往被大头茶纯林所替代。第二个亚层高5～10 m，以大头茶、浙江润楠、马尾松、山油柑占优势，其余树种有刺柊、光叶山矾、华润楠、鼠刺、鹅掌柴、漆树、山鸡椒等。灌木层除浙江润楠、山油柑、罗浮栲、中华杜英等乔木的幼树外，以鼠刺、豺皮樟、香楠、桃金娘、大头茶占优势，其余树种有野牡丹、光叶石楠、栀子、变叶榕、白背算盘子等。草本层稀疏，有乌毛蕨、芒萁、铁芒萁、山菅兰、铁线蕨、扇叶铁线蕨、黑莎草等。层间藤本植物有红叶藤、鸡眼藤、寄生藤、链珠藤、罗浮买麻藤、蔓九节、夜花藤等。

大鹏新区求水岭样地：浙江润楠+鹅掌柴-鼠刺+九节群落，种类组成较丰富，分层明显。乔木层分3个亚层，第1亚层高15～25 m，以浙江润楠占绝对优势，其他仅见有1株潺槁；第2亚层高9～15 m，以浙江润楠占优势，其他有山油柑、鹅掌柴、亮叶冬青、假苹婆、水同木、珊瑚树、大头茶、赤杨叶、华南朴、潺槁、秋枫等；第3亚层高5～9 m，以鼠刺、鹅掌柴、亮叶冬青占优势，其他有假苹婆、山油柑、浙江润楠、华南朴、红鳞蒲桃、赤杨叶、大头茶、天料木、香港大沙叶等。灌木层植物种类比较丰富，以九节、鼠刺、罗伞树占优势，其他有山血丹、变叶榕、豺皮樟、梅叶冬青、狗骨柴、罗伞树、薄叶红厚壳、锐尖山香圆、桃金娘、柳叶毛蕊茶等42种，占群落种总数的47%。草本层种类也很丰富，主要有草豆蔻、草珊瑚、单叶新月蕨、倒挂铁角蕨、乌毛蕨、铁线蕨等。层间藤本植物种类较多，但并不是很发达，主要有紫玉盘、香港黄檀、白花油麻藤、粉叶羊蹄甲、假鹰爪、北清香藤、海金沙、石柑子等。

由表5-20可知，在田头山样地、求水岭样地中，浙江润楠种群优势度均为最大，重要值分别为66.69和58.10，且远大于其他优势种，尤以田头山样地为甚；蒲桃优势度排在第二位的，其重要值仅为23.72。显然，浙江润楠种群在这两个样地中为明显建群种。罗屋田样地中，大头茶的重要值最高，为69.70，次之为浙江润楠39.17、马尾松28.99，浙江润楠是该群落林冠层的主体，次之为马尾松，但马尾松趋于衰退状态；再次之为大头茶，其生长旺盛，整体上展现出自针阔叶混交林向常绿阔叶林演替的进程。各样地中，鼠刺的重要值均很高，在灌木层中占有绝对优势。

表5-20　深圳东部三个浙江润楠群落优势种群的重要值分析

①田头山样地：浙江润楠–豺皮樟+鼠刺群落；位于田头山保护区赤坳水库附近沟谷坡地，海拔约249 m，调查面积1000 m^2。

种名	个体数	相对多度RA	相对频度RF	相对显著度RD	重要值IV
			乔木层		
浙江润楠*Machilus chekiangensis*	50	14.12	9.52	43.04	66.69
蒲桃*Syzygium jambos*	34	9.60	2.86	11.26	23.72
鹅掌柴*Schefflera octophylla*	31	8.76	7.62	6.23	22.60
樟树*Cinnamomum camphora*	7	1.98	3.81	8.48	14.27
红鳞蒲桃*Syzygium hancei*	2	0.56	1.90	10.56	13.03
鼠刺*Itea chinensis*	27	7.63	1.90	2.18	11.71
短序润楠*Machilus breviflora*	6	1.69	2.86	5.47	10.02
紫弹树*Celtis biondii*	1	0.28	0.95	3.59	4.82
青果榕*Ficus ariegate* var. *chlorocarpa*	7	1.98	1.90	0.08	3.96
大叶榕*Ficus altissima*	3	0.85	2.86	0.08	3.78
马尾松*Pinus massoniana*	6	1.69	0.95	1.10	3.75
赤果鱼木*Crateva trifoliata*	2	0.56	1.90	1.09	3.56
			灌木层		
豺皮樟*Litsea rotundifolia* var. *oblongifolia*	42	11.86	1.90	1.85	15.62
香港毛蕊茶*Camellia assimilis*	27	7.63	1.90	0.50	10.03
九节*Psychotria rubra*	14	3.95	5.71	0.16	9.83
罗伞树*Ardisia quinquegona*	7	1.98	2.86	0.24	5.07
五指毛桃*Ficus hirta*	7	1.98	2.86	0.03	4.86
豆腐柴*Premna microphylla*	4	1.13	2.86	0.08	4.07
牛耳枫*Daphniphyllum calycinum*	3	0.85	1.90	0.46	3.21
鹰爪花*Artabotrys hexapetalus*	4	1.13	1.90	0.02	3.06

注：重要值大于3.0的物种共有20种；重要值小于3.0的物种共78种，略。

（续表）

②罗屋田样地：大头茶+浙江润楠+马尾松-豺皮樟+鼠刺+桃金娘群落；位于大鹏半岛自然保护区罗屋田水库附近的南坡，海拔约350 m，调查面积1200 m²。

种名	个体数	相对多度 RA	相对频度 RF	相对显著度 RD	重要值 IV
乔木层					
大头茶 *Gordonia axillaris*	105	20.87	8.33	40.50	69.70
浙江润楠 *Machilus chekiangensis*	61	12.13	8.33	18.71	39.17
马尾松 *Pinus massoniana*	32	6.36	7.64	14.99	28.99
山油柑 *Acronychia pedunculata*	39	7.75	4.17	11.65	23.57
鼠刺 *Itea chinensis*	47	9.34	8.33	1.58	19.25
山矾 *Symplocos sumuntia*	7	1.39	2.08	2.22	5.70
腺叶山矾 *Symplocos adenophylla*	3	0.60	2.08	1.39	4.07
灌木层					
鹅掌柴 *Schefflera octophylla*	10	1.99	4.17	1.38	7.54
豺皮樟 *Litsea rotundifolia* var. *oblongifolia*	71	14.12	6.94	1.65	22.71
桃金娘 *Rhodomyrtus tomentosa*	39	7.75	6.94	0.84	15.53
香楠 *Aidia canthioides*	17	3.38	6.94	0.58	10.91
光叶山矾 *Symplocos lancifolia*	6	1.19	2.08	1.82	5.10
栀子 *Gardenia jasminoides*	6	1.19	3.47	0.24	4.91

注：重要值大于3.0的物种共有13种；重要值小于3.0的物种共53种，略

③求水岭样地：浙江润楠+鹅掌柴-鼠刺+九节群落；位于大鹏半岛保护区求水岭低山地带，海拔约200 m，调查面积1500 m²。

种名	个体数	相对多度 RA	相对频度 RF	相对显著度 RD	重要值 IV
乔木层					
浙江润楠 *Machilus chekiangensis*	61	9.31	8.48	40.31	58.10
鹅掌柴 *Schefflera octophylla*	60	9.16	7.88	13.70	30.74
鼠刺 *Itea chinensis*	126	19.24	3.03	6.91	29.18
亮叶冬青 *Ilex nitidissima*	42	6.41	6.06	6.19	18.66
假苹婆 *Sterculia lanceolata*	35	5.34	4.24	5.22	14.81
山油柑 *Acronychia pedunculata*	32	4.89	4.24	4.60	13.73
珊瑚树 *Viburnum odoratissimum*	11	1.68	2.42	3.95	8.05
大头茶 *Gordonia axillaris*	19	2.90	2.42	2.45	7.78

（续表）

种名	个体数	相对多度 RA	相对频度 RF	相对显著度 RD	重要值 IV
潺槁 *Litsea glutinosa*	8	1.22	1.82	4.29	7.33
赤杨叶 *Alniphyllum fortunei*	10	1.53	4.24	1.01	6.78
华南朴 *Celtis austro-sinensis*	11	1.68	0.61	3.44	5.73
香港大沙叶 *Pavetta hongkongensis*	9	1.37	3.64	0.16	5.17
灌木层					
九节 *Psychotria rubra*	41	6.26	4.85	1.01	12.12
罗伞树 *Ardisia quinquegona*	33	5.04	4.24	0.39	9.67
变叶榕 *Ficus variolosa*	29	4.43	2.42	1.11	7.96
紫玉盘 *Uvaria microcarpa*	19	2.90	4.24	0.24	7.39
豺皮樟 *Litsea rotundifolia* var. *oblongifolia*	27	4.12	2.42	0.65	7.20
狗骨柴 *Diplospora dubia*	10	1.53	3.03	0.21	4.77
梅叶冬青 *Ilex asprella*	7	1.07	2.42	0.07	3.56
桃金娘 *Rhodomyrtus tomentosa*	10	1.53	1.82	0.10	3.45
柃叶茶 *Ilex euryoides*	11	1.68	1.21	0.31	3.21

注：重要值大于3.0的物种共有21种；重要值小于3.0的物种共68种，略。

依据群落的重要值分析确定各群落的主要优势种群，然后根据其径级大小分析其年龄结构，结果如图5-14所示。

田头山样地中，优势种群如香港毛蕊茶、鼠刺、蒲桃、鹅掌柴等，以壮树、大树数量较多，径级结构为稳定型；浙江润楠以IV级立木最多，同时I级、II级立木占据一定数量，为增长型种群。

罗屋田样地中，鼠刺种群的径级结构为倒金字塔形，为衰退型种群；马尾松、浙江润楠的大树、壮树数量最多，在一定时期内能保持一定的稳定性。但是，不久之后，马尾松的大树会逐渐衰亡，目前并无小树、幼苗存在，因此在群落演替过程中会被其他种群替代。浙江润楠有部分幼树、小树存在，可以后续补充，为稳定型种群；大头茶的I级、II级、III级、IV级立木结构为倒金字塔形，但其V级老树数量少，且幼树、小树和壮树占一定比例，这是一个非常特殊的种群，从径级结构看，应该为衰退型种群，但事实上，从群落的立地环境以及该种群的实际生长状况看，很难退出优势地位，是一个特殊的稳定型种群。

求水岭样地中，亮叶冬青、鹅掌柴的径级结构为倒金字塔形，表现为衰退型种群；假苹婆无幼苗、小树补充，亦为衰退型种群；鼠刺的III级立木最丰富，次之为IV级、II级立木数量较多，在一定时期将呈现为稳定型；浙江润楠的IV级壮树数量最多，同时I级、II级、III级、IV级树木均存在一定数量，整体表现为稳定型种群。

3个样地中，浙江润楠的IV级立木的数量均较多，且I级、II级、III级立木也占有一定比例，说明浙江润楠种群在各样地中均呈现出一定的稳定平衡状态，会在一段时期内保持相当的稳定性，继续占据着优势地位。但罗屋田样地中，因大头茶生长旺盛，林下环境呈旱生状，不利于浙江润楠的幼苗和小树的生长，浙江润楠种群会受到一定程度的限制。

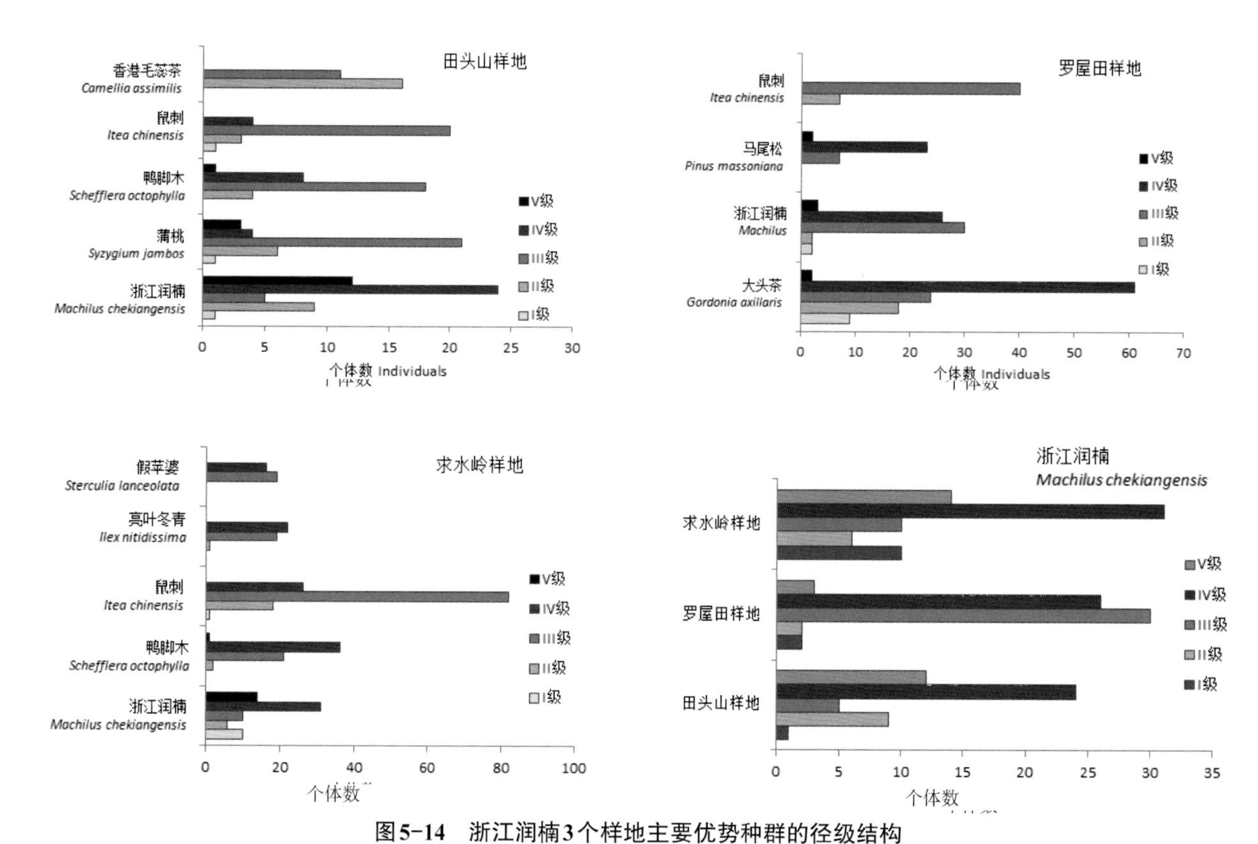

图5-14　浙江润楠3个样地主要优势种群的径级结构

通过优势种群的重要值和径级结构分析表明，田头山样地、求水岭样地中的浙江润楠重要值最大，为群落的建群种，亦为稳定型或增长型种群。与邻近地区浙江润楠优势群落相比较，田头山样地浙江润楠的重要值（66.69%）与东莞银瓶山（65.62%）和南岭大东山（65.62%）的浙江润楠群落的重要值是相当的，说明在南亚热带地段的南北缘该群落确为地带性优势群落。罗屋田样地是针阔叶混交林，林冠层优势种为浙江润楠，次层为大头茶且其重要值远大于浙江润楠，加之林冠层的马尾松处于衰退状态、无幼树，因此在一定时期内浙江润楠在乔木第一亚层呈孤立状态，加之大头茶生长旺盛，形成旱生性环境，导致林下其他植物难以生长，长期来看，该群落可能演替为以大头茶占绝对优势的纯林群落。三个样地中，灌木层均以鼠刺、豺皮樟、九节（或栀子）占优势种，体现出一种旱中生性质。

5.4.1.2 革叶铁榄群落 *

革叶铁榄是一种优良的旱生性乡土树种，在石山坡、砂砾地等土壤瘠薄的地区生长良好，自我更新能力强，在改善石山坡单一景观、改良土质、防止山体滑坡等方面有重要作用。革叶铁榄在深圳有广泛分布，其优势种群主要分布在七娘山、马峦山、大南山等地。

深圳大南山地区海拔50 m的岩石山坡上，有天然分布的次生性革叶铁榄群落，以革叶铁榄占绝对优势，偶有马尾松、漆树、小果柿、两广杨桐、米碎花等小乔木和灌木混生，林分郁闭度达0.7。在革叶铁榄群落中，物种多样性水平低，常为单优群落。革叶铁榄是大南山植被的主要特征种，主要分布在150～300 m的低海拔地区，群落的林冠层浓绿。以革叶铁榄占优势种，常组成多个群系，其他共优势种群有漆树、细齿叶柃、小果柿等，重要值均较高。

（1）革叶铁榄+漆树+豺皮樟-小果柿群落

*本节参考：刘军，罗连，吴桂萍，等，2010. 深圳市大南山地区铁榄群落研究[J]. 热带亚热带植物学报，18（05）: 523-529.引用经作者同意，有删减，原文中的“铁榄 *Sinosideroxylon wightianum*”，经考证应改为“革叶铁榄 *Sinosideroxylon wightianum*”。

该群落分布于大南山西南部，生石山坡上，调查面积800 m^2。群落高约6 m，覆盖度为0.5～0.7。林冠层外观不整齐，墨绿色。群落结构较简单，大致可分为2层，第一层高1.5～6 m，革叶铁榄、小果柿占绝对优势，还有水团花、漆树、豺皮樟、簕欓等；第二层为灌草层，几乎无草本，有大量革叶铁榄和簕欓、漆树和豺皮樟等的幼苗，散见有黑面神、山菅兰等。层间植物有蔓九节、海金沙、菰腺忍冬和羊角拗等小藤本，露兜有4丛。群落中1.5 m以上的植物有21种，群落密度为6762.50 株/hm^2，基面积为10.89 m^2/hm^2。群落中革叶铁榄和小果柿的重要值分别为142.0和51.7。

（2）革叶铁榄–小果柿+香楠群落

该群落分布于大南山东北部，生石山坡上，调查面积600 m^2。群落高约6 m，盖度约为0.8。群落结构较简单，大致可分为2层，第一层高1.5～6 m，革叶铁榄、小果柿占绝对优势，还有水团花、香楠等伴生种；第二层为草本层，除大量枯萎的铁芒萁、芒草和灯心草外，其他草本很少，但见有较多的革叶铁榄、簕欓、水团花等的幼苗，偶见有黑面神、山菅兰、淡竹叶等。层间植物有小叶买麻藤、蔓九节、海金沙、玉叶金花、无根藤、菰腺忍冬和羊角拗等小藤本。群落中1.5 m以上的乔灌木约22种，群落密度为5983.33 株/hm^2，基面积为10.71 m^2/hm^2。群落中革叶铁榄和小果柿的重要值分别为166.8和20.3。

（3）革叶铁榄+漆树–毛冬青+变叶榕群落

该群落位于大南山南部，生石山坡上，调查面积1200 m^2。群落高约6 m，盖度约为0.8。群落结构大致可分为3层，第一层高4～6 m，以革叶铁榄占绝对优势，重要值达169.432，散见漆树、米槠等；第二层高1.5～3 m，主要有毛冬青、漆树、豺皮樟、变叶榕、山油柑等；第三层为草本层，主要有灯心草、黑莎草、铁芒萁、山白菊、土麦冬及大量革叶铁榄幼苗；层间植物有小叶买麻藤、锡叶藤、蔓九节、羊角拗等小藤本。群落中1.5 m以上的乔灌木有25种，群落密度为4150 株/hm^2，基面积为6.16 m^2/hm^2。群落中革叶铁榄和漆树的重要值分别为169.4和16.0。

（4）革叶铁榄+马尾松–小果柿+豺皮樟+漆树+天料木群落

该群落位于大南山北部，生石山坡上，调查面积800 m^2。群落高约6 m，盖度约为0.8。群落结构较复杂，大致可分为3层，第一层高4～6 m，以革叶铁榄占绝对优势，还有豺皮樟、马尾松、小果柿、天料木、常绿荚蒾和岭南山竹子等；第二层高1.5～3 m，主要有小果柿、革叶铁榄和变叶榕、细齿叶柃等；第三层为草本层，主要有灯芯草、铁芒萁和黑莎草，以及乔木幼苗；层间植物有罗浮买麻藤、红叶藤、小叶买麻藤、念珠藤和海金沙等小藤本，露兜树有2丛，华南省藤有1丛。群落中1.5 m以上的植物有27种，群落密度为7100 株/hm^2，基面积为10.342 m^2/hm^2。群落中革叶铁榄的重要值最大，为124.5，其次是小果柿和马尾松，分别为19.6和19.2。

（5）革叶铁榄+天料木+漆树–豺皮樟群落

该群落位于大南山中部，生石山坡上，面积600 m^2。群落高约5～8 m，盖度约为0.8。群落结构较复杂，大致可分为3层，第一层高4～8 m，主要有革叶铁榄、天料木，其他还有鹅掌柴、山油柑、漆树、簕欓等；第二层高1.5～4 m，主要有豺皮樟、映山红、变叶榕、毛冬青、细齿叶柃、杨桐等；第三层为草本层，主要有扇叶铁线蕨、铁芒萁和黑莎草、越南叶下珠、团叶鳞始蕨、土麦冬、黑面神，以及乔木幼苗；层间植物有美丽鸡血藤、小叶买麻藤、锡叶藤、夜花藤、羊角拗、红叶藤、寄生藤、念珠藤和蔓九节等小藤本。群落中1.5 m以上的植物有25种，群落密度为5500 株/hm^2，基面积为7.541 m^2/hm^2。群落中革叶铁榄的重要值最大，为56.178，其次是漆树、天料木、豺皮樟和山油柑，分别为31.4、28.8、24.6和23.9。

（6）革叶铁榄+假苹婆群落

该群落位于大南山中部，生陡峭石山坡上，坡度约为0.7°。该群落只在陡坡上有点状分布的植被，调查面积约为100 m^2。群落高约5 m，盖度约为0.8。群落结构较简单，大致可分为两层，第一层高2.5～6 m，主要有革叶铁榄、假苹婆、尾叶桉、山牡荆、鹅掌柴、笔管榕等；第二层高1.5～2 m，主要有山橘、檵木、马缨丹。林下几乎无草本植物，偶见土麦冬、潺槁幼苗，有大量革叶铁榄幼苗，另有小藤本光叶菝葜。群落中1.5 m以上的植物有9种，群落密度为20300株/hm^2，基面积为2.271 m^2/hm^2。群落中假苹婆和革叶铁榄的重要值分别为110.5和52.5。

关于革叶铁榄群落的优势种群的年龄结构，如图5-15所示。在革叶铁榄-小果柿+香楠群落中，革叶铁榄、漆树、马尾松和山油柑共同组成群落优势种，且均以II级小树为主，I级苗木和III级壮树较少，缺乏IV级大树，群落自我更新能力较好，处于发育良好阶段，在未来一段时间内仍将是由多个优势种共同组成的杂木林。群落边缘有人工栽培的大叶桉、尾叶桉、台湾相思等，它们均以II级小树和III级壮树为主，在一定时期内仍可保持其优势地位。但这些栽培种受人为活动影响强烈，缺乏I级苗木，在自然状态下难以自我更新，主要靠人类活动维持其繁育。

在革叶铁榄+马尾松-小果柿+豺皮樟+漆树+天料木群落中，乔木层以铁榄占绝对优势，灌木层以小果柿占绝对优势。铁榄以II级小树为主，兼有I级苗木和III级壮树，缺乏IV级大树，表明此铁榄群落仍处于发育阶段，自我更新良好，在未来一段时期内仍将由铁榄占绝对优势。小果柿主要以I级苗木为主，兼有少量II级小树，这与小果柿本身的生物学特性有关。小果柿为丛生灌木，此处以植株胸径作为年龄量度仅具参考意义。但此群落中处于优势地位的革叶铁榄和小果柿均可见较多苗木，群落在未来一定时期内仍将维持现有结构。

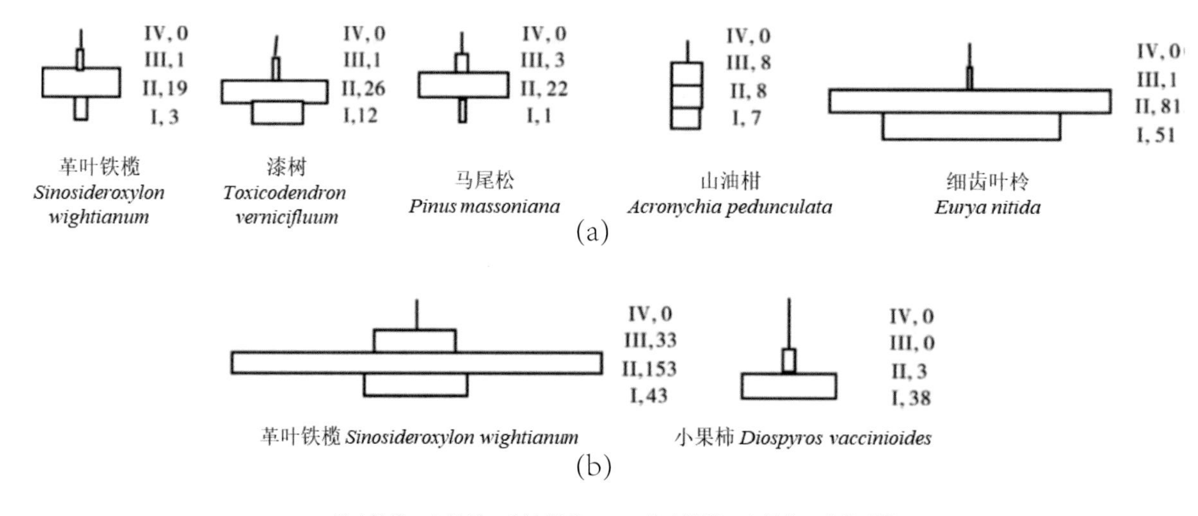

(a) 革叶铁榄-小果柿+香楠群落；(b) 革叶铁榄-小果柿+香楠群落。

图5-15 革叶铁榄群落的年龄结构图

5.4.1.3 钝叶假蚊母树群落*

钝叶假蚊母树，隶属金缕梅科假蚊母树属，为常绿灌木或小乔木，多分布于福建、广东、海南等地的山地常绿林中，该种也植物区系的孑遗种，常绿阔叶林群落的特征种。根据2015年度的调查，在深圳大鹏半岛的主峰排牙山发现有较大面积的钝叶假蚊母树群落（达上万株）。该群落分布在山顶，受人为因素干扰少，保存较为完整。

*本节参考：刘海军，郭强，张信坚，等，2010. 深圳大鹏半岛自然保护区钝叶假蚊母树群落特征[J]. 生态科学，37（02）：182- 190. 引用经作者同意，有删减。

钝叶假蚊母树群落为南亚热带常绿阔叶矮林，本次在排牙山的调查面积约为1400 m²，以常绿阔叶树种占据绝对优势，落叶树种极少，主要有罗浮柿、山乌桕和少叶黄杞等。该群落乔木层分为2个亚层，其中，第一亚层高10～18 m，约有20种66株，以鹿角锥、粗脉桂、钝叶假蚊母树为主，其他树种主要有纤花冬青、硬壳柯、密花树、深山含笑、烟斗柯、樟叶泡花树等；第二亚层高度5～10 m，共有39种380株，以钝叶假蚊母树、密花树、锈叶新木姜子、黄丹木姜子为主，其他树种主要有樟叶泡花树、鸭公树、粗脉桂、密花山矾、大头茶、大花枇杷等。灌木层高1～5 m，主要树种有细枝柃、鱼骨木、绒毛山胡椒、棱果花等，还有较多的乔木幼苗，如钝叶假蚊母树、锈叶新木姜子、大花枇杷、黄丹木姜子、密花树等。灌木层植物种类较丰富，共有59种534株，占林木层总株数的54.49%。整体上看，该群落灌木层和乔木第二亚层物种较为丰富，共有植物914株，占林木层总株数的93.32%。乔木第一亚层物种较少，且植株高度多在10～12 m。群落草本层物种也较丰富，共有68种共计478株，以流苏贝母兰、紫花短筒苣苔、华山姜居多，还有较多的钝叶假蚊母树幼苗以及少量黄丹木姜子、光叶海桐、杜鹃等乔灌木的幼苗。蕨类植物主要有中华复叶耳蕨、毛蕨、乌毛蕨、金毛狗等。藤本植物主要有石柑子、粉背菝葜、香花崖豆藤、暗色菝葜、菝葜、毛蒟等。

对群落乔木层、灌木层、草本层物种的重要值进行计算，结果见表5-21、表5-22和表5-23。乔木层重要值大于1.00的植物共19种，其中以钝叶假蚊母树的重要值最高，为15.20；鹿角锥次之，重要值为10.13；密花树的重要值也达到9.62。灌木层重要值大于1.00的植物共21种，其中细枝柃的重要值最高，为19.02；鱼骨木次之，为11.57；棱果花的重要值也达到11.20。草本层重要值大于1.00的植物共21种，其中以流苏贝母兰的重要值最高，为16.88；紫花短筒苣苔次之，重要值为9.69；草本层分布有较多的钝叶假蚊母树小苗，其重要值为7.11。

表5-21　深圳钝叶假蚊母树群落乔木层主要物种的重要值

种名	相对多度	相对频度	相对显著度	重要值
钝叶假蚊母树 *Distyliopsis tutcheri*	22.85	7.82	14.94	15.2
鹿角锥 *Castanopsis lamontii*	3.73	6.15	20.51	10.13
密花树 *Myrsine seguinii*	10.63	7.82	10.41	9.62
锈叶新木姜子 *Neolitsea cambodiana*	15.05	3.91	4.15	7.7
粗脉桂 *Cinnamomum valinerve*	5.2	6.7	9.16	7.02
黄丹木姜子 *Litsea elongata*	10.18	5.03	4.01	6.41
樟叶泡花树 *Meliosma squamulata*	5.32	6.15	3.92	5.13
深山含笑 *Michelia maudiae*	3.17	6.15	4.13	4.48
鸭公树 *Neolitsea chuii*	4.75	5.59	2.26	4.2
密花山矾 *Symplocos congesta*	3.51	6.7	2.21	4.14
大花枇杷 *Eriobotrya cavaleriei*	3.39	6.15	1.76	3.77
大头茶 *Gordonia axillaris*	2.71	2.79	2.95	2.82
硬壳柯 *Lithocarpus hancei*	1.47	2.23	1.64	1.78
两广梭罗 *Reevesia thyrsoidea*	0.34	1.12	3.26	1.57
纤花冬青 *Ilex graciliflora*	0.45	1.12	2.99	1.52
烟斗柯 *Lithocarpus corneus*	0.9	1.68	1.47	1.35
韧荚红豆 *Ormosia indurata*	0.68	2.23	0.88	1.27
饭甑青冈 *Cyclobalanopsis fleuryi*	0.57	1.68	1.46	1.23
山乌桕 *Sapium discolor*	0.45	1.68	1.35	1.16

注：表中为重要值大于1.00的种群，共计19种；重要值小于1.00的种群共21种，略。

表5-22 深圳钝叶假蚊母树群落灌木层主要物种的重要值

种名	相对多度	相对频度	相对显著度	重要值
细枝柃 *Eurya loquaiana*	22.05	24.05	10.96	19.02
鱼骨木 *Canthium dicoccum*	8.66	15.09	10.96	11.57
棱果花 *Barthea barthei*	12.6	15.52	5.48	11.2
绒毛山胡椒 *Lindera nacusua*	5.51	3.63	6.85	5.33
石木姜子 *Litsea elongata*	3.94	5.12	5.48	4.85
三花冬青 *Ilex triflora*	4.72	3.1	4.11	3.98
厚皮香 *Ternstroemia gymnanthera*	3.15	2.81	5.48	3.81
吊钟花 *Enkianthus quinqueflorus*	2.36	4.68	4.11	3.72
尾叶冬青 *Ilex wilsonii*	4.72	2.97	2.74	3.48
少叶黄杞 *Engelhardtia ferzelii*	4.72	1.31	4.11	3.38
疏花卫矛 *Euonymus laxiflorus*	3.94	0.58	4.11	2.88
白花苦灯笼 *Tarenna mollissima*	3.15	2.48	2.74	2.79
紫玉盘 *Uvaria microcarpa*	0.79	5.94	1.37	2.7
广东冬青 *Ilex kwangtungensis*	3.15	0.55	4.11	2.6
变叶树参 *Dendropanax proteus*	2.36	0.08	4.11	2.18
红淡比 *Cleyera japonica*	1.57	1.98	2.74	2.1
树参 *Dendropanax dentiger*	1.57	0.83	2.74	1.71
新木姜子 *Neolitsea aurata*	0.79	2.64	1.37	1.6
山橘 *Fortunella hindsii*	1.57	1.55	1.37	1.5
鼠刺 *Itea chinensis*	0.79	1.49	1.37	1.21
光叶山矾 *Symplocos lancifolia*	0.79	0.86	1.37	1.01

注：表中为重要值大于1.00的种群，共计21种；重要值小于1.00的种群共9种，略。

表5-23 深圳钝叶假蚊母树群落草本层主要物种的重要值

种名	相对多度	相对频度	相对显著度	重要值
流苏贝母兰 *Coelogyne fimbriata*	29.5	2.88	18.25	16.88
紫花短筒苣苔 *Boeica guileana*	11.72	4.32	13.04	9.69
华山姜 *Alpinia chinensis*	7.74	7.91	12.01	9.22
钝叶假蚊母树 *Distyliopsis tutcheri*	9	5.04	7.3	7.11
芳香石豆兰 *Bulbophyllum ambrosia*	2.51	0.72	10.43	4.55
中华复叶耳蕨 *Arachniodes chinensis*	3.77	2.16	5.42	3.78
中华鳞毛蕨 *Dryopteris chinensis*	1.26	3.6	3.65	2.83
黄丹木姜子 *Litsea elongata*	1.88	4.32	2.19	2.8
光叶海桐 *Pittosporum glabratum*	1.26	4.32	2.09	2.55
石柑子 *Pothos chinensis*	0.84	2.88	1.68	1.8
华南毛蕨 *Cyclosorus parasiticus*	1.46	2.16	1.46	1.69
渐尖毛蕨 *Cyclosorus acuminatus*	2.51	1.44	1.04	1.66
草珊瑚 *Sarcandra glabra*	1.05	2.88	1.05	1.66

（续表）

种名	相对多度	相对频度	相对显著度	重要值
华南鳞毛蕨*Dryopteris tenuicula*	2.51	1.44	0.64	1.53
粗脉桂*Cinnamomum valinerve*	1.05	2.88	0.12	1.35
粉背菝葜*Smilax hypoglauca*	0.84	2.16	0.63	1.21
石木姜子*Litsea elongata*	1.05	1.44	1.05	1.18
映山红*Rhododendron simsii*	1.67	0.72	1.04	1.15
棱果花*Barthea barthei*	0.42	0.72	2.09	1.07
鸭公树*Neolitsea chuii*	0.21	1.44	1.56	1.07
莲座紫金牛*Ardisia primulaefolia*	0.63	2.16	0.37	1.05

注：表中为重要值大于1.00的种群，共计21种；重要值小于1.00的种群共47种，略。

种群的年龄结构显示着种群内不同年龄个体数量的分布情况，其反映着种群在时间和空间上的变化规律，体现着种群动态及其所在群落的演替趋势，也在一定程度上反映种群与环境间的相互关系，揭示着种群在群落中的作用和地位。深圳大鹏半岛钝叶假蚊母树群落，优势种群为钝叶假蚊母树、密花树、锈叶新木姜子，其种群年龄结构以立木径级代替5级立木标准进行划分，种群年龄结构如图5-16所示。

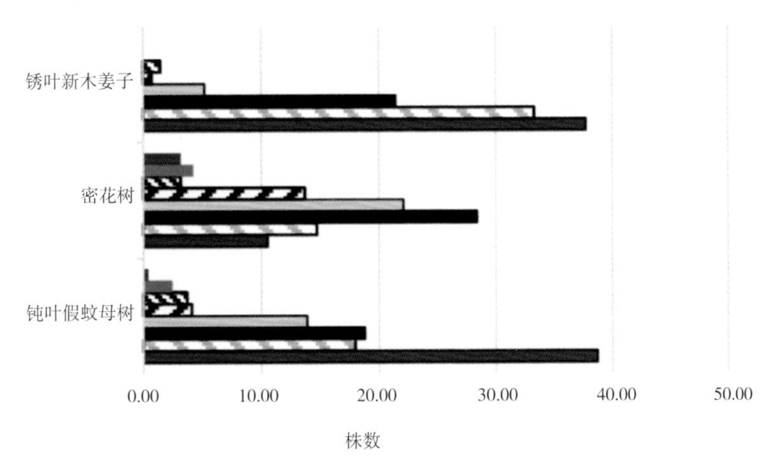

图5-16 深圳大鹏半岛钝叶假蚊母树群落乔木层主要优势种径级结构

由图5-16可以看出，乔木层中重要值最高的钝叶假蚊母树种群以Ⅲ级壮树最多，占40.82%，Ⅱ级小树次之，占25.71%，Ⅰ级苗木较少，为17.55%，无Ⅴ级老树。若按照5级立木标准划分年龄结构，可认为群落中的钝叶假蚊母树种群处于较为稳定、成熟的状态。但由于钝叶假蚊母树属于小乔木树种，样地内钝叶假蚊母树的胸径在0～14 cm，因此采用5级立木标准划分这种小年龄结构的树种不能体现其可能的演替特点。若按照径级结构划分，由图5-16可以看出，胸径在0～2 cm的钝叶假蚊母树最多，占38.78 %，整体径级结构呈现出金字塔形结构，即表明群落中的钝叶假蚊母树种群处于发展阶段。而密花树种群则以Ⅲ级壮树最多，占58.95%，Ⅳ级大树次之，为28.42%。按照径级结构划分，群落中密花树的胸径在0～17 cm，并且胸径在4～6 cm的密花树最多，占28.42%，胸径6～8 cm的密花树数量次之，占22.11%，胸径>8 cm的密花树较少。因此可认为，群落中密花树种群处于趋向稳定、成熟阶段。锈叶新木姜子种群以Ⅲ级壮树最多，占48.89%，Ⅱ级小树次之，占45.93%，Ⅰ级苗木和Ⅳ级大树均少于5%，无Ⅴ级老树。结合该种群的径级结构分布，群落中锈叶新木姜子的胸径在0～12 cm，并且胸径在2～4 cm的锈叶新木姜子最多，占37.78%，胸径>6 cm的锈叶新木姜子占比不足10%，因此可认为，该种群处于发展阶段。

优势种群年龄结构和重要值分析表明，该群落乔木层以钝叶假蚊母树的重要值最高，且草本层也有较多钝叶假蚊母树幼苗分布，表明了该群落单优度高，种群分布较集中，为山顶较干旱的环境下所形成的、原生性较强的矮林植被。此外，该群落的乔木层优势种较多，但优势度较不明显，处于次层的竞争地位，群落处于稳定状态。

5.4.1.4 黄杞群落

黄杞隶群于胡桃科黄杞属，为半常绿乔木，广泛分布于我国南方各地，是热带、南亚热带至中亚热带地区常绿阔叶林的特征种，也是重要的资源植物。黄杞枝叶茂密，树体高大，可作为园林绿化树种，其树皮和叶可入药，木材为工业用材和制造家具。在深圳，黄杞群落主要分布在阳台山、排牙山、七娘山、梧桐山等地。在阳台山调查有典型的黄杞优势群落，本次调查样地面积1200 m^2，海拔421 m。

在黄杞群落中，对乔灌层物种重要值分析（表5-24）可知，群落建群种为黄杞，重要值排名第1，种群数量有110株，远多于其他乔木。乔木层伴生种有水团花、黄心树、亮叶猴耳环、银柴、三椏苦、黧蒴、红鳞蒲桃、山乌桕、土沉香、假苹婆等；灌木层优势种为九节，重要值排名第2，种群数量有291株。其他优势灌木有罗伞树、假鹰爪、栀子、三花冬青等，还有罗浮买麻藤、山橙、寄生藤、青江藤、小叶红叶藤、香花鸡血藤、紫玉盘等木质藤本；草本层优势种为露兜草，伴生有黑莎草、山菅兰、扇叶铁线蕨、团叶鳞始蕨、乌毛蕨、锈毛莓、变异鳞毛蕨、华南毛蕨等。

表5-24 深圳黄杞群落乔灌层物种重要值分析

序号	种名	株数	相对多度 RA	相对频度 RF	物种胸面积和	相对显著度 RD	重要值 IV
1	黄杞 *Engelhardia roxburghiana*	110	14.73	7.14	31346.04	73.67	95.54
2	九节 *Psychotria asiatica*	291	38.96	7.14	2229.44	5.24	51.34
3	水团花 *Adina pilulifera*	39	5.22	5.95	1473.46	3.46	14.64
4	黄心树 *Machilus gamblei*	34	4.55	4.17	2043.47	4.80	13.52
5	亮叶猴耳环 *Archidendron lucidum*	28	3.75	5.95	1062.52	2.50	12.20
6	罗伞树 *Ardisia quinquegona*	35	4.69	5.95	82.28	0.19	10.83
7	银柴 *Aporosa dioica*	14	1.87	5.36	335.34	0.79	8.02
8	假鹰爪 *Desmos chinensis*	31	4.15	3.57	112.44	0.26	7.99
9	栀子 *Gardenia jasminoides*	14	1.87	3.57	97.16	0.23	5.67
10	三椏苦 *Melicope pteleifolia*	15	2.01	3.57	13.69	0.03	5.61
11	三花冬青 *Ilex triflora*	20	2.68	2.38	172.05	0.40	5.46
12	黧蒴 *Castanopsis fissa*	7	0.94	1.19	1192.95	2.80	4.93
13	糖胶树 *Alstonia scholaris*	8	1.07	2.98	351.89	0.83	4.87
14	罗浮买麻藤 *Gnetum luofuense*	9	1.20	2.98	28.73	0.07	4.25
15	红鳞蒲桃 *Syzygium hancei*	7	0.94	2.98	54.83	0.13	4.04
16	中华卫矛 *Euonymus nitidus*	7	0.94	2.98	3.26	0.01	3.92
17	露兜草 *Pandanus austrosinensis*	8	1.07	2.38	0.00	0.00	3.45
18	豺皮樟 *Litsea rotundifolia* var. *oblongifolia*	7	0.94	2.38	6.68	0.02	3.33
19	山乌桕 *Triadica cochinchinensis*	3	0.40	1.79	466.24	1.10	3.28
20	土沉香 *Aquilaria sinensis*	5	0.67	2.38	4.85	0.01	3.06
21	白背算盘子 *Glochidion wrightii*	3	0.40	1.79	339.32	0.80	2.98
22	香港大沙叶 *Pavetta hongkongensis*	4	0.54	2.38	11.94	0.03	2.94
23	山橙 *Melodinus suaveolens*	6	0.80	1.79	41.46	0.10	2.69
24	假苹婆 *Sterculia lanceolata*	4	0.54	1.79	150.48	0.35	2.67
25	梅叶冬青 *Ilex asprella*	3	0.40	1.79	16.07	0.04	2.23

（续表）

序号	种名	株数	相对多度RA	相对频度RF	物种胸面积和	相对显著度RD	重要值IV
26	簕欓*Zanthoxylum avicennae*	3	0.40	1.19	97.56	0.23	1.82
27	山鸡椒*Litsea cubeba*	3	0.40	1.19	74.48	0.18	1.77
28	锈毛莓*Rubus reflexus*	4	0.54	1.19	2.15	0.01	1.73
29	杨桐*Adinandra millettii*	2	0.27	1.19	63.74	0.15	1.61
30	潺槁*Litsea glutinosa*	1	0.13	0.60	296.11	0.70	1.43
31	岭南山竹子*Garcinia oblongifolia*	2	0.27	0.60	222.18	0.52	1.39
32	簕茜*Benkara sinensis*	3	0.40	0.60	23.87	0.06	1.05
33	牛矢果*Osmanthus matsumuranus*	1	0.13	0.60	103.13	0.24	0.97
34	白花酸藤果*Embelia ribes*	2	0.27	0.60	3.98	0.01	0.87
35	寄生藤*Dendrotrophe varians*	2	0.27	0.60	3.98	0.01	0.87
36	华南云实*Caesalpinia crista*	2	0.27	0.60	0.00	0.00	0.86
37	青江藤*Celastrus hindsii*	2	0.27	0.60	0.00	0.00	0.86
38	小叶红叶藤*Rourea microphylla*	2	0.27	0.60	0.00	0.00	0.86
39	黄牛木*Cratoxylum cochinchinense*	1	0.13	0.60	11.46	0.03	0.76
40	香花鸡血藤*Callerya dielsiana*	1	0.13	0.60	3.90	0.01	0.74
41	紫玉盘*Uvaria macrophylla*	1	0.13	0.60	2.86	0.01	0.74
42	粗叶榕*Ficus hirta*	1	0.13	0.60	0.72	0.00	0.73
43	毛菍*Melastoma sanguineum*	1	0.13	0.60	0.72	0.00	0.73
44	小果山龙眼*Helicia cochinchinensis*	1	0.13	0.60	0.32	0.00	0.73

对黄杞群落优势乔木种群的年龄结构分析（图5-17）可知，建群种黄杞的年龄结构呈倒金字塔形，种群有衰退趋势，目前为稳定发展阶段，以Ⅳ级、Ⅴ级大树为多，其次为Ⅱ级小树和Ⅲ级中树，缺少幼苗的补充和更新。水团花种群整体呈金字塔形，为增长型群落，有较多的Ⅲ级中树，有一定数量的Ⅳ级大树和Ⅱ级小树，但缺少幼苗的更新，后续种群增长将趋于稳定。黄心树、亮叶猴耳环、银柴等其他优势种群的年龄结构整体上均呈金字塔形，有一定数量的中树和大树，同时小树和幼苗有较好的更新状态，种群呈增长趋势。群落整体上处于发展成熟的亚热带常绿阔叶林，表现占优势种明显，多优势种共存的状态。

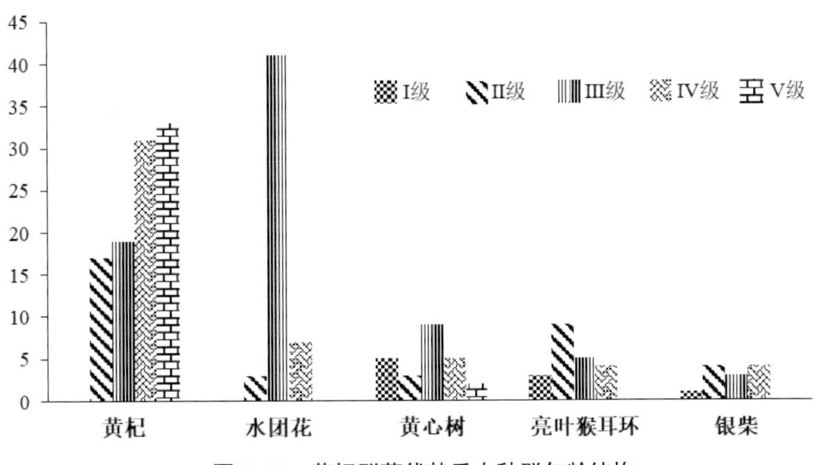

图5-17　黄杞群落优势乔木种群年龄结构

5.4.2 国家珍稀濒危保护植物及其所在植物群落特征

5.4.2.1 珍稀濒危植物的组成

为全面地评估某区域的各类国家珍稀濒危重点保护植物，一般参考如下六方面的文献，即：①《国家重点保护野生植物名录》(国家林业与草原局等, 2021)；②《IUCN物种红色名录》(IUCN, 2019)；③《中国生物多样性红色名录（高等植物卷）》(环境保护部和中国科学院，2013)；④《中国高等植物受威胁物种名录》(覃海宁等, 2017)；⑤《中国植物红皮书——稀有濒危植物》(第一册) (傅立国和金鉴明, 1992)；⑥《濒危野生动植物种国际贸易公约（CITES, 2017)》附录I、II、III 。根据①统计国家I、II级重点保护野生植物；根据②③④⑤⑥统计其他各类濒危保护植物，包括极危种(CR)、濒危种(EN)、易危种(VU)、近危种(NT)，以及国际贸易保护植物。目前，已有专家从濒危级别、生存状况、直接或间接利用价值等方面，对全国的各类珍稀濒危保护植物进行了充分的评估(鲁兆莉, 2021)；在此本文针对深圳地区的珍稀濒危保护植物作进一步的论述。

（1）国家重点保护野生植物

依据文献①统计，深圳共有36种1变种（表5-25)。其中，I级重点保护植物2种，即仙湖苏铁 *Cycas failylakea*、紫纹兜兰 *Paphiopedilum purpuratum*；II级重点保护植物34种1变种，如桫椤、水蕨、苏铁蕨、珊瑚菜、建兰、春兰、墨兰、金线兰、深圳香荚兰等。由国家林业与草原局公布的国家重点保护野生植物具有法律保护意义，是国家各级政府部门的执法依据。

表5-25 深圳市国家重点保护植物及其分布、生境和受胁状况

序号	科	种	保护级别	在深圳的分布区、海拔、生境	受胁状况
1	白发藓科 Leucobryaceae	桧叶白发藓 *Leucobryum juniperoideum*	II	排牙山、七娘山（杨梅坑）、南澳、阳台山；海拔600~900 m，林内	山地常绿阔叶林生境、岩壁受到干扰
2	石松科 Lycopodiaceae	长柄石杉 *Huperzia javanica*	II	梅沙尖、梧桐山；海拔400~800 m，山坡疏林	数量稀少，生境退化
3	石松科 Lycopodiaceae	华南马尾杉 *Phlegmariurus fordii*	II	七娘山、梧桐山；海拔300~800，山谷石壁	数量稀少，生境退化
4	合囊蕨科 Marattiaceae	福建观音座莲 *Angiopteris fokiensis*	II	七娘山、梅沙尖、梧桐山；海拔100~500 m，沟谷	低地、沟谷季雨林生态系统受损
5	金毛狗科 Cibotiaceae	金毛狗 *Cibotium barometz*	II	七娘山、排牙山、梧桐山、梅沙尖、三洲田、塘朗山等；海拔100~700 m	人工采挖，生境受损
6	桫椤科 Cyatheaceae	桫椤 *Alsophila spinulosa*	II	田心山、三洲田、塘朗山、七娘山、排牙山；海拔 100~500 m	沟谷生境受损
7	桫椤科 Cyatheaceae	大黑桫椤 *Alsophila gigantea*	II	七娘山（杨梅坑)；海拔100~500 m，沟谷林下	沟谷生境受损
8	桫椤科 Cyatheaceae	黑桫椤 *Alsophila podophylla*	II	七娘山、三洲田、梅沙尖；海拔100~500 m	沟谷生境受损
9	凤尾蕨科 Pteridaceae	华南水蕨 *Ceratopteris chunii*	II	梧桐山（兰科中心自然湿地)；海拔50 m	湿地生境受损
10	凤尾蕨科 Pteridaceae	水蕨 *Ceratopteris thalictroides*	II	内伶仃岛、田心村；海拔50 m，疏林	生境受损，湿地退化
11	乌毛蕨科 Blechnaceae	苏铁蕨 *Brainea insignis*	II	七娘山、塘朗山、田心山、梧桐山、马峦山、径心水库；海拔50~450 m，疏林、阳处	山坡植被受损，种群数量减少，局部生境

（续表）

序号	科	种	保护级别	在深圳的分布区、海拔、生境	受胁状况
12	苏铁科Cycadaceae	仙湖苏铁*Cycas fairylakea*	I	梅林水库、塘朗山；海拔50~200 m，沟谷林中，疏林	沟谷季雨林植被退化，生境受损，出现病害
13	罗汉松科Podocarpaceae	罗汉松*Podocarpus macrophyllus*	II	东涌、西涌、鹿嘴山庄后山；海拔50~300 m，疏林，或灌丛	整体植被生态系统受损；环境变干燥
14	红豆杉科Taxaceae	穗花杉*Amentotaxus argotaenia*	II	梅沙尖、梧桐山、七娘山；海拔400~600 m，疏林	整体植被生态系统受损；环境变干燥
15	藜芦科Melanthiaceae	华重楼*Paris polyphylla* var. *chinensis*	II	梧桐山、七娘山；海拔450~700 m，林下	植被生态系统、林下生境受损
16	兰科Orchidaceae	金线*Anoectochilus roxburghii*	II	七娘山、三洲田、梅沙尖、梧桐山；海拔200~500 m，林下	人为采挖，植被生态系统、林下生境受损
17	兰科Orchidaceae	建兰*Cymbidium ensifolium*	II	七娘山、梧桐山；海拔100~400 m，林下，林缘	人为采挖，植被生态系统、林下生境受损
18	兰科Orchidaceae	寒兰*Cymbidium kanran*	II	七娘山；650~750 m，林下	人为采挖，生境受损
19	兰科Orchidaceae	墨兰*Cymbidium sinense*	II	七娘山、三洲田、梅沙尖；海拔300~500m，山坡，林缘	人为采挖，植被生态系统、林下生境受损
20	兰科Orchidaceae	春兰*Cymbidium goeringii*	II	梧桐山；海拔300~500 m，山坡，林缘	人为采挖，植被生态系统、林下生境受损
21	兰科Orchidaceae	美花石斛*Dendrobium loddigesii*	II	七娘山、梧桐山；海拔150 m，溪谷岩石上	人为采挖，植被生态系统、林下生境受损
22	兰科Orchidaceae	血叶兰*Ludisia discolor*	II	排牙山、梧桐山；海拔300~500 m，沟谷，林下	植被生态系统、林下生境受损
23	兰科Orchidaceae	紫纹兜兰*Paphiopedilum purpuratum*	I	排牙山、三洲田、梅沙尖、梧桐山、马峦山；海拔200~500 m，沟谷，林下	人为采挖，植被生态系统、林下生境受损
24	兰科Orchidaceae	深圳香荚兰*Vanilla shenzhenica*	II	仙湖植物园、龙岗；海拔200~400 m，沟谷，林中	人为采，植被生态系统、林内生境受损
25	禾本科Poaceae	中华结缕草*Zoysia sinica*	II	内伶仃岛；海拔2~20 m，沙滩，山脚	海岸滩涂环境受损，湿地环境受损
26	豆科Fabaceae	格木*Erythrophleum fordii*	II	仙湖植物园；海拔100~400 m，疏林	森林生态系统受损，植被稳定性受损
27	豆科Fabaceae	凹叶红豆*Ormosia emarginata*	II	梅沙尖、梧桐山；海拔100~400 m，林中，林缘	森林生态系统受损，植被稳定性受损
28	豆科Fabaceae	韧荚红豆*Ormosia indurata*	II	七娘山、南澳、梧桐山；海拔150~400 m，山坡	森林生态系统受损，植被稳定性受损
29	豆科Fabaceae	软荚红豆*Ormosia semicastrata*	II	东涌、西涌、七娘山、南澳、梧桐山、塘朗山；海拔100~400 m，林缘	森林生态系统受损，植被稳定性受损

（续表）

序号	科	种	保护级别	在深圳的分布区、海拔、生境	受胁状况
30	蔷薇科 Rosaceae	广东蔷薇 Rosa kwangtungensis	Ⅱ	排牙山、笔架山、葵涌、西丽；海拔50~200 m，山坡、灌丛	山坡灌丛植被稳定性受损
31	川苔草科 Podostemaceae	华南飞草 *Cladopus austrosinensis*	Ⅱ	海岸河口（地点不详）；海拔30~100 m，岩石上，湿河床	河口、河谷环境受损；岩壁地区环境受到干扰
32	芸香科 Rutaceae	山橘 *Citrus japonica*	Ⅱ	排牙山、七娘山、南澳、大鹏、葵涌、田心山、坪山、梅沙尖、盐田、三洲田、沙头角、梧桐山、大南山；海拔150~700 m，山坡、灌丛	山坡灌丛植被稳定性受损
33	楝科 Meliaceae	红椿 *Toona ciliata*	Ⅱ	排牙山、阳台山、梧桐山；海拔150~200 m，林内，山坡	森林生态系统受损，植被稳定性受损
34	瑞香科 Thymelaeaceae	土沉香 *Aquilaria sinensis*	Ⅱ	笔架山、梧桐山、七娘山、马峦山、三洲田、梅林山、塘朗山、阳台山等；海拔200~500 m，山坡、灌丛、林内、林缘	人为采挖，山坡灌丛、常绿阔叶林植被稳定性受损
35	山茶科 Theaceae	茶 *Camellia sinensis*	Ⅱ	七娘山、三洲田、梧桐山、塘朗山；海拔100~500 m，山坡、林缘	山坡灌丛植被稳定性受损
35a	山茶科 Theaceae	大叶茶 *Camellia sinensis* var *assamica*	Ⅱ	梅沙尖、笔架山；海拔100~500 m，山坡、林缘	山坡灌丛植被稳定性受损
36	伞形科 Apiaceae	珊瑚菜 *Glehnia littoralis*	Ⅱ	西涌；海拔1~5 m，水滩	海岸滩涂环境受损；滩涂草地破坏

（2）各类珍稀濒危保护植物及其生存状况

据文献②至⑥统计，深圳地区其他各类珍稀濒危植物共136种，即全部各类珍稀濒危和重点保护植物共172种1变种（表5-26）。简要阐明如下。

1）《IUCN物种红色名录》

依据《IUCN物种红色名录》（2019）制定的物种濒危状况评估标准，深圳共记录有26种，包括：极危种4种，即紫纹兜兰 *Paphiopedilum purpuratum*、香港马兜铃 *Aristolochia westlandi*、墨喉南星 *Arisaema melanostomum*、小果柿 *Diospyros vaccinioides*；濒危种3种，即纤花冬青 *Ilex graciliflora*、格木 *Erythrophleum fordii*、深圳假脉蕨 *Crepidomanes shenzhenense*；渐危种5种，即大苞白山茶 *Camellia granthamiana*、粘木 *Ixonanthes chinensis*、南岭黄檀 *Dalbergia balansae*、土沉香 *Aquilaria sinensis*、白桂木 *Artocarpus hypargyreus*；近危种4种，即半枫荷 *Semiliquidambar cathayensis*、野生龙眼 *Dimocarpus longan*、穗花杉 *Amentotaxus argotaenia*、石仙桃 *Pholidota chinensis*；无危种（关注种）10种，即香港带唇兰 *Tainia hongkongensis*、红椿 *Toona ciliata*、直唇卷瓣兰 *Bulbophyllum delitescens*、钳唇兰 *Erythrodes blumei*、罗汉松 *Podocarpus macrophyllus*、绶草 *Spiranthes sinensis*、线柱兰 *Zeuxine strateumatica*、二花珍珠茅 *Scleria biflora*、猪笼草 *Nepenthes mirabilis*、银叶树 *Heritiera littoralis* 等。

2）《中国生物多样性红色名录》《中国高等植物受威胁物种名录》

这两个名录的评估结果常放在一起综合统计，结果表明深圳共有155种。包括：极危种5种，即：香港马兜铃*Aristolochia westlandi*、仙湖苏铁*Cycas failylakea*、粤紫萁*Osmunda mildei*、二色卷瓣兰*Bulbophyllum bicolor*、珊瑚菜*Glehnia littoralis*；濒危种23种；渐危种37种；近危种32种；无危种（关注种）58种。

3)《中国植物红皮书》

共24种。这是早期从学术研究的角度进行评估的结果，亦基本上被中国生物多样性红色名录所接受。如穗花杉*Amentotaxus argotaenia*、二列叶虾脊兰*Calanthe formosana*、阿里山全唇兰*Myrmechis drymoglossifolia*、野生龙眼*Dimocarpus longan*等。

4)《国际贸易公约（CITES, 2017)》

共89种。包括：桫椤*Alsophila spinulosa*、大黑桫椤*Gymnosphaera gigantea*、黑桫椤*Gymnosphaera podophylla*、苏铁蕨*Brainea insignis*、粗齿桫椤*Gymnosphaera denticulata*、深圳双扇蕨*Dipteris shenzhenensiss*、金毛狗*Cibotium barometz*、土沉香*Aquilaria sinensis*，以及兰科植物82种。

如上的统计大致表明了深圳各类珍稀濒危物种的濒危级别和性质，要进一步地揭示它们在深圳地区的生存状况，仍应从种群多度、群落状况等角度加以分析，如表5-26表明，全部重点保护植物以及各类珍稀濒危植物的生态优势度，可划分为六级，即：

①建群种：共6种，在常绿阔叶林植被中可在局部区域形成建群种，金毛狗*Cibotium barometz*、苏铁蕨*Brainea insignis*、樟树*Cinnamomum camphora*、浙江润楠*Machilus chekiangensis*、钝叶假蚊母树*Sycopsis tutcheri*、常绿臭椿*Ailanthus fordii*等。

②优势种：16种，在植被中常在局部区域形成优势种，如：桫椤*Alsophila spinulosa*、黑桫椤*Gymnosphaera podophylla*、仙湖苏铁*Cycas failylakea*、广东隔距兰*Cleisostoma simondii var. guangdongense*、流苏贝母兰*Coelogyne fimbriata*、高斑叶兰*Goodyera procera*、镰翅羊耳蒜*Liparis bootanensis*、见血青*Liparis nervosa*、扇唇羊耳蒜*Liparis stricklandiana*、长茎羊耳蒜*Liparis viridiflora*、石仙桃*Pholidota chinensis*、银叶树*Heritiera littoralis*、粘木*Ixonanthes chinensis*、白桂木*Artocarpus hypargyreus*、小果柿*Diospyros vaccinioides*、紫花短筒苣苔*Boeica guileana*等。

③常见种：共19种，种群数量稍丰富，分布点较多，约有6~10个分布点或更多分布点，如土沉香*Aquilaria sinensis*、竹叶兰*Arundina graminifolia*、芳香石豆兰*Bulbophyllum ambrosia*、广东石豆兰*Bulbophyllum kwangtungense*、无耳沼兰*Dienia ophrydis*、蛇舌兰*Diploprora championii*、美冠兰*Eulophia graminea*、鹤顶兰*Phaius tankervilleae*、苞舌兰*Spathoglottis pubescens*、香港绶草*Spiranthes hongkongensis*、绶草*Spiranthes sinensis*、香港带唇兰*Tainia hongkongensis*、线柱兰*Zeuxine strateumatica*、薄叶红厚壳*Calophyllum membranaceum*、翻白叶树*Pterospermum heterophyllum*、榼藤*Entada phaseoloides*、密花豆*Spatholobus suberectus*、华马钱*Strychnos cathayensis*、广东玉叶金花 *Mussaenda kwangtungensis*等。

④偶见种：共30种，种群数量较小，分布点不多于4~5个，如大黑桫椤*Gymnosphaera gigantea*、水蕨*Ceratopteris thalictroides*、建兰*Cymbidium ensifolium*、春兰*Cymbidium goeringii*、墨兰*Cymbidium sinense*、紫纹兜兰*Paphiopedilum purpuratum*、韧荚红豆*Ormosia indurata*、软荚红豆*Ormosia semicastrata*、茶*Camellia sinensis*、阔片乌蕨*Sphenomeris biflora*、粗脉桂*Cinnamomum validinerve*、赤唇石豆兰*Bulbophyllum affine*、二色卷瓣兰*Bulbophyllum bicolor*、直唇卷瓣兰*Bulbophyllum delitescens*、密花石豆兰*Bulbophyllum odoratissimum*、斑唇卷瓣兰*Bulbophyllum pectenveneris*、二列叶虾脊兰*Calanthe formosana*、三褶虾脊兰*Calanthe triplicata*、大鲁阁叉柱兰 *Chrieostylis tatewakii*、尖喙隔距兰*Cleisostoma rostratum*、半柱毛兰*Eria corneri*、多叶斑叶兰*Goodyera foliosa*、橙黄玉凤花*Habenaria rhodocheila*、触须阔蕊兰*Peristylus tentaculatus*、小舌唇兰*Platanthera minor*、猪笼草*Nepenthes mirabilis*、阔叶猕猴桃*Actinidia latifolia*、白鹤藤 *Argyreia acuta*、丁公藤*Erycibe obtusifolia*等。

⑤稀有种：共85种。种群数量较小，分布点少于3个，如：桧叶白发藓*Leucobryum juniperoideum*、华南水蕨*Ceratopteris chunii*、福建观音座莲*Angiopteris fokiensis*、罗汉松*Podocarpus macrophyllus*、穗花杉*Amentotaxus argotaenia*、华重楼*Paris polyphylla var. chinensis*、金线兰*Anoectochilus roxburghii*、美花石斛*Dendrobium loddigesii*、血叶兰*Ludisia discolor*、中华结缕草*Zoysia sinica*、凹叶红豆*Ormosia emarginata*、广东蔷薇*Rosa kwangtungensis*、华南飞瀑草*Cladopus austrosinensis*、山橘*Fortunella hindsii*、寒兰*Cymbidium kanran*、珊瑚菜*Glehnia littoralis*等。

⑥罕见种：共19种，分布点仅1~3处，种群数量极少，如：长柄石杉*Huperzia javanica*、华南马尾杉*Phlegmariurus fordii*、深圳双扇蕨*Dipteris shenzhenensis*、深圳香荚兰*Vanilla shenzhenica*、格木*Erythrophleum fordii*、华南飞瀑草*Cladopus austrosinensis*、红椿*Toona ciliata*、粤紫萁*Osmunda mildei*、香港马兜铃*Aristolochia westlandi*、无叶兰*Aphyllorchis montana*、深圳拟兰*Apostasia shenzhenica*、阿里山全唇兰*Myrmechis drymoglossifolia*、台湾阔蕊兰*Peristylus formosanus*、大苞白山茶*Camellia granthamiana*、华南马鞍树*Maackia australis*、半枫荷*Semiliquidambar cathayensis*、栎叶柯*Lithocarpus quercifolius*、网脉木犀*Osmanthus reticulatus*、乌檀*Nauclea officinalis*等。

在各类珍稀濒危植物中共有中国特有种40种（在表5-26中标记有星号*），即：华南马尾杉*Phlegmariurus fordii*、福建观音座莲*Angiopteris fokiensis*、深圳双扇蕨*Dipteris shenzhenensis*、仙湖苏铁*Cycas failylakea*、穗花杉*Amentotaxus argotaenia*、格木*Erythrophleum fordii*、韧荚红豆*Ormosia indurata*、软荚红豆*Ormosia semicastrata*、广东蔷薇*Rosa kwangtungensis*、华南飞瀑草*Cladopus austrosinensis*、红椿*Toona ciliata*、土沉香*Aquilaria sinensis*、粗脉桂*Cinnamomum validinerve*、浙江润楠*Machilus chekiangensis*、通城虎*Aristolochia fordiana*、香港马兜铃*Aristolochia westlandi*、墨喉南星*Arisaema melanostomum*、画笔南星*Arisaema penicillatum*、多枝霉草*Sciaphila ramosa*、柳叶薯蓣*Dioscorea lineari-cordata*、多枝拟兰*Apostasia ramifera*、广东隔距兰*Cleisostoma simondii* var. *guangdongense*、歌绿斑叶兰*Goodyera seikoomontana*、阿里山全唇兰*Myrmechis drymoglossifolia*、麻栗坡三蕊兰*Neuwiedia malipoensis*、细叶石仙桃*Pholidota cantonensis*、石仙桃*Pholidota chinensis*、香港凤仙花*Impatiens hongkongensis*、阔叶猕猴桃*Actinidia latifolia*、翻白叶树*Pterospermum heterophyllum*、华南马鞍树*Maackia australis*、密花豆*Spatholobus suberectus*、半枫荷*Semiliquidambar cathayensis*、钝叶假蚊母树*Sycopsis tutcheri*、栎叶柯*Lithocarpus quercifolius*、白桂木*Artocarpus hypargyreus*、舌柱麻*Archiboehmeria atrata*、纤花冬青*Ilex graciliflora*、常绿臭椿*Ailanthus fordii*、滨海槭*Acer sino-oblongum*、南岭杜鹃*Rhododendron levinei*、小果柿*Diospyros vaccinioides*、网脉木犀*Osmanthus reticulatus*、广东玉叶金花*Mussaenda kwangtungensis*等。

表5-26　深圳市各类珍稀濒危保护野生植物及其保护性质和生存状况

序号	科	物种	国家重点保护（一级、二级）	IUCN红色名录	中国物种红色名录	中国植物红皮书	CITES附录（I、II、III）	在深圳的六级多度	生境或群落状况
1	白发藓科 Leucobryaceae	桧叶白发藓*Leucobryum juniperoideum*	II	—	—	—	—	稀有种R	林间/少见
2	石松科 Lycopodiaceae	长柄石杉*Huperzia javanica*	II	—	EN	—	—	罕见种U	林下/极少见
3	石松科 Lycopodiaceae	华南马尾杉*Phlegmariurus fordii*	II	—	NT	—	—	罕见种U	林下/极少见*
4	合囊蕨科 Marattiaceae	福建观音座莲*Angiopteris fokiensis*	II	—	—	—	—	稀有种R	林下/稀有*

（续表）

序号	科	物种	国家重点保护（一级、二级）	IUCN红色名录	中国物种红色名录	中国植物红皮书	CITES附录（I、II、III）	在深圳的六级多度	生境或群落状况
5	金毛狗科 Cibotiaceae	金毛狗 *Cibotium barometz*	Ⅱ	—	LC	—	Ⅱ	建群种D	林下林缘/局部优势
6	桫椤科 Cyatheaceae	桫椤 *Alsophila spinulosa*	Ⅱ	—	NT	√	Ⅱ	优势种A	林下/局部优势
7	桫椤科 Cyatheaceae	大黑桫椤 *Gymnosphaera gigantea*	Ⅱ	—	LC	—	Ⅱ	偶见种O	林下/局部层片
8	桫椤科 Cyatheaceae	黑桫椤 *Gymnosphaera podophylla*	Ⅱ	—	LC	—	Ⅱ	优势种A	林下/局部优势
9	凤尾蕨科 Pteridaceae	华南水蕨 *Ceratopteris chunii*	Ⅱ	—	—	—	—	稀有种R	湿地/零星
10	凤尾蕨科 Pteridaceae	水蕨 *Ceratopteris thalictroides*	Ⅱ	—	VU	—	—	偶见种O	湿地/零星
11	乌毛蕨科 Blechnaceae	苏铁蕨 *Brainea insignis*	Ⅱ	—	VU	—	Ⅱ	建群种D	林下/局部优势
12	苏铁科 Cycadaceae	仙湖苏铁 *Cycas failylakea*	Ⅰ	—	CR	—	—	优势种A	林下/局部优势*
13	罗汉松科 Podocarpaceae	罗汉松 *Podocarpus macrophyllus*	II	LC	VU	—	—	稀有种R	林中/零星
14	红豆杉科 Taxaceae	穗花杉 *Amento argotaenia*	II	NT	LC	√	—	稀有种R	林中/局部层片*
15	藜芦科 Melanthiaceae	华重楼 *Paris polyphylla var. chinensis*	II	—	VU	—	—	稀有种R	林下/稀有
16	兰科 Orchidaceae	金线兰 *Anoectochilus roxburghii*	Ⅱ	—	EN	—	Ⅱ	稀有种R	林下/稀有
17	兰科 Orchidaceae	建兰 *Cymbidium ensifolium*	I I	—	VU	—	Ⅱ	偶见种O	林下/偶见
18	兰科 Orchidaceae	春兰 *Cymbidium goeringii*	I I	—	VU	—	Ⅱ	偶见种O	林下/偶见
19	兰科 Orchidaceae	墨兰 *Cymbidium sinense*	I I	—	NT	—	Ⅱ	偶见种O	林下/偶见
20	兰科 Orchidaceae	寒兰 *Cymbidium kanran*	II	—	—	√	—	稀有种R	林下/稀有
21	兰科 Orchidaceae	美花石斛 *Dendrobium loddigesii*	II	—	—	—	—	稀有种R	林下/稀有
22	兰科 Orchidaceae	血叶兰 *Ludisia discolor*	Ⅱ	—	LC	—	Ⅱ	稀有种R	林下/稀有
23	兰科 Orchidaceae	紫纹兜兰 *Paphiopedilum purpuratum*	Ⅰ	CR	EN	—	Ⅰ	偶见种O	林下/偶见
24	兰科 Orchidaceae	深圳香荚兰 *Vanilla shenzhenica*	Ⅱ	—	DD	—	Ⅱ	罕见种U	山地灌丛/极少见
25	禾本科 Poaceae	中华结缕草 *Zoysia sinica*	Ⅱ	—	—	—	—	稀有种R	坡地/稀有
26	豆科 Fabaceae	格木 *Erythrophleum fordii*	Ⅱ	EN	VU	√	—	罕见种U	林下/极少见*
27	豆科 Fabaceae	凹叶红豆 *Ormosia emarginata*	II	—	—	—	—	稀有种R	林缘/偶见
28	豆科 Fabaceae	韧荚红豆 *Ormosia indurata*	II	—	NT	—	—	偶见种O	林下/零星*
29	豆科 Fabaceae	软荚红豆 *Ormosia semicastrata*	II	—	—	—	—	偶见种O	林中/零星*
30	蔷薇科 Rosaceae	广东蔷薇 *Rosa kwangtungensis*	II	—	VU	—	—	稀有种R	林下/零星*

（续表）

序号	科	物种	国家重点保护（一级、二级）	IUCN红色名录	中国物种红色名录	中国植物红皮书	CITES附录（I、II、III）	在深圳的六级多度	生境或群落状况
31	川苔草科 Podostemaceae	华南飞瀑草 *Cladopus austrosinensis*	II	—	—	—	—	稀有种R	河口/零星*
32	芸香科 Rutaceae	山橘 *Fortunella hindsii*	Ⅱ	—	LC	—	—	稀有种R	林下/零星
33	楝科 Meliaceae	红椿 *Toona ciliata*	Ⅱ	LC	VU	√	—	罕见种U	林缘/极少见*
34	瑞香科 Thymelaeaceae	土沉香 *Aquilaria sinensis*	Ⅱ	VU	VU	√	Ⅱ	常见种F	林中/常见*
35	山茶科 Theaceae	茶 *Camellia sinensis*	Ⅱ	—	DD	—	—	偶见种O	林下/零星
35a	山茶科 Theaceae	大叶茶 *Camellia sinensis var. assamica*	II	—	—	—	—	稀有种R	林下/稀有
36	伞形科 Apiaceae	珊瑚菜 *Glehnia littoralis*	Ⅱ	—	CR	√	—	稀有种R	海滩/稀有
37	松叶蕨科 Psilotaceae	松叶蕨 *Psilotum nudum*	—	—	VU	—	—	稀有种R	枯水河床
38	紫萁科 Osmundaceae	粤紫萁 *Osmunda mildei*	—	—	CR	—	—	罕见种U	林缘/极少见
39	紫萁科 Osmundaceae	粗齿紫萁 *Osmunda banksiifolia*	—	—	NT	—	—	稀有种R	林下/少见
40	桫椤科 Cyatheaceae	粗齿桫椤 *Gymnosphaera denticulata*	—	—	LC	—	Ⅱ	稀有种R	林下/少见
41	膜蕨科 Hymenophyllaceae	广西长筒蕨 *Selenodesmium siamense*	—	—	NT	—	—	稀有种R	林下/少见
42	膜蕨科 Hymenophyllaceae	深圳假脉蕨 *Crepidomanes shenzhenense*	—	EN	—	—	—	稀有种R	林下/零星
43	双扇蕨科 Dipteridaceae	深圳双扇蕨 *Dipteris shenzhenensis*	—	—	EN	—	Ⅱ	偶见种O	林下/局部层片*
44	鳞始蕨科 Lindsaeaceae	阔片乌蕨 *Sphenomeris biflora*	—	—	NT	—	—	偶见种O	林下/局部层片
45	卷柏科 Selaginellaceae	卷柏 *Selaginella tamariscina*	—	—	NT	—	—	稀有种R	山地/零星
46	乌毛蕨科 Blechnaceae	裂羽崇澍蕨 *Chieniopteris kempii*	—	—	VU	—	—	稀有种R	林下/零星
47	鳞毛蕨科 Dryopteridaceae	全缘贯众 *Cyrtomium falcatum*	—	—	VU	—	—	稀有种R	林下/零星
48	木兰科 Magnoliaceae	香港木兰 *Magnolia championii*	—	DD	EN	—	—	稀有种R	林中/零星
49	五味子科 Schisandraceae	黑老虎 *Kadsura coccinea*	—	—	VU	—	—	稀有种R	林中/零星
50	樟科 Lauraceae	樟树 *Cinnamomum camphora*	—	—	LC	—	—	建群种D	林中/局部优势
51	樟科 Lauraceae	粗脉桂 *Cinnamomum validinerve*	—	—	NT	—	—	偶见种O	林中/零星*
52	樟科 Lauraceae	浙江润楠 *Machilus chekiangensis*	—	—	NT	—	—	建群种D	林中/局部优势*
53	毛茛科 Ranunculaceae	尖叶唐松草 *Thalictrum acutifolium*	—	—	NT	—	—	稀有种R	林下/零星

（续表）

序号	科	物种	国家重点保护（一级、二级）	IUCN 红色名录	中国物种红色名录	中国植物红皮书	CITES附录（I、II、III）	在深圳的六级多度	生境或群落状况
54	防己科 Menispermaceae	青牛胆 *Tinospora sagittata*	—	—	EN	—	—	稀有种R	林下/零星
55	马兜铃科 Aristolochiaceae	通城虎 *Aristolochia fordiana*	—	—	VU	—	—	稀有种R	林下/零星*
56	马兜铃科 Aristolochiaceae	香港马兜铃 *Aristolochia westlandi*	—	CR	CR	—	—	罕见种U	山地灌丛/极少见*
57	天南星科 Araceae	墨喉南星 *Arisaema melanostomum*	—	CR	—	—	—	稀有种R	林下/零星*
58	天南星科 Araceae	画笔南星 *Arisaema penicillatum*	—	—	VU	√	—	稀有种R	林下/零星*
59	霉草科 Triuridaceae	多枝霉草 *Sciaphila ramosa*	—	—	EN	—	—	稀有种R	林下/零星*
60	薯蓣科 Dioscoreaceae	柳叶薯蓣 *Dioscorea lineari-cordata*	—	—	EN	—	—	稀有种R	山地/稀有*
61	薯蓣科 Dioscoreaceae	褐苞薯蓣 *Dioscorea persimilis* var. *persimilis*	—	—	EN	—	—	稀有种R	山地/稀有
62	兰科 Orchidaceae	多花脆兰 *Acampe rigida*	—	—	LC	—	Ⅱ	稀有种R	林下/稀有
63	兰科 Orchidaceae	小片齿唇兰 *Anoectochilus abbreviatus*	—	—	LC	—	Ⅱ	稀有种R	林下/稀有
64	兰科 Orchidaceae	无叶兰 *Aphyllorchis montana*	—	—	LC	—	Ⅱ	罕见种U	林下/极少见
65	兰科 Orchidaceae	多枝拟兰 *Apostasia ramifera*	—	—	EN	—	Ⅱ	稀有种R	林下/零星*
66	兰科 Orchidaceae	深圳拟兰 *Apostasia shenzhenica*	—	—	EN	—	Ⅱ	罕见种U	林下/极少见
67	兰科 Orchidaceae	牛齿兰 *Appendicula cornuta*	—	—	LC	—	Ⅱ	稀有种R	林下/稀有
68	兰科 Orchidaceae	竹叶兰 *Arundina graminifolia*	—	—	LC	—	Ⅱ	常见种F	坡地/常见
69	兰科 Orchidaceae	赤唇石豆兰 *Bulbophyllum affine*	—	—	LC	—	Ⅱ	偶见种O	林下/偶见
70	兰科 Orchidaceae	芳香石豆兰 *Bulbophyllum ambrosia*	—	—	LC	—	Ⅱ	常见种F	林下/常见
71	兰科 Orchidaceae	二色卷瓣兰 *Bulbophyllum bicolor*	—	—	CR	—	Ⅱ	偶见种O	林下/偶见
72	兰科 Orchidaceae	直唇卷瓣兰 *Bulbophyllum delitescens*	—	LC	VU	—	Ⅱ	偶见种O	林下/偶见
73	兰科 Orchidaceae	广东石豆兰 *Bulbophyllum kwangtungense*	—	—	LC	—	Ⅱ	常见种F	林下/局部优势
74	兰科 Orchidaceae	密花石豆兰 *Bulbophyllum odoratissimum*	—	—	LC	—	Ⅱ	偶见种O	林下/偶见
75	兰科 Orchidaceae	斑唇卷瓣兰 *Bulbophyllum pectenveneris*	—	—	LC	—	Ⅱ	偶见种O	林下/偶见
76	兰科 Orchidaceae	二列叶虾脊兰 *Calanthe formosana*	—	—	LC	√	Ⅱ	偶见种O	林下/偶见
77	兰科 Orchidaceae	三褶虾脊兰 *Calanthe triplicata*	—	—	LC	—	Ⅱ	偶见种O	林下/偶见

（续表）

序号	科	物种	国家重点保护（一级、二级）	IUCN红色名录	中国物种红色名录	中国植物红皮书	CITES附录（I、II、III）	在深圳的六级多度	生境或群落状况
78	兰科 Orchidaceae	大鲁阁叉柱兰 *Chrieostylis tatewakii*	—	—	NT	√	Ⅱ	偶见种O	林下/偶见
79	兰科 Orchidaceae	琉球叉柱兰 *Cheirostylis liukiuensis*	—	—	LC	—	Ⅱ	稀有种R	林下/零星
80	兰科 Orchidaceae	大序隔距兰 *Cleisostoma paniculatum*	—	—	LC	—	Ⅱ	稀有种R	坡地/稀有
81	兰科 Orchidaceae	尖喙隔距兰 *Cleisostoma rostratum*	—	—	LC	—	Ⅱ	偶见种O	林下/偶见
82	兰科 Orchidaceae	广东隔距兰 *Cleisostoma simondii* var. *guangdongense*	—	—	VU	√	Ⅱ	优势种A	林下沟谷/局部优势*
83	兰科 Orchidaceae	流苏贝母兰 *Coelogyne fimbriata*	—	—	LC	—	Ⅱ	优势种A	林下沟谷/局部优势
84	兰科 Orchidaceae	玫瑰宿苞兰 *Cryptochilus roseus*	—	—	EN	√	Ⅱ	稀有种R	林下/零星
85	兰科 Orchidaceae	无耳沼兰 *Dienia ophrydis*	—	—	LC	—	Ⅱ	常见种F	林下/常见
86	兰科 Orchidaceae	蛇舌兰 *Diploprora championii*	—	—	LC	—	Ⅱ	常见种F	林下/常见
87	兰科 Orchidaceae	半柱毛兰 *Eria corneri*	—	—	LC	—	Ⅱ	偶见种O	林下/偶见
88	兰科 Orchidaceae	白绵毛兰 *Eria lasiopetala*	—	—	VU	—	Ⅱ	稀有种R	山地/零星
89	兰科 Orchidaceae	小毛兰 *Eria sinica*	—	—	VU	—	Ⅱ	稀有种R	林下/零星
90	兰科 Orchidaceae	钳唇兰 *Erythrodes blumei*	—	LC	LC	—	Ⅱ	稀有种R	林下/零星
91	兰科 Orchidaceae	美冠兰 *Eulophia graminea*	—	—	LC	—	Ⅱ	常见种F	林下/局部优势
92	兰科 Orchidaceae	无叶美冠兰 *Eulophia zollingeri*	—	—	LC	—	Ⅱ	稀有种R	林下/稀有
93	兰科 Orchidaceae	地宝兰 *Geodorum densiflorum*	—	—	LC	—	Ⅱ	稀有种R	林下/稀有
94	兰科 Orchidaceae	多叶斑叶兰 *Goodyera foliosa*	—	—	LC	—	Ⅱ	偶见种O	林下/偶见
95	兰科 Orchidaceae	高斑叶兰 *Goodyera procera*	—	—	LC	—	Ⅱ	优势种A	林下沟谷/局部优势
96	兰科 Orchidaceae	歌绿斑叶兰 *Goodyera seikoomontana*	—	—	VU	√	Ⅱ	稀有种R	林下/稀有*
97	兰科 Orchidaceae	绿花斑叶兰 *Goodyera viridiflora*	—	—	LC	—	Ⅱ	稀有种R	林中/稀有
98	兰科 Orchidaceae	鹅毛玉凤花 *Habenaria dentata*	—	—	LC	—	Ⅱ	稀有种R	林下/稀有
99	兰科 Orchidaceae	细裂玉凤花 *Habenaria leptoloba*	—	—	LC	—	Ⅱ	稀有种R	林下/稀有
100	兰科 Orchidaceae	坡参 *Habenaria linguella*	—	—	NT	—	Ⅱ	稀有种R	林下/零星
101	兰科 Orchidaceae	橙黄玉凤花 *Habenaria rhodocheila*	—	—	LC	—	Ⅱ	偶见种O	林下/偶见
102	兰科 Orchidaceae	镰翅羊耳蒜 *Liparis bootanensis*	—	—	LC	—	Ⅱ	优势种A	林下沟谷/局部优势
103	兰科 Orchidaceae	丛生羊耳蒜 *Liparis cespitosa*	—	—	LC	—	Ⅱ	稀有种R	林下/零星

（续表）

序号	科	物种	国家重点保护（一级、二级）	IUCN 红色名录	中国物种红色名录	中国植物红皮书	CITES 附录（I、II、III）	在深圳的六级多度	生境或群落状况
104	兰科 Orchidaceae	见血青 *Liparis nervosa*	—	—	LC	—	Ⅱ	优势种A	林下沟谷/局部优势
105	兰科 Orchidaceae	紫花羊耳蒜 *Liparis nigra*	—	—	VU	—	Ⅱ	稀有种R	林下/零星
106	兰科 Orchidaceae	扇唇羊耳蒜 *Liparis stricklandiana*	—	—	LC	—	Ⅱ	优势种A	林下沟谷/局部优势
107	兰科 Orchidaceae	长茎羊耳蒜 *Liparis viridiflora*	—	—	LC	—	Ⅱ	优势种A	林下沟谷/局部优势
108	兰科 Orchidaceae	二脊沼兰 *Malaxis finetii*	—	—	EN	—	Ⅱ	稀有种R	林下/零星
109	兰科 Orchidaceae	阔叶沼兰 *Malaxis latifolia*	—	—	—	—	Ⅱ	稀有种R	林下/零星
110	兰科 Orchidaceae	阿里山全唇兰 *Myrmechis drymoglossifolia*	—	—	LC	√	Ⅱ	罕见种U	林下/罕见*
111	兰科 Orchidaceae	云叶兰 *Nephelaphyllum tenuiflorum*	—	—	VU	√	Ⅱ	稀有种R	林下/零星
112	兰科 Orchidaceae	麻栗坡三蕊兰 *Neuwiedia malipoensis*	—	—	VU	—	Ⅱ	稀有种R	林下/零星*
113	兰科 Orchidaceae	三蕊兰 *Neuwiedia singapureana*	—	—	EN	—	Ⅱ	稀有种R	林下/稀有
114	兰科 Orchidaceae	龙头兰 *Pecteilis susannae*	—	—	LC	—	Ⅱ	稀有种R	林下/稀有
115	兰科 Orchidaceae	长须阔蕊兰 *Peristylus calcaratus*	—	—	LC	—	Ⅱ	稀有种R	林下/零星
116	兰科 Orchidaceae	台湾阔蕊兰 *Peristylus formosanus*	—	—	NT	—	Ⅱ	罕见种U	林下/罕见
117	兰科 Orchidaceae	触须阔蕊兰 *Peristylus tentaculatus*	—	—	LC	—	Ⅱ	偶见种O	林下/偶见
118	兰科 Orchidaceae	紫花鹤顶兰 *Phaius mishmensis*	—	—	VU	—	Ⅱ	稀有种R	林下/零星
119	兰科 Orchidaceae	鹤顶兰 *Phaius tankervilleae*	—	—	LC	—	Ⅱ	常见种F	林下/局部优势
120	兰科 Orchidaceae	细叶石仙桃 *Pholidota cantonensis*	—	—	LC	—	Ⅱ	稀有种R	林下/稀有*
121	兰科 Orchidaceae	石仙桃 *Pholidota chinensis*	—	NT	LC	—	Ⅱ	优势种A	林下沟谷/局部优势*
122	兰科 Orchidaceae	小舌唇兰 *Platanthera minor*	—	—	LC	—	Ⅱ	偶见种O	林下/偶见
123	兰科 Orchidaceae	寄树兰 *Robiquetia succisa*	—	—	LC	—	Ⅱ	稀有种R	林下/稀有
124	兰科 Orchidaceae	苞舌兰 *Spathoglottis pubescens*	—	—	LC	—	Ⅱ	常见种F	林下/局部优势
125	兰科 Orchidaceae	香港绶草 *Spiranthes hongkongensis*	—	—	—	—	Ⅱ	常见种F	坡地/局部优势
126	兰科 Orchidaceae	绶草 *Spiranthes sinensis*	—	LC	LC	—	Ⅱ	常见种F	坡地/常见
127	兰科 Orchidaceae	带唇兰 *Tainia dunnii*	—		NT	—	Ⅱ	稀有种R	林下/稀有
128	兰科 Orchidaceae	香港带唇兰 *Tainia hongkongensis*	—	LC	NT	—	Ⅱ	常见种F	林下/局部优势
129	兰科 Orchidaceae	绿花带唇兰 *Tainia penangiana*	—	—	NT	—	Ⅱ	稀有种R	林下/零星
130	兰科 Orchidaceae	短穗竹茎兰 *Tropidia curculigoides*	—	—	LC	—	Ⅱ	稀有种R	林下/零星

（续表）

序号	科	物种	国家重点保护（一级、二级）	IUCN红色名录	中国物种红色名录	中国植物红皮书	CITES附录（I、II、III）	在深圳的六级多度	生境或群落状况
131	兰科Orchidaceae	二尾兰*Vrydagzynea nuda*	—	—	LC	—	Ⅱ	稀有种R	林下/稀有
132	兰科Orchidaceae	宽叶线柱兰 *Zeuxine affinis*	—	—		—	Ⅱ	稀有种R	林下/稀有
133	兰科Orchidaceae	黄花线柱兰*Zeuxine flava*	—	—	LC	—	Ⅱ	稀有种R	林下/稀有
134	兰科Orchidaceae	白花线柱兰*Zeuxine parvifolia*	—	—	LC	—	Ⅱ	稀有种R	林下/稀有
135	兰科Orchidaceae	线柱兰*Zeuxine strateumatica*	—	LC	LC	—	Ⅱ	常见种F	林下/局部优势
136	莎草科Cyperaceae	二花珍珠茅*Scleria biflora*	—	LC	NT	—	—	稀有种R	林下/稀有
137	猪笼草科Nepenthaceae	猪笼草*Nepenthes mirabilis*	—	LC	VU	—	—	偶见种O	林下/零星
138	山柑科Capparaceae	树头菜*Crateva unilocularis*	—	—	NT	—	—	稀有种R	林下/零星
139	凤仙花科Balsaminaceae	香港凤仙花*Impatiens hongkongensis*	—	—	NT	—	—	稀有种R	林下/零星*
140	山茶科 Theaceae	大苞白山茶*Camellia granthamiana*	—	VU	EN	√	—	罕见种U	山地灌丛/极少见
141	山茶科 Theaceae	普洱茶*Camellia sinensis var. assamica*	—	—	VU	√	—	稀有种R	林缘、灌丛/稀有
142	猕猴桃科Actinidiaceae	黄毛猕猴桃*Actinidia fulvicoma*	—	—	NT	—	—	稀有种R	林下/稀有
143	猕猴桃科Actinidiaceae	阔叶猕猴桃*Actinidia latifolia*	—	—		—	—	偶见种O	林下/偶见*
144	藤黄科Clusiaceae	薄叶红厚壳*Calophyllum membranaceum*	—	—	VU	—	—	常见种F	林下/常见
145	梧桐科Malvaceae	银叶树*Heritiera littoralis*	—	LC	VU	—	—	优势种A	林中/局部优势
146	梧桐科Malvaceae	翻白叶树*Pterospermum heterophyllum*	—	—	NT	—	—	常见种F	林中/常见*
147	粘木科Ixonanthaceae	粘木*Ixonanthes chinensis*	—	VU	VU	√	—	优势种A	林中/局部优势
148	大戟科Euphorbiaceae	三宝木*Trigonostemon chinensis*	—	—	VU	—	—	稀有种R	林下/零星
149	豆科 Fabaceae	南岭黄檀*Dalbergia balansae*	—	VU	NT	—	—	稀有种R	林下/零星
150	豆科 Fabaceae	榼藤*Entada phaseoloides*	—	—	EN	—	—	常见种F	坡地/常见
151	豆科 Fabaceae	华南马鞍树*Maackia australis*	—	—	EN	—	—	罕见种U	林下/极少见*
152	豆科 Fabaceae	密花豆 *Spatholobus suberectus*	—	—	VU	—	—	常见种F	林下/常见*
153	金缕梅科Hamamelidaceae	半枫荷*Semiliquidambar cathayensis*	—	NT	VU	√	—	罕见种U	林中/极少见*
154	金缕梅科Hamamelidaceae	钝叶假蚊母树*Sycopsis tutcheri*	—	—	NT	—	—	建群种D	林中/局部优势*
155	壳斗科 Fagaceae	栎叶柯*Lithocarpus quercifolius*	—	—	EN	√	—	罕见种U	林下/零星*
156	桑科 Moraceae	白桂木*Artocarpus hypargyreus*	—	VU	EN	√	—	优势种A	林中/局部优势*

（续表）

序号	科	物种	国家重点保护（一级、二级）	IUCN红色名录	中国物种红色名录	中国植物红皮书	CITES附录（I、II、III）	在深圳的六级多度	生境或群落状况
157	荨麻科Urticaceae	舌柱麻*Archiboehmeria atrata*	—	—	NT	√	—	稀有种R	山地/稀有*
158	冬青科Aquifoliaceae	纤花冬青*Ilex graciliflora*	—	EN	EN	√	—	稀有种R	林下/零星*
159	鼠李科 Rhamnaceae	亮叶雀梅藤*Sageretia lucida*	—	—	VU	—	—	稀有种R	林下/零星
160	苦木科Simaroubaceae	常绿臭椿*Ailanthus fordii*	—	—	NT	√	—	建群种D	林中/局部优势*
161	无患子科Sapindaceae	野生龙眼*Dimocarpus longan*	—	NT		√	—	稀有种R	山地/零星
162	无患子科Sapindaceae	滨海槭*Acer sino-oblongum*	—	—	EN	—	—	稀有种R	林中/稀有*
163	杜鹃花科 Ericaceae	南岭杜鹃*Rhododendron levinei*	—	—	NT	—	—	稀有种R	山地/稀有*
164	柿树科 Ebenaceae	小果柿*Diospyros vaccinioides*	—	CR	EN	—	—	优势种A	林中/局部优势*
165	马钱科Loganiaceae	华马钱*Strychnos cathayensis*	—	—	NT	—	—	常见种F	林中/常见
166	木犀科 Oleaceae	网脉木犀*Osmanthus reticulatus*	—	—	NT	√	—	罕见种U	林下/稀有*
167	茜草科 Rubiaceae	广东玉叶金花 *Mussaenda kwangtungensis*	—	—	NT	—	—	常见种F	坡地/常见*
168	茜草科 Rubiaceae	乌檀*Nauclea officinalis*	—	—	VU	—	—	罕见种U	林下/稀有
169	旋花科Convolvulaceae	白鹤藤 *Argyreia acuta*	—	—	NT	—	—	偶见种O	山地/偶见
170	旋花科Convolvulaceae	丁公藤*Erycibe obtusifolia*	—	—	VU	—	—	偶见种O	山地/偶见
171	苦苣苔科Gesneriaceae	紫花短筒苣苔*Boeica guileana*	—	—	NT	—	—	优势种A	林下沟谷/局部优势
172	唇形科Labiatae	短穗刺蕊草*Pogostemon championii*	—	—	EN	—	—	稀有种R	山地/稀有

注：根据2021年新版公布的《国家重点保护野生植物名录》，参考《深圳市国家珍稀濒危重点保护野生植物》(廖文波等，2018)一书，以及最近几篇新文献（王瑞江，2019；Ma et al., 2019；Yu et al., 2022），对深圳市各类珍稀濒危植物进行重新统计，结果说明如下：①增加了12种，即：桧叶白发藓、华重楼、寒兰、美花石斛、华南飞瀑草、凹叶红豆、软荚红豆、韧荚红豆、墨喉南星、福建观音座莲、华南水蕨、多枝霉草，以及大叶茶（变种）。华南水蕨、墨喉南星是近年发表的新种，多枝霉草是我们在七娘山发现的深圳新记录种。②原列举的减少4种，即：小叶罗汉松、喜树，经考证应为栽培种，在深圳没有野生种群分布；宽叶羊耳蒜、舌唇兰，经考证为错误鉴定，在深圳没有野生种群分布。③重新统计，原表记录164种，现记录为172种。表中“极危CR、濒危EN、渐危VU、近危NT”指各物种的保护级别，LC是无危级，即为非珍稀濒危种，这里保留，是作为受关注级。而DD表示完全没有评估信息来源，可以不列，因从其他保护性质看有保护级别。④标记星号（*），为中国特有种。

5.4.2.2 珍稀濒危植物所在群落的主要特征

植物生活型性状决定了其在群落中的结构生态位，影响种群在乔木层、灌木层、草本层的优势度发展。深圳各类珍稀濒危植物中，乔木有20种，其种群发展的优势位于乔木层，在深圳植物群落中，处于乔木层优势种或建群种地位的有白桂木、樟、黏木、土沉香、常绿臭椿、银叶树、乌檀、纤花冬青，其他种常散生于群落乔木层或灌木层中，为群落伴生物种；灌木有7种，只有小果柿可以在灌木层成为优势种群，其他的如三宝木、山橘、茶、薄叶红厚壳等均呈零散分布；藤状灌木有2种，也为灌木层中伴生物种；木质和草质藤本有10种，攀缘于群落灌木层或乔木层中，以榼藤、阔叶猕猴桃种群比较大，可以在群落中成为优势种群；草本植物有105种，常在群落草本层中形成优势种群的有中华双扇蕨、金毛狗、黑桫椤、桫椤、苏铁蕨、仙湖苏铁、珊瑚菜等，而大部分兰科植物常较分散地生长在群落局部区域，或在独特的生境中成丛连片分布，如紫纹兜兰喜生在潮湿荫蔽的溪边、蛤兰喜生在潮湿的石壁上、广东隔距兰喜生在光照条件较好的溪边石上。

在深圳自然植被中，珍稀濒危保护植物在群落中的状况有两种明显特征，一是种群数量较丰富，成为优势群落，二是种群数量较少，珍稀濒危种为群落的特征种。因此，依据样地调查，对优势种、特征种进行群落分析，表明珍稀濒危种在乔木层占优势的群落主要有：白桂木+常绿臭椿群落、土沉香群落、黏木群落等；而在灌木层占优势的种群主要有：小果柿种群、大苞白山茶种群、桫椤种群、黑桫椤种群、苏铁蕨种群、金毛狗种群、仙湖苏铁种群等；在草本层占优势的种群主要有：珊瑚菜种群等，而若包括在森林下草本层占优势的珍稀濒危植物种群就比较丰富，如石仙桃、流苏贝母兰、广东石豆兰、芳香石豆兰、三蕊兰、苞舌兰等。例如，在东部七娘山，石仙桃、流苏贝母兰、广东石豆兰和芳香石豆兰数量极多，局部片层可记录到超过1000株个体，在海拔500～700 m的崖壁带尤为丰富，常混生形成独特的兰科植物群落；三蕊兰的分布具有较强的地域偏倚性，在主峰的西坡较为少见，在杨梅坑和磨郎钩的平缓红土山坡上局部有成片分布，种群密度约600株个体。

（1）白桂木+常绿臭椿群落（图5-18）

白桂木种群在深圳主要分布在内伶仃岛、梧桐山、三洲田、梅沙尖、马峦山、排牙山、东涌、七娘山等，常绿臭椿主要分布在内伶仃岛、梧桐山、南澳、七娘山等地。在内伶仃岛的尖峰山附近调查发现有以白桂木和常绿臭椿为优势种的典型群落，开展了样地调查，设置其群落样地1100 m^2，并绘制了其样地30 m的样地剖面图。

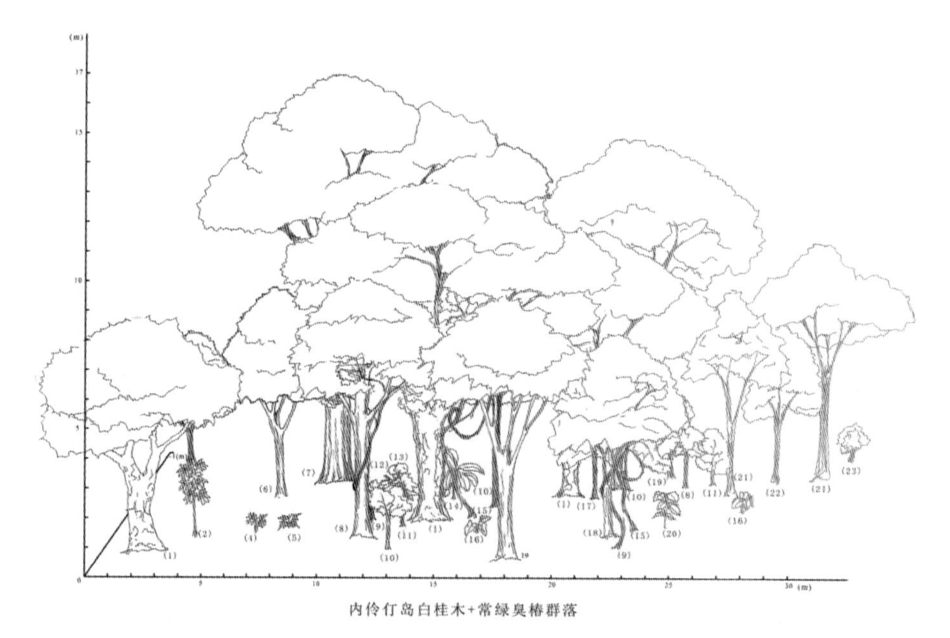

图5-18　白桂木+常绿臭椿群落样地剖面图（麻凯南绘）

(1) 白桂木 *Artocarpus hypargyreus*；(2) 鹅掌柴 *Schefflera heptaphylla*；(3) 假苹婆 *Sterculia lanceolata*；(4) 华山姜 *Alpinia oblongifolia*；(5) 半边旗 *Pteris semipin-nata*；(6) 破布叶 *Microcos paniculata*；(7) 刨花润楠 *Machilus pauhoi*；(8) 常绿臭椿 *Ailanthus fordii*；(9) 刺果藤 *Byttneria grandifolia*；(10) 假柿木姜子 *Litsea monope-tala*；(11) 九节 *Psychotria asiatica*；(12) 三叉蕨 *Tectaria subtriphylla*；(13) 鲫鱼胆 *Maesa perlarius*；(14) 枇杷叶紫珠 *Callicarpa kochiana*；(15) 龙须藤 *Bauhinia championii*；(16) 海芋 *Alocasia odora*；(17) 亮叶猴耳环 *Archidendron lucidum*；(18) 潺槁木姜子 *Litseaglutinosa*；(19) 香港大沙叶 *Pavetta hongkongensis*；(20) 苎麻 *Boeh-meria nivea*；(21) 翻白叶树 *Pterospermum heterophyllum*；(22) 光叶紫玉盘 *Uvaria boniana*；(23) 银柴 *Aporosa dioica*

在样地群落中，白桂木有22株，其中高于4 m的有14株，最高的为13 m，胸径最大的为43.3 cm。常绿臭椿有21株，其中高于4 m的有11株，最高的为15 m，其胸径为33.4 cm。白桂木种群在群落中优势地位排第2，常绿臭椿优势地位排第3，其他乔木优势种群为翻白叶树、假柿木姜子、亮叶猴耳环、浙江润楠、假苹婆，灌木层优势物种为破布叶、九节、光叶紫玉盘、刺果藤，草本层以三叉蕨、半边旗、海芋、淡竹叶为优势。

对群落优势乔木种群的年龄结构进行分析（图5-19），表明白桂木种群整体上呈倒金字塔形，种群有衰退趋势，目前为稳定种群，以V级的老树为多，其次为II级和III级的小树和中树，幼苗没有发现，小苗的补充和更新压力大。常绿臭椿种群整体上呈金字塔形，种群呈发展趋势，目前种群稳定，有一定数量的大树和老树，幼苗和小树的更新正常。其他优势种群年龄结构整体上均呈金字塔形，为稳定增长种群。群落整体上处于发展较成熟的季风常绿阔叶林，表现为多优势种共存的状态。

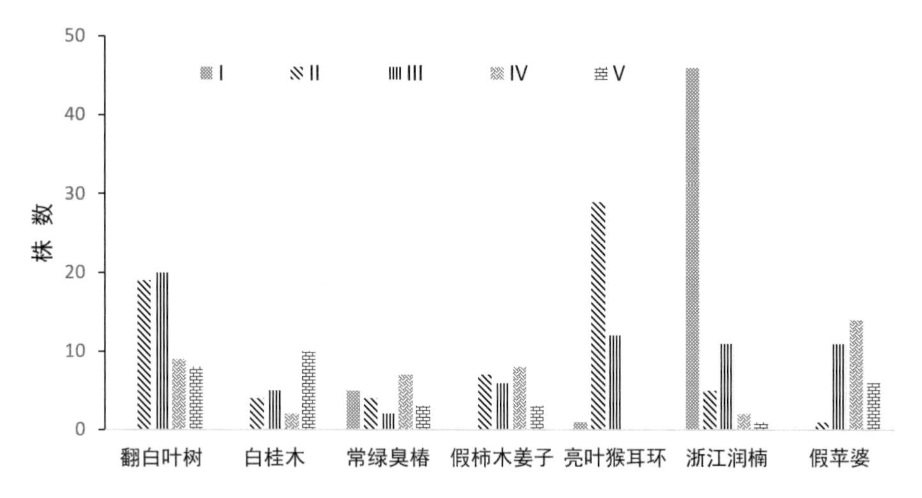

图5-19　白桂木+常绿臭椿群落优势种群年龄结构

（2）土沉香群落（图5-20）

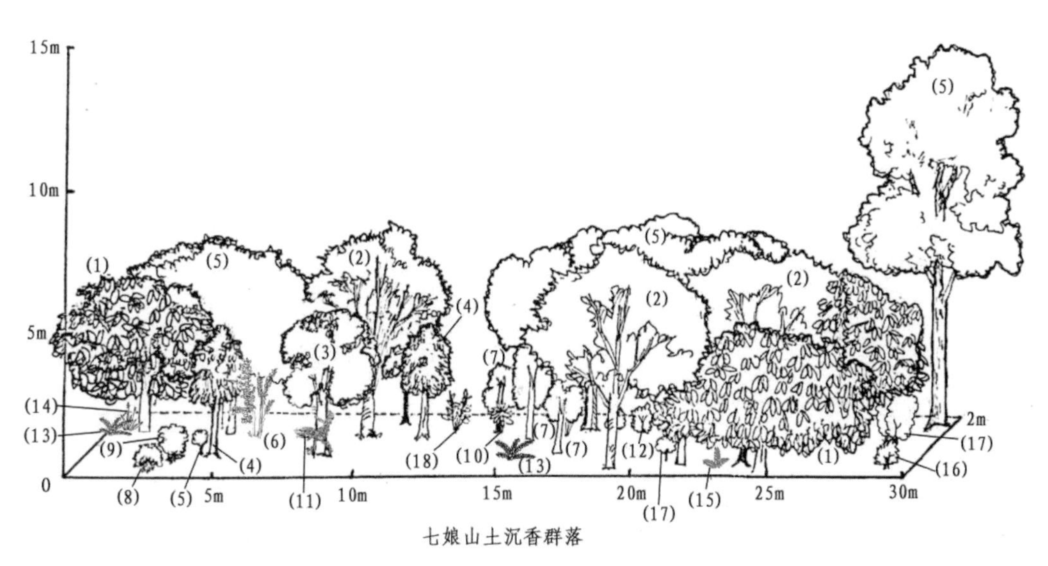

图5-20　土沉香群落剖面图（陈梦怡绘）

(1) 鹅掌柴 *Schefflera heptaphylla*；(2) 山乌桕 *Triadica cochinchinensis*；(3) 银柴 *Aporosa dioica*；
(4) 变叶榕 *Ficus variolosa*；(5) 土沉香 *Aquilaria sinensis*；(6) 梅叶冬青 *Ilex asprella*；
(7) 豺皮樟 *Litsca rotundifolia* var. *oblongifolia*；(8) 毛茶 *Antirhca chinensis*；(9) 栀子 *Gardenia jasminoides*；
(10) 岭南山竹子 *Garcinia oblongifolia*；(11) 锡叶藤 *Tetracera sarmentosa*；(12) 桃金娘 *Rhodomyrtus tomentosa*；
(13) 扇叶铁线蕨 *Adiantum flabellulatum*；(14) 山麦冬 *Liriope spicata*；(15) 剑叶鳞始蕨 *Lindsaca ensifolia*；
(16) 杨桐 *Adinandra millettii*；(17) 九节 *Psychotria asiatica*；(18) 赤楠 *Syzygium buxifolium*

土沉香为瑞香科沉香属的大乔木，主要分布在广东、广西、海南、福建等地，因其为重要香料植物，受到人为掠夺式乱砍滥伐，收录为国家二级保护野生植物，濒危等级为VU级，收录于国际贸易公约附录II。在深圳，土沉香有广泛分布，是本地乡土树种，主要分布在七娘山、南澳、排牙山、笔架山、田头山、马峦山、梧桐山、梅林库区、塘朗山、阳台山，也受到明显的盗伐破坏。在七娘山高排附近调查发现有以土沉香为优势种的典型群落，开展了样地调查，设置其群落样地1200 m^2，并绘制了其样地30 m的样地剖面图。

在土沉香群落中，对其乔灌层物种重要值分析（表5-27）可知，群落乔木层优势种为鹅掌柴、山乌桕和土沉香，重要值排名前5，其中鹅掌柴和山乌桕优势度更明显，种群数量较大，伴生乔木有银柴、野漆、竹节树、簕欓、岭南山竹子、白楸等；灌木层优势种明显，为豺皮樟和梅叶冬青，重要值排名分别为第1和第4，两者均为丛生性灌木，在灌木层立木和盖度优势明显，伴生灌木丰富，有变叶榕、九节、米碎花、桃金娘、栀子、毛菍、白背算盘子、牛耳枫等；草本层以团叶鳞始蕨、扇叶铁线蕨占优势，伴生有草珊瑚、山麦冬、芒萁、蔓九节、芒、剑叶鳞始蕨等。

表5-27　深圳土沉香群落乔灌层物种重要值分析

序号	种名	株数	相对多度 RA	相对频度 RF	物种胸面积和/cm^2	相对显著度 RD	重要值 IV
1	豺皮樟*Litsea rotundifolia* var. *oblongifolia*	294	29.02	7.19	2894.45	14.29	50.50
2	鹅掌柴*Schefflera heptaphylla*	90	8.88	6.59	5541.06	27.36	42.83
3	山乌桕*Triadica cochinchinensis*	96	9.48	7.19	4689.84	23.15	39.82
4	梅叶冬青*Ilex asprella*	223	22.01	6.59	1119.58	5.53	34.13
5	土沉香*Aquilaria sinensis*	24	2.37	5.39	2035.51	10.05	17.81
6	变叶榕*Ficus variolosa*	72	7.11	6.59	664.49	3.28	16.97
7	九节*Psychotria asiatica*	40	3.95	7.19	207.14	1.02	12.16
8	银柴*Aporosa dioica*	25	2.47	4.79	378.55	1.87	9.13
9	野漆*Toxicodendron succedaneum*	21	2.07	4.19	497.36	2.46	8.72
10	竹节树*Carallia brachiata*	20	1.97	5.39	252.34	1.25	8.61
11	簕欓*Zanthoxylum avicennae*	14	1.38	4.19	269.05	1.33	6.90
12	米碎花*Eurya groffii*	13	1.28	4.19	57.30	0.28	5.76
13	余甘子*Phyllanthus emblica*	12	1.18	2.99	285.52	1.41	5.59
14	桃金娘*Rhodomyrtus tomentosa*	11	1.09	4.19	62.71	0.31	5.59
15	栀子*Gardenia jasminoides*	11	1.09	4.19	56.58	0.28	5.56
16	岭南山竹子*Garcinia oblongifolia*	8	0.79	1.20	429.40	2.12	4.11
17	毛菍*Melastoma sanguineum*	6	0.59	2.99	45.12	0.22	3.81
18	白楸*Mallotus paniculatus*	8	0.79	2.40	100.82	0.50	3.68
19	白背算盘子*Glochidion wrightii*	4	0.39	1.80	27.69	0.14	2.33
20	石笔木*Pyrenaria spectabilis*	1	0.10	0.60	325.95	1.61	2.31
21	罗浮买麻藤*Gnetum lofuense*	4	0.39	1.20	24.93	0.12	1.72
22	牛耳枫*Daphniphyllum calycinum*	3	0.30	1.20	39.31	0.19	1.69
23	水团花*Adina pilulifera*	2	0.20	1.20	25.23	0.12	1.52
24	石斑木*Rhaphiolepis indica*	2	0.20	1.20	9.31	0.05	1.44
25	山油柑*Acronychia pedunculata*	1	0.10	0.60	91.99	0.45	1.15

（续表）

序号	种名	株数	相对多度 RA	相对频度 RF	物种胸面积和/cm^2	相对显著度RD	重要值 IV
26	露兜树 *Pandanus tectorius*	1	0.10	0.60	45.84	0.23	0.92
27	狗骨柴 *Diplospora dubia*	1	0.10	0.60	17.90	0.09	0.79
28	珊瑚树 *Viburnum odoratissimum*	1	0.10	0.60	6.45	0.03	0.73
29	锡叶藤 *Tetracera sarmentosa*	1	0.10	0.60	2.86	0.01	0.71
30	毛茶 *Antirhea chinensis*	1	0.10	0.60	2.86	0.01	0.71
31	牛大力 *Callerya speciosa*	1	0.10	0.60	1.27	0.01	0.70
32	野牡丹 *Melastoma malabathricum*	1	0.10	0.60	1.27	0.01	0.70

在该群落中，土沉香种群有34株，高度3 m以上的有24株，其平均高度7.0 m，对群落优势乔木种群的年龄结构分析（图5-21）可知，鹅掌柴种群呈金字塔形，以III级和IV级的中树和大树为主，幼苗更新相对较少，种群成熟稳定；山乌桕种群整体呈倒金字塔形，为衰退型种群，目前以III级和IV级的中树和大树占优势，种群稳定，作为阳生性先锋物种，其小苗和幼树更新不足，随着群落发展，种群将被其他常绿阔叶树种演替；土沉香种群呈窄金字塔形，种群成熟，有较多IV级的大树，II级小树更新充足，为稳定发展种群；银柴、竹节树、簕欓3个种群年龄结构整体呈金字塔形，以II级和III级的小树和中树为主，种群在不断增长；野漆种群整体呈倒金字塔形，以III级中树为主，幼苗和小树更新不足，其也为阳生性先锋物种，种群地位随群落发展而逐渐降低。整体上，该土沉香群落处于常绿阔叶林发展中期阶段，山乌桕及野漆等先锋物种逐渐衰退，本地适应性强的常绿阔叶树如鸭脚木、土沉香、银柴、竹节树等发展迅速，朝着成熟常绿阔叶林群落发展。土沉香种群在不被人为干扰的情况下，将保持在群落优势种地位，并可能成为群落建群种。

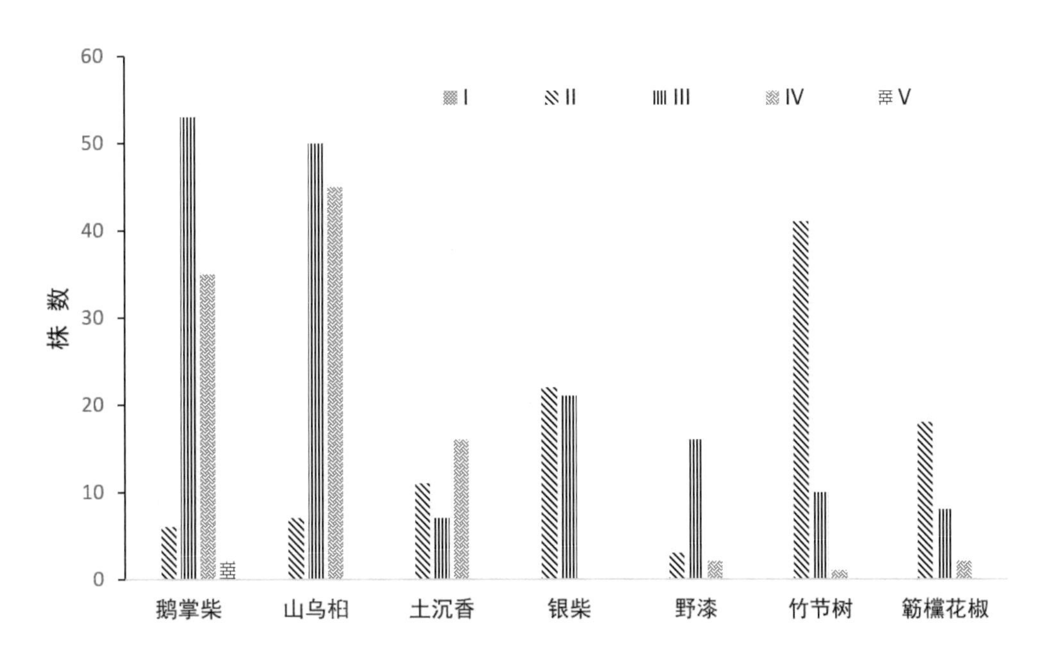

图5-21　土沉香群落优势乔木种群年龄结构

（3）小果柿群落

小果柿种群在深圳有广泛的分布，常见于东涌、西涌、七娘山、钓神山、笔架山、盐田、梅沙尖、梧桐山、大南山、内伶仃。生于海拔50～300 m的疏林或山谷灌丛中，为群落灌木层优势种或伴生种。在内伶仃岛的尖峰山附近调查发现有优势的小果柿种群，种群成熟，有较多个体已成长为小乔木，在调查的2400 m^2群落样地中，1.5 m以上的小果柿有402株。

小果柿样地群落中，该群落共有维管植物83种，乔木分层明显，可分为两个亚层，第一亚层高10～17 m，优势种为山蒲桃、红鳞蒲桃、短序润楠等；第二亚层高5～9 m，物种组成较丰富，优势种有白背槭、破布叶、山蒲桃、红鳞蒲桃、短序润楠、小果柿，伴生有鹅掌柴、假苹婆、山杜荆、翻白叶树、芳槁润楠等。灌木层高约2～5 m，密度较大，生长茂盛，小果柿是该层的绝对优势种，其他灌木还包括九节、紫珠、紫玉盘、鲫鱼胆等，以及山蒲桃、软叶刺葵、鸭脚木、潺槁等幼树。草本层以刺头复叶耳蕨占优势，散生有半边旗、华山姜、三叉蕨、山麦冬、石柑子、蜘蛛抱蛋等；层间藤本有6种，如大型木质藤本的罗浮买麻藤、槌果藤、刺果藤、羊角拗、飞龙掌血等。

对群落优势乔木种群的年龄结构分析（图5-22）表明，优势种群山蒲桃、红鳞蒲桃和短序润楠的年龄结构呈近倒金字塔形，但种群发展成熟稳定，有较多数量的Ⅳ级大树，同时Ⅱ级小树保持有较好的更新状态；白背槭种群的年龄结构属于典型的金字塔形，为增长型种群，种群数量较大，目前为稳定种群；翻白叶树和鹅掌柴种群数量均较少，年龄结构整体呈金字塔形，也为增长型种群，尤其鹅掌柴的Ⅱ级小树发展迅速；小果柿的灌木属性较强，在生境很好的环境下会长成小乔木，本群落中小果柿种群数量达484，种群发展成熟，以II级和III级的小树和中树为主，对小果柿来说，胸径大于5 cm的个体属于大树级别，有22株。群落整体朝着气候亚顶极发展。

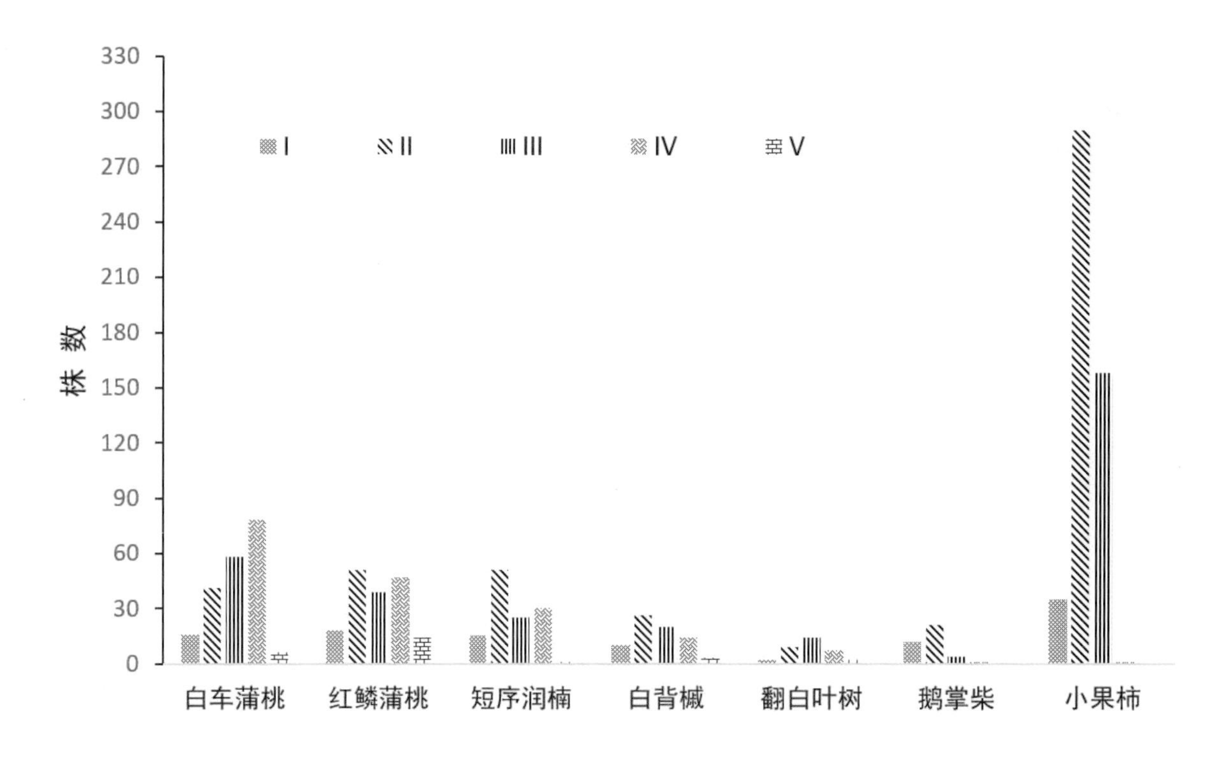

图5-22　小果柿群落优势种群年龄结构

（4）苏铁蕨群落

苏铁蕨是蕨类植物中较古老的类群，由于生境的萎缩以及人为干扰，苏铁蕨种群规模已大为减少，被列为国家二级保护野生植物。苏铁蕨在深圳主要分布在塘朗山、梧桐山、马峦山、田头山、排牙山、罗屋田水库、七娘山。其中，在田头山和排牙山径心水库区域发现有大规模的苏铁蕨种群，是深圳地区罕见的，但因生境干扰破坏等因素，苏铁蕨种群表现出一定衰退趋势（刘海军，2016）。

①田头山苏铁蕨群落。在田头山苏铁蕨群落样地调查中，样地面积为400 m^2，该群落郁闭度较好，整体高度有5～8 m。乔木层优势种有黧蒴、毛棉杜鹃、山油柑、南烛、红鳞蒲桃，伴生有岭南山竹子、鸭脚木、假苹婆；灌木层优势种为苏铁蕨、九节，有较多的乔木小树，如鼠刺、罗浮柿、毛棉杜鹃、银柴、天料木等。林下草本层较为稀少，主要有凤尾蕨、黑莎草、茄叶斑鸠菊、黑莎草、扇叶铁线蕨等；林间藤本植物主要有白花油麻藤、香花鸡血藤、罗浮买麻藤，覆盖度较高。

苏铁蕨种群在样地群落中数量有16株，位于草本层至灌木层中，平均高度为0.9 m，个体较为矮小，生长状况一般，有个别植株有枯萎现象。

②径心水库苏铁蕨群落。苏铁蕨在径心水库区域有大种群分布，设置样地面积为1600 m^2，群落林冠层最高可达15 m，终年常绿，起伏平缓。乔木层可分为两个亚层，乔木上层高度10～15 m，优势种有鹅掌柴、银柴、红鳞蒲桃、山乌桕，伴生有山油柑、刨花润楠、山杜英、土沉香、杉木等；乔木下层高6～10 m，优势种为鼠刺、银柴、大头茶，伴生有罗浮柿、光叶山矾。灌木层的高度在1～5 m，优势灌木为苏铁蕨、豺皮樟和九节，伴生有毛冬青、白背算盘子、狗骨柴及其他乔木小树等，还有木质藤本如罗浮买麻藤、锡叶藤。草本层优势种不明显，盖度约20%，主要有团叶鳞始蕨、芒萁、扇叶铁线蕨、乌毛蕨、黑莎草等。

苏铁蕨种群在样地群落中有80株，为灌木层的特征种和优势种，高度范围主要为0.7～2.5 m，样地调查过程中发现很多苏铁蕨幼株呈现枯死状态，苏铁蕨种群表现为一个衰退过程不明显的衰退种群，应适当加强人工抚育和生境保护措施。

（5）仙湖苏铁群落

仙湖苏铁隶属于苏铁科苏铁属。因其分布区域狭窄，种群数量少，已被列为国家一级保护野生植物，且被《中国生物多样性红色名录》列为“极危（CR）”物种。全国范围内，仙湖苏铁分布在广东、福建和广西。在深圳，仙湖苏铁野生种群分布于梅林库区、塘朗山两地，种群数量约为1500株，仙湖植物园有迁地保护的种群。由于早期对仙湖苏铁有严重的盗挖和破坏现象，其生境受到较大程度的干扰，生态系统退化，种群中雌雄性比严重失衡，仙湖苏铁种群整体上处于明显衰退阶段。

①梅林库区仙湖苏铁群落。所调查群落位于深圳梅林库区仙湖苏铁保护小区，样方面积1600 m^2。

仙湖苏铁样地群落位于沟谷底部，有溪流穿过，仙湖苏铁主要分布于溪流沿坡两侧，群落郁闭度变化较大，为60%～90%，透视度较差。群落分层明显，乔木层可分为两亚层，上层优势种为水翁和水东哥，高约10～14 m；下层优势种为假苹婆、山乌桕、楝叶吴茱萸、铁冬青等，高约6～10 m。灌木层密集，主要为仙湖苏铁、三桠苦、九节、破布叶、紫玉盘、刺果藤、锡叶藤以及假苹婆、山油柑等幼树。草本层较为丰富，优势种主要有野蕉、棕叶芦、华南毛蕨、半边旗、求米草、聚花草、石楠藤、草豆蔻等。部分地段受到外来入侵种微甘菊的影响。群落优势种主要有仙湖苏铁、假苹婆、山油柑、三桠苦、九节等，其中仙湖苏铁为灌木层绝对优势种，且植株完整，茎部粗壮，羽状叶致密，大多个体生长良好。

②塘朗山仙湖苏铁群落。所调查群落位于塘朗山南坪快速南面山地，样方面积400 m^2。

样地群落位于沟谷常绿阔叶林，乔木层茂密，上层郁闭度约70%。群落分层明显，乔木层分两亚层，第一亚层优势种为猴耳环、山油柑、鸭脚木等，高9～15 m。第二亚层优势种为鼠刺、银柴、红鳞蒲桃等，高5～8 m。灌木层比较稀疏，主要有仙湖苏铁、九节、豺皮樟、银柴等。草本层优势种为金毛狗、露兜簕和黑莎草，伴生有红冬蛇菰、草珊瑚、蔓生莠竹等。由于群落郁闭度较高，林内炎热潮湿，加上受到一定的人为干扰，仙湖苏铁虽然植株生长较为高大，但大型羽状叶片时呈病态或枯萎现象，整体区域生长情况不好，需加强管理和维护。

5.4.3 极小种群与小种群野生植物及其在植物群落中的状况

5.4.3.1 极小种群与小种群野生植物的确定

极小种群野生植物（wild plant species with extremely small populations）是指野外狭域或间断分布，长期受到自身原因限制或外界因素干扰，种群持续退化或减少，种群规模已低于最小可存活种群而濒临灭绝的植物。在开展其保护研究工作中需遵守6个主要原则：①坚持物种保护和管理理念，通过保护、恢复和重建种群实现物种长期保存；②优先开展就地保护，确保物种不至于野外灭绝，生存空间不丧失；③积极开展近地保护，确保物种在自然环境中的遗传变异性和环境适应性；④鼓励开展迁地保护，在人工管护条件下保存植物种群个体；⑤实施离体保存，备份濒临灭绝的极小种群野生植物种质资源；⑥实施野外回归，采用人工扩繁种苗恢复天然种群或重建人工种群。

依据原国家林业局等制定《全国极小种群野生植物拯救保护工程规划（2011—2015）》确定，深圳市极小种群野生植物共有2种，仙湖苏铁 *Cycas fairylakea*、土沉香 *Aquilaria sinensis*，前者局限分布于深圳梅林山（梅林水库）、塘朗山等，现存仅约1500多株，后者零散分布于深圳各山地，数量在上万株以上，两者在前面相关的重点保护植物一节已有记述。此处，仅着重讨论深圳市范围的其他小种群野生植物。为区别原国家林业局等确定的极小种群，这里我们称之为深圳小种群野生植物。2018年廖文波等在《深圳市国家珍稀濒危重点保护植物》一书中列有2个表，列举了深圳市各类珍稀濒危重点保护野生植物和深圳市拟列珍稀濒危重点保护野生植物，在此，对两个表进行了认定和补充，筛选出新的深圳小种群野生植物（表5-28）。总体来看，深圳市小种群野生植物的划分应大致符合3个标准：①野生种群分布点不多于3~4个；②种群成熟个体数少于200~300株；③生境受到明显的干扰或破坏，种群生存状况受到较大的威胁。综合满足上述条件即可划定为深圳小种群野生植物。

根据表5-28分析，共选定深圳小种群野生植物43科85属98种，其中蕨类植物11科12属14种，裸子植物2科2属2种，被子植物30科69属82种，含兰科植物32属43种。

从生态习性看，木本植物28种，草本植物70种。从种群数量、区域分布、生存状况，以及参考IUCN物种评估标准等分析，深圳小种群野生植物可以划分为、极危种（CR）、濒危种（EN）、渐危种（VU）、近危种（NT）共4大类。这里，考虑到各小种群在广东及其他地区均有一定数量的分布，除部分已被列为珍稀濒危保护植物外大部分并非保护植物，因此在考虑深圳小种群的濒危状况时，均按照较严格的标准进行濒危级别评估。具体分级别统计如下。

①极危种（CR）。共3种，即珊瑚菜 *Glehnia littoralis*、心脏叶瓶尔小草 *Ophioglossum reticulatum*、大苞白山茶 *Camellia granthamiana*。此3种均仅有一个分布点，种群数量均不超过50株。其中，珊瑚菜已近乎野外灭绝。

②濒危种（EN）。共23种，包括：长柄石杉 *Huperzia javanica*、华南马尾杉 *Phlegmariurus fordii*、粤紫萁 *Osmunda mildei*、深圳双扇蕨 *Dipteris shenzhenensis*、香港马兜铃 *Aristolochia westlandii*、紫纹兜兰 *Paphiopedilum purpuratum*、半枫荷 *Semiliquidambar cathayensis*、格木 *Erythrophleum fordii*、华南马鞍树 *Maackia australis*、舌柱麻 *Archiboehmeria atrata*、深圳秋海棠 *Begonia shenzhenensis*、红椿 *Toona ciliata*、梧桐 *Firmiana simplex*、茶梨 *Anneslea fragrans*、广东木瓜红 *Rehderodendron kwangtungense*、乌檀 *Nauclea officinalis*、网脉木犀 *Osmanthus reticulatus*、东莞报春苣苔 *Primulina dongguanica*、二色卷瓣兰 *Bulbophyllum bicolor*、斑唇卷瓣兰 *Bulbophyllum pecten-veneris*、美花石斛 *Dendrobium loddigesii*、寒兰 *Cymbidium kanran*、小草海桐 *Scaevola hainanensis* 等。

③渐危种（VU）。共41种，包括：卷柏 *Selaginella tamariscina*、松叶蕨 *Psilotum nudum*、粗齿紫萁 *Osmunda banksiifolia*、广西长筒蕨 *Abrodictyum obscurum* var. *siamense*、粗齿桫椤 *Gymnosphaera denticulata*、华南水蕨 *Ceratopteris chunii*、全缘贯众 *Cyrtomium falcatum*、罗汉松 *Podocarpus macrophyllus*、穗花杉 *Amentotaxus argotaenia*、香港木兰 *Lirianthe championii*、木莲 *Manglietia fordiana*、墨喉南星 *Arisaema melanostomum*、画笔南星 *Arisaema penicillatum*、多枝霉草 *Sciaphila ramosa*、柳叶薯蓣 *Dioscorea linearicordata*、华重楼 *Paris polyphylla* var. *chinensis*、无叶兰 *Aphyllorchis montana*、深圳拟兰 *Apostasia shenzhenica*、大序隔距兰 *Cleisostoma paniculatum*、蛤兰 *Conchidium pusillum*、二脊沼兰 *Crepidium finetii*、玫瑰宿苞兰 *Cryptochilus roseus*、白绵毛兰 *Dendrolirium lasiopetalum*、钳唇兰 *Erythrodes blumei*、绿花斑叶兰 *Goodyera viridiflora*、紫花羊耳蒜 *Liparis nigra*、插天山羊耳蒜 *Liparis sootenzanensis*、血叶兰 *Ludisia discolor*、阿里山全唇兰 *Myrmechis drymoglossifolia*、云叶兰 *Nephelaphyllum tenuiflorum*、麻栗坡三蕊兰 *Neuwiedia malipoensis*、龙头兰 *Pecteilis susannae*、长须阔蕊兰 *Peristylus calcaratus*、紫花鹤顶兰 *Phaius mishmensis*、小片菱兰 *Rhomboda abbreviata*、寄树兰 *Robiquetia succisa*、短穗竹茎兰 *Tropidia curculigoides*、深圳香荚兰 *Vanilla shenzhenica*、尖叶唐松草 *Thalictrum acutifolium*、三宝木 *Trigonostemon chinensis*、南岭杜鹃 *Rhododendron levinei*等。

④近危种（NT）。共31种，即：狭叶紫萁 *Osmunda angustifolia*、裂羽崇澍蕨 *Chieniopteris kempii*、黑老虎 *Kadsura coccinea*、嘉陵花 *Popowia pisocarpa*、牛齿兰 *Appendicula cornuta*、黄兰 *Cephalantheropsis obcordata*、建兰 *Cymbidium ensifolium*、春兰 *Cymbidium goeringii*、墨兰 *Cymbidium sinense*、无叶美冠兰 *Eulophia zollingeri*、地宝兰 *Geodorum densiflorum*、歌绿斑叶兰 *Goodyera seikoomontana*、三蕊兰 *Neuwiedia singapureana*、撕唇阔蕊兰 *Peristylus lacertifer*、细叶石仙桃 *Pholidota cantonensis*、南方带唇兰 *Tainia ruybarrettoi*、二尾兰 *Vrydagzynea nuda*、宽叶线柱兰 *Zeuxine affinis*、黄花线柱兰 *Zeuxine flava*、白花线柱兰 *Zeuxine parviflora*、窄叶蚊母树 *Distylium dunnianum*、红花荷 *Rhodoleia championii*、凹叶红豆 *Ormosia emarginata*、栎叶柯 *Lithocarpus quercifolius*、香港樫木 *Dysoxylum hongkongense*、崖柿 *Diospyros chunii*、岭南山茉莉 *Huodendron biaristatum* var. *parviflorum*、黄毛猕猴桃 *Actinidia fulvicoma*、蒙自猕猴桃 *Actinidia henryi*、深圳耳草 *Hedyotis shenzhenensis*、短穗刺蕊草 *Pogostemon championii*等。

表5–28　深圳小种群野生植物及其数量、生境与受胁因素

序号	科名	种名	分布点	极小种群数量	习性与生境	种群衰退影响因素
1	石松科 Lycopodiaceae	长柄石杉 *Huperzia javanica*	七娘山、排牙山	少于50株，濒危EN	草本。海拔600~800 m，林下或潮湿的沟谷岩石上	人为采挖，生境萎缩
2	石松科 Lycopodiaceae	华南马尾杉 *Phlegmariurus fordii*	七娘山、梧桐山	少于50株，濒危EN	草本。海拔300~760 m，竹林下阴处、山沟阴岩壁、灌木林下岩石上	人为采挖严重
3	卷柏科 Selaginellaceae	卷柏 *Selaginella tamariscina*	七娘山	少于100株，渐危VU	草本。海拔100~800 m，石灰岩岩石上	生境破坏，人为采挖较严重
4	松叶蕨科 Psilotaceae	松叶蕨 *Psilotum nudum*	七娘山、梧桐山、西涌	少于100株，渐危VU	草本。海拔200 m以上，岩石缝隙或附生于树干上	生境破坏
5	瓶尔小草科 Ophioglossaceae	心脏叶瓶尔小草 *Ophioglossum reticulatum*	高岭村	少于50株，极危CR	草本。海拔50~300 m，山坡路边草丛	生境破坏，种群数量减少
6	紫萁科 Cyatheaceae	狭叶紫萁 *Osmunda angustifolia*	梧桐山、七娘山	少于300株，近危NT	草本。海拔20~200 m，林下、沟谷溪边	生境干扰，分布面积缩小，种群数量减少

（续表）

序号	科名	种名	分布点	极小种群数量	习性与生境	种群衰退影响因素
7	紫萁科 Osmundaceae	粗齿紫萁 *Osmunda banksiifolia*	梧桐山、七娘山	少于100株，渐危VU	草本。海拔200~500 m，林下溪边	生境萎缩，人为干扰大
8	紫萁科 Cyatheaceae	粤紫萁 *Osmunda mildei*	七娘山、排牙山、田头山	少于20株，濒危EN	草本。海拔100~500 m，山谷溪边	生境破坏导致其杂交父本和母本呈间断分布，孢子体的形成极其困难
9	膜蕨科 Hymenophyllaceae	广西长筒蕨 *Abrodictyum obscurum* var. *siamense*	笔架山、三洲田	少于100株，渐危VU	草本。山谷林下潮湿岩石上	人为干扰，生境萎缩
10	桫椤科 Cyatheaceae	粗齿桫椤 *Gymnosphaera denticulata*	梅沙尖、梧桐山	少于100株，渐危VU	乔木。海拔350 m以上，山谷疏林及林缘沟边	生境萎缩，人为干扰较大
11	凤尾蕨科 Pteridaceae	华南水蕨 *Ceratopteris chunii*	梧桐山（兰科中心）	少于150株，渐危VU	草本。海拔200 m以下，低海拔沟边、林缘	生境萎缩，人为干扰较大
12	双扇蕨科 Dipteridaceae	深圳双扇蕨 *Dipteris shenzhenensis*	七娘山	少于100株，濒危EN	草本。海拔200 m以下，低海拔湿地、沟边	次生林生境扩散，常绿阔叶林植被受到干扰
13	乌毛蕨科 Blechnaceae	裂羽崇澍蕨 *Chieniopteris kempii*	大雁顶、七娘山	少于200株，近危NT	草本。林下潮湿山地	周围环境受到影响，生境萎缩
14	鳞毛蕨科 Dryopteridaceae	全缘贯众 *Cyrtomium falcatum*	西涌	少于100株，渐危VU	草本。海滨海潮线外陆岸岩壁上或林缘阳处	生境破坏，人为采挖
15	罗汉松科 Podocarpaceae	罗汉松 *Podocarpus macrophyllus*	西涌	少于100株，渐危VU	乔木。海拔100 m以下，陆岸、山坡、次生林中	生境退化，人为采挖
16	红豆杉科 Taxaceae	穗花杉 *Amentotaxus argotaenia*	梧桐山、七娘山东	少于100株，渐危VU	乔木。山地疏林、林缘，路边	植被生境受到干扰
17	五味子科 Schisandraceae	黑老虎 *Kadsura coccinea*	梧桐山	少于200株，近危NT	木质藤本。山地疏林中，常缠绕于大树上	人为盗挖，病虫危害，生境破碎
18	马兜铃科 Aristolochiaceae	香港马兜铃 *Aristolochia westlandii*	求水岭、梅沙尖	少于10株，濒危EN	草本。海拔300~500 m，山坡灌丛林或密林中	生境退化，有采挖现象
19	木兰科 Magnoliaceae	香港木兰 *Lirianthe championii*	梅沙尖、三洲田、小梧桐山	少于100株，渐危VU	乔木。低海拔山地常绿阔叶林中	生境退化，生存竞争压力大
20	木兰科 Magnoliaceae	木莲 *Manglietia fordiana*	七娘山、梅沙尖、梧桐山	少于100株，渐危VU	乔木。海拔500~700 m，常绿阔叶林中	生境破坏
21	番荔枝科 Annonaceae	嘉陵花 *Popowia pisocarpa*	南澳	少于200株，近危NT	草本。海拔50~200 m，村边风水林中、林下沟谷	生境破坏，种群数量减少
22	天南星科 Araceae	墨喉南星 *Arisaema melanostomum*	七娘山	少于100株，渐危VU	草本。海拔300~500 m，常绿阔叶林中	常绿阔叶林生境受干扰
23	天南星科 Araceae	画笔南星 *Arisaema penicillatum*	梧桐山	少于100株，渐危VU	草本。海拔200~400 m，常绿阔叶林中	常绿阔叶林生境受干扰
24	霉草科 Triuridaceae	多枝霉草 *Sciaphila ramosa*	七娘山	少于100株，渐危VU	草本。海拔300~500 m，常绿阔叶林中	常绿阔叶林生境受干扰
25	薯蓣科 Dioscoreaceae	柳叶薯蓣 *Dioscorea linearicordata*	排牙山	少于100株，渐危VU	草本。海拔400~750 m，山坡灌丛或疏林中	生境受损，种群萎缩

（续表）

序号	科名	种名	分布点	极小种群数量	习性与生境	种群衰退影响因素
26	藜芦科 Melanthiaceae	华重楼 *Paris polyphylla* var. *chinensis*	梧桐山	少于100株，渐危VU	草本。海拔约600 m，林下阴处或沟谷边的草丛中	过度采挖，生境受损，种群萎缩
27	兰科 Orchidaceae	无叶兰 *Aphyllorchis montana*	马峦山、梧桐山	少于100株，渐危VU	草本。海拔350~400 m，密林或疏林下	生境退化，人为采挖
28	兰科 Orchidaceae	深圳拟兰 *Apostasia shenzhenica*	三洲田	少于100株，渐危VU	草本。海拔约200 m，阔叶林下的松散岩土	生境受损，种群数量少
29	兰科 Orchidaceae	牛齿兰 *Appendicula cornuta*	七娘山、梅沙尖	少于200株，近危NT	草本。海拔200~400 m，林中岩石上或阴湿石壁上	栖息地萎缩，采挖过度
30	兰科 Orchidaceae	二色卷瓣兰 *Bulbophyllum bicolor*	梅沙尖、梧桐山、七娘山	少于50株，濒危EN	草本。海拔150 m，湿润沟谷	人为采挖，生境萎缩
31	兰科 Orchidaceae	斑唇卷瓣兰 *Bulbophyllum pecten-veneris*	梅沙尖	少于50株，濒危EN	草本。海拔300 m，湿润沟谷	人为采挖，生境萎缩
32	兰科 Orchidaceae	黄兰 Cephalantheropsis obcordata	七娘山	少于300株，近危NT	草本。海拔100~400 m，林下、沟谷溪边	生境破坏，种群数量减少
33	兰科 Orchidaceae	大序隔距兰 *Cleisostoma paniculatum*	梅沙尖	少于100株，渐危VU	草本。海拔200 m，常绿阔叶林中树干上或沟谷林下岩石上	人为过度采挖，生境破坏
34	兰科 Orchidaceae	蛤兰 *Conchidium pusillum*	梅沙尖、七娘山	少于100株，渐危VU	草本。林中，常与苔藓混生在石上或树干上	生境破坏
35	兰科 Orchidaceae	二脊沼兰 *Crepidium finetii*	西涌、七娘山、笔架山	少于100株，渐危VU	草本。海拔200~800 m，疏林中	生境受损
36	兰科 Orchidaceae	玫瑰宿苞兰 *Cryptochilus roseus*	三洲田、梧桐山	少于100株，渐危VU	草本。海拔300~700 m，密林中	过度采挖，生境破坏
37	兰科 Orchidaceae	建兰 *Cymbidium ensifolium*	七娘山、三洲田	少于300株，近危NT	草本。海拔300~400 m，疏林下、灌丛中或山谷草丛中	人为过度采挖，生境破坏
38	兰科 Orchidaceae	春兰 *Cymbidium goeringii*	排牙山	少于300株，近危NT	草本。海拔300~900 m，多石山坡、林缘、林中透光处	人为过度采挖，生境受损
39	兰科 Orchidaceae	墨兰 *Cymbidium sinense*	七娘山、梅沙尖	少于300株，近危NT	草本。海拔300~500 m，林下、灌木林中或溪谷旁排水良好的湿润荫蔽处	生境受损，人为采挖
40	兰科 Orchidaceae	寒兰 *Cymbidium kanran*	七娘山	少于300株，濒危EN	草本。海拔600~750 m，常绿阔叶林中	人为采挖，生境受损
41	兰科 Orchidaceae	美花石斛 *Dendrobium loddigesii*	梧桐山	少于100株，濒危EN	草本。海拔150 m，溪谷岩石上	人为采挖，生境受损
42	兰科 Orchidaceae	白绵毛兰 *Dendrolirium lasiopetalum*	七娘山	少于100株，渐危VU	草本。海拔300~700 m，山谷溪边树上或阴湿岩石上	过度采挖，生境破坏
43	兰科 Orchidaceae	钳唇兰 *Erythrodes blumei*	梧桐山、九龙山	少于100株，渐危VU	草本。海拔300~900 m，山坡常绿阔叶林下或沟谷阴湿处	生境受损，过度采挖
44	兰科 Orchidaceae	无叶美冠兰 *Eulophia zollingeri*	梧桐山、梅林水库	少于200株，近危NT	草本。海拔400~500 m，疏林、竹林下或草坡上	人为采挖，生境破坏
45	兰科 Orchidaceae	地宝兰 *Geodorum densiflorum*	梧桐山	少于200株，近危NT	草本。海拔50~300 m，林下、溪旁、草坡	生境破坏，人为采挖

（续表）

序号	科名	种名	分布点	极小种群数量	习性与生境	种群衰退影响因素
46	兰科 Orchidaceae	歌绿斑叶兰 *Goodyera seikoomontana*	七娘山、三洲田	少于200株，近危NT	草本。海拔600 m，林下阴湿处及石上	生境退化，人为采挖
47	兰科 Orchidaceae	绿花斑叶兰 *Goodyera viridiflora*	梧桐山	少于100株，渐危VU	草本。海拔600 m，林下、沟边阴湿处	生境退化，过度采挖
48	兰科 Orchidaceae	紫花羊耳蒜 *Liparis nigra*	三洲田、梧桐山	少于100株，渐危VU	草本。海拔100~500 m，常绿阔叶林下及阴湿岩石上	过度采挖，生境破坏
49	兰科 Orchidaceae	插天山羊耳蒜 *Liparis sootenzanensis*	梧桐山	少于100株，渐危VU	草本。海拔 900 m ，阔叶林下潮湿处	生境干扰
50	兰科 Orchidaceae	血叶兰 *Ludisia discolor*	七娘山、排牙山	少于200株，渐危VU	草本。海拔200~600 m，山坡或沟谷常绿阔叶林下阴湿处	生境破碎，过度采挖
51	兰科 Orchidaceae	阿里山全唇兰 *Myrmechis drymoglossifolia*	梧桐山	少于100株，渐危VU	草本。海拔600~800 m，林下阴湿处	过度采挖，生境破坏
52	兰科 Orchidaceae	云叶兰 *Nephelaphyllum tenuiflorum*	七娘山	少于100株，渐危VU	草本。海拔700 m以下，阴湿山坡疏林中	过度采挖，生境破坏
53	兰科 Orchidaceae	麻栗坡三蕊兰 *Neuwiedia malipoensis*	七娘山、南澳	少于100株，渐危VU	草本。海拔100~200 m，林下	生境破坏
54	兰科 Orchidaceae	三蕊兰 *Neuwiedia singapureana*	七娘山、梅沙尖	少于200株，近危NT	草本。海拔400~500 m，山坡疏林中	生境受损
55	兰科 Orchidaceae	紫纹兜兰 *Paphiopedilum purpuratum*	七娘山、梅沙尖、梧桐山、阳台山	少于200株，濒危EN	草本。海拔100~600 m，林下腐殖质丰富多石之地或溪谷旁苔藓砾石和岩石上。	生境退化，过度采集
56	兰科 Orchidaceae	龙头兰 *Pecteilis susannae*	东涌	少于100株，渐危VU	草本。海拔约50 m，山坡林下、沟边或草坡	生境萎缩，过度采集
57	兰科 Orchidaceae	长须阔蕊兰 *Peristylus calcaratus*	三洲田、梧桐山	少于100株，渐危VU	草本。海拔250~400 m，山坡草地或林下	生境破碎，过度采挖
58	兰科 Orchidaceae	撕唇阔蕊兰 *Peristylus lacertifer*	梧桐山	少于200株，近危NT	草本。海拔400~600 m，山坡、近山顶草丛	生境干扰，分布面积缩小，种群数量缩小
59	兰科 Orchidaceae	紫花鹤顶兰 *Phaius mishmensis*	盐田、梧桐山	少于100株，渐危VU	草本。海拔200~250 m，常绿阔叶林下阴湿处	人为采挖，生境受损
60	兰科 Orchidaceae	细叶石仙桃 *Pholidota cantonensis*	梧桐山、七娘山	少于200株，近危NT	草本。海拔200~850 m，林中或荫蔽处的岩石上	生境受损，过度采挖
61	兰科 Orchidaceae	小片菱兰 *Rhomboda abbreviata*	梧桐山	少于100株，渐危VU	草本。海拔600 m，山坡或沟谷密林下阴处	生境退化，过度采挖
62	兰科 Orchidaceae	寄树兰 *Robiquetia succisa*	马峦山	少于100株，渐危VU	草本。海拔约500 m,疏林中树干上或山崖石壁上	生境受损，过度采挖
63	兰科 Orchidaceae	南方带唇兰 *Tainia ruybarrettoi*	梧桐山、七娘山	少于300株，近危NT	草本。海拔200~600 m，林下、沟谷溪边	生境干扰，种群数量减少
64	兰科 Orchidaceae	短穗竹茎兰 *Tropidia curculigoides*	七娘山、南澳	少于100株，渐危VU	草本。海拔220~700 m，林下或沟谷旁阴处	过度采挖，生境破坏
65	兰科 Orchidaceae	深圳香荚兰 *Vanilla shenzhenica*	梅沙尖	少于100株，渐危VU	草本。海拔50~400 m，山谷较陡阴湿石崖或大树上	生境受损，种群规模缩小
66	兰科 Orchidaceae	二尾兰 *Vrydagzynea nuda*	七娘山、梅沙尖	少于200株，近危NT	草本。海拔300~700 m，阴湿林下或山谷湿地上	生境受损

（续表）

序号	科名	种名	分布点	极小种群数量	习性与生境	种群衰退影响因素
67	兰科 Orchidaceae	宽叶线柱兰 *Zeuxine affinis*	三洲田、梧桐山	少于200株，近危NT	草本。海拔500~600 m，山坡或沟谷林下阴处	生境受损
68	兰科 Orchidaceae	黄花线柱兰 *Zeuxine flava*	梧桐山	少于200株，近危NT	草本。海拔约200 m，山地林下潮湿地	生境破坏
69	兰科 Orchidaceae	白花线柱兰 *Zeuxine parviflora*	梧桐山	少于200株，近危NT	草本。海拔约200 m，林下阴湿处地上或岩石上覆土中	过度采挖，生境受损
70	毛茛科 Ranunculaceae	尖叶唐松草 *Thalictrum acutifolium*	七娘山、梅沙尖	少于100株，渐危VU	草本。海拔300~700 m，山谷坡地或林边湿润处	生境萎缩、人为采挖
71	金缕梅科 Hamamelidaceae	窄叶蚊母树 *Distylium dunnianum*	七娘山	少于300株，近危NT	乔木。海拔300~700 m，水沟边	生境干扰，分布面积缩小
72	金缕梅科 Hamamelidaceae	红花荷 *Rhodoleia championii*	梧桐山	少于150株，近危NT	乔木。海拔500~800 m，山坡、沟谷林中	生境破坏，野生种群数量减少
73	金缕梅科 Hamamelidaceae	半枫荷 *Semiliquidambar cathayensis*	七娘山、马峦山、三洲田、梧桐山	少于100株，濒危EN	乔木。海拔630~900 m，次生林中	生境植被受损，其种群萎缩
74	豆科 Leguminosae	格木 *Erythrophleum fordii*	马峦山	少于50株，濒危EN	乔木。山地密林或疏林中	生境受损，过度采伐
75	豆科 Leguminosae	华南马鞍树 *Maackia australis*	葵涌、排牙山	少于50株，濒危EN	乔木。海拔50~100 m，灌丛、海边沙滩	生境受损，种群萎缩
76	豆科 Leguminosae	凹叶红豆 *Ormosia emarginata*	梅沙尖、梧桐山	少于300株，近危NT	乔木。海拔100~600 m，常绿阔叶林下	生境干扰，种群数量减少
77	荨麻科 Urticaceae	舌柱麻 *Archiboehmeria* atrata	七娘山	少于50株，濒危EN	灌木。山地林下、水旁、石缝等阴湿处	生境受损，植被退化
78	壳斗科 Fagaceae	栎叶柯 *Lithocarpus quercifolius*	东涌、马峦山、排牙山、田头山	少于200株，近危NT	乔木。海拔约600 m，山地次生林或灌木丛中	生境植被受损，受到一定的人为干扰
79	秋海棠科 Begoniaceae	深圳秋海棠 *Begonia shenzhenensis*	田头山	少于50株，濒危EN	草本。山谷溪边石上	生境破坏
80	大戟科 Euphorbiaceae	三宝木 *Trigonostemon chinensis*	梅林、大南山	少于100株，渐危VU	乔木。山地密林下	生境受损，植被退化
81	楝科 Meliaceae	香港樫木 *Dysoxylum hongkongense*	南澳	少于300株，近危NT	乔木。海拔100~300 m，村边风水林中、常绿阔叶林中	生境干扰，种群数量减少
82	楝科 Meliaceae	红椿 *Toona ciliata*	排牙山、梧桐山、阳台山	少于50株，濒危EN	乔木。低海拔沟谷林中或山坡疏林中	遭砍伐较明显
83	锦葵科 Malvaceae	梧桐 *Firmiana simplex*	马峦山	少于100株，濒危EN	乔木。海拔200~400 m，山坡矮林	生境干扰较严重，种群数量较少
84	五列木科 Pentaphylacaceae	茶梨 *Anneslea fragrans*	七娘山	少于50株，濒危EN	乔木。海拔200~400 m，山坡、山谷溪边	生境破坏，种群数量减少
85	柿科 Ebenaceae	崖柿 *Diospyros chunii*	七娘山	少于300株，近危NT	乔木。海拔100~400 m，山坡密林、山谷溪边	生境干扰，种群数量减少
86	山茶科 Theaceae	大苞白山茶 *Camellia granthamiana*	七娘山	少于50株，极危CR	乔木。海拔550 m，常绿林中	生境破碎，人为采挖

（续表）

序号	科名	种名	分布点	极小种群数量	习性与生境	种群衰退影响因素
87	安息香科 Styracaceae	岭南山茉莉 *Huodendron biaristatum* var. *parviflorum*	七娘山	少于300株，近危NT	乔木。海拔200~500 m，山谷溪边、山坡林中	生境干扰，种群数量减少
88	安息香科 Styracaceae	广东木瓜红 *Rehderodendron kwangtungense*	七娘山	少于50株，濒危EN	乔木。海拔500~700 m，常绿阔叶林中	生境干扰
89	猕猴桃科 Actinidiaceae	黄毛猕猴桃 *Actinidia fulvicoma*	七娘山、田头山	少于200株，近危NT	木质藤本。海拔130~400 m，山地疏林或灌丛	生境退化，种群萎缩
90	猕猴桃科 Actinidiaceae	蒙自猕猴桃 *Actinidia henryi*	七娘山	少于200株，近危NT	木质藤本。海拔100~500 m，山坡灌丛	生境干扰，种群数量减少
91	杜鹃花科 Ericaceae	南岭杜鹃 *Rhododendron levinei*	田头山	少于100株，渐危VU	乔木。海拔约600 m，山顶岩石边缘	生境受损，种群萎缩，人为采挖严重
92	苦苣苔科 Gesneriaceae	东莞报春苣苔 *Primulina dongguanica*	阳台山	少于100株，濒危EN	草本。海拔100 m，溪谷岩壁	人为采挖，生境退化
93	茜草科 Rubiaceae	深圳耳草 *Hedyotis shenzhenensis*	排牙山	少于200株，近危NT	草本。海拔400~600 m，山坡林下	生境干扰
94	茜草科 Rubiaceae	乌檀 *Nauclea officinalis*	七娘山高岭村	少于50株，濒危EN	乔木。海拔约80 m，风水林中	生境萎缩，人为砍伐
95	木犀科 Oleaceae	网脉木犀 *Osmanthus reticulatus*	小梧桐山	少于50株，濒危EN	灌木。山地密林、山谷疏林以及溪岸边	生境植被受损，种群萎缩
96	唇形科 Labiatae	短穗刺蕊草 *Pogostemon championii*	沙头角、梧桐山	少于200株，近危NT	草本。海拔50~750 m，山地、山谷、溪旁、疏或密林下	生境受损，种群萎缩
97	草海桐科 Goodeniaceae	小草海桐 *Scaevola hainanensis*	东涌	少于50株，濒危EN	草本。海拔10~50 m，海边沙滩、石滩	生境干扰
98	伞形科 Umbelliferae	珊瑚菜 *Glehnia littoralis*	西涌	少于50株，极危CR	草本。海拔低于20 m，海边沙滩	过度采挖，生境受损

5.4.3.3 极小种群野生植物所在群落特征

极小种群植物根据其乔灌草等生活型特征，因其种群数量较少，常在其优势群落层片为伴生种群，常定义为群落特征种。分析其所在生境群落特征，了解其种群生态位特征、种群发展动态，对科学保护极小种群植物有很大帮助。选取深圳珍稀濒危群落的极小种群特征种乌檀和大苞山茶为对象，分析其群落特征。

（1）乌檀群落（图5-23）

乌檀为茜草科的乌檀属植物，为大型常绿阔叶乔木，分布中国广东、广西、海南，东南半岛也有分布。乌檀种群天然更新困难，分布区狭窄，多呈零星状，为中低海拔森林中少见的树种（陈健妙，2003）。在深圳，乌檀仅发现于七娘山高岭古村，种群数量不足50，为深圳地区极小种群植物。在2018年7月，开展了乌檀群落的样地调查，群落林冠浓密，无明显起伏，终年常绿，垂直结构分层明显，可划分为乔木层、灌木层、草本层以及由藤本植物和附生植物构成的层间结构，不同层间存在着空间重叠和交错分布现象。本次调查设置其群落样地1500 m^2，并绘制了其样地30 m的样地剖面图。

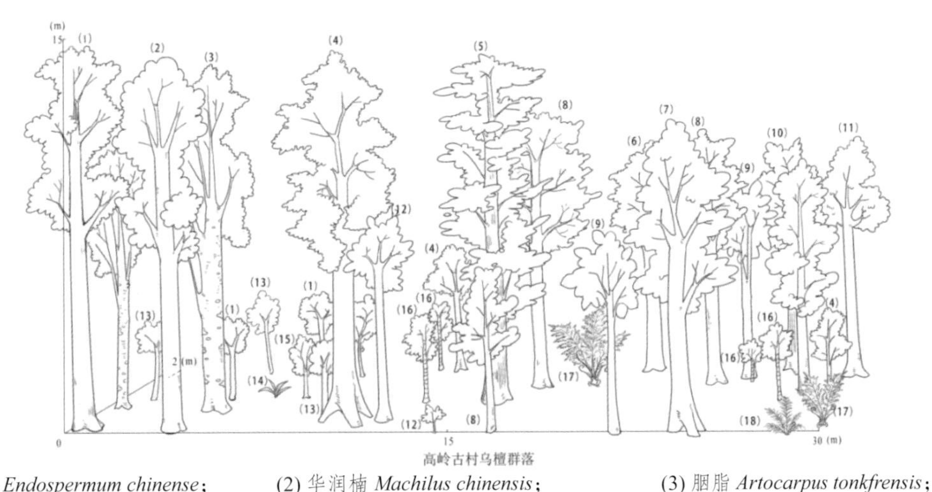

(1) 黄桐 *Endospermum chinense*；　(2) 华润楠 *Machilus chinensis*；　(3) 胭脂 *Artocarpus tonkfrensis*；
(4) 中华杜英 *Elaeocarpus chinensis*；　(5) 杉木 *Cunninghamia lanceolata*；　(6) 泡花树 *Meliosma cuneifolia*；
(7) 山杜英 *Elnetcarpus sylvestris*；　(8) 乌檀 *Nauclea ofvicinalis*；　(9) 鼎湖血桐 *Macaranga sampsonii*；
(10) 假苹婆 *Sterculia lanceolatas*；　(11) 广东冬青 *Ilex kwangtungensis*；　(12) 肉实树 *Sarcosperma laurinum*；
(13) 银柴 *Aporosn dioicu*；　(14) 小花蜘蛛抱蛋 *Axpidistra minutiflora*；　(15) 大沙叶 *Pavetta arenosa*；
(16) 九节 *Psychotria asiatica*；　(17) 金毛狗 *Cihotium burcmetz*；　(18) 乌毛蕨 *Blechnum orientale*

图5-23　乌檀群落剖面图（孙园园绘）

在乌檀群落中，乔木层优势种为银柴、黄桐、肉实树和胭脂，散生有山杜英、中华杜英、山蒲桃、鼎湖血桐、乌檀等。灌木层高1～4 m，优势种为银柴、肉实树、黄毛五月茶、山蒲桃，灌木植物如九节、罗伞树、大沙叶等优势不明显。草本层优势种为金毛狗，在样地局部连续成片出现，盖度可达40%，次优势植物还有江南星蕨、单叶新月蕨、傅氏凤尾蕨和半边旗，伴生有华山姜、草珊瑚、扇叶铁线蕨、小花蜘蛛抱蛋等。层间有较多大型木质藤本，如紫玉盘、锡叶藤、夜花藤、薯莨、网脉崖豆藤等。

乌檀种群有9株，以大树为主，有6株胸径在8～17 cm，平均高度9.8 m，仅有3株幼苗和小树，种群数量少，其群落生态环境需加强保护。

（2）大苞白山茶群落（图5-24）

大苞白山茶为丛生状常绿灌木或小乔木，主要分布在香港九龙大雾山、广东封开县、陆河莲花山、紫金县及深圳，深圳调查发现仅在田头山和七娘山，田头山区域在近两年的调查中未被发现，仅在七娘山地区发现有小种群存在，种群数量小于50株，为深圳地区极小种群植物，可以正常开花结实。研究者于2020年12月，大苞白山茶处于盛花期，开展了样地调查，设置其群落样地1200 m^2，并绘制了其样地30 m的群落剖面图。

在大苞白山茶群落中，对其乔灌层物种重要值分析（表5-29）可知，群落建群种为香花枇杷，重要值排名第1，种群数量72，远多于其他物种，乔木层优势种还有鹅掌柴、华润楠、亮叶槭和密花树，重要值排名前5，伴生种为黄樟、中华杜英、两广梭罗、岭南山竹子、假苹婆、厚壳桂、猴欢喜、广东琼楠等；灌木层多以乔木幼树和小树为主，如香花枇杷、厚壳桂、天料木、假苹婆、鼠刺等，灌木物种不形成明显优势，重要值排名在第15以下，如变叶榕、大苞白山茶、罗伞树、九节等；草本层优势种为金毛狗，盖度可达70%，伴生有单叶新月蕨、乌毛蕨、广东石豆兰、石仙桃。

大苞白山茶种群有11株，高度3 m以上的有6株，其平均高度5.3 m，有5株幼苗，平均高度1.5 m，种群重要值排名第23，属于灌木层伴生种，种群处于发展阶段，有较多幼苗更新，生长状态良好，但是样地有较多大块碎石堆积，土壤层较薄，对大苞白山茶的成长不利，可以适当加强人工抚育。

(1) 罗浮锥 *Castanopsis faberi*；(2) 变叶格 *ficus variolasa*；(3) 香花枇杷 *Eriobotrya Pragrans*；
(4) 大苞白山茶 *Camellia granthamiana*；(5) 吊钟花 *Enkianthus avinoucrlorus*；(6) 岭南山竹子 *Garcinia oblomgifoling*；
(7) 光亮山矾 *Symplocos Iucidas*；(8) 烟斗柯 *Tithocanous corneas*；(9) 亮叶槭 *Acer Iueidwm*；
(10) 罗浮柿 *Diospyros morrisianne*；(11) 寄生藤 *Dendrotrophe crrians*；(12) 两广梭罗 *Reevesin thyrsoidea*；
(13) 华润楠 *Machius chinensis*；(14) 山油柑 *Acronychia peduncutoias*；(15) 狗骨柴 *Diplospora dubia*；
(16) 白桂木 *Antecarpus hypargyrous*；(17) 金毛狗 *Cihotium burcmetz*；(18) 岭南山茉莉 *Hundendron biaristatum* var. *parwi flarum*；
(19) 山蒲桃 *Syzyzium Ievimei*；(20) 竹节树 *Curailin Brachiata*；(21) 肉实树 *Sarcasperma Jaurinum*；
(22) 罗伞树 *Ardisiu quinquczon*

图5-24　大苞白山茶群落剖面图（张泓绘）

表5-29　深圳大苞白山茶群落乔灌层物种重要值（IV>4）分析

序号	种名	株数	相对多度RA	物种胸面积和/cm^2	相对显著度RD	相对频度RF	重要值IV
1	香花枇杷 *Eriobotrya fragrans*	72	14.52	5824.44	17.74	6.06	38.32
2	鹅掌柴 *Schefflera heptaphylla*	10	2.02	3307.09	10.07	2.53	14.61
3	华润楠 *Machilus chinensis*	8	1.61	3420.14	10.42	2.02	14.05
4	亮叶槭 *Acer lucidum*	22	4.44	1089.49	3.32	4.04	11.79
5	密花树 *Myrsine seguinii*	22	4.44	319.43	0.97	4.55	9.95
6	黄樟 *Cinnamomum parthenoxylon*	6	1.21	2076.27	6.32	2.02	9.55
7	中华杜英 *Elaeocarpus chinensis*	5	1.01	1739.97	5.30	2.02	8.33
8	两广梭罗 *Reevesia thyrsoidea*	12	2.42	1278.98	3.90	1.52	7.83
9	天料木 *Homalium cochinchinense*	15	3.02	378.66	1.15	3.54	7.71
10	岭南山竹子 *Garcinia oblongifolia*	9	1.81	678.74	2.07	3.54	7.42
11	假苹婆 *Sterculia lanceolata*	14	2.82	572.45	1.74	2.53	7.09
12	猴欢喜 *Sloanea sinensis*	11	2.22	1065.13	3.24	1.52	6.98
13	厚壳桂 *Cryptocarya chinensis*	16	3.23	378.50	1.15	2.53	6.90
14	鱼骨木 *Psydrax dicocca*	5	1.01	1186.39	3.61	1.52	6.14
15	鼠刺 *Itea chinensis*	13	2.62	239.81	0.73	2.53	5.88
16	罗浮买麻藤 *Gnetum luofuense*	12	2.42	75.96	0.23	3.03	5.68
17	变叶榕 *Ficus variolosa*	9	1.81	222.61	0.68	3.03	5.52
18	肉实树 *Sarcosperma laurinum*	7	1.41	509.79	1.55	2.53	5.49
19	大头茶 *Polyspora axillaris*	6	1.21	681.05	2.07	2.02	5.30

（续表）

序号	种名	株数	相对多度RA	物种胸面积和/cm^2	相对显著度RD	相对频度RF	重要值IV
20	罗浮柿 *Diospyros morrisiana*	6	1.21	669.82	2.04	2.02	5.27
21	华南皂荚 *Gleditsia fera*	2	0.40	1264.73	3.85	1.01	5.27
22	罗伞树 *Ardisia quinquegona*	10	2.02	133.52	0.41	2.53	4.95
23	大苞白山茶 *Camellia granthamiana*	11	2.22	351.27	1.07	1.52	4.80
24	亮叶猴耳环 *Archidendron lucidum*	10	2.02	376.04	1.15	1.52	4.68
25	九节 *Psychotria asiatica*	9	1.81	37.26	0.11	2.53	4.45

（3）广东木瓜红群落

广东木瓜红（*Rehderodendron kwangtungense*）隶属于安息香科木瓜红属，为乔木，分布于广东、广西、湖南、云南等地，是重要种质资源植物，为先叶植物，3～4月先开花，4～5月后长叶，花色艳丽芳香，果大形奇，可作绿化观赏树，其木材为制胶合板、电热绝缘材料、造纸原料等的优良用材。深圳仅在七娘山发现有广东木瓜红种群分布，种群数量小于50株，为深圳地区的极小种群植物。在2019年8月，在七娘山调查时发现了广东木瓜红群落所在群落，调查样地面积1200 m^2，海拔720 m。

在广东木瓜红所在群落中，对其乔灌层物种重要值分析（表5-30）可知，乔木层优势种有密花树、香花枇杷、华润楠、硬壳柯和罗浮柿，重要值排名前5，伴生种为猴欢喜、钝叶假蚊母树、米槠、岭南槭、腺叶桂樱、崖柿、穗花杉、黄果厚壳桂、鹿角锥等；灌木层优势种有山香圆和光叶山矾，其他常见灌木还有网脉山龙眼、赤楠、榕叶冬青、疏花卫矛、豺皮樟、纤花冬青、格药柃等；草本层优势种为镰羽贯众，盖度可达60%，伴生有淡竹叶、单叶新月蕨、山姜、红孩儿、流苏贝母兰、赤车、大苞赤瓟、短小蛇根草、金毛狗等。

广东木瓜红种群有7株，高度10 m以上的有3株，其平均高度为12.3 m，有4株幼苗和小树，平均高度2 m，种群重要值排名第20，属于乔木层伴生种，种群增长缓慢。广东木瓜红在群落中分布零散，种群数量少，需要加强对其群落生态环境的保护。

表5-30　深圳广东木瓜红群落乔灌层物种重要值分析

序号	种名	株数	相对多度RA	相对频度RF	物种胸面积和/cm^2	相对显著度RD	重要值IV
1	密花树 *Myrsine seguinii*	95	19.96	3.57	4136.80	9.35	32.88
2	香花枇杷 *Eriobotrya fragrans*	56	11.76	4.91	3593.28	8.12	24.79
3	华润楠 *Machilus chinensis*	26	5.46	4.02	6331.02	14.31	23.79
4	硬壳柯 *Lithocarpus hancei*	39	8.19	2.68	3424.36	7.74	18.61
5	罗浮柿 *Diospyros morrisiana*	16	3.36	4.02	3676.24	8.31	15.69
6	猴欢喜 *Sloanea sinensis*	25	5.25	2.68	2422.99	5.47	13.41
7	钝叶假蚊母树 *Distyliopsis tutcheri*	10	2.10	1.79	2637.30	5.96	9.85
8	米槠 *Castanopsis carlesii*	5	1.05	1.79	2987.97	6.75	9.59
9	山香圆 *Turpinia montana*	21	4.41	2.68	842.91	1.90	8.99
10	岭南槭 *Acer tutcheri*	14	2.94	3.13	673.40	1.52	7.59
11	腺叶桂樱 *Laurocerasus phaeosticta*	8	1.68	2.68	1170.62	2.65	7.00
12	光叶山矾 *Symplocos lancifolia*	13	2.73	2.23	792.63	1.79	6.75
13	崖柿 *Diospyros chunii*	10	2.10	0.89	1643.83	3.71	6.71
14	穗花杉 *Amentotaxus argotaenia*	13	2.73	1.79	641.57	1.45	5.97

（续表）

序号	种名	株数	相对多度 RA	相对频度 RF	物种胸面积和/cm²	相对显著度 RD	重要值 IV
15	黄果厚壳桂 *Cryptocarya concinna*	5	1.05	1.34	1642.16	3.71	6.10
16	鹿角锥 *Castanopsis lamontii*	5	1.05	1.34	1610.49	3.64	6.03
17	尖脉木姜子 *Litsea acutivena*	9	1.89	3.13	65.05	0.15	5.16
18	浙江润楠 *Machilus chekiangensis*	8	1.68	2.23	637.65	1.44	5.35
19	显脉新木姜子 *Neolitsea phanerophlebia*	7	1.47	2.23	588.81	1.33	5.03
20	广东木瓜红 *Rehderodendron kwangtungense*	7	1.47	0.45	1311.99	2.96	4.88
21	网脉山龙眼 *Helicia reticulata*	8	1.68	1.79	176.52	0.40	3.87
22	日本杜英 *Elaeocarpus japonicus*	3	0.63	0.89	1045.75	2.36	3.89
23	吊钟花 *Enkianthus quinqueflorus*	9	1.89	1.34	196.66	0.44	3.67
24	大头茶 *Polyspora axillaris*	5	1.05	1.34	68.60	0.15	2.54
25	紫玉盘柯 *Lithocarpus uvariifolius*	9	1.89	0.45	134.86	0.30	2.64
26	黄樟 *Cinnamomum parthenoxylon*	2	0.42	0.89	447.70	1.01	2.32
27	赤楠 *Syzygium buxifolium*	4	0.84	0.89	221.86	0.50	2.23
28	厚壳桂 *Cryptocarya chinensis*	3	0.63	1.34	9.25	0.02	1.99
29	五列木 *Pentaphylax euryoides*	3	0.63	0.89	184.78	0.42	1.94
30	榕叶冬青 *Ilex ficoidea*	3	0.63	0.89	32.65	0.07	1.60
31	锈叶新木姜子 *Neolitsea cambodiana*	2	0.42	0.89	99.47	0.22	1.54
32	网脉琼楠 *Beilschmiedia tsangii*	4	0.84	0.45	116.42	0.26	1.55
33	岭南青冈 *Cyclobalanopsis championii*	2	0.42	0.89	8.44	0.02	1.33
34	罗浮锥 *Castanopsis faberi*	2	0.42	0.89	5.19	0.01	1.32
35	疏花卫矛 *Euonymus laxiflorus*	2	0.42	0.89	3.98	0.01	1.32
36	长花厚壳树 *Ehretia longiflora*	1	0.21	0.45	175.79	0.40	1.05
37	茜树 *Aidia cochinchinensis*	1	0.21	0.45	127.32	0.29	0.94
38	鼠刺 *Itea chinensis*	2	0.42	0.45	26.76	0.06	0.93
39	锈叶新木姜子 *Neolitsea cambodiana*	2	0.42	0.45	7.96	0.02	0.88
40	豺皮樟 *Litsea rotundifolia* var. *oblongifolia*	2	0.42	0.45	3.84	0.01	0.88
41	甜槠 *Castanopsis eyrei*	1	0.21	0.45	76.47	0.17	0.83
42	铁榄 *Sinosideroxylon pedunculatum*	1	0.21	0.45	66.92	0.15	0.81
43	笔管榕 *Ficus subpisocarpa*	1	0.21	0.45	40.29	0.09	0.75
44	纤花冬青 *Ilex graciliflora*	1	0.21	0.45	35.09	0.08	0.74
45	格药柃 *Eurya muricata*	1	0.21	0.45	31.83	0.07	0.73
46	饶平石楠 *Photinia raupingensis*	1	0.21	0.45	20.37	0.05	0.70
47	爪哇脚骨脆 *Casearia velutina*	1	0.21	0.45	5.09	0.01	0.67
48	香楠 *Aidia canthioides*	1	0.21	0.45	4.48	0.01	0.67
49	狗骨柴 *Diplospora dubia*	1	0.21	0.45	3.90	0.01	0.67
50	细枝柃 *Eurya loquaiana*	1	0.21	0.45	2.86	0.01	0.66
51	白花苦灯笼 *Tarenna mollissima*	1	0.21	0.45	0.97	0.00	0.66

（续表）

序号	种名	株数	相对多度 RA	相对频度 RF	物种胸面积和/cm^2	相对显著度 RD	重要值 IV
52	两广梭罗 *Reevesia thyrsoidea*	1	0.21	0.45	0.97	0.00	0.66
53	亮叶猴耳环 *Archidendron lucidum*	1	0.21	0.45	0.97	0.00	0.66
54	树参 *Dendropanax dentiger*	1	0.21	0.45	0.97	0.00	0.66
55	粗糠柴 *Mallotus philippensis*	1	0.21	0.45	0.72	0.00	0.66

对广东木瓜红所在群落优势乔木种群的年龄结构分析（图5-25）可知，密花树、香花枇杷、华润楠、硬壳柯种群均呈金字塔形，以Ⅲ级中树和Ⅳ级大树为多，同时有较多的幼苗可正常更新，均为稳定型种群。罗浮柿作为亚热带常绿阔叶林先锋树种，在群落演替过程中其优势地位逐渐被其他建群种取代，其种群整体上呈倒金字塔形，种群有衰退趋势，种群中Ⅳ级大树较多而Ⅰ、Ⅱ级幼树较少，幼苗和小树的更新压力大。广东木瓜红种群数量较少，仅有7株，其年龄结构不完整，在群落演替中处于弱势，为乔木层的伴生树。

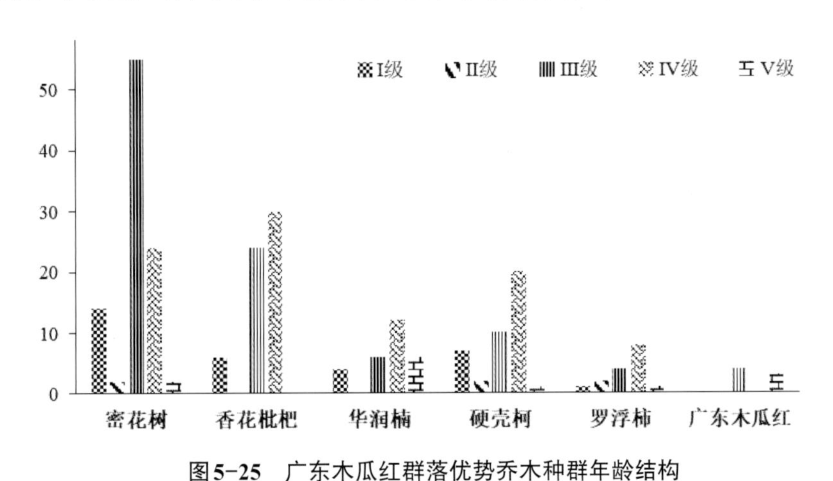

图5-25 广东木瓜红群落优势乔木种群年龄结构

5.4.4 广东省重点保护野生植物及其生存状况

在2023年3月17日，广东省人民政府公布了广东省重点保护野生植物名录[粤府函(2023) 30号]。据此统计，深圳市共分布有12种，隶属于7科8属。近几年来植被调查，也都时有发现它们的分布，这些种类大多已被列在前面“极小种群、深圳小种群”一节。在此，针对各种在群落中的地位、个体数量、生存状况等，将其划分为3个濒危级别，如表5-31所示。

① 渐危种。兰科的广东石豆兰 *Bulbophyllum kwangtungense*、密花石豆兰 *Bulbophyllum odoratissimum*、石仙桃 *Pholidota chinensis*，在深圳地区的分布点较多，数量较丰富，大多超过600株，为局域常见种，常分布于地带性沟谷季雨林、山地常绿阔叶林中。但由于它们属于兰科植物，常常被无序采挖，种群处于渐危状态。

②易危种。深圳双扇蕨 *Dipteris shenzhenensis*、芳香石豆兰 *Bulbophyllum ambrosia*、二色卷瓣兰 *Bulbophyllum bicolor*、细叶石仙桃 *Pholidota cantonensis*、紫背天葵 *Begonia fimbristipula*、猪笼草 *Nepenthes mirabilis* 在深圳的分布点仅1-3处，非常稀少。深圳双扇蕨仅在七娘山发现有一小片群落，沿沟边分布，受季节性干旱气候影响较大。应注意该区域植被生态环境保护，保留一定的湿润性。猪笼草在广东沿海地区有数处分布点，数量稍丰富，但在深圳地区近年仅在盐田滨海有发现，生长状况较好。二色卷瓣兰、细叶石仙桃、紫背天葵分布点均较少，应注意区域植被环境、自然小生境保护。

③ 濒危种。深圳地区广东省重点保护野生植物木本种主要有3种，它们数量均极为稀少，其中，大苞白

山茶*Camellia granthamiana*在七娘山中海拔处，不足20株；乌檀*Nauclea officinalis*在南澳高岭村低海拔处，不足15株；半枫荷*Semiliquidambar cathayensis*在田头山低海拔处，不足10株，均为该地区常绿阔叶林的特征种。在有可能的情况下，应加强区域植被环境保护，开展人工繁育研究，适时评估开展野外回归研究。

表5-31　深圳市分布的广东省重点保护野生植物名录（2023年版）

序号	科	family	中文名	种拉丁名	深圳分布点
1	双扇蕨科	Dipteridaceae	深圳双扇蕨	*Dipteris shenzhenensis* Y. H. Yan & Z. Y. Wei	七娘山（张寿洲等012037）
2	兰科	Orchidaceae	芳香石豆兰	*Bulbophyllum ambrosia* (Hance) Schltr.	七娘山（邢福武12376，IBSC；赵万义等 SZ-1-2267）、排牙山（赵万义等 SZ-1-2254，SYS）
3	兰科	Orchidaceae	二色卷瓣兰	*Bulbophyllum bicolor* Lindl.	梅沙尖
4	兰科	Orchidaceae	广东石豆兰	*Bulbophyllum kwangtungense* Schltr.	东涌、七娘山（曾治华等010880）、大鹏、排牙山（张寿洲等2933）、笔架山、盐田、梅沙尖（徐有才1414）、梧桐山
5	兰科	Orchidaceae	密花石豆兰	*Bulbophyllum odoratissimum* (J. E. Sm.) Lindl.	七娘山（邢福武12404，IBSC）、排牙山、笔架山、马峦山（李勇等009692）、龙岗
6	兰科	Orchidaceae	细叶石仙桃	*Pholidota cantonensis* Rolfe	梧桐山（刘仲健3771，NOCC）、排牙山（赵万义等，SZ-1-2236，SYS）
7	兰科	Orchidaceae	石仙桃	*Pholidota chinensis* Lindl.	七娘山（张寿洲等1551）、笔架山（张寿洲等1038）、三洲田、梅沙尖（深圳考察队210）、盐田、梧桐山、赤坳水库（杨文晟等 SZ-1-3147，SYS）
8	蕈树科	Altingiaceae	半枫荷	*Semiliquidambar cathayensis* H. T. Chang	田头山（SYS）
9	秋海棠科	Begoniaceae	紫背天葵	*Begonia fimbristipula* Hance	排牙山（张寿洲等 2174）、葵涌（张寿洲 3455）、龙岗区笔架山（孙键等 SZ-1-3354, SYS）
10	猪笼草科	Nepenthaceae	猪笼草	*Nepenthes mirabilis* (Lour.) Druce	三洲田（张寿洲等 5280）、梅沙尖（张寿洲等 4794）、仙湖植物园（李沛琼 1851）
11	山茶科	Theaceae	大苞白山茶	*Camellia granthamiana* Sealy	七娘山（林大利等 011220；张寿洲等 012033；中山大学 SYS）
12	茜草科	Rubiaceae	乌檀	*Nauclea officinalis* (Pierre ex Pit.) Merr. & Chun	七娘山（张寿洲等 011236）、南澳镇高岭（谭维政等，SZ-1-3435，SYS）

注：表中右栏表示其在深圳的分布点，括号中为对应采集人和标本号，标本现存深圳仙湖植物园标本馆，或华南植物园标本馆（IBSC）、中山大学植物标本馆（SYS）、深圳兰科植物研究中心标本馆（NOCC），未有标记录者的为野外考察随机记录。

第6章　深圳市植被区划与生态系统多样性

6.1　深圳市植被区划概念

根据植被的空间分布规律及其组合特征，将全球或某一国家或地区划分为不同的植被区域或植被地带，称为植被区划（植被分区，Vegetation Regionalization）。在选定的行政区或特定地段，依据植被类型及其生态地理差异，划分出高、中、低等级别且彼此相似或相异的植被地理区聚合，构成了内部具有特定分布规律的植被分区，如《中国植被》区划。植被区划的确定原则或方法，主要是根据各区域群落类型之间的相似性和相异性，针对整体区域从大到小进行逐级划分，编制成植被分区系统，在此基础上绘制成植被分区图。植被区划是基于对区域植被地理分布规律的反映和研究总结，一方面需要掌握该地区植被分类系统、植物区系特征、植被生态环境、植被地理特征等，另一方面也为揭示植被的空间结构及其植被演替历史和趋势奠定了基础。植被区划所构建的基本数据具有重要意义，可用于：①探索植被资源空间分布及其生产潜力；②评估区域植被资源及其生态条件，进而提出保护利用规划；③编制水土流失、风沙水旱灾治理等预防方案；④制定农林牧副业生产规划方案；⑤植被区划对综合自然地理区划和生物圈的研究也提供了重要的数据支撑。

植被区划的依据和目标，一是具备较完善的植被类型划分，以及针对植被、群落的植物种类组成进行区系地理成分分析；二是植被区划的各单元在空间上具有连续性和完整性。三是允许特定的分区单元可以包括不同的植被类型及其组合，相应地某一植被类型也可以分属于不同的植被区。

6.1.1　深圳市植被区划原则

植被区划的第一个原则是地域分异性原则。地域分异性（Regional Differentiation）是指在地带性因素和非地带性因素共同作用下，地球表面不同地段之间的相互分化以及由此而产生的差异。在同一个地段内，自然地理环境整体及其组成要素在某个确定方向上保持特征的相对一致性，不同地段在确定方向上表现出差异性，植被特征在不同地段上也出现相应的地域分异性，这是划分植被地理分区的主要原则。

第二个原则是依据植被本身的特点进行区划。区域植被本身的特点主要考虑占优势的植物群落类型以及各群落类型的组合方式。在天然植被遭受破坏时，栽培植被的性质也是植被区划考虑的依据之一。

6.1.2　深圳市植被区划单位

遵循上述植被区划原则，植被区划主要有4级主体单位，从高至低依次为植被区域、植被地带、植被区和植被小区，在各级主要单位下可依据需要划分亚级单位，如亚区域、亚地带、亚区等，从而构成植被区划系统。

（1）植被区域

植被分区的最高一级单位，属全国性的区划等级，指具有一定水平地带性的热量-水分综合因素所决定的一个或数个植被型占优势的区域，区域内具有明显的占优势的植物区系成分。在植被区域内，水分条件及植物区系地理成分差异而引起的地区性分异，则划分出植被亚区域单位，在中国主要受海陆地带性和不同大气环流系统的作用，表现在相似纬度下的东西方向或东南—西北方向的差异，比如亚热带常绿阔叶林区域内，可划分为东部湿润常绿阔叶林亚区域和西部半湿润常绿阔叶林亚区域。

（2）植被地带

植被分区的第二级单位，是植被区域的组成部分，按植被本身的标志性特征来划分，即以区域内典型优势植被类型为地带性综合体的构件而划分。植被地带属于地带性的分区级别，在植被区域中由基本相同的典型植被型构成，它们的分布一方面与地带性的水热平衡状况有密切关系，另一方面还要受当地具体的自然生境条件所制约。在同一地带内通常表现为一个主要的群系组，如山地常绿阔叶林、低地季雨林等。

植被地带的划分，主要按具有相对稳定性植被类型的差异，以及参照建群层片的区系组成中含有的相应特征种，同时考虑到与其相适应的地理环境及气候带等的相关关系而划分。

（3）植被区

植被分区的第三级单位，是植被地带的组成部分，但不是完全的地带性分区级别。划分依据着重在较一致的大地貌及其引起的土壤和地形气候条件，如山地和丘陵地的常绿林的划分。其差异主要表现在植被类型及主要种或其伴生种的数量与生态习性，还有植被分布的规律性，包括植被类型及地方性生态环境特点、区内的耕作季节与制度。它有着一种主要的群系组或若干个重要的群系。

（4）植被小区

植被分区的第四级单位，也是最小的分区单位，是非地带性的低级分区级别，主要按植被本身的特征来划分，如不同地域性分布的建群种、农作物和果树栽培上的地域差异特性。

6.2 深圳市植被区划系统

根据《中国植被》（1980）区划图（1 ∶ 6 000 000）的划分结果，深圳市境内的植被区划包括2个区域，2个亚区域，2个植被地带，3个植被区，3个植被小区（图6-1）。

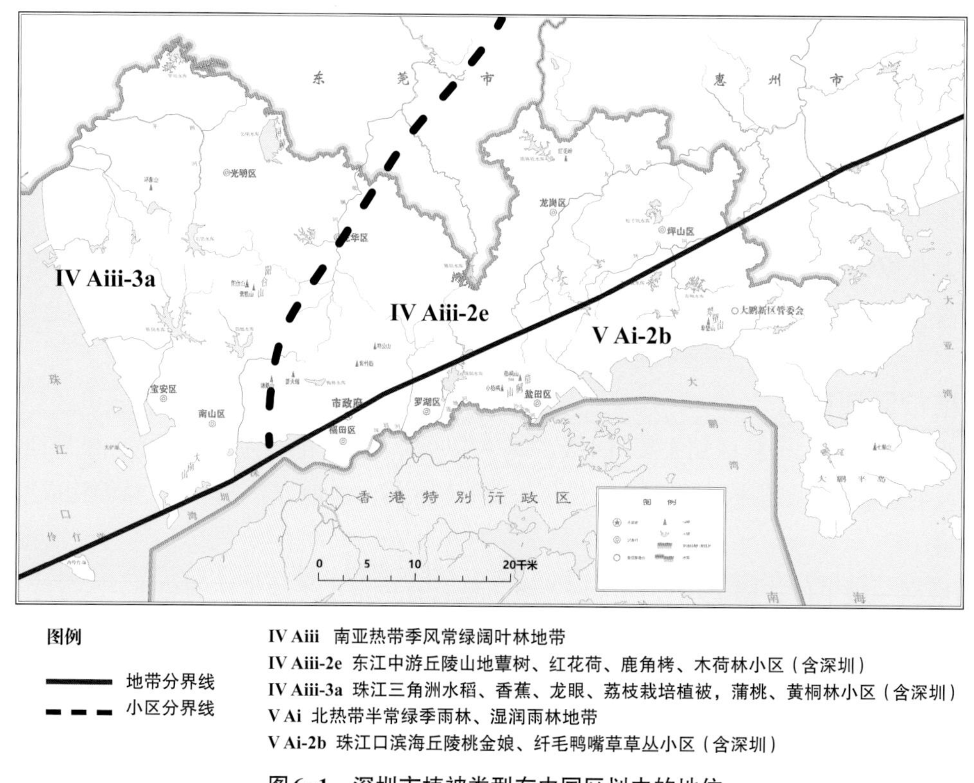

图6-1 深圳市植被类型在中国区划中的地位

IV. 亚热带常绿阔叶林区域

IV A. 东部湿润常绿阔叶林亚区域

IV Aiii. 南亚热带季风常绿阔叶林地带

IV Aiii-2. 闽、粤沿海丘陵，栽培植被，刺栲、厚壳桂林区

IV Aiii-2e. 东江中游丘陵山地蕈树、红花荷、鹿角栲、木荷林小区

IV Aiii-3. 珠江三角洲，栽培植被，蒲桃、黄桐林区

IV Aiii-3a. 珠江三角洲水稻、香蕉、龙眼、荔枝栽培植被，蒲桃、黄桐林小区

V. 热带季雨林、雨林区域

V A. 东部偏湿性热带季雨林、雨林亚区域

V Ai. 北热带半常绿季雨林、湿润雨林地带

V Ai-2. 粤东南滨海丘陵半常绿季雨林区

V Ai-2b. 珠江口滨海丘陵桃金娘、纤毛鸭嘴草草丛小区

6.2.1　深圳市植被区划的区级单元

总体来看，植被区划的“区域”等级代表着在水平地带性背景下，受到“水热带条件（气候带）+优势植被型”的支配；“植被地带”等级代表着受到“水热条件（亚气候带）+优势植被亚型”的支配，“区”等级是在同样的“水平地带、气候、植被”背景条件下，受到局部地貌、山川河流等条件的影响而构成的植被区。即深圳地区的植被区划属于两大区域、两地带、三个区，具体隶属为：

A. 亚热带常绿阔叶林区域

I. 南亚热带季风常绿阔叶林地带

I-1. 闽、粤沿海台地丘陵，栽培植被、刺栲、厚壳桂林区

I-2. 珠江三角洲，栽培植被、蒲桃、黄桐林区

B. 热带季雨林、雨林区域

II. 北热带半常绿季雨林、湿润雨林地带

II-1. 粤东南滨海丘陵，半常绿季雨林区

6.2.2　深圳市植被区划的省与州级单元

省级与州级单位为非地带性的区划单位，在省行政区范围内的植被区划比较常用。在1962年的广东省植被区划中，以植物群落为基本单位，从群落的组成成分、结构、优势生活型、群落动态、生境特点和地理分布规律等方面进行研究。高级分区单位与自然带相应，以反映植被及其生境的地带性特点为主；低级分区单位则与地理景观相应，以反映植被及其生境的局部地区性特点为主。

广东省植被区划采用了植被带、植被地带（植被亚地带）、植被省和植被州四级区划单位。其中：

植被带——与中国植被区划中的“区域”级别单位的概念一致，是区划中的地带性高级分区单位，通常与纬度地带性相对应。

植被地带——地带性的分区级别单位，与植被带有着基本相同的典型植被型，这种典型植被型的出现一方面与地带性的水热平衡状况有密切关系，另一方面还受着当地地区性自然条件所影响。

植被省——植被地带中的一部分，为非完全地带性的分区级别单位，以各种典型群落的特征及其垂直分布状况为分区依据，主要反映着大地貌及由其所引起的土壤和地形气候等条件的特点。

植被州——植被省中的一部分，为非地带性的低级分区级别单位，以各种典型群落及其某些重要的栽培群落为依据，着重反映地貌、土类、生物和气候等生境条件，以及栽培群落及其耕作制度等的地方性特点。

广东省植被区划共分为2个植被带，5个植被地带和亚地带，15个植被省和38个植被州。深圳范围内的植被区划归属于广东省植被区划的2个植被带、2个植被地带、2个省、2个州，即：

A. 亚热带植被带

I. 华南南亚热带湿性季节林地带

I-1. 珠江丘陵平原亚热带常绿季雨林省

I-1-1. 惠阳台地丘陵常绿季雨林州

B. 热带植被带

II. 华南热带湿性季节林地带

II-1. 粤中、粤东滨海丘陵台地热带季雨林省

II-1-1. 粤中滨海丘陵常绿季雨林州

6.2.3 深圳市植被区划的小区级单元

参考中国植被区划、广东省植被区划，结合深圳市植被分布现状与群落组成特点，拟定深圳各级植被分区单位的依据，本次区划按4级单位系统，分别为植被带、植被地带、植被区、植被小区。

6.2.3.1 各级区划单位含义与划分依据

第一级植被带——是区划的最高级单位，与“植被区域”的含义一样，是代表纬度地带性影响下，具有相似的植被特征、一定的植物区系成分的地理范围。

第二级植被地带——在植被带内划分的地带性差异单位，在深圳表现为在南北不同水热条件影响下的植被型或植被亚型的组成差异。

第三级植被区——是区划的中级单位，在植被地带内，由于地形地貌、海拔高度的差异影响下，不同区域内的植被群系组、群系级别的组成差异，划分出植被区。

第四级植被小区——是区划的低级单位，在植被区内，由于受海洋气候影响的不同程度、人类活动的开发程度、山地海拔高度的影响下，不同区域内的植被群系、群丛级别的组成差异，划分出植被小区。具体的划分依据为：

①区域内有一定优势的特别的植被群落组成，如海岸带红树林群落。

②区域内有一定面积的特殊地形地貌类型，如近海的岛屿。

③区域内在山体海拔差异有明显梯度级别，在植被群落组成上有完整的植被类型结构，如低海拔一定特征的热带季雨林、高海拔区域的灌草丛植被类型等。

6.2.3.2 植被区划单位的命名

依据深圳植被区划的原则和依据，各级区划单位的命名规则如下：

（1）植被带

命名式：热量带+植被带。例如，热带植被带。

（2）植被地带

命名式：地理区+热量带+占优势的地带性植被型或组合+地带。例如，华南南亚热带常绿阔叶林地带。

（3）植被区

命名式：行政地名或山川、河流名的一部分+地貌类型+热量带+优势地带性植被+区。例如，粤中、粤

东滨海丘陵台地热带季雨林区。

（4）植被小区

命名式：行政地名的一部分+地貌类型+优势植被型或功能型植被+小区。例如，深圳中部、北部丘陵平原水源涵养林小区；深圳南部沿海红树林、人工红树林小区。

6.2.3.3 植被区划系统

按照以上标准，本区划将深圳植被区划划分为：2个植被带（用字母A、B表示），2个植被地带（用罗马字母I、II表示），2个植被省（地带符合后加阿拉伯数字表示，如I-1、II-1等），6个植被小区（在省级符合后加数字表示，如I-1-1、II-1-1、II-1-2等），即：

A. 亚热带植被带

I. 华南南亚热带常绿阔叶林地带

I-1. 珠江丘陵平原亚热带常绿阔叶林区

I-1-1. 深圳西部沿海人工红树林、半红树林小区

I-1-2. 深圳中部、北部丘陵平原水源涵养林小区

B. 热带植被带

II. 华南北热带季雨林地带

II-1. 粤中、粤东滨海丘陵台地热带季雨林区

II-1-1. 深圳西部丘陵岛屿人工次生林小区

II-1-2. 深圳南部沿海红树林、人工红树林小区

II-1-3. 深圳西南部沟谷低地果园、丘陵常绿阔叶次生林小区

II-1-4. 深圳东南部沟谷低地季雨林、丘陵台地常绿阔叶林小区

6.3 深圳市植被区划分区概述

根据《中国植被》(1980）将中国大陆东部，包括从东北部的大兴安岭，东部的天目山、武夷山、台湾山脉，再至东南部、南部的南岭、雷州半岛、海南岛均称为“东部湿润森林区域”，但不包括横断山脉地区，从北至南具体包括5个区域），即：I. 寒温带针叶林区域；II. 温带针阔混交林区域；III. 暖温带落叶阔叶疏林区域；IV. 亚热带常绿阔叶林区域；V. 热带雨林季雨林区域。中国大陆的东半部，类似于“胡焕镛线”的东南部（徐武兵等，2021）。相应地，《中国植被志》将西半部包括横断山脉地区划为3个区域，即：VI. 温带草原区域；VII. 温带荒漠区域；VIII. 青藏高原高寒植被区域，相当于“胡焕镛线”的西南部（徐武兵等，2021）。

方精云（2001）将东半部划分为6个植被带，即将“III. 暖温带落叶阔叶疏林区域”的南部分出一个“IV. 暖温带落叶常绿阔叶混交林带”，其他区域大致与《中国植被》划定的范围相当，各区域或各地带分界线略有差异。

深圳植被在区划上属于中国东部湿润森林区的两个区域（Ⅳ、Ⅴ），同时又位于热带和亚热带分界线上，地带性植被为热带季雨林和南亚热带常绿阔叶林，反映着高温多雨的湿热环境。深圳的主要地貌类型有岛屿丘陵、河流下游冲积平原、海岸带丘陵、台地等，有绵长的海岸带环境，内陆主要为丘陵-水库复合的山地环境，受海岸带季风、丘陵台地海拔差异导致的不同水热条件和人工林改造等人为因素的影响下，整体植被在不同山地形成不同的植被型、植被群系组成特征。根据植物群落的相似性和相异性，在此简要地对深圳植被逐级划分，阐明各划分单元的植被群落及其生境特征。

在“中国东部湿润森林区域”系统下，深圳植被可划分为：2个植被区域（2个植被地带）、6个植被小区（植被区划图如图6-2所示），如下分两节进行简要描述。

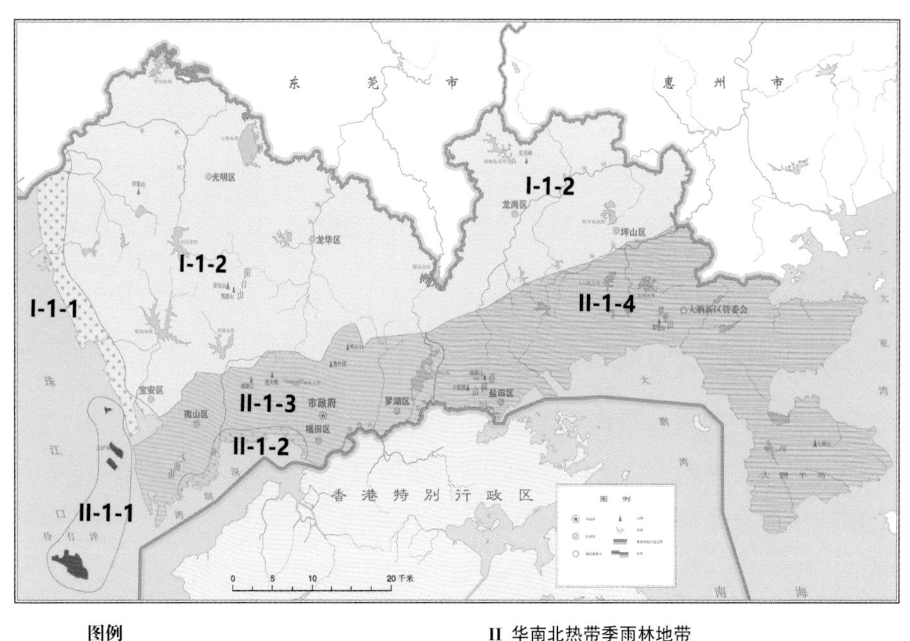

图例

I 华南南亚热带常绿阔叶林地带
I-1-1 深圳西部沿海人工红树林、半红树林小区
I-1-2 深圳中部、北部丘陵平原水源涵养林小区

II 华南北热带季雨林地带
II-1-1 深圳西部丘陵岛屿人工次生林小区
II-1-2 深圳南部沿海红树林、人工红树林小区
II-1-3 深圳西南部沟谷低地果园、丘陵常绿阔叶次生林小区
II-1-4 深圳东南部沟谷低地季雨林、丘陵台地常绿阔叶林小区

图6-2 深圳市植被区划图

6.3.1 华南南亚热带常绿阔叶林地带（Ⅰ）

华南南亚热带常绿阔叶林地带——深圳所属部分位于深圳北部区域，包括宝安区、光明区、南山区北部、龙华区大部、龙岗区绝大部和坪山区北部等。主要植被构成包括海上田园、凤凰山公园、阳台山公园、大顶岭山地公园、铁岗水库、西丽水库、石岩水库、鹅颈水库、茜坑水库、大水坑水库、平湖生态园、松子坑水库、清林径水库、长坑水库等各山地的植被。本地带的气候为南亚热带季风湿润气候区，气候温和，雨量充沛，整体“地带”范围内以丘陵、平原地貌为主，海拔大致为100～400 m，最高海拔为587 m，主要植被类型为南亚热带常绿阔叶林，目前大面积山地因建设公园、水库库区等影响，群落类型表现为明显的人工性和次生林，主要以桉树、马占相思、大叶相思、木荷、米槠等为优势的人工林群落，以及以柯、黧蒴、罗浮栲、红鳞蒲桃、鹅掌柴、银柴、假苹婆等为次优势的次生林群落。依据群落类型差异，本地带划分为2个植被小区，为深圳西部沿海人工红树林、半红树林小区和深圳中部、北部丘陵平原水源涵养林小区。

6.3.1.1 深圳西部沿海人工红树林、半红树林小区（Ⅰ-1-1）

深圳西部沿海人工红树林、半红树林小区位于深圳西部，行政区范围为宝安区的一部分，面积较小，主要为宝安区西部海湾带湿地植被生态系统，以人工红树林和半红树林占优势，有部分海岸滩地湿生草本植被。海拔不超过50 m，属亚热带海洋性湿润季风气候，夏季高温多雨，比冬季长，冬季湿冷干燥。土壤以海岸带淤泥和沙土为主。深圳西部沿海人工红树林、半红树林小区内代表性的植被位于宝安区的海上田园和西湾红树林公园。优势种群主要为无瓣海桑、海桑、桐花树、木榄、秋茄等，伴生红树植物有银叶树、桐棉、许树、白骨壤等。

深圳西部海上田园位于深圳市宝安区西部沙井，西临珠江入海口，南接宝安国际机场，北与东莞市相邻，总面积约24 km^2。范围主要为亚热带滨海湿地生态系统，区内湖泊溪流众多，保持了珠江口湿地的原有风貌。渔民在这里挖泥成塘，培泥成基，在基上栽种蔬菜果树，在水塘里养殖了鱼、虾、蟹，形成人工性的基塘生态系统，在海滩边缘有零散的红树林和芦苇群落植被。红树林植物主要有无瓣海桑、桐花树、木榄、秋茄、草海桐、桐棉、卤蕨、苦郎树等。形成红树林湿地群落的主要有秋茄+桐花树-老鼠簕群落、木榄-桐花树群落。

西湾红树林湿地公园位于深圳市宝安区西南部，主要在宝安区金湾大道和西海堤交会处，沿西侧海岸线总长度约为1.3 km，在潮间带的滩涂上种植有海桑、无瓣海桑、桐花树等红树植物，在上层滨海步道旁主要种植有木麻黄。范围内主要的人工和半人工红树林群落有海桑+无瓣海桑群落、无瓣海桑群落，以及秋茄+桐花树-老鼠簕群落。

6.3.1.2 深圳中部、北部丘陵平原水源涵养林小区（Ⅰ-1-2）

深圳中部、北部丘陵平原水源涵养林小区位于深圳中部和北部区域，行政区主要包括宝安区、光明区、龙岗区和坪山区及南山区北部。本小区海拔约为100～300 m，最高海拔为587 m，气候为亚热带湿润季风气候，夏季高温多雨，比冬季长，冬季湿冷干燥。土壤以山地、丘陵黄壤为多，平地和农田有水稻土和农业培育土壤。

本小区典型植被以亚热带常绿阔叶林、半常绿季雨林为主，因城市、公园、水库等建设的影响，主要在山地的中、高海拔地段保存有较明显的天然常绿阔叶林植被，如红梣林、鳘蔃林、鹅掌柴+山油柑林等。在各低海拔地段、水库周围有较大面积的人工林植被，如桉树林、马占相思林、大叶相思林等，部分为以荔枝、龙眼为主的水果经济林；目前大部分经济林已经退果还林或已成为弃荒地；村边农田以经济蔬菜、瓜果为主。

6.3.2 华南北热带季雨林地带（Ⅱ）

华南北热带季雨林地带，深圳所属部分位于深圳南部区域，包括南山区大部、福田区、罗湖区、盐田区、大鹏新区全部、龙华区及龙岗区的南部、坪山区南部。主要植被分布于内伶仃岛、大铲岛、小南山公园、大南山公园、福田红树林、塘朗山公园、银湖山郊野公园、深圳水库、梧桐山、三洲田、马峦山、田头山、大鹏半岛等山地。本地带为北热带湿润季风气候，受海洋季风影响明显，全年气候高温多雨，范围内以台地、丘陵、平原地貌为主，海拔大致为200～500 m，最高海拔为943.7 m，主要植被类型为热带季雨林和台地丘陵常绿阔叶林，在山地高海拔至山顶地段有较明显的矮林、灌木林和灌草丛植被。群落优势种群有华润楠、浙江润楠、短序润楠、大头茶、山油柑、银柴、鹅掌柴、黄杞、柯、岭南山竹子、竹节树、竹叶青冈、软荚红豆等。本地带可划分为4个植被小区，即：深圳西部丘陵岛屿人工次生林小区，深圳南部沿海红树林、人工红树林小区，深圳西南部沟谷低地果园、丘陵常绿阔叶次生林小区，深圳东南部沟谷低地季雨林、丘陵台地常绿阔叶林小区。

6.3.2.1 深圳西部丘陵岛屿人工次生林小区（Ⅱ-1-1）

深圳西部丘陵岛屿人工次生林小区位于深圳南山区西部，主要包含内伶仃岛、大铲岛、小铲岛及其周围小岛屿。本小区为丘陵海岛地貌，陆地面积较小，以内伶仃岛面积较大，约554 hm^2，海拔约在300 m以下，最高峰为内伶仃岛尖峰山340.9 m，整体受热带海洋性季风气候影响明显，全年温暖湿润，主要森林植被的土壤为花岗岩和变质岩赤红壤，岛屿周围有小面积的滨海沙土、石质土和潮滩盐土。原生植被受到较严重的人为活动干扰，以台湾相思人工次生林为主，在局部地区保留有较典型热带季雨林、常绿阔叶林植物群落，优势种群有白桂木、短序润楠、鹅掌柴、山油柑、破布叶、翻白叶树等，在内伶仃岛上有较大面积的马尾松与台湾相思及其他常绿阔叶树组成的针阔叶混交林群落。

6.3.2.2 深圳南部沿海红树林、人工红树林小区（Ⅱ-1-2）

深圳南部沿海红树林、人工红树林小区位于南山区东南部和福田区西南部，主要为海湾及海岸带滩涂植物，较适宜红树植物、半红树植物生长，代表性天然林红树林植被分布在福田红树林保护区，人工红树林主要分布在深圳湾公园至流花山公园一带。本小区沿海岸呈带状分布，属热带湿润性季风气候，全年温暖湿润；海拔大致在50 m以下，在部分地区植被稀疏，人工建筑等占地比例较大；土壤主要为海湾带盐碱性沙土、泥土。

福田红树林位于本小区东部，长约9 km，平均宽度约0.7 km，南部隔海湾毗邻香港米埔红树林保护区，沿岸分布有大面积的红树林植被，潮间带有天然红树林及海岸滩涂，沿海岸呈带状分布，长达6 km，林带宽50～350 m不等，优势种群以白骨壤、秋茄、桐花树为主，其他有木榄、卤蕨、老鼠簕等，伴生有海漆、鱼藤、海莲等，人工引种的优势种有无瓣海桑、海桑；半红树植物主要有水黄皮、黄槿、杨叶肖槿、银叶树、海杧果、苦郎树等。范围内主要优势红树林群落有白骨壤+秋茄-桐花树群落、秋茄-桐花树-老鼠簕群落、桐花树群落、海桑+无瓣海桑群落、木榄群落等。

深圳湾公园和流花山公园位于本小区西部至中部区域，以人工红树林为主，林带宽在20～100 m不等，主要为人工种植的无瓣海桑、海桑、木榄、秋茄、桐花树等，靠近陆地岸边栽培有银叶树、老鼠簕、许树、草海桐等半红树或耐盐碱植物，群落类型因种植搭配而多样化。

6.3.2.3 深圳西南部沟谷低地果园、丘陵常绿阔叶次生林小区（Ⅱ-1-3）

深圳西南部沟谷低地果园、丘陵常绿阔叶次生林小区位于深圳西南部，行政区主要包括南山区中部和南部，福田区大部，罗湖区西部、龙华区和龙岗区南部。本小区为北热带湿润性季风气候，受海洋热气流影响明显，几乎全年高温多雨，冬季时间短常在1月和2月，湿冷干燥；地貌以丘陵、平原为主，海拔大致为100～300 m，最高海拔为445 m；土壤主要为红壤、赤红壤、山地黄壤等。

本小区典型天然植被为热带季雨林和热带常绿阔叶林。热带季雨林植被的代表性种群有黄桐、青果榕、红鳞蒲桃、假柿木姜子、仙湖苏铁等，还有禾雀花、龙须藤、刺果藤、锡叶藤、买麻藤类等大型木质藤本，分布在小南山公园、塘朗山、梅林水库、银湖山的低海拔沟谷地区，保存面积较小。热带常绿阔叶林植被代表性种群有黄杞、浙江润楠、鹅掌柴、山油柑、水翁、山蒲桃等，主要保存在低海拔沟谷地区，分布面积较小。在本小区的大部分低海拔沟谷、山坡区域，种植的果园林分布较广泛，尤其在南山公园、塘朗山公园、银湖山公园等有大面积集中分布，以荔枝、龙眼为主。在主要丘陵地中高海拔地区，植被以常绿阔叶次生林为主，间杂有种植较多的大叶桉、柠檬桉、大叶相思、台湾相思、马占相思、木荷、米槠、红栲等人工栽培造林树种，以及醉香含笑、南洋楹、铁刀木、小叶榕、高山榕等公园道路绿化树种。

6.3.2.4 深圳东南部沟谷低地季雨林、丘陵台地常绿阔叶林小区（Ⅱ-1-4）

深圳西南部沟谷低地季雨林、丘陵台地常绿阔叶林小区位于深圳东南部，行政区主要包括罗湖区东部，龙岗区南部，坪山区南部，盐田区和大鹏新区全部。本小区为北热带湿润性季风气候，受海洋热气流影响明显，全年温暖，夏季降雨集中，冬季时间通常在1月和2月，气温较低，空气干燥；地貌以海岸山脉、丘陵、台地、平原为主，主体山地海拔均在600 m以上，如梧桐山、梅沙尖、田头山、排牙山、七娘山，最高海拔为943.7 m；其他台地海拔约为100～500 m；土壤有赤红壤、红壤、山地黄壤、滨海沙土、山地灰化土等。

本小区典型天然植被为热带季雨林和常绿阔叶林等，在山地高海拔地段有明显的热带常绿矮林、灌木林、灌草丛等植被。热带季雨林植被的代表性种群有黄桐、青果榕、水东哥、红鳞蒲桃、假柿木姜子、岭南山竹子、香蒲桃、臀果木等，还有禾雀花、白花酸藤果、刺果藤、买麻藤类的大型木质藤本。热带常绿阔叶林植被代表性种群有黄杞、浙江润楠、短序润楠、华润楠、软荚红豆、竹叶青冈、秀柱花、蕈树、鹅掌柴、山油柑、山蒲桃等。热带常绿矮林和灌木林植被的主要优势种有大头茶、鼠刺、密花树、毛棉杜鹃、吊钟花、光亮山矾、钝叶假蚊母树、小果核果茶等。灌草丛植被的主要优势种有桃金娘、岗松、石斑木、格药柃、满山红、黄杨、箬竹、芒、五节芒、蕨状薹草、细毛鸭嘴草、鳞籽莎、石松、蔓生莠竹等。人工林植被面积较少，分布在低地、山村周边，以桉树、台湾相思、大叶相思为主。经济水果林以荔枝、龙眼、黄皮为主，瓜果蔬菜类农业植被较少。

6.4 深圳市植被生境与生态系统类型

6.4.1 生态系统与生境类型概念

生境是指生物生活的环境，包括地面范围和空间范围，一般指生物居住的地方，及其生活的生态地理环境。主要包括能为特定物种提供生活必需的环境条件（如食物、隐蔽物、水、温度、雨量、捕食及竞争者等），以及使这个物种能够存活和繁殖的空间。Bailey强调生境周围相关的生物群落，认为“生境是与野生动物共同生活的所有物种的群落”。目前，生境类型并没有统一的分类标准，有人提到大生境与小生境的说法，但其界定标准并不清晰。IUCN发布了全球一级生境分类，在全球大尺度上将生境分为16个已知的类型。

生态系统既包括生物有机体又包括无机环境，生态系统的概念逐渐被人们所接受并出现了多种定义。人们普遍认为，生态系统是由生命有机体（或生物群落）及其环境组成的相互作用、相互联系、具有特定功能的综合体。生态系统强调的是整体性，即作为生态系统组分的植物、动物、微生物以及土壤等是通过能量流动与物质转化过程而相互联系在一起的，是一个有机整体。地球表面上生态系统的类型极其多样，由于不同的学者采用的分类原则和标准不同，国内外至今尚无统一的生态系统分类系统。

McNaughton在1973年提出了一个比较完备的生态系统类型划分方案，并受到后来学者的广泛认同，但其主要针对的是自然生态系统，没有考虑人工作用下形成的各类生态系统类型。孙鸿烈主编出版的《中国生态系统》一书中提出了关于中国生态系统的分类方案，提出生态系统划分的4个分类原则，即为等级性原则、气候植被一致性原则、现实性原则和习惯性原则。并以《中国植被》提出的植物群落分类系统为基础，采用5级分类单位的中国生态系统分类系统，即生态系统型、生态系统纲、生态系统目、生态系统属、生态系统丛。生态系统型和生态系统纲为高级分类单元，划分原则主要依据生态系统的起源和着生基质条件的差异，如自然生态系统或人工生态系统、陆地生态系统或水域生态系统等。在中级分类单元以下，针对自然生态系统（如森林和草地生态系统），主要与《中国植被》植物群落分类系统的植被型、群系和群丛相对应。针对农田生态系统主要根据植物群落的外貌特征、生境条件和作物熟制等划分，对于水域生态系统主要根据土壤和地貌特征、理化性质和生物组成等划分。

6.4.2 深圳市生境类型多样性

深圳山地地形复杂，有特殊的地质地貌和岩层结构，包含了丰富的生境类型。依据IUCN/SSC（IUCN：世界自然保护联盟 International Union for Conservation of Nature；SSC：物种存续委员会Species Survival Commission）全球生境区（ Habitats Classification Scheme，Version 3.1）原则，对深圳生境进行分类，如表6-1所示，即深圳拥有IUCN/SSC一级生境类型12个，包含了从浅海滩涂至内陆山地的绝大部分类型，而没有草原、沙漠、远洋、深海等类型，其中以森林、灌丛、湿地3个生境类型分布广泛，占有很大面积。

表6-1　深圳一级IUCN/SSC生境类型（有：√；无：—）

IUCN/SSC一级生境	深圳	IUCN/SSC一级生境	深圳
1. 森林Forest	√	9. 海洋浅水Marine Neritic	√
2. 草原Savanna	—	10. 海洋远洋Marine Oceanic	—
3. 灌丛Shrubland	√	11. 海洋深水海底Marine Deep Benthic	—
4. 草地Grassland	√	12. 海洋潮间带Marine Intertidal	√
5. 湿地Wetlands（inland）	√	13. 海岸线/潮上带Marine Coastal / Supratidal	√
6. 岩石区Rocky Areas	√	14. 人造或人工-陆地Artificial-Terrestrial	√
7. 洞穴Caves and Subterranean（non-aquatic）	√	15. 人造或人工-水域Artificial-Aquatic	√
8. 沙漠Desert	—	16. 引种植被Introduced Vegetation	√

6.4.3　深圳市生态系统多样性

生态系统类型的多样性与生境类型的丰富程度密切相关。深圳生境多样性孕育出丰富的生态系统类型。深圳海岸山脉海拔大致在100～800 m，山谷相间，为典型的丘陵地貌，山地植被保存有良好的常绿阔叶林，森林生态系统富多样性。范围内河流及季节性小溪流众多，形成各类水库、湿地等，加上弯曲绵长的海岸带，使深圳具有丰富的水域生态系统。

参照《中国生态系统》的分类原则及等级系统，针对深圳境内生态系统的起源、地貌、生境、属性、结构以及功能等进行综合评价，整体上可划分为4级单位类型。一级生态系统主要按起源和组成性质划分，包括自然生态系统、自然复合生态系统、半自然复合生态系统、人工生态系统、人工复合生态系统；二级生态系统按陆地、水域、人工水域等着生基质大类划分；三级生态系统按基质属性和植被属性划分，如陆地生态系统可划分为森林生态系统、灌丛生态系统、草地生态系统、裸地生态系统；水域生态系统包括淡水生态系统、海洋生态系统；复合生态系统可划分为湿地生态系统、沼泽生态系统、淡水-人工林复合生态系统、海洋-人工林复合生态系统；人工生态系统可划分为人工森林生态系统、人工灌丛生态系统、人工草地生态系统、农业生态系统等；四级生态系统可结合地貌类型、植被优势类型、水域特征、功能等进行划分。

依据上述分类原则及深圳生态系统现状，深圳生态系统整体上可划分为：一级生态系统5类，二级生态系统9类，三级生态系统20类，四级生态系统40类，详见表6-2。其中，①自然生态系统包含18类四级生态系统类型，为针叶林生态系统、针阔叶混交林生态系统、阔叶林生态系统、竹林生态系统、常绿灌丛生态系统、肉质刺灌丛生态系统、竹丛生态系统、禾草类草丛生态系统、沙生草丛生态系统、裸岩生态系统、洞穴生态系统、沙地生态系统、流水（河、溪、瀑布、山泉）生态系统、静水湖泊生态系统、河口（珠江口）生态系统、海湾生态系统、浅海生态系统、珊瑚礁生态系统。②自然复合类生态系统包含5类四级生态系统，即湖泊湿地复合生态系统、河流湿地复合生态系统、草本沼泽复合生态系统、红树林生态系统、草本水生复合生态系统。③半自然复合生态系统包含4类四级生态系统，如木本-库塘复合生态系统、草本-库塘复合生态系统、河流-人工林（果园、生态林）复合生态系统、人工红树林生态系统。④人工生态系统包含10类四级生态系统，为人工针叶林生态系统、人工阔叶林生态系统、人工竹林生态系统、城市灌丛绿化生态系统、城市草地绿化生态系统、果园生态系统、农田生态系统、菜地生态系统、人工河流生态系统、人工静水（水库、水塘）生态系统。⑤人工复合生态系统包含3类四级生态系统，为人工水库–森林复合生态系统、库塘–果园复合生态系统、水塘–菜地复合生态系统。

表6-2 深圳生态系统类型分类

一级生态系统	二级生态系统	三级生态系统	四级生态系统
1.自然生态系统	1.陆地生态系统	1.森林生态系统	1.针叶林生态系统
			2.针阔叶混交林生态系统
			3.阔叶林生态系统
			4.竹林生态系统
		2.灌丛生态系统	5.常绿灌丛生态系统
			6.肉质刺灌丛生态系统
			7.竹丛生态系统
		3.草地生态系统	8.禾草类草丛生态系统
			9.沙生草丛生态系统
		4.裸地生态系统	10.裸岩生态系统
			11.洞穴生态系统
			12.沙地生态系统
	2.水域生态系统	5.淡水生态系统	13.流水（河、溪、瀑布、山泉）生态系统
			14.静水湖泊生态系统
		6.海洋生态系统	15.河口（珠江口）生态系统
			16.海湾生态系统
			17.浅海生态系统
			18.珊瑚礁生态系统
2.自然复合生态系统	3.陆地-水域复合系统	7.湿地生态系统	19.湖泊湿地复合生态系统
			20.河流湿地复合生态系统
		8.沼泽生态系统	21.草本沼泽复合生态系统
	4.水域复合生态系统	9.森林-海洋生态系统	22.红树林生态系统
		10.草地-淡水生态系统	23.草本水生复合生态系统
3.半自然复合生态系统	5.陆地-人工水域复合生态系统	11.自然植被-人工湿地生态系统	24.木本-库塘复合生态系统
			25.草本-库塘复合生态系统
	6.自然水域-陆地复合生态系统	12.淡水-人工林复合生态系统	26.河流-人工林（果园、生态林）复合生态系统
		13.海洋-人工林复合生态系统	27.人工红树林生态系统
4.人工生态系统	7.人工陆地生态系统	14.人工森林生态系统	28.人工针叶林生态系统
			29.人工阔叶林生态系统
			30.人工竹林生态系统
		15.人工灌丛生态系统	31.城市灌丛绿化生态系统
		16.人工草地生态系统	32.城市草地绿化生态系统
		17.农业生态系统	33.果园生态系统
			34.农田生态系统
			35.菜地生态系统
	8.人工水域生态系统	18.人工淡水生态系统	36.人工河流生态系统
			37.人工静水（水库、水塘）生态系统
5.人工复合生态系统	9.人工水域-陆地复合生态系统	19.人工淡水-森林复合生态系统	38.人工水库-森林复合生态系统
		20.人工淡水-农业复合生态系统	39.库塘-果园复合生态系统
			40.水塘-菜地复合生态系统

第7章 深圳市植被保护和管理

7.1 深圳市生态保护政策与规定

7.1.1 深圳市基本生态控制线

为了保障城市的基本生态安全，维护生态系统的完整性、连续性、独特性，防止城市建设无序蔓延，2005年10月17日，深圳市人民政府颁布了市政府令第145号文件，即公布了特区法规——《深圳市基本生态控制线管理规定》。

该法规的颁布，充分参考了国家相关法律、法规的标准，包括《中华人民共和国环境保护法》《中华人民共和国森林法》《中华人民共和国水法》《中华人民共和国城市规划法》《中华人民共和国土地管理法》《基本农田保护条例》等，还参考了《广东省风景名胜区条例》《深圳市城市规划条例》《深圳市公益林条例》《深圳经济特区环境保护条例》等规定。

该规定在全国率先开创了探索生态空间管控制度，从维护城市整体生态框架格局的角度出发，明确了城市开发建设的边界，确定了“全市范围的基本生态控制线”，其中将全市近一半多的土地划入基本生态控制线内予以严格保护。

在技术上，根据遥感解译和实地调查，按照相关法律法规要求，结合林地生态价值、生态管制要求、生态安全以及生态用地清退的可实施性，划定了深圳市基本生态控制线面积974 km^2，主要范围包括：①一级水源保护区、风景名胜区、自然保护区、集中成片的基本农田保护区、森林公园及郊野公园；②坡度大于25%的山地、林地以及特区内海拔超过50 m、特区外海拔超过80 m的高地；③主干河流、水库及湿地；④维护生态系统完整性的生态廊道和绿地；⑤岛屿和具有生态保护价值的海滨陆域；⑥其他需要进行基本生态控制的区域。

该法规同时公布了依据《深圳市基本生态控制线管理规定》划定的《深圳市基本生态控制线范围图》。即规定除重大道路交通设施、市政公用设施、旅游设施、公园外，禁止在基本生态控制线范围内进行建设，已建合法建筑物、构筑物，不得擅自改建和扩建，以“一条线”+“一规定”的形式对线内土地进行管理，极大地提高了生态保护的效率与行政管理效率，从而实现了城市分区管制的细化与落实，推动了规划向公共政策的转变。该规定使深圳市森林生态系统及各类植被、植物群落和相应的资源等得以有效的保护。

7.1.2 林业生态红线与生态保护红线

7.1.2.1 林业生态红线

依据《广东省人民政府办公厅关于印发广东省林业生态红线划定工作方案的通知》(粤府办〔2014〕44号)、《广东省林业厅关于转发广东省林业生态红线划定工作方案的通知》(粤林〔2014〕106号）等文件的要求，深圳市政府在前期工作的基础上，于2016年划定了深圳市的林业生态红线并陆续开展了基础调查，目前，森林、林地、湿地和物种多样性已被纳入严格保护范畴。

根据调查结果，针对各保护对象设置了严格的控制目标：森林红线划定要求全市森林保有量不低于79256.12 hm^2（含非林地中的森林），森林覆盖率不低于40%；林地红线要求全市林地保有量不低于64059.5 hm^2；强化林地管理，严格控制占用征收，确保林地利用有度、管控有效；湿地红线要求保持现有湿地数量不减少，湿地面积得到有效保护，维护全市淡水资源安全；物种红线要求保持现有自然保护区面积不减少。

深圳市林业生态红线的划定充分贯彻了分级分类管控的思路，根据森林等资源空间分布情况、生态区位重要性、生态功能重要性及脆弱性等，按照全面保护与突出重点相结合的原则，将各类林地划分为4个保护区域等级，即Ⅰ、Ⅱ、Ⅲ、Ⅳ级。

Ⅰ级区域是重要生态功能区内予以特殊保护和严格控制生产经营活动的区域，以保护生物多样性、特有自然景观为主要目的，主要包括自然保护区的核心区和缓冲区，国家一、二级重点保护野生动植物集中分布地，重要的水源涵养地，饮用水源一、二级保护地，土壤侵蚀达到严重程度的林地、森林分布上限与高山植被上限之间的林地。

Ⅱ级区域是重要生态调节功能区内予以保护和限制经营利用的区域，以生态修复、生态治理、构建生态屏障为主要目的，主要包括其他的一、二级国家级公益林地，自然保护区实验区，国家或省级森林公园核心景观区和生态保育区，严重石漠化地区，沙化土地封禁保护区，沿海防护基干林带，自然保护小区，重要交通干线、重要河流两侧和重要湖泊水库周边1 km范围内的林地，城市规划区内坡度25°以上区域的林地。

Ⅲ级区域是维护区域生态平衡和保障主要林产品生产基地建设的区域，主要包括其他的生态公益林地，未纳入Ⅰ、Ⅱ级保护区域的国有林场林地，国家级或省级森林公园其他功能区，其他森林公园，天然阔叶林地，国家、地方规划建设的优质用材林、木本粮油林基地范围内的林地。

Ⅳ级区域是需予以保护并引导合理、适度利用的区域，主要是未纳入上述区域的规划林地和其他林地等。

林业生态红线的划定，通过划分林地等级，并针对各级区域制定差别化管控措施，有力地推动了植被的精细化管理。

7.1.2.2　生态保护红线

2017年，中共中央办公厅、国务院办公厅印发《关于划定并严守生态保护红线的若干意见》(厅字〔2017〕2号）指示。2018年，深圳市政府为贯彻落实这一文件精神，在原基本生态控制线的基础上，整合林业生态红线，划定了深圳市生态保护红线，从而也为提高生态产品供给能力和生态系统服务功能，构建深圳市生态安全格局、推动绿色发展提供了保障。2019年以来，按照国家部署，全省开展生态保护红线评估调整，将自然保护地优化整合并纳入生态保护红线，我市红线面积进一步扩大。从分布上来看，主要区域在东部包括梧桐山－深圳水库、大鹏半岛、田头山、马峦山－三洲田、松子坑森林公园、清林径水库；中部包括塘朗山－梅林山、银湖山、西丽水库，中心公园、深圳湾等湿地公园；西部包括铁岗－石岩水源保护区，阳台山、罗田森林公园、公明水库、大南山、凤凰山等地；生态保护红线的范围覆盖了深圳市主要的植被类型。

根据各区域林地类型和保护性质，主要涵盖以下两种类型：

（1）自然保护地

自然保护地共计25处，包括4个自然保护区，即广东内伶仃岛－福田国家级自然保护区、大鹏半岛自然保护区、田头山自然保护区、铁岗－石岩自然保护区；1个风景名胜区，即梧桐山国家级风景名胜区；1个地质公园，即大鹏半岛国家地质公园；9个森林公园，即梧桐山森林公园、罗田森林公园等，以及10个湿地公园，即华侨城国家湿地公园、深圳南山深圳湾湿地公园等。

（2）生态功能极重要和极敏感区域

生态功能极重要和极敏感区域，主要包括清林径、铜锣径、雁田-龙口、西丽水库等26个重要水源保护地；塘朗山郊野公园、银湖山郊野公园、马峦山郊野公园；大南山公园、仙湖植物园等局部地区。

7.1.3 自然保护地体系

目前，深圳正在着力创建以国家公园为引领，自然保护区为基础、自然公园为主体，凸显深圳资源特色，体系完整、类型多样的自然保护地体系，确保重要的自然生态系统、自然遗迹、自然景观和生物多样性得到系统性保护。

截至2020年，深圳市共建立了25个自然保护地（表7-1），总面积494.43 km^2，占辖区面积的24.75%。自然保护地体系一方面强化了生物多样性保护，另一方面发挥了自然保护地涵养水源、保持水土、调节气候、改善环境的重要作用，为加快建设更美丽更富裕更文明的现代化先行示范区奠定了坚实基础。

表7-1　深圳市自然保护地名录

类别	级别	数量	名称
自然保护区	国家级	1	广东内伶仃福田国家级自然保护区
	市级	3	深圳大鹏半岛、深圳铁岗–石岩湿地、深圳田头山市级自然保护区
风景名胜区	国家级	1	广东梧桐山国家风景名胜区
地质公园	国家级	1	广东大鹏半岛国家地质公园
森林公园	国家级	1	广东省梧桐山国家森林公园
	省级	1	深圳罗田省级森林公园
	市级	6	深圳光明、深圳五指耙、深圳光明观澜、深圳坪山松子坑、深圳宝安阳台山、深圳龙岗三洲田市级森林公园
	区级	1	深圳宝安凤凰山区级森林公园
湿地公园	国家级	1	广东华侨城国家湿地公园
	市级	8	深圳南山深圳湾、深圳福田中心、深圳宝安西湾红树林、深圳福田红树林、深圳罗湖东湖、深圳罗湖洪湖、深圳宝安海上田园、深圳龙华清湖市级湿地公园
	区级	1	深圳坪山聚龙山区级湿地公园

如下简要介绍几处自然保护地。

（1）福田红树林自然保护区

地处深圳市市区腹地，保育有典型红树林植被、滨海湿地及过境和栖息鸟类。区内沿海岸线分布有天然红树林植被带，蜿蜒曲折，长约9 km，被誉为深圳湾的一道绿色长城，具有无可替代的生态价值和社会价值。红树林面积约80 hm^2，有本土自然生长的红树植物7种，如秋茄、白骨壤、桐花树、海漆、老鼠簕、木榄等。与香港米埔自然红树林隔岸相连，福田红树林及其基围鱼塘、外围滩涂所组成的滨海湿地生态系统，为过境或越冬候鸟提供了必要的觅食与栖息环境，具有重要的保护价值。福田红树林记录有鸟类约200种，其中卷羽鹈鹕、白肩雕、黑脸琵鹭、黑嘴鸥等23种为珍稀濒危物种；每年有约10万只以上长途迁徙的候鸟在深圳湾越冬和停歇，是东半球国际候鸟通道上重要的“越冬地”和“中转站”。

（2）内伶仃猕猴自然保护区

植被类型多样，生境良好，保育有以亚热带常绿季雨林为主的植被类型，孕育着较为丰富的野生动植物资源，主要保护对象为国家二级保护野生动物猕猴及其生境栖息地，岛内猴群数量达1200只。此外，还有国家重点保护野生动物如水獭、穿山甲、黑耳鸢、蟒蛇、虎纹蛙等，保护植物有白桂木、水蕨等物种。

（3）梧桐山国家风景名胜区

地处市中心区，是国内少有的以滨海山地和自然植被为景观主体的城市郊野型自然保护地，具“山—海—湖—城”、城景融合的特征。梧桐山风景名胜区内的自然植被群落保存完好，具有典型的南亚热带地带性植物群落，自低海拔至高海拔依次分布有沟谷季雨林、南亚热带季风常绿阔叶林、南亚热带山地常绿阔叶林、山顶矮林、山顶灌草丛。幽邃的山谷溪涧，茂盛优良的植被是珠江三角洲地区珍稀动植物的庇护地和资源库之一。景区内分布着维管植物1376种、各种动物196种，其中桫椤、穗花杉、土沉香等5种植物及蟒蛇、穿山甲、小灵猫等20多种动物为国家重点保护物种。在梧桐山中海拔段，形成了特殊的亚热带山地景观植被，在旅游线一带，野生及栽培的杜鹃花科植物如吊钟花、华丽杜鹃、映山红、马银花、锦绣杜鹃、罗浮杜鹃、石壁杜鹃等灌木类，以及毛棉杜鹃、短脉杜鹃、太平杜鹃等乔木类，组成了十里杜鹃长廊，也是深圳市一张亮丽的城市生态名片。

（4）大鹏半岛国家地质公园

2005年9月，国土资源部正式批准成立深圳大鹏半岛国家地质公园，是目前国内唯一的“纯公益、全免费”的国家地质公园，在其管理范围内无经营设施和经营性服务项目。公园的地质背景是1.45亿～1.35亿年前，晚侏罗世到早白垩世多次火山喷发作用形成的中生代火山地质遗迹，以及2万～1万年前形成的典型海岸地貌景观。地质公园以七娘山为主体，海岸地貌景观带为主要界面。园区地形地貌类型丰富，从海洋到山顶可划分出海底、滨海沙滩、潟湖平原、冲积台地、丘陵和低山区等类型。

整体大鹏半岛包括以七娘山为主体的南半岛，以及以排牙山为主体的北半岛。两个半岛植物生长茂盛，自然植被、群落特征、区系组成表现出热带与亚热带之间的过渡性，以及南部沿岸山脉的特殊性，地带性植被为南亚热带季雨林和南亚热带常绿阔叶林。主要植被类型、植物群落可划分为6大类型，即：沟谷季雨林群落，为小片零星分布的次生林，多处于低沟谷、河谷地带，组成种类以常绿阔叶树为主，如鸭脚木、艾胶算盘子、越南山矾、露兜树、岭南山竹子等；山地常绿阔叶林群落，终年常绿，枝叶繁茂，林冠稠密，覆盖面积大，组成种类丰富，如浙江润楠、假苹婆、土沉香等；在低山丘陵地带，分布有马尾松混交林、灌丛、灌草丛群落；在低山腰、山顶，为芒草、鹧鸪草群落等；红树林群落，以桐花树、老鼠簕、秋茄、银叶树、海芒果等为主。其他有各类起源古老、系统上较为原始的国家一级、二级保护野生植物，如黑桫椤、金毛狗、苏铁蕨等，以及省级重点保护植物如乌檀、小果柿、大苞白山茶等。

7.1.4　生态空间统筹治理

当前，深圳市政府正在积极编制国土空间总体规划。①在规划理念上，将山水林田湖草沙作为生命共同体统一保护，加强山水林田湖草沙的整体保护、系统修复、区域统筹、综合治理。②在空间格局上，依托海岸带统筹陆海发展，强化陆海生态保护；发挥区域绿地和河流水系对城市生态环境的支撑作用，突出蓝绿空间的融合共生，构建“四带、八片、多廊”的全域生态网络空间结构，优化城市生态安全格局，提升生态系统的质量和稳定性；划定并严守生态保护红线，保护生态功能极重要和生态环境极敏感地区，以及重要的海洋生态资源区、生态敏感区以及滨海旅游区等生态功能区。③在保护策略上，加强各类自然资源保护，划定5个专供海洋资源、环境和生态保护的海洋保护区，强化优化林地的规划布局与质量提升，对沿海滩涂及红树林等天然湿地实施原生态保护，对河湖水系实施生态修复；加强重要物种生境保护，完善生物多样性保护体系，保持生物多样性指数稳定，结合自然保护区建设和自然公园建设，系统划定特别保护地，整体保护生物多样性丰富的地区和珍稀濒危动植物生境，加强重要物种就地保护，合理开展受威胁物种的迁地保护，加强乡土植物选育和推广建设。

7.2 深圳市植被管理规划

7.2.1 深圳市国家森林城市建设总体规划

为落实习近平总书记关于生态文明和森林城市建设的重要指示，对接珠三角国家森林城市群建设总体规划，围绕推进深圳市关于未来发展的战略部署，深圳市于2016年制定了《深圳市国家森林城市建设总体规划（2016—2025年）》。通过实施生态环境、生态文化、生态经济、创新驱动和安全保障等五大体系建设，进一步完善城市森林网络，进一步扩大森林湿地面积，进一步提升森林资源质量，进一步营造多彩森林景观，进一步增加居民生态福利，进一步传播森林生态文化，把深圳建设成为与现代化国际化创新型城市地位相匹配的国际一流森林城市。

规划中设定了森林城市的建设目标，主要包括：①全面启动实施森林城市建设工程，继续保持森林、湿地、绿地构成的生态资产总量的基本稳定，促进山地森林自然性和城区绿地功能性的再提升；②完善公园与绿道系统，建立区域绿道、城市绿道、社区绿道三级绿道网络，方便市民走进森林，享受生态福利；③增加富于季相变化的彩叶树种、木本花卉，营造彩色街区、彩色河岸、彩色道路、彩色社区、彩色湿地、彩色山坡、彩色田园，建设世界著名花城；④打造宜居宜业、林果采摘、文化体验等多种类型的创客森林小镇，探索体育、地产等多途径的宕口景观修复和利用模式；⑤以成功举办首届国际森林城市大会（2016）和第19届国际植物学大会（2017）为契机，提高城市绿化科技水平和国际影响力，全面推进深圳市森林城市建设。

至2021年，全市森林覆盖率达到40.92%以上，绿化覆盖率达50%以上，森林蓄积量达到380万m^3，实现森林覆盖率、绿化覆盖率和森林蓄积量三增长。建设自然教育学校15处，科普基地200处，基本建成以森林和湿地为载体的全民自然教育系统。实现城市公园500 m服务半径对居民区的100%全覆盖，自然公园5000 m服务半径对居民区的100%全覆盖。到2025年，继续保持森林、湿地、绿地构成的生态资产总量，全市森林覆盖率稳定在40.92%以上，绿化覆盖率达50%以上，森林蓄积量达到447万m^3，继续保持森林覆盖率、绿化覆盖率和森林蓄积量三增长，在全国率先建成以森林和湿地为载体的全民自然教育系统。

深圳市城市森林总体建设思路，可总结为“东建，西治，南补，北提，中连”，建设总体布局图7-3。

（1）东部滨海分区

森林资源保存相对完好，是深圳东南部重要的生态屏障。建设重点是在保护山地森林景观基础上，开发利用森林生态、景观、休闲保健与文化功能，为自然生态保护与国际性滨海旅游度假区等服务。

（2）西部滨江分区

濒临珠江口，以平原湿地为主，水网密集，也是深圳市地势相对平坦、拥有水乡田园风光的地区。山地森林景观以龙眼、荔枝等经济果林和桉树、马占相思等人工林为主，主要在保护现有湿地资源基础上，加强现有森林、湿地等资源的生态恢复与综合治理，包括开展水源区周边的人工林、经济果林的景观改造和生态功能提升；保护和恢复滨海、沿江、沿河湿地及植被景观，建设生态水网和珠江口湿地景观带；合理开发利用果园、乡村，发展集休闲采摘、农事体验、文化传播于一体的森林人家和水乡人家。

（3）南部中心城区

是深圳市成熟的城市中心区，经过多年的建设已经基本形成森林树木为主、园林景观丰富的城市森林景观风貌，反映出本地区高度城市化，非林地造林绿化成绩显著。主要是补不足，加强桥体、墙体等立体绿化，倡导阳台绿化，美化沿街景观；补差距，加强绿地的近自然养护管理，合理调整林分密度、垂直空间结构和土壤有机覆盖，提高绿地的生态功能。

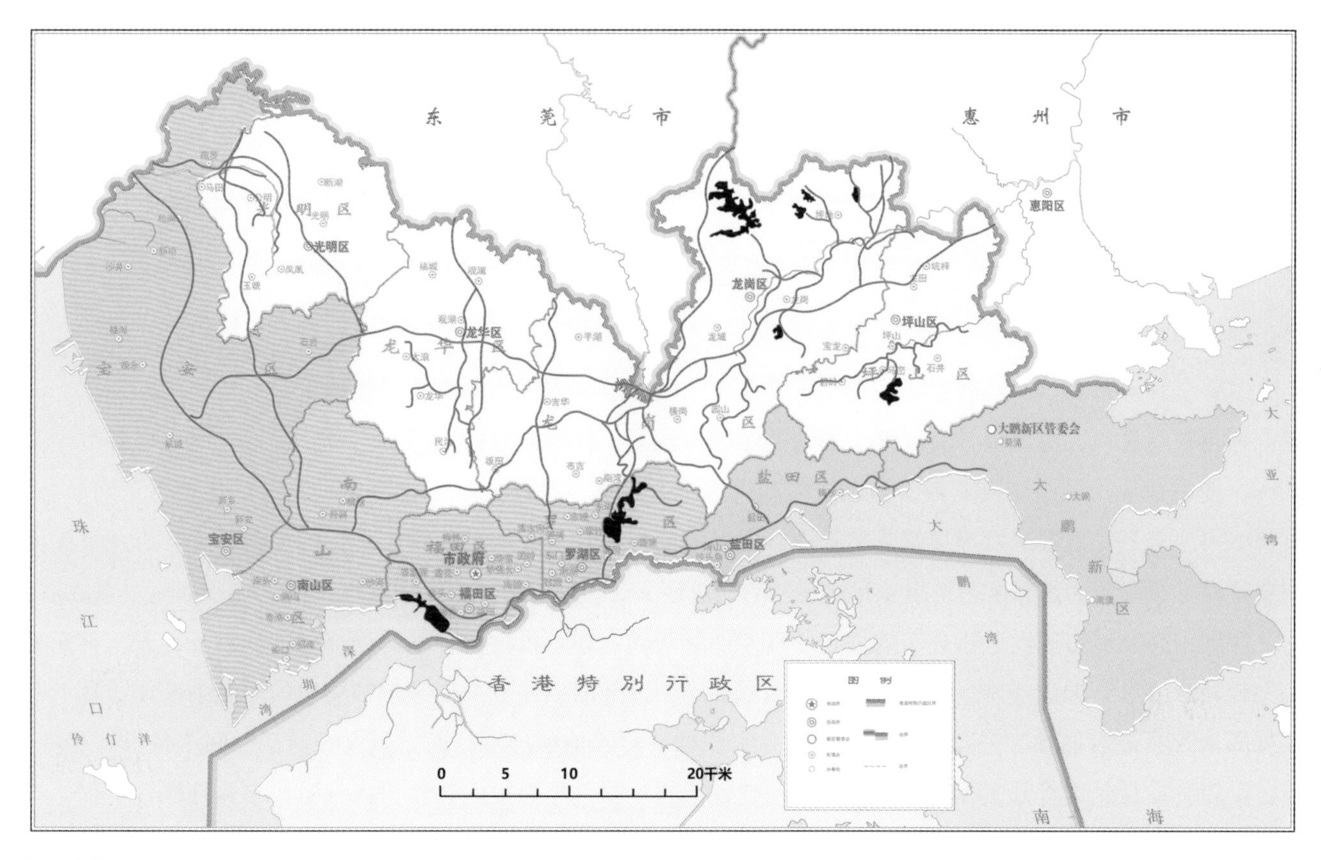

图例

西部滨海分区

西部滨江分区濒临珠江口，以平原湿地为主，水网密集，地势相对平坦，富有水乡田园风光。包括宝安区。

北部城镇分区

北部城镇分区是深圳市森林资源最多的地区，有丰富的林果资源，已发展成多种产业的城镇密集区。包括龙岗区、光明区、龙华区、坪山区和宝安区石岩街道。

南部中心城区

南部中心城区高度城市化，目前已经基本形成森林树木为主、园林景观丰富的城市森林景观风貌，非林地造林绿化成绩显著，包括南山区、福田区和罗湖区。

东部滨海分区

东部滨海分区以山地为主，森林资源保存相对完好，山、林、城、海景观类型多样，是深圳东南部重要的生态屏障，包括盐田区和大鹏新区。

—— 生态廊道

西治

西部滨江分区开展水源区周边林地景观改造和生态功能提升；进行滨水湿地生态保护与恢复，建设生态水网和珠江口湿地景观带；建设特色水乡生态景观。

北提

北部城镇分区加强水岸森林植被改造提升；实施林分改造，提升山地森林的景观效果；发展生态旅游；增加社区公园、立体绿化等建设力度，提高城镇绿化水平。

南补

南部中心城区加强立体绿化，倡导阳台绿化，美化沿街景观；加强绿地的近自然养护管理，提高绿地的生态功能；建设多个特色鲜明的主题公园，塑造城市新的名片。

东建

东部滨海分区配合深圳市东进战略和珠三角森林城市群建设，在保护山地森林景观基础上，开发利用森林生态、景观、休闲保健与文化功能。

规划区国土面积（公顷）

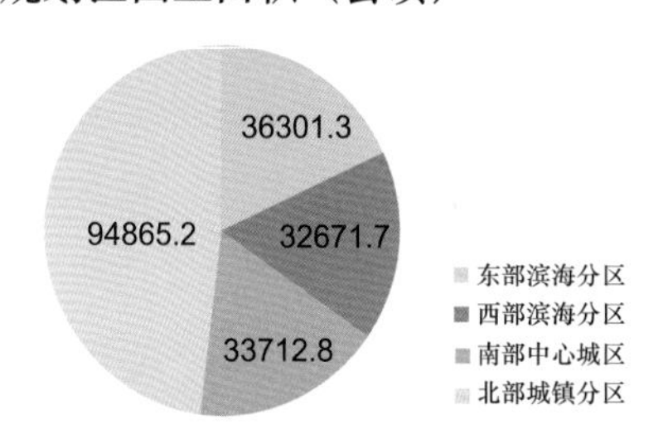

规划区森林资源总面积现状（公顷）

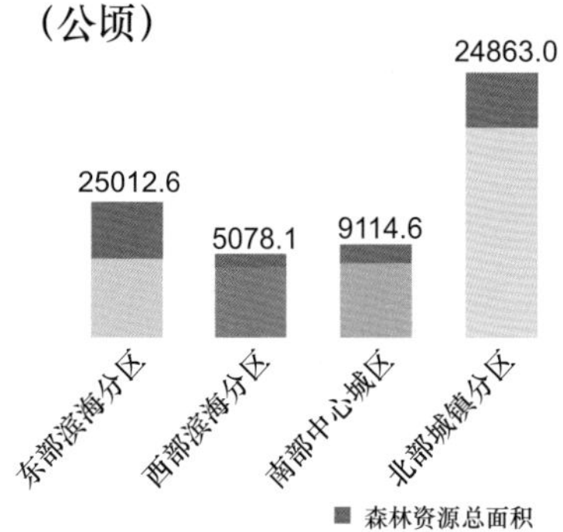

中连

市域范围内建设健康高效的森林生态系统和互联互通的绿道网络，包括16条大型城市森林廊道，以及深圳河、茅洲河等5条河流水系廊道。

图7-3　深圳市森林城市建设总体布局图（引自深圳市森林城市建设总体规划，2021）

（4）北部城镇分区

紧邻东莞和惠州，是全市宜林地资源面积最大的地区，拥有丰富的林果资源，也是重要的生态改造、生态恢复区，森林中桉树、马占相思等人工林占有重要比重，已经在村镇基础上逐渐连片发展成多种产业的城镇密集区。主要是加强水库、河流沿岸的森林植被改造提升，提高水源涵养、水质净化、水土保持等生态功能；通过增加景观树种、珍贵树种等实施林分改造，提升山地森林的景观效果；适度利用果园、田园发展森林人家、水乡人家，发展生态旅游；增加社区公园、立体绿化等建设力度，提高城镇绿化水平。

（5）中部廊道片区

主要是针对森林、湿地破碎化问题，以及居民休闲游憩的需求，选择相邻山地森林斑块之间断裂区、河岸森林植被退化区，加强森林、湿地、绿地的保护与恢复，有效连接各大区域森林、湿地、绿地等各类生态系统，使其成为市域组团隔离带、通风走廊和生物生态廊道，发挥控制建设用地蔓延、优化城市空间形态、改善城市空气污染状况、发挥缓解热岛效应、促进河流生态恢复、保护生物多样性的多种功能。市域范围内则要建设健康高效的森林生态系统和互联互通的绿道网络，包括16条大型城市森林廊道和5条河流水系廊道。

深圳市森林城市建设总体分布规划主要针对如下问题，即：植被树种结构局部地区较单一，人工林面积比例较高，森林资源景观质量普遍不高；乔木林的中幼龄林面积比例高；绿地植物生长环境条件差，林下存在裸露地表；现有的社区公园和街头绿地中乔木和林下灌木种植过密，林下供人类活动空间不足等。据此，制定了森林质量精准提升工程、绿色福利空间建设工程、绿色生态水网建设工程和生物多样性保育工程，对增加森林生态系统多样性、森林提质增效、提高森林生态系统的稳定性和服务功能提供了有效保障。

7.2.2 深圳市公园城市建设规划

2018年，习近平总书记视察成都天府新区时首次提出公园城市建设理念与要求，为我国城市环境建设发展指明了方向。近年来，深圳市深入贯彻习近平生态文明思想和公园城市理念要求，着力打造“公园城市”。截至2021年底，全市公园总数达到1238个，初步建成“千园之城”。在全国率先构建了自然公园、城市公园和社区公园三级公园体系。统筹自然山体、森林、湿地、地质遗迹等资源，建成一批各具特色的自然公园，夯实城市生态基底；在城市中建成一批高质量、精品特色公园，促进了城市高质量发展；同时通过社区公园、口袋公园的建设，全面提升公园服务覆盖水平。建成各类步道超过3000 km，市民健康休闲活动广泛开展，各类生态产品供应水平与市民福祉稳步提升，使得深圳成为名副其实的“公园里的城市”。

2022年，深圳市规划和自然资源局、深圳市城市管理和综合执法局共同组织开展了《深圳市公园城市建设总体规划暨三年行动计划（2022—2024年）》编制工作。衔接国土空间总体规划“四带八片多廊”生态空间格局，融合“一核多心网络化”城市开发格局，打造“一脊一带二十廊”的全市魅力生态骨架，形成蓝绿廊道织网的公园城市总体布局结构。以自然保育区、生态改善区、修复整治区、挖潜增绿区、优化提升区、宜居示范区6大类分区指引全域营建，全面提升生态宜居环境。全面推动实施生态筑城、山海连城、公园融城和人文趣城四大行动计划，将深圳最具代表性的海湾、山体、河流、大型绿地等进行系统连接和生态保育，让绿色深入城区，使城市空间与自然野趣相伴，营造山、海、城、园有机融合，全民共享共惠、充满活力的全域公园城市。

生态筑城行动中，强化生态保护修复，营造更安全韧性、自然野趣的山海生境；抚育改善山林植被景观，增加城区绿视绿量，全面提升生态宜居环境。同时，提升绿色空间生态功能与减灾防灾能力，塑造更健康、更稳定的城市自然系统。

山海连城行动中，打造“一脊一带二十廊”魅力生态骨架，塑造330 km的生态游憩绿脊和220 km滨海滨水蓝带，修复连通20余条山水生态廊道，形成蓝绿廊道织网的生态游憩网络。构筑全境步道网络体系，营造“通山达海、串园连趣”的休闲体验环境和慢行空间。

公园融城行动中，大力推进自然郊野公园、公园群和公园社区建设，复合利用各类功能空间建设“类公园”，完善各类配套服务设施，构建更高品质、公平共享、便捷可达的全域游憩网络体系。

在人文趣城行动中，以“公园+活力场景”促进城市绿色转型创新发展，推动公园+文化体育、公园+科技教育、公园+创新创意、公园+商业服务、公园+生态旅游等城市活力场景建设，打造展示人文特色风貌和科技创新魅力的主题游径，开展全民户外休闲活动，打造精品户外体育赛事，丰富市民多样化公园场景体验，营造多姿多彩的健康都市生活。

在“山海连城、公园融城、人文趣城”构建中，特别强调“脊线”“腰线”和“库区驳岸带”的保护，针对深圳中轴线上的主体山地如大南山、凤凰山、阳台山、梅林山、塘朗山、银湖山、梧桐山、三洲田、马峦山、田头山、排牙山、七娘山等，应将“游憩绿栏”限定于山脚区域，避免规划和开辟新的达顶、达腰“游憩绿栏”，严格保护主峰及毗邻生境，保护库区驳岸带，务必使得城市最好的生境区域和地带继续保持其自然或神秘状况，促进生态恢复和顺行演替，使得自然山地的生态环境得到不断的优化。

7.2.3　国土空间总体规划及保护与发展“十四五”规划

在《深圳市国土空间总体规划（2020—2035）》中，设置有生态修复与国土整治专题。在坚持保护优先、自然恢复为主的方针下，按照系统修复、分类施策、因地制宜的原则，以构建“四带、八片、多廊”的全域生态网络格局为目标，统筹“山、水、林、海、棕”等要素修复，实施重要生态系统保护和修复重大工程，提升生态系统的质量和稳定性。在森林修复中，主要包括保护恢复森林生态系统、促进山地森林自然性提升等两方面来具体实施。①首先，实施必要的封山育林措施，保护天然生态系统的林木与生境，促进天然植被的顺行演替；同时采用多种混合造林的方式，在无立木林地、宜林地、水源涵养区等区域开展生态造林，储备森林资源。②其次，遵循近自然育林原则，采取适度的林相改造、林分抚育等干预措施，开展退化林和残次林修复，优化森林结构，提高森林生态系统的稳定性和服务功能，从而促进山地森林自然性提升；科学利用化学、生物和人工清除、群落改造等方法，全面、定期清理治理薇甘菊等外来入侵无害植物；建立外来物种数据库，完善预警机制等。

在“十四五”规划期间，深圳市政府编制了《深圳市国土空间保护与发展“十四五”规划》，针对深圳市植被管理与规划，主要任务为精准提升森林资源质量。

①严格落实林地用途管制，编制全市林地保护利用规划，明确林地保护目标、任务、措施和空间布局，落实林地用途管制。实施天然林保护工程，开展天然林落界并编制保护实施方案。实施疏林地、未成林地、宜林地绿化造林工程，非林地整治及造林工程，对重要生态功能区实施见缝插林、退耕推高还林、绿化改造，纳入林地管理，补充森林资源。

②打造健康稳定森林群落，实施天然林与生态公益林并轨工程、森林质量精准提升工程，提高林分质量，建设具有南亚热带特色的物种丰富、功能稳定、景观优美的近自然地带性森林群落。

7.3 深圳市植被保护管理方案和中长期策略

7.3.1 加强顶层设计，完善规划体系

（1）加强植被保护与管理顶层设计

将植被保护利用等规划确定的主要目标和指标纳入本地国民经济和社会发展计划，并作为全区各部门、各行业编制相关规划的重要依据。统筹协调林业、规划、建设、交通、水利、环保、房产等有关部门，科学落实各项管理任务，整合资源，形成合力。按照"源头严防、过程严管、后果严惩"的思路，探索将植被保护指标纳入生态文明建设指标体系和考核机制；编制园林绿化资源资产负债表，建立领导干部自然资源资产离任审计制度。

（2）建立市域森林、绿地保护与利用规划体系

宏观层面，确定深圳植被（森林、绿地）保护与利用空间布局框架体系，统筹推进植被保护相关工作；中观层面，完善详细的植被保护与利用规划；微观层面，分阶段编制更具操作性的保护与利用实施方案和行动计划。严格落实规划，维护规划的严肃性和权威性，充分发挥其在地方的林业、生态、国土等建设中的控制和引导作用。

7.3.2 提高森林监测与监管能力

（1）提高法治建设水平，强化实施监管

深圳市应通过加快《深圳市绿化条例》《深圳市公园条例》《广东内伶仃福田国家级自然保护区管理规定》等法规规章的修订工作，促进了林业法制水平进一步提高。建立健全监督检查制度，实行专项检查与经常性检查相结合，及时发现、制止违反森林保护利用法律法规的行为，定期公布检查结果。加大执法力度，对保护和管理不力的行为要严肃查处，追究责任；对违反规划使用林地的行为，依法查处，限期整改。不断深化生态红线等相关生态规划与城市绿线相互衔接的统一用途管制制度，建立林地台账管理制度，依法加大对毁林占林的管制力度，确保全市森林和园林绿地资源安全。

（2）提高监测的信息化水平和监管的科学决策能力

整合利用我市现有的信息化基础设施，充分利用卫星遥感系统、林火监控监测系统、超短波通信网系统和林火地理信息系统等先进技术完善现有森林植被监测体系，推进林地监测的信息化，提升林地动态监测和应急监测水平；建立森林大数据中心，实现数据的集中和共享。加强林地监测机构和队伍建设，加强人员培训，提高人员监测监管科学水平。建立智慧森林监管平台，运用云计算、物联网等信息化手段，加强监测数据集成分析和综合应用，加强对林业灾害的预测、预报、预警和综合防控能力，加强对珍稀森林资源的精准定位、精准保护和动态监管，提高森林植被的监管、保护和利用水平。

（3）开展定期评估

制定森林和园林植被常规监测与定期评价制度，建立植被监测监管评估体系和方法。定期开展评估，及时掌握全市植被面积、质量、功能、性质，以及被保护利用情况，评价结果将作为生态文明建设考核、相关规划、生态补偿、生态环境损害责任追究等的依据。

7.3.3 实行严格审批和管控

（1）建立植被分级分类管控制度

按照山水林田湖草沙一体发展的要求，进一步梳理全市森林及园林绿化资源现状，摸清资源底数，绘制资源现状图。根据植被的格局、质量、功能现状等，衔接各类规划，开展分级分类管控。建立森林及城市公园绿地分级分类管理标准，完善投入保障政策，健全考核评价机制，强化管理责任；

（2）完善林地征占用审批机制，执行林地用途管控制度

对工程建设使用林地实行规划管理、定额管理和用途管制，规范占用征收林地审核审批程序，建立林地台账管理制度。坚决制止毁林开垦和乱占滥用林地行为，严格控制公益林、有林地转为建设用地；建立占补平衡、环评审批、生态补偿等制度。

7.3.4　加强科普宣传，提升公众意识

（1）开展广泛宣传

开展多层次、多渠道、多形式的森林和绿地保护宣传活动，充分利用电视、电台、报纸、网站和移动窗口、固定标识等媒介，动员全社会参与，努力形成政府倡导、广泛宣传、社会参与、自觉自愿的良性发展机制。建立完善森林和园林绿化公报、政府信息公开和新闻发布、听证论证、群众评议等制度，保证人民群众的知情权、参与权和监督权。

（2）以生态科普为重点，典型案例为抓手，树立森林植被保护的公共意识

强化生态科普教育，深入推动森林与绿地保护和修复的相关知识“进学校、进社区、进家庭”活动。通过“义务植树日”“世界环境日”等生态纪念日的宣传，以森林公园、自然保护区、植物园等为载体，大力倡导森林保护的生态观念，增强公众的绿色意识和生态意识，调动公众参与森林建设和保护的积极性、主动性和创造性，形成全社会重视绿化、关心绿化、参与绿化的强大合力。

7.3.5　开展必要的植被修复

坚持保护优先、自然恢复为主，人工修复与自然恢复相结合，遵循生态系统内在规律开展林草植被建设，提升生态系统自我修复能力和稳定性。修复和改造中应科学选择绿化树种草种，积极采用乡土物种，制定乡土物种名录，使用多样化树种营造混交林。强化修复施工过程管理，充分保护原生植被、野生动物栖息地、珍稀濒危植物和古树名木等，禁止破坏表土和全垦整地，避免造成水土流失或土地退化等。

开展森林质量精准提升工程，优先开展低效林改造、薇甘菊防控和中幼龄林抚育。运用现代林业生态工程技术，以开花乡土阔叶树种为主，对现有桉树纯林和马占相思纯林进行改造，逐步恢复生态功能稳定、景观优美、效益显著的南亚热带季风常绿阔叶林。采取化学防除、生态防控（群落改造）和人工清除3种方式，单独或结合使用，降低薇甘菊的生态及经济影响。通过施肥、浇水、除杂、修枝、补植等营林措施抚育中幼龄林，培育健康稳定、优质高效的森林生态系统。

绿化园林改造和建设中，应综合考虑土地利用结构和土地适宜性，结合城市更新，科学安排绿化用地，实行精准化管理。应坚持循序推进，遵循自然规律，积极采用乡土树种进行绿化，审慎使用外来树种草种，避免大搞奇花异草，避免大树古树进城和非法移栽，居民区周边应兼顾居民健康因素，避免选择致敏花草树木。

参考文献

陈宝明，林真光，李贞，等，2012. 中国井冈山生态系统多样性[J]. 生态学报，32（20）：6326–6333.

陈德华，史正军，谢良生，2009. 深圳不同植被类型城市绿地土壤肥力数值化综合评价研究[J]. 安徽农业科学，37（10）：4552–4553.

陈飞鹏，汪殿蓓，暨淑仪，等，2001. 深圳南山区天然植物群落的聚类分析[J]. 武汉植物学研究（05）：385–390.

陈桂珠，李明顺，蓝崇钰，等，1994. 深圳福田红树林的群落学研究：Ⅲ. 种间联结与相关信息场[J]. 生态科学（02）：7–10.

陈灵芝，孙航，郭柯，2014. 中国植物区系与植被地理[M]. 北京：科学出版社.

陈树培，梁志贤，邓义，1985. 深圳市植被的基本特点及其生态评价[J]. 植物生态学与地植物学丛刊，9（2）：150–157.

陈树培，1991. 关于广东的季雨林问题[J]. 热带地理，10（1）：58–61.

陈晓蓉，徐国钢，朱兆华，等，2013. 深圳地区道路边坡植物配置及群落建植技术[J]. 草业科学，30（09）：1359–1364.

陈晓霞，李瑜，茹正忠，等，2015. 深圳坝光银叶树群落结构与多样性[J]. 生态学杂志，34（06）：1487–1498.

陈永珍，2018. 深圳市滨海公园植物配置方法研究[D]. 广州：华南农业大学.

陈勇，孙冰，廖绍波，等，2013. 深圳市主要植被群落类型划分及物种多样性研究[J]. 林业科学研究，26（5）：636–642.

陈勇，2013. 深圳市城市森林美景度研究[D]. 北京：中国林业科学研究院.

陈志晖，谷超，关开朗，等，2020. 深圳七娘山黄桐和乌檀所在风水林群落特征分析[J]. 生态科学，39（06）：167–174.

程正选，刘广山，何良，2018. 深圳市重要河流水文站网布设技术探讨[J]. 水利水电快报，039（05）：19–22.

戴静华，黄玉源，余欣繁，等，2019. 深圳阳台山部分植物群落五年前后植物多样性对比研究[C]. 中国环境科学学会.

邓太阳，李福临，2013. 深圳城市绿地植物群落类型及其植物选择[J]. 吉林农业（06）：63+65.

丁圣彦，2004. 生态学[M]. 北京：科学出版社.

方精云，郭柯，王国宏，等，2020.《中国植被志》的植被分类系统、植被类型划分及编排体系[J]. 植物生态学报，44（2）：96–110.

广东省地质矿产局区域地质调查大队，1988. 中华人民共和国深圳地质图[M]. 北京：地质出版社.

广东省科学院丘陵山区综合科学考察队，1991. 广东山区植被[M]. 广州：广东科技出版社：1–172.

广东省植物研究所，1976. 广东植被[M]. 北京：科学出版社：30–38.

郭柯，方精云，王国宏，等，2020. 中国植被分类系统修订方案[J]. 植物生态学报，44（2）：111–127.

郭泺，夏北成，李楠，余世孝，2006. 快速城市化过程中深圳森林小群落结构特征及其多样性研究[J]. 林业科学（05）: 68−74.

郭彦青，谭志权，李清湖，2010. 深圳马峦山郊野公园植被调查[J]. 亚热带植物科学，39（02）: 50−54.

国家地理编委会，2007. 国家地理·中国卷[M]. 北京：蓝天出版社：214.

国家林业和草原局，农村和农业部，2021. 2021年第15号公告《国家重点保护野生植物名录》[EB/OL]. [2022-5-7].http://www.forestry.gov.cn/main/5461/20210908/162515850572900.html (accessed on 2021−09−29).

郝明龙，1998. 深圳水文特征与影响因素简介[J]. 人民珠江（04）：13−16.

侯学煜，1960. 中国的植被[M]. 北京：人民教育出版社：1−369.

黄昇，2018. 深圳市土壤中有效氮含量的分析与评价[D]. 深圳：深圳大学.

黄威廉，屠玉麟，杨龙，1988. 贵州植被[M]. 贵阳：贵州人民出版社.

黄有力，彭少麟，梁冠峰，等，2014. 澳门植被志[M]. 澳门：澳门特别行政区民政总署园林绿化部：35−49.

黄玉，王刚，谭广文，2020. 深圳滨海公园植物景观综合评价分析[J]. 热带农业科学，40（01）: 83−89.

黄玉，2018. 深圳滨海公园植物与群落配置研究[D]. 广州：仲恺农业工程学院.

黄玉源，余欣繁，梁鸿，等，2016a. 深圳莲花山植被组成及植物多样性研究[J]. 农业研究与应用（02）: 18−32+34+33.

黄玉源，余欣繁，招康赛，等，2016b. 深圳小南山与应人石山地植物多样性比较研究[J]. 广西植物，36（07）: 795−805.

黄镇国，李平日，张仲英，等，1983. 深圳地貌[M]. 广州：广东科技出版社：99−100.

黄镇国，李平日，张仲英，等，1981. 深圳地貌. 广州：广东科技出版社，1−327.

姜汉侨，段昌群，杨树华，等，2004. 植物生态学[M]. 北京：高等教育出版社.

姜刘志，杨道运，梅立永，等，2018. 深圳市红树植物群落碳储量的遥感估算研究[J]. 湿地科学，16（05）: 618−625.

蒋呈曦，2018. 深圳杨梅坑风景区滨海植物群落结构及景观评价研究[D]. 广州：仲恺农业工程学院.

蒋露，2008. 深圳植物区系研究[D]. 广州：华南农业大学：1−96.

蒋有绪，卢俊培，1991. 中国海南岛尖峰岭热带林生态系统[M]. 北京：科学出版社.

康杰，陈宇，付勉兴，等，2005. 深圳笔架山公园植被林分改造的原则与措施[J]. 中山大学学报（自然科学版）(S1): 65−68.

康杰，黄汉泉，陈考科，等，2006. 深圳笔架山公园植被景观及植物物候特征对景观的影响[J]. 华南农业大学学报（01）: 117−120.

康杰，刘蔚秋，于法钦，等，2005. 深圳笔架山公园的植被类型及主要植物群落分析[J]. 中山大学学报（自然科学版)(S1): 10−31.

赖燕玲，梁嘉声，罗连，等，2007. 深圳马峦山风景区种子植物区系的研究[J]. 西北植物学报，27（1）: 139−155.

赖燕玲，羊海军，刘郁，等，2003.深圳围岭公园主要景观植物的物候特征及其对植被景观的影响[J]. 中山大学学报（自然科学版)(S2): 83−86.

蓝崇钰，王勇军，2001. 广东内伶仃岛自然资源与生态研究[M]. 北京：中国林业出版社.

李德铢，陈之端，王红，等，2018. 中国维管植物科属词典[M]. 北京：科学出版社.

李建华，2005. 环境科学与工程技术辞典<修订版>（上）[M]. 北京：中国环境出版社：802.

李明顺，蓝崇钰，陈桂珠，等，1994. 深圳福田红树林的群落学研究：Ⅱ. 多样性与种群格局[J]. 生态科学（01）：81-83+87+85-86.
李明顺，蓝崇钰，陈桂珠，等，1992. 深圳福田的红树林群落[J]. 生态科学（01）：40-44.
李佩武，李贵才，陈莉，等，2009. 深圳市植被径流调节及其生态效益分析[J]. 自然资源学报24（07）：1223-1233.
李沛琼，2017a. 深圳植物志（第1卷）[M]. 北京：中国林业出版.
李沛琼，2017b. 深圳植物志（第2卷）[M]. 北京：中国林业出版.
李薇，朱丽萍，汪春燕，等，2018. 深圳市内伶仃岛山蒲桃+红鳞蒲桃-小果柿群落结构及其物种多样性特征[J]. 生态科学，37（02）：173-181.
李振宇，石雷，2007. 峨眉山植物[M]. 北京：北京科学技术出版社：1-492.
梁鸿，许斌，温海洋，等，2017. 深圳坝光国际生物谷规划区域生态状况与保护策略研究（上篇）——坝光区域陆地植被生态学特征[J]. 环境与可持续发展，42（03）：7-14.
梁尧钦，谢芳毅，李菁，等，2010. 基于轨迹变化探测的植被覆盖时空动态——以深圳大鹏半岛为例[J]. 应用生态学报，21（05）：1105-1111.
廖文波，郭强，刘海军，等，2018. 深圳市国家珍稀濒危重点保护野生植物[M]. 北京：科学出版社.
林建平，1989. 深圳市土壤区划探讨[J]. 热带地理，9（002）：150-156.
林媚珍，卓正大，郭志华，1996. 广东季雨林的几个问题[J]. 植物生态学报，20（1）：90-96.
刘东蔚，王海军，陈勇，等，2014. 深圳阳台山黄牛木群落学特征研究[J]. 生态科学，33（02）：379-385.
刘海军，郭强，张信坚，等，2018. 深圳大鹏半岛自然保护区钝叶假蚊母树群落特征[J]. 生态科学，37（02）：182-190.
刘瑞雪，马贤明，2016. 深圳市城市公园植物景观构成与美景度研究[J]. 中国城市林业，14（06）：13-17.
刘晓俊，庄雪影，柯欢，等，2007. 深圳小梅沙村风水林群落及其保护[J]. 广东园林（03）：52-54.
刘郁，李琪安，刘蔚秋，等，2003. 深圳围岭公园植被类型及主要植物群落分析[J]. 中山大学学报（自然科学版）(S2）：14-22.
鲁兆莉，覃海宁，金效华，等，2021.《国家重点保护野生植物名录》调整的必要性、原则和程序[J]. 生物多样性，29（12）：1577-1582.
卢群，曾小康，石俊慧，等，2014. 深圳湾福田红树林群落演替[J]. 生态学报，34（16）：4662-4671.
马克平，1994. 生物群落多样性的测度方法Ⅰα多样性的测度方法（上）[J]. 生物多样性，2（3）：162-168.
马克平，刘玉明，1994. 生物群落多样性的测度方法Ⅰα多样性的测度方法（下）[J]. 生物多样性（4）：231-239.
马克平，钱迎倩，王晨，1995. 生物多样性研究的现状与发展趋势[J]. 科技导报（1）：27-30.
彭聪姣，钱家炜，郭旭东，等，2016. 深圳福田红树林植被碳储量和净初级生产力[J]. 应用生态学报，27（07）：2059-2065.
彭少麟，1996. 南亚热带森林群落动态学[M]. 北京：科学出版社.
彭少麟，王伯荪，1983. 鼎湖山森林群落分析——I. 物种多样性[J]. 生态科学（1）：11-17.
彭少麟，周厚诚，1989. 广东森林群落的组成结构数量特征[J]. 植物生态学与地植物学学报，13（1）：10-17.
齐冰琳，王海军，田丽华，等，2019. 深圳阳台山白花油麻藤群落特征及物种多样性[J]. 福建林业科技，46（03）：13-18.

乔红，蔡如，崔少伟，等，2013. 深圳梧桐山风景区林下主要植物群落景观的评价与林分改造对策[J]. 广东园林，35（05）：68−73.

深圳市人民政府新闻办公室，2019. 深圳概览[EB/OL]. [2023-4-2]. http：//www.sz.gov.cn/cn/zjsz/gl/content/post_1377433.html.

深圳市水务局，2017. 2017年水务基础数据[EB/OL]. [2022-11-13].http://swj.sz.gov.cn/xxgk/zfxxgkml/szswgk/tjsj/swjcsj/content/post_2922346.html.

深圳市水务局，2021. 2021年水务基础数据[EB/OL]. [2023-10-13].http://swj.sz.gov.cn/xxgk/zfxxgkml/szswgk/tjsj/swjcsj/content/post_10535799.html.

束承继，蔡文博，韩宝龙，等，2020. 基于快速普查方法的深圳植被优势种特征研究[J]. 生态学报，40（23）：8516−8527.

宋晨晨，2020. 深圳市建成区城市植物功能多样性及其受三类景观要素的影响[D]. 重庆：西南大学.

宋永昌，2001. 植被生态学[M]. 上海：华东师范大学出版社.

宋永昌，2011. 对中国植被分类系统的认知和建议[J]. 植物生态学报，35（8）：882−892.

宋永昌，阎恩荣，宋坤，2017. 再议中国的植被分类系统[J]. 植物生态学报，41（2）：269−278.

孙鸿烈，2005. 中国生态系统[M]. 北 京：科学出版社.

孙延军，莫贤华，徐晓晖，等，2011. 深圳马峦山华南紫萁群落及其物种多样性特征研究[J]. 植物研究，31（01）：67−72.

孙延军，彭永东，王晓明，2010. 深圳梅林山公园乡土植物群落景观设计[J]. 广东园林，32（04）：47−50.

唐志尧，方精云，2004. 植物物种多样性的垂直分布格局[J]. 生物多样性，12（1）：20−28.

汪殿蓓，暨淑仪，陈飞鹏，2001. 植物群落物种多样性研究综述[J]. 生态学杂志，20（4）：55−60.

汪殿蓓，暨淑仪，陈飞鹏，等，2003. 深圳南山区天然森林群落多样性及演替现状[J]. 生态学报（07）：1415−1422.

王勇进，张寿洲，李勇，等，2003. 深圳市国家重点保护野生植物的区系特点与分布状况. 华南农业大学学报（自然科学版），24(1): 63-66.

王伯荪，1987. 论季雨林的水平地带性[J]. 植物生态学与地植物学学报，11（2）：154−157.

王伯荪，1987. 植物群落学[M]. 北京：高等教育出版社.

王伯荪，李鸣光，彭少麟，1995. 植物种群学[M]. 广州：广东高等教育出版社：9−14.

王伯荪，陆阳，张宏达，等，1987. 香港岛黄桐森林群落分析[J]. 植物生态学与地植物学学报，11（4）：242−251.

王伯荪，彭少麟，1986. 鼎湖山森林群落分析——Ⅷ生态优势度[J]. 中山大学学报（自然科学版）（02）：93−97.

王伯荪，彭少麟，1997. 植被生态学——群落与生态系统[M]. 北京：中国环境科学出版社.

王伯荪，余世孝，彭少麟等主编，1996. 植物群落学实验手册[M]. 广州：广东高等教育出版社：1−105.

王帆，2017. 深圳坝光区域滨海河溪红树植物群落生态与景观特性研究[D]. 仲恺农业工程学院.

王海军，程华荣，林石狮，等，2014. 阳台山森林公园植物区系研究[J]. 林业调查规划，39（6）：95−114.

王菊萍，2007. 深圳城市公园植物典型配置模式初探[J]. 广东园林（04）：52−55.

王美仙，杨帆，徐艳，等，2016. 深圳医疗花园植物群落的生态效益研究[J]. 西北林学院学报，31（04）：312−318.

王晓明，付勉兴，羊海军，等，2003. 深圳围岭公园植被的组成成分及其特征分析[J]. 中山大学学报（自然科学版）（S2）：30−36.

王兆东，谢利娟，龙丹丹，等，2016. 银湖山郊野公园典型植物群落物种多样性比较[J]. 西南林业大学学报，36（04）：16–24.

王智，2018. 深圳市植被动态变化及其对极端气候的响应[D]. 北京：中国地质大学：1–82.

王瑞江，2019. 广东重点保护野生植物[M]. 广州：广东科技出版社：1–344.

韦萍萍，昝欣，李瑜，等，2015. 深圳东涌红树林海漆群落特征分析[J]. 沈阳农业大学学报，46（04）：424–432.

魏若宇，2017. 深圳大南山和小南山郊野公园植物群落调查与植物景观评价研究[D]. 广州：仲恺农业工程学院.

温海洋，2017. 深圳大鹏新区建成区及乡村绿地植物群落结构与植物多样性研究[D]. 广州：仲恺农业工程学院.

温远光，和太平，谭伟福社，2004. 广西热带和亚热带山地的植物多样性及群落特征[M]. 北京：气象出版社：42–43.

吴婕，李楠，陈智，等，2010. 深圳特区城市植被的固碳释氧效应[J]. 中山大学学报（自然科学版），49（04）：86–92.

吴瑾，孙斌，刘爱容，等，2015. 演替视角下深圳近自然社区绿道植物配置实践分析[J]. 生态环境学报，24（09）：1461–1465.

吴征镒，1980. 中国植被[M].北京：科学出版社.

吴征镒，周浙昆，孙航，等，2006. 种子植物分布区类型及其起源和分化[M]. 昆明：云南科技出版社.

伍小翠，李在留，2020. 深圳市宝安区宝安公园植物群落多样性研究[J]. 绿色科技（15）：1–4+25.

伍小翠，2020. 深圳市宝安区宝安公园植物群落调查与景观评价研究[D]. 南宁：广西大学.

谢海伟，文冰，郭勇，等，2010. 深圳福田红树植物群落特征及金属元素分布状况[J]. 广西植物，30（01）：64–69.

徐晓晖，孙延军，林石狮，等，2011. 深圳马峦山珍稀濒危植物及其群落特征[J]. 生态科学，30（03）：262–268.

徐晓晖，王小清，孙延军，等，2010. 深圳马峦山及其邻近山地苏铁蕨群落特征分析[J].植物资源与环境学报，19（04）：63–69.

徐志强，林杏莉，庄雪影，2015. 深圳东湖公园植物多样性研究[J]. 广东园林，37（01）：55–60.

许建新，冯志坚，王定跃，等，2009. 深圳梧桐山省级风景名胜区植被类型调查[J]. 福建林业科技，36（02）：154–161.

许建新，蓝颖，刘永金，等，2009. 深圳梧桐山风景区人工林群落调查分析[J]. 广东林业科技，25（02）：44–51.

许建新，刘永金，王定跃，等，2009. 深圳梧桐山风景区主要植物群落结构特征分析[J]. 林业调查规划，34（02）：29–36.

许建新，钱塘璜，冯志坚，等，2012. 深圳坝光精细化工园区植物资源及植被类型分析[J]. 福建林业科技，39（01）：108–111.

闫德千，刘国经，杨海军，2007. 亚热带城市水源地受损河岸植物群落修复方法研究[J]. 北京林业大学学报（03）：40–45.

杨帆，徐艳，刘燕，2012. 基于SBE法的深圳市典型植物群落景观美景度评价[C]// 中国园艺学会观赏园艺专业委员会、国家花卉工程技术研究中心. 中国观赏园艺研究进展2012. 中国园艺学会观赏园艺专业委员会、国家花卉工程技术研究中心：中国园艺学会：5.

杨慧纳，2018. 深圳鹿咀山庄风景区植物群落特征调查与景观评价研究[D]. 广州：仲恺农业工程学院.

杨际明，何仲坚，冯志坚，等，2005. 深圳塘朗山郊野公园的植物资源. 亚热带植物科学，34（1）：56-59.

杨婧，褚鹏飞，陈迪马，2014. 放牧对内蒙古典型草原α、β和γ多样性的影响机制[J]. 植物生态学报，38（2）：188-200.

叶蓁，2017. 深圳白沙湾公园植物群落的调查及优化研究[D]. 广州：仲恺农业工程学院.

叶蓁，黄玉源，钟志强，等，2020. 深圳白沙湾公园植被组成及植物多样性研究[C]// 中国环境科学学会. 2020中国环境科学学会科学技术年会论文集（第一卷）. 北京：中国环境科学学会：8.

尹新新，田学根，王定跃，等，2013. 深圳市公园绿地植物群落多样性特征分析[J]. 湖北民族学院学报（自然科学版），31（04）：366-369+376.

尹新新，2014. 深圳市公园植物群落特征及主题花卉规划研究[D]. 南京：南京林业大学.

余世孝，练琚蕍，2003a. 广东省自然植被分类纲要I. 针叶林与阔叶林[J]. 中山大学学报（自然科学版），42（1）：70-74.

余世孝，练琚蕍，2003b. 广东省自然植被分类纲要II. 竹林、灌丛与草丛[J]. 中山大学学报（自然科学版），42（2）：82-85.

余显芳，1986. 深圳土地类型与自然区划及利用评价[J]. 地理学报，53（2）：147-156.

余欣繁，2018. 深圳坝光区域自然林及人工林植物多样性与植物资源特点研究[D]. 广州：仲恺农业工程学院.

袁银，廖浩斌，刘永金，等，2013. 深圳市生态修复裸露边坡的植物群落特征研究[J]. 广东林业科技，29（03）：60-65.

昝启杰，廖文波，陈继敏，等，2001. 广东内伶仃岛植物区系的研究[J]. 西北植物学报，21（3）：507-519.

昝启杰，王勇军，王伯荪，2002. 深圳福田红树林无瓣海桑＋海桑群落N、P、K累积和循环[J]. 广西植物（04）：331-336.

詹惠玲，丁明艳，刘军，等，2007. 深圳南山公园植物群落林分改造及其措施[J]. 中山大学学报论丛（01）：135-138.

张浩，王祥荣，陈涛，孙达祥，2006. 城市绿地群落结构完善度评价及生态管理对策：以深圳经济特区为例[J]. 复旦学报（自然科学版）（06）：719-725.

张宏达，王伯荪，胡玉佳，等，1989. 香港植被[J]. 中山大学学报（自然科学）论丛，8（2）：1-170.

张荣京，步军，2010. 深圳山塘仔地区灌丛群落特征调查[J]. 贵州农业科学，38（12）：23-26.

张荣京，张永夏，严岳鸿，等，2005. 深圳大鹏半岛常绿季雨林和常绿阔叶林群落物种多样性分析[J]. 山地学报（04）：4495-4501.

张永夏，邢福武，2006. 深圳大鹏半岛种子植物区系研究[J]. 武汉植物学研究24（2）：119-129.

张永夏，陈红锋，秦新生，等，2007. 深圳大鹏半岛“风水林”香蒲桃群落特征及物种多样性研究[J]. 广西植物（04）：596-603.

张哲，蒋冬月，徐艳，等，2011. 深圳市公园绿地植物配置[J]. 东北林业大学学报，39（03）：102-105.

张哲，2014. 深圳市公园绿地植物群落的温湿度效应及对人生理心理的影响[D]. 北京：北京林业大学.

张倬纶，侯霄霖，梁文钊，等，2012. 深圳现存红树林群落的生境及保护对策[J]. 湿地科学与管理，8（04）：49-52.）

赵一，2010. 植被分类系统与方法综述[J]. 河北林果研究，25（002）：152-156.

郑绍燕，2016. 深圳湾公园植物配置特色研究[D]. 广州：华南农业大学.

中国科学院华南植物研究所，1989. 广东省的植被和植被区划[M]. 北京：学术期刊出版社.

中国科学院青藏高原综合科学考察队，1988. 西藏植被[M]. 北京：科学出版社.

中国科学院中国植被图编辑委员会，2007. 中国植被及其地理格局：中华人民共和国植被图（1：1000000）说明书[M]. 北京：地质出版社：1-1175.

仲铭锦，徐晓晖，孙延军，等，2007. 深圳马峦山郊野公园的植被景观分区及其评价[J]. 华南师范大学学报（自然科学版）(02)：104-113.

朱华，2005. 滇南热带季雨林的一些问题讨论[J]. 植物生态学报，29（1）：170-174.

庄梅梅，2011. 深圳梧桐山植被景观色彩研究[D]. 北京：中国林业科学研究院.

庄雪影，翟翠花，何卓彦，等，2010. 深圳市立交绿地植物多样性及其叶面积指数研究[J]. 福建林业科技，37（02）：71-77.

卓锋，关于元，罗志萍，等，2011. 近自然群落道路绿化景观设计——以深圳东滨路为例[J].广东林业科技，27（05）：25-30

潘云云，张寿洲，王晓明，等，2015. 深圳地区野生兰科植物资源及其区系特征[J]. 亚热带植物科学 02：116-122.

谭维政，徐华林，陈艺敏，等，2017. 广东内伶仃岛白桂木群落结构及其演替研究[J]. 华南农业大学学报，38(2)：99-10

邢福武，余明恩，张永夏，2003. 深圳植物物种多样性及其保育[M]. 北京：中国林业出版社：1-257.

邢福武，余明恩，2000. 深圳野生植物[M]. 北京：中国林业出版社：1-299.

Bailey R G, 1984. Testing an ecosystem regionalization[J]. Journal of Environmental Management, 19: 239-248.

Blew R D, 1996. On the definition of ecosystem[J]. Bulletin of the Ecological Society of America, 77: 171-173.

Clements F E, 1916. Plant Succession: An Analysis of Development of Vegetation[M]. Washington: Carnegie Institution .

Dengler J, Jansen F, Glöckler F, et al., 2011. The Global Index of Vegetation-Plot Databases (GIVD): a new resource for vegetation science[J]. Journal of Vegetation Science, 22:582-597.

Ellenberg H, Weber HE, Duell R, et al., 1992. Zeigerwerte von Pflanzen in Mitteleuropa[M]. Göttingen: Verlag Erich Goltze.

Ellenberg H, Mueller-Dombois D, 1967. Tentative physiognomic-ecological classification of the main plant formations of the earth[M]. Zurich: Benchtedes Geobotanischen Institutes der Eidgenossischen Tech-nischen Hochschule Stifung Rubel: 21-55.

Federal Geographic Data Committee,2019. National Vegetation Classification Standard. 2nd ed.[EB/OL].[2022-5-10]. http: //www.fgdc.gov/standards/projects/FGDC-standards-projects/vegetation/NVCS_V2_FINAL_2008-2.pdf. 10, 10

Flahault C La flore et la vegetation de la France, 1901. In: Coste Abbe Hippolyte. Flore descriptive et illustree de la France[M]. Paris: Paul Klincksieck.

Fosberg F R, 1961. A classification of vegetation for general purposes[J]. Tropical Ecology, 2: 73-120.

Grinnell J, 1917. The niche-relationships of the California Thrasher[J]. The Auk, 34: 427-433.

Grisebach A, 1872. Die vegetation der Erde nach ihrer klimatischen Anordnung—Eien Abri β der vergleichenden Geopraphie der Pfalanzen[M]. Leipzig: Engelmann Verlag.

Guo K, Liu C C, Xie Z Q, et al.,2018. China Vegetation Classification: concept, approach and applications[J]. Phytoceoenologia, 48(2): 113−120.

Liu H J,Wei Z T,Hong B S, et al., 2016. Development and Characterization of EST-SSR Markers for Artocarpus hypargyreus (Moraceae)[J]. Applications in Plant Sciences, 4(12): 1600113.

Ma Z X, Wei Z T, Xiao Y W, 2019. A new species and a new combination of the genus Arisaema (Araceae) from China [J]. Phytotaxa, 395 (4): 265–276.

Rodwell JS, 1991. British Plant Communities[M]. Cambridge: Cambridge University Press.

Schimper A F W, 1898. Pflanzengeographie auf physiologischer[M]. Jena: Grundlage.

Tüxen R, 1937. Die Pflanzengesellschaften Nordwestdeutschlands[M]. Niedersachsen : Mitt. Florist. Sozial. Arbeitsgem .

Von Humboldt A, Bonpland A, 1807. Essay on the geography of plant (In English Trans. by Jackson. S. T. repnnt 2010) [M]. Chicago: University of Chicago Press.

Warming E, 1909. Oecology of plants: an introduction to the study of plant-communities[M]. Oxford: Oxford University press.

Westhoff V, Den Held AJ, 1969. Plantengemeenschappen in Nederland[M]. Zutphen: Thieme.

Whittaker R H, 1960. Vegetation of the Siskiou Mountains: Oregon and California[J]. Ecological Monographs, 30(3): 279−338.

Whittaker R H, 1978. Classification of Plant Communities: Handbook of Vegetation Science[M]. Berlin: Springer.

Wu C Y, Raven P H, Hong D Y, 2013. Flora of China[M]. Beijing: Science Press & St. Louis. Missouri: Missouri Botanical Gardens.

Yu J H, Rui Z, Qiao L L, et al., 2022. Ceratopteris chunii and Ceratopteris chingii (Pteridaceae), two new diploid species from China, based on morphological, cytological, and molecular data[J]. Plant Diversity, 44: 300-307.

附录1　深圳市植被调查样地信息汇总

序号	数字库样地编号	群落分析引用样地编号	样地地点	调查人员	调查时间	经度（E）	纬度（N）	海拔 /m	坡度 /°	面积 /m²	群落名称
1	LHS-S02	SZ-S039	莲花山	廖文波、凡强、孙延军等	1998	114°03′31.31″	22°33′27.42″	52	40	600	凤凰木－荔枝群落
2	LHS-S03	SZ-S040	莲花山	廖文波、凡强、孙延军等	1998	114°03′16.73″	22°33′37.36″	53	10	400	台湾相思－桃金娘－芒萁群落
3	LHS-S04	SZ-S041	莲花山	廖文波、凡强、孙延军等	1998	114°03′04.00″	22°33′30.43″	40	30	1100	台湾相思＋柠檬桉－桃金娘－藿香蓟群落
4	LHS-S05	**	莲花山	廖文波、凡强、孙延军等	1998	114°03′10.33″	22°33′15.94″	43	20	1200	台湾相思－豺皮樟－芒萁群落
5	LHS-S01	SZ-S038	莲花山	廖文波、凡强、孙延军等	2000	114°03′18.04″	22°33′29.19″	80	15	1200	窿缘桉＋柠檬桉－赤楠＋梅叶冬青－芒萁群落
6	MLGY-S01	SZ-S047	梅林公园	廖文波、凡强、孙延军等	2002	114°02'18.44"	22°34'26.43"	86	10	1200	大叶相思－梅叶冬青－扇叶铁线蕨群落
7	MLGY-S02	SZ-S048	梅林公园	廖文波、凡强、孙延军等	2002	114°02'22.63"	22°34'30.15"	221	35	600	马尾松－梅叶冬青＋桃金娘－芒萁群落
8	MLGY-S03	SZ-S049	梅林公园	廖文波、凡强、孙延军等	2002	114°02'25.24"	22°34'24.41"	72	15	600	赤桉－水团花－类芦群落
9	MLGY-S04	SZ-S050	梅林公园	廖文波、凡强、孙延军等	2002	114°02'25.07"	22°34'28.23"	103	35	600	台湾相思＋柠檬桉－豺皮樟群落
10	MLGY-S05	SZ-S051	梅林公园	廖文波、凡强、孙延军等	2002	114°02'23.72"	22°34'21.90"	122	20	600	大叶相思－水团花＋梅叶冬青－芒萁群落
11	MLGY-S06	SZ-S052	梅林公园	廖文波、凡强、孙延军等	2002	114°02'27.50"	22°34'21.97"	175	25	600	台湾相思＋柠檬桉－豺皮樟群落
12	MLGY-S07	SZ-S053	梅林公园	廖文波、凡强、孙延军等	2002	114°02'26.05"	22°34'17.94"	175	5	600	台湾相思＋大叶相思－豺皮樟群落
13	MLGY-S08	SZ-S054	梅林公园	廖文波、凡强、孙延军等	2002	114°02'26.92"	22°34'26.75"	277	20	400	马占相思－梅叶冬青－扇叶铁线蕨群落
14	MLGY-S09	SZ-S055	梅林公园	廖文波、凡强、孙延军等	2002	114°02'23.50"	22°34'28.86"	205	25	400	豺皮樟＋银柴－类芦群落
15	MLGY-S10	SZ-S056	梅林公园	廖文波、凡强、孙延军等	2002	114°02'20.70"	22°34'28.62"	171	15	400	豺皮樟－类芦群落
16	XH-S01	SZ-S173	仙湖植物园	廖文波、凡强、孙延军等	2003	114°10'42.91"	22°35'07.70"	75	15	1000	台湾相思＋马尾松＋鼠刺－桃金娘＋芒萁群落
17	XH-S02	SZ-S174	仙湖植物园	廖文波、凡强、孙延军等	2003	114°09'33.7117"	22°34'41.3214"	80	40	1000	枫香树＋黄牛木－豺皮樟－芒萁群落
18	XH-S03	SZ-S175	仙湖植物园	廖文波、凡强、孙延军等	2003	114°09'44.8265"	22°34'40.3434"	106	15	800	马尾松＋鼠刺－豺皮樟＋桃金娘－芒萁群落
19	XH-S04	SZ-S176	仙湖植物园	廖文波、凡强、孙延军等	2003	*	*	149	25	600	水东哥＋菩提树＋浙江润楠－细齿叶柃－金毛狗群落
20	XH-S05	SZ-S177	仙湖植物园	廖文波、凡强、孙延军等	2003	114°10'44.59"	22°35'09.27"	54	45	1200	银柴＋土沉香－九节－草珊瑚群落
21	XH-S06	SZ-S178	仙湖植物园	廖文波、凡强、孙延军等	2003	114°10'42.37"	22°35'05.73"	114	30	800	马占相思－银柴＋桃金娘－芒萁群落

（续表）

序号	数据库样地编号	群落分析引用样地编号	样地地点	调查人员	调查时间	经度（E）	纬度（N）	海拔 /m	坡度 /°	面积 /m²	群落名称
23	XH-S08	SZ-S179	仙湖植物园	廖文波、凡强、孙延军等	2003	114°09'27.7874"	22°34'28.1518"	120	5	1000	鼠刺 + 山油柑 - 杜鹃 - 黑莎草群落
24	XH-S09	SZ-S180	仙湖植物园	廖文波、凡强、孙延军等	2003	114°09'35.3974"	22°34'24.7957"	170	25	600	山油柑 + 黄牛木 - 香楠 - 海金沙群落
25	XH-S10	SZ-S181	仙湖植物园	廖文波、凡强、孙延军等	2003	*	*	158	5	1400	亮叶猴耳环 - 柃叶连蕊茶 + 鼠刺 - 金毛狗
26	XH-S11	SZ-S182	仙湖植物园	廖文波、凡强、孙延军等	2003	114°09'44.0145"	22°34'20.8353"	92	20	800	马尾松 - 豺皮樟 - 芒萁群落
27	XH-S12	—	仙湖植物园	廖文波、凡强、孙延军等	2003	114°09'43.2199"	22°34'31.2291"	126	40	100	蟠桃群落
28	XH-S13	—	仙湖植物园	廖文波、凡强、孙延军等	2003	114°10'25.7601"	22°35'24.8866"	165	35	600	荔枝群落
29	XH-S14	SZ-S183	仙湖植物园	廖文波、凡强、孙延军等	2003	114°10'32.8468"	22°35'35.3829"	130	45	1300	杉木 + 肉桂 + 土沉香 - 九节 - 泽兰群落
30	XH-S15	SZ-S184	仙湖植物园	廖文波、凡强、孙延军等	2003	114°10'37.4948"	22°35'25.8180"	103	40	800	杉木 - 豺皮樟 - 蔓生莠竹群落
31	XH-S16	SZ-S185	仙湖植物园	廖文波、凡强、孙延军等	2003	114°10'44.6797"	22°35'14.8581"	138	25	700	黄杞 - 九节 - 黑莎草群落
32	XH-S17	SZ-S186	仙湖植物园	廖文波、凡强、孙延军等	2003	114°10'51.46"	22°34'57.30"	131	30	400	桉 + 马占相思 - 毛菍 - 芒萁群落
33	XH-S18	SZ-S187	仙湖植物园	廖文波、凡强、孙延军等	2003	114°10'59.4353"	22°35'07.7808"	192	15	400	马尾松 - 黄牛木 + 豺皮樟 - 芒萁群落
34	XH-S19	SZ-S188	仙湖植物园	廖文波、凡强、孙延军等	2003	114°10'55.8544"	22°34'46.6819"	258	40	400	马尾松 - 岗松 + 桃金娘 - 芒萁群落
35	XH-S20	SZ-S189	仙湖植物园	廖文波、凡强、孙延军等	2003	114°10'45.9405"	22°34'40.6726"	253	30	400	马尾松 + 木荷 + 黧蒴锥 - 鼠刺 + 香楠 - 芒萁群落
36	XH-S21	SZ-S190	仙湖植物园	廖文波、凡强、孙延军等	2003	*	*	380	40	700	黧蒴锥 - 柃叶连蕊茶 + 香楠 - 金毛狗群落
37	XH-S22	SZ-S191	仙湖植物园	廖文波、凡强、孙延军等	2003	114°10'34.0127"	22°34'31.5567"	320	40	400	鼠刺 + 木荷 - 柃叶连蕊茶 - 黑莎草群落
38	XH-S23	SZ-S192	仙湖植物园	廖文波、凡强、孙延军等	2003	114°11'05.79"	22°35'03.96"	123	20	600	枫香树 + 山油柑 - 鼠刺 + 九节 - 草珊瑚群落
39	BJS-S01	SZ-S001	笔架山	廖文波、凡强、孙延军等	2004	114°04'59.83"	22°33'49.01"	53	25	600	台湾相思 + 野漆 - 豺皮樟 - 扇叶铁线蕨群落
40	BJS-S02	SZ-S002	笔架山	廖文波、凡强、孙延军等	2004	114°05'04.82"	22°33'48.43"	121	20	200	豺皮樟 + 山油柑 - 九节群落
41	BJS-S03	SZ-S003	笔架山	廖文波、凡强、孙延军等	2004	114°05'03.25"	22°33'44.02"	58	15	800	破布叶 + 樟 - 豺皮樟 - 山麦冬群落
42	BJS-S04	SZ-S004	笔架山	廖文波、凡强、孙延军等	2004	114°05'02.82"	22°33'44.50"	38	5	300	破布叶 + 野漆 - 豺皮樟 + 银柴 - 山麦冬群落
43	BJS-S05	SZ-S005	笔架山	廖文波、凡强、孙延军等	2004	114°05'09.60"	22°33'51.16"	68	40	600	黄牛木 + 豺皮樟 + 水团花 - 芒萁群落
44	BJS-S06	SZ-S006	笔架山	廖文波、凡强、孙延军等	2004	114°05'03.23"	22°33'46.89"	56	0	600	豺皮樟 + 野漆 + 黄牛木 - 芒萁群落
45	BJS-S07	SZ-S007	笔架山	廖文波、凡强、孙延军等	2004	114°05'05.37"	22°33'44.86"	41	10	300	破布叶 - 豺皮樟 - 乌毛蕨群落

（续表）

序号	数据库样地编号	群落分析引用样地编号	样地地点	调查人员	调查时间	经度（E）	纬度（N）	海拔 /m	坡度 /°	面积 /m²	群落名称
46	BJS-S08	SZ-S008	笔架山	廖文波、凡强、孙延军等	2004	114°05'19.83"	22° 33'54.05"	135	0	400	枫香树＋阴香－豺皮樟＋九节－扇叶铁线蕨群落
47	BJS-S09	SZ-S009	笔架山	廖文波、凡强、孙延军等	2004	114°05'18.44"	22° 33'53.98"	47	30	400	阴香－豺皮樟＋野漆－九节群落
48	BJS-S10	SZ-S010	笔架山	廖文波、凡强、孙延军等	2004	114°04'59.98"	22° 33'50.25"	61	10	400	杉木－九节－乌毛蕨＋半边旗群落
49	BJS-S11	SZ-S011	笔架山	廖文波、凡强、孙延军等	2004	114°04'37.4637"	22° 33'58.0361"	95	20	500	杉木－鹅掌柴－乌毛蕨群落
50	BJS-S12	SZ-S012	笔架山	廖文波、凡强、孙延军等	2004	114°05'06.01"	22° 33'57.13"	59	15	800	杉木＋樟－鹅掌柴－九节群落
51	BJS-S13	SZ-S013	笔架山	廖文波、凡强、孙延军等	2004	114°04'59.62"	22° 33'51.30"	54	25	300	台湾相思－银柴－山麦冬群落
52	BJS-S14	—	笔架山	廖文波、凡强、孙延军等	2004	114°04'34.9916"	22° 34'11.3765"	57	20	100	鹅掌柴群落
53	BJS-S15	SZ-S014	笔架山	廖文波、凡强、孙延军等	2004	114°05'02.81"	22° 33'52.66"	54	20	400	樟－破布叶＋黄牛木＋豺皮樟－九节群落
54	BJS-S16	SZ-S015	笔架山	廖文波、凡强、孙延军等	2004	114°05'10.82"	22° 33'51.92"	51	25	700	马尾松＋樟－豺皮樟＋九节群落
55	BJS-S17	SZ-S016	笔架山	廖文波、凡强、孙延军等	2004	114°05'12.11"	22° 33'52.25"	66	15	500	杉木－九节群落
56	BJS-S18	SZ-S017	笔架山	廖文波、凡强、孙延军等	2004	114°05'08.78"	22° 33'48.52"	79	15	300	马尾松－破布叶＋九节群落
57	BJS-S19	SZ-S018	笔架山	廖文波、凡强、孙延军等	2004	114°05'01.38"	22° 33'46.07"	70	45	600	台湾相思－豺皮樟－扇叶铁线蕨＋山麦冬群落
58	BJS-S20	SZ-S019	笔架山	廖文波、凡强、孙延军等	2004	114°05'06.84"	22° 33'49.53"	52	5	500	野漆＋盐肤木－豺皮樟－芒萁群落
59	BJS-S21	—	笔架山	廖文波、凡强、孙延军等	2004	114°05'05.05"	22° 33'58.31"	56	45	400	榕树＋洋紫荆－鹅掌柴＋毛冬青－芒萁群落
60	BJS-S22	SZ-S020	笔架山	廖文波、凡强、孙延军等	2004	114°05'01.24"	22° 33'46.89"	59	30	600	鹅掌柴＋土蜜树－豺皮樟－九节群落
61	BJS-S23	SZ-S021	笔架山	廖文波、凡强、孙延军等	2004	114°05'05.25"	22°33'45.93"	76	25	300	鹅掌柴＋土蜜树－豺皮樟－九节群落
62	BJS-S24	SZ-S022	笔架山	廖文波、凡强、孙延军等	2004	114°04'38.1967"	22°34'06.7729"	82	45	400	窿缘桉－豺皮樟群落
63	BJS-S25	SZ-S023	笔架山	廖文波、凡强、孙延军等	2004	114°04'49.8979"	22°33'58.1680"	122	15	200	柠檬桉－豺皮樟－小花露籽草群落
64	BJS-S26	SZ-S024	笔架山	廖文波、凡强、孙延军等	2004	114°04'42.0975"	22°33'54.5368"	116	30	300	杉木＋对叶榕＋破布叶－九节－半边旗群落
65	BJS-S27	SZ-S025	笔架山	廖文波、凡强、孙延军等	2004	114°04'55.90"	22°33'53.20"	65	40	600	枫香树－豺皮樟＋梅叶冬青－乌毛蕨群落
66	BJS-S28	SZ-S026	笔架山	廖文波、凡强、孙延军等	2004	114°04'54.8413"	22°33'58.2355"	75	45	200	杉木－九节－半边旗群落
67	BJS-S29	SZ-S027	笔架山	廖文波、凡强、孙延军等	2004	114°04'56.0770"	22°34'01.9437"	88	25	400	马占相思－豺皮樟＋野漆－芒萁群落

（续表）

序号	数据库样地编号	群落分析引用样地编号	样地地点	调查人员	调查时间	经度（E）	纬度（N）	海拔/m	坡度/°	面积/m²	群落名称
68	FHS-S02	SZ-S036	凤凰山	廖文波、凡强、孙延军等	2006	113°51'08.11"	22°40'22.20"	181	30	600	樟＋浙江润楠－梅叶冬青群落
69	FHS-S03	SZ-S037	凤凰山	廖文波、凡强、孙延军等	2006	113°50'56.25"	22°40'29.06"	217	40	100	台湾相思－山菅兰群落
70	NS-S01	SZ-S070	南山公园	廖文波、凡强、孙延军等	2006	113°54'18.29"	22°29'12.59"	238	25	1200	大叶相思＋革叶铁榄－岗松－越南叶下珠群落
71	NS-S02	SZ-S071	南山公园	廖文波、凡强、孙延军等	2006	113°54'00.20"	22°29'39.56"	229	10	800	尾叶桉＋台湾相思－米碎花－芒萁群落
72	NS-S03	SZ-S072	南山公园	廖文波、凡强、孙延军等	2006	113°53'43.04"	22°29'23.14"	191	10	800	马占相思＋尾叶桉－鹅掌柴－芒萁群落
73	NS-S04	SZ-S073	南山公园	廖文波、凡强、孙延军等	2006	113°54'16.05"	22°29'14.46"	289	15	800	台湾相思＋大叶相思－米碎花－越南叶下珠群落
74	NS-S05	SZ-S074	南山公园	廖文波、凡强、孙延军等	2006	113°54'25.09"	22°30'06.82"	253	35	1200	马占相思－米碎花＋鹅掌柴－芒萁群落
75	NS-S06	SZ-S075	南山公园	廖文波、凡强、孙延军等	2006	113°54'22.37"	22°29'07.62"	74	25	800	台湾相思＋尾叶桉－梅叶冬青－山麦冬群落
76	NS-S07	SZ-S076	南山公园	廖文波、凡强、孙延军等	2006	113°54'21.40"	22°29'08.42"	66	20	800	革叶铁榄＋矮冬青－水团花群落
77	NS-S08	SZ-S077	南山公园	廖文波、凡强、孙延军等	2006	113°53'48.76"	22°29'56.90"	164	30	600	革叶铁榄＋矮冬青－水团花群落
78	NS-S09	SZ-S078	南山公园	廖文波、凡强、孙延军等	2006	113°54'27.10"	22°29'57.40"	122	35	1000	马占相思＋革叶铁榄－鹅掌柴－芒萁群落
79	NS-S10	—	南山公园	廖文波、凡强、孙延军等	2006	113°53'56.02"	22°30'21.09"	87	30	1200	荔枝群落
80	NS-S11	SZ-S079	南山公园	廖文波、凡强、孙延军等	2006	113°53'57.34"	22°30'12.56"	144	25	1200	马尾松＋革叶铁榄－野漆－扇叶铁线蕨群落
81	NS-S12	—	南山公园	廖文波、凡强、孙延军等	2006	113°53'56.87"	22°29'19.85"	40	10	800	荔枝群落
82	NS-S13	SZ-S080	南山公园	廖文波、凡强、孙延军等	2006	113°53'51.2339"	22°29'37.6986"	145	5	600	木荷＋野漆－米碎花－三叉蕨群落
83	NS-S14	SZ-S081	南山公园	廖文波、凡强、孙延军等	2006	113°53'51.0797"	22°29'30.2758"	213	25	700	马尾松＋革叶铁榄－三花冬青－芒萁群落
84	NS-S15	SZ-S082	南山公园	廖文波、凡强、孙延军等	2006	113°53'53.7090"	22°29'21.4259"	207	5	700	革叶铁榄＋天料木－豺皮樟－扇叶铁线蕨群落
85	NS-S16	—	南山公园	廖文波、凡强、孙延军等	2006	113°53'43.6558"	22°29'47.1178"	127	45	100	假苹婆＋革叶铁榄群落
86	PYS-S01	SZ-S083	排牙山	廖文波、凡强、孙延军等	2006	114°34'21.34"	22°38'37.14"	141	20	1600	华润楠－九节－草珊瑚群落

（续表）

序号	数据库样地编号	群落分析引用样地编号	样地地点	调查人员	调查时间	经度（E）	纬度（N）	海拔 /m	坡度 /°	面积 /m²	群落名称
87	PYS-S02	SZ-S084	排牙山	廖文波、凡强、孙延军等	2006	*	*	278	35	1200	大花枇杷 + 华润楠 + 鸭公树 – 金毛狗群落
88	PYS-S03	SZ-S085	排牙山	廖文波、凡强、孙延军等	2006	114°29'05.62"	22°37'28.75"	544	0	800	华润楠 + 亮叶冬青 – 密花树 + 赤楠 – 杜茎山群落
89	PYS-S04	SZ-S086	排牙山	廖文波、凡强、孙延军等	2006	114°28'59.07"	22°37'58.18"	533	0	600	臀果木 + 银柴 + 鹅掌柴 – 香港大沙叶 + 九节群落
90	PYS-S05	SZ-S087	排牙山	廖文波、凡强、孙延军等	2006	114°32'25.53″	22°37'00.55″	372	25	800	马尾松 + 鼠刺 + 鹅掌柴 – 杜鹃 – 团叶鳞始蕨群落
91	PYS-S06	SZ-S088	排牙山	廖文波、凡强、孙延军等	2006	114°26'43.23"	22°36'15.18"	359	45	1000	假苹婆 + 朴树 – 柃叶连蕊茶 – 溪边假毛蕨群落
92	PYS-S07	SZ-S089	排牙山	廖文波、凡强、孙延军等	2006	114°31'42.4524"	22°37'05.5784"	181	10	1500	浙江润楠 + 鹅掌柴 – 九节 – 单叶新月蕨群落
93	PYS-S08	SZ-S090	排牙山	廖文波、凡强、孙延军等	2006	114°26'48.40"	22°36'15.82"	109	20	600	马尾松 + 鼠刺 + 密花树 – 桃金娘 – 黑莎草 + 华山姜群落
94	PYS-S09	SZ-S091	排牙山	廖文波、凡强、孙延军等	2006	114°27'02.29"	22°36'25.18"	70	45	600	马尾松 + 鼠刺 – 豺皮樟 + 桃金娘 – 芒萁群系
95	PYS-S10	SZ-S092	排牙山	廖文波、凡强、孙延军等	2006	114°31'04.0104"	22°37'12.8857"	407	10	1200	鹅掌柴 + 鼠刺 – 豺皮樟 – 苏铁蕨群落
96	PYS-S11	SZ-S093	排牙山	廖文波、凡强、孙延军等	2006	114°30'33.0035"	22°37'18.2130"	364	45	1200	马尾松 + 大头茶 + 浙江润楠 – 豺皮樟 – 芒萁群落
97	PYS-S12	SZ-S094	排牙山	廖文波、凡强、孙延军等	2006	114°30'01.9944"	22°37'18.1197"	289	30	800	黧蒴锥 – 罗伞树 – 扇叶铁线蕨群落
98	PYS-S13	SZ-S095	排牙山	廖文波、凡强、孙延军等	2006	114°29'37.4967"	22°37'18.3311"	287	30	800	厚皮香 + 岗松 – 芒萁群落
99	PYS-S14	SZ-S096	排牙山	廖文波、凡强、孙延军等	2006	114°27'03.99"	22°36'27.37"	276	35	800	大头茶 – 吊钟花 – 黑莎草群落
100	PYS-S15	SZ-S097	排牙山	廖文波、凡强、孙延军等	2006	114°31'13.0024"	22°36'59.2227"	402	40	800	马占相思 + 马尾松 – 岗松 – 芒萁群落
101	SZT-S01	SZ-S117	三洲田	廖文波、凡强、孙延军等	2006	114°15'51.06"	22°37'07.02"	555	30	1200	米槠 + 岭南青冈 – 九节 + 密花树 – 草珊瑚群落
102	SZT-S02	SZ-S118	三洲田	廖文波、凡强、孙延军等	2006	114°16'23.28"	22°36'57.78"	595	45	1200	鹅掌柴 + 樟 – 红淡比 – 金毛狗群落
103	SZT-S03	SZ-S119	三洲田	廖文波、凡强、孙延军等	2006	*	*	505	45	800	短序润楠 + 岭南青冈 – 吊钟花 + 红淡比 – 苦竹 + 金毛狗群落
104	SZT-S04	SZ-S120	三洲田	廖文波、凡强、孙延军等	2006	114°16'34.56"	22°37'41.40"	341	30	600	短序润楠 + 浙江润楠 – 鹅掌柴 + 桃金娘 – 草珊瑚群落
105	SZT-S05	SZ-S121	三洲田	廖文波、凡强、孙延军等	2006	114°16'48.60"	22°36'58.86"	402	40	900	大头茶 – 红淡比 + 密花树 – 黑莎草群落
106	SZT-S06	SZ-S122	三洲田	廖文波、凡强、孙延军等	2006	114°18'22.98"	22°36'44.04"	136	25	800	鹅掌柴 + 假苹婆 – 豺皮樟 + 水团花 – 山麦冬群落
107	SZT-S07	SZ-S123	三洲田	廖文波、凡强、孙延军等	2006	114°15'42.90"	22°39'42.18"	146	40	800	马尾松 + 鹅掌柴 – 豺皮樟 + 桃金娘群落

（续表）

序号	数据库样地编号	群落分析引用样地编号	样地地点	调查人员	调查时间	经度（E）	纬度（N）	海拔 /m	坡度 /°	面积 /m²	群落名称
108	SZT-S08	SZ-S124	三洲田	廖文波、凡强、孙延军等	2006	114°16'19.68"	22°39'43.26"	107	30	400	马占相思＋马尾松－桃金娘－芒萁群落
109	SZT-S09	SZ-S125	三洲田	廖文波、凡强、孙延军等	2006	114°16'28.74"	22°38'52.62"	329	25	800	红鳞蒲桃－豺皮樟－栀子群落
110	SZT-S10	SZ-S126	三洲田	廖文波、凡强、孙延军等	2006	114°14'58.68"	22°36'30.66"	334	45	1200	大头茶－豺皮樟－芒萁群落
111	SZT-S11	SZ-S127	三洲田	廖文波、凡强、孙延军等	2006	114°15'03.85"	22°36'38.30"	50	40	1600	鹅掌柴＋大头茶－九节－黑莎草群落
112	SZT-S12	SZ-S128	三洲田	廖文波、凡强、孙延军等	2006	114°17'10.56"	22°35'31.50"	108	15	1200	鹅掌柴＋大头茶－九节－草珊瑚群落
113	SZT-S13	SZ-S129	三洲田	廖文波、凡强、孙延军等	2006	114°15'58.50"	22°37'24.12"	435	25	800	吊钟花＋密花树－棱果花－金毛狗群落
114	SZT-S14	SZ-S130	三洲田	廖文波、凡强、孙延军等	2006	114°18'55.56"	22°36'47.16"	179	30	1200	山油柑＋粘木＋革叶铁榄－豺皮樟－扇叶铁线蕨群落
115	SZT-S15	SZ-S131	三洲田	廖文波、凡强、孙延军等	2006	114°.19.619′	22°38.325′	79	25	800	黧蒴锥－罗伞树－山麦冬群落
116	SZT-S16	SZ-S132	三洲田	廖文波、凡强、孙延军等	2006	114°20'04.38"	22°38'21.36"	214	45	1200	大头茶＋鹅掌柴＋山油柑－豺皮樟－黑莎草群落
117	WLGY-S01	SZ-S165	围岭公园	廖文波、凡强、孙延军等	2006	114°07'34.8942"	22°35'11.1283"	72	45	600	黄牛木＋破布叶－梅叶冬青－薇甘菊＋山麦冬群落
118	WLGY-S02	SZ-S166	围岭公园	廖文波、凡强、孙延军等	2006	114°07'31.1696"	22°35'12.1494"	82	5	600	黄牛木－豺皮樟＋梅叶冬青－九节群落
119	WLGY-S03	SZ-S167	围岭公园	廖文波、凡强、孙延军等	2006	114°07'21.9022"	22°35'14.5646"	109	20	400	山油柑＋三桠苦－毛菍－乌毛蕨＋芒萁群落
120	WLGY-S04	SZ-S168	围岭公园	廖文波、凡强、孙延军等	2006	114°07'20.4232"	22°35'00.8081"	159	35	1000	马占相思－三桠苦－芒萁群落
121	WLGY-S05	SZ-S169	围岭公园	廖文波、凡强、孙延军等	2006	114°07'14.5411"	22°35'18.1679"	81	10	600	柠檬桉－三桠苦＋桃金娘－芒萁群落
122	WLGY-S06	SZ-S170	围岭公园	廖文波、凡强、孙延军等	2006	114°07'07.6946"	22°34'59.3077"	60	25	400	野漆＋三桠苦－栀子－芒萁群落
123	WLGY-S07	SZ-S171	围岭公园	廖文波、凡强、孙延军等	2006	114°07'36.1916"	22°34'55.2885"	75	35	400	台湾相思－黄牛木－芒萁群落
124	WLGY-S08	SZ-S172	围岭公园	廖文波、凡强、孙延军等	2006	114°07'18.7880"	22°35'08.3928"	149	35	600	野漆＋三桠苦－桃金娘－芒萁群落
125	YTS-S01	SZ-S193	羊台山	廖文波、凡强、孙延军等	2006	*	*	217	25	200	假苹婆－对叶榕－黑桫椤＋金毛狗群落
126	YTS-S02	SZ-S194	羊台山	廖文波、凡强、孙延军等	2006	113°58'32.9092"	22°39'33.4644"	268	25	1300	鹿角锥－九节＋罗伞树－扇叶铁线蕨群落

（续表）

序号	数据库样地编号	群落分析引用样地编号	样地地点	调查人员	调查时间	经度（E）	纬度（N）	海拔 /m	坡度 /°	面积 /m²	群落名称
127	FHS-S01	SZ-S035	凤凰山	廖文波、凡强、孙延军等	2007	*	*	178	0	1200	阴香＋黄樟＋软荚红豆－三桠苦＋豺皮樟－蔓生莠竹群落
128	TGSK-S01	SZ-S133	铁岗水库	廖文波、凡强、孙延军等	2007	113°54'46.72"	22°36'58.03"	22	20	600	红鳞蒲桃－大叶冬青－芒群落
129	TGSK-S02	SZ-S134	铁岗水库	廖文波、凡强、孙延军等	2007	113°54'55.45"	22°36'58.98"	25	40	300	马尾松＋木荷－桃金娘－芒萁群落
130	TGSK-S03	SZ-S135	铁岗水库	廖文波、凡强、孙延军等	2007	113°54'47.76"	22°36'55.02"	28	10	800	台湾相思－豺皮樟－芒群落
131	TGSK-S04	SZ-S136	铁岗水库	廖文波、凡强、孙延军等	2007	113°54'25.47"	22°37'03.27"	40	25	600	大叶相思＋柯－豺皮樟－芒萁群落
132	TGSK-S05	SZ-S137	铁岗水库	廖文波、凡强、孙延军等	2007	113°54'21.98"	22°37'02.67"	28	5	500	鬣蒴锥－豺皮樟－团叶鳞始蕨群系
133	TGSK-S06	SZ-S138	铁岗水库	廖文波、凡强、孙延军等	2007	113°54'09.37"	22°36'52.08"	40	30	800	桉＋马占相思－鹅掌柴＋豺皮樟－芒萁群落
134	TGSK-S07	SZ-S139	铁岗水库	廖文波、凡强、孙延军等	2007	113°54'17.07"	22°36'54.20"	34	30	800	马占相思－豺皮樟＋鹅掌柴－山菅兰群落
135	SYSK-S01	SZ-S113	石岩水库	廖文波、凡强、孙延军等	2008	113°54'59.40"	22°42'44.40"	176	40	1100	尾叶桉＋木荷－豺皮樟－芒群落
136	SYSK-S02	SZ-S114	石岩水库	廖文波、凡强、孙延军等	2008	113°55'05.0659"	22°42'13.8303"	64	25	800	台湾相思＋野漆－豺皮樟－淡竹叶群落
137	SYSK-S03	—	石岩水库	廖文波、凡强、孙延军等	2008	113°55'10.4712"	22°42'37.3363"	99	45	300	荔枝群落
138	SYSK-S04	SZ-S115	石岩水库	廖文波、凡强、孙延军等	2008	113°54'09.79"	22°41'59.54"	81	35	300	窿缘桉－鹅掌柴－芒萁群落
139	SYSK-S05	SZ-S116	石岩水库	廖文波、凡强、孙延军等	2008	113°54'04.31"	22°41'37.92"	166	15	800	马占相思－野漆－芒萁群落
140	TTS-S01	SZ-S142	田头山	廖文波、凡强、孙延军等	2008	*	*	451	5	1200	鼠刺＋大头茶－豺皮樟＋鹅掌柴－黑莎草群落
141	TTS-S02	SZ-S143	田头山	廖文波、凡强、孙延军等	2008	*	*	393	30	800	假苹婆＋山油柑－常绿荚蒾＋黑桫椤－唇柱苣苔群落
142	TTS-S03	SZ-S144	田头山	廖文波、凡强、孙延军等	2008	114°26'05″	22°41'22″	295	35	1200	厚壳桂＋黄樟＋鹅掌柴－九节－草珊瑚群落
143	TTS-S04	SZ-S145	田头山	廖文波、凡强、孙延军等	2008	114°24'34.30"	22°40'45.09"	385	15	1000	马尾松＋鼠刺－豺皮樟＋桃金娘－芒萁群系
144	TTS-S05	SZ-S146	田头山	廖文波、凡强、孙延军等	2008	114°26'20.3653"	22°41'25.5885"	256	35	1200	短序润楠＋樟＋绿冬青－密花树＋九节－草珊瑚群落
145	TTS-S06	SZ-S147	田头山	廖文波、凡强、孙延军等	2008	114°25'57.7639"	22°41'19.2845"	330	15	700	大头茶＋短序润楠－油茶－扇叶铁线蕨群落

（续表）

序号	数据库样地编号	群落分析引用样地编号	样地地点	调查人员	调查时间	经度（E）	纬度（N）	海拔 /m	坡度 /°	面积 /m²	群落名称
146	TTS-S07	SZ-S148	田头山	廖文波、凡强、孙延军等	2008	*	*	229	35	1200	木荷＋毛棉杜鹃花－柏拉木－金毛狗群落
147	TTS-S08	SZ-S149	田头山	廖文波、凡强、孙延军等	2008	114°24'24.98"	22°40'36.44"	537	25	600	马尾松＋米槠－豺皮樟＋九节－芒萁群落
148	TTS-S09	SZ-S150	田头山	廖文波、凡强、孙延军等	2008	114°24'29.80"	22°40'36.51"	625	5	800	大头茶＋华润楠－鼠刺－芒萁群落
149	TTS-S10	SZ-S151	田头山	廖文波、凡强、孙延军等	2008	114°24'27.93"	22°40'36.54"	559	25	1200	马尾松＋大头茶－豺皮樟－芒萁群落
150	TTS-S11	SZ-S152	田头山	廖文波、凡强、孙延军等	2008	*	*	599	15	1100	大头茶＋樟＋鹅掌柴－柏拉木－金毛狗群落
151	TTS-S12	SZ-S153	田头山	廖文波、凡强、孙延军等	2008	114°24'27.41"	22°40'50.05"	394	40	1000	浙江润楠＋蒲桃－豺皮樟－草珊瑚群落
152	TLS-S01	SZ-S140	塘朗山	廖文波、凡强、孙延军等	2011	113°59'50.73"	22°34'34.63"	290	45	800	水团花＋鹅掌柴－山麦冬群落
153	TLS-S02	SZ-S141	塘朗山	廖文波、凡强、孙延军等	2011	*	*	166	45	1000	水翁＋阴香＋假苹婆－野蕉＋桫椤－仙湖苏铁群落
154	TLS-S03	—	塘朗山	廖文波、凡强、孙延军等	2011	*	*	261	5	100	桫椤群落
155	TLS-S04	—	塘朗山	廖文波、凡强、孙延军等	2011	*	*	267	45	100	大叶黑桫椤群落
156	TTS-S13	SZ-S154	田头山	廖文波、凡强、孙延军等	2011	*	*	246	20	400	短序润楠＋浙江润楠－九节－黑桫椤群落
157	NLD-S01	SZ-S057	内伶仃	廖文波、凡强、孙延军等	2013	113°47′56.02″	22°24′27.97″	20	30	1600	台湾相思－九节＋破布叶－海金沙群落
158	NLD-S02	SZ-S058	内伶仃	廖文波、凡强、孙延军等	2013	113°47′25.50″	22°28′1.47″	59	20	1600	台湾相思－九节＋银柴－海金沙群落
159	NLD-S03	SZ-S059	内伶仃	廖文波、凡强、孙延军等	2013	113°48′59.84″	22°24′32.35″	80	20	1600	台湾相思－九节－蔓生莠竹群落
160	NLD-S04	SZ-S060	内伶仃	廖文波、凡强、孙延军等	2013	113°47′20.10″	22°25′0.68″	47	15	1200	台湾相思－九节＋银柴－海金沙群落
161	NLD-S06	SZ-S061	内伶仃	廖文波、凡强、孙延军等	2013	113°47′48.74″	22°25′13.78″	49	15	600	台湾相思＋马尾松＋银柴－九节－山麦冬群落
162	NLD-S07	SZ-S062	内伶仃	廖文波、凡强、孙延军等	2013	113°48′56.76″	22°24′08.39″	101	25	1500	台湾相思－破布叶＋九节－假蒟群落
163	NLD-S08	SZ-S063	内伶仃	廖文波、凡强、孙延军等	2013	113°47′49.55″	22°25′25.59″	57	10	1200	马尾松＋鹅掌柴－银柴＋梅叶冬青－山麦冬群落
164	NLD-S09	SZ-S064	内伶仃	廖文波、凡强、孙延军等	2013	113°47′48.87″	22°25′10.81″	55	20	800	马尾松－檵木＋豺皮樟－芒萁＋扇叶铁线蕨群落
165	NLD-S10	SZ-S065	内伶仃	廖文波、凡强、孙延军等	2013	113°49′01.80″	22°24′03.33″	23	5	1200	台湾相思＋破布叶－酒饼簕群落
166	NLD-S11	SZ-S066	内伶仃	廖文波、凡强、孙延军等	2013	113°48′24.05″	22°24′34.70″	349	30	2400	山蒲桃＋红鳞蒲桃－小果柿－刺头复叶耳蕨群落

（续表）

序号	数据库样地编号	群落分析引用样地编号	样地地点	调查人员	调查时间	经度（E）	纬度（N）	海拔/m	坡度/°	面积/m^2	群落名称
167	NLD-S12	SZ-S067	内伶仃	廖文波、凡强、孙延军等	2013	113°48′01.10″	22°24′30.80″	109	5	1600	台湾相思－九节＋破布叶－海金沙群落
168	NLD-S13	SZ-S068	内伶仃	廖文波、凡强、孙延军等	2013	113°48′37.56″	22°24′11.58″	74	20	1600	龙眼＋破布叶＋山蒲桃－九节＋山椒子－杯苋群落
169	NLD-S14	SZ-S069	内伶仃	廖文波、凡强、孙延军等	2013	113°48′51.75″	22°24′22.92″	175	10	1100	白桂木＋翻白叶树－光叶紫玉盘＋九节－三叉蕨群落
170	DP-S07	SZ-S032	大鹏半岛	廖文波、凡强、赵万义、刘忠成、王龙远等	2015	114°30′37.6344″	22°36′23.9364″	73	30	1600	台湾相思＋尾叶桉－豺皮樟－芒萁群落
171	DP-S01	SZ-S028	大鹏半岛	廖文波、凡强、孙健、刘忠成、赵万义、谭维政、叶矾	2016	114°30′36.3924″	22°36′23.9508″	64	0	600	马尾松＋木荷－桃金娘－芒萁群落
172	DP-S02	SZ-S029	大鹏半岛	廖文波、凡强、孙健、刘忠成、赵万义、谭维政、叶矾	2016	114°25′22.4580″	22°38′57.1668″	65	0	600	杉木－鹅掌柴－乌毛蕨群落
173	DP-S03	SZ-S030	大鹏半岛	廖文波、凡强、孙健、刘忠成、赵万义、谭维政、叶矾	2016	114°31′43.7880″	22°28′46.0308″	11	30	1600	香蒲桃－黑叶谷木－淡竹叶群落
174	DP-S04	SZ-S031	大鹏半岛	廖文波、凡强、孙健、刘忠成、赵万义、谭维政、叶矾	2016	*	*	157	0	1200	鹅掌柴＋山乌桕－豺皮樟－苏铁蕨群落
175	DP-S05	—	大鹏半岛	廖文波、凡强、孙健、刘忠成、赵万义、谭维政、叶矾	2016	114°32′12.5916″	22°37′39.5256″	693	25	400	桃金娘－芒萁群落
176	DP-S06	—	大鹏半岛	廖文波、凡强、赵万义、刘忠成、王龙远等	2016	114°30′38.55″	22°36′24.00″	80	35	400	豺皮樟－芒萁群落
177	DP-S08	—	大鹏半岛	廖文波、凡强、赵万义、刘忠成、王龙远等	2016	*	*	5	35	8	珊瑚菜群落
178	DP-S09	SZ-S033	大鹏半岛	廖文波、凡强、赵万义、刘忠成、王龙远等	2016	*	*	141	40	1600	鹅掌柴－九节－苏铁蕨群落
179	DP-S10	SZ-S034	大鹏半岛	廖文波、凡强、赵万义、刘忠成、王龙远等	2016	114°31′58.062″	22°37′39.7056″	658	40	1400	钝叶假蚊母树＋鹿角锥＋密花树－锈叶新木姜子－流苏贝母兰群落
180	QNS-S01	SZ-S111	七娘山	廖文波、凡强、赵万义、刘忠成、王龙远等	2016	114°32′12.27″	22°32′56.30″	240	10	400	秋枫＋橄榄－红鳞蒲桃－板蓝群落
181	TTS-S14	SZ-S155	田头山	廖文波、凡强、赵万义、刘忠成、王龙远等	2016	114°24′48.0096″	22°41′32.3628″	88	40	1700	尾叶桉＋木荷－山乌桕＋荔枝－芒萁群落
182	TTS-S15	SZ-S156	田头山	廖文波、凡强、赵万义、刘忠成、王龙远等	2016	*	*	556	45	1200	黧蒴锥－毛棉杜鹃花－苏铁蕨群落
183	TTS-S16-上午	SZ-S157	田头山	廖文波、凡强、赵万义、刘忠成、王龙远等	2016	*	*	272	40	1600	柯－九节－苏铁蕨群落
184	TTS-S16-下午	SZ-S158	田头山	廖文波、凡强、赵万义、刘忠成、王龙远等	2016	*	*	272	60	400	柯－九节－苏铁蕨群落

（续表）

序号	数据库样地编号	群落分析引用样地编号	样地地点	调查人员	调查时间	经度（E）	纬度（N）	海拔/m	坡度/°	面积/m^2	群落名称
185	TTS-S17	SZ-S159	田头山	廖文波、凡强、赵万义、刘忠成、王龙远等	2016	*	*	555	10	800	刨花润楠－罗伞树－杪椤群落
186	TTS-S18	SZ-S160	田头山	廖文波、凡强、赵万义、刘忠成、王龙远等	2016	*	*	391	30	400	马尾松＋鼠刺－三花冬青－黑杪椤群落
187	TTS-S19	SZ-S161	田头山	廖文波、凡强、赵万义、刘忠成、王龙远等	2016	114°25'1.3105"	22°41'2.8903"	372	40	400	毛棉杜鹃花＋鼠刺＋腺叶山矾－变叶榕－金毛狗群落
188	TTS-S20	SZ-S162	田头山	廖文波、凡强、赵万义、刘忠成、王龙远等	2016	114°24'52.6394"	22°40'37.8951"	495	15	400	木荷－九节－团叶鳞始蕨群落
189	TTS-S21	SZ-S163	田头山	廖文波、凡强、赵万义、刘忠成、王龙远等	2016	114°24'57.05"	22°40'38.07"	463	20	400	浙江润楠－三花冬青－草珊瑚群落
190	TTS-S22	SZ-S164	田头山	廖文波、凡强、赵万义、刘忠成、王龙远等	2016	114°25'15.0576"	22°40'36.2695"	571	45	400	短序润楠＋光叶山矾－密花树＋绿冬青＋棱果花－华山姜群落
191	LWT-S01	SZ-S042	罗屋田水库	凡强、关开朗、赵万义、谭维政、刘忠成、刘佳等人	2017	114.456865	22.669604	282	30	2500	鹅掌柴＋鼠刺＋刨花润楠－豺皮樟＋九节－芒萁群落
192	LWT-S02	SZ-S043	罗屋田水库	凡强、关开朗、赵万义、谭维政、刘忠成、刘佳等人	2017	114.45645	22.668734	261	20	2500	鹅掌柴＋鼠刺＋刨花润楠－豺皮樟＋九节－芒萁群落
193	LWT-S03	SZ-S044	罗屋田水库	凡强、关开朗、赵万义、谭维政、刘忠成、刘佳等人	2017	114.45539	22.667057	195	20	2500	鹅掌柴＋红鳞蒲桃＋刨花润楠－豺皮樟＋变叶榕－芒萁群落
194	LWT-S04	SZ-S045	罗屋田水库	凡强、关开朗、赵万义、谭维政、刘忠成、刘佳等人	2017	114.4550589	22.669739	325	40	2500	鹅掌柴＋鼠刺＋刨花润楠－豺皮樟＋九节－黑莎草＋芒萁群落
195	LWT-S08	SZ-S046	罗屋田水库	凡强、关开朗、赵万义、谭维政、刘忠成、刘佳等人	2017	114.454525	22.665773	160	25	2500	青冈＋黄牛木＋银柴－豺皮樟＋梅叶冬青－团叶鳞始蕨＋山麦冬群落
196	QNS-01	SZ-S098	七娘山	凡强、刘逸嵘、叶矾、赵万义、刘佳、李淑芳、颜世伟、Lee Shiouyih	2019	114°33'42.25"	22°32'33.29"	109	15	1200	大头茶＋山乌桕－鼠刺＋吊钟花－乌毛蕨群落
197	QNS-02	SZ-S099	七娘山	凡强、刘逸嵘、叶矾、赵万义、刘佳、李淑芳、颜世伟、Lee Shiouyih	2019	*	*	172	10	1200	鹅掌柴＋华润楠＋粘木－豺皮樟＋毛茶－黑莎草群落
198	QNS-03	SZ-S100	七娘山	凡强、刘逸嵘、叶矾、赵万义、刘佳、李淑芳、颜世伟、Lee Shiouyih	2019	114°33'12.59"	22°32'23.02"	280	10	1200	鹅掌柴＋大头茶－毛茶＋豺皮樟－黑莎草群落
199	QNS-04	SZ-S101	七娘山	凡强、刘逸嵘、叶矾、赵万义、刘佳、李淑芳、颜世伟、Lee Shiouyih	2019	*	*	720	40	1200	密花树＋华润楠－穗花杉－巴郎耳蕨群落

（续表）

序号	数据库样地编号	群落分析引用样地编号	样地地点	调查人员	调查时间	经度（E）	纬度（N）	海拔 /m	坡度 /°	面积 /m²	群落名称
200	QNS-05	SZ-S102	七娘山	凡强、刘逸嵘、叶矾、赵万义、刘佳、李淑芳、颜世伟、Lee Shiouyih	2019	114°32′32.32″	22°31′28.97″	815	5	1200	光亮山矾 + 大头茶 − 密花树 − 阿里山兔儿风群落
201	QNS-07	SZ-S103	七娘山	凡强、刘逸嵘、叶矾、赵万义、刘佳、李淑芳、颜世伟、Lee Shiouyih	2019	114°32′22.07″	22°31′32.10″	646	35	1200	密花树 + 华润楠 + 鼠刺 − 吊钟花 − 单叶新月蕨群落
202	QNS-08	SZ-S104	七娘山	凡强、刘逸嵘、叶矾、赵万义、刘佳、李淑芳、颜世伟、Lee Shiouyih	2019	114°32′17.87″	22°31′34.21″	573	45	1200	密花树 + 罗浮锥 − 鼠刺 + 吊钟花 − 淡竹叶群落
203	QNS-09	SZ-S105	七娘山	凡强、刘逸嵘、叶矾、赵万义、刘佳、李淑芳、颜世伟、Lee Shiouyih	2019	114°32'11.32"	22°31'34.05"	443	30	1200	大头茶 + 短序润楠 − 九节 − 扇叶铁线蕨群落
204	QNS-10	SZ-S106	七娘山	凡强、刘逸嵘、叶矾、赵万义、刘佳、李淑芳、颜世伟、Lee Shiouyih	2019	114°32'6.37"	22°31’41.16"	331	40	1200	鼠刺 + 大头茶 − 吊钟花 − 单叶新月蕨群落
205	QNS-11	SZ-S107	七娘山	凡强、刘逸嵘、叶矾、赵万义、刘佳、李淑芳、颜世伟、Lee Shiouyih	2019	114°31'58.71"	22°31'38.39"	234	30	1200	鼠刺 + 黄樟 − 九节 − 芒萁群落
206	QNS-12	SZ-S108	七娘山	凡强、刘逸嵘、叶矾、赵万义、刘佳、李淑芳、颜世伟、Lee Shiouyih	2019	114°32'48.75"	22°32'46.65"	225	10	400	鼠刺 + 革叶铁榄 + 大头茶 − 豺皮樟 − 露兜草 + 垂穗石松群落
207	QNS-13	SZ-S109	七娘山	凡强、刘逸嵘、叶矾、赵万义、刘佳、李淑芳、颜世伟、Lee Shiouyih	2019	114°32'55.73"	22°32'35.81"	337	15	400	鼠刺 + 大头茶 − 吊钟花 − 深绿卷柏群落
208	QNS-14	SZ-S110	七娘山	凡强、刘逸嵘、叶矾、赵万义、刘佳、李淑芳、颜世伟、Lee Shiouyih	2019	114°32'57.88"	22°32'28.59"	350	40	1200	大头茶 − 密花树 − 黑莎草群落
209	GL-S01	—	七娘山	中山大学 2018 级本科实习生	2018/7/23	*	*	184	8	1500	银柴 + 黄桐 + 乌檀 − 九节 − 金毛狗群落
210	RQ-S002	—	大铲湾	廖文波、颜世伟	2019/10/5	113.88277	22.54594	6.6	0	100	无瓣海桑群落
211	RQ-S003	—	西湾红树林公园	韦素娟、张信坚、颜世伟、陈京锐	2019/10/5	113.83023	22.59843	0	0	50	无瓣海桑 + 海桑群落
212	RQ-S006	—	深圳湾公园	韦素娟、张信坚、颜世伟、陈京锐	2019/10/6	114.00292	22.52432	8	0	100	海桑 − 老鼠簕 + 空心莲子草群落
213	RQ-S008	—	深圳湾公园	韦素娟、张信坚、颜世伟、陈京锐	2019/10/6	114.00372	22.52643	8	0	100	海桑 + 无瓣海桑 − 老鼠簕群落

（续表）

序号	数据库样地编号	群落分析引用样地编号	样地地点	调查人员	调查时间	经度（E）	纬度（N）	海拔/m	坡度/°	面积/m²	群落名称
214	RQ-S009	—	福田红树林生态公园	韦素娟、张信坚、颜世伟、陈京锐	2019/10/6	114.03919	22.5105	8	0	100	海桑＋无瓣海桑－老鼠簕群落
215	RQ-S014	—	后海湾公园	廖文波、颜世伟	2019/10/6	113.95465	22.51108	0	0	100	无瓣海桑群落
216	RQ-S016	—	后海湾公园	廖文波、颜世伟	2019/10/6	113.95521	22.5067	0	0	100	海桑＋无瓣海桑－老鼠簕群落
217	QNS-17	—	七娘山高排	刘逸嵘、刘忠成、赵万义、韦素娟、黄佳璇等	2020/1/13	114°34'54.38"	22°30'48.45"	462	20	1200	大头茶＋华润楠－狗骨柴－草珊瑚群落
218	QNS-18	—	七娘山高排	刘逸嵘、刘忠成、赵万义、韦素娟、黄佳璇等	2020/1/13	114°35'17.35"	22°30'31.50"	313	45	1200	鹅掌柴＋假苹婆－豺皮樟＋九节－草珊瑚群落
219	QNS-19	—	七娘山高排	刘逸嵘、刘忠成、赵万义、韦素娟、黄佳璇等	2020/1/13	114°35'28.24"	22°30'23.54"	203	5	1200	鹅掌柴－豺皮樟＋九节－山麦冬群落
220	QNS-20	—	七娘山高排	刘逸嵘、刘忠成、赵万义、韦素娟、黄佳璇等	2020/1/13	114°35'32.99"	22°30'16.06"	160	30	1200	栓叶安息香＋鹅掌柴－毛茶＋九节－芒萁群落
221	QNS-21	—	七娘山高排	刘逸嵘、刘忠成、赵万义、韦素娟、黄佳璇等	2020/1/13	114°35'50.74"	22°29'55.21"	60	5	1200	土沉香＋山乌桕＋鹅掌柴－豺皮樟＋梅叶冬青－芒萁群落
222	MLS-001	—	马峦山梅沙尖	刘忠成、徐隽彦、潘嘉文、廖丽娟	2020/10/26	114.27740604°	22.62646083°	458	30	25	变叶榕－鳞籽莎灌草丛
223	MLS-002	—	马峦山梅沙尖	刘忠成、徐隽彦、潘嘉文、廖丽娟	2020/10/26	114.27561164°	22.61842797°	651	5	25	桃金娘－黑莎草＋耳基卷柏灌草丛
224	MLS-003	—	马峦山梅沙尖	刘忠成、徐隽彦、潘嘉文、廖丽娟	2020/10/26	114.27449182°	22.61529838°	698	15	25	锈毛莓－芒灌草丛
225	MLS-004	—	马峦山梅沙尖	刘忠成、徐隽彦、潘嘉文、廖丽娟	2020/10/26	114.27545339°	22.61460511°	681	30	25	石斑木＋杜鹃－细毛鸭嘴草＋耳基卷柏灌草丛
226	MLS-005	—	马峦山梅沙尖	刘忠成、徐隽彦、潘嘉文、廖丽娟	2020/10/26	114.27686423°	22.61377194°	644	15	25	篌竹竹林
227	MLS-006	—	马峦山梅沙尖	刘忠成、徐隽彦、潘嘉文、廖丽娟	2020/10/26	114.2750001°	22.61499013°	694	25	25	箬竹竹丛
228	PYS-001	—	排牙山北坡	刘忠成、潘嘉文、廖丽娟、徐隽彦	2020/10/27	114°32'25.79"	22°37'46.36"	667	25	25	桃金娘－细毛鸭嘴草灌草丛
229	PYS-002	—	排牙山北坡	刘忠成、潘嘉文、廖丽娟、徐隽彦	2020/10/27	114°32'24.68"	22°37'45.17"	648	20	25	岗松＋桃金娘－细毛鸭嘴草灌草丛
230	PYS-003	—	排牙山北坡	刘忠成、潘嘉文、廖丽娟、徐隽彦	2020/10/27	114°32'19.18"	22°　37'44.32"	672	15	100	密花树＋桃金娘－芒萁灌草丛
231	PYS-004	—	排牙山北坡	刘忠成、潘嘉文、廖丽娟、徐隽彦	2020/10/27	114.5382111°	22.6283407°	681.2	30	25	赤楠＋满山红－芒萁灌草丛
232	PYS-005	—	排牙山北坡	刘忠成、潘嘉文、廖丽娟、徐隽彦	2020/10/27	114.54146415°	22.62484043°	707	30	25	芒草丛
233	QNS-001	—	七娘山主峰－三角山山脊线	刘忠成、潘嘉文、邹艳丽、廖丽娟	2020/10/28	114°32'46.04"	22°　31'44.85"	845	35	25	桃金娘－芒萁灌草丛

（续表）

序号	数据库样地编号	群落分析引用样地编号	样地地点	调查人员	调查时间	经度（E）	纬度（N）	海拔 /m	坡度 /°	面积 /m²	群落名称
234	QNS-002	—	七娘山主峰 - 三角山山脊线	刘忠成、潘嘉文、邹艳丽、廖丽娟	2020/10/28	114° 32′35.69″	22° 31′22.59″	839	5	25	黄杨 - 芒灌草丛
235	QNS-003	—	七娘山主峰 - 三角山山脊线	刘忠成、潘嘉文、邹艳丽、廖丽娟	2020/10/28	114° 32′36.44″	22° 31′21.57″	828	45	25	满山红 - 芒 + 耳基卷柏灌草丛
236	QNS-004	—	七娘山主峰 - 三角山山脊线	刘忠成、潘嘉文、邹艳丽、廖丽娟	2020/10/28	114.5477955°	22.51988365°	827	10	25	格药柃 - 芒灌草丛
237	QNS-005	—	七娘山主峰 - 三角山山脊线	刘忠成、潘嘉文、邹艳丽、廖丽娟	2020/10/28	114° 32′37″	22° 31′21.63″	830	30	25	大头茶 + 赤楠 - 芒萁灌草丛
238	QNS-008	—	七娘山主峰 - 三角山山脊线	刘忠成、潘嘉文、邹艳丽、廖丽娟	2020/10/28	114° 32′36.74″	22° 31′23.42″	846	25	25	桃金娘 + 满山红 - 芒灌草丛
239	QNS-009	—	七娘山主峰 - 三角山山脊线	刘忠成、潘嘉文、邹艳丽、廖丽娟	2020/10/28	114° 32′36.55″	22° 31′20.61″	827	15	25	满山红 + 石斑木 - 芒 + 耳基卷柏灌草丛
240	QNS-010	—	七娘山主峰 - 三角山山脊线	刘忠成、潘嘉文、邹艳丽、廖丽娟	2020/10/28	114° 32′50.65″	22° 31′44.04″	823	40	25	箬竹竹丛
241	QNS-011	—	七娘山主峰 - 三角山山脊线	刘忠成、潘嘉文、邹艳丽、廖丽娟	2020/10/28	114° 32′37.11″	22° 31′30.15″	864	45	25	网络鸡血藤 - 芒灌草丛
242	QNS-014	—	七娘山主峰 - 三角山山脊线	刘忠成、潘嘉文、邹艳丽、廖丽娟	2020/10/28	114°33′45.18″	22°31′43.19″	863	35	25	格药柃 - 鳞籽莎 + 芒萁灌草丛
243	QNS-015	—	七娘山主峰 - 三角山山脊线	刘忠成、潘嘉文、邹艳丽、廖丽娟	2020/10/28	114.54852902°	22.52006081°	821	20	25	彗竹 + 格药柃竹丛
244	QNS-019	—	七娘山主峰 - 三角山山脊线	刘忠成、潘嘉文、邹艳丽、廖丽娟	2020/10/28	114.54834133°	22.52012275°	826	15	25	山矾 + 石斑木 + 彗竹竹丛
245	QNS-023	—	七娘山主峰 - 三角山山脊线	刘忠成、潘嘉文、邹艳丽、廖丽娟	2020/10/28	114.54747498°	22.522008°	829	15	25	鼠刺 - 鳞籽莎 + 芒灌草丛
246	QNS-006	—	七娘山主峰 - 三角山山脊线	刘忠成、潘嘉文、邹艳丽、廖丽娟	2020/10/29	114.551866838°	22.52591048°	831	30	25	格药柃 + 满山红 - 芒灌草丛
247	QNS-007	—	七娘山主峰 - 三角山山脊线	刘忠成、潘嘉文、邹艳丽、廖丽娟	2020/10/29	114°32′48.03″	22°31′43.95″	839	35	25	格药柃 - 芒灌草丛
248	QNS-012	—	七娘山主峰 - 三角山山脊线	刘忠成、潘嘉文、邹艳丽、廖丽娟	2020/10/29	114°32′53.80″	22°31′43.91″	790	35	100	大头茶 + 格药柃 - 芒 + 芒萁灌草丛
249	QNS-013	—	七娘山主峰 - 三角山山脊线	刘忠成、潘嘉文、邹艳丽、廖丽娟	2020/10/29	114°33′3.76″	22°31′37.72″	725	15	50	华润楠 + 山矾 + 竹子群落
250	QNS-016	—	七娘山主峰 - 三角山山脊线	刘忠成、潘嘉文、邹艳丽、廖丽娟	2020/10/29	114°33′13.79″	22°31′3188″	763	45	25	鼠刺 - 鳞籽莎 + 芒萁灌草丛
251	QNS-017	—	七娘山主峰 - 三角山山脊线	刘忠成、潘嘉文、邹艳丽、廖丽娟	2020/10/29	114°33′45.15″	22°31′13.26″	535	5	25	桃金娘 - 芒萁灌草丛
252	QNS-018	—	七娘山主峰 - 三角山山脊线	刘忠成、潘嘉文、邹艳丽、廖丽娟	2020/10/29	114.55834329°	22.52217673°	742	20	25	鼠刺 - 鳞籽莎灌草丛
253	QNS-020	—	七娘山主峰 - 三角山山脊线	刘忠成、潘嘉文、邹艳丽、廖丽娟	2020/10/29	114°33′47.64″	22°31′9.49″	529	20	25	锈毛莓 - 蔓山莠竹灌草丛
254	QNS-021	—	七娘山主峰 - 三角山山脊线	刘忠成、潘嘉文、邹艳丽、廖丽娟	2020/10/29	114°33′4902″	22°31′7.30″	537	30	25	白花鬼灯笼 - 蔓山莠竹灌草丛
255	QNS-022	—	七娘山主峰 - 三角山山脊线	刘忠成、潘嘉文、邹艳丽、廖丽娟	2020/10/29	114.56545651°	22.51794361°	556	15	25	大头茶 + 桃金娘 - 芒萁灌草丛
256	QNS-024	—	七娘山主峰 - 三角山山脊线	刘忠成、潘嘉文、邹艳丽、廖丽娟	2020/10/29	114°34′5.85″	22°30′59.31″	611	15	25	鼠刺 - 芒萁灌草丛
257	QNS-025	—	七娘山主峰 - 三角山山脊线	刘忠成、潘嘉文、邹艳丽、廖丽娟	2020/10/29	114°34′35.41″	22°30′22.15″	452	36	25	岗松 + 桃金娘 - 芒萁灌草丛
258	QNS-026	—	七娘山主峰 - 三角山山脊线	刘忠成、潘嘉文、邹艳丽、廖丽娟	2020/10/29	114°34′5.85″	22°30′59.30″	610	20	25	鼠刺 - 芒萁灌草丛
259	QNS-027	—	七娘山主峰 - 三角山山脊线	刘忠成、潘嘉文、邹艳丽、廖丽娟	2020/10/29	114°34′14.34″	22°30′22.12″	344	30	25	岗松 + 桃金娘 - 黑莎草 + 芒萁灌草丛

（续表）

序号	数据库样地编号	群落分析引用样地编号	样地地点	调查人员	调查时间	经度（E）	纬度（N）	海拔/m	坡度/°	面积/m²	群落名称
260	QNS-028	—	七娘山主峰－三角山山脊线	刘忠成、潘嘉文、邹艳丽、廖丽娟	2020/10/29	114.57394704°	22.49657042°	59	15	25	马尾松＋岗松－芒萁矮林群落
261	DCH-01	—	七娘山大冲河	刘忠成、王妍、邹艳丽、徐隽彦	2020/11/6	114°36'19.15"	22°30'10.17"	46	35	25	石斑木＋桃金娘－扇叶铁线蕨
262	QNS-S01	—	科考道溪谷	刘忠成、赵万义、邹艳丽、陈敏瑜、沈静娜	2020/12/4	114°32'40.28"	114°32'40.28"	468	40	100	臀果木＋厚壳桂－草珊瑚群落
263	QNS-S02	—	科考道溪谷	刘忠成、赵万义、邹艳丽、陈敏瑜、沈静娜	2020/12/4	*	*	487	45	100	黄樟＋厚壳桂＋鸭脚木－毛棉杜鹃花－金毛狗群落
264	QNS-S03	—	科考道溪谷	刘忠成、赵万义、邹艳丽、陈敏瑜、沈静娜	2020/12/4	114°32'37.00"	22°31'35.20"	615	50	100	臀果木＋黄樟＋岭南槭－茜树－镰羽贯众群落
265	QNS-S04	—	科考道溪谷	刘忠成、赵万义、邹艳丽、陈敏瑜、沈静娜	2020/12/4	*	*	436	45	100	岭南山茉莉＋粘木－细齿叶柃－金毛狗群落
266	QNS-S05	—	科考道溪谷	刘忠成、赵万义、邹艳丽、陈敏瑜、沈静娜	2020/12/4	114°32'56.38"	22°31'26.70"	810	15	25	山矾＋尖脉木姜子－日本五月茶－华南兔儿风群落
267	XC-S01	—	西涌沙滩	刘忠成、邹艳丽、廖丽娟、杨梦婵	2020/12/11	114°31'36.47"	22°28'38.05"	18	0	400	马占相思＋木麻黄－香蒲桃＋红鳞蒲桃－潺槁木姜子群落
268	XC-S02	—	西涌沙滩	刘忠成、邹艳丽、廖丽娟、杨梦婵	2020/12/11	113°17'26.71"	23°5'45.5"	15	0	100	木麻黄＋草海桐－厚藤＋海刀豆灌草
269	XC-S03	—	西涌沙滩	刘忠成、邹艳丽、廖丽娟、杨梦婵	2020/12/11	114°31'33.34"	22°28'16.27"	13	0	4	厚藤＋海刀豆草丛
270	XC-S04	—	西涌西贡村	刘忠成、邹艳丽、廖丽娟、杨梦婵	2020/12/11	114°30'51.77"	22°28'23.80"	25	30	100	豺皮樟＋毛茶＋石斑木＋酒饼簕灌丛
271	XC-S05	—	西涌西贡村	刘忠成、邹艳丽、廖丽娟、杨梦婵	2020/12/11	114°30'49.31"	22°28'22.53"	42	20	400	红鳞蒲桃＋山油柑＋野漆－华马钱＋石斑木矮林
272	XC-S06	—	西涌西贡村	刘忠成、邹艳丽、廖丽娟、杨梦婵	2020/12/11	114°30'48.29"	22°28'22.16"	43	20	400	大头茶＋石斑木＋桃金娘－芒萁灌丛
273	QNS-15	—	大雁顶南坡	刘逸嵘等	2021/1/13	114°34'50.10"	22°30'53.12"	515	10	1200	大头茶＋密花树－狗骨柴＋寄生藤－草珊瑚群落
274	QNS-16	—	大雁顶南坡	刘逸嵘等	2021/1/13	114°35'10.59"	22°30'52.85"	664	30	1200	华润楠＋密花树－狗骨柴－芒萁＋草珊瑚群落
275	YTA-S01	—	盐田坳	刘忠成、徐隽彦、李绪杰、童灵洪、黎国林、郭兴、骆金初	2021/3/4	114°14'23.98″	22°36'31.04″	213	10	800	朴树＋黄心树＋龙眼－布渣叶＋银柴－九节＋紫玉盘群落
276	YTA-S02	—	盐田坳	刘忠成、徐隽彦、李绪杰、童灵洪、黎国林、郭兴、骆金初	2021/3/4	114°13'53″	22°36'51″	243	30	800	鹅掌柴＋山油柑＋水团花－假鹰爪＋紫玉盘＋九节－山麦冬＋半边旗群落

（续表）

序号	数据库样地编号	群落分析引用样地编号	样地地点	调查人员	调查时间	经度（E）	纬度（N）	海拔 /m	坡度 /°	面积 /m^2	群落名称
277	WTS-S03	—	梧桐山秀桐路	刘忠成、徐隽彦、李绪杰、童灵洪、蔡国林、廖丽娟、郭兴、张若鹏、杨梦婵	2021/3/5	114°13'46"	22°35'30"	240	30	1200	短序润楠＋蔡蒴＋木荷－鹅掌柴＋银柴＋罗浮柿－鼠刺＋九节＋罗伞树－草珊瑚＋扇叶铁线蕨群落
278	WTS-S04	—	梧桐山秀桐路	刘忠成、徐隽彦、李绪杰、童灵洪、蔡国林、廖丽娟、郭兴、张若鹏、杨梦婵	2021/3/5	*	*	280	20	800	木荷＋羊舌树＋土沉香－鼠刺－毛棉杜鹃花＋吊钟花＋九节－乌毛蕨群落
279	WTS-S05	—	梧桐山秀桐路	刘忠成、徐隽彦、李绪杰、童灵洪、蔡国林、廖丽娟、郭兴、张若鹏、杨梦婵	2021/3/5	114°13'40.71"	22°34'51.13"	354	67	1200	短序润楠＋红鳞蒲桃－毛棉杜鹃花＋假苹婆－九节＋独子藤－乌毛蕨＋扇叶铁线蕨群落
280	WTS-S06	—	梧桐山秀桐路	刘忠成、徐隽彦、李绪杰、童灵洪、蔡国林、廖丽娟、郭兴、张若鹏、杨梦婵	2021/3/5	114°13' 45"	22°34' 55"	310	20	400	短序润楠＋密花树－鼠刺＋红鳞蒲桃＋吊钟花－团叶鳞始蕨群落
281	WTS-S07	—	梧桐山碧桐路	刘忠成、徐隽彦、李绪杰、童灵洪、蔡国林、廖丽娟、郭兴、张若鹏、杨梦婵	2021/3/6	114°13'30.73"	22°33'39.63"	167	30	400	短序润楠＋鸭脚木＋荔枝－羊舌树＋银柴－九节＋托竹＋牛耳枫－山麦冬＋半边旗群落
282	WTS-S08	—	梧桐山碧桐路	刘忠成、徐隽彦、李绪杰、童灵洪、蔡国林、廖丽娟、郭兴、张若鹏、杨梦婵	2021/3/6	*	*	187	35	800	鹅掌柴＋土沉香－白花油麻藤＋银柴＋羊舌树－香港大沙叶＋豺皮樟＋九节－山麦冬群落
283	WTS-S09	—	梧桐山碧桐路	刘忠成、徐隽彦、李绪杰、童灵洪、蔡国林、廖丽娟、郭兴、张若鹏、杨梦婵	2021/3/6	114°13'18.6"	22°33'51.58"	237	45	800	鹅掌柴＋浙江润楠＋水团花＋土沉香－鼠刺＋羊舌树＋银柴－豺皮樟＋九节－草珊瑚＋山麦冬＋扇叶铁线蕨群落
284	WTS-S10	—	梧桐山碧桐路	刘忠成、徐隽彦、李绪杰、童灵洪、蔡国林、廖丽娟、郭兴、张若鹏、杨梦婵	2021/3/6	114°13'14"	22°34'7"	275	30	1200	鹅掌柴＋鼠刺＋短序润楠－毛棉杜鹃花＋羊舌树－豺皮樟＋九节＋毛冬青－草珊瑚＋乌毛蕨群落
285	YHS-S11	—	银湖山南坡	刘忠成、徐隽彦、李绪杰、童灵洪、蔡国林、廖丽娟、郭兴、张若鹏	2021/3/7	114°4'3"	22°34'51"	166	20	400	鹅掌柴＋木荷＋布渣叶－三桠苦＋水团花＋银柴－九节＋簕茜＋梅叶冬青－半边旗群落
286	YHS-S12	—	银湖山南坡	刘忠成、徐隽彦、李绪杰、童灵洪、蔡国林、廖丽娟、郭兴、张若鹏	2021/3/7	114°4'3"	22°34'50"	165	15	400	火力楠＋青果榕＋鹅掌柴－水团花＋银柴－九节＋簕茜＋梅叶冬青－半边旗群落
287	YHS-S13	—	银湖山南坡	刘忠成、徐隽彦、李绪杰、童灵洪、蔡国林、廖丽娟、郭兴、张若鹏	2021/3/7	114°06'59.40"	22°58'23.28"	174	30	600	鹅掌柴＋黄牛木＋水团花－银柴－九节＋梅叶冬青－半边旗＋扇叶铁线蕨群落
288	YHS-S14	—	银湖山南坡	刘忠成、徐隽彦、李绪杰、童灵洪、蔡国林、廖丽娟、郭兴、张若鹏	2021/3/7	111°06'46.07"	22°58'33.99"	184	30	400	蔡蒴＋鹅掌柴＋黄牛木－罗浮买麻藤＋水团花＋银柴－九节＋梅叶冬青－半边旗＋朱砂根群落
289	HKSK-S01	—	横坑水库	刘忠成、孙琳、童灵洪、谭沅艳	2021/3/18	114°3′13.49″	22°41′57.24″	78	30	400	马占相思＋木荷－阴香＋石斑木－芒萁群落
290	HKSK-S02	—	横坑水库	刘忠成、孙琳、童灵洪、谭沅艳	2021/3/18	114°3′34.03″	22°41′53.14″	65	15	400	玉兰＋鹅掌柴＋大叶紫薇－豺皮樟＋山乌桕－芒萁群落

（续表）

序号	数据库样地编号	群落分析引用样地编号	样地地点	调查人员	调查时间	经度（E）	纬度（N）	海拔 /m	坡度 /°	面积 /m²	群落名称
291	HKSK-S03	—	横坑水库	刘忠成、孙琳、童灵洪、谭沉艳	2021/3/18	114°3′46.95″	22°41′59.19″	65	15	400	大叶相思－梅叶冬青＋桃金娘＋豺皮樟－芒萁群落
292	HKSK-S04	—	横坑水库	刘忠成、孙琳、童灵洪、谭沉艳	2021/3/18	114°3′45.9″	22°42′3.24″	62	15	400	南洋楹－山鸡椒－龙眼＋鸭脚木＋三桠苦－小花露籽草群落
293	JLS-S01	—	九龙山公园	刘忠成、童灵洪、孙琳、李思诗、陈礼	2021/3/19	114°0′39.91″	22°42′58.45″	97	45	400	马占相思＋木荷＋木油桐－豺皮樟－芒萁＋乌毛蕨群落
294	JLS-S02	—	九龙山公园	刘忠成、童灵洪、孙琳、李思诗、陈礼	2021/3/19	114°0′16.84″	22°42′56.19″	88	10	400	大叶相思－木荷＋阴香－鸭脚木群落
295	JLS-S03	—	九龙山公园	刘忠成、童灵洪、孙琳、李思诗、陈礼	2021/3/19	113°59′38.9″	22°43′17.76″	120	15	400	鸭脚木＋山油柑＋银柴－罗浮买麻藤＋假鹰爪＋九节－乌毛蕨＋草珊瑚群落
296	JLS-S04	—	九龙山公园	刘忠成、童灵洪、孙琳、李思诗、陈礼	2021/3/19	113°59′22.17″	22°43′26.72″	100	30	400	玉兰＋藜蒴＋猴耳环－鸭脚木＋豺皮樟＋三桠苦＝乌毛蕨＋芒萁群落
297	YTS-S01	—	阳台山龙眼山登山道	刘忠成、童灵洪、孙琳、谭沉艳、孙芳芳、吴燕飞、刘艳霞	2021/3/20	113°56′49.45″	22°40′4.47″	212	40	400	火力楠＋木油桐＋藜蒴－鹅掌柴＋水团花＋银柴－豺皮樟－乌毛蕨群落
298	YTS-S02	—	阳台山龙眼山登山道	刘忠成、童灵洪、孙琳、谭沉艳、孙芳芳、吴燕飞、刘艳霞	2021/3/20	113°57′3.91″	22°39′53.95″	291	30	400	黄心树＋红鳞蒲桃－水团花＋鼠刺－九节群落
299	YTS-S03	—	阳台山龙眼山登山道	刘忠成、童灵洪、孙琳、谭沉艳、孙芳芳、吴燕飞、刘艳霞	2021/3/20	113°57′7.65″	22°39′39.64″	420	30	400	黄心树＋红鳞蒲桃－九节－露兜草群落
300	YTS-S04	—	阳台山龙眼山登山道	刘忠成、童灵洪、孙琳、谭沉艳、孙芳芳、吴燕飞、刘艳霞	2021/3/20	113°57′14.31″	22°39′32.17″	471	15	400	黄杞＋黄心树－鼠刺＋油茶－托竹－露兜草群落
301	YHS-S01	—	银湖山北坡	刘忠成、童灵洪	2021/3/21	114°4′39.35″	22°36′32.82″	276	35	600	岭南山竹子＋革叶铁榄＋两广梭罗－罗浮买麻藤＋细齿叶柃－豺皮樟＋赤楠＋毛冬青－黑莎草群落
302	FHS-S01	—	凤凰山公园	刘忠成、温尚瑾、谢伟文、张文华、雷婷、李佳苗、李佳宁	2021/5/1	113°53′17″	22°40′38″	160	20	600	米槠＋马占相思－山乌桕＋水翁＋蒲桃－鸭脚木＋梅叶冬青－草珊瑚群落
303	FHS-S02	—	凤凰山公园	刘忠成、温尚瑾、谢伟文、张文华、雷婷、李佳苗、李佳宁	2021/5/1	113°51′11″	22°40′45″	230	35	400	马占相思＋楝叶吴茱萸＋鸭脚木－鼠刺＋毛冬青－芒萁群落
304	FHS-S03	—	凤凰山公园	刘忠成、温尚瑾、谢伟文、张文华、雷婷、李佳苗、李佳宁	2021/5/1	113°51′14″	22°40′33″	150	40	400	马占相思－黄牛木＋银柴－豺皮樟＋梅叶冬青＋九节－芒萁＋扇叶铁线蕨群落
305	FHS-S04	—	凤凰山公园	刘忠成、温尚瑾、谢伟文、张文华、雷婷、李佳苗、李佳宁	2021/5/2	113°52′9″	22°41′17″	90	20	400	马占相思＋火力楠－红鳞蒲桃＋栲＋木荷－梅叶冬青＋豺皮樟－芒萁群落
306	FHS-S05	—	凤凰山公园	刘忠成、温尚瑾、谢伟文、张文华、雷婷、李佳苗、李佳宁	2021/5/2	113°52′7″	22°41′17″	80	3	400	澳洲白千层－二花珍珠茅群落
307	FHS-S06	—	凤凰山公园	刘忠成、温尚瑾、谢伟文、张文华、雷婷、李佳苗、李佳宁	2021/5/2	113°51′58″	22°41′18″	110	10	800	火力楠＋樟树＋木油桐－阴香＋罗浮买麻藤＋山油柑－梅叶冬青＋鹅掌柴－乌毛蕨＋芒萁群落
308	FHS-S07	—	凤凰山公园	刘忠成、温尚瑾、谢伟文、张文华、雷婷、李佳苗、李佳宁	2021/5/2	113°57′50″	22°41′13″	80	20	400	乌榄－山乌桕＋竹节树＋银柴－梅叶冬青＋豺皮樟＋毛冬青群落
309	DDL-S10	—	大顶岭公园	刘忠成、温尚瑾、谢伟文、张文华、雷婷	2021/5/3	114°37′53.00″	22°45′39.00″	130	35	400	马占相思＋木荷＋藜蒴－银柴＋黄牛木－水团花＋九节－乌毛蕨群落
310	DDL-S11	—	大顶岭公园	刘忠成、温尚瑾、谢伟文、张文华、雷婷	2021/5/3	113°57′58″	22°45′36″	130	20	600	枫香树＋樟树＋壳菜果－水团花＋银柴＋梅叶冬青－山麦冬群落

（续表）

序号	数据库样地编号	群落分析引用样地编号	样地地点	调查人员	调查时间	经度（E）	纬度（N）	海拔 /m	坡度 /°	面积 /m²	群落名称
311	DDL-S12	—	大顶岭公园	刘忠成、温尚瑾、谢伟文、张文华、雷婷	2021/5/3	113°58'8"	22°45'30"	240	40	400	木荷 - 银柴 + 九节 - 半边旗 + 扇叶铁线蕨群落
312	DDL-S13	—	大顶岭公园	刘忠成、温尚瑾、谢伟文、张文华、雷婷	2021/5/3	113°58'4"	22°45'29"	210	40	600	马占相思 - 布渣叶 + 木荷 + 乌墨 - 梅叶冬青 + 银柴 - 蔓生莠竹群落
313	XNS-S01	—	小南山公园	刘忠成、温尚瑾、谢伟文、张文华、雷婷、陈京锐、李绪杰、金杰皓	2021/5/4	113°53'11.72"	22°29'20.02"	85	8	400	银柴 + 假苹婆 + 鹅掌柴 - 豺皮樟 + 九节 - 山麦冬群落
314	TLS-S01	—	塘朗山公园	刘忠成、陈京锐、李绪杰、金杰皓	2021/5/6	113°58'45.42"	22°34'8.11"	158	15	400	马占相思 + 柠檬桉 - 豺皮樟 + 九节群落
315	TLS-S02	—	塘朗山公园	刘忠成、陈京锐、李绪杰、金杰皓	2021/5/6	113°59'9.56"	22°34'7.97"	230	40	400	杉木 + 鹅掌柴 + 朴树 - 荔枝 + 罗浮买麻藤 + 水团花 - 豺皮樟 - 半边旗群落
316	TLS-S03	—	塘朗山公园	刘忠成、陈京锐、李绪杰、金杰皓	2021/5/6	113°59'17.21"	22°34'23.22"	374	10	400	红鳞蒲桃 + 鹅掌柴 - 银柴 + 香叶树 - 九节 + 豺皮樟 - 黑莎草群落
317	TLS-S04	—	塘朗山公园	刘忠成、陈京锐、李绪杰、金杰皓	2021/5/6	113°59'20.64"	22°34'26.09"	328	25	600	中华锥 + 木莲 + 杜英 - 阴香 + 鹅掌柴 - 山油柑 + 银柴 + 红鳞蒲桃 - 草豆蔻 + 半边旗群落
318	TLS-S05	—	塘朗山公园	刘忠成、陈京锐、李绪杰、金杰皓	2021/5/6	113°59'53.85"	22°34'36.41"	292	25	400	马占相思 + 毛锥 - 鹅掌柴 + 水团花 + 银柴 - 梅叶冬青 + 簕茜群落
319	XGC-S01	—	西贡村后山	刘忠成、骆金初、梁文星、熊亲戴、苏跃波、石岩	2021/7/26	114.5199502	22.47126051	28	15	400	尾叶桉 + 大叶相思 + 毛木荷 - 银柴 + 梅叶冬青 - 豺皮樟 - 芒萁群落
320	XGC-S02	—	西贡村后山	刘忠成、骆金初、梁文星、熊亲戴、苏跃波、石岩	2021/7/26	114.5186949	22.4715282	71	30	400	假鱼骨木 + 山乌桕 + 鹅柊 - 银柴 + 梅叶冬青 + 九节 - 扇叶铁线蕨群落
321	XGC-S03	—	西贡村后山	刘忠成、骆金初、梁文星、熊亲戴、苏跃波、石岩	2021/7/26	114.5181209	22.47151828	84	40	100	石斑木 + 桃金娘 + 赤楠 - 黑莎草 + 芒萁灌丛群落
322	XGC-S04	—	西贡村后山	刘忠成、骆金初、梁文星、熊亲戴、苏跃波、石岩	2021/7/26	114.5151275	22.47033849	162	15	400	假鱼骨木 + 山油柑 + 岭南山竹子 - 茜树 + 九节群落
323	XGC-S05	—	西贡村后山	刘忠成、骆金初、梁文星、熊亲戴、苏跃波、石岩	2021/7/26	114.5213288	22.46683871	12	10	400	白楸 - 荔枝 + 龙眼 - 紫玉盘群落
324	EGC-S06	—	南澳鹅公村富民路	刘忠成、骆金初、梁文星、熊亲戴	2021/7/27	114.4791108	22.51098106	35	30	600	鸭脚木 + 假苹婆 + 银柴 - 九节 + 假鹰爪 - 淡竹叶群落
325	EGC-S07	—	南澳鹅公村富民路	刘忠成、骆金初、梁文星、熊亲戴	2021/7/27	114.479422	22.50745752	90	15	400	黄牛木 + 红鳞蒲桃 + 水团花 - 九节 + 梅叶冬青 - 山麦冬群落
326	EGC-S08	—	南澳鹅公村富民路	刘忠成、骆金初、梁文星、熊亲戴	2021/7/27	114.486208	22.50266021	143	15	600	鹅掌柴 + 华润楠 + 木荷 - 银柴 + 梅叶冬青 + 变叶榕 - 芒萁 + 扇叶铁线蕨群落
327	MLS-S09	—	马峦山东部	刘忠成、骆金初、梁文星、熊亲戴、苏跃波	2021/7/28	114.3884897	22.65016054	172	35	400	柯 + 鹅掌柴 + 红鳞蒲桃 - 豺皮樟 + 九节 - 芒萁群落
328	MLS-S10	—	马峦山东部	刘忠成、骆金初、梁文星、熊亲戴、苏跃波	2021/7/28	114.3853945	22.64647718	172	20	600	广东润楠 + 鹅掌柴 + 香叶树 - 猴耳环 + 九节 + 水同木 - 草珊瑚 + 半边旗群落
329	MLS-S11	—	马峦山东部	刘忠成、骆金初、梁文星、熊亲戴、苏跃波	2021/7/28	114.3831575	22.64526918	278	15	400	鼠刺 + 豺皮樟 + 广东润楠 - 黑莎草 + 芒萁群落

（续表）

序号	数据库样地编号	群落分析引用样地编号	样地地点	调查人员	调查时间	经度（E）	纬度（N）	海拔 /m	坡度 /°	面积 /m²	群落名称
330	MLS-S12	—	马峦山东部	刘忠成、骆金初、梁文星、熊亲戴、苏跃波	2021/7/28	114.3813229	22.64286799	253	5	100	桃金娘－芒萁群落
331	MLS-S13	—	马峦山东部	刘忠成、骆金初、梁文星、熊亲戴、苏跃波	2021/7/28	114.3822134	22.64060044	282	40	400	革叶铁榄＋大头茶＋山油柑－豺皮樟＋变叶榕＋杜鹃－山麦冬群落
332	MLS-S14	—	马峦山东部	刘忠成、骆金初、梁文星、熊亲戴、苏跃波	2021/7/28	114.3832165	22.63909532	311	5	600	大头茶＋鹅掌柴＋广东润楠－鼠刺＋豺皮樟＋狗骨柴－黑莎草＋剑叶鳞始蕨群落
333	MLS-S15	—	马峦山东南部	刘忠成、骆金初、梁文星、熊亲戴、苏跃波、杨梦蝉	2021/7/29	114.3667907	22.61217368	78	25	400	野漆＋豺皮樟＋桃金娘－芒萁群落
342	MLS-S16	—	马峦山东南部	刘忠成、骆金初、梁文星、熊亲戴、苏跃波、杨梦蝉	2021/7/29	114.3652618	22.61320865	114	5	400	柠檬桉＋大叶相思＋山杜英－鹅掌柴＋芒果－豺皮樟＋梅叶冬青＋桃金娘－山菅兰＋剑叶鳞始蕨群落
336	MLS-S19	—	马峦山东南部	刘忠成、骆金初、梁文星、熊亲戴、苏跃波、杨梦蝉	2021/7/29	114.3638241	22.62193382	154	15	600	竹节树＋鹅掌柴＋山油柑－豺皮樟＋野漆＋天料木－变叶榕＋栀子－黑莎草＋淡竹叶群落
337	MLS-S20	—	马峦山东南部	刘忠成、骆金初、梁文星、熊亲戴、苏跃波、杨梦蝉	2021/7/29	114.3594897	22.62230024	156	10	400	马尾松－桃金娘＋豺皮樟＋变叶榕－芒萁＋毛果珍珠茅＋鹧鸪草群落
338	QLJ-S21	—	清林径水库	刘忠成、骆金初、梁文星、熊亲戴、苏跃波、杨梦蝉	2021/7/30	114.2623186	22.7758056	68	40	400	藜蒴＋海南蒲桃－野漆＋鹅掌柴－豺皮樟＋桃金娘＋变叶榕－黑莎草＋芒萁群落
339	QLJ-S22	—	清林径水库	刘忠成、骆金初、梁文星、熊亲戴、苏跃波、杨梦蝉	2021/7/30	114.260264	22.77923817	118	30	600	鹅掌柴＋山乌桕＋人面子－海南蒲桃＋野漆－黑柃＋豺皮樟－黑莎草＋芒萁群落
340	QLJ-S23	—	清林径水库	刘忠成、骆金初、梁文星、熊亲戴、苏跃波、杨梦蝉	2021/7/30	114.2542559	22.77980697	144	3	100	篌竹＋岗松－桃金娘＋石斑木竹丛群落
341	QLJ-S24	—	清林径水库	刘忠成、骆金初、梁文星、熊亲戴、苏跃波、杨梦蝉	2021/7/30	114.252668	22.77329788	230	30	400	鹅掌柴＋山油柑＋柯－豺皮樟＋秤星树＋毛冬青－黑莎草＋剑叶鳞始蕨群落
342	FSL-SZ1	—	深圳盐灶村	李贞、廖文波、凡强等	2008/3/1	114°30′55.00″	22°38′46.00″	12	10-20	1200	银叶树＋亮叶猴耳环－海芒果群落
342	FSL-SZ2	—	深圳小梅沙	李贞、廖文波、凡强等	2009/2/1	114°19′13.00″	22°36′21.00″	17	10-30	1200	肉实树＋樟树＋竹叶木姜子－紫玉盘－露兜群落
343	FSL-SZ3	—	深圳上迭福村	李贞、廖文波、凡强等	2009/2/1	114°26′48.00″	22°35′45.00″	25	5-10	1200	肉实树＋华南木姜子＋白桂木－紫玉盘－穗花轴榈群落

注："*"表示群落命名中含有重要保护植物的样地，将隐去经纬度，具体数据存深圳市生态环境局及规划和自然资源局。

"—"表示该样地未选用做样地分析，仅供记录参考，同样的群落类型已有代表性样地被选用。

附录2　深圳市河流水系分区分布图

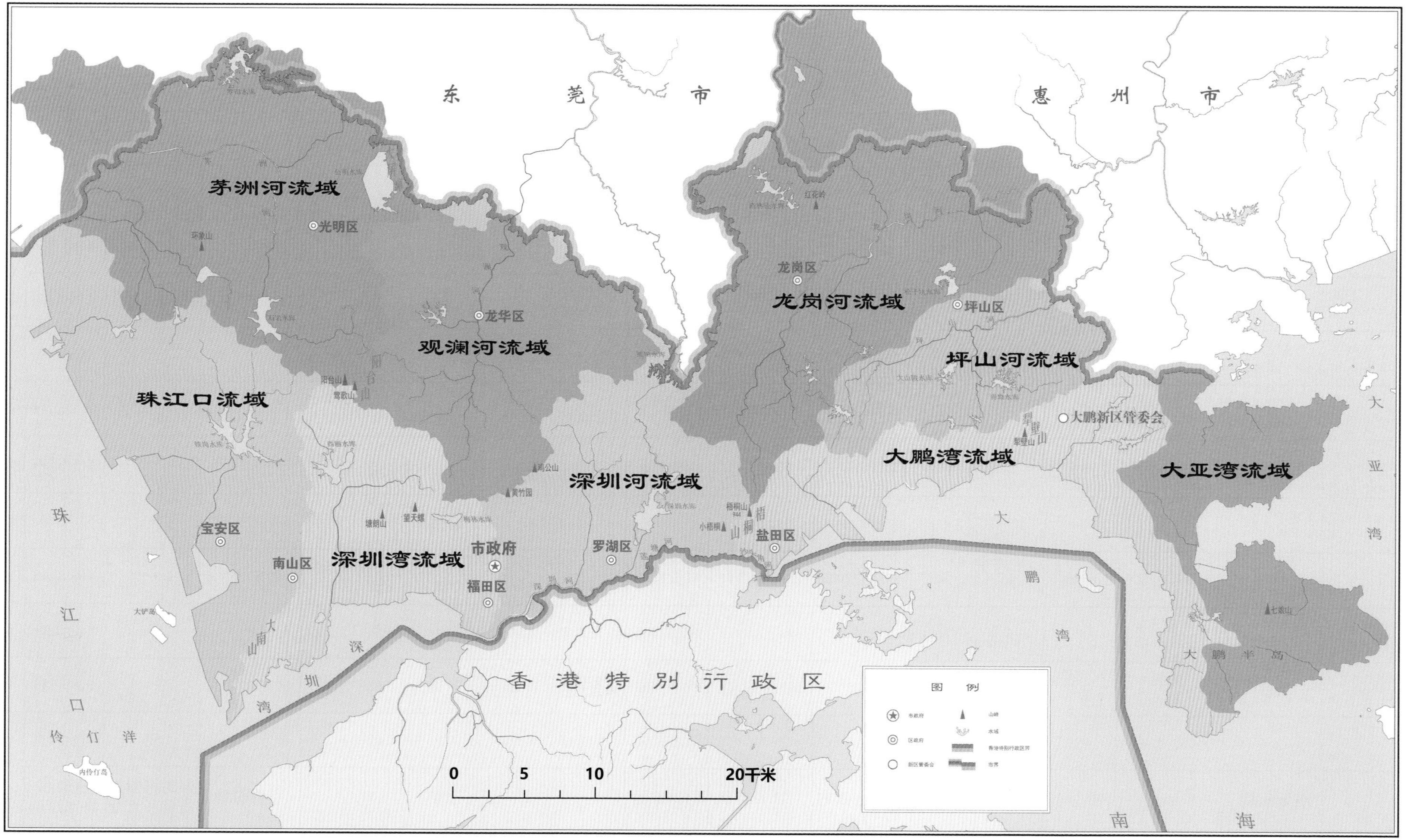

东莞市
惠州市
茅洲河流域
光明区
观澜河流域
龙华区
龙岗河流域
龙岗区
坪山河流域
坪山区
大鹏新区管委会
大鹏湾流域
大亚湾流域
珠江口流域
深圳河流域
深圳湾流域
宝安区
南山区
市政府
福田区
罗湖区
盐田区
梧桐山
大南山
阳台山
深圳湾
大鹏湾
大亚湾
大鹏半岛
七娘山
珠江口
伶仃洋
内伶仃岛
南海
香港特别行政区
0　5　10　20千米
图例
市政府
区政府
新区管委会
山峰
水域
香港特别行政区界
市界

附录4　深圳市植

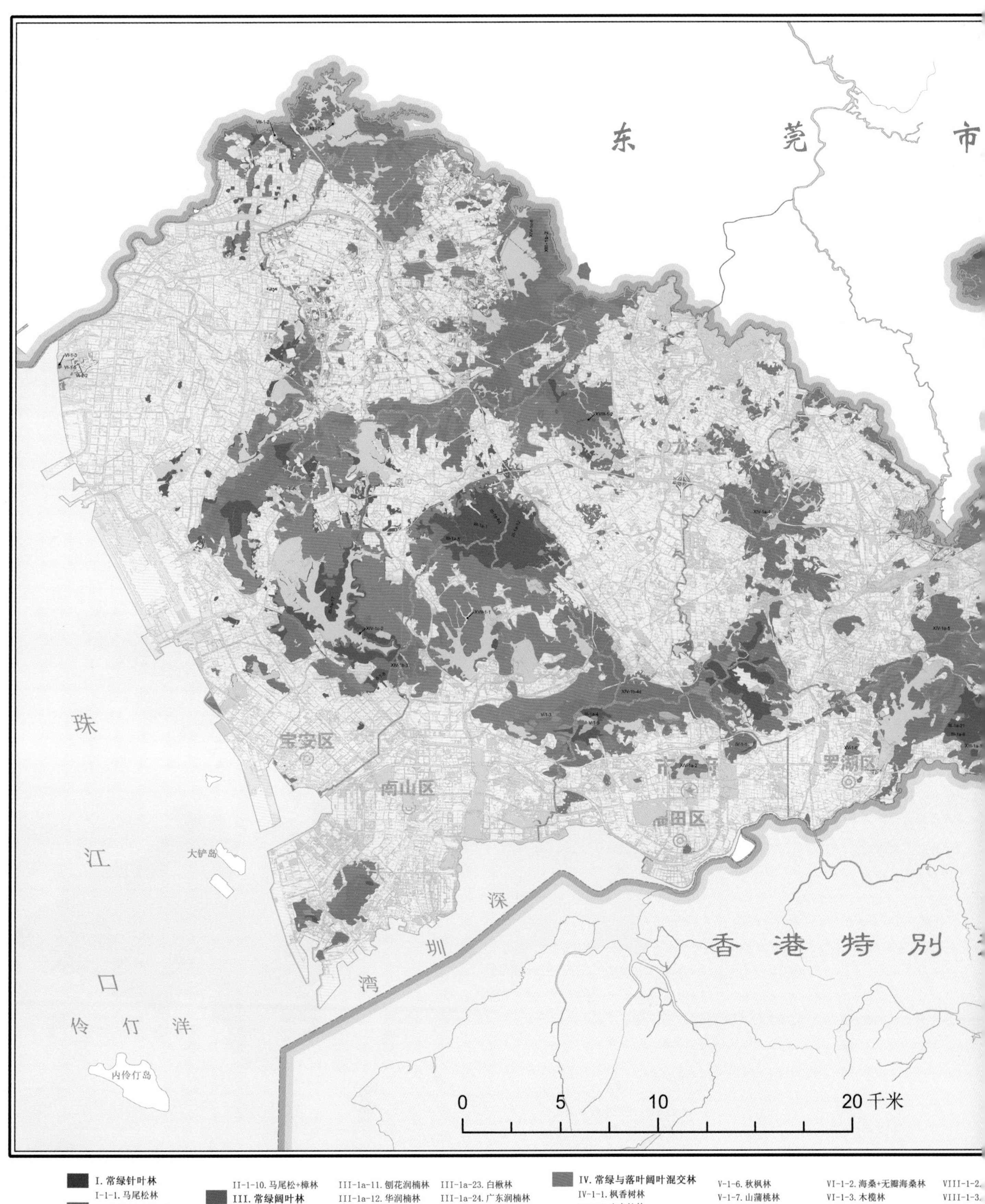

图例

I. 常绿针叶林
I-1-1. 马尾松林
II. 针阔叶混交林
II-1-1. 马尾松+大头茶林
II-1-2. 马尾松+鹅掌柴林
II-1-3. 马尾松+黧蒴锥林
II-1-4. 马尾松+米槠林
II-1-5. 马尾松+木荷+黧蒴林
II-1-6. 马尾松+木荷林
II-1-7. 马尾松+山乌桕林
II-1-8. 马尾松+鼠刺林
II-1-9. 马尾松+革叶铁榄林
II-1-10. 马尾松+樟林
III. 常绿阔叶林
III-1a-1. 红鳞蒲桃林
III-1a-2. 革叶铁榄林
III-1a-3. 黄心树林
III-1a-4. 破布叶林
III-1a-5. 黄杞林
III-1a-6. 鹅掌柴林
III-1a-7. 大花枇杷林
III-1a-8. 阴香林
III-1a-9. 樟林
III-1a-10. 厚壳桂林
III-1a-11. 刨花润楠林
III-1a-12. 华润楠林
III-1a-13. 浙江润楠林
III-1a-14. 短序润楠林
III-1a-15. 木荷林
III-1a-16. 青冈林
III-1a-17. 黧蒴锥林
III-1a-18. 柯林
III-1a-19. 鹿角锥林
III-1a-20. 米槠林
III-1a-21. 鼠刺林
III-1a-22. 大头茶林
III-1a-23. 白楸林
III-1a-24. 广东润楠林
III-1a-25. 假鱼骨木林
III-1a-26. 栓叶安息香林
III-1a-27. 香花枇杷林
III-1b-1. 毛棉杜鹃花林
III-1b-2. 吊钟花林
III-1b-3. 钝叶假蚊母树林
III-1b-4. 光亮山矾林
III-1b-5. 密花树林
III-1b-6. 大果核果茶林
IV. 常绿与落叶阔叶混交林
IV-1-1. 枫香树林
IV-1-2. 山乌桕林
IV-1-3. 野漆林
IV-1-4. 黄牛木林
IV-1-5. 朴树林
V. 季雨林
V-1-1. 亮叶猴耳环林
V-1-2. 白桂木林
V-1-3. 假苹婆林
V-1-4. 岭南山竹子林
V-1-5. 龙眼林
V-1-6. 秋枫林
V-1-7. 山蒲桃林
V-1-8. 水东哥林
V-1-9. 水翁蒲桃林
V-1-10. 臀果木林
V-1-11. 香蒲桃林
V-1-12. 银柴林
V-1-13. 山油柑林
V-1-14. 黄桐林
V-1-15. 肉实树林
VI. 红树林
VI-1-1. 海榄雌林
VI-1-2. 海桑+无瓣海桑林
VI-1-3. 木榄林
VI-1-4. 秋茄林
VI-1-5. 蜡烛果林
VI-1-6. 海漆林
VI-2-1. 银叶树林
VI-2-2. 黄槿林
VII. 竹林
VII-1. 热性竹林
VII-1-2. 麻竹林
VIII, 常绿阔叶灌丛
VIII-1-1. 笔管榕灌丛
VIII-1-2.
VIII-1-3.
VIII-1-4.
VIII-1-5.
VIII-1-6.
VIII-1-7.
VIII-1-8
VIII-1-9.
VIII-1-10
VIII-1-11
VIII-1-12
VIII-1-13

类型（植被型）分布图

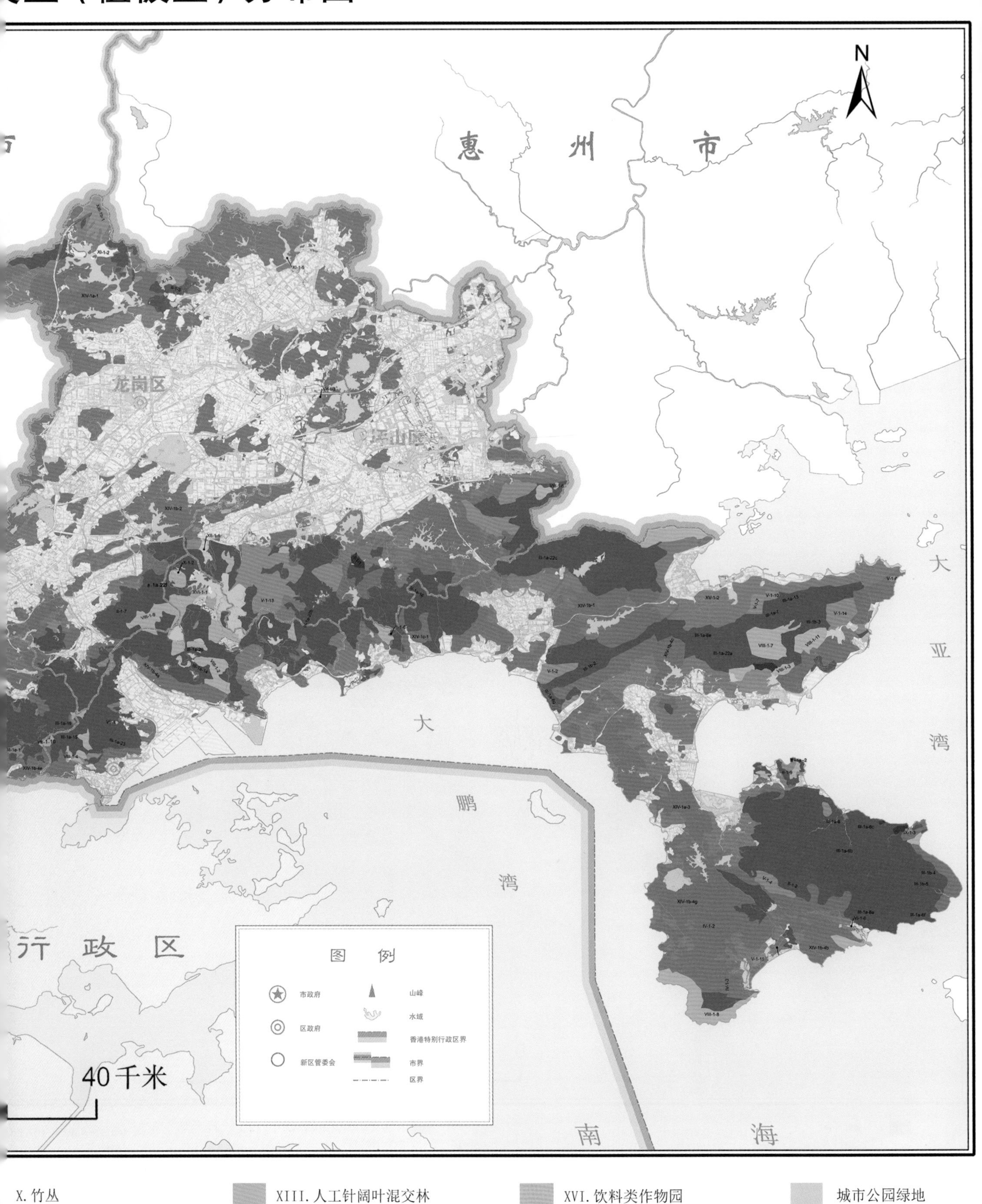

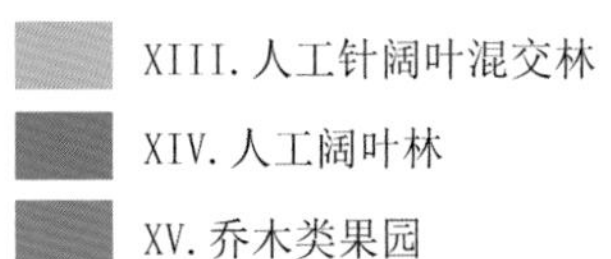

X. 竹丛
XI. 草丛
XII. 人工常绿针叶林
XIII. 人工针阔叶混交林
XIV. 人工阔叶林
XV. 乔木类果园
XVI. 饮料类作物园
XVII. 粮食类作物园
XVIII. 草本类果园
城市公园绿地
水库、湖泊、河流
其他用地

附录3　深圳市植被类

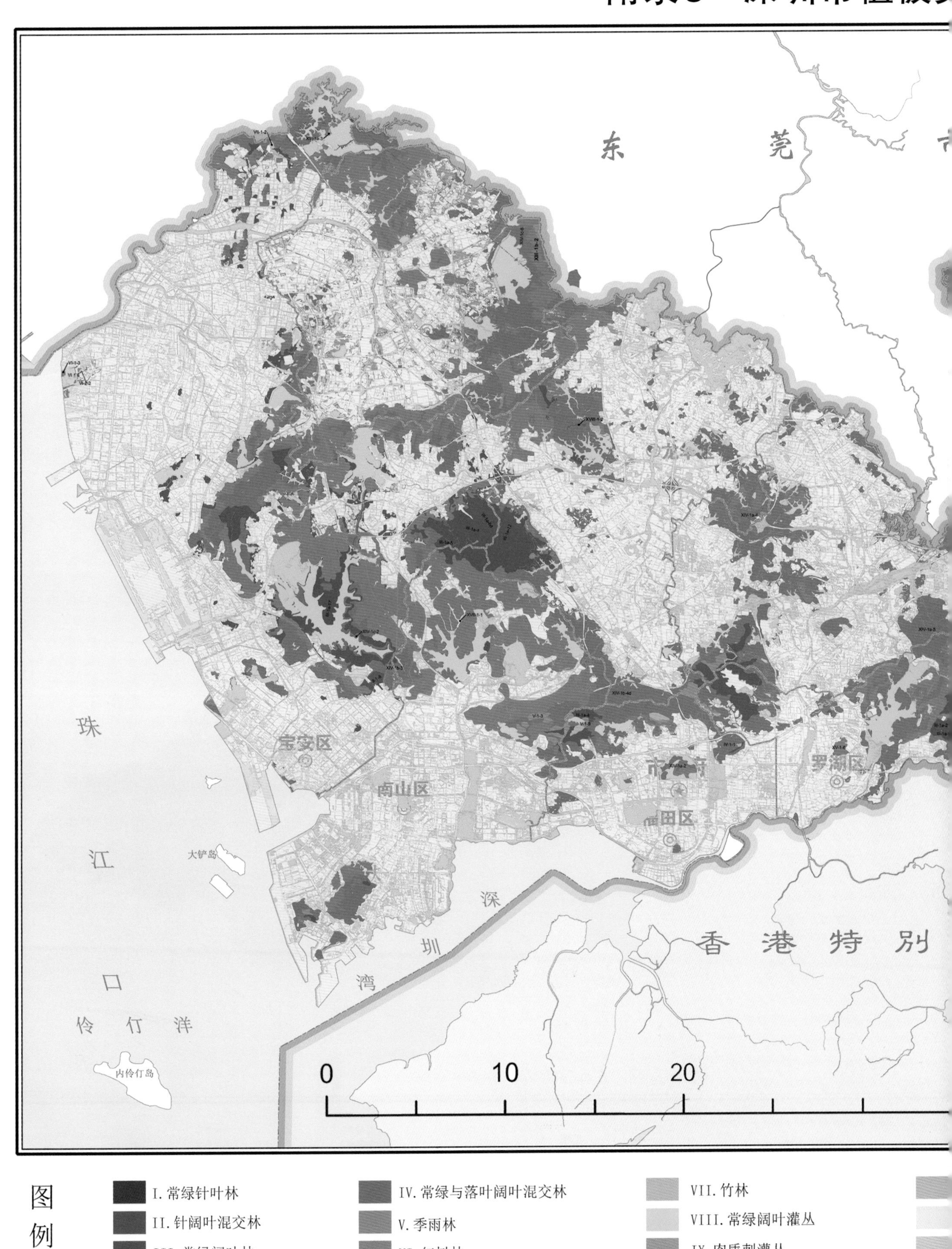

图例

I. 常绿针叶林
II. 针阔叶混交林
III. 常绿阔叶林
IV. 常绿与落叶阔叶混交林
V. 季雨林
VI. 红树林
VII. 竹林
VIII. 常绿阔叶灌丛
IX. 肉质刺灌丛

被类型—群系分布图

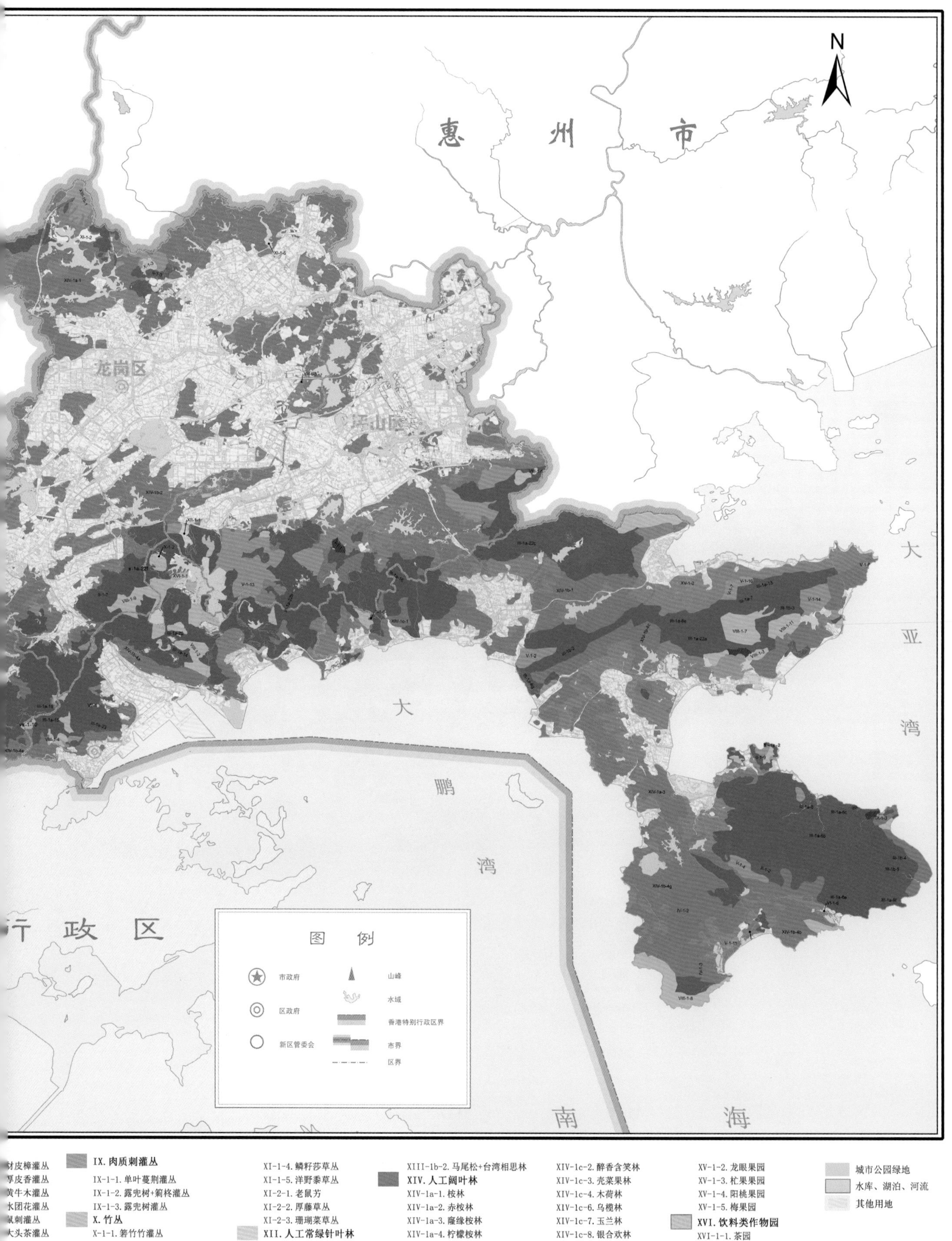

材皮樟灌丛
厚皮香灌丛
黄牛木灌丛
水团花灌丛
鼠刺灌丛
大头茶灌丛
桃金娘灌丛
刺松灌丛
石斑木灌丛
满山红灌丛
格药柃灌丛
黄杨灌丛

IX. 肉质刺灌丛
IX-1-1. 单叶蔓荆灌丛
IX-1-2. 露兜树+箣柊灌丛
IX-1-3. 露兜树灌丛

X. 竹丛
X-1-1. 簕竹竹灌丛
X-1-2. 簩竹竹灌丛
X-1-3. 篌竹竹灌丛

XI. 草丛
XI-1-1. 芒草丛
XI-1-2. 五节芒草丛
XI-1-3. 蔓生莠竹草/细毛鸭嘴草草丛
XI-1-4. 鳞籽莎草丛
XI-1-5. 洋野黍草丛
XI-2-1. 老鼠艻
XI-2-2. 厚藤草丛
XI-2-3. 珊瑚菜草丛

XII. 人工常绿针叶林
XII-1-1. 杉木林
XII-1-2. 湿地松林

XIII. 人工针阔叶混交林
XIII-1a-1. 杉木+对叶榕林
XIII-1a-3. 杉木+樟林/米槠林
XIII-1b-1. 马尾松+马占相思林
XIII-1b-2. 马尾松+台湾相思林

XIV. 人工阔叶林
XIV-1a-1. 桉林
XIV-1a-2. 赤桉林
XIV-1a-3. 窿缘桉林
XIV-1a-4. 柠檬桉林
XIV-1a-5. 尾叶桉林
XIV-1b-1. 大叶相思林
XIV-1b-2. 马占相思林
XIV-1b-3. 台湾相思林
XIV-1b-4. 相思树+桉林
XIV-1c-1. 栲+阴香林
XIV-1c-2. 醉香含笑林
XIV-1c-3. 壳菜果林
XIV-1c-4. 木荷林
XIV-1c-6. 乌榄林
XIV-1c-7. 玉兰林
XIV-1c-8. 银合欢林
XIV-1c-9. 土沉香林
XIV-1c-10. 无瓣海桑林
XIV-1c-11. 互叶白千层林
XIV-1c-12. 木麻黄林

XV. 乔木类果园
XV-1-1. 荔枝果园
XV-1-2. 龙眼果园
XV-1-3. 杧果果园
XV-1-4. 阳桃果园
XV-1-5. 梅果园

XVI. 饮料类作物园
XVI-1-1. 茶园

XVII. 粮食类作物园
XVII-1-1. 稻田

XVIII. 草本类果园
XVIII-1-1. 香蕉+大蕉果园
XVIII-1-2. 火龙果果园

城市公园绿地
水库、湖泊、河流
其他用地

附录5 深圳市森林城市建设总体布局图

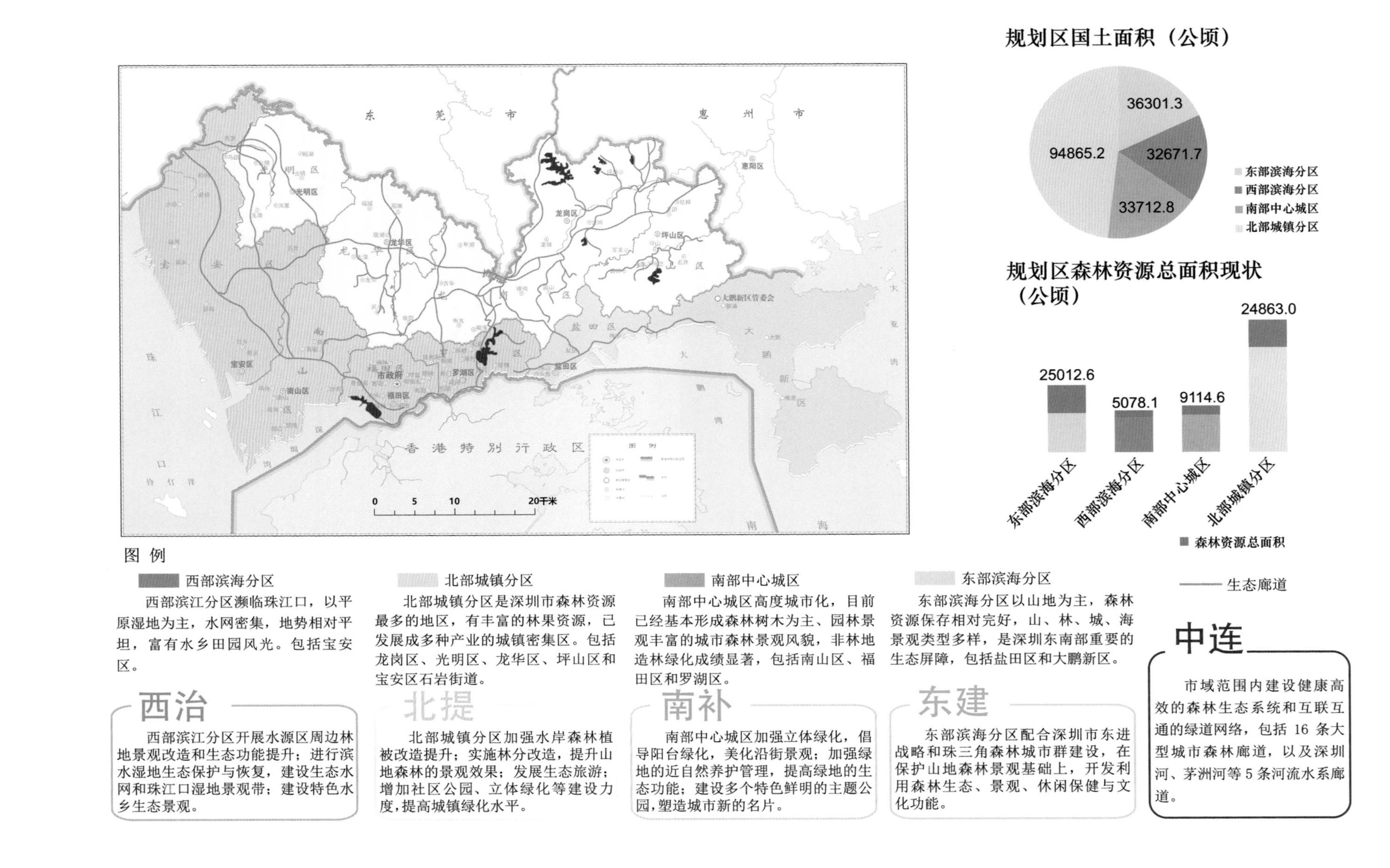

图 例

西部滨海分区

西部滨江分区濒临珠江口，以平原湿地为主，水网密集，地势相对平坦，富有水乡田园风光。包括宝安区。

北部城镇分区

北部城镇分区是深圳市森林资源最多的地区，有丰富的林果资源，已发展成多种产业的城镇密集区。包括龙岗区、光明区、龙华区、坪山区和宝安区石岩街道。

南部中心城区

南部中心城区高度城市化，目前已经基本形成森林树木为主、园林景观丰富的城市森林景观风貌，非林地造林绿化成绩显著，包括南山区、福田区和罗湖区。

东部滨海分区

东部滨海分区以山地为主，森林资源保存相对完好，山、林、城、海景观类型多样，是深圳东南部重要的生态屏障，包括盐田区和大鹏新区。

生态廊道

西治

西部滨江分区开展水源区周边林地景观改造和生态功能提升；进行滨水湿地生态保护与恢复，建设生态水网和珠江口湿地景观带；建设特色水乡生态景观。

北提

北部城镇分区加强水岸森林植被改造提升；实施林分改造，提升山地森林的景观效果；发展生态旅游；增加社区公园、立体绿化等建设力度，提高城镇绿化水平。

南补

南部中心城区加强立体绿化，倡导阳台绿化，美化沿街景观；加强绿地的近自然养护管理，提高绿地的生态功能；建设多个特色鲜明的主题公园，塑造城市新的名片。

东建

东部滨海分区配合深圳市东进战略和珠三角森林城市群建设，在保护山地森林景观基础上，开发利用森林生态、景观、休闲保健与文化功能。

中连

市域范围内建设健康高效的森林生态系统和互联互通的绿道网络，包括 16 条大型城市森林廊道，以及深圳河、茅洲河等 5 条河流水系廊道。

附录6　深圳市典型植被类型、植物群落照片

A_1 森林（植被型组）

Ⅰ 常绿针叶林　Evergreen Coniferous Forest（植被型）

常绿针叶林（Ⅰ）之马尾松林（七娘山）

常绿针叶林（Ⅰ）之马尾松+岗松—芒萁群落（七娘山）

II 针阔叶混交林 Coniferous and Broad-Leaved Mixed Forest（植被型）

针阔叶混交林（II；七娘山杨梅坑）

针阔叶混交林（II）之马尾松+大头茶群落（大梅沙）

针阔叶混交林（II）之马尾松+大头茶群落（溪涌）

针阔叶混交林（II）之马尾松+大头茶+岗松群落（七娘山）

针阔叶混交林（II）之马尾松+山乌桕群落（马峦山）

针阔叶混交林（II）之马尾松+毛棉杜鹃群落（梧桐山）

针阔叶混交林（II）之马尾松+豺皮樟群落（大鹏桔钓沙）

针阔叶混交林（II）之穗花杉+密花树群落（七娘山）

III 常绿阔叶林 Evergreen Broad- Leaved Forest（植被型）

常绿阔叶林（III）的外貌（梧桐山）**1**

常绿阔叶林（III）的外貌（梧桐山） **2**

常绿阔叶林（III）的外貌（梧桐山）**3**

常绿阔叶林（III）的外貌(梧桐山) **4**

常绿阔叶林（III）的外貌（梧桐山）**5**

常绿阔叶林（III）的外貌（梧桐山）**6**

常绿阔叶林（III）的外貌（梧桐山）**7**

常绿阔叶林（III）的外貌(梧桐山) **8**

常绿阔叶林（III）的外貌（梧桐山）9

常绿阔叶林（III）的外貌（梧桐山）10

常绿阔叶林（III）的外貌（梧桐山）11

常绿阔叶林（III）的外貌（梧桐山蝴蝶谷）12

常绿阔叶林（III）的外貌（大鹏半岛西涌）1

常绿阔叶林（III）的外貌（大鹏半岛西涌）2

常绿阔叶林（III）的外貌（大鹏半岛）3

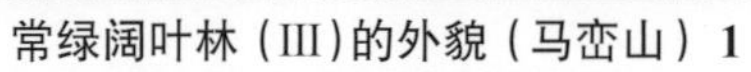

常绿阔叶林（III）的外貌（马峦山）1

常绿阔叶林（III）的外貌（马峦山）2

常绿阔叶林（III）的外貌（马峦山）3

常绿阔叶林（III）的外貌（梅林水库）1

常绿阔叶林（III）的外貌（梅林水库）2

常绿阔叶林（III）的外貌（羊台山）1

常绿阔叶林（III）的外貌（羊台山）2

常绿阔叶林（III）的外貌（羊台山）3

黄杞林群系（III-1a-5；羊台山）1

黄杞林群系（III-1a-5；羊台山）2

黄杞林群系（III-1a-5；羊台山）3

黄杞+（润楠属）群系（III-1a-5；羊台山）4

黄杞+黄心树–水团花+九节群落（III-1a-5；羊台山）1

黄杞+黄心树–水团花+九节群落（III-1a-5；羊台山）2

鹅掌柴+银柴+山油柑–九节–乌毛蕨群落（III-1a-6；九龙山公园）1

鹅掌柴+银柴+山油柑–九节–乌毛蕨群落（III-1a-6；九龙山公园）2

鹅掌柴+银柴群落（III-1a-6；塘朗山）

鹅掌柴+银柴群落（III-1a-6；南山公园）

鹅掌柴林群系（III-1a-6；七娘山）

华润楠+密花树–狗骨柴群落（III-1a-12；七娘山）

鹅掌柴+银柴−九节群落（III-1a-6；梧桐山）

鹅掌柴+银柴群落（III-1a-6；梧桐山）

鹅掌柴+樟亚群系（III-1a-6h；罗屋田水库附近山地）

鹅掌柴+樟亚群系（III-1a-6h；罗田林场）

浙江润楠林群系（III-1a-13；梧桐山）

短序润楠林群系（III-1a-14；梧桐山）1

短序润楠林群系（III-1a-14；梧桐山）2

短序润楠林群系（III-1a-14；梧桐山）3

黧蒴林群系（III-1a-17；梧桐山）

厚壳桂+黄樟+鹅掌柴–九节群落（III-1a-10；银湖山公园）

柯林群系（III-1a-18；三洲田）

短序润楠+岭南青冈–红淡比群落（III-1a-14；梧桐山）

短序润楠+岭南青冈–吊钟花+苦竹群落（III-1a-14；梧桐山）

鼠刺+山油柑–杜鹃群落（III-1a-21；梧桐山）

鼠刺林群系（III-1a-21；梧桐山）

大头茶–密花树群落（III-1a-22；七娘山）

大头茶+短序润楠–九节+棱果花群落（III-1a-22；七娘山）

钝叶假蚊母树林群系（III-1b-3；排牙山）

密花树林群系（III-1b-5；梧桐山）

山油柑+韧荚红豆–华马钱群系（V-a-13；银湖山公园）

光亮山矾+大头茶–密花树/腺叶桂樱群落（III-1b-4；梧桐山）

乌榄–梅叶冬青+柴皮樟/毛冬青群落（XIV-1c-6；凤凰山）

华润楠/白桂木+蕈树/黄樟–罗伞树群落（III-1a-12；七娘山杨梅坑）

IV 常绿与落叶阔叶混交林 Evergreen and Deciduous Broad-Leaved Mixed Forest（植被型）

常绿落叶阔叶混交林（IV；梧桐山）

大头茶+山乌桕—鼠刺+吊钟花群落（IV-1-2；梧桐山）

鸭脚木+山乌桕群落（IV-1-2；阳台山）

山乌桕+鼠刺/银柴群落（IV-1-2；大鹏半岛）

V 季雨林 Monsoon Forest（植被型）

季雨林（V）的外貌（大鹏半岛）

季雨林（V）的外貌（羊台山）

季雨林（V）的林间结构（田头山）

季雨林（V）的林间结构（梧桐山）

（沟谷）季雨林（V）的外貌（大鹏半岛）

（沟谷）季雨林（V）的林间结构（大鹏半岛）

季雨林（V）之水翁+假苹婆–桫椤群落（梧桐山）1

季雨林（V）之水翁+假苹婆–桫椤群落（梧桐山）2

山油柑+粘木群落（V-1-13；马峦山溪涌）

岭南山竹子林群系（V-1-4；银湖山）

岭南山竹子+鹅柊–艾胶算盘子–山椒子群系（V-1-4；银湖山）

VI 红树林 Mangrove Forest（植被型）

海桑+无瓣海桑–老鼠簕群落（VI-1-2；福田红树林）

海桑–老鼠簕群落（**V-1-2**；福田红树林）

秋茄+木榄/银叶树群落（VI-1-4；坝光红树林）

海榄雌白骨壤林群系（VI-1-1；福田红树林）

海榄雌林群系（VI-1-1；坝光红树林）

秋茄林群系（VI-1-4；坝光红树林）

秋茄+木榄/红海榄群落（VI-1-4；大鹏鹿嘴）

黄槿林群系（VI-2-2；坝光红树林）

银叶树林群系（VI-2-1；坝光红树林）

海漆林群系（VI-1-6；坝光红树林）

VII 竹林 Bamboo Forest（植被型）

竹林（VII）之粉单竹林群系（VII-1-1；马峦山）

竹林（VII）之麻竹林群落（VII-1-2；西涌泳场附近山坡）

A_2 灌丛（植被型组）

VIII 常绿阔叶灌丛 Evergreen Broad-Leaved Scrub（植被型）

常绿阔叶灌丛（VIII；七娘山山顶）1

常绿阔叶灌丛（VIII；七娘山山顶）2

常绿阔叶灌丛（VIII；七娘山东涌山坡）

常绿阔叶灌（草）丛（VIII；梧桐山山顶）

常绿阔叶灌丛（VIII）的外貌（七娘山主峰近山顶）

常绿阔叶灌丛（VIII）的外貌（梅沙尖）

常绿阔叶灌丛（VIII）的外貌（南澳三角山山顶）

常绿阔叶灌丛（VIII；梧桐山山顶）

常绿阔叶灌丛（VIII；盐田坳山顶）

常绿阔叶灌丛（VIII；排牙山山顶）

鼠刺+桃金娘灌丛群落（VIII-1-6；七娘山山顶）

鼠刺–芒萁灌（草）丛群落（VIII-1-6；七娘山主峰）

鼠刺+桃金娘灌丛群落（VIII-1-6；大鹏半岛半天云）

鼠刺+桃金娘/密花树灌丛群落（VIII-1-6；七娘山主峰山顶）

大头茶+桃金娘/凹叶冬青灌丛群落（VIII-1-6；大鹏半天云）

岗松+桃金娘/大头茶灌丛群落（VIII-1-9；七娘山)

大头茶+桃金娘–芒萁/米碎花灌丛群落（VIII-1-7；大鹏半岛半天云）

大头茶+桃金娘灌丛群落（VIII-1-7；大鹏半岛半天云）

大头茶+桃金娘–芒萁灌草丛群落（VIII-1-7；排牙山）

大头茶灌丛群落（VIII-1-7；七娘山）

桃金娘–黑莎草灌草丛群落（VIII-1-8；梅沙尖）

岗松+桃金娘灌丛群落（VIII-1-9；梧桐山）

岗松+桃金娘–黑莎草+芒萁灌草丛群落（VIII-1-9；七娘山）

岗松灌丛（梧桐山）

岗松灌丛（七娘山东涌）

岗松灌丛群系（VIII-1-9；七娘山东涌）1

岗松灌丛群系（VIII-1-9；七娘山东涌）2

岗松灌草丛群系（VIII-1-9；排牙山）

桃金娘（+梅叶冬青）–芒萁灌（草）丛（VIII-1-8；盐田坳）

桃金娘+/–芒灌草丛（VIII-1-8；七娘山山角山山顶）

石斑木+杜鹃–细毛鸭嘴草+耳基卷柏灌草丛（VIII-1-10；梅沙尖）

格药柃+/−芒灌草丛（VIII-1-12；七娘山）

格药柃+/−芒/鳞籽沙+芒萁灌（草）丛（VIII-1-12；七娘山主峰）

黄杨+芒灌（草）丛（VIII-1-13；七娘山）

栀子+/−寄生藤灌丛（七娘山东涌）

栀子/赤楠+/−寄生藤灌丛（VIII-1-14；七娘山东涌）

IX 肉质刺灌丛 Succulent Thorny Shrub（植被型）

露兜树（+草海桐）灌丛（IX-1-3；大鹏半岛鹿嘴）1

露兜树（+草海桐）灌丛（IX-1-3；大鹏半岛鹿嘴）2

肉质刺灌丛（IX；大鹏半岛桔钓沙海岸丘陵）

单叶蔓荆+厚藤灌丛（IX-1-1；大鹏半岛鹿嘴）

露兜树/露兜草肉质刺灌丛（IX-1-3；七娘山）

露兜树+莿柊（+黄槿）灌丛（IX-1-2；大鹏半岛桔钓沙）

露兜树+刺葵（+桃金娘）灌丛（IX-1-3；七娘山东涌）

X 竹丛 Bamboo Shrubland（植被型）

箬竹+芒竹竹灌丛（X-1-1；梅沙尖）

箬竹灌丛（X-1-1；梅沙尖）

箬竹竹灌丛（X-1-1；七娘山）

箸竹竹灌丛（X-1-2；七娘山）1

箸竹竹灌丛（X-1-1；七娘山）2

篌竹竹灌丛（X-1-3；清林径水库附近山地）1

篌竹竹灌丛（X-1-3；清林径水库附近山地）2

篌竹竹灌丛（X-1-3；清林径水库附近山地）3

箣竹竹灌丛（X-1-3；清林径水库附近山地）4

箣竹竹灌丛（X-1-3；梅沙尖）

箣竹竹灌丛（X-1-3；羊台山）

箣竹竹丛灌丛（X-1-3；七娘山下横岗）1

箣竹竹灌丛（X-1-3；七娘山下横岗）2

A_3 草地（植被型组）

Ⅺ 草丛 Herbosa（植被型）

芒+蔓生莠竹草丛（XI-1-1；七娘山山顶）

芒草丛（伴生种有竹叶兰、耳基卷柏等；XI-1-1；七娘山主峰山顶）

芒草丛（伴生种有耳基卷柏等；XI-1-1；七娘山主峰）

芒草丛（XI-1-1；七娘山大雁顶）

芒草丛（XI-1-1；七娘山主峰）

芒草丛（XI-1-1；梅沙尖 ）1

芒草丛（XI-1-1；梅沙尖）2

五节芒+类芦草丛（XI-1-2；老虎坑水库附近山地）

五节芒草丛（XI-1-2；南山公园）

五节芒草丛（XI-1-2；塘朗山）1

五节芒草丛（XI-1-2；塘朗山）2

五节芒草丛（XI-1-2；羊台山）

蔓生莠竹草丛（XI-1-3；七娘山山顶）

蔓生莠竹草丛（XI-1-3；七娘山主峰山顶）

蔓生莠竹草丛（XI-1-3；羊台山）

鳞籽莎（+芒草）草丛（XI-1-4；七娘山主峰）

鳞籽莎草丛（XI-1-1；七娘山主峰山顶）

鳞籽莎草丛（XI-1-4；七娘山）

细毛鸭嘴草草丛（XI-1-3；七娘山主峰山顶）

芒（+厚藤）草丛（XI-1-1；大鹏半岛海岸带）

铺地黍（+厚藤）草丛（XI-1-5；大鹏半岛海岸带）

铺地黍（+厚藤）草丛（XI-1-5；七娘山海岸带）

厚藤（+蒺藜草）草丛（XI-2-2；七娘山海岸带）

B_1 人工林植被

Ⅻ 人工常绿针叶林 Artificial Evergreen Coniferous Forest（植被型）

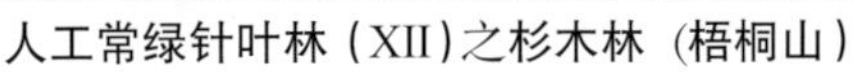

人工常绿针叶林（XII）之杉木林（梧桐山）

人工常绿针叶林（XII）之杉木林（阳台山）

人工常绿针叶林之湿地松群落（XII-1-2；枫木浪水库及邻近山地）

XIII 人工针阔叶混交林 Artificial Coniferous and Broad-Leaved（植被型）

马尾松（/+杉木）+台湾相思林群落（XIII-1b-2；大鹏半岛观音山）

杉木+米槠木林群落（XIII-1a-3；龙华区大浪绿道）

XIV 人工阔叶林 Artificial Broad-leaved Forest（植被型）

桉树(+醉香含笑)林群落（XIV-1a-1；凤凰山公园）

桉树林群落（XIV-1a-1；平湖生态园）

大叶相思林群落（XIV-1b-1；大鹏半岛观音山）

马占相思（+荔枝+龙眼）林群落（XIV-1b-2；公明水库附近山地）

马占相思（+醉香含笑）林群落（XIV-1b-2；大顶岭公园）**1**

马占相思（+醉香含笑）群落（XIV-1b-2；大顶岭公园）**2**

马占相思（+醉香含笑）林群落（XIV-1b-2；大浪绿道）

台湾相思+柠檬桉群落（亚群系；XIV-1b-46；梧桐山）

桉树–芒萁群落（XIV-1a-1；平湖生态园）

桉树林群落（XIV-1a-1；凤凰山）

桉树林群落（XIV-1a-1；凤凰山）

柠檬桉+台湾相思林群落（XIV-1b-4b；大鹏半岛鬼打坳水库附近）

柠檬桉–豺皮樟群落（XIV-1a-4；凤凰山）

大叶相思+木荷+阴香–鸭脚木林群落（XIV-1b-1；九龙山公园）

桉树+马占相思/大叶相思群落（XIV-1b-4；九龙山公园）

桉树+木油桐–荔枝群落（XIV-1a-1；九龙山公园）

大叶相思–豺皮樟–芒萁林群落（XIV-1b-1；横坑水库附近）

大叶相思–豺皮樟–芒萁林群落（XIV-1b-1；横坑水库附近）

大叶相思林群落（XIV-1b-1；银湖山公园）

马占相思+大叶相思林群落（XIV-1b-2；大顶岭公园）

马占相思+木荷林群落（XIV-1b-2；横坑水库附近）1

马占相思+木荷林群落（XIV-1b-2；横坑水库附近）2

马占相思+窿缘桉林群落（XIV-1b-4c；横坑水库附近）

马占相思+柠檬桉林群落（XIV-1b-4c；塘朗山）

马占相思–布渣叶+黄牛木林群落（XIV-1b-2；大顶岭）

马占相思–豺皮樟+三桠苦林群落（XIV-1b-2；凤凰山）

马占相思林群落（XIV-1b-2；大顶岭公园）

马占相思林群落（XIV-1b-2；大顶岭公园）

台湾相思林群落（XIV-1b-3；梧桐山）

马占相思–银柴林群落（XIV-1b-3；横坑水库附近）

黧蒴+马占相思+木荷人工林群落（XIV-1b-3；凤凰山公园）

米槠+马占相思林群落（XIV-1b-3）的外貌（大顶岭公园）

木荷+桉树林群落（XIV-1a-1；五指耙水库附近）

马占相思+木油桐+木荷–豺皮樟–乌毛蕨林群落（XIV-1a-1；九龙山公园）

米槠林群落（XIV-1a-1；大顶岭顶岭公园）

米槠林群落（XIV-1a-1；大顶岭公园）

栲+阴香林群落（XIV-1c-1；塘朗山）

木荷林群落（XIV-1c-4；凤凰山公园）

木荷林群落（XIV-1c-4；大顶岭公园）

壳菜果+樟树林群落（XIV-1c-3；大顶岭公园）

土沉香林群落（XIV-1c-9；仙湖植物园内）

银合欢林群落（XIV-1c-8；横坑水库附近）

无瓣海桑—老鼠簕群落（XIV-1c-10；福田红树林）

无瓣海桑群落（XIV-1c-10；福田红树林,外围有秋茄矮灌丛）

C 农业植被

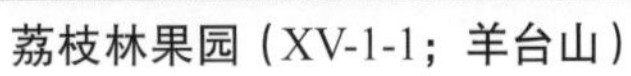

荔枝林果园（XV-1-1；羊台山）

荔枝林果园（XV-1-1；塘朗山 ）

荔枝林果园（XV-1-1；九龙山公园）

荔枝林果园（XV-1-1；大鹏半岛）

荔枝林果园（XV-1-1；退果还林、生态恢复群落）的外貌（大顶岭公园）

龙眼林果园（XV-1-2；退果还林、生态恢复群落）的外貌（大鹏半岛）

附录7　深圳市植物群落优势种群及资源植物照片

1 被子植物

(1) 乔木

Manglietia fordiana 木莲

Illicium angustisepalum 大屿八角

Michelia skinneriana 野含笑

Lirianthe championii 香港木兰

Litsea cubeba 山鸡椒

Michelia maudiae 深山含笑

Lindera communis 香叶树

Litsea glutinosa 潺槁木姜子

Machilus chekiangensis 浙江润楠

Machilus salicina 柳叶润楠

Machilus pauhoi 刨花润楠

Meliosma thorelii 山楝叶泡花树

Helicia reticulata 网脉山龙眼

Distyliopsis tutcheri 钝叶假蚊母树

Eustigma oblongifolium 秀柱花

Acacia confusa 台湾相思

Rhodoleia championii 红花荷

Acacia auriculiformis 大叶相思

Mytilaria laosensis 壳菜果

Acacia mangium 马占相思

Archidendron clypearia 猴耳环

Gleditsia australis 小果皂荚

Ormosia semicastrata 软荚红豆

Ormosia semicastrata 软荚红豆

Eriobotrya fragrans 香花枇杷

Laurocerasus phaeosticta 腺叶野樱

Laurocerasus zippeliana 大叶桂樱

Photinia raupingensis 饶平石楠

Pyrus calleryana 豆梨

Celtis sinensis 朴树

Ficus fistulosa　水同木

Ficus hispida　对叶榕

Artocarpus hypargyreus　白桂木

Camellia kissi　落瓣短柱茶

Ficus subpisocarpa　笔管榕

Castanopsis fissa　黧蒴

Castanopsis fissa 黧蒴

Castanopsis hystrix 红锥

Cyclobalanopsis championii 岭南青冈

Cyclobalanopsis glauca 青冈

Lithocarpus glaber 柯

Cyclobalanopsis hui 雷公青冈

Lithocarpus quercifolius 栎叶柯

Myrica rubra 杨梅

Casuarina equisetifolia 木麻黄

Bruguiera gymnorhiza 木榄

Lithocarpus uvariifolius 紫玉盘柯

Kandelia obovata 秋茄

Cratoxylum cochinchinense 黄牛木

Casearia glomerata 球花脚骨脆

Homalium cochinchinense 天料木

Scolopia chinensis 箣柊

Aporosa dioica 银柴

Excoecaria agallocha 海漆

Macaranga tanarius var. *tomentosa* 血桐

Mallotus apelta 白背叶

Mallotus paniculatus 白楸

Triadica cochinchinensis 山乌桕

Vernicia montana 木油桐

Ixonanthes reticulata 粘木

Antidesma bunius 五月茶

Bridelia insulana 禾串树

Eucalyptus urophylla 尾叶桉

Syzygium jambos 蒲桃

Syzygium odoratum 香蒲桃

Toxicodendron succedaneum 野漆

Acer sino-oblongum 滨海槭

Acer tutcheri 岭南槭

Acronychia pedunculata 山油柑

Tetradium glabrifolium 楝叶吴茱萸

Picrasma quassioides 苦木

Toona ciliata 红椿

Heritiera littoralis 银叶树

Hibiscus tiliaceus 黄槿

Microcos paniculata 破布叶

Pterospermum heterophyllum 翻白叶树

Reevesia thyrsoidea 两广梭罗

Thespesia populnea 桐棉

Schoepfia chinensis 华南青皮木

Alangium kurzii 毛八角枫

Aquilaria sinensis 土沉香

Adinandra millettii 杨桐

Anneslea fragrans 茶梨

Pentaphylax euryoides 五列木

Ternstroemia luteoflora 尖萼厚皮香

Sarcosperma laurinum 肉实树

Diospyros chunii 崖柿

Diospyros morrisiana 罗浮柿

Myrsine seguinii 密花树

Polyspora axillaris 大头茶

Pyrenaria spectabilis 石笔木

Schima superba 木荷

Symplocos lancifolia 光叶山矾

Symplocos lucida 光亮山矾

Rehderodendron kwangtungense 广东木瓜红

Symplocos sumuntia 山矾

Huodendron biaristatum 岭南山茉莉

Styrax faberi 白花龙

Styrax suberifolius 栓叶安息香

Aucuba chinensis 桃叶珊瑚

Adina pilulifera 水团花

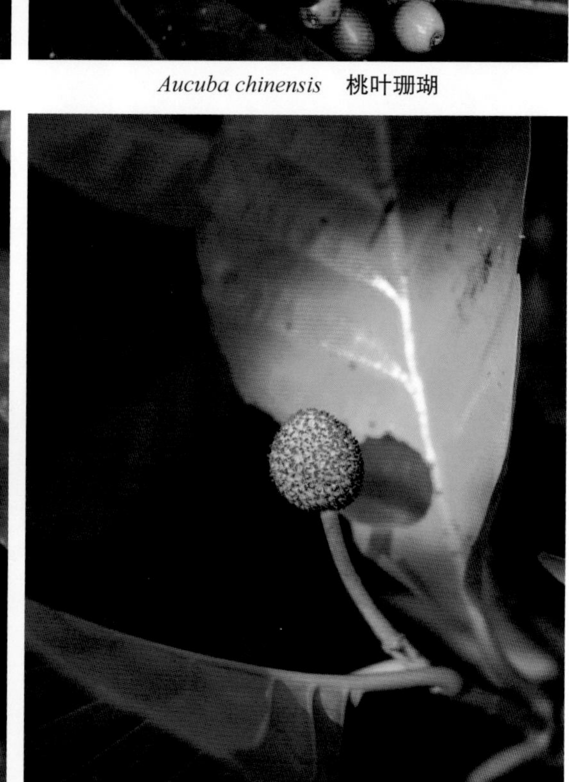

Nauclea officinalis 乌檀

Canthium dicoccum 假鱼骨木

Cerbera manghas 海杧果

Ehretia longiflora 长花厚壳树

Schefflera heptaphylla 鹅掌柴

Fraxinus insularis 苦枥木

Vitex quinata 山牡荆

Ilex rotunda 铁冬青

Premna serratifolia 伞序臭黄荆

Sinosideroxylon wightianum 革叶铁榄

Ilex graciliflora 纤花冬青

Ilex elmerrilliana 厚叶冬青

(2) 灌木

Calamus rhabdocladus 华南省藤

Phoenix loureiroi 刺葵

Daphniphyllum calycinum 牛耳枫

Lespedeza formosa 美丽胡枝子

Rhaphiolepis indica 石斑木

Rosa laevigata 金樱子

Rubus leucanthus 白花悬钩子

Ficus formosana　台湾榕

Ficus hirta　粗叶榕

Ficus pyriformis　舶梨榕

Broussonetia kaempferi　藤构

Maclura cochinchinensis　构棘

Boehmeria nivea　苎麻

Ficus vasculosa　白肉榕

Calophyllum membranaceum　横经席

Alchornea trewioides　红背山麻杆

Croton lachnocarpus 毛果巴豆

Mallotus repandus 石岩枫

Glochidion eriocarpum 毛果算盘子

Antidesma fordii 黄毛五月茶

Antidesma japonicum 日本五月茶

Breynia fruticosa 黑面神

Glochidion hirsutum 厚叶算盘子

Glochidion wrightii 白背算盘子

Glochidion zeylanicum 香港算盘子

Phyllanthus emblica 余甘子

Phyllanthus reticulatus 小果叶下珠

Baeckea frutescens 岗松

Rhodomyrtus tomentosa 桃金娘

Syzygium buxifolium 赤楠

Melastoma affine 多花野牡丹

Melastoma malabathricum 野牡丹

Dodonaea viscosa 车桑子

Atalantia buxifolia 酒饼簕

Citrus japonica 山橘

Melastoma sanguineum 毛菍

Zanthoxylum scandens 花椒簕

Brucea javanica 鸦胆子

Cansjera rheedi 山柑藤

Dendrophthoe pentandra 五蕊寄生

Helixanthera parasitica 离瓣寄生

Macrosolen cochinchinensis 鞘花寄生

Eurya auriformis 耳叶柃

Eurya chinensis 米碎花

Eurya nitida 细齿叶柃

Eurya muricata 格药柃

Diospyros vaccinioides 小果柿

Aegiceras corniculatum 蜡烛果

Ardisia crenata 朱砂根

Ardisia elegans 郎伞木

Maesa perlarius 鲫鱼胆

Camellia caudata 长尾毛蕊茶

Maesa japonica 杜茎山

Camellia kissii 落瓣油茶

Camellia oleifera 油茶

Rhododendron moulmainense 毛棉杜鹃花

Camellia sinensis 茶

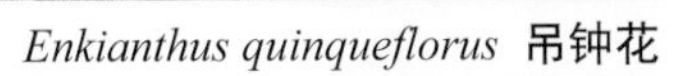

Enkianthus quinqueflorus 吊钟花

Rhododendron simsii 杜鹃

Lyonia ovalifolia var. *lanceolata* 狭叶珍珠花

Aidia pycnantha 多毛茜树

Antirhea chinensis 毛茶

Diplospora dubia 狗骨柴

Gardenia jasminoides 栀子

Pavetta hongkongensis 香港大沙叶

Lasianthus chinensis 粗叶木

Callicarpa kwangtungensis 广东紫珠

Psychotria asiatica 九节

Tarenna attenuat 假桂乌口树

Tarenna mollissima 白花苦灯笼

Ligustrum sinense 小蜡

Avicennia marina 海榄雌

Callicarpa formosana 杜虹花

Callicarpa integerrima 全缘叶紫珠

Callicarpa kochiana 枇杷叶紫珠

Callicarpa rubella 红紫珠

Vitex rotundifolia 单叶蔓荆

Clerodendrum canescens 灰毛大青

Premna serratifolia 伞序臭黄荆

Ilex pubescens 毛冬青

Volkameria inermis 苦郎树

Ilex asprella 梅叶冬青

Ilex viridis 亮叶冬青

Scaevola taccada 草海桐

Ilex championii 凹叶冬青

Viburnum sempervirens 常绿荚蒾

Pittosporum glabratum 光叶海桐

Scaevola hainanensis 小草海桐

Aralia decaisneana 黄毛楤木

(3) 藤本

Kadsura heteroclita 异形南五味子

Kadsura heteroclita 异形南五味子

Kadsura coccinea 黑老虎

Piper bambusaefolium 竹叶胡椒

Kadsura longipedunculata 南五味子

Uvaria boniana 光叶紫玉盘

Aristolochia tagala 耳叶马兜铃

Aristolochia fordiana 通城虎

Desmos chinensis 假鹰爪

Uvaria grandiflora 大花紫玉盘

Cassytha filiformis 无根藤

Dioscorea persimilis 褐苞薯蓣

Stemona tuberosa 大百部

Dioscorea cirrhosa 薯莨

Uvaria macrophylla 紫玉盘

Smilax davidiana 小果菝葜

Smilax glabra 土茯苓

Smilax lanceifolia 暗色菝葜

Tinospora sinensis 中华青牛胆

Cocculus orbiculatu 木防己

Smilax hypoglauca 粉背菝葜

Diploclisia glaucescen 苍白秤钩风

Sabia limoniacea 柠檬清风藤

Clematis meyeniana 毛柱铁线莲

Cayratia corniculata 角花乌蔹莓

Abrus pulchellus 广州相思子

Bauhinia corymbosa 首冠藤

Albizia corniculata 天香藤

Bauhinia glauca 粉叶羊蹄甲

Bowringia callicarpa 藤槐

Caesalpinia crista 华南云实

Callerya dielsiana 香花鸡血藤

Derris trifoliata 鱼藤

Mucuna birdwoodiana 白花油麻藤

Ficus pumila 薜荔

Celastrus monospermus 独子藤

Loeseneriella concinna 程香仔树

Rourea microphylla 小叶红叶藤

Cnesmone tonkinensis 灰岩粗毛藤

Toddalia asiatica 飞龙掌血

Byttneria aspera 刺果藤

Dendrotrophe varians 寄生藤

Embelia laeta 酸藤子

Embelia ribes 白花酸藤子

Actinidia latifolia 阔叶猕猴桃

Hedyotis hedyotidea 牛白藤

Morinda parvifolia 鸡眼藤

Morinda umbellata 羊角藤

Mussaenda erosa 楠藤

Mussaenda pubescens 玉叶金花

Psychotria serpens 蔓九节

Strychnos angustiflora 牛眼马钱

Gymnema sylvestre **匙羹藤**

Gelsemium elegans **钩吻**

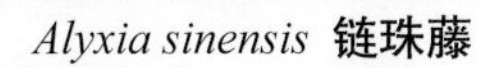

Alyxia sinensis **链珠藤**

Strophanthus divaricatus **羊角拗**

Gymnanthera oblonga **海岛藤**

Hoya carnosa **球兰**

Melodinus suaveolens **山橙**

(4) 草本、草质藤本

Toxocarpus wightianus 弓果藤

Urceola micrantha 杜仲藤

Cuscuta chinensis 菟丝子

Jasminum lanceolarium 清香藤

Blumea megacephala 东风草

Lonicera confusa 华南忍冬

Alocasia odora 海芋

Amorphophallus dunnii 南蛇棒

Burmannia itoana 纤草

Disporum trabeculatum 横脉万寿竹

Tricyrtis macropoda 油点草

Acampe rigida 多花脆兰

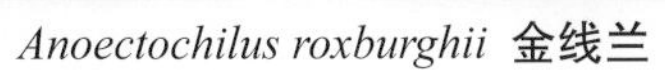

Anoectochilus roxburghii 金线兰

Appendicula cornuta 牛齿兰

Arundina graminifolia 竹叶兰

Bulbophyllum kwangtungense 广东石豆兰

Cleisostoma simondii 广东隔距兰

Coelogyne fimbriata 流苏贝母兰

Conchidium pusillum 蛤兰

Eulophia graminea 美冠兰

Goodyera procera 高斑叶兰

Habenaria rhodocheila 橙黄玉凤花

Liparis bootanensis 镰翅羊耳蒜

Peristylus tentaculatus 触须阔蕊兰

Phaius tancarvilleae 鹤顶兰

Phaius tancarvilleae 鹤顶兰

Pholidota cantonensis 细叶石仙桃

Platanthera minor 小舌唇兰

Spathoglottis pubescens 苞舌兰

Spiranthes hongkongensis 香港绶草

Tainia dunnii 带唇兰

Vrydagzynea nuda 二尾兰

Zeuxine affinis 宽叶线柱兰

Zeuxine strateumatica 线柱兰

Curculigo orchioides 仙茅

Commelina communis 鸭跖草

Floscopa scandens 聚花草

Alpinia hainanensis 草豆蔻

Alpinia japonica 山姜

Alpinia oblongifolia 华山姜

Alpinia stachyodes 密苞山姜

Cyperus cyperoides 砖子苗

Fuirena ciliaris 毛芙兰草

Gahnia tristis 黑莎草

Pycreus pumilus 矮扁莎

Scleria ciliaris 缘毛珍珠茅

Scleria terrestris 高秆珍珠茅

Microstegium fasciculatum 蔓生莠竹

Spinifex littoreus 老鼠艻

Miscanthus sinensis 芒

Tadehagi triquetrum 葫芦茶

Grona reticulata 显脉假地豆

Uraria crinita 猫尾草

Polygala fallax 黄花倒水莲

Begonia palmata 裂叶秋海棠

Ludwigia octovalvis 毛草龙

Melastoma dodecandrum 地菍

Abutilon indicum 磨盘草

Balanophora harlandii 红冬蛇菰

Polygonum chinense 火炭母

Ardisia primulifolia 莲座紫金牛

Ophiorrhiza cantonensis 广州蛇根草

Ophiorrhiza pumila 短小蛇根草

Pentasachme caudatum 石萝摩

Boeica guileana 紫花短筒苣苔

Chirita sinensis 唇柱苣苔

Oreocharis benthamii 大叶石上莲

Adenosma glutinosum 毛麝香

Lindernia anagallis 长蒴母草

Acanthus ilicifolius 老鼠簕

Ainsliaea macroclinidioides 灯台兔儿风

Vernonia cinerea 夜香牛

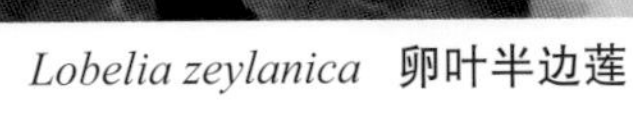

Lobelia zeylanica 卵叶半边莲

Wedelia biflora 孪花蟛蜞菊

Justicia championii 圆苞杜根藤

Strobilanthes cusia 板蓝

Aeginetia indica 野菰

Aster baccharoides 白舌紫菀

Glehnia littoralis 珊瑚菜

Eclipta prostrata 墨旱莲

2 裸子植物

Cycas failylakea 仙湖苏铁

Cycas failylakea 仙湖苏铁

Cycas failylakea 仙湖苏铁

Pinus massoniana 马尾松

Podocarpus macrophyllus 罗汉松

Cunninghamia lanceolata 杉木

Cunninghamia lanceolata 杉木

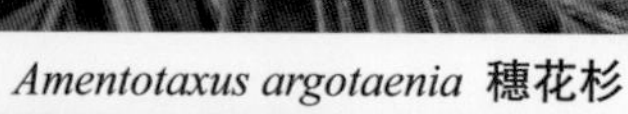

Amentotaxus argotaenia 穗花杉

Amentotaxus argotaenia 穗花杉

Gnetum lofuense 罗浮买麻藤

Gnetum luofuense 罗浮买麻藤

Gnetum parvifolium 小叶买麻藤

Gnetum parvifolium 小叶买麻藤

Nageia nagi 竹柏

Huperzia javanica 长柄石杉

Palhinhaea cernua 垂穗石松

Selaginella doederleinii 深绿卷柏

Selaginella limbata 耳基卷柏

Psilotum nudum 松叶蕨

Ophioglossum reticulatum 心叶瓶尔小草

Angiopteris fokiensis 福建观音座莲

Lycopodiastrum casuarinoides 藤石松

Lygodium flexuosum 曲轴海金沙

Lygodium japonicum 海金沙

Lygodium microphyllum 小叶海金沙

Osmunda angustifolia 狭叶紫萁

Osmunda vachellii 华南紫萁

Osmunda banksiifolia 粗齿紫萁

Osmunda japonica 紫萁

Osmunda mildei 粤紫萁

Dipteris shenzhenensis 深圳双扇蕨

Dipteris shenzhenensis 深圳双扇蕨

Dipteris shenzhenensis 深圳双扇蕨

Dicranopteris pedata 芒萁

Dicranopteris pedata 芒萁

Diplopterygium cantonensis 粤里白

Plagiogyria adnata 瘤足蕨

Cibotium barometz 金毛狗

Alsophila denticulata 粗齿桫椤

Alsophila spinulosa 桫椤

Lindsaea heterophylla 异叶鳞始蕨

Lindsaea orbiculata 团叶鳞始蕨

Acrostichum aureum 卤蕨

Adiantum flabellulatum 扇叶铁线蕨

Ceratopteris thalictroides 水蕨

Pteris dispar 刺齿半边旗

Pteris fauriei 傅氏凤尾蕨

Asplenium prolongatum 长叶铁角蕨

Microlepia hancei 华南鳞盖蕨

Pteris semipinnata 半边旗

Brainea insignis 苏铁蕨

Brainea insignis 苏铁蕨

Woodwardia japonica 狗脊

Pseudodrynaria coronans 崖姜蕨

Diplazium esculentum 食用双盖蕨

Cyclosorus parasiticus 华南毛蕨

Macrothelypteris torresiana 普通针毛蕨

Pronephrium simplex 单叶新月蕨

Pseudocyclosorus ciliatus 溪边假毛蕨

Arachniodes chinensis 中华复叶耳蕨

Tectaria subtriphylla 三叉蕨

Davallia divaricata 大叶骨碎补

Pseudodrynaria coronans 崖姜

Lemmaphyllum microphyllum 伏石蕨

Lepisorus rostratus 骨牌蕨

Neolepisorus fortunei 江南星蕨

Pyrrosia adnascens 贴生石韦

Pyrrosia lingua 石韦